“十三五”国家重点出版物出版规划项目

名校名家基础学科系列

Textbooks of Base Disciplines from Top Universities and Experts

材料力学

冯维明 主编

冯维明 宋 娟 赵俊峰 王炳雷 编著

机 械 工 业 出 版 社

本书秉承夯实基础、强化基本概念和理论的宗旨，对既有教材内容与体系进行不断改革与完善，加强了内容的逻辑性与系统性，更加符合读者的认知规律。

全书分为2篇，共11章。第1篇包括第1~7章，是工科院校各专业的材料力学课程都应学习的基本内容，它包括杆件的内力、杆件的应力与强度计算、杆件的变形与简单超静定问题、应力状态分析与强度理论、组合变形和压杆稳定等；第2篇包括第8~11章，是加深与扩展内容，它包括能量法、超静定结构、动载荷与交变应力、非圆截面扭转和非对称弯曲等，供对本课程要求较高的学科和学生选修或自学。

本书适合作为高等学校工科各专业的中、多学时材料力学课程教材，也可供有关工程技术人员参考。

图书在版编目（CIP）数据

材料力学/冯维明主编. —北京：机械工业出版社，2020.6（2023.1重印）
“十三五”国家重点出版物出版规划项目. 名校名家基础学科系列
ISBN 978-7-111-64869-7

Ⅰ.①材… Ⅱ.①冯… Ⅲ.①材料力学-高等学校-教材
Ⅳ.①TB301

中国版本图书馆CIP数据核字（2020）第032945号

机械工业出版社（北京市百万庄大街22号 邮政编码100037）
策划编辑：张金奎 责任编辑：张金奎
责任校对：张 薇 封面设计：鞠 杨
责任印制：郜 敏
北京盛通商印快线网络科技有限公司印刷
2023年1月第1版第3次印刷
184mm×260mm·20印张·495千字
标准书号：ISBN 978-7-111-64869-7
定价：49.80元

电话服务	网络服务
客服电话：010-88361066	机 工 官 网：www.cmpbook.com
010-88379833	机 工 官 博：weibo.com/cmp1952
010-68326294	金 书 网：www.golden-book.com
封底无防伪标均为盗版	机工教育服务网：www.cmpedu.com

前 言

科学技术的发展日新月异，新工科背景下工科各专业对基础力学知识有了新的要求，学生的知识结构也需要做相应的调整。材料力学是工科各专业传统的技术基础课程，在高校教学体系中有着举足轻重的地位。在目前教学中，教材内容多与学时少的矛盾很突出，不同学科、不同专业对课程的要求也不尽相同。为了更好地适应各学科材料力学课程教学的需要，编者秉承夯实基础、强化基本概念和理论的宗旨，对既有教材内容与体系进行了改革与完善，以提高教学效率、加强内容的逻辑性与系统性，更加符合学生的认知规律，提高学生的综合素质和认知水平。

本世纪初，编者对传统教材的内容与体系进行了改革，期间数次完善和修订，力求达到重点突出、条理清晰、叙述严谨、结构紧凑，并在山东大学及部分高校中使用了近20年，取得了良好的效果，得到了读者和相关专家的肯定。

本书适合作为高等学校工科各专业中、多学时的材料力学课程教材。全书分为2篇，共11章。第1篇包括第1～7章，是工科院校各专业的材料力学课程都应学习的基本内容；第2篇包括第8～11章，是加深与扩展内容，供对本课程要求较高的专业和学生选修或自学。本书带“＊”的部分可根据学时情况选讲。

第1篇以强度、刚度和稳定性为主线，章节叙述的次序为：绪论、杆件的内力、杆件的应力与强度计算、杆件的变形与简单超静定问题、应力状态分析与强度理论、组合变形和压杆稳定。这种编排方式将概念相同、研究方法相同的问题集中安排在同一章中讨论，使重点突出，结构紧凑，同时由于问题相似，便于举一反三，易讲易学，从而达到提高教学效率的目的。如在杆件的内力一章中，将杆件的内力结合静力学中力系的简化方便地推出，使各种基本变形下的受力特点一目了然；在杆件的应力一章中，拉压正应力、扭转切应力、弯曲正应力的公式推导，既是难点，也是重点，是材料力学的核心问题，而三者的推导过程如出一辙，都是基于几何、物理和静力学关系而演绎的，现放在同一章中叙述，在推导上相互呼应，从而让学生更容易掌握和理解；将拉压、扭转和弯曲变形下的简单超静定结构放在杆件的变形一章中集中一节叙述，突出了不同变形下求解超静定结构过程中的关键——变形协调方程的建立。而上述问题在传统教材中是分散在不同章节中叙述的。将平面应力下的应变分析作为应力状态分析章节中的拓展，应变分析相关表达式可以通过该章节的广义胡克定律方便推出，既突出了应用，又避免了几何分析的繁琐，供对该知识点有特殊要求的专业选用。第2篇为加深扩展内容，主要针对对该课程有较高要求的专业选用，内容为能量法、超静定结构、动载荷与交变应力、非圆截面扭转和非对称弯曲。交变应力原本就为动载荷的表现形式，与动载荷放在同一章内更为合理。另外，由于前述各章节的讨论大多局限在某一问题上，本篇增加了综合问题分析一节，主要针对超静定、动载荷、压杆稳定、组合变形等同时并存的问题，这些问题通常更接近工程实际，以期提高学生的工程素质，培养学生的综合分析能力。

本书重点与难点的阐述力求清楚、透彻，并努力将启发式教学、培养创新意识、理论联系实际等教育思想蕴含于教材之中。同时，本书在每一章增加了本章小结，主要内容分为本章基本要求、本章重点、本章难点和学习建议四个部分，目的是使读者在学习本章过程中，能对该章的主要内容有一个系统的认识和梳理，为按教学大纲的要求迅速掌握该章知识要点提供方便。全书每章后都附有难易程度不等的大量习题，读者可根据自身情况选做。

本书由冯维明教授主编，具体编写分工：冯维明（前言、第1章、第2章、第5章部分内容、第8章、第9章、第10章），宋娟（第3章、第4章、第7章），赵俊峰（第5章部分内容、第6章部分内容及附录Ⅰ），王炳雷（第6章部分内容、第11章）。全书由冯维明负责统稿。

本书为山东省教改重点项目和山东大学重大教育教学立项的一部分，在编写过程中得到了山东大学工程力学系各位教师的支持与帮助，同时校外相关专家给本书提出了诚恳和精辟的建议，在此一并致谢。

本书虽然在内容和体系改革等方面取得了一些成果，但受编者水平所限，欠妥之处在所难免，恳请广大读者批评指正。

编　者

2020年于山东大学

主要符号表

a	加速度
A	截面面积
A_{bs}	挤压面面积
b	截面宽度
C	截面形心，弹簧刚度
d，D	直径
e	偏心距
E	弹性模量
EA	抗拉压刚度
EI	抗弯刚度
F	集中力
F_{Ax}，F_{Ay}	A 处的约束力分量
F_{bs}	挤压力
F_{cr}	临界力
F_d	动载荷
F_N	轴力
F_R	约束力
F_S	剪力
$[F]$	许可载荷
g	重力加速度
G	切变模量
GI_p	抗扭刚度
GI_t	非圆截面抗扭刚度
h	截面高度
i	惯性半径
I_z，I_y	对 z、y 轴的惯性矩
I_p	极惯性矩
I_{yz}	对 y、z 轴的惯性积
k_σ，k_τ	有效应力集中因数
K_d	动荷因数
l	长度，跨度
m	质量
M	弯矩
M_e	外力偶
n	转速
n_s，n_b	安全因数
n_{st}	稳定安全因数
N	应力循环次数，疲劳寿命
P	功率
q	分布载荷集度
r	半径，循环特征
R	半径
S_z，S_y	对 z、y 轴静矩
t	时间，厚度
T	扭矩，动能，温度
v	速度
v_V	体积改变能密度
v_d	畸变能密度
v_ε，v_γ	应变能密度
V	体积，势能
V_ε，V_γ	应变能，变形能
W	功，重量
W_z，W_y	对 z、y 轴的弯曲截面系数
W_p	扭转截面系数
w	挠度
α_l	线膨胀系数
a_K	冲击韧度
β	表面加工系数
γ	切应变
δ	伸长率，广义位移
Δ_d	动变形

Δ_{st}	静变形
ε	线应变
ε_e	弹性应变
ε_p	塑性应变
ε_σ，ε_τ	尺寸因数
θ	体积应变
λ	压杆的柔度，长细比
μ	压杆的长度因数
ν	泊松比
ρ	曲率半径，密度
σ	正应力
$\sigma_{0.2}$	名义屈服极限
σ_a	应力幅
σ_b	强度极限
σ_{bs}	挤压应力
σ_c	压应力
σ_{cr}	临界应力
σ_d	动应力
σ_e	弹性极限
σ_m	平均应力
σ_p	比例极限
σ_r	相当应力
σ_r	循环特征为 r 的疲劳极限
σ_s	屈服极限
σ_{st}	静应力
σ_t	拉应力
σ_u	极限正应力
σ_θ	环向应力
$[\sigma]$	许用正应力
$[\sigma_{bs}]$	许用挤压应力
$[\sigma_{st}]$	稳定许用应力
τ	切应力
τ_s	剪切屈服极限
τ_u	极限切应力
$[\tau]$	许用切应力
φ	相对扭转角，折减因数
ψ	断面收缩率
ψ_σ，ψ_τ	非对称敏感系数
ω	载荷弯矩图面积

目　录

前　言

主要符号表

第1篇　基本内容

第2篇 加深与扩展内容

第1篇

基本内容

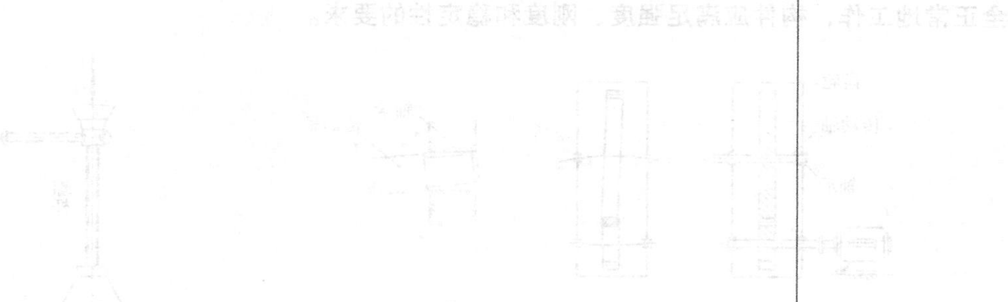

第1章 绪　论

1.1 材料力学的任务

材料力学是一门技术基础课程，它为许多理工科学科和专业奠定固体力学基础，同时它的基本理论和方法也可以直接用于解决工程实际问题。

航空航天工程中的飞机、运载火箭、太空空间站；机械工程中的各种加工机械，如车床、刨床、锻压设备；土木工程中的建筑物、桥梁、隧道；电力工程中的发电机组、高压输电塔架；交通运输工程中的高铁动车组、各种车辆、远洋货轮等，就所有各类结构的安全设计而言，对力学行为的理解是至关重要的，这就是材料力学是如此众多工程领域的基础学科的原因所在。

机械或工程结构的组成部分统称为**构件**，例如机床的主轴、起重机的大梁、建筑物的梁和柱等。构件工作时将受到力的作用，如车床主轴受切削力和齿轮啮合力的作用；起重机梁受到起吊物的重力作用；建筑物受到风力和地震力作用。这些力称为**载荷**。构件是由一定的工程材料制成的，在载荷作用下将产生变形，若变形太大甚至发生断裂破坏，则会导致构件失效。**构件的安全或破坏问题称为强度问题。强度是指构件抵抗破坏的能力。**有些构件不仅应具有足够的强度，而且其变形也不能太大。例如图 1.1a 所示变速器，工作时若传动轴的弯曲变形过大（图 1.1b），将使齿轮的啮合与轴承的配合不良（图 1.1c），降低寿命且引起噪声。**构件的变形问题称为刚度问题。刚度是指构件抵抗变形的能力。**工程中受压力作用的细长直杆，如千斤顶的螺杆（图 1.2）及液压驱动装置的活塞杆，应始终保持原有的直线平衡形态，保证不被压弯。**构件保持原有平衡状态的能力称为稳定性。为了保证机械或结构安全正常地工作，构件应满足强度、刚度和稳定性的要求。**

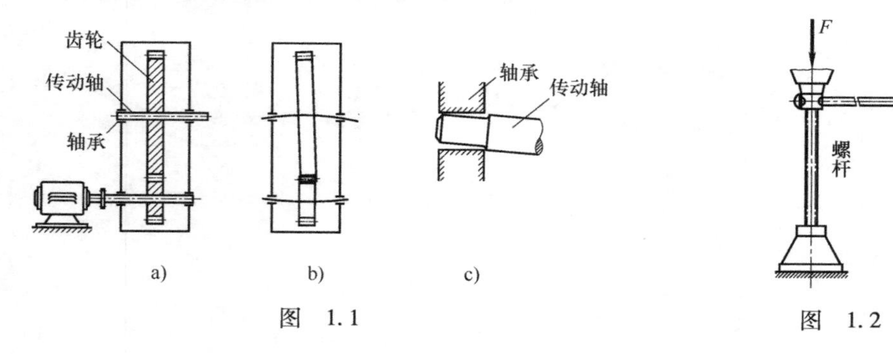

图　1.1　　　　图　1.2

在构件的设计中存在着安全与经济的矛盾。若构件的截面尺寸过小、形状不合理或材质不好，以上要求将不能满足。反之，若不合理地加大横截面尺寸，选用优质材料，虽然满足了上述要求，却增加了成本，造成浪费。所以，如何合理地选取材料，恰当地确定构件的截面形状和尺寸，是构件设计中的重要问题。例如，取一张薄纸板，两端支承，中间加载荷，在较小的载荷下，纸板将产生较大的变形；若将该纸板折成槽形或卷成圆筒形，仍按同样的支承条件加载荷，承受的载荷将大大增加。由此可知后者的截面形状是合理的。又如自然界中植物的秸秆（像麦秸秆）和毛竹等，经过长期的自然选择，其截面形状是合理的。所以工程结构中大量使用槽钢、工字钢和管材等。

综上所述，**材料力学的任务就是研究构件在外力作用下的受力、变形和破坏的规律，为合理设计构件提供强度、刚度及稳定性分析的基础理论和计算方法。**

材料力学研究问题的方法有两类，即理论分析和实验分析。这两种方法都很重要，是相辅相成的。实验为理论分析提供必要的材料参数和假设依据，验证理论公式的正确性，同时理论和概念又在实验中起指导作用。对于受力复杂的重要构件要同时进行理论分析和实验分析。另外，随着计算机的发展和广泛应用，数值计算方法已成为解决工程问题的有效方法。

1.2 变形固体的基本假设

固体因受外力作用而变形，故称为**变形固体**。工程中，绝大多数物体的变形被限制在弹性范围内，即当外加载荷消除后，物体的变形随之消失，这种变形称为**弹性变形**，此时变形固体又称为**弹性体**。

为便于对变形固体制成的构件进行理论分析，通常略去一些次要因素，根据变形固体的主要性质做如下假设。

（1）连续性假设　假设组成固体的物质是密实和连续的。微观上，组成固体的粒子之间存在空隙并不连续，但是这种空隙与构件的尺寸相比极其微小，可以忽略不计。于是可以认为固体在其整个体积内是连续的。这样，可以把力学量表示为固体各点坐标的连续函数，应用一般的数学分析方法。

（2）均匀性假设　材料在外力作用下所表现的性能，称为材料的力学性能。在材料力学中，假设在固体内到处都有相同的力学性能。就金属而言，组成金属的各晶粒的力学性能并不完全相同。但因构件中包含数目极多的晶粒，而且杂乱无序地排列，固体各部分（宏观）的力学性能，实际上是微观性能的统计平均值，所以可以认为各部分的力学性能是均匀的。按此假设，从构件内部任何部位所切取的微小体积，都具有与构件相同的性能。

（3）各向同性假设　假设沿固体任何方向的力学性能都是相同的。就单一的金属晶粒来说，沿不同方向性能并不完全相同。因为金属构件包含数目极多的杂乱无序排列的晶粒，这样，宏观上沿各个方向的性能就接近相同了。具有这种属性的材料称为各向同性材料。也有些材料沿不同方向性能不相同，如木材和复合材料等。这类材料称为各向异性材料。

实践证明，对于大多数常用的结构材料，如钢铁、有色金属和混凝土等，上述连续、均匀和各向同性假设是符合实际的、合理的。

（4）小变形假设　固体在外力作用下将产生变形。假设实际构件的变形以及由变形引起的位移与构件的原始尺寸相比甚为微小。这样，在研究构件的平衡和运动时，仍可按构件的原始尺寸进行计算，从而使计算大大简化。

综上所述，在材料力学中，通常把实际构件看作连续、均匀和各向同性的变形固体，且在大多数场合下局限于研究弹性小变形情况。

此外，在下面的章节中还会出现针对某一问题的假设，如梁弯曲时横截面的平面假设、圆轴扭转时横截面的平面假设等，使对固体内各质点相对位置的变化有了清晰的描述，简化了分析过程。

1.3 基本概念

1. 内力、截面法和应力

物体受外力作用时，因固体内部各质点之间相对位置发生变化，从而引起相互作用力的变化。这种由外力引起的物体内部相互作用力的变化量称为**附加内力**，简称为**内力**。这种内力随外力的增加而增大，与构件的强度、刚度和稳定性有关。

图 1.3a 所示构件在外力作用下处于平衡状态。为研究任意截面 m-m 上的内力，用一平面沿截面 m-m 假想地把构件切为两部分，在切开截面上，构件左、右两部分相互作用的内力显示出来（图 1.3b），它们是作用力与反作用力，大小相等、方向相反。根据连续性假设，内力是遍及整个截面的分布力系，今后，将分布内力系向截面上一点简化后得到的合力和合力偶称为截面上的内力。任取一部分作为研究对象，根据内力与外力的平衡关系，就可以确定出该截面上的内力。这种分析内力的方法称为截面法，将在第 2 章详细介绍。

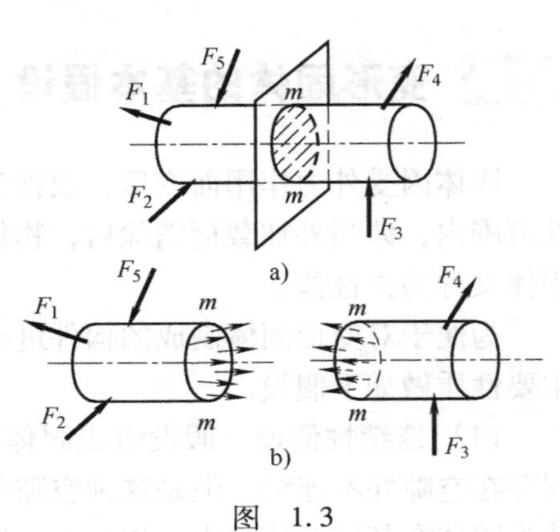

图 1.3

为了描述截面上内力分布情况，需要引进应力的概念。如图 1.4a 所示，在杆件任意截面 m-m 上，内力是连续分布的，围绕截面上任一点 M 取一微面积 ΔA，上面作用的内力为 $\Delta \boldsymbol{F}$，则比值

$$\bar{\boldsymbol{p}} = \frac{\Delta \boldsymbol{F}}{\Delta A} \tag{1.1}$$

称为该截面在 M 点附近的**平均应力**。一般情况下，内力沿截面并非均匀分布。平均应力 $\bar{\boldsymbol{p}}$ 的大小及方向将随所取面积 ΔA 的大小而异。为了更精确地描述内力的分布情况，应使 ΔA 趋近于 M 点（即趋近零），由此得到平均应力 $\bar{\boldsymbol{p}}$ 的极限值

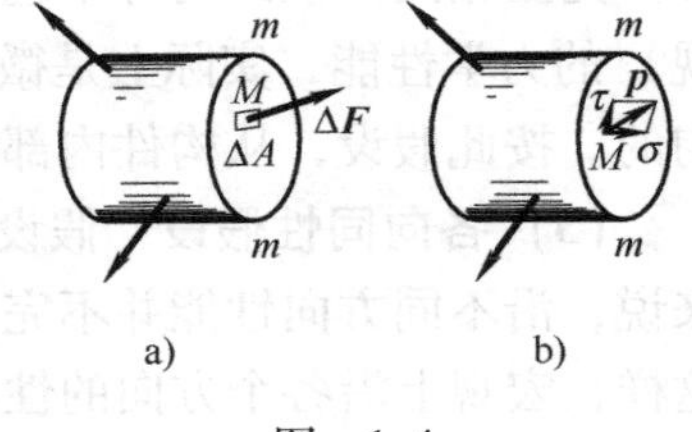

图 1.4

$$\boldsymbol{p} = \lim_{\Delta A \to 0} \frac{\Delta \boldsymbol{F}}{\Delta A} = \frac{\mathrm{d}\boldsymbol{F}}{\mathrm{d}A} \tag{1.2}$$

$\boldsymbol{p}$ 称为截面 m-m 上 M 点处的应力，它是分布内力系在 M 点的集度，反映内力系在 M 点的强弱程度。截面上 M 点的应力 $\boldsymbol{p}$ 是一个矢量，通常把应力 $\boldsymbol{p}$ 分解为垂直于截面的分量 σ 和切于截面的分量 τ（图 1.4b），σ 称为正应力，τ 称为切应力。

应力的量纲是力/[长度]^2，在法定计量单位中，单位为Pa（帕），$1Pa=1N/m^2$，常用MPa，$1MPa=10^6Pa$。

2. 应变

固体在外力作用下也会发生形状与尺寸的变化，即变形，同时引起应力。为了研究构件的变形及其内部的应力分布，需要了解构件内部各点处的变形。为此，假想地将构件分割成许多微小的正六面体，称为**单元体**。

构件受力后，各单元体的位置发生变化，同时，单元体棱边的长度发生改变（图1.5a）。

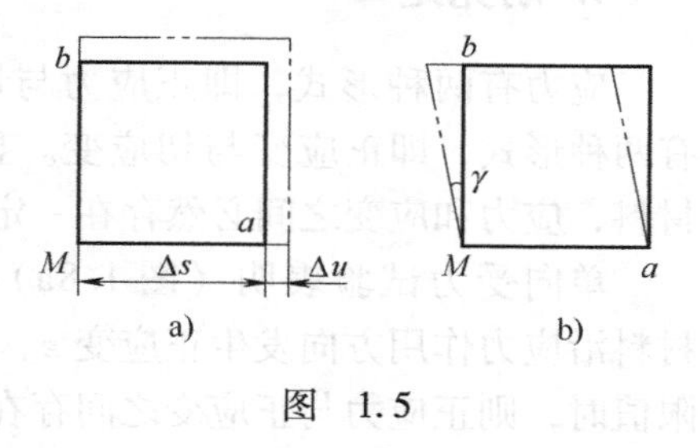

图 1.5

设棱边 Ma 的原长为 Δs，变形后长度为 $\Delta s+\Delta u$，即长度改变量为 Δu，则 Δu 与 Δs 的比值称为棱边 Ma 的**平均正应变**，并用 $\bar{\varepsilon}$ 表示，即

$$\bar{\varepsilon}=\frac{\Delta u}{\Delta s}$$

一般情况下，棱边 Ma 各点处的变形程度并不相同，平均应变的大小将随棱边的长度而改变。为了精确地描述 M 点沿棱边 Ma 方向上的变形情况，应使 Δs 趋于零，由此得到平均正应变的极限值，即

$$\varepsilon=\lim_{\Delta s\to 0}\frac{\Delta u}{\Delta s} \tag{1.3}$$

ε 称为 M 点沿棱边 Ma 方向上的**正应变**。采用类似的方法，还可以确定 M 点沿其他方向的正应变。

当棱边长度发生改变时，相邻棱边之间的夹角一般也发生变化。单元体相邻棱边所夹直角的改变量（图1.5b），称为**切应变**，并用 γ 表示。切应变的单位为rad。

正应变 ε 和切应变 γ 是度量一点处变形程度的两个基本量，它们都是无量纲的量。

3. 单向应力、纯剪切与切应力互等定理

在构件的同一截面上，不同点的应力一般不同，同时，在通过同一点的不同方位的截面上，应力一般也不相同。为了全面研究一点处在不同方位的截面上的应力，围绕该点切取一无限小的正六面体即单元体进行研究，显然，单元体各截面的应力一般也不相同。

单元体受力最基本、最简单的形式有两种，一种是所谓**单向受力**或**单向应力**（图1.6a），另一种是所谓**纯剪切**（图1.6b）。在单向应力状态下，单元体仅在一对相互平行的截面上承受正应力；在纯剪切状态下，单元体仅承受切应力。

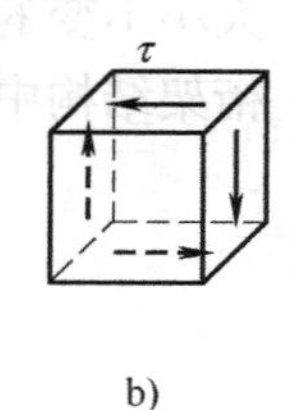

图 1.6

对于上述处于纯剪切状态的单元体（图1.7a），如果边长分别为dx、dy和dz，单元体顶面与底面的切应力为 τ，左右侧面的切应力为 τ'，则由平衡方程

$$\sum M_z=0,\quad \tau\mathrm{d}x\mathrm{d}z\cdot\mathrm{d}y-\tau'\mathrm{d}y\mathrm{d}z\cdot\mathrm{d}x=0$$

得

$$\tau=\tau' \tag{1.4}$$

式（1.4）表明，在互相垂直的两个平面上，切应力必然成对存在，且数值相等；两者都垂直于两个平面的交线；方向则共同指向或共同背离这一交线。这就是**切应力互等定理**。

同样可以证明，当截面上同时存在正应力时（图1.7b），切应力互等定理仍然成立。

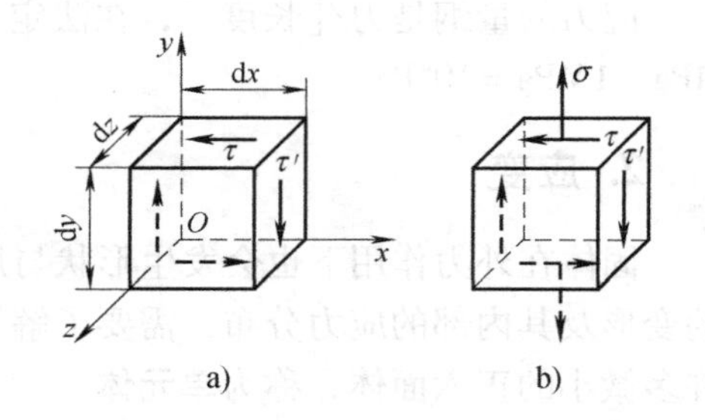

图　1.7

4. 胡克定律

应力有两种形式，即正应力与切应力。同样，应变也有两种形式，即正应变与切应变。显然，对于一种具体的材料，应力和应变之间必然存在一定的关系。

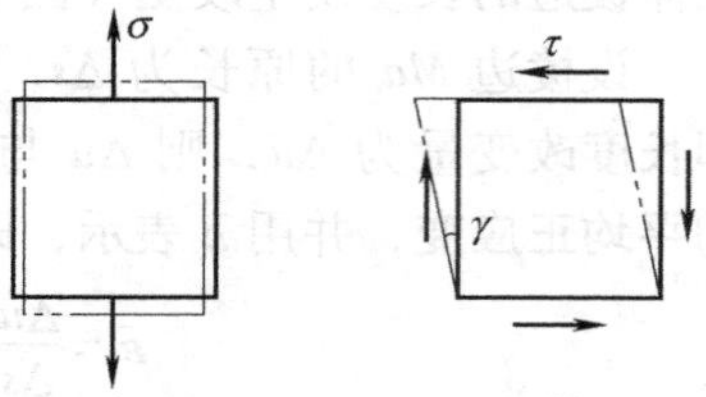

单向受力试验表明（图1.8a）：在正应力 σ 作用下，材料沿应力作用方向发生正应变 ε，若正应力不超过某一极限值时，则正应力与正应变之间存在着线性关系，即

$$\sigma = E\varepsilon \tag{1.5}$$

图　1.8

上述关系称为**胡克定律**，比例常数 E 称为**弹性模量**。

纯剪切试验表明（图1.8b）：在切应力 τ 作用下，材料发生切应变 γ，若切应力不超过某一极限值时，则切应力与切应变之间存在着线性关系，即

$$\tau = G\gamma \tag{1.6}$$

上述关系称为**剪切胡克定律**，比例常数 G 称为**切变模量**。

试验表明，对于工程中绝大多数材料，在一定应力范围内，均符合或近似符合胡克定律与剪切胡克定律。在我国法定计量单位中，弹性模量与切变模量的常用单位为 GPa，$1\text{GPa} = 10^9\text{Pa}$。

1.4 杆件变形的基本形式

构件可以有各种几何形状，材料力学主要研究长度远大于横截面尺寸的构件，上述构件又称为**杆件**，或简称**杆**。杆件各横截面形心的连线称为杆件的**轴线**，轴线与横截面正交。轴线为直线的杆称为**直杆**（图1.9a）。轴线为曲线的杆称为**曲杆**（图1.9b）。横截面的形状和大小不变的直杆称为**等直杆**。工程中很多构件都可以简化为杆件，如连杆、传动轴、立柱和桁架结构中的杆等。除杆件外，工程中常用的构件还有板和壳体等。

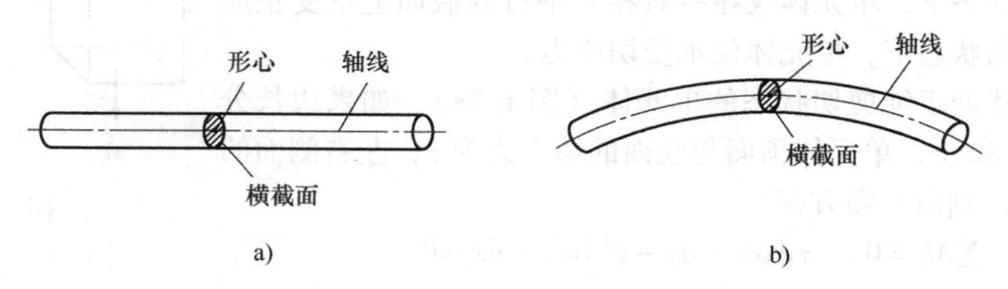

图　1.9

实际杆件在受力下的变形形式比较复杂，但它可以看作几种基本变形形式的组合。杆件变形的基本形式可归纳为以下四种。

（1）拉伸或压缩 杆件受到大小相等、方向相反、作用线与轴线重合的一对力作用。其变形为轴向的伸长或缩短（图1.10a）。例如，起吊重物的钢索、桁架结构中的拉（压）杆、液压驱动装置的活塞杆等的变形。

（2）剪切 杆件受到大小相等、方向相反且作用线靠近的一对力作用。其变形为杆件两部分沿外力方向发生相对错动（图1.10b）。常用的连接件，如铆钉、销钉、螺栓等都发生剪切变形。

（3）扭转 在垂直于杆件轴线的两个平面内，分别作用大小相等、转向相反的两个力偶（图1.10c），其变形为任意两个横截面发生绕轴线的相对转动，变形前杆的母线变形后成为斜线。例如汽车的传动轴、电机和水轮机的主轴等都发生扭转变形。

（4）弯曲 在包含杆件轴线的纵向平面内，作用大小相等、方向相反的一对力偶，或作用与轴线垂直的横向力（图1.10d），杆件轴线由直线变为曲线。例如机车的车轴、桥式起重机的大梁以及车刀等都发生弯曲变形。

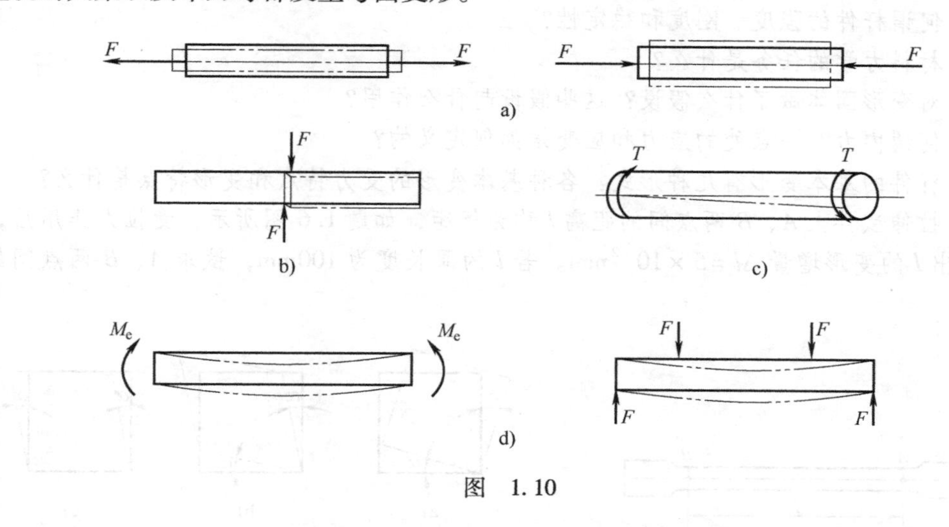

图 1.10

实际构件的变形经常是几种基本变形的组合，称为**组合变形**。例如车床主轴工作时就是弯曲、扭转和压缩变形的组合。本书首先讨论杆件的基本变形，然后再讨论组合变形。

本章小结

1. 基本要求

1）掌握材料力学的任务。

2）掌握变形固体的基本假设。

3）掌握内力、应力、应变的概念，熟练掌握截面法求内力的过程。

4）熟悉切应力互等定理和胡克定律。

5）掌握杆件的基本变形。

2. 本章重点

1）内力与外力的基本概念，内力的分析方法——截面法。

2）正应力、切应力和正应变、切应变的概念。

3）变形体的概念，材料力学基本假设及其物理意义，小变形条件的含义。

3. 本章难点

1）静力学与材料力学的基本模型的区别，建立正确的基本概念。

2）正确理解正应力、切应力和正应变、切应变等概念，应力与压强的区别。

3）正确使用分析方法，尤其是小变形限制下原始尺寸原理的应用。

4. 学习建议

本章中仅就一些基本概念给予阐述，应着重弄清概念的定义和易于混淆的问题。通过近代桥梁、舰船、大型塔吊、火箭、航天飞机等重大事故原因的分析，了解课程的重要性。

习题

1.1　何谓杆件的强度、刚度和稳定性？

1.2　材料力学的任务是什么？

1.3　对变形固体做了什么假设？这些假设起什么作用？

1.4　何谓内力？一点处的应力和应变是如何定义的？

1.5　杆件的基本变形有几种形式？各种基本变形的受力特点和变形特点是什么？

1.6　拉伸试件上 A、B 两点间的距离 l 称为标距，如题 1.6 图所示。受拉力作用后，用变形仪量出 l 的变形增量 $\Delta l = 5\times10^{-2}$mm。若 l 的原长度为 100mm，试求 A、B 两点间的平均应变 $\bar{\varepsilon}$。

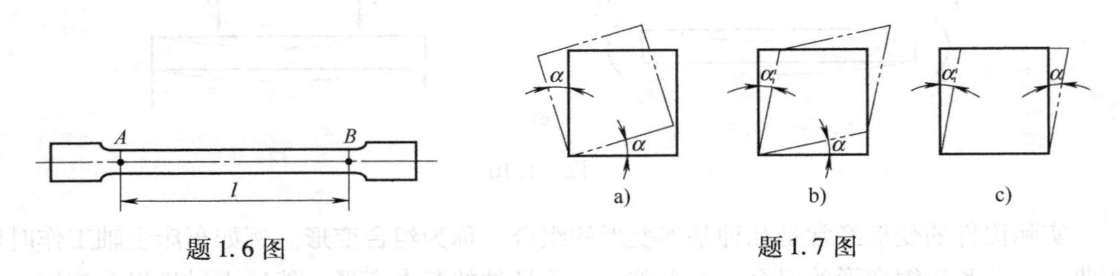

题 1.6 图　　题 1.7 图

1.7　在受力构件内一点处取一边长为无限小的正六面体，称为单元体。单元体相互正交棱边夹角的改变量，即可代表该点处的切应变 γ。如题 1.7 图所示的三个单元体（平面图），虚线表示其受力后的变形情况，试求三个单元体的切应变 γ。

1.8　若将题 1.8 图 a 所示作用在弹性杆上的力，沿其作用线方向移动分别如题 1.8 图 b、c 所示。试分析对弹性杆的平衡和变形有何影响？由此得到什么结论？（其中，$F_1 = F_2$）

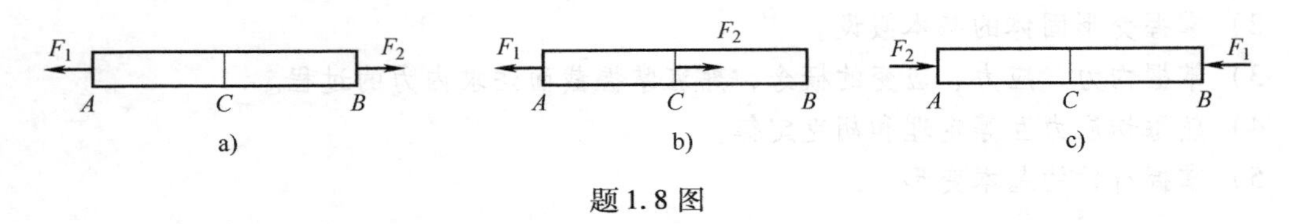

题 1.8 图

第2章 杆件的内力

2.1 杆件内力的一般描述·截面法

杆件在外力作用下，任一横截面的内力如1.3节中图1.3所示。不失一般性讨论，横截面上的内力应为空间力系。由理论力学静力学知识，无论杆件横截面上的内力分布如何复杂，总可以将其向该截面某一简化中心进行简化。为方便今后的讨论，一般将截面形心作为简化中心，得到一主矢和主矩，分别称为**内力主矢**和**内力主矩**。图2.1中所示为以截面形心为简化中心的主矢 $\boldsymbol{F}_{\mathrm{R}}$ 和主矩 $\boldsymbol{M}$。

在工程中，力学行为的讨论和计算常以基本变形为基础推绎。因此，工程计算中有意义的是图2.1所示的主矢和主矩在确定坐标方向上的分量，因每一分量仅引起一种基本变形。图2.1所示的 F_x、F_y、F_z 和 M_x、M_y、M_z 分别为主矢和主矩在 x、y、z 三个方向上的分量。其中：

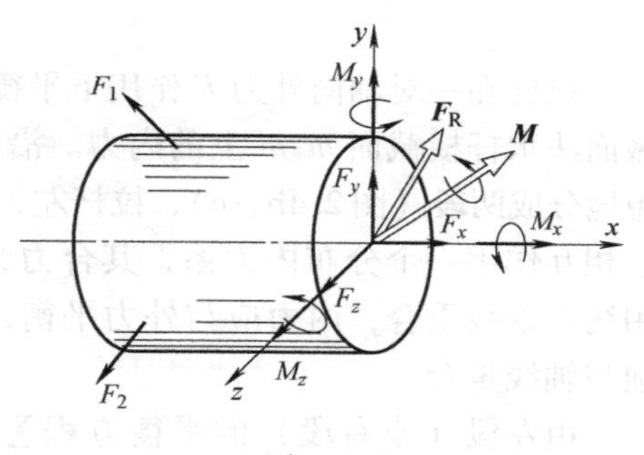

图 2.1

F_x 与轴线重合，称之为**轴力**，常用 F_{N} 表示，它将使杆件产生轴向变形（伸长或缩短）。

F_y、F_z 与横截面平行，称之为**剪力**，常用 F_{S} 表示，二者均产生剪切变形。

M_x 的作用平面与横截面平行，称之为**扭矩**，常用 T 表示，它将使杆件产生绕杆轴转动的扭转变形。

M_y、M_z 作用平面与横截面垂直，称之为**弯矩**，二者均使杆件产生弯曲变形。

外力作用下的杆件通过截面法可以直接求出所截横截面上的轴力、剪力、扭矩和弯矩，但常常这四种内力并非同时存在，当仅有一种内力时，则仅产生相对应的一种基本变形，当存在两种或两种以上的内力时，则发生两种或两种以上基本变形的组合。

下面的讨论将首先基于仅引起一种基本变形的外载所对应的内力及其力学行为（第3章、第4章），并在此基础上讨论引起两种或两种以上基本变形（又称组合变形）的外载对应的力学行为（第6章）。

在绪论中已介绍了内力的概念和截面法（1.3节），内力的计算是强度计算的基础，计算杆件内力的基本方法是截面法，该方法可归纳为以下三个步骤：

1）在欲求内力的截面处用一平面假想地把构件分成两部分，任取一部分作为研究对象，将另一部分抛去。

2）在截面上用内力代替抛去部分对保留部分的作用。

3）利用保留部分的内力与外力的平衡关系，确定截面上的内力。

2.2 轴向拉伸或压缩的概念·轴力与轴力图

工程中有许多杆件，例如液压传动机构中的活塞杆（图 2.2a），桁架结构中的拉杆或压杆（图 2.2b）等，除连接部分外都是等直杆。作用于杆上的外力（或外力合力）作用线与杆轴线重合，杆的变形是沿轴线方向的伸长或缩短。这种变形形式就是轴向拉伸或压缩，可简化为图 2.3 所示的计算简图。

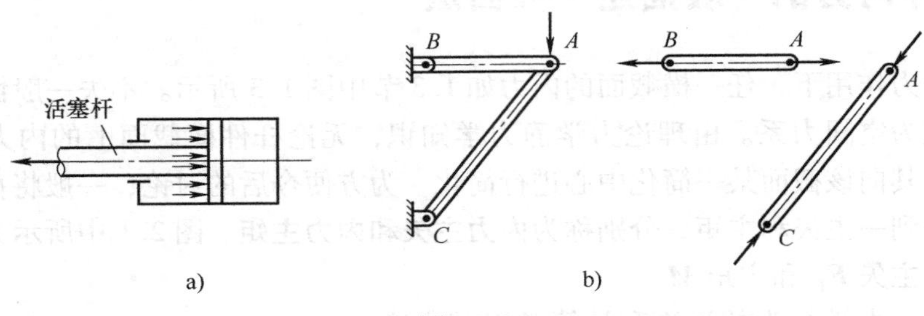

图 2.2

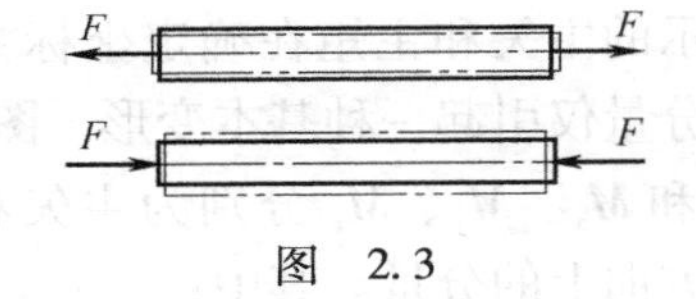

图 2.3

拉杆在一对轴向外力 F 作用下平衡（图 2.4a），应用截面法求杆横截面 m-m 上的内力。沿横截面 m-m 将杆假想地分成两段（图 2.4b、c），拉杆左、右两段在截面 m-m 上相互作用一个分布内力系，其合力为 F_N。因外力 F 作用线与轴线重合，内力应与外力平衡，所以 F_N 作用线必须与轴线重合。

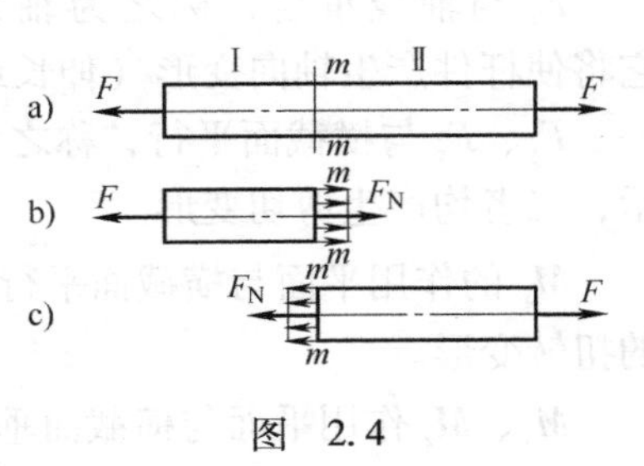

图 2.4

由左段（或右段）的平衡方程 $\sum F_x = 0$，$F_N - F = 0$，得

$$F_N = F$$

因合力 F_N 作用线与杆件轴线重合，故称为轴力。习惯上规定拉伸时的轴力为正，压缩时的轴力为负。按此规定，图 2.4b、c 中所示横截面 m-m 上的轴力 F_N 均为正。

若沿杆件轴线作用的外力多于两个，则杆各部分轴力不尽相同。这时沿杆件轴线轴力变化的情况可用轴力图表示。下面用例题说明横截面轴力的求法及轴力图的作法。

例 2.1 在图 2.5a 中，沿杆件轴线作用 F_1、F_2 和 F_3。已知 $F_1 = 2.5\text{kN}$，$F_2 = 4\text{kN}$，$F_3 = 1.5\text{kN}$。试求 AC 和 CB 段内横截面上的轴力，并作轴力图。

解： 在 AC 段内以横截面 1-1 将杆分成两段（图 2.5b），截面 1-1 上的轴力设为拉力 F_{N1}，由左段的平衡方程 $\sum F_x = 0$，$F_{N1} - F_1 = 0$，得

$$F_{N1} = F_1 = 2.5\text{kN} \tag{a}$$

在 AC 段内任意横截面上的轴力皆为 F_{N1}，且 F_{N1} 为拉力，即轴力为正。

在 CB 段内取截面2-2，其上轴力 F_{N2} 仍设为拉力（图2.5c）。由左段的平衡方程 $\sum F_x=0$，$F_{N2}+F_2-F_1=0$，得

$$F_{N2}=F_1-F_2=-1.5\text{kN} \qquad \text{(b)}$$

式中，负号表示 F_{N2} 应与图中假设的方向相反，即 F_{N2} 为压力。CB 段内轴力为负。

若取截面2-2右边一段可以得到相同的结果（图2.5d），由右段的平衡方程 $\sum F_x=0$，$F_{N2}+F_3=0$，得

$$F_{N2}=-F_3=-1.5\text{kN} \qquad \text{(c)}$$

以横坐标 x 表示横截面的位置，纵坐标表示相应截面上轴力 F_N，于是便可用图线表示沿杆件轴线轴力的变化情况（图2.5e），这就是**轴力图**。在轴力图中拉力绘在 x 轴的上侧，压力绘在下侧。

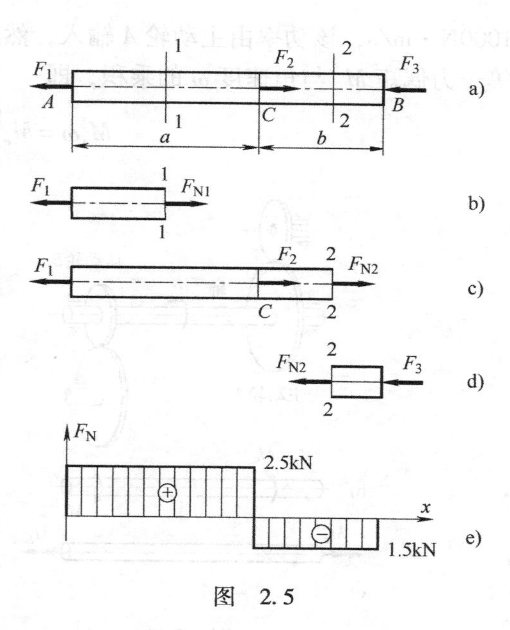

图 2.5

由式（a）~式（c）可知，**横截面上的轴力等于该截面一侧的所有轴向外力的代数和。当外力为拉力时，在该截面引起正的轴力；当外力为压力时，在该截面引起负的轴力。**利用这个关系，可以很快捷地计算横截面上的轴力。

例2.2 一横截面为正方形的混凝土柱分上、下两段，其受力如图2.6a所示。已知 $F=50\text{kN}$，试绘制混凝土柱的轴力图。

解：设混凝土柱 AB 段的轴力为 F_{N1}，BC 段的轴力为 F_{N2}。根据截面上的轴力等于该截面一侧所有轴向外力的代数和，可知，$F_{N1}=-F=-50\text{kN}$，$F_{N2}=-3F=-150\text{kN}$，对于纵向轴线，轴力图可画在轴线的任意一侧，标明正、负号，如图2.6b所示。

若考虑混凝土柱的自重，设混凝土柱的密度为 ρ，AB 段的横截面面积为 A_1，BC 段的横截面面积为 A_2，混凝土柱的轴力图如何？请读者考虑。

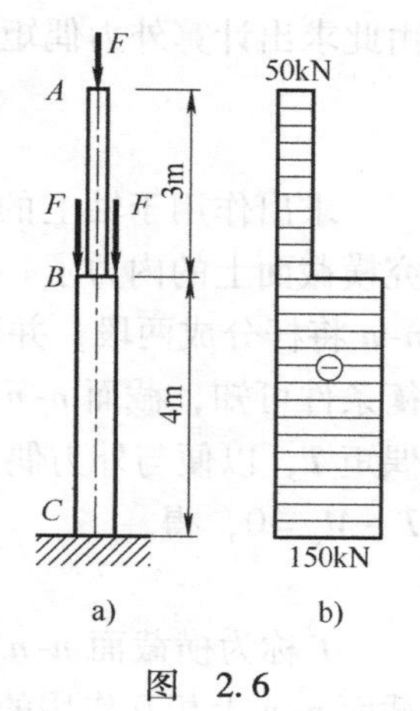

图 2.6

2.3 扭转的概念·扭矩与扭矩图

机械中的传动轴（图2.7a）、水轮发电机的主轴（图2.8a）均以扭转为其主要变形。它们可简化为图2.7b、图2.8b中的计算简图，其特点是在杆件两端作用大小相等、方向相反且作用平面垂直于杆件轴线的力偶，致使杆件的任意两个横截面都发生绕轴线的相对转动。若按右手法则将力偶用双箭头矢量表示（图2.7c、图2.8c），则受力图与杆件拉伸（压缩）时完全相同，因此，扭转内力问题与杆件拉伸（压缩）的内力问题相似。

工程中，作用于轴上的外力偶矩往往不是直接给出的，需要由轴所传递的功率和轴的转速来计算。例如在图2.7a中，设传动轴的转速为 n(r/min)，传递的功率为 P(kW)，1kW =

1000N·m/s，该功率由主动轮 A 输入，然后由从动轮 B 输出。由理论力学知，力偶的功率等于力偶矩 M_e 与角速度 ω 的乘积，即

$$M_e\omega = M_e \times \frac{2\pi n}{60} = P \times 1000$$

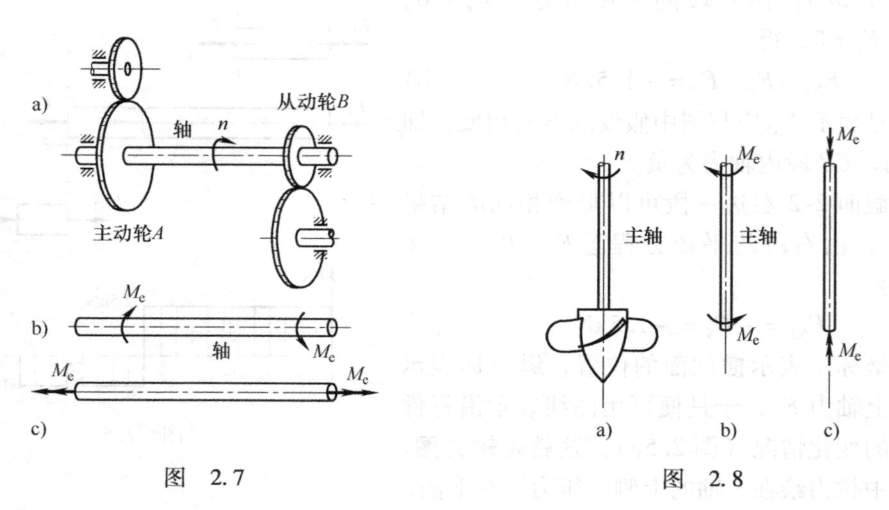

图 2.7　　　　图 2.8

由此求出计算外力偶矩 M_e 的公式为

$$M_e = 9549\frac{P}{n}(\mathrm{N\cdot m}) \tag{2.1}$$

求出作用于轴上的所有外力偶矩后，即可用截面法研究横截面上的内力了。以图 2.9a 所示圆轴为例，用横截面 n-n 将杆分成两段，并研究左段（图 2.9b）。根据该段的平衡条件可知，截面 n-n 上的分布内力系必须合成一个内力偶矩 T，以便与外力偶矩 M_e 相平衡。由平衡方程 $\sum M_x = 0$，$T - M_e = 0$，得

$$T = M_e$$

T 称为横截面 n-n 上的扭矩，它是杆件左、右两段在截面 n-n 上相互作用的分布内力系的合力偶矩。

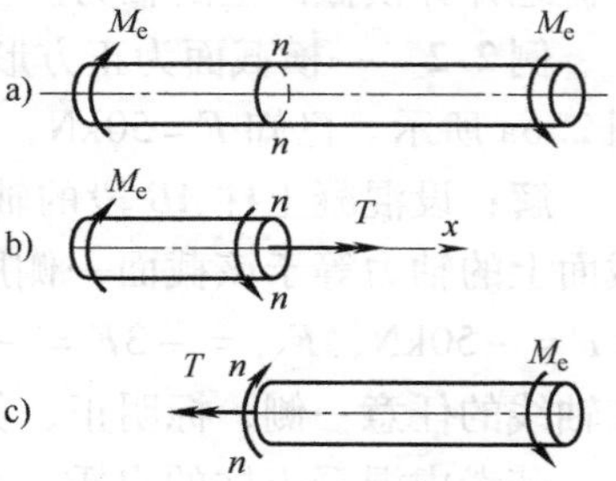

图 2.9

扭矩 T 的符号规定：按右手法则将扭矩用矢量表示，若矢量方向与截面的外法线方向相同，则扭矩为正；反之，扭矩为负。按此规定，在图 2.9b、c 中所示横截面 n-n 上的扭矩 T 均为正。

若作用于轴上的外力偶多于两个，与拉压问题中绘制轴力图一样，可用图线表示沿轴线各横截面上扭矩的变化情况，这种图线称为**扭矩图**。下面用例题来说明横截面扭矩的求法及扭矩图的作法。

例 2.3　传动轴如图 2.10a 所示。主动轮 A 输入功率为 $P_A = 36\mathrm{kW}$，从动轮 B、C、D 输出功率分别为 $P_B = P_C = 11\mathrm{kW}$，$P_D = 14\mathrm{kW}$，轴的转速为 $n = 300\mathrm{r/min}$。试绘制轴的扭矩图。

解：按式（2.1）算出作用于轴上的外力偶矩

$$M_A = 9549 \times \frac{P_A}{n} = \left(9549 \times \frac{36}{300}\right)\mathrm{N\cdot m} = 1146\mathrm{N\cdot m}$$

$$M_B = M_C = 9549 \times \frac{P_B}{n} = \left(9549 \times \frac{11}{300}\right)\text{N} \cdot \text{m} = 350\text{N} \cdot \text{m}$$

$$M_D = 9549 \times \frac{P_D}{n} = \left(9549 \times \frac{14}{300}\right)\text{N} \cdot \text{m} = 446\text{N} \cdot \text{m}$$

从受力情况看出，轴在 BC、CA、AD 三段内的受力并不相同。现用截面法研究各段内的扭矩。在 BC 段内以任一横截面Ⅰ-Ⅰ将轴分为两段，并取左段研究，将截面Ⅰ-Ⅰ上的扭矩 T_1 设为正（图 2.10b）。由左段的平衡方程 $\sum M_x = 0$，$T_1 + M_B = 0$，得

$$T_1 = -M_B = -350\text{N} \cdot \text{m}$$

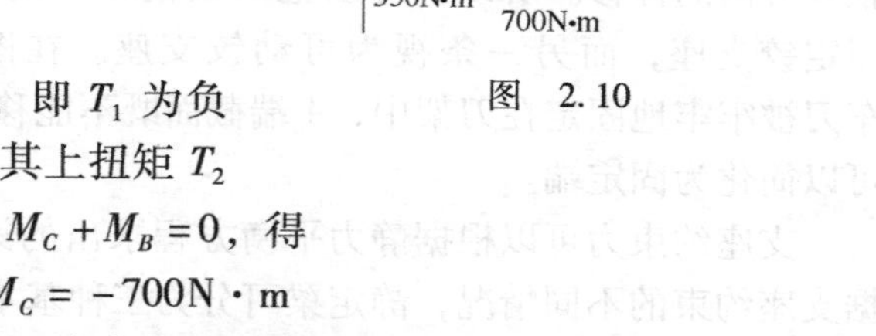

图　2.10

结果中的负号表示 T_1 的方向与假设的相反，即 T_1 为负值扭矩。同理，在 CA 段内任取截面Ⅱ-Ⅱ，其上扭矩 T_2 仍设为正，由左段的平衡方程 $\sum M_x = 0$，$T_2 + M_C + M_B = 0$，得

$$T_2 = -M_B - M_C = -700\text{N} \cdot \text{m}$$

在 AD 段内任取截面Ⅲ-Ⅲ，扭矩 T_3 仍设为正，由右段的平衡方程 $\sum M_x = 0$，$T_3 - M_D = 0$ 得

$$T_3 = M_D = 446\text{N} \cdot \text{m}$$

结果为正，表明 T_3 的方向与假设相同，即 T_3 为正值扭矩。仿照轴力图的作法，以横坐标表示横截面位置，纵坐标表示相应截面上的扭矩，按照求出的各段扭矩值，即可得到轴的扭矩图（图 2.10c）。

2.4　弯曲的概念·剪力与弯矩

1. 对称弯曲的概念和梁的计算简图

（1）对称弯曲的概念　若直杆所承受的外力是作用线垂直于杆轴的平衡力系，则变形后，杆件的轴线由直线变成曲线。这种变形称为**弯曲**。以弯曲变形为主要变形的杆，称为**梁**。工程中最常见的梁，例如图 2.11a、b、c 中的 AB 梁，其横截面都有一根对称轴，因而整个杆件有一个包含轴线的纵向对称面。当梁上所有的外力（或外力的合力）均作用在纵向对称面内时，梁变形后的轴线必定是一条在纵向对称面内的平面曲线。这种弯曲称为**对称弯曲**（图 2.12）。对称弯曲是弯曲问题中最简单和最常见的一种。

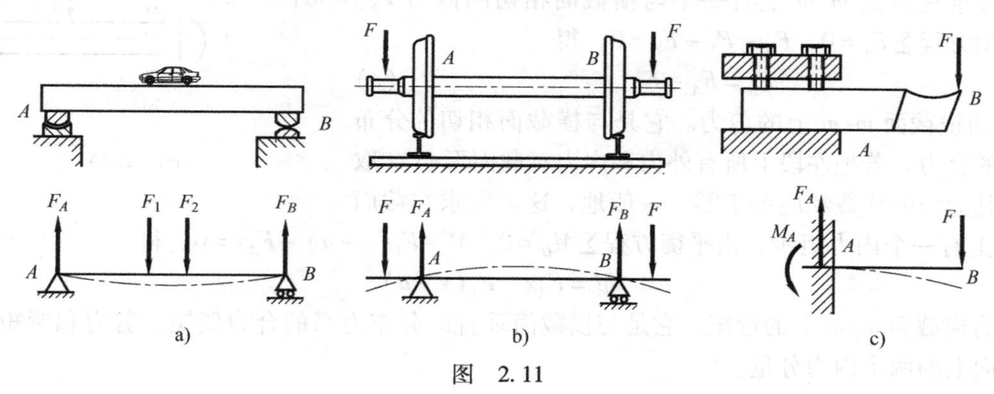

图　2.11

(2) 梁的计算简图 由于所讨论的是直梁的对称弯曲，因此，在梁的计算简图中可以用轴线代表梁。计算简图中对梁支座的简化，主要是根据每个支座对梁的约束情况来确定。例如在图 2.11a 中的凹形垫板支座约束梁端截面沿水平方向和铅垂方向的位移，故可简化为固定铰支座，凸形垫板支座仅约束梁端截面沿垂直于支承面方向的位移，故可简化为可动铰支座。在图 2.11b 中，钢轨不能限制车轮平面的轻微偏转，但车轮凸缘与钢轨的接触却可以约束轴线方向的位移。所以，可以把两条钢轨中的一条看作是固定铰支座，而另一条视为可动铰支座。在图 2.11c 中，车刀被牢牢地固定在刀架中，A 端截面既不能移动，也不能转动，可以简化为固定端。

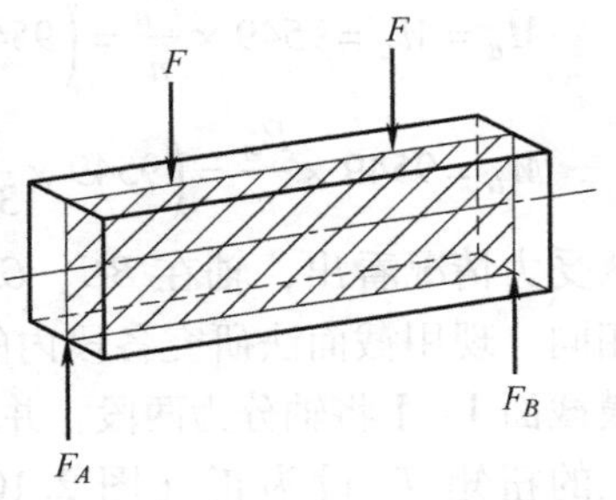

图 2.12

支座约束力可以根据静力平衡方程求出的梁称为**静定梁**。根据支座约束的不同情况，静定梁可分为三种基本形式。

1）简支梁。一端为固定铰支座，一端为可动铰支座（图 2.13a）。

2）悬臂梁。一端为固定端约束，另一端自由（图 2.13b）。

3）外伸梁。固定铰支座和可动铰支座不在梁端（图 2.13c）。

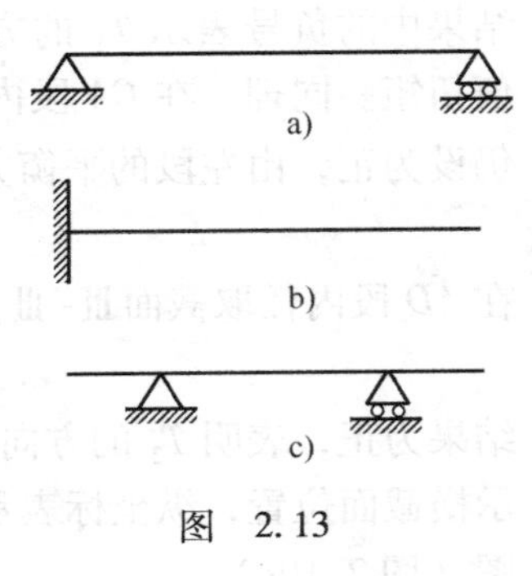

图 2.13

梁在两支座之间的部分称为**跨**，其长度称为梁的**跨长**。悬臂梁的跨长是固定端到自由端的距离。

2. 弯曲内力——剪力和弯矩

根据梁的计算简图，当载荷已知时，由平衡方程即可确定静定梁的支座约束力。然后，就可以应用截面法研究梁的内力了。现以图 2.14 所示简支梁为例，F_1、F_2 为梁上的载荷，F_A 和 F_B 为梁两端的支座约束力，梁处于平衡状态。为求梁横截面 m-m 上的内力，沿该截面假想地把梁分成两段，左、右两段在切开截面上将出现相互作用的内力。若研究左段的平衡，作用于左段上的外力和截面 m-m 上的内力在 y 轴上投影的代数和应等于零。一般地，这就要求在截面 m-m 上有一个与横截面相切的内力 F_S。由平衡方程 $\sum F_y=0$，$F_A-F_1-F_S=0$，得

$$F_S=F_A-F_1 \tag{a}$$

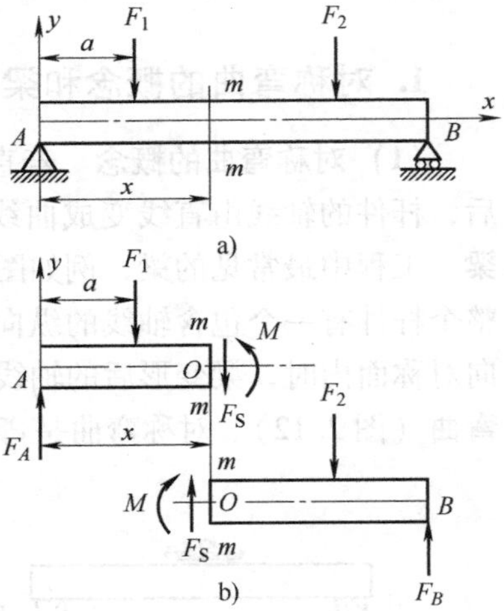

图 2.14

F_S 称为横截面 m-m 上的剪力。它是与横截面相切的分布力系的合力。若把左段上所有外力和内力对截面形心 O 取矩，其力矩的代数和应等于零。一般地，这就要求在截面 m-m 上有一个内力矩 M，由平衡方程 $\sum M_O=0$，$M+F_1(x-a)-F_Ax=0$，得

$$M=F_Ax-F_1(x-a) \tag{b}$$

M 称为横截面 m-m 上的弯矩。它是与横截面垂直的分布力系的合力偶矩。剪力和弯矩为梁横截面上的两个内力分量。

由式（a）、式（b）可以看出：在数值上，剪力 F_S 等于截面 m-m 以左所有横向外力的代数和；弯矩 M 等于截面 m-m 以左所有外力对截面形心力矩的代数和。

若以右段为研究对象，在上述内力与外力之间的关系中仅把截面 m-m 以“左”改为截面 m-m 以“右”即可。

剪力和弯矩的符号规定如下：从梁中取出长为 dx 的微段，若剪力使 dx 微段的左端对右端向上相对错动（图 2.15a），则截面上的剪力为正；反之，则为负（图 2.15b）。若弯矩使 dx 微段的弯曲变形凸向下（图 2.15c），则截面上的弯矩规定为正；反之，则为负（图 2.15d）。按此规定，在图 2.14b 中所示的横截面 m-m 上的剪力和弯矩均为正号。

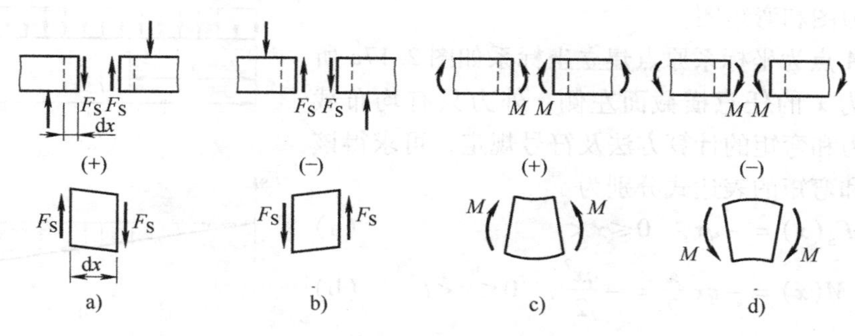

图　2.15

根据上述符号规则和内力与外力间的平衡关系可知，对水平梁的某一指定截面来说，在它左侧的向上外力，或右侧的向下外力，在该截面产生正的剪力；反之，产生负的剪力。至于弯矩，则无论在指定截面的左侧或右侧，向上的外力产生正的弯矩，向下的外力产生负的弯矩（图 2.15）。

例 2.4　桥式起重机的梁，可简化为图 2.16 所示的计算简图，梁上作用的集中力 F 为吊车和吊重的重力，均布载荷 q 为梁的自重。若已知 $F=50\text{kN}$，$q=10\text{kN/m}$，梁长 $l=2\text{m}$，试求梁横截面 D 上的剪力和弯矩。

解： 由于梁上的载荷和支座约束力对跨度中点是对称的，故利用对称性容易求出两端支座约束力

$$F_A = F_B = 35\text{kN}$$

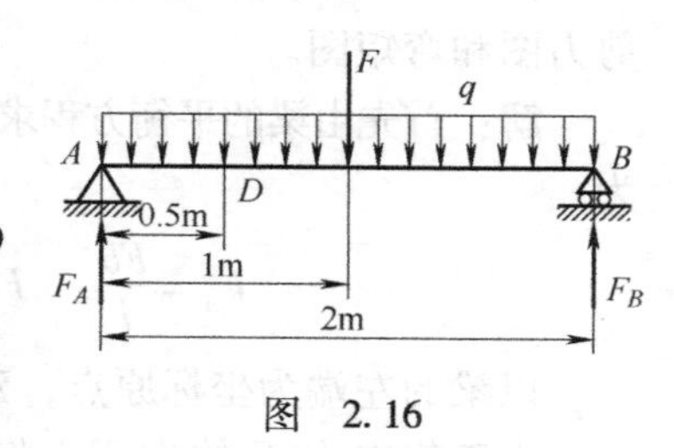

图　2.16

在截面 D 左侧的外力有 F_A 和一部分均布载荷。在截面 D 上，F_A 引起的剪力和弯矩均为正，且数值分别为 F_A 和 $F_A\times0.5$；均布载荷引起的剪力和弯矩均为负，且数值分别为 $q\times0.5$ 和 $q\times0.5\times\dfrac{0.5}{2}$。故 D 截面上的剪力和弯矩分别为

$$F_S = F_A - q\times0.5\text{m} = 30\text{kN}$$

$$M = F_A\times0.5\text{m} - q\times0.5\text{m}\times\frac{0.5\text{m}}{2} = 16.25\text{kN}\cdot\text{m}$$

2.5　剪力方程与弯矩方程 · 剪力图与弯矩图

从前面的讨论看出，一般情况下，梁横截面上的剪力和弯矩随截面位置而变化。若以坐

标 x 表示横截面在梁轴线上的位置，则横截面上的剪力和弯矩都可以表示为 x 的函数，即

$$F_S = F_S(x)$$
$$M = M(x)$$

上面的函数表达式称为梁的**剪力方程**和**弯矩方程**。

与绘制轴力图和扭矩图一样，可以用图线表示梁横截面上的剪力和弯矩沿轴线变化的情况。以平行于梁轴的横坐标 x 表示横截面的位置，以纵坐标表示相应截面上的剪力或弯矩，所绘制的图线分别称为**剪力图**和**弯矩图**㊀。下面举例说明。

例 2.5 图 2.17 所示悬臂梁受均布载荷 q 作用。试绘制梁的剪力图和弯矩图。

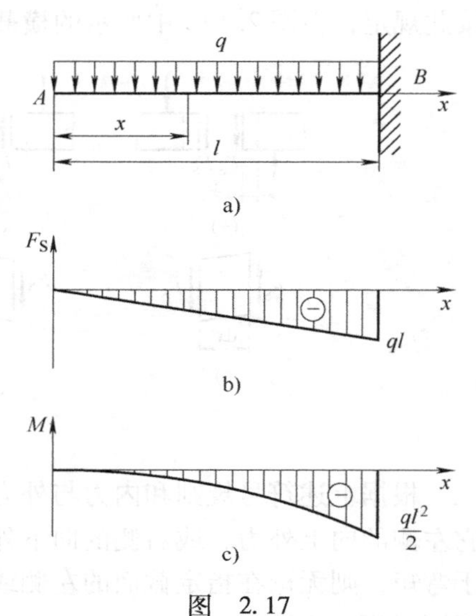

图 2.17

解： 以 A 点为坐标系原点建立坐标系如图 2.17a 所示。在坐标为 x 的任意横截面左侧，外力只有均布载荷。根据剪力和弯矩的计算方法及符号规定，可求得该截面上剪力和弯矩的表达式分别为

$$F_S(x) = -qx, \quad 0 \leqslant x < l \qquad (a)$$

$$M(x) = -qx\frac{x}{2} = -\frac{qx^2}{2}, \quad 0 \leqslant x < l \qquad (b)$$

这就是梁的剪力方程和弯矩方程。式（a）表明，剪力图是一斜直线，只需确定两点，例如在 $x=0$ 处 $F_S=0$，在 $x=l$ 处 $F_S=-ql$，即可绘出（图 2.17b）。式（b）表明，弯矩图是抛物线，需要确定曲线上的几个点，才能绘出该条曲线（图 2.17c）。

由图可见，在固定端处左侧横截面上的剪力和弯矩数值均为最大，分别为 $|F_S|_{\max} = ql$ 和 $|M|_{\max} = \frac{ql^2}{2}$。

例 2.6 图示简支梁受集中力 F 作用。试绘制梁的剪力图和弯矩图。

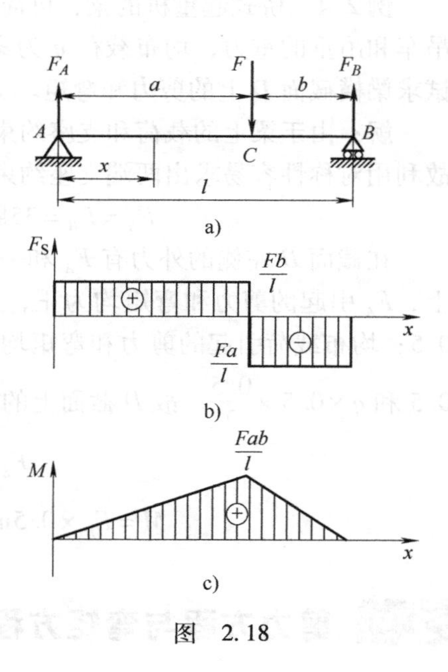

图 2.18

解： 首先由梁的平衡方程求得支座约束力（图 2.18a）为

$$F_A = \frac{Fb}{l}, \quad F_B = \frac{Fa}{l}$$

以梁的左端为坐标原点，建立坐标系如图 2.18a 所示。由于集中力 F 的作用，将梁分为 AC 和 CB 两段，两段内的剪力或弯矩不能用同一方程式表达，应分段列出。在 AC 段内取距原点为 x 的任意横截面左侧，根据剪力和弯矩的计算方法及符号规定，可求得 AC 段的剪力和弯矩方程分别为

$$F_S(x) = \frac{Fb}{l}, \quad 0 < x < a \qquad (a)$$

㊀ 本书将弯矩图画在梁弯曲变形受压的一侧。在结构力学中习惯将弯矩图画在梁弯曲变形受拉一侧。

$$M(x)=\frac{Fb}{l}x,\quad 0\leqslant x\leqslant a \tag{b}$$

在 CB 段内取坐标为 x 的任意截面，该截面上的剪力方程和弯矩方程分别是

$$F_S(x)=\frac{Fb}{l}-F=-\frac{Fa}{l},\quad a<x<l \tag{c}$$

$$M(x)=\frac{Fb}{l}x-F(x-a)=\frac{Fa}{l}(l-x),\quad a\leqslant x\leqslant l \tag{d}$$

当然，在 CB 段内如用截面右侧的外力计算，会得到相同的结果。

由式（a）、式（c）可知，左、右两段梁的剪力图各是一条平行于 x 轴的直线。由式（b）、式（d）可知，左、右两段梁的弯矩图各是一条斜直线。根据这些方程绘出的剪力图和弯矩图如图 2. 18b、c 所示。

由图 2. 18b、c 可见，在集中力作用处，左、右两侧截面上的剪力值有突变，且突变量为集中力的值。在集中力作用处截面上的弯矩值为最大。

例 2. 7　图 2. 19a 所示的简支梁在 C 点处受矩为 M_e 的集中力偶作用。试绘出此梁的剪力图和弯矩图。

解：由平衡方程求出约束力为

$$F_A=\frac{M_e}{l}\text{（向下）},\quad F_B=\frac{M_e}{l}\text{（向上）}$$

由于梁上的载荷是一个集中力偶，所以，AC 和 CB 两段梁的剪力方程可以统一，但是弯矩方程则不同。这些方程是

$$F_S(x)=-F_A=-\frac{M_e}{l},\quad 0<x<l$$

AC 段：

$$M(x)=-F_Ax=-\frac{M_e}{l}x,\quad 0\leqslant x<a$$

CB 段：

$$M(x)=F_B(l-x)=\frac{M_e}{l}(l-x),\quad a<x\leqslant l$$

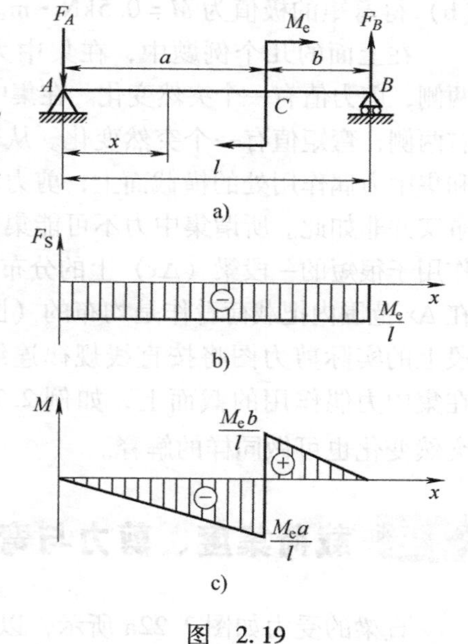

图　2. 19

按以上方程绘出的剪力图和弯矩图分别如图 2. 19b、c 所示。

由图可见，在集中力偶作用处，左、右两侧截面上的弯矩值有突变，且突变量为集中力偶的值。

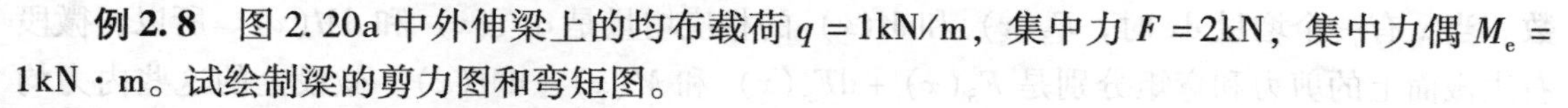

例 2. 8　图 2. 20a 中外伸梁上的均布载荷 $q=1\text{kN/m}$，集中力 $F=2\text{kN}$，集中力偶 $M_e=1\text{kN}\cdot\text{m}$。试绘制梁的剪力图和弯矩图。

解：由梁的静力平衡方程求出支座约束力为

$$F_A=1\text{kN}\text{（向上）},\quad F_B=5\text{kN}\text{（向上）}$$

分 AB 和 BC 两段列出剪力方程和弯矩方程。在 AB 段，以 A 为坐标原点，任意横截面 x_1 上的剪力和弯矩的表达式为

$$F_S(x_1)=F_A-qx_1=1-x_1,\quad 0<x_1<4\text{m} \tag{a}$$

$$M(x_1)=F_Ax_1-\frac{1}{2}qx_1^2=x_1-\frac{1}{2}x_1^2,\quad 0\leqslant x_1<4\text{m} \tag{b}$$

当列 BC 段内的剪力方程和弯矩方程时，为使方程简单，可以 C 为坐标原点，距 C 点为 x_2 的任意横截面上的剪力和弯矩的表达式为

$$F_S(x_2)=F=2\text{kN},\quad 0<x_2<1.5\text{m}$$

$$M(x_2)=-Fx_2=-2x_2,\quad 0\leqslant x_2<1.5\text{m}$$

按以上方程绘出剪力图和弯矩图分别如图 2.20b、c 所示。式（b）表明，AB 段内的弯矩图是抛物线，绘制弯矩图时，有三个截面上的弯矩应该求出，即 A、B 截面和弯矩为极值的截面。根据极值条件 $\frac{dM(x_1)}{dx_1}=0$，由式（b），得

$$1-x_1=0$$

由此解出 $x_1=1\text{m}$，亦即在该截面上弯矩为极值。代入式（b）得弯矩的极值为 $M=0.5\text{kN}\cdot\text{m}$。

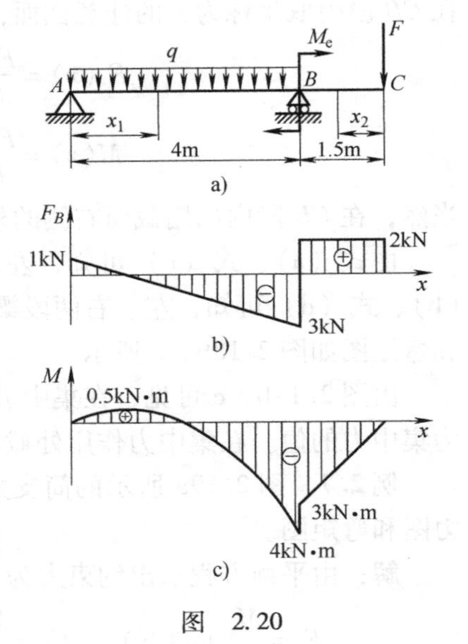

图 2.20

在上面的几个例题中，在集中力作用截面的左、右两侧，剪力值有一个突然变化。在集中力偶作用截面的左、右两侧，弯矩值有一个突然变化。从表面上看，在集中力和集中力偶作用处的横截面上，剪力和弯矩似无定值。但事实并非如此。所谓集中力不可能集中作用于一点，它是作用于很短的一段梁（Δx）上的分布力系的简化结果。若在 Δx 范围内把载荷看作是均布的（图 2.21a），则在此梁段上的实际剪力图将按直线规律连续变化（图 2.21b）。在集中力偶作用的截面上，如例 2.7 的截面 C，弯矩的突然变化也可做同样的解释。

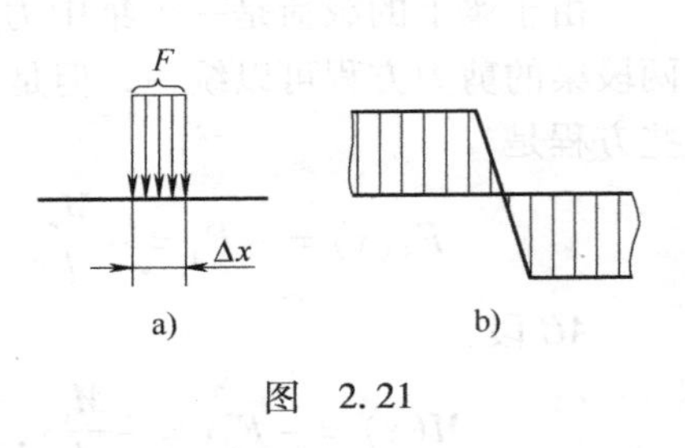

图 2.21

2.6 载荷集度、剪力与弯矩之间的关系

直梁的受力如图 2.22a 所示，以左端为坐标原点，轴线为 x 轴，y 轴向上为正。分布载荷集度 $q(x)$ 是 x 的连续函数，且规定向上为正。在坐标为 x 处取出长为 dx 的梁段，并放大为图 2.22b。微段左边截面上的剪力和弯矩分别为 $F_S(x)$ 和 $M(x)$，它们都是 x 的连续函数。当 x 有一个增量 dx 时，$F_S(x)$ 和 $M(x)$ 的相应增量是 $dF_S(x)$ 和 $dM(x)$。所以，微段右边截面上的剪力和弯矩分别是 $F_S(x)+dF_S(x)$ 和 $M(x)+dM(x)$。微段上的这些内力均设为正，且设微段内无集中力和集中力偶。由微段的静力平衡方程 $\sum F_y=0$ 和 $\sum M_C=0$（C 为微段右侧截面形心），得

$$F_S(x)-[F_S(x)+dF_S(x)]+q(x)dx=0$$

$$-M(x)+[M(x)+dM(x)]-F_S(x)\cdot dx-q(x)\cdot dx\cdot\frac{dx}{2}=0$$

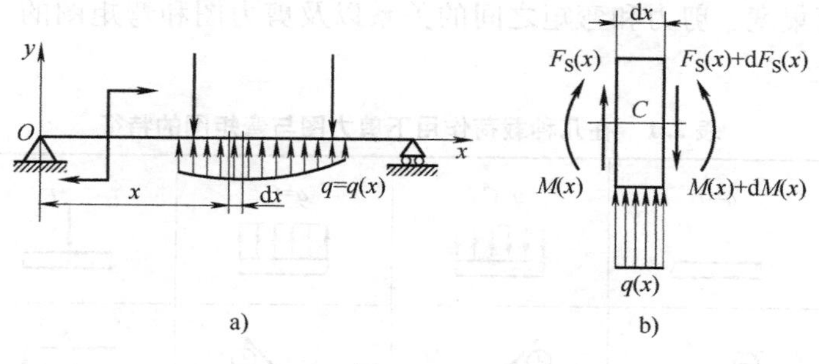

图　2.22

整理以上两式，并略去第二式中的高阶微量 $q(x)\cdot dx\cdot\frac{dx}{2}$，得

$$\frac{dF_S(x)}{dx}=q(x) \tag{2.2}$$

$$\frac{dM(x)}{dx}=F_S(x) \tag{2.3}$$

从式（2.2）、式（2.3）又可得到如下关系：

$$\frac{d^2M(x)}{dx^2}=\frac{dF_S(x)}{dx}=q(x) \tag{2.4}$$

以上三式表示了直梁载荷集度、剪力和弯矩之间的关系。从数学分析中可知，式（2.2）、式（2.3）的几何意义分别是：**剪力图上某点处的切线斜率等于该点处载荷集度的大小；弯矩图上某点处的切线斜率等于该点处剪力的大小。**

根据上面导出的关系式，容易得出下面的一些规律，这对绘制或校核剪力图和弯矩图是有用的。

1）若梁的某一段内无载荷作用，即 $q(x)=0$，由式（2.2）可知，在这一段内 $F_S(x)$ 为常量，即剪力图是平行于 x 轴的直线。由式（2.3）可知，$M(x)$ 是 x 的一次函数，弯矩图是斜直线，例如图 2.18。对于 $F_S(x)=0$ 的特例，显见，在这一段梁内 $M(x)$ 为常量。

2）若梁的某一段内作用有均布载荷，即 $q(x)=$ 常数，由式（2.4）可知，在这一段内 $F_S(x)$ 是 x 的一次函数，$M(x)$ 是 x 的二次函数。因此，剪力图是斜直线，弯矩图是抛物线。例如图 2.17 和图 2.20。

若分布载荷 $q(x)$ 向下，即 $q(x)$ 为负，故 $\frac{d^2M(x)}{dx^2}=q(x)<0$，则 $M(x)$ 图应为向上凸的曲线（图 2.17 和图 2.20）。反之，若分布载荷向上，则 $M(x)$ 图应为向下凸的曲线。

3）在分布载荷作用段，若在梁的某一截面上（即 $x=x_0$ 处），$\left.\frac{dM(x)}{dx}\right|_{x=x_0}=F_S(x_0)=0$，则在这一截面上弯矩有一极值。即在剪力等于零的截面上，弯矩为极值（图 2.20c）。

4）集中力作用截面的左、右两侧，剪力有突然变化（图 2.18b），突变值为集中力大小。弯矩图的斜率也发生突然变化形成一个转折点（图 2.18c）。弯矩的极值也可能出现在这类截面上。

5）集中力偶作用截面的左、右两侧，弯矩发生突然变化（图 2.19c 和图 2.20c），突变值为集中力偶的大小，这里也可能出现弯矩的极值。

根据上述载荷集度、剪力和弯矩之间的关系以及剪力图和弯矩图的一些特征，总结为表2.1，以供参考。

表2.1　在几种载荷作用下剪力图与弯矩图的特征

一段梁上的载荷 / F_S、M图	$q=0$	$q=C$	$q=C$	F	M_e
F_S—x	⊕ 或 ⊖	⊕ ⊖	⊖ ⊕	F	
M—x	或				M_e

例2.9　薄板轧机轧辊的计算简图如图2.23a所示。q为均匀分布在CD长度上的轧制力。试利用上面介绍的一些关系，直接绘出梁的剪力图和弯矩图。已知$q=100\text{kN/m}$。

解： 先计算支座约束力F_A、F_B，从载荷及支座约束力的对称性得到

$$F_A=F_B=\left(\frac{1}{2}\times100\times1.6\right)\text{kN}=80\text{kN}$$

支座约束力F_A、F_B及均布载荷将梁分为AC、CD和DB三段。AC和DB梁段上$q=0$，故这两段梁上的剪力图和弯矩图均应分别为水平直线和斜直线。在CD段上有向下的均布载荷，故剪力图和弯矩图应分别为向右下方倾斜的直线和向上凸的二次抛物线。

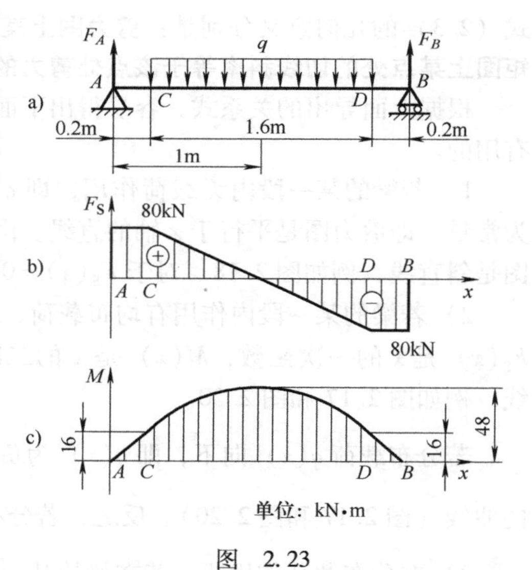

图　2.23

对于剪力图为水平直线的梁段，只需求出该段中任一横截面上的剪力即可绘出该段的剪力图。根据剪力的计算方法，截面C和D上的剪力分别为

$$F_{SC}=F_A=80\text{kN}$$
$$F_{SD}=-F_B=-80\text{kN}$$

根据以上的定性分析及算得的剪力，即可绘出全梁的剪力图（图2.23b）。

由于AC和DB段的弯矩图为斜直线，需计算每段中两个截面的弯矩值才能绘图。为此，计算A、C、B、D四个横截面上的弯矩。根据弯矩的计算方法，并利用对称性，得

$$M_A=M_B=0$$
$$M_D=M_C=F_A\times0.2\text{m}=16\text{kN}\cdot\text{m}$$

对于CD段梁，其弯矩图应为向上凸的二次抛物线。由于在中点E处横截面上的剪力$F_S=0$，因而该横截面上的弯矩M_E为极值。由弯矩的计算方法得

$$M_E = F_A \times 1\mathrm{m} - \frac{1}{2}q\ (1\mathrm{m} - 0.2\mathrm{m})^2 = 48\mathrm{kN \cdot m}$$

根据以上的定性分析及算得的弯矩，即可绘出全梁的弯矩图（图 2.23c）。由图 2.23c 可见 M_{max}发生在跨中横截面上。

现在校核已绘出的剪力图和弯矩图。在向下的均布载荷作用的梁段 CD 上，剪力图为向右下方倾斜的直线，弯矩图为向上凸起的二次抛物线，极值弯矩处对应 $F_S = 0$ 的点。弯矩图上直线与抛物线光滑相接，即在该处切线斜率只有一个，这与剪力图上 C、D 处剪力无突变的情况相符。经校核可知，所绘制的剪力图和弯矩图是正确的。

以上所用的作图方法实际上是利用了载荷集度、剪力和弯矩之间的微分关系。利用这种方法不必写出剪力方程和弯矩方程，从而使作图过程大为简化。故该法称为**简易法**。简易法作图的步骤是：**在求得梁的支座约束力以后，首先要明确剪力图和弯矩图分成几段，并定性地分析每段图线的形状。然后计算几个横截面（各段的分界处截面和极值弯矩截面）上的剪力和弯矩，进而绘出剪力图和弯矩图。最后再进行必要的校核。**

例 2.10　试用简易法绘出图 2.24 所示梁的剪力图和弯矩图。已知 q、a。

解： 由静力平衡方程求得支座约束力为

$$F_A = \frac{3}{4}qa,\quad F_B = \frac{1}{4}qa$$

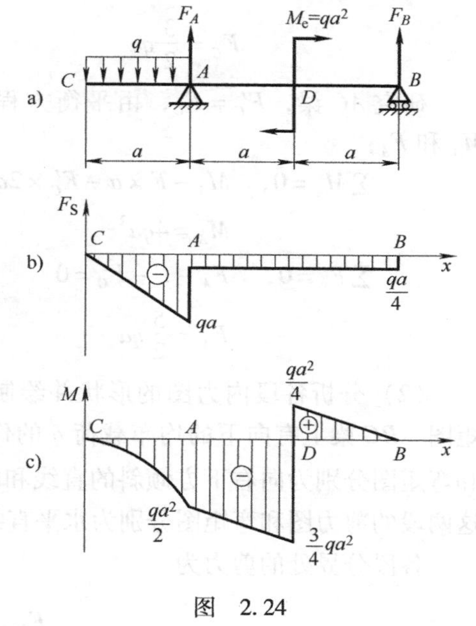

图　2.24

根据梁上的外力情况，剪力图需分 CA、AB 两段绘制，D 截面的外力偶对剪力无影响。弯矩图需分 CA、AD 和 DB 三段绘制。在 CA 段上有向下的均布载荷，故其剪力图和弯矩图应分别为向右下方倾斜的直线和向上凸的二次抛物线。在 AD 和 DB 段上 $q = 0$，故这两段梁的剪力图和弯矩图分别为水平直线和斜直线。应当注意，在 A 处有支座约束力 F_A，剪力图上有突变，要分别计算 A 截面的左、右两侧上的剪力值。在 D 处有集中力偶作用，弯矩图上有突变，要分别计算 D 截面左、右两侧上的弯矩值。

各段分界处的剪力为

$$F_{SC} = 0$$

$$F_{SA左} = -qa$$

$$F_{SA右} = -qa + F_A = -qa + \frac{3}{4}qa = -\frac{1}{4}qa$$

$$F_{SB} = F_B = -\frac{1}{4}qa$$

由以上剪力值并结合微分关系，便可绘出剪力图（图 2.24b）。

各段分界处的弯矩为

$$M_C = 0$$

$$M_A = -qa \times \frac{a}{2} = -\frac{1}{2}qa^2$$

$$M_{D左} = -qa \times \frac{3}{2}a + F_A \times a = -\frac{3}{4}qa^2$$

$$M_{D右} = F_B \times a = \frac{1}{4}qa^2$$

由以上弯矩值并结合微分关系，便可绘出弯矩图（图 2.24c）。

例 2.11 试用简易法作图 2.25a 所示具有中间铰的梁的剪力图和弯矩图。已知：$F = qa$，$M_e = qa^2$。

解：（1）求支座约束力 为求梁的支座约束力，将中间铰 C 拆开（图 2.25b）。首先取 BC 梁作为研究对象，由静力平衡方程可求出约束力 F_B 和 F_C：

$$\sum M_C = 0,\quad F_B \times 2a + M_e - 2qa \times a = 0$$

$$F_B = \frac{qa}{2}$$

$$\sum F_y = 0,\quad F_C + F_B - 2qa = 0$$

$$F_C = \frac{3}{2}qa$$

研究 AC 梁，$F'_C = F_C$，由平衡方程求出约束力 M_A 和 F_A：

$$\sum M_A = 0,\quad M_A - F \times a - F'_C \times 2a = 0$$

$$M_A = 4qa^2$$

$$\sum F_y = 0,\quad F_A - F - F'_C = 0$$

$$F_A = \frac{5}{2}qa$$

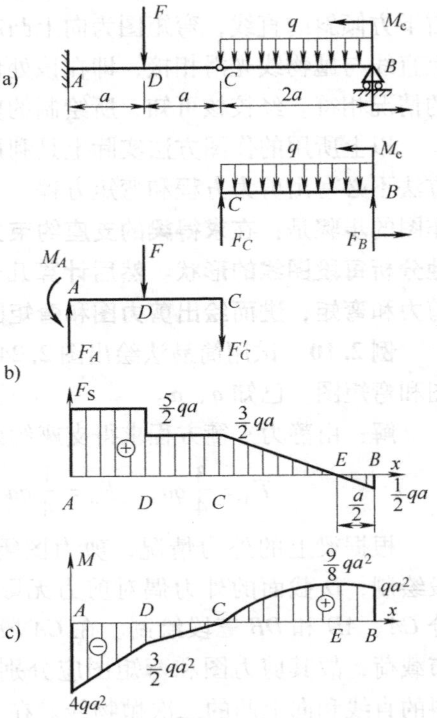

图 2.25

（2）分析各段内力图的形状并绘制剪力图和弯矩图 BC 梁上有向下的均布载荷 q 的作用，剪力图和弯矩图分别为向右下方倾斜的直线和向上凸的二次抛物线。在 AD 段和 DC 段上 $q = 0$，故这两段的剪力图和弯矩图分别为水平直线和斜直线。

各段分界处的剪力为

$$F_{SA右} = F_A = \frac{5}{2}qa$$

$$F_{SD左} = \frac{5}{2}qa$$

$$F_{SD右} = \frac{3}{2}qa$$

$$F_{SC左} = F_{SC右} = \frac{3}{2}qa$$

$$F_{SB左} = -F_B = -\frac{1}{2}qa$$

由以上剪力值并结合微分关系，便可绘出剪力图（图 2.25c）。各段分界处的弯矩为

$$M_A = -4qa^2$$

$$M_D = -F'_C \times a = -\frac{3}{2}qa^2$$

$$M_C = 0$$

$$M_B = qa^2$$

剪力等于零的 E 截面上弯矩有极值，由剪力图上的几何关系可得 $EB = \frac{a}{2}$。极值弯矩 M_E 为

$$M_E = F_B \times \frac{a}{2} + M_e - \frac{1}{2}q \times \left(\frac{a}{2}\right)^2 = \frac{9}{8}qa^2$$

由以上弯矩值并结合微分关系，便可绘出弯矩图（图 2.25d）。

应当指出，从内力图看，中间铰梁与普通梁并无区别，但由于铰不能传递力偶，故铰所在截面处的弯矩等于零。

2.7 平面刚架与平面曲杆的弯曲内力

平面刚架是由在同一平面内、不同取向的杆件，通过杆端相互刚性连接而组成的结构。在刚性连接处两部分不能有相对转动，这种连接称为**刚节点**。例如钻床床身、轧钢机机架和压力机的机架（图 2.26）等，可以简化为刚架。当载荷作用在包含轴线的平面内时，刚架将产生弯曲变形，各杆横截面上的内力分量一般有弯矩、剪力和轴力。

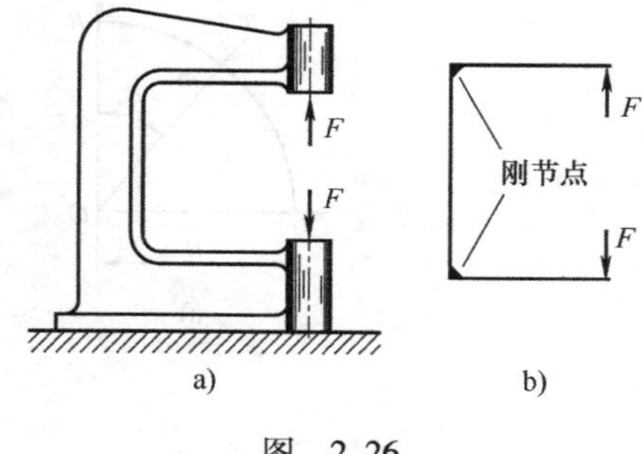

图 2.26

轴线为一平面曲线的杆称为**平面曲杆**。与平面刚架类似，若载荷作用在包含曲杆轴线的平面内时，曲杆将产生弯曲变形。曲杆横截面上的内力分量一般有弯矩、剪力和轴力。下面通过两个例题说明平面刚架和曲杆的内力计算方法。

例 2.12 图 2.27a 所示为下端固定的刚架，在其轴线平面内受载荷 F 和 q 作用。试绘出此刚架的内力图。

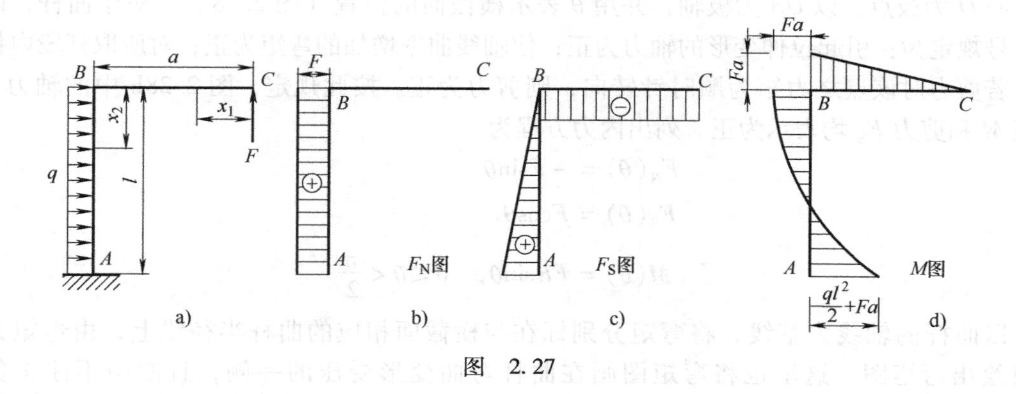

图 2.27

解：计算内力时，一般应先求刚架的支座约束力。但本题的刚架 C 点为自由端，若对水平杆将坐标原点取在 C 点，对竖直杆将坐标原点取在 B 点，并分别取水平杆的截面右侧部分和竖直杆的截面以上部分作为研究对象（图 2.27a），这样可以不求支座约束力。刚架

的轴力及剪力的正、负规定与以前相同。下面列出各段杆的内力方程为

CB 段：

$$F_N(x_1)=0$$
$$F_S(x_1)=-F$$
$$M(x_1)=Fx_1,\quad 0\leqslant x_1\leqslant a$$

BA 段：

$$F_N(x_2)=F$$
$$F_S(x_2)=qx_2$$
$$M(x_2)=Fa-\frac{1}{2}qx_2^2,\quad 0\leqslant x_2<l$$

根据各段的内力方程，即可绘出轴力、剪力和弯矩图，分别如图 2.27b、c 和 d 所示。剪力图及轴力图可画在刚架轴线的任一侧（通常正值画在刚架的外侧），但需注明正、负号。至于弯矩图，本书约定画在杆件弯曲变形受压的一侧[⊖]，且图中不注正负号。

例 2.13 一端固定的四分之一圆环在其轴线平面内受力如图 2.28a 所示，试写出此曲杆的内力方程并绘出弯矩图。

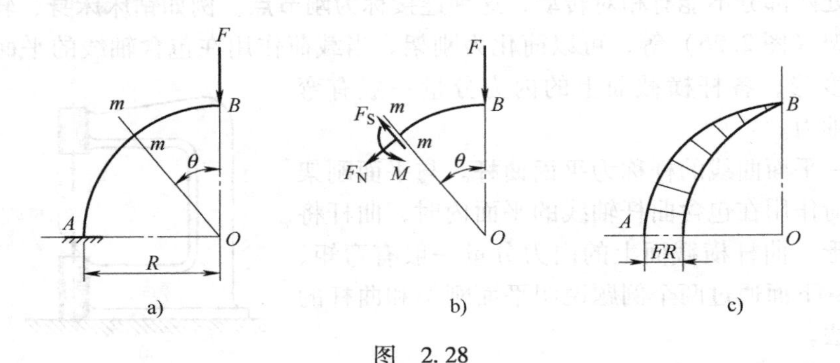

图 2.28

解： 首先写出曲杆的内力方程。对于环状曲杆，应以极坐标表示其横截面的位置。取环的中心 *O* 为极点，以 *OB* 为极轴，并用 θ 表示横截面的位置（图 2.28a）。对于曲杆，内力的符号规定为：引起拉伸变形的轴力为正；使轴线曲率增加的弯矩为正；对所取杆段内任一点，若剪力对该点之力矩为顺时针转向，则剪力为正。按此规定，图 2.28b 中的轴力 F_N、弯矩 M 和剪力 F_S 均表示为正。列出内力方程为

$$F_N(\theta)=-F\sin\theta$$
$$F_S(\theta)=F\cos\theta$$
$$M(\theta)=FR\sin\theta,\quad 0\leqslant\theta<\frac{\pi}{2}$$

以曲杆的轴线为基线，将弯矩分别标在与横截面相应的曲杆半径线上，由弯矩方程即可绘出弯矩图。这里也将弯矩图画在曲杆弯曲变形受压的一侧，且图中不注正负号（图 2.28c）。

⊖ 在土木工程中，习惯将弯矩图画在杆件弯曲变形受拉的一侧。

本章小结

1. 基本要求

1）掌握杆件内力的普遍情况。

2）掌握轴向拉伸和压缩的概念，熟练计算截面轴力并画轴力图。

3）掌握扭转变形的概念，熟练计算截面扭矩并画扭矩图。

4）掌握弯曲变形和对称弯曲的概念，熟练写出剪力方程和弯矩方程并画剪力图和弯矩图。

5）掌握载荷集度、剪力和弯矩间的微分关系，熟练利用简易法作剪力图和弯矩图。

6）掌握平面刚架的内力计算。

2. 本章重点

1）各种基本变形下指定截面上的内力计算及符号规定，熟悉截面法的应用，正确绘出内力图，找出危险截面。

2）梁的弯曲内力是几种基本变形中最复杂的，注意剪力和弯矩正负号规定及其确定方法。根据载荷集度、剪力和弯矩间的微分关系绘出剪力图和弯矩图。

3. 本章难点

1）内力值的正负号规定，尤其是剪力和弯矩。符号的规定以变形为主。

2）载荷集度、剪力和弯矩间的微分关系和突变关系的掌握，由剪力图或弯矩图推断弯矩图或剪力图和结构受力图，判断内力图的正误。

3）刚架和曲杆内力图的画法。注意刚节点局部处各内力分量应满足平衡条件，无集中力偶作用时两侧弯矩图等值同侧。曲杆注意内力图画在轴线的法线方向且受压一侧。

4. 学习建议

学会并熟练掌握内力图的做法。内力图横坐标与截面的对应关系、突变关系、内力的标注等是相同的，因此一定要有一个良好的习惯。注意比较拉伸与压缩、扭转和弯曲变形中内力的求解过程，计算指定截面内力时采用“设正法”比较方便。

弯曲内力是材料力学中的一个重要的基本内容，原理简单但容易出错。应特别加以注意以下几点：

1）正确地计算支座约束力是绘制内力图的关键，应确保无误。因此利用平衡方程求出支座约束力后，应进行校核。

2）计算梁横截面的内力时，应特别注意外力的方向与其引起的内力符号的关系，以保证内力的正负号正确。

3）梁上荷载不连续时，剪力和弯矩方程需分段列出。为了计算方便，各段方程的 x 坐标原点和方向可以相同，也可以不同。

4）绘出梁的内力图后应利用载荷集度、剪力和弯矩间的微分关系进行校核，以确保正确。

习　题

2.1　简述用截面法求杆件内力的步骤。

2.2　一般情况下，在外力作用时，杆件横截面上有几个内力分量？

2.3　如何根据截面一侧的轴向外力直接求出拉（压）杆横截面上的轴力？

2.4　如何根据截面一侧的扭转外力偶直接求出轴横截面上的扭矩？

2.5　如何根据截面一侧的外力（或外力偶）直接求出梁横截面上的剪力和弯矩？

2.6　在集中力作用处，梁的剪力图和弯矩图上有何特点？在集中力偶作用处，梁的剪力图和弯矩图上有何特点？

2.7　对题2.7图示简支梁 m-m 截面，如用截面左侧的外力来计算该截面的剪力和弯矩，则 F_S 和 M 与 q 无关；如用截面右侧的外力来计算，则 F_S 和 M 又与 F 无关。试问这样的论断正确吗？

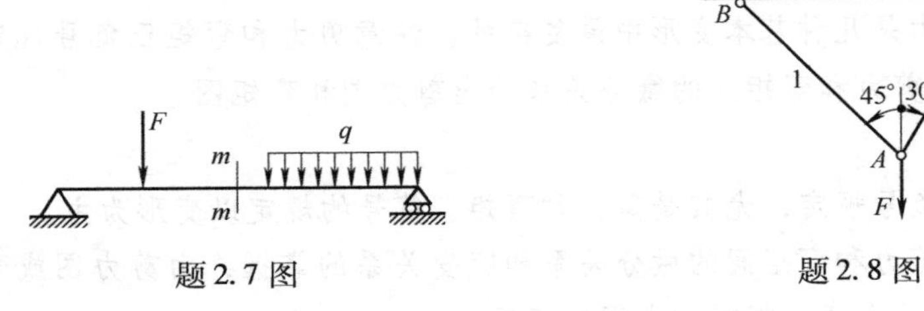

题2.7图　　题2.8图

2.8　求题2.8图示结构中两杆的轴力。已知 $F=10\text{kN}$。

2.9　求题2.9图示各杆1-1、2-2和3-3截面上的轴力，并绘制轴力图。

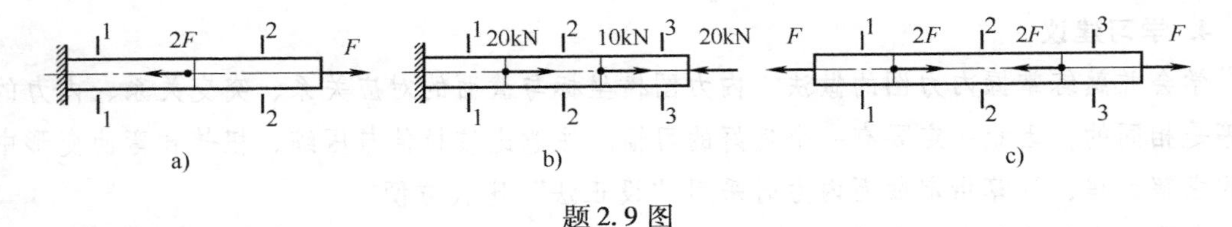

题2.9图

2.10　求题2.10图示各杆1-1、2-2和3-3截面上的扭矩，并绘出杆的扭矩图（单位：kN · m）。

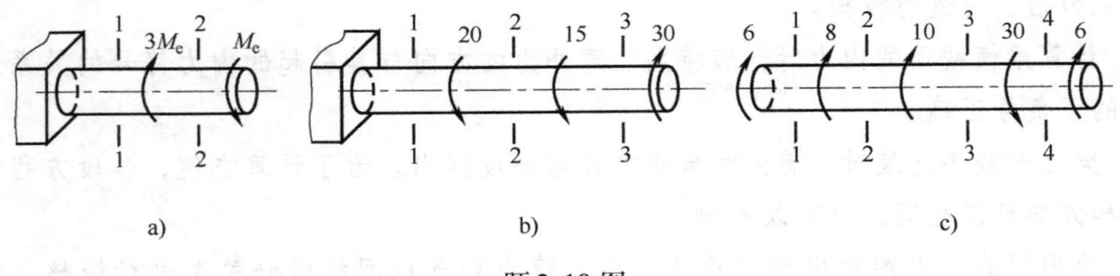

题2.10图

2.11　题 2.11 图示传动轴的转速 $n=200\text{r/min}$，轴上装有四个轮子，主动轮 2 输入的功率为 50kW，从动轮 1、3、4 依次输出 18kW、12kW 和 20kW。试绘出该轴的扭矩图。

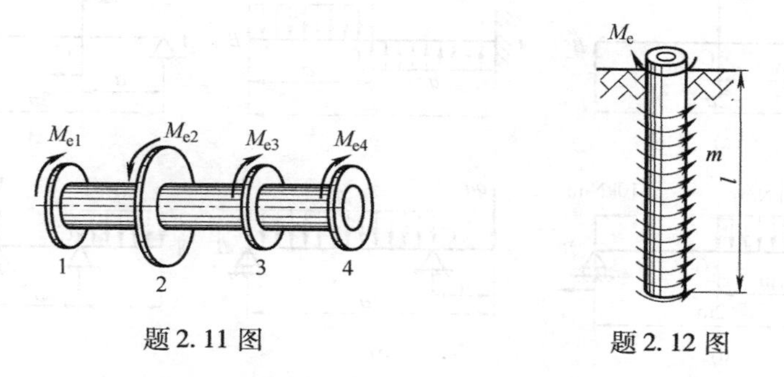

题 2.11 图　　　　题 2.12 图

2.12　题 2.12 图示钻探机的功率为 10kW，转速 $n=180\text{r/min}$，钻杆钻入土层的深度 $l=40\text{m}$。如土壤对钻杆的阻力可看作是均匀分布的力偶，试求此分布力偶的集度 m，并绘出钻杆的扭矩图。

2.13　试求题 2.13 图示各梁中截面 1-1、2-2 和 3-3 上的剪力和弯矩，这些截面无限接近于截面 C、B 或截面 D。设 F、q、a 均为已知。

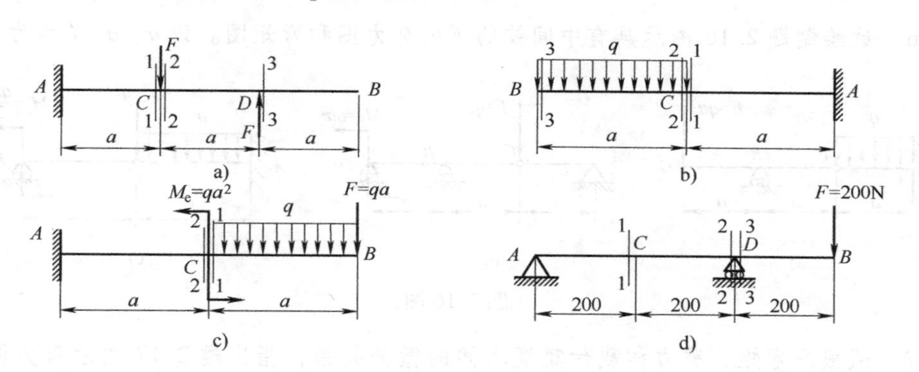

题 2.13 图

2.14　写出题 2.14 图示各梁的剪力方程和弯矩方程，并绘出剪力图和弯矩图。设 q、a、l 均为已知。

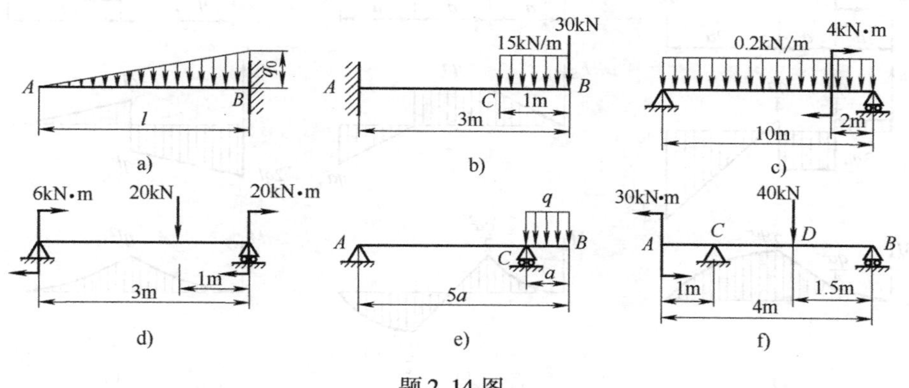

题 2.14 图

2.15　用简易法绘出题2.15图示各梁的剪力图和弯矩图。设 F、q、M_e、a 均为已知。

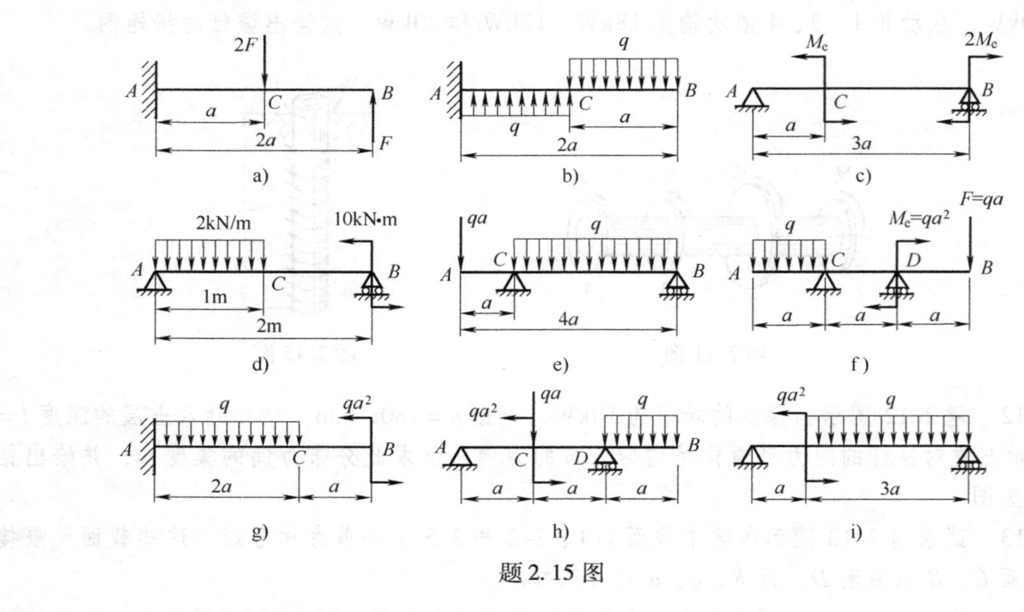

题2.15图

2.16　试绘制题2.16图示具有中间铰的梁的剪力图和弯矩图。设 q、a、l 均为已知。

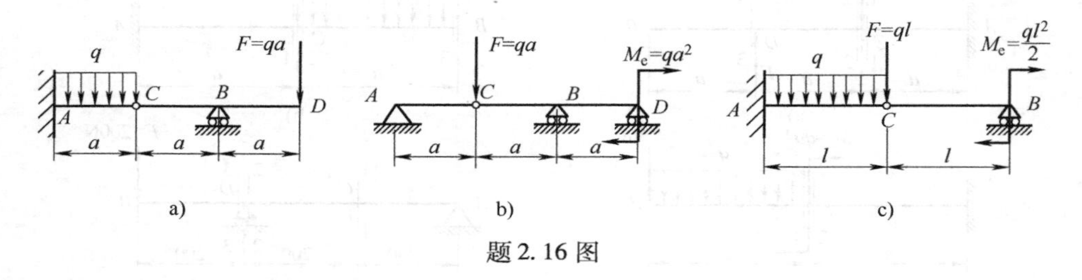

题2.16图

2.17　试根据弯矩、剪力和载荷集度之间的微分关系，指出题2.17图示剪力图和弯矩图的错误。

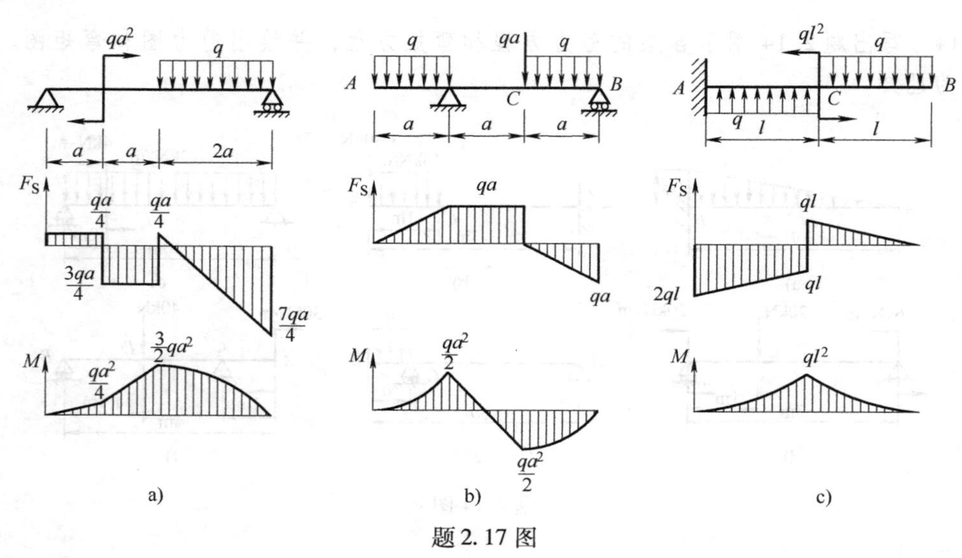

题2.17图

2.18 设梁的剪力图如题2.18图所示，试绘出弯矩图及载荷图。已知梁上没有作用集中力偶。

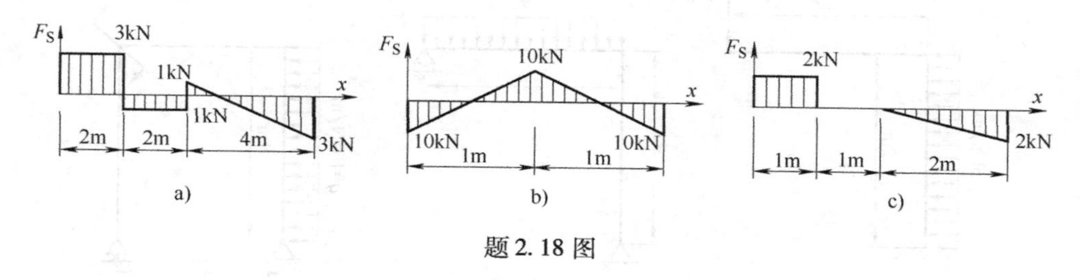

题2.18图

2.19 试根据图示简支梁的弯矩图作出梁的剪力图和载荷图。

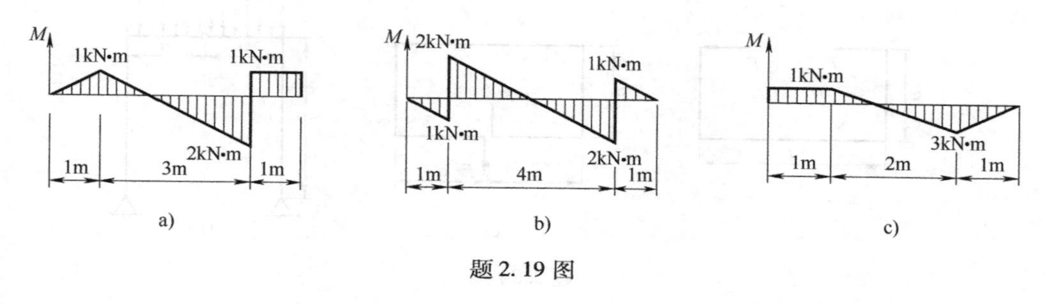

题2.19图

2.20 绘制题2.20图示 *ACDB* 梁的剪力图和弯矩图，已知 $F=70\text{N}$，图中尺寸单位为mm。

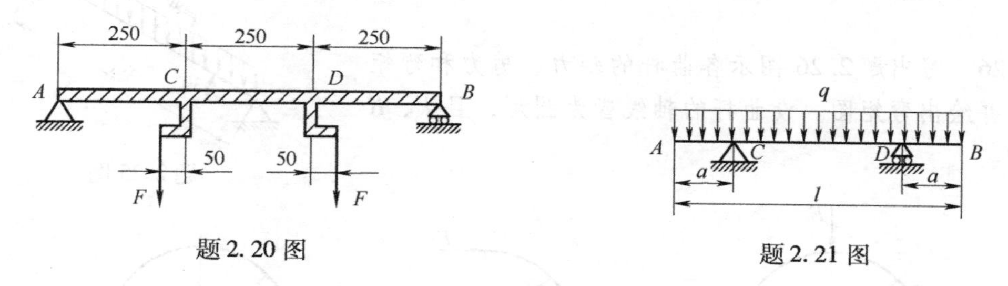

题2.20图

题2.21图

2.21 如欲使题2.21图示外伸梁中的弯矩（绝对值）为最小，则支座到端点的距离 a 与梁长 l 的比 a/l 应等于多少？

2.22 题2.22图示吊车梁，设吊车载重为 W，试问吊车在什么位置时梁内的弯矩为最大？其最大弯矩等于多少？设吊车的轮距为 d，大梁的跨度为 l。

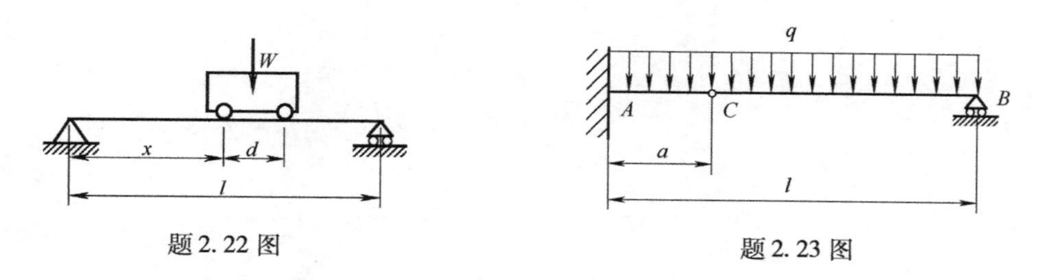

题2.22图

题2.23图

2.23 题2.23图示梁在 C 处为铰链，已知梁上均布载荷为 q，梁总长为 l，求铰链距左端距离 a 为何值时，整个梁上的弯矩绝对值为最小。

2.24　绘制题 2.24 图示刚架的弯矩图。设 F、q、M、a、l 均为已知。

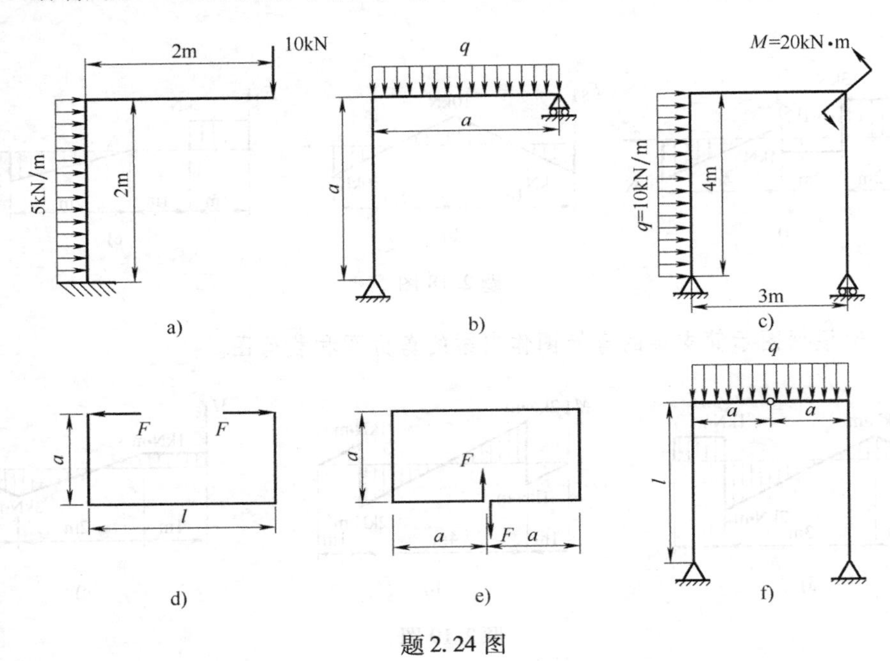

题 2.24 图

2.25　绘出题 2.25 图示斜梁的剪力图、弯矩图和轴力图。

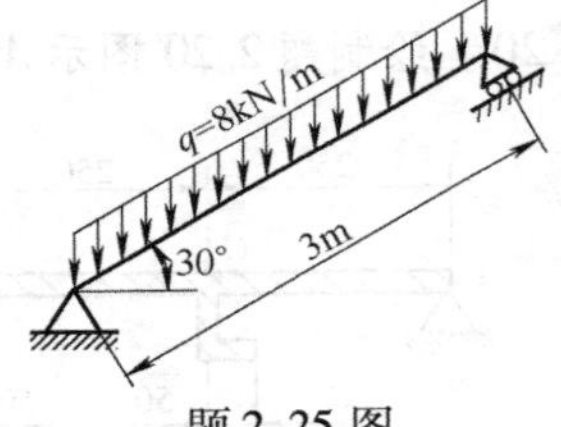

题 2.25 图

2.26　写出题 2.26 图示各曲杆的轴力、剪力和弯矩方程，并绘出弯矩图。设曲杆的轴线皆为圆形，且 F、R 为已知。

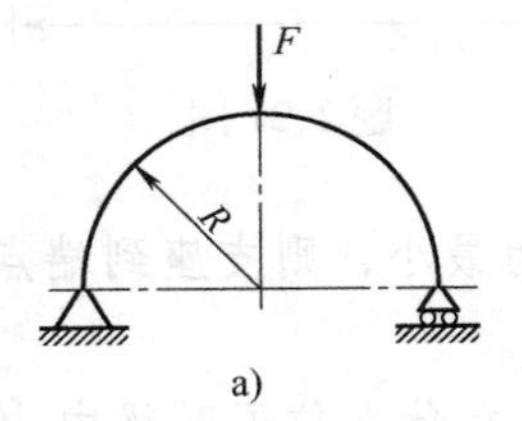

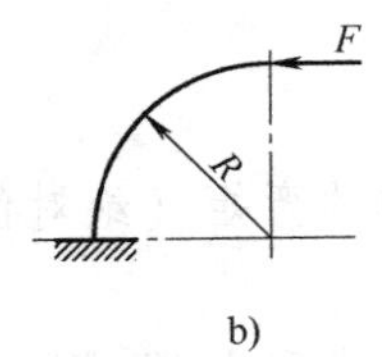

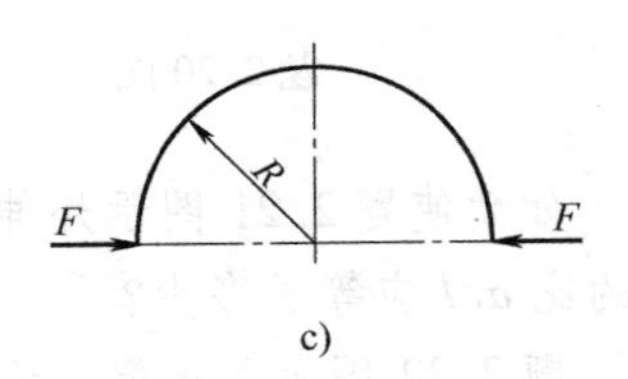

题 2.26 图

第 3 章 杆件的应力与强度计算

3.1 引言

应用平衡原理可以确定杆件在基本变形下横截面上的内力分量，但内力分量只是杆件横截面上连续分布内力的简化结果，而分布内力在横截面上的分布规律尚不清楚，故不能为强度计算提供理论依据。杆件的强度用横截面上内力分布集度即应力（1.3 节）来度量，因此本章将讨论杆件在基本变形下横截面上的应力和强度计算。

内力是不可见的，但变形却是直观的，而且二者之间可通过材料的物理关系相联系，因此研究杆件在基本变形下横截面上的应力，需要综合考虑几何变形、物理和静力学三方面的关系，简称为“三方面”方法。

（1）变形几何关系　只要杆件未破坏，杆件各点间的变形应该是连续的或协调的，根据试验观察所做出的合理假设（如本章中的平面假设），得到应变的分布规律。

（2）物理关系　根据材料试验结果得到材料的应力与应变关系（如胡克定律），建立物理方程，确定应力在横截面上的分布规律。

（3）静力关系　根据静力平衡条件，列出内力分量与应力的关系，推导出应力表达式。

当然也有例外的情况，有的应力公式的推导不是采用上述的“三方面”方法，例如梁的弯曲切应力公式的推导就独辟蹊径。

求得杆件应力后，就为杆件的强度计算提供了力学参量。但是，杆件是否会发生破坏还与材料的力学性能有关。另外，在推导应力公式时，也要用到材料的应力与应变关系。因此，本章还将介绍材料力学性能。有了以上两方面知识，就可以进行杆件在基本变形下的强度计算。

3.2 轴向拉伸（或压缩）杆件的应力

1. 拉（压）杆横截面上的应力

（1）变形几何关系　取一等截面直杆（图 3.1a），在其侧面画上垂直于轴线的横向线 ab 和 cd。拉伸变形后，发现它们仍为直线，且仍垂直于轴线，只是分别平移至 $a'b'$ 和 $c'd'$。由此可以假设：变形前原为平面的横截面，变形后仍为平面且垂直于轴线。此即为拉（压）

杆的**平面假设**。设想杆由平行于轴线的许多纵向纤维所组成，由此假设可以推断，两横截面之间所有纵向纤维的变形是相同的，从而得出同一横截面上各点沿轴向的应变是相同的。

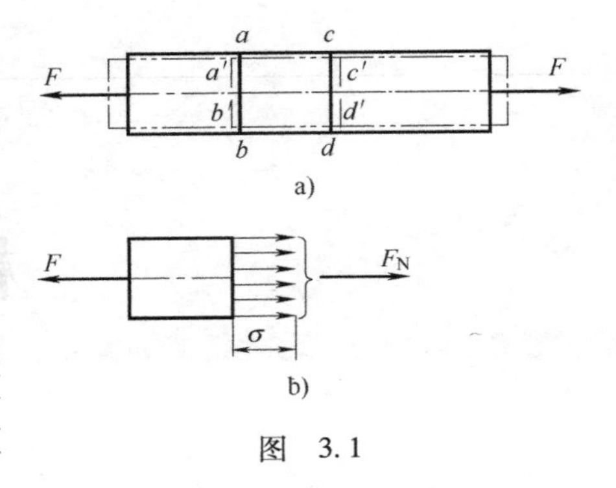

图 3.1

(2) 物理关系 轴向拉伸（压缩）时杆横截面上的内力为轴力，其方向沿杆件轴线，显然与轴力 F_N 相关的应力只可能是垂直于横截面的正应力 σ。将 1.2 节中均匀性假设和 1.3 节中单向受力的胡克定律应用于变形几何关系可得：横截面上各点的正应力是相同的（图 3.1b）。

(3) 静力学关系 设横截面面积为 A，微面积 $\mathrm{d}A$ 上的微内力为 $\sigma\mathrm{d}A$，因为材料是连续的，根据静力学求合力的方法，有

$$F_N = \int_A \sigma \mathrm{d}A = \sigma \int_A \mathrm{d}A = \sigma A \tag{a}$$

于是，得拉（压）杆横截面上的正应力公式

$$\sigma = \frac{F_N}{A} \tag{3.1}$$

对轴向压缩的杆，式（3.1）同样适用。由式（3.1）可知，正应力的符号与轴力的符号一致，即拉应力为正，压应力为负。

只有在杆件沿轴线方向的变形均匀时，在杆横截面上正应力均匀分布才是正确的。而杆件端部的加载有不同的作用方式（因为杆端外力是由各种不同的连接方式传递到杆上的）。当杆端承受集中荷载或其他非均匀分布载荷时（如图 3.2c 所示），杆件并非所有横截面都能保持平面，从而也不能产生均匀的轴向变形。

圣维南原理指出："力作用于杆端方式的不同，只会使与杆端距离不大于杆的横向尺寸的范围内受到影响"。根据这一原理，各种拉（压）杆的端部受力方式虽然不同，只要外力合力的作用线沿杆件轴线，在距外力作用面略远处，横截面上的应力分布可视为均匀的，都可用式(3.1) 计算应力。

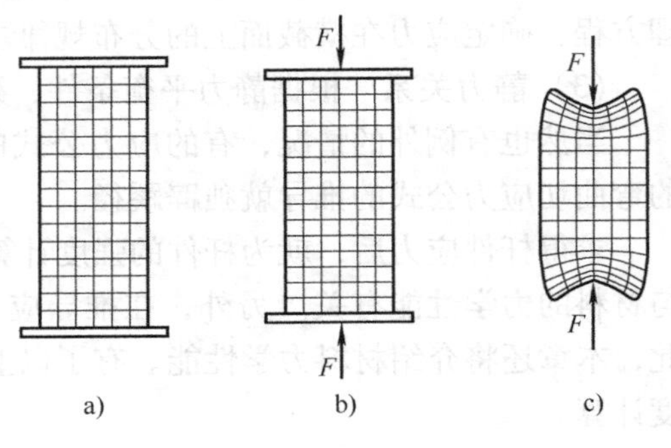

图 3.2

当等直杆的轴力沿轴线变化时，由轴力图可求得最大轴力 $F_{N\max}$，则杆内的最大正应力为

$$\sigma_{\max} = \frac{F_{N\max}}{A} \tag{b}$$

当截面的面积和外力沿轴线变化时，只要变化缓慢，外力合力与轴线重合，式（3.1）仍可使用，此时为

$$\sigma(x) = \frac{F_N(x)}{A(x)} \tag{c}$$

式中，$F_N(x)$、$A(x)$、$\sigma(x)$ 分别为 x 截面的轴力、截面面积和正应力。

2. 拉（压）杆斜截面上的应力

试验表明，有时拉压杆还可沿斜截面发生破坏，为此，进一步讨论斜截面上的应力。

设直杆的轴向拉力为 F（图 3.3a），横截面面积为 A，设与横截面成 α 角的斜截面 k-k 的面积为 A_α，则有

$$A_\alpha = \frac{A}{\cos\alpha} \tag{d}$$

由截面法可求得斜截面上的内力 $F_\alpha = F$。由前述分析，杆内各纵向“纤维”的变形相同，因此，斜截面上的应力也是均匀分布的（图 3.3b），且其方向与轴线平行。若以 p_α 表示斜截面 k-k 上的应力，于是有

$$p_\alpha = \frac{F_\alpha}{A_\alpha} = \frac{F}{A_\alpha} \tag{e}$$

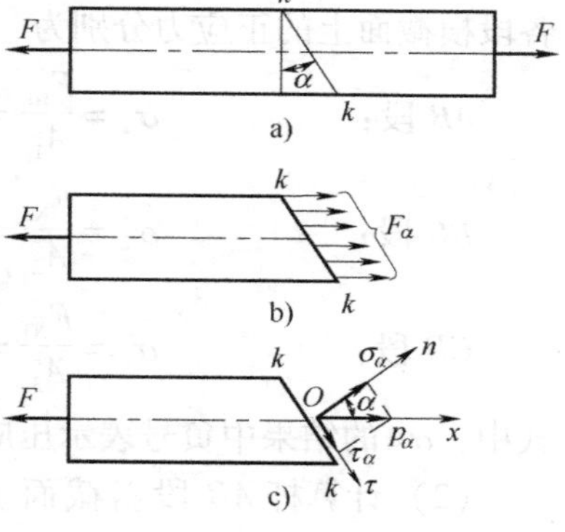

图　3.3

将式（d）代入式（e），并注意式（3.1）的关系，得

$$p_\alpha = \frac{F}{A}\cos\alpha = \sigma\cos\alpha \tag{f}$$

把应力 p_α 分解成垂直于斜截面的正应力 σ_α 和切于斜截面的切应力 τ_α（图 3.3c）：

$$\sigma_\alpha = p_\alpha\cos\alpha = \sigma\cos^2\alpha \tag{3.2}$$

$$\tau_\alpha = p_\alpha\sin\alpha = \sigma\cos\alpha\sin\alpha = \frac{\sigma}{2}\sin2\alpha \tag{3.3}$$

可见，在拉（压）杆的任一斜截面上，不仅存在正应力，也存在切应力，其大小随截面方位而变化。当 $\alpha = 0$ 时，斜截面即为横截面，σ_α 达到最大值，有 $\sigma_{0°} = \sigma_{\max} = \sigma$。当 $\alpha = 45°$时，τ_α 达到最大值，有 $\tau_{45°} = \tau_{\max} = \dfrac{\sigma}{2}$。当 $\alpha = 90°$时，斜截面即为纵向截面，有 $\sigma_{90°} = \tau_{90°} = 0$，这表示平行于杆轴的纵向截面上无任何应力。

应用式（3.2）和式（3.3）时，规定：正应力以拉应力为正；切应力以将截面外法线 On 沿顺时针方向旋转 90°时的指向为正；方位角 α 以从 x 轴逆时针转向斜截面的外法线 On 为正。

例 3.1　阶梯形直杆受力如图 3.4a 所示。已知 $F_1 = 200\text{kN}$，$F_2 = 300\text{kN}$，$F_3 = 500\text{kN}$，AB 段、BC 段和 CD 段的横截面面积分别为 $A_1 = A_2 = 2500\text{mm}^2$ 和 $A_3 = 1000\text{mm}^2$。试求：

（1）杆 AB、BC、CD 段横截面上的正应力；

（2）杆 AB 段上与杆轴线成 45°夹角（逆时针方向）斜截面上的正应力和切应力。

解：（1）计算各段杆横截面上的正应力　设 AB、BC 与 CD 段的轴力均为拉力（图 3.4b），根据截面法，由平衡条件求得各段的轴力分别为

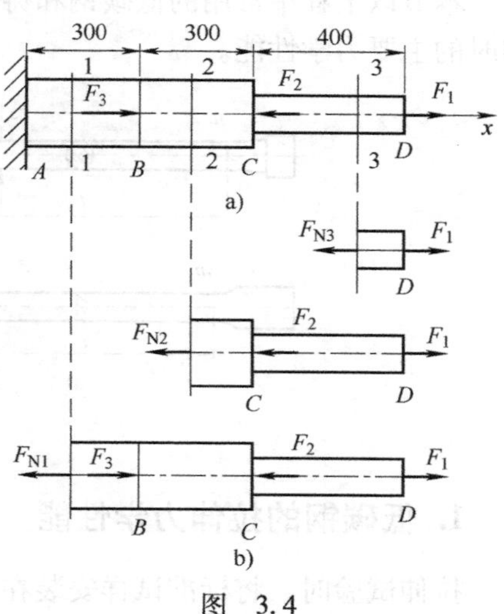

图　3.4

AB 段：$F_{N1}=400kN$

BC 段：$F_{N2}=-100kN$

CD 段：$F_{N3}=200kN$

各段横截面上的正应力分别为

AB 段：$$\sigma_1=\frac{F_{N1}}{A_1}=\frac{400\times10^3}{2500\times10^{-6}}Pa=160\times10^6Pa=160MPa$$

BC 段：$$\sigma_2=\frac{F_{N2}}{A_2}=\frac{(-100)\times10^3}{2500\times10^{-6}}Pa=-40\times10^6Pa=-40MPa$$

CD 段：$$\sigma_3=\frac{F_{N3}}{A_3}=\frac{200\times10^3}{1000\times10^{-6}}Pa=200\times10^6Pa=200MPa$$

式中，σ_2 的结果中负号表示压应力。

（2）计算杆 *AB* 段斜截面上的正应力和切应力　根据斜截面应力公式［式（3.2）、式（3.3）］，可得与杆轴线成45°夹角斜截面上的正应力和切应力分别为

$$\sigma_{45^\circ}=\sigma_1\cos^2\alpha=(160\times\cos^2 45^\circ)MPa=80MPa$$

$$\tau_{45^\circ}=\frac{1}{2}\sigma_1\sin2\alpha=\left[\frac{1}{2}\times160\times\sin(2\times45^\circ)\right]MPa=80MPa$$

3.3 材料在拉伸与压缩时的力学性能

构件的强度和变形不仅与构件的尺寸和所承受的载荷有关，还与构件所用材料的力学性能有关。材料的力学性能参数对构件的计算、设计、材料选用具有重要的意义。拉伸试验和压缩试验是研究材料力学性能最基本的试验，通常在常温下，以缓慢加载的形式进行，称为**常温静载试验**。常用的拉伸试样有圆形截面和矩形截面（图3.5a），标记 m 与 n 之间的杆段为试验段，试验段长度 l 称为标距，试件较粗的两端是装夹部分。金属材料的压缩试样一般制成短圆柱，以免失稳而被压弯。圆柱高度约为直径的1.5～3倍（图3.5b）。混凝土、石料等通常制成立方块（图3.5c）。

本节以工程中常用的低碳钢和铸铁为主要代表，介绍在常温静载条件下材料在拉伸和压缩时的主要力学性能。

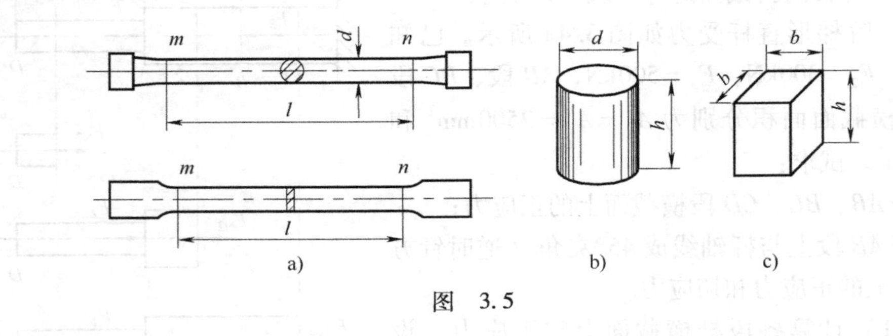

图　3.5

1. 低碳钢的拉伸力学性能

拉伸试验时，将标准试样安装在试验机上缓慢加载，并在标记 m 与 n 处安装测量轴向

变形的仪器，如图 3.6 所示。随着载荷 F 缓慢增大，试样逐渐被拉长，标距 l 的相应伸长用 Δl 表示。试验一直进行到试样断裂为止。考虑到拉力 F 与拉伸变形 Δl 间的关系曲线，不仅与试样的材料有关，还与试样的横截面尺寸及标距的大小有关。为了消除尺寸的影响，以横截面的原始面积 A 除拉力 F，得应力 $\sigma=\dfrac{F}{A}$。以标距的原始长度 l 除 Δl，得相应应变 $\varepsilon=\dfrac{\Delta l}{l}$。以 σ 为纵坐标、ε 为横坐标，得到表示 σ 与 ε 关系的曲线，称为应力-应变曲线。低碳钢是工程上广泛使用的材料，其力学性能具有一定典型性。低碳钢拉伸时的应力-应变曲线（图 3.7）分为四个阶段。

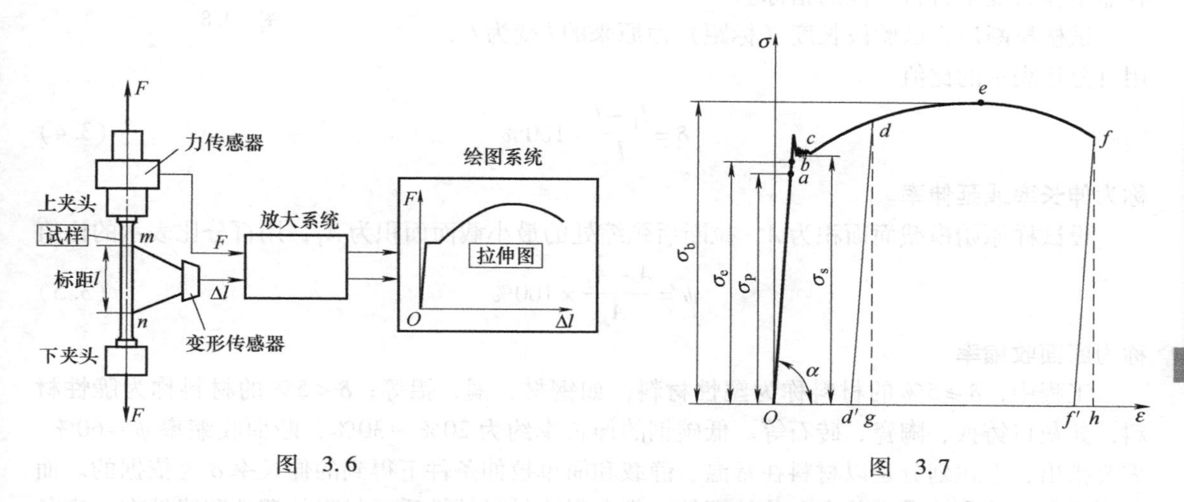

图　3.6　　　　　　图　3.7

(1) 弹性阶段　在拉伸的初始阶段，σ-ε 曲线近似为直线 Oa，表明应力与应变成正比，即前述的胡克定律 $\sigma=E\varepsilon$，E 为材料的**弹性模量**（或**杨氏模量**），由图 3.7 可知，$E=\tan\alpha$。直线 Oa 的最高点 a 所对应的应力 σ_P 称为**比例极限**。显然，只有当应力不超过比例极限时，胡克定律才成立。

超过比例极限后，从 a 点到 b 点曲线不再是直线，但解除拉力后变形仍可完全消失。这种变形称为弹性变形。b 点对应的应力 σ_e 是仅出现弹性变形的最大应力，称为**弹性极限**。图 3.7 中 a、b 两点非常接近，工程中并不严格区分。应力不超过材料比例极限的范围称为**线弹性范围**。构件在弹性范围内产生的应变称为弹性应变，用 ε_e 表示。

(2) 屈服阶段　超过弹性极限后，曲线呈现出接近水平线的小锯齿形线段，此阶段应力几乎不变，而变形却急剧增长，材料失去抵抗继续变形的能力，这种现象称为**屈服**或**流动**。屈服阶段中，波动应力中比较稳定的最小值称为**屈服极限**或**流动极限**，用 σ_s 表示。

经过抛光的试样在屈服时，表面将出现与轴线大致成 45°角的线纹。这是由于材料内部相对滑移形成的，称为**滑移线**。由式（3.3）可知，拉伸时在与轴线成 45°角的斜截面上切应力最大，可见屈服与最大切应力有关。

进入屈服阶段后，如将拉力解除，则试样的变形不能完全消失，有一部分变形将保留下来。这种卸载后不能消失的变形称为**残余变形**或**塑性变形**，其对应的应变称为**残余应变**或**塑性应变**，用 ε_p 表示。工程中的大多数构件不允许出现较大塑性变形，因此设计中常取屈服极限 σ_s 作为材料的强度指标。

(3) 强化阶段　过屈服阶段后，材料内部结构得到重新调整，材料重新呈现抵抗继续变形的能力，曲线上的 ce 段称为**强化阶段**，最高点 e 所对应的应力 σ_b 称为**强度极限或抗拉强度**。强度极限是材料所能承受的最大应力，是衡量材料强度的另一个重要指标。

（4）局部变形阶段 应力达到强度极限后，试样在某一局部范围显著变细，产生**颈缩**现象（图 3.8）。由于颈缩部分面积显著缩小，使试样继续变形所需之拉力反而减小，曲线呈现下降趋势，到 f 点（图 3.7）试样在颈缩处断裂。

（5）材料的塑性指标 材料能经受较大塑性变形而不破坏的能力，称为材料的**塑性**或**延性**，常用伸长率和断面收缩率作为度量材料塑性的指标。

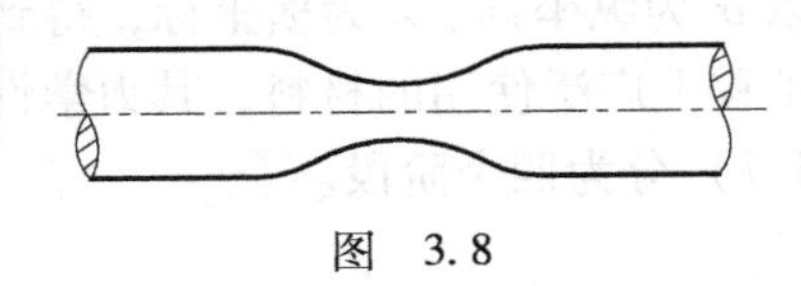

图 3.8

试样拉断后，试验段长度（标距）由原来的 l 变为 l_1，用百分比表示的比值

$$\delta = \frac{l_1 - l}{l} \times 100\% \tag{3.4}$$

称为**伸长率或延伸率**。

设试样原始横截面面积为 A，拉断后颈缩处的最小截面面积为 A_1，用百分比表示的比值

$$\psi = \frac{A - A_1}{A} \times 100\% \tag{3.5}$$

称为**断面收缩率**。

工程中，$\delta \geqslant 5\%$ 的材料称为**塑性材料**，如钢材、铜、铝等；$\delta < 5\%$ 的材料称为**脆性材料**，如灰口铸铁、陶瓷、砖石等。低碳钢的伸长率约为 20% ~30%，断面收缩率 $\psi \approx 60\%$。需要指出，上述划分是以材料在常温、静载和简单拉伸条件下得到的伸长率 δ 为依据的。而温度、变形速度、受力状态和热处理等，都会影响材料的性质。材料的塑性和脆性在一定条件下可以相互转化。

（6）卸载定律与冷作硬化 如在强化阶段的 d 点（图 3.7）给试样缓慢卸载，则应力与应变沿直线 dd' 变化，且斜直线 dd' 大致与 Oa 平行。上述规律称为**卸载定律**。拉力完全卸除后，$d'g$ 代表消失了的弹性应变，而 Od' 表示残留的塑性应变。若卸载后在短期内再次加载，则 σ 与 ε 大致沿卸载时的斜直线 $d'd$ 变化，到 d 点后又按 def 变化直到断裂。可见，在再次加载时，过 d 点后才出现塑性变形，比例极限有所提高，而断裂时残余变形减小，伸长率有所降低，这种现象称为**冷作硬化**。工程中，起重钢索、建筑用钢筋等常借助冷作硬化来提高强度。但经过冷作硬化的材料变脆变硬，给下一步加工造成困难，且容易产生裂纹，往往需要在工序之间安排退火处理，以消除冷作硬化的不利影响。

2. 其他金属材料的拉伸力学性能

有些塑性材料的应力-应变曲线没有明显的屈服阶段，工程中对这类材料通常以产生 0.2% 塑性应变时的应力作为名义屈服极限（或规定非比例伸长应力），并用 $\sigma_{0.2}$ 来表示（图 3.9a）。

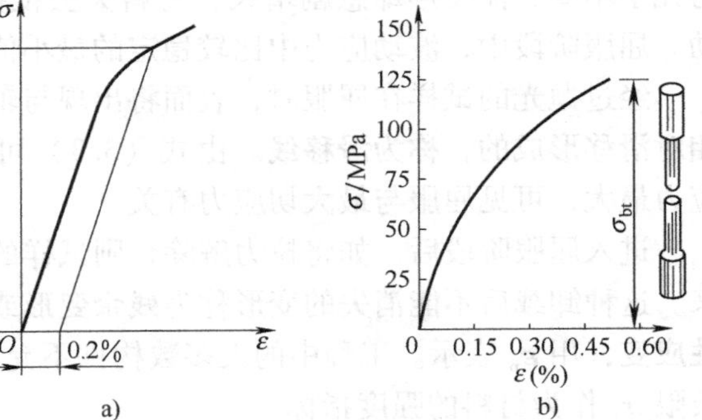

图 3.9

灰口铸铁拉伸时的应力-应变曲线

是一段微弯曲线（图 3.9b），没有明显的直线部分。拉断时的应力较小，没有屈服和颈缩现象。断裂时的应变仅为 0.4% ~0.5%，端口垂直于试样轴线，是典型的脆性材料。通常取应力-应变曲线的割线斜率作为弹性模量，称为割线弹性模量。因为没有屈服现象，拉断时的强度极限 σ_{bt} 是衡量强度的唯一指标。一般脆性材料的强度极限都很低，不宜作为受拉构件的材料。

3. 材料压缩时的力学性能

（1）低碳钢　图 3.10a 为低碳钢压缩时的 σ-ε 曲线（图中虚线是拉伸时的 σ-ε 曲线）。试验表明：压缩时的弹性模量 E 和屈服点应力 σ_s 都与拉伸时大致相同。屈服阶段以后，试样越压越扁，横截面不断增大，试样抗压能力也继续增高，一般测不到压缩时的强度极限。

（2）铸铁　铸铁压缩时的 σ-ε 曲线如图 3.10b 所示（图中虚线是铸铁拉伸时的 σ-ε 曲线）。试样在较小的变形下突然破坏，破坏断面的法线与轴线大致成 45°~55°的倾角，表明试样沿该斜截面因相对错动而破坏，与最大切应力有关。铸铁的抗压强度 σ_{bc} 比抗拉强度 σ_{bt} 高 4 ~5 倍。其他脆性材料如混凝土与石料等也具有此特点，通常作为受压构件的材料。

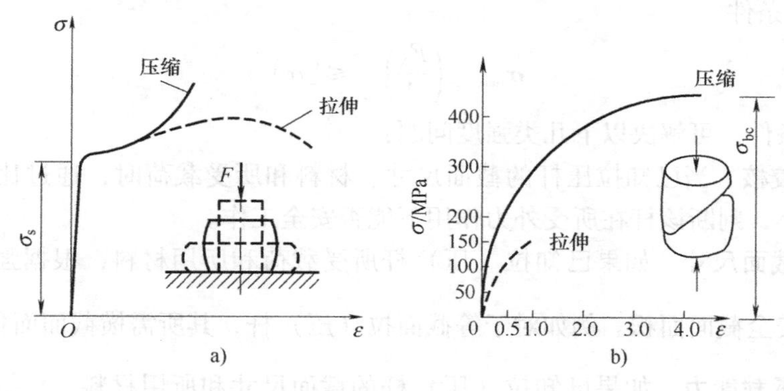

图　3.10

综上所述，表征材料力学性能的指标有弹性模量 E、比例极限（或弹性极限）σ_P、屈服极限 σ_s、强度极限 σ_b、伸长率 δ 和断面收缩率 ψ 等。材料 σ-ε 曲线图下的面积，表示单位体积材料在静载下破坏时需消耗的能量，塑性材料破坏需消耗掉的能量大于脆性材料，因此，塑性材料承受动荷载的能力强，脆性材料承受动荷载的能力很差。生活经验告诉我们，脆的材料易跌碎打破，所以承受动荷载作用的构件多由塑性材料制作。

3.4 失效、许用应力与强度条件

对于脆性材料制成的构件，当应力达到强度极限 σ_b 时，就会发生脆性断裂。对于塑性材料制成的构件，当应力达到屈服极限 σ_s 时，构件会出现显著的塑性变形而影响正常工作。以上两种破坏形式统称为**失效**。失效时的应力称为**极限应力** σ_u。显然，对于脆性材料取 σ_b 作为极限应力 σ_u，对于塑性材料取 σ_s（或 $\sigma_{0.2}$）作为极限应力 σ_u。

为使构件不致因强度不足而失效，应使其最大工作应力低于极限应力。另外，考虑到构件还应具备适当的安全储备，一般将极限应力除以大于 1 的因数 n，称为**许用应力**，用 $[\sigma]$

表示。

对塑性材料

$$[\sigma]=\frac{\sigma_u}{n_s}=\frac{\sigma_s}{n_s} \tag{3.6}$$

对脆性材料

$$[\sigma]=\frac{\sigma_u}{n_b}=\frac{\sigma_b}{n_b} \tag{3.7}$$

式中，系数 n_s 和 n_b 称为安全因数。显然安全因数越大，许用应力越低，强度储备越多。确定合理的安全因数是一项很复杂的工作，需要考虑诸多因素，如材料的类型和材质、载荷的性质及数值的准确程度、计算方法的精确程度以及构件的使用性质和重要性等。安全因数和许用应力的数值通常由设计规范规定。一般在机械设计中，对于塑性材料，按屈服极限所规定的安全因数，通常取为 $n_s=1.5\sim2.5$；对于脆性材料，按强度极限所规定的安全因数，通常取 $n_b=3.0\sim5.0$，甚至更大。

根据上述分析，拉（压）杆的最大工作应力不能超过材料的许用正应力 $[\sigma]$，得到拉（压）杆的强度条件

$$\sigma_{max}=\left(\frac{F_N}{A}\right)_{max}\leqslant[\sigma] \tag{3.8}$$

应用强度条件，可解决以下几类强度问题：

(1) 强度校核 当已知拉压杆的截面尺寸、材料和所受载荷时，通过比较工作应力与许用应力的大小，判断该杆在所受外力作用下能否安全工作。

(2) 选择截面尺寸 如果已知拉（压）杆所受载荷和所用材料，根据强度条件可以确定该杆所需的安全截面面积。例如对于等截面拉（压）杆，其所需横截面面积为 $A\geqslant\frac{F_{Nmax}}{[\sigma]}$。

(3) 确定承载能力 如果已知拉（压）杆的截面尺寸和所用材料，根据强度条件可以确定该杆所能承受的最大载荷，其值为 $[F_N]=A[\sigma]$。

需要指出的是，如果工作应力 σ_{max} 超过许用应力 $[\sigma]$，但只要超过量不大（如不超过许用应力的5%），工程计算中是允许的。

例3.2 螺纹内径 $d=15$mm 的螺栓，紧固时所承受的预紧力为 $F_P=20$kN。若已知螺栓的许用正应力 $[\sigma]=150$MPa，试校核螺栓的强度是否安全。

解： 应用截面法，很容易求得螺栓所受的轴力即为预紧力，$F_N=F_P=20$kN。根据拉（压）杆横截面上的应力公式［式（3.1）］，螺栓横截面上的正应力为

$$\sigma=\frac{F_N}{A}=\frac{F_P}{\frac{\pi d^2}{4}}=\frac{4\times20\times10^3}{\pi\times(15\times10^{-3})^2}\text{Pa}=113.2\times10^6\text{Pa}=113.2\text{MPa}<[\sigma]=150\text{MPa}$$

满足强度条件式（3.8）。所以螺栓的强度是安全的。

例3.3 气动夹具如图3.11a所示。已知气缸内径 $D=140$mm，缸内气压 $p=0.6$MPa。活塞杆材料为20号钢，$[\sigma]=80$MPa。试设计活塞杆的直径 d。

解： 活塞杆左端承受活塞上的气体压力，右端承受工件的反作用力，故为轴向拉伸（图3.11b）。拉力 F 可由气体压强乘活塞的受压面积求得。在尚未确定活塞杆的横截面面积

之前，计算活塞的受压面积时，可暂将活塞杆横截面面积略去不计，这样是偏于安全的。故有

$$F = p \times \frac{\pi D^2}{4} = \left(0.6 \times 10^6 \times \frac{\pi}{4} \times 140^2 \times 10^{-6}\right)\text{N} = 9236\text{N} \approx 9.24\text{kN}$$

活塞杆的轴力为

$$F_N = F = 9.24\text{kN}$$

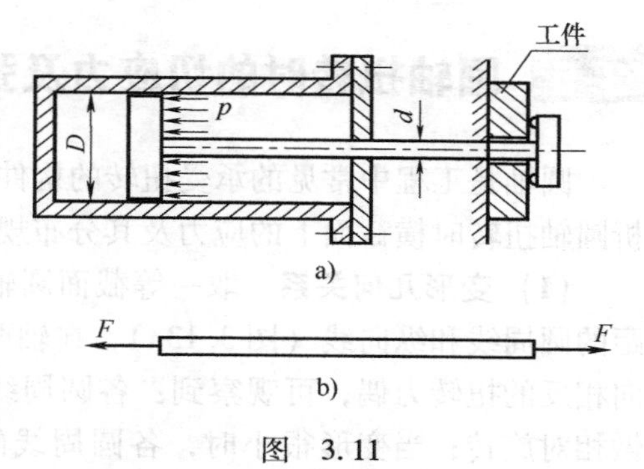

图 3.11

根据强度条件式（3.8），活塞杆横截面面积应满足

$$A = \frac{\pi d^2}{4} \geqslant \frac{F_N}{[\sigma]} = \frac{9.24 \times 10^3}{80 \times 10^6}\text{m}^2 = 1.16 \times 10^{-4}\text{m}^2$$

由此求出

$$d \geqslant 0.0122\text{m}$$

最后将活塞杆的直径取为 $d = 0.012\text{m} = 12\text{mm}$。

根据最后确定的活塞杆直径，应重新计算拉力 F，再校核活塞杆的强度。这些留给读者去完成。

例 3.4 简易起重设备（图3.12a）中，AC 杆由两根 80mm×80mm×7mm 等边角钢组成，AB 杆由两根 10 号工字钢组成。材料为 Q235 钢，许用应力 $[\sigma] = 170\text{MPa}$。求许可载荷 $[F]$。

解：（1）受力分析　AC、AB 均为二力杆。取节点 A 为研究对象，受力分析如图 3.12b 所示。列出节点 A 的平衡方程

$$\sum F_x = 0, \quad F_{N2} - F_{N1}\cos 30° = 0$$

$$\sum F_y = 0, \quad F_{N1}\sin 30° - F = 0$$

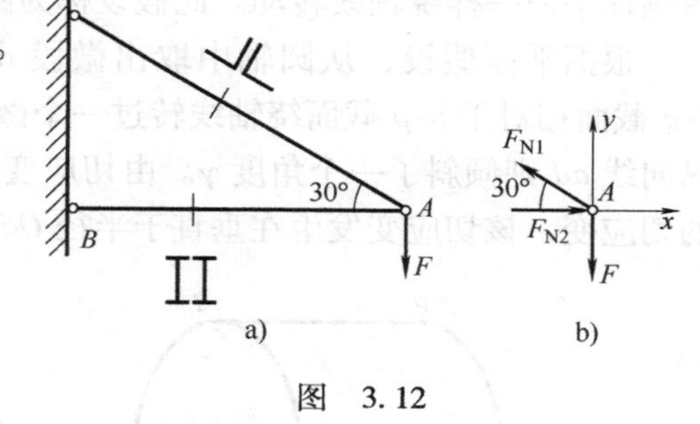

图 3.12

解得

$$F_{N1} = 2F$$

$$F_{N2} = 1.732F$$

（2）确定许可载荷　由型钢表查得 AC 杆的横截面面积 $A_1 = (1086 \times 2)\text{mm}^2 = 2172 \times 10^{-6}\text{m}^2$，$AB$ 杆的横截面面积 $A_2 = (1430 \times 2)\text{mm}^2 = 2860 \times 10^{-6}\text{m}^2$。根据强度式（3.8），$AC$ 杆的强度条件为

$$\sigma_1 = \frac{F_{N1}}{A_1} = \frac{2F}{A_1} \leqslant [\sigma] = 170 \times 10^6\text{Pa}$$

由此得

$$F \leqslant \frac{170 \times 10^6 \times 2172 \times 10^{-6}}{2}\text{N} = 1.85 \times 10^5\text{N} = 185\text{kN}$$

AB 杆的强度条件为

$$\sigma_2 = \frac{F_{N2}}{A_2} = \frac{1.732F}{A_2} \leqslant [\sigma] = 170 \times 10^6\text{Pa}$$

由此得

$$F \leqslant \frac{170 \times 10^6 \times 2860 \times 10^{-6}}{1.732}\text{N} = 2.81 \times 10^5\text{N} = 281\text{kN}$$

比较以上结果，为保证结构安全，简易起重设备的许可载荷应为 $[F] = 185\text{kN}$。

另外，在最大许可载荷 $[F]=185\text{kN}$ 的情形下，显然 AB 杆的强度尚有富裕。因此，为了节省材料，同时也减轻设备的重量，可以重新设计 AB 杆的横截面尺寸。此时的设计结果实际上是一种等强度的设计，是保证构件与结构安全的前提下最经济合理的设计。这个问题留给读者自己思考。

3.5 圆轴扭转时的切应力及强度条件

圆轴是工程中常见的承受扭转的构件，本节仍从变形几何关系、物理关系和静力关系分析圆轴扭转时横截面上的应力及其分布规律。

(1) 变形几何关系 取一等截面圆轴，在表面上画上等间距的圆周线和纵向线（图 3.13a），在轴两端施加大小相等、转向相反的扭转力偶，可观察到：各圆周线形状不变，仅绕轴线做相对旋转；当变形很小时，各圆周线的大小和间距均不变；纵向线倾斜了相同的微小角度（图 3.13b）。

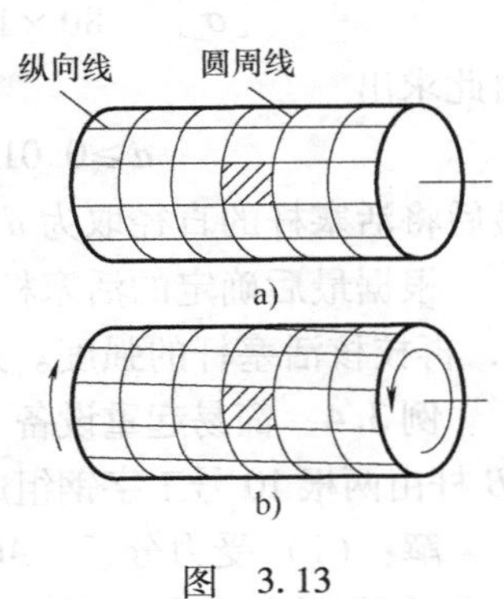

图 3.13

根据上述现象，可对轴内变形做如下假设：圆轴扭转前原为平面的横截面，变形后仍保持为平面，其形状、大小及横截面间的间距均不改变，而且半径仍保持为直线，即各横截面就像刚性平面一样绕轴线转动。此假设称为圆轴扭转的**平面假设**。

根据平面假设，从圆轴中取出微段 dx 分析（图 3.14a）。q-q 截面相对于 p-p 截面绕轴线转过一个微扭转角 $d\varphi$，其上任意半径 Od 转过同一角度 $d\varphi$。纵向线 ad 则倾斜了一个角度 γ。由切应变定义可知，倾角 γ 就是横截面周边上任一点 a 处的切应变，该切应变发生在垂直于半径 Od 的平面内。

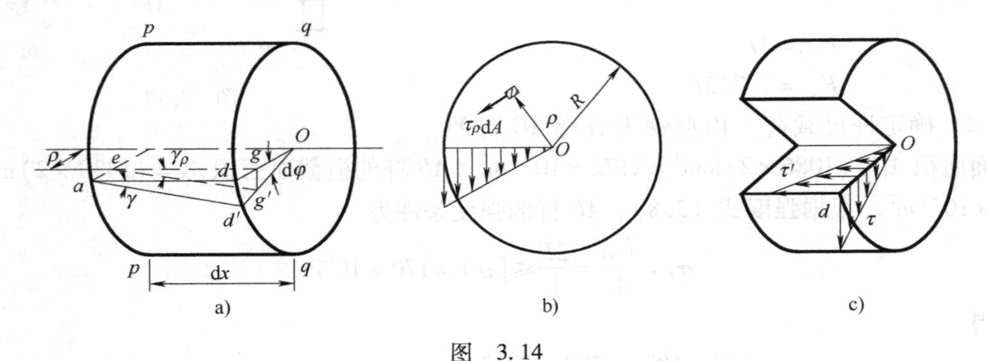

图 3.14

由几何关系可得

$$\gamma = R\frac{d\varphi}{dx} \tag{a}$$

同理，经过半径 Od 上任一点 g 的纵向线 eg 在轴变形后也倾斜了一个角度 γ_ρ，即为横截面半径上任一点 e 处的切应变。设 g 点到轴线的距离为 ρ，由几何关系可得

$$\gamma_\rho = \rho\frac{d\varphi}{dx} \tag{b}$$

切应变 γ_ρ 也发生在垂直于半径 ρ 的平面内。式中的$\frac{d\varphi}{dx}$是扭转角 φ 沿 x 轴的变化率，称为圆轴的**单位长度扭转角**，对于给定截面，它是常量。故式（b）表明，横截面上任一点的切应变与该点到圆心的距离 ρ 成正比。

（2）物理关系 由剪切胡克定律可知，当切应力小于剪切比例极限时，切应力与切应变成正比，所以，横截面上距圆心为 ρ 处的切应力 τ_ρ 为

$$\tau_\rho = G\gamma_\rho = G\rho\frac{d\varphi}{dx} \tag{c}$$

其方向垂直于该点处的半径（图3.14b）。式（c）表明扭转切应力沿截面径向线性变化。如再注意到切应力互等定理，则在纵向截面和横向截面上，沿任一半径 Od 切应力的分布如图3.14c所示。因为式中的$\frac{d\varphi}{dx}$尚未求出，所以仍不能计算出切应力的数值。

（3）静力学关系 在距圆心为 ρ 的微面积 dA 上，作用有微内力 $\tau_\rho dA$（图3.14b），它对圆心 O 的力矩为 $\rho\tau_\rho dA$。在整个横截面上，所有微力矩之和等于该截面的扭矩，即

$$T = \int_A \rho\tau_\rho dA \tag{d}$$

将式（c）代入式（d），并注意到在给定截面上，$\frac{d\varphi}{dx}$是常量，可得

$$T = G\frac{d\varphi}{dx}\int_A \rho^2 dA \tag{e}$$

若令 $I_p = \int_A \rho^2 dA$，I_p 称为横截面对圆心的**极惯性矩**（见附录Ⅰ.2），可得

$$\frac{d\varphi}{dx} = \frac{T}{GI_p} \tag{3.9}$$

这是圆轴扭转变形的基本公式，将在第4章讨论。

将式（3.9）代入式（c）中，可得

$$\tau_\rho = \frac{T\rho}{I_p} \tag{3.10}$$

式（3.10）即为等直圆轴扭转时横截面上任一点处的切应力公式。式中，T 为截面扭矩，可由截面法求得。

在圆截面边缘各点处，ρ 为最大值 R，故得最大切应力为

$$\tau_{max} = \frac{TR}{I_p} = \frac{T}{I_p/R} \tag{3.11}$$

令 $W_p = I_p/R$，称为**扭转截面系数**，是一个仅与截面形状和尺寸有关的量。

于是，圆轴扭转的最大切应力为

$$\tau_{max} = \frac{T}{W_p} \tag{3.12}$$

应该指出，上述公式是以平面假设为前提推出的。试验结果表明，只有对横截面不变的直圆轴，平面假设才是正确的，所以这些公式只适用于等直圆轴。但对横截面沿轴线变化缓慢的小锥度杆，可近似用上述公式计算。同时公式推导中应用了剪切胡克定律，因而只适用于线弹性范围。

计算圆截面的极惯性矩 I_p 时，可在截面上距圆心为 ρ 处取厚度为 $d\rho$ 的环形面积作为面积元素（图 3.15a），微面积 $dA=2\pi\rho d\rho$，则实心圆截面的极惯性矩为

$$I_p=\int_A\rho^2 dA=2\pi\int_0^{\frac{D}{2}}\rho^3 d\rho=\frac{\pi D^4}{32} \tag{3.13}$$

其扭转截面系数为

$$W_p=\frac{I_p}{\frac{D}{2}}=\frac{\pi D^3}{16} \tag{3.14}$$

由于平面假设同样适用于空心圆截面轴，因此前面得出的切应力公式也可用于空心圆截面轴，其差别仅在于 I_p 及 W_p 这两个量。设空心圆截面的内、外直径分别为 d 和 D（图 3.15b），其比值为 $\alpha=\frac{d}{D}$，则空心圆截面的极惯性矩为

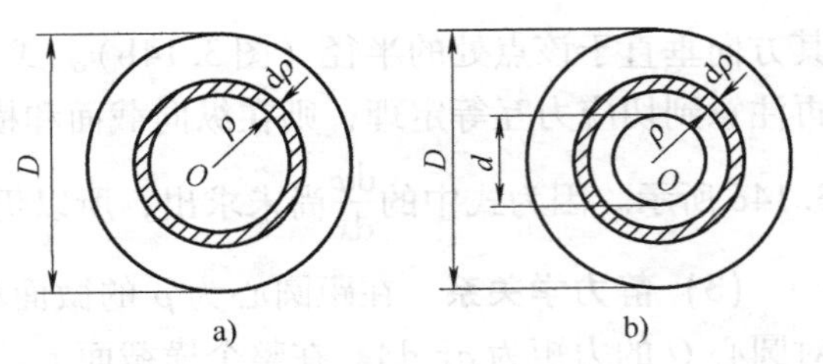

图 3.15

$$I_p=\int_A\rho^2 dA=2\pi\int_{\frac{d}{2}}^{\frac{D}{2}}\rho^3 d\rho=\frac{\pi}{32}(D^4-d^4)=\frac{\pi D^4}{32}(1-\alpha^4) \tag{3.15}$$

其扭转截面系数为

$$W_p=\frac{I_p}{\frac{D}{2}}=\frac{\pi D^3}{16}(1-\alpha^4) \tag{3.16}$$

与拉压杆的强度设计相似，为了保证圆轴扭转时安全可靠地工作，必须将圆轴横截面上的最大切应力限制在一定的数值下，称之为许用切应力［τ］，则圆轴扭转的强度条件为

$$\tau_{max}=\frac{T_{max}}{W_p}\leqslant[\tau] \tag{3.17}$$

对于等截面圆轴，最大切应力发生在扭矩最大的横截面上的边缘各点；对于变截面圆轴，如阶梯轴，最大切应力不一定发生在扭矩最大的截面，需要根据扭矩 T 和相应扭转截面系数 W_p 数值综合考虑才能确定。［τ］为材料的许用切应力，确定方法与拉压许用应力［σ］的确定方法类似；理论与试验研究均表明，材料的许用切应力［τ］与许用应力［σ］之间存在下述关系（证明见第 5 章 5.6 节）：

对于塑性材料　　　$[\tau]=(0.5\sim0.577)[\sigma]$

对于脆性材料　　　$[\tau]=(0.8\sim1.0)[\sigma_t]$

式中，［σ_t］代表许用拉应力。

例 3.5　如图 3.16 所示薄壁圆筒的壁厚为 t，平均半径为 R_0。设壁厚 t 比平均半径 R_0 小得多。当薄壁圆筒两端作用扭转外力偶时，求其横截面上的切应力。

解： 对于受扭薄壁圆筒，可按空心圆截面轴进行计算，但由于筒壁薄，可以认为扭转切应力沿壁厚均匀分布。取圆心角 $d\theta$，对于微面积 $dA=tR_0d\theta$，作用有微内力 τdA，对圆心的微力矩为 $\tau dA\cdot R_0$。整个横截面上所有微力矩之和等于该截面的扭矩，即

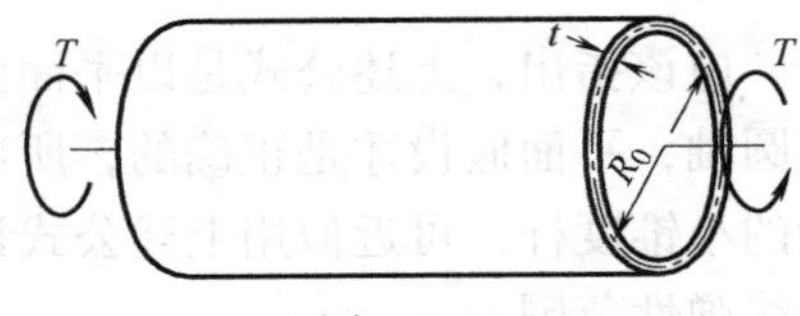

图 3.16

$$T = \int_A \tau R_0 \mathrm{d}A = \int_0^{2\pi} \tau R_0^2 t \mathrm{d}\theta = 2\pi\tau R_0^2 t \tag{a}$$

由此得

$$\tau = \frac{T}{2\pi R_0^2 t} \tag{b}$$

此即薄壁圆筒扭转切应力近似解公式。

当 $t = \frac{R_0}{10}$ 时，计算近似解的误差为

$$\delta = \frac{\frac{T}{W_p} - \frac{T}{2\pi R_0^2 t}}{\frac{T}{W_p}} \times 100\% = \left(1 - \frac{W_p}{2\pi R_0^2 t}\right) \times 100\% \tag{c}$$

若薄壁圆筒外径 $D = 21t$，内径 $d = 19t$，$\alpha = \frac{d}{D} = 0.9048$，则有

$$\delta = \left[1 - \frac{\frac{\pi D^3}{16}(1-\alpha^4)}{2\pi R_0^2 t}\right] \times 100\% = \left[1 - \frac{(21t)^3(1-0.9048^4)}{32(10t)^2 t}\right] \times 100\% = 4.56\%$$

上式表明，当 $t \leqslant \frac{R_0}{10}$ 时，近似解计算结果有足够精度，且计算简单。由于扭转切应力沿壁厚均匀分布的假定，对于所有由均质材料制成的薄壁圆筒均成立，故式（b）同时适用于弹性与非弹性以及各向同性与各向异性的情况。

例3.6 由无缝钢管制成的汽车传动轴外径 $D = 90\text{mm}$，内径 $d = 85\text{mm}$。使用时的最大扭矩 $T_{max} = 1.5\text{kN} \cdot \text{m}$。若材料的许用切应力 $[\tau] = 60\text{MPa}$，（1）试校核轴的扭转强度；（2）若把该传动轴改为实心轴，在强度相等的情况下，试确定实心轴的直径，并比较实心轴和空心轴的重量。

解：（1）校核传动轴的强度

$$\alpha = \frac{d}{D} = \frac{85}{90} = 0.944$$

$$W_p = \frac{\pi D^3}{16}(1-\alpha^4) = \left[\frac{\pi \times 90^3}{16}(1-0.944^4)\right]\text{mm}^3 = 2.95 \times 10^4 \text{mm}^3$$

轴的最大切应力为

$$\tau_{max} = \frac{T}{W_p} = \frac{1500}{2.95 \times 10^{-5}}\text{Pa} = 50.8 \times 10^6 \text{Pa} = 50.8\text{MPa} \leqslant [\tau]$$

所以传动轴满足强度条件。

（2）若把该传动轴改为实心轴，强度相等时，实心轴的最大切应力应为50.8MPa。设实心轴的直径为 D_2，则有

$$\tau_{max} = \frac{T}{W_p} = \frac{1500}{\frac{\pi D_2^3}{16}} = 50.8 \times 10^6 \text{Pa}$$

$$D_2 = \sqrt[3]{\frac{1500 \times 16}{\pi \times 50.8 \times 10^6}}\text{m} = 0.053\text{m} = 53\text{mm}$$

在长度和材料皆相同时，两轴重量之比等于横截面面积之比。设空心轴的横截面面积为 A_1，实心轴的横截面面积为 A_2，则

$$\frac{A_1}{A_2}=\frac{\frac{\pi}{4}(D^2-d^2)}{\frac{\pi}{4}D_2^2}=\frac{90^2-85^2}{53^2}=0.31$$

可见，在载荷相同的条件下，空心轴的重量仅为实心轴的31%，其减轻重量、节约材料的效果是明显的。这是因为横截面上的切应力沿径向按线性规律分布，圆心附近的应力很小，材料没有充分发挥作用，而且，由于它们所构成的微内力 $\tau_\rho \mathrm{d}A$ 离圆心近，力臂小，这些材料承担的扭矩也小。若把轴心附近的材料移向边缘，使其成为空心轴，就会增大 I_p 和 W_p，提高轴的强度。因此，一些大型轴或对于减轻重量有较高要求的轴（例如航空、航天结构中的轴），通常均做成空心的。但也应注意到，如果比值 R_0/t 过大，即管壁过薄，管在扭转时将产生皱折现象（即局部失稳）而降低其抗扭能力。这两种截面的切应力分布如图 3.17 所示。

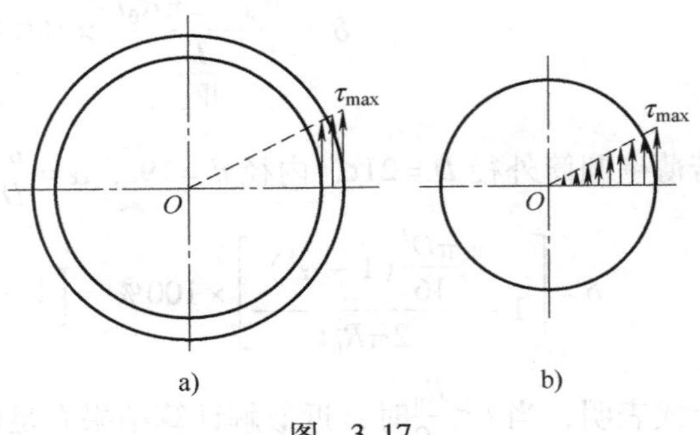

图 3.17

3.6 梁弯曲时的正应力

梁发生弯曲时，一般情况下在横截面上既有弯矩 M 又有剪力 F_S。弯矩是垂直于横截面的内力的合力偶矩，横截面上只有与正应力 σ 有关的法向微内力 $\sigma \mathrm{d}A$ 才能合成为弯矩。剪力是切于横截面的内力的合力，只有与切应力 τ 有关的切向微内力 $\tau \mathrm{d}A$ 才能合成为剪力。因此，梁横截面上将同时存在正应力和切应力（图 3.18），分别称为**弯曲正应力**和**弯曲切应力**。

简支梁 AB 受力如图 3.19a 所示，两个外力 F 对称地作用于梁的纵向对称面内，由 2.4 节可知，简支梁发生对称弯曲。其计算简图、剪力图和弯矩图分别由图 3.19b、c、d 表示。其中，AC 和 DB 两段内，梁横截面既有弯矩又有剪力，因而横截面上既有正应力又有切应力，这种情况称为**横力弯曲或剪切弯曲**。CD 段内，梁横截面上只有弯矩，剪力等于零，因而横截面上只有正应力，这种情况称为**纯弯曲**。本节仍从变形几何关系、物理关系和静力关系，分析纯弯曲时等直梁横截面上的正应力。

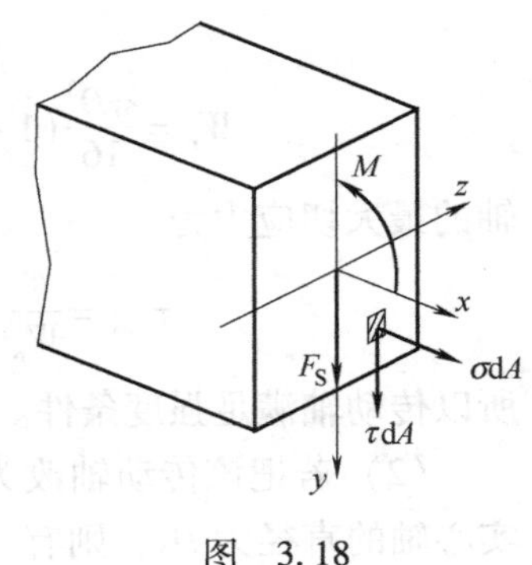

图 3.18

1. 试验与假设

为观察梁的变形规律，取一对称截面梁，在侧面上画出与梁的轴线平行的纵向线 aa、bb 和与之垂直的横向线 mm、nn（图 3.20a）。在两端纵向对称面内，施加一对大小相等、方向相反的力偶，使梁发生纯弯曲变形。可以观察到：

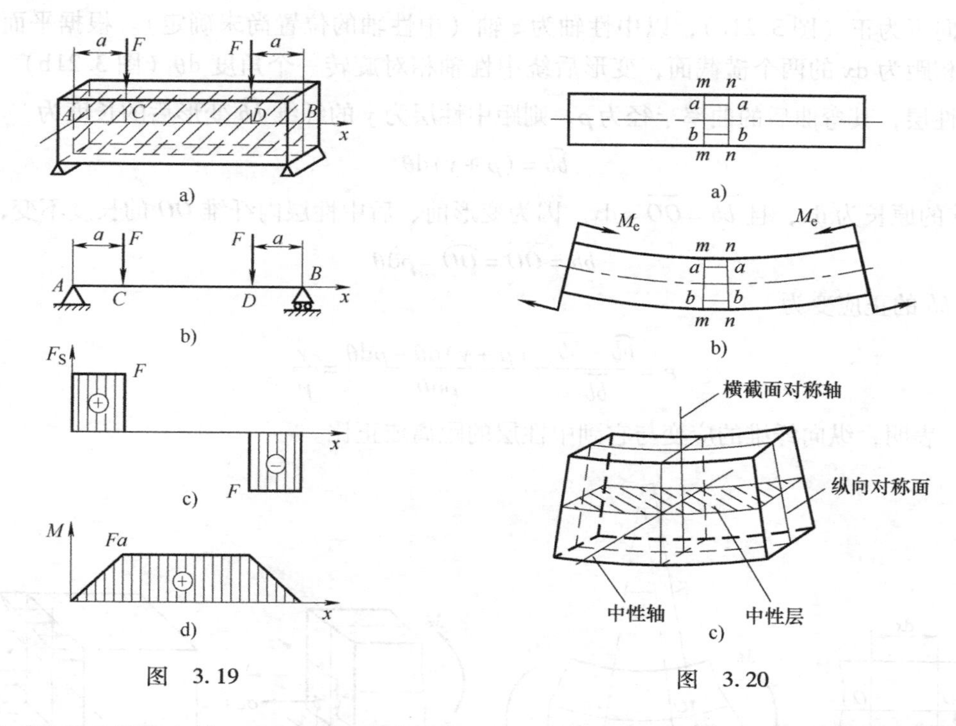

图　3.19

图　3.20

1）梁表面的横向线 mm、nn 仍为直线，且仍与纵向线正交，只是横向线间做相对转动。

2）变形后纵向线 aa 和 bb 变为曲线（图 3.20b），而且靠近梁顶面的纵向线缩短，靠近梁底面的纵向线伸长。

根据上述现象，对梁内部变形提出以下假设：

1）变形前原为平面的梁的横截面变形后仍保持为平面，且仍垂直于变形后的梁轴线，只是绕垂直于纵向对称面的某一轴转动，这就是梁弯曲变形的**平面假设**。

2）设想将梁看成由许多纵向纤维组成，所有与轴线平行的纵向纤维都只发生轴向拉伸或压缩（即纵向纤维之间无挤压），这就是梁弯曲变形的**单向受力假设**。梁变形后，同一层纤维的变形是相同的。

根据平面假设和变形连续性假设，梁弯曲时部分纤维伸长，部分纤维缩短，由伸长区到缩短区，其间必存在一长度不变的过渡层，称为**中性层**（图 3.20c）。中性层与横截面的交线称为**中性轴**。对称弯曲时，梁的变形对称于纵向对称面，因此，中性轴必垂直于截面的纵向对称面，与横截面对称轴正交。

综上所述，梁纯弯曲时所有横截面保持为平面，且仍与变形后的轴线正交，并绕中性轴做相对转动。所有纵向纤维均处于单向受力状态，靠近下侧的纤维伸长，在下侧产生拉应力，靠近上侧的纤维缩短，在上侧产生压应力，中性轴将横截面分为受拉区和受压区。

2. 纯弯曲时正应力公式推导

根据上述分析，进一步考虑变形几何、物理和静力学三方面的关系，以建立弯曲正应力公式。

（1）变形几何关系　在纯弯曲梁中截取一微段 dx（图 3.21a），以横截面对称轴为 y

轴，且向下为正（图 3.21c），以中性轴为 z 轴（中性轴的位置尚未确定）。根据平面假设，变形前相距为 $\mathrm{d}x$ 的两个横截面，变形后绕中性轴相对旋转一个角度 $\mathrm{d}\theta$（图 3.21b）。设 $\widehat{OO}$ 代表中性层，其弯曲后的曲率半径为 ρ，则距中性层为 y 的纤维 $\widehat{bb}$ 变形后的长度为

$$\widehat{bb} = (\rho + y)\mathrm{d}\theta$$

纤维 $\widehat{bb}$ 的原长为 $\mathrm{d}x$，且 $\overline{bb} = \overline{OO} = \mathrm{d}x$。因为变形前、后中性层内纤维 OO 的长度不变，故有

$$\overline{bb} = \overline{OO} = \widehat{OO} = \rho\mathrm{d}\theta$$

则纤维 bb 的正应变为

$$\varepsilon = \frac{\widehat{bb} - \overline{bb}}{\overline{bb}} = \frac{(\rho + y)\mathrm{d}\theta - \rho\mathrm{d}\theta}{\rho\mathrm{d}\theta} = \frac{y}{\rho} \tag{a}$$

式（a）表明，纵向纤维的应变与它到中性层的距离成正比。

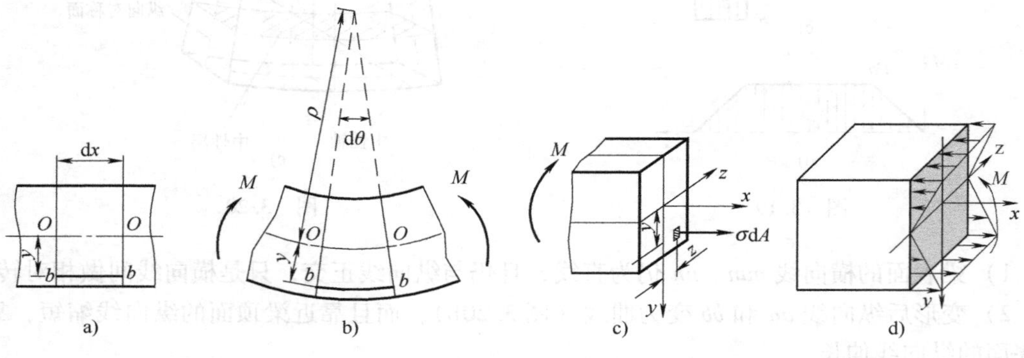

图 3.21

（2）物理关系 如前所述，假设纵向纤维之间没有相互挤压，即每一纤维都是单向拉伸或压缩。当应力不超过比例极限时，由胡克定律知，距中性轴为 y 处的正应力为

$$\sigma = E\varepsilon = E \cdot \frac{y}{\rho} \tag{b}$$

式（b）表明，横截面上任一点的正应力与该点到中性轴距离成正比，即正应力沿截面高度线性变化，而中性轴上各点处的正应力均为零（图 3.21d）。

以上分析得到了正应力在截面上的变化规律，但中性轴的位置与中性层曲率半径 ρ 还未知，还需要应用静力学关系。

（3）静力学关系 横截面上各点处的法向微内力 $\sigma\mathrm{d}A$（图 3.21c）构成一空间平行力系，可能组成三个内力分量：轴力 F_{N} 和绕 y、z 轴之矩 M_y、M_z。在纯弯曲情况下，截面的轴力 F_{N} 与绕 y 轴弯矩 M_y 都为零，绕 z 轴的矩 M_z 即横截面的弯矩 M，因此

$$F_{\mathrm{N}} = \int_A \sigma\mathrm{d}A = 0 \tag{c}$$

$$M_y = \int_A z\sigma\mathrm{d}A = 0 \tag{d}$$

$$M_z = \int_A y\sigma\mathrm{d}A = M \tag{e}$$

将式（b）代入式（c）~式（e），并根据附录中有关截面几何量的定义，可得

$$F_N = \frac{E}{\rho}\int_A y\mathrm{d}A = \frac{E}{\rho}S_z = 0 \tag{f}$$

$$M_y = \frac{E}{\rho}\int_A zy\mathrm{d}A = \frac{E}{\rho}I_{yz} = 0 \tag{g}$$

$$M_z = \frac{E}{\rho}\int_A y^2\mathrm{d}A = \frac{E}{\rho}I_z = M \tag{h}$$

要满足式（f），由于$\frac{E}{\rho}\neq 0$，故必有$S_z=0$，横截面对z轴的静矩等于零，即z轴（中性轴）通过截面形心，且垂直于对称轴。这就完全确定了z轴和x轴的位置。

式（g）是自动满足的。因为y轴是横截面的对称轴，所以必然有$I_{yz}=0$（附录Ⅰ.2）。

由式（h）可确定中性层曲率$\frac{1}{\rho}$的表达式

$$\frac{1}{\rho} = \frac{M}{EI_z} \tag{3.18}$$

这是研究梁弯曲问题的一个基本公式，EI_z称为梁的**抗弯刚度**。显然，曲率与弯矩成正比，在相同弯矩下，EI_z越大，中性层曲率越小，梁的抗弯能力越强。

将式（3.18）代入式（b），可得纯弯曲时横截面正应力公式为

$$\sigma = \frac{My}{I_z} \tag{3.19}$$

式中，M为横截面上的弯矩；I_z为横截面对中性轴的惯性矩；y为所求应力的点到中性轴的距离。应该注意，式（3.19）通常用于求正应力σ的数值，M和y均取绝对值，σ的正负号可由梁的弯曲变形直接判定，即以中性轴为界，梁凸出一侧受拉，正应力为正，凹入一侧受压，正应力为负。实际计算中，可以不注明应力的正负号，只要在计算结果的后面用括号注明“拉”或“压”。

上述公式在推导过程中，依据了下列条件：平面假设；各纵向纤维之间无挤压，处于单向拉伸或压缩状态；材料在线弹性范围内工作，且拉、压时的弹性模量相等。这些依据也是应用公式的限制条件。

对于横截面上既有弯矩又有剪力的横力弯曲，横截面上既有正应力也有切应力。由于切应力的存在，梁的横截面不再保持平面，而是发生翘曲，同时引起纵向纤维间的相互挤压。因此，平面假设和纵向纤维间无挤压的假设都不再成立。但按弹性理论的分析结果，在均布载荷作用下的矩形截面简支梁，当其跨长与截面高度之比$l/h>5$时，横截面上的最大正应力按纯弯曲时的公式（3.19）来计算，其误差不超过1%。梁的跨高比l/h越大，其误差越小。因此，对于工程中常用的细长梁，可以用式（3.19）计算横力弯曲时的正应力，能够满足工程问题所需要的精度。但式中的弯矩M应该用相应截面上的弯矩$M(x)$代替。

3.7 梁的弯曲正应力强度条件

1. 最大弯曲正应力

一般情况下，最大正应力发生于弯矩最大的截面，且距中性轴最远处，即

$$\sigma_{\max}=\frac{M_{\max}y_{\max}}{I_z} \tag{3.20a}$$

但式（3.19）表明，正应力不仅与弯矩 M 有关，还与 y/I_z 有关，即与截面的形状和尺寸有关。故对截面为某些形状的梁或变截面梁进行强度校核时，不应只注意弯矩为最大值的截面（见例3.9）。

若中性轴为截面的对称轴（图3.22a、b），上下边缘点到中性轴的距离相等，即最大拉、压应力数值一样。令 $W_z=\dfrac{I_z}{y_{\max}}$，称为**弯曲截面系数或抗弯截面系数**，它的数值与截面的形状与尺寸有关，则式（3.20a）可表示为

$$\sigma_{\max}=\frac{M_{\max}}{W_z} \tag{3.20b}$$

对于高为 h、宽为 b 的矩形截面，有

$$W_z=\frac{I_z}{h/2}=\frac{bh^3/12}{h/2}=\frac{bh^2}{6}$$

对于直径为 d 的圆形截面，有

$$W_z=\frac{I_z}{d/2}=\frac{\pi d^4/64}{d/2}=\frac{\pi d^3}{32}$$

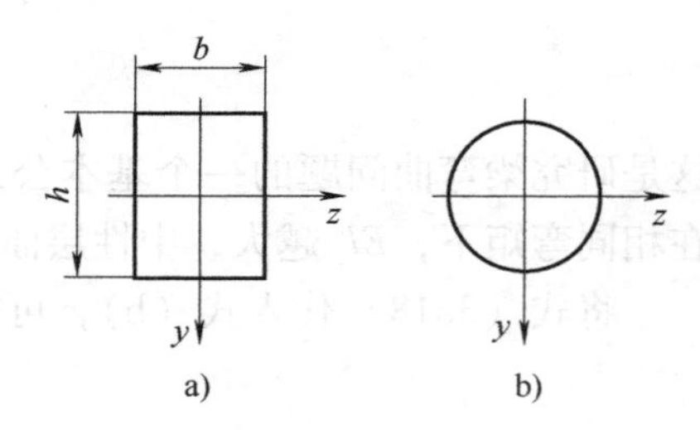

图 3.22

对于空心圆截面，有

$$W_z=\frac{I_z}{D/2}=\frac{\pi D^4(1-\alpha^4)/64}{D/2}=\frac{\pi D^3}{32}(1-\alpha^4)$$

式中，$\alpha=\dfrac{d}{D}$，为内、外径之比。至于型钢截面的弯曲截面系数，其数值可从型钢表中查到。

若中性轴不是截面的对称轴，例如T形截面（图3.23），其上最大拉、压应力的数值不相等，应分别以受拉和受压部分距中性轴最远的距离代入计算。

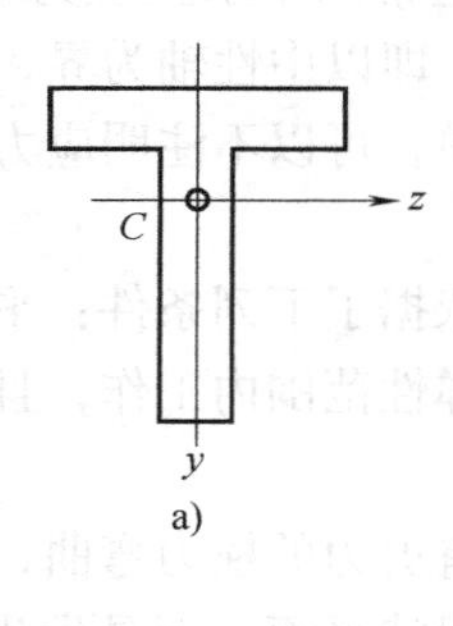

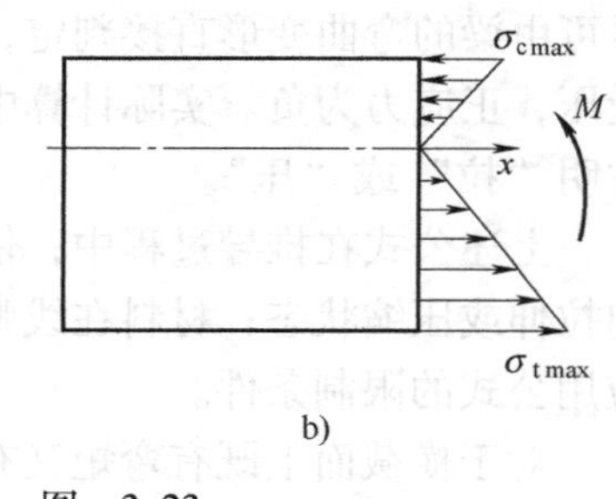

图 3.23

2. 梁的弯曲正应力强度条件

最大弯曲正应力发生在某横截面上离中性轴最远的各点处（下一节可证明切应力等于零），可看成处于单向受力状态，仿照拉（压）杆的强度条件，建立弯曲正应力强度条件：

$$\sigma_{\max}=\frac{M_{\max}y_{\max}}{I_z}\leqslant[\sigma] \tag{3.21a}$$

或

$$\sigma_{\max}=\frac{M_{\max}}{W_z}\leqslant[\sigma] \tag{3.21b}$$

对抗拉和抗压强度相等的材料（如低碳钢），$[\sigma_t]=[\sigma_c]$，只要绝对值最大的正应力不超过许用应力即可。对抗拉和抗压强度不等的材料（如灰铸铁），$[\sigma_t]\neq[\sigma_c]$，则最大拉、

压应力都不能超过各自的许用应力，即

$$\sigma_{\text{t max}} \leqslant [\sigma_{\text{t}}] \tag{3.22a}$$

$$\sigma_{\text{c max}} \leqslant [\sigma_{\text{c}}] \tag{3.22b}$$

需要注意的是，某一个横截面上的最大正应力不一定就是梁内的最大正应力，应该首先判断梁中可能产生最大正应力的那些截面，称为危险截面；然后比较所有危险截面上的最大正应力，其中最大者就是梁内横截面上的最大正应力。利用上述强度条件，同样可以解决三类问题：强度校核、设计截面尺寸、确定许可载荷。

例3.7　承受均布载荷的简支梁如图3.24所示。已知：梁的截面为矩形，宽度 $b=20\text{mm}$，高度 $h=30\text{mm}$，均布载荷集度 $q=10\text{kN/m}$，$l=450\text{mm}$。求梁最大弯矩截面上1、2两点处的正应力。

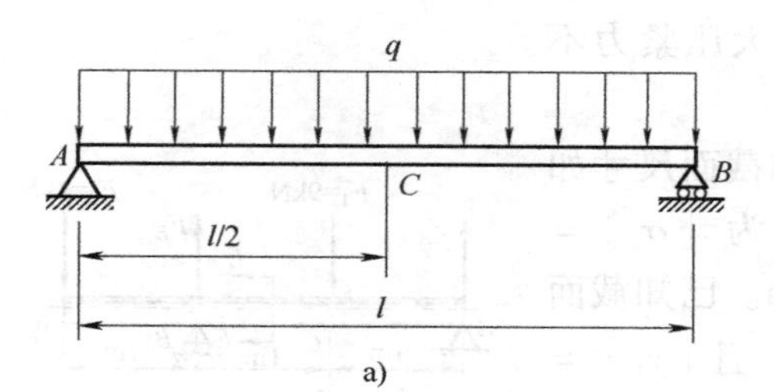

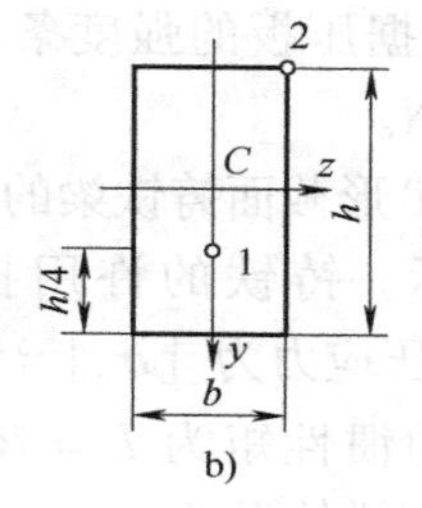

图　3.24

解：该简支梁跨中截面有最大弯矩

$$M_{\max}=\frac{ql^2}{8}=\frac{10\times10^3\times(450\times10^{-3})^2}{8}\text{N}\cdot\text{m}=0.253\text{kN}\cdot\text{m}$$

梁横截面对 z 轴的惯性矩

$$I_z=\frac{bh^3}{12}=\frac{20\times10^{-3}\times(30\times10^{-3})^3}{12}\text{m}^4=4.5\times10^{-8}\text{m}^4$$

根据弯矩最大截面上弯矩的方向，可以判断：1点受拉应力，2点受压应力。1、2两点的正应力分别为

$$\sigma_1=\frac{M_{\max}y_1}{I_z}=\frac{0.253\times10^3\times7.5\times10^{-3}}{4.5\times10^{-8}}\text{Pa}=42.2\text{MPa}\ (\text{拉})$$

$$\sigma_2=\frac{M_{\max}y_2}{I_z}=\frac{0.253\times10^3\times15\times10^{-3}}{4.5\times10^{-8}}\text{Pa}=84.3\text{MPa}\ (\text{压})$$

例3.8　压板夹紧装置如图3.25a所示，图中长度单位为mm。材料为45号钢，$\sigma_{\text{s}}=380\text{MPa}$，取安全因数 $n=1.5$。试计算压板对工件的最大允许压力 F。

解：压板可简化为图3.25b所示的外伸梁。绘制压板的弯矩图（图3.25c），最大弯矩在截面 A 处，为

$$M_{\max}=0.02\text{m}\times F$$

根据截面 A 的尺寸求出 I_z 和 W_z

$$I_z=\left(\frac{3\times2^3}{12}-\frac{3\times1.2^3}{12}\right)\text{cm}^4=1.57\text{cm}^4$$

$$W_z = \frac{I_z}{y_{\max}} = \frac{1.57}{1}\text{cm}^3 = 1.57\text{cm}^3$$

材料的许用应力为

$$[\sigma] = \frac{\sigma_s}{n} = \frac{380}{1.5}\text{MPa} = 253\text{MPa}$$

根据强度条件得

$$M_{\max} \leqslant W_z[\sigma]$$

即

$$0.02\text{m} \times F \leqslant W_z[\sigma]$$

$$F \leqslant \frac{W_z[\sigma]}{0.02\text{m}} = \frac{1.57 \times 10^{-6} \times 253 \times 10^6}{0.02}\text{N} = 19.9\text{kN}$$

所以，根据压板的强度条件，最大压紧力不应超过 19.9kN。

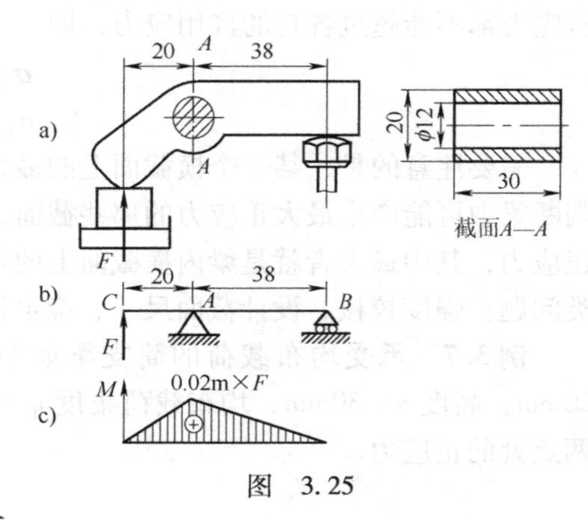

图 3.25

例 3.9 T 形截面铸铁梁的载荷和截面尺寸如图 3.26a 所示。铸铁的许用拉应力为 $[\sigma_t]=30\text{MPa}$，许用压应力为 $[\sigma_c]=160\text{MPa}$。已知截面对形心轴 z 的惯性矩为 $I_z=763\text{cm}^4$，且 $|y_1|=52\text{mm}$。试校核梁的强度。

解：由静力平衡方程求出梁的支座约束力为

$$F_A = 2.5\text{kN}, \quad F_B = 10.5\text{kN}$$

绘制梁的弯矩图（图 3.26b），最大正弯矩在截面 C 上，$M_C=2.5\text{kN}\cdot\text{m}$；最大负弯矩在截面 B 上，$M_B=-4\text{kN}\cdot\text{m}$。

T 形截面对中性轴不对称，同一截面上的最大拉应力和压应力并不相等。计算最大应力时，应以 y_1 和 y_2 分别代入式（3.19）。在截面 B 上，弯矩是负的，最大拉应力发生于上边缘各点（图 3.26c），且

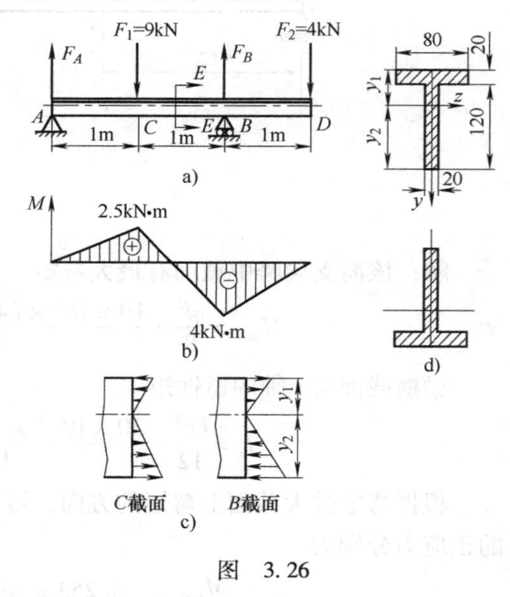

图 3.26

$$\sigma_t = \frac{M_B y_1}{I_z} = \frac{4 \times 10^3 \times 52 \times 10^{-3}}{763 \times 10^{-8}}\text{Pa} = 27.3 \times 10^6\text{Pa} = 27.3\text{MPa} < [\sigma_t]$$

最大压应力发生于下边缘各点，且

$$\sigma_c = \frac{M_B y_2}{I_z} = \frac{4 \times 10^3 \times (120 + 20 - 52) \times 10^{-3}}{763 \times 10^{-8}}\text{Pa} = 46.1 \times 10^6\text{Pa} = 46.1\text{MPa} < [\sigma_c]$$

在截面 C 上，虽然弯矩的绝对值小于 M_B，但却是正弯矩，最大拉应力发生在截面的下边缘各点，而这些点到中性轴的距离比较远，因而可能产生较大的拉应力。由式（3.19）得

$$\sigma_t = \frac{M_C y_2}{I_z} = \frac{2.5 \times 10^3 \times (120 + 20 - 52) \times 10^{-3}}{763 \times 10^{-8}}\text{Pa} = 28.8\text{MPa} < [\sigma_t]$$

由计算结果可知，最大拉应力是在截面 C 的下边缘各点处。由于最大拉应力和最大压应力均未超过许用应力，强度条件满足。

在本例中，若将梁倒置为图 3.26d，对梁的强度有何影响。这个问题留给读者考虑。

例 3.10 为了起吊重量为 $F=300\text{kN}$ 的大型设备，采用一台最大起吊重量为 150kN 和一台最大起吊重量为 200kN 的吊车，以及一根工字形轧制型钢作为辅助梁，共同组成临时的附加悬挂系统，如图 3.27 所示。已知：辅助梁长度 $l=4\text{m}$，型钢材料的许用应力 $[\sigma]=160\text{MPa}$，试计算：

（1）F 加在辅助梁的什么位置，才能保证两台吊车都不超载？

（2）辅助梁应该选择何种型号的工字钢？

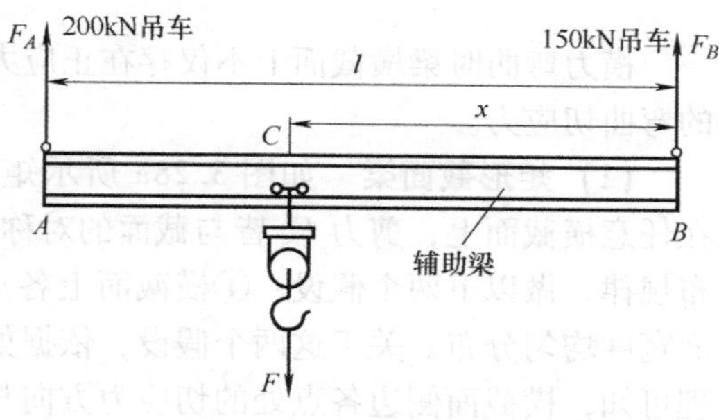

图 3.27

解：（1）确定 F 的位置　F 加在辅助梁的不同位置时，两台吊车所承受的力是不相同的。假设 F 加在 C 点，距 150kN 吊车的距离为 x。将 F 看作主动力，两台吊车所受的力为约束力，分别用 F_A 和 F_B 表示。由平衡方程可得

$$F_A=\frac{Fx}{l},\quad F_B=\frac{F(l-x)}{l}$$

为使两台吊车都不超载，可令

$$F_A=\frac{Fx}{l}\leqslant 200\text{kN},\quad F_B=\frac{F(l-x)}{l}\leqslant 150\text{kN}$$

由此解出 $x\leqslant\frac{200\times 4}{300}\text{m}=2.667\text{m}$，$x\geqslant\frac{150\times 4}{300}\text{m}=2\text{m}$

于是，F 加在辅助梁上作用点的位置范围应为

$$2\text{m}\leqslant x\leqslant 2.667\text{m}$$

（2）确定辅助梁所需的工字钢型号　根据结果，当 $x=2\text{m}$ 和 $x=2.667\text{m}$ 时，辅助梁都在 F 作用点处有最大弯矩，数值分别为

$$M_{\max}^{(1)}=[200\times 10^3\times(4-2.667)]\text{N}\cdot\text{m}=266.6\text{kN}\cdot\text{m}$$
$$M_{\max}^{(2)}=(150\times 10^3\times 2)\text{N}\cdot\text{m}=300\text{kN}\cdot\text{m}$$

因此，应该以 $M_{\max}^{(2)}$ 作为强度计算的依据。由强度条件

$$\sigma_{\max}=\frac{M_{\max}}{W_z}\leqslant[\sigma]$$

可得

$$W_z\geqslant\frac{M_{\max}^{(2)}}{[\sigma]}=\frac{300\times 10^3}{160\times 10^6}\text{m}^3=1.875\times 10^{-3}\text{m}^3=1.875\times 10^3\text{cm}^3$$

由工字钢型钢表查得 50a 和 50b 工字钢的 W_z 分别为 $1.860\times 10^3\text{cm}^3$ 和 $1.940\times 10^3\text{cm}^3$。如果选择 50a 工字钢，它的弯曲截面系数比所需要的 $1.875\times 10^3\text{cm}^3$ 大约小

$$\frac{1.875\times 10^3-1.860\times 10^3}{1.860\times 10^3}\times 100\%=0.8\%$$

在一般的工程设计中最大正应力可以允许超过许用应力的 5%，所以选择 50a 工字钢是可以的。但是，对于安全性要求比较高的构件，最大正应力不允许超过许用应力，此时需要选择 50b 工字钢。

3.8 梁的弯曲切应力与强度条件

1. 梁的弯曲切应力推导

横力弯曲时梁横截面上不仅存在正应力，而且还存在切应力。现在研究等直梁横截面上的弯曲切应力。

(1) 矩形截面梁 如图 3.28a 所示矩形截面梁，在纵向对称面内承受任意载荷作用。在任意横截面上，剪力 F_S 皆与截面的对称轴 y 重合（图 3.28b）。关于横截面上切应力的分布规律，做以下两个假设：①横截面上各点切应力的方向都平行于剪力 F_S；②切应力沿截面宽度均匀分布。关于这两个假设，依据如下：因梁的侧面上无切应力，故由切应力互等定理可知，横截面侧边各点处的切应力方向与侧边平行，即与剪力平行。而对称轴 y 上各点的切应力必沿 y 方向，即沿剪力 F_S 方向。对于截面高度 h 大于宽度 b 的狭长矩形，可以假设其余各点处的切应力都平行于剪力 F_S，且沿截面宽度的变化不可能大。故以上两假设是合理的。基于以上两假设所得到的解，与精确解相比有足够的精度。

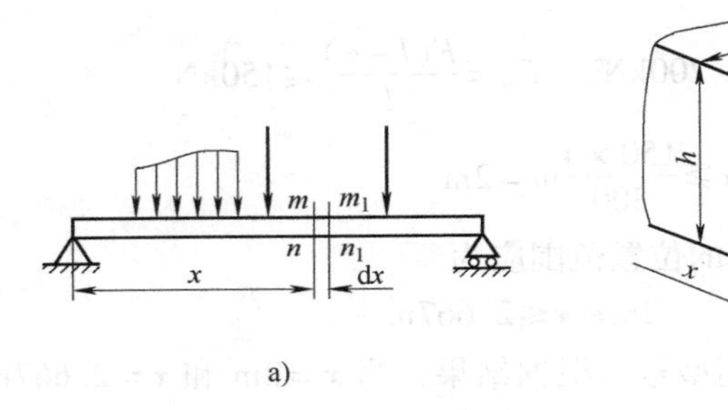

图 3.28

根据上述假设，在距中性轴为 y 的横线 pq 上，各点的切应力 τ 均相等，且平行于 F_S。若以横截面 m-n 和 m_1-n_1 从梁中取出长为 dx 的一段（图 3.29a），设两横截面上的弯矩分别为 M 和 $M+\mathrm{d}M$。按式（3.19）可以求出两截面上的正应力分布。若再以平行于中性层且距中性层为 y 的纵面 pr 从这一段梁中截出一部分 nn_1pr，由于在这一截出部分的两端截面 rn 和 pn_1 上与正应力对应的两个法向内力 F_{N1} 和 F_{N2} 的数值不相等，因此在纵面 rp 上，必须有沿 x 方向的切向内力，才能维持截出部分的平衡。由切应力互等定理，在纵面 rp 上的切应力 τ' 与横线 pq 上的 τ 相等，且沿宽度 b 也是均匀分布的（图 3.29b）。

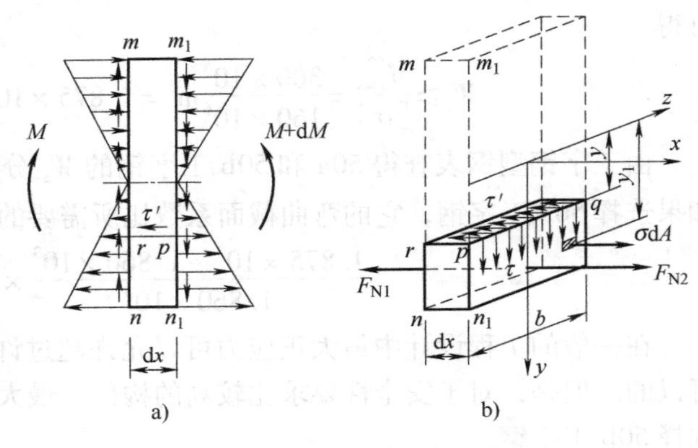

图 3.29

在右侧面 pn_1 上，以 A_1 表示该侧面面积，由微内力 $\sigma\mathrm{d}A$ 组成的内力系的合力为 F_{N2}，其中正应力 σ 按式（3.19）计算，于是

$$F_{N2} = \int_{A_1} \sigma \mathrm{d}A = \int_{A_1} \frac{(M + \mathrm{d}M)y_1}{I_z}\mathrm{d}A = \frac{M + \mathrm{d}M}{I_z}\int_{A_1} y_1 \mathrm{d}A = \frac{M + \mathrm{d}M}{I_z}S_z^* \tag{a}$$

式中

$$S_z^* = \int_{A_1} y_1 \mathrm{d}A \tag{b}$$

是距中性轴为 y 的横线 pq 以下的面积 A_1 对中性轴的静矩。同理，可求出左侧面 rn 上的内力系合力 F_{N1} 为

$$F_{N1} = \int_{A_1} \sigma \mathrm{d}A = \frac{M}{I_z}S_z^* \tag{c}$$

在顶面 rp 上，与顶面相切的内力系的合力是

$$\mathrm{d}F'_S = \tau' b \mathrm{d}x \tag{d}$$

根据该截出部分的平衡方程 $\sum F_x = 0$，可得

$$F_{N2} - F_{N1} - \mathrm{d}F'_S = 0$$

将式（a）、式（c）和式（d）代入上式，得

$$\frac{M + \mathrm{d}M}{I_z}S_z^* - \frac{M}{I_z}S_z^* - \tau' b \mathrm{d}x = 0$$

$$\tau' = \frac{\mathrm{d}M}{\mathrm{d}x} \cdot \frac{S_z^*}{I_z b}$$

由式（2.3），$\frac{\mathrm{d}M}{\mathrm{d}x} = F_S$，可得矩形截面梁弯曲切应力的计算公式

$$\tau = \tau' = \frac{F_S S_z^*}{I_z b} \tag{3.23}$$

式中，F_S 为横截面上的剪力；b 为截面宽度；I_z 为整个截面对中性轴的惯性矩；S_z^* 为截面上距中性轴为 y 的横线以外部分面积对中性轴的静矩。

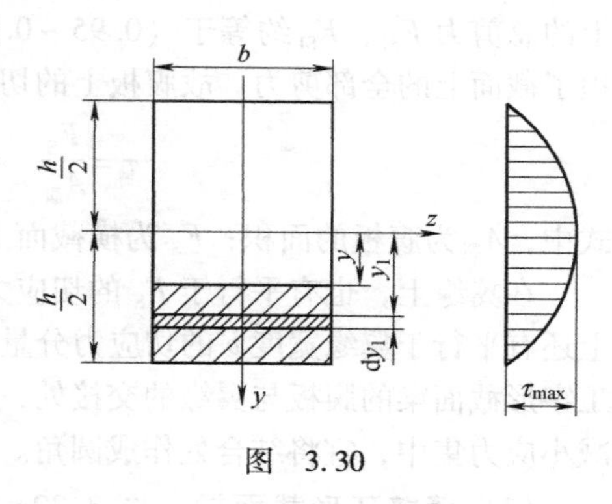

图　3.30

关于 S_z^* 的计算（如图 3.30 所示），可取 $\mathrm{d}A = b\mathrm{d}y_1$，于是式（b）为

$$S_z^* = \int_{A_1} y_1 \mathrm{d}A = \int_y^{\frac{h}{2}} b y_1 \mathrm{d}y_1 = \frac{b}{2}\left(\frac{h^2}{4} - y^2\right)$$

式（3.23）可写成

$$\tau = \frac{F_S}{2I_z}\left(\frac{h^2}{4} - y^2\right) \tag{3.24}$$

由式（3.24）看出，切应力 τ 沿截面高度按抛物线规律变化。当 $y = \pm\frac{h}{2}$时，$\tau = 0$，即截面上、下边缘各点处切应力等于零。当 $y = 0$ 时，τ 为最大值，即最大切应力发生在中性轴上，且

$$\tau_{\max} = \frac{F_S h^2}{8I_z}$$

将 $I_z = \frac{bh^3}{12}$代入上式，得

$$\tau_{max}=\frac{3}{2}\frac{F_S}{bh}=\frac{3}{2}\frac{F_S}{A} \tag{3.25}$$

式中，A 为横截面面积。可见矩形截面梁的最大切应力为平均切应力$\frac{F_S}{A}$的 1.5 倍。

（2）工字形截面梁 对于工字形截面梁，先研究其横截面腹板上任一点处的切应力 τ（图 3.31）。由于腹板是狭长矩形，完全可以采用前述两个假设。于是，可以从式（3.23）直接求得

$$\tau=\frac{F_S S_z^*}{I_z d} \tag{3.26}$$

式中，d 为腹板厚度；S_z^* 为距中性轴为 y 的横线以外部分的横截面面积（图 3.31a 中的阴影面积）对中性轴的静矩。S_z^* 的计算结果表明，在腹板范围内，S_z^* 是 y 的二次函数，故腹板部分的切应力 τ 沿腹板高度同样是按抛物线规律变化（图 3.31b），其最大切应力也在中性轴上，其值为

$$\tau_{max}=\frac{F_S S_{zmax}^*}{I_z d} \tag{3.27}$$

式中，S_{zmax}^* 为中性轴任一边的半个横截面面积对中性轴的静矩。对轧制工字钢截面，式（3.27）中$\frac{I_z}{S_{zmax}^*}$的值可以查型钢表获得。

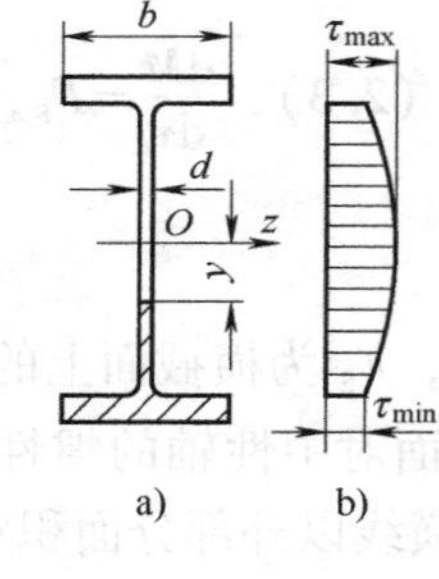

图 3.31

计算表明，在腹板范围内，S_z^* 变化不大，所以腹板上的 τ_{max} 与 τ_{min} 实际上相差不大，可以认为在腹板上切应力大致均匀分布。若以图 3.31b 中应力分布图的面积乘以腹板的厚度 d，即得到腹板上的总剪力 F_{S1}，F_{S1} 约等于（0.95～0.97）F_S。可见，腹板几乎负担了截面上的全部剪力。故腹板上的切应力可近似为

$$\tau=\frac{F_S}{A_{腹}}$$

式中，$A_{腹}$ 为腹板的面积；F_S 为横截面上的剪力。

在翼缘上，也有平行于 F_S 的切应力分量，但数值很小，通常不进行计算。此外，翼缘上还有平行于翼缘宽度 b 的切应力分量。它与腹板内的切应力比较，一般说也是次要的。在工字形截面梁的腹板与翼缘的交接处，切应力分布比较复杂，而且存在应力集中现象，为了减小应力集中，宜将结合处作成圆角。

（3）薄壁环形截面梁 图 3.32a 所示薄壁环形截面，设壁厚为 δ，环的平均半径为 r_0。由于 δ 与 r_0 相比很小，故可假设：①横截面上切应力的大小沿壁厚无变化；②切应力的方向与圆周相切。由于假设①与前相同，故可借用式（3.23）导出横截面上任一点处的切应力公式。由对称关系可知，横截面上 y 轴上各点处的切应力为零，而且 y 轴两侧各点处的切应力对称于 y 轴。最大切应力仍在中性轴

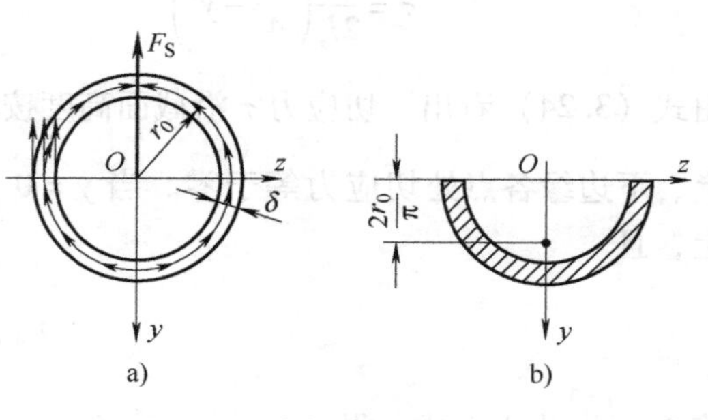

图 3.32

上，可用式（3.23）求 τ_{max}，式中 $b=2\delta$，S_z^* 为半个圆环（图3.32b）的面积对中性轴的静矩，$S_z^*=\pi r_0\delta\times\dfrac{2r_0}{\pi}=2r_0^2\delta$，$I_z=\pi r_0^3\delta$，于是，得

$$\tau_{max}=\frac{F_S S_z^*}{I_z b}=\frac{F_S\cdot 2r_0^2\delta}{\pi r_0^3\delta\cdot 2\delta}=2\frac{F_S}{A}$$

式中，$A=2\pi r_0\delta$，为环形截面面积。由此可知，薄壁环形截面梁横截面上的最大切应力为其平均切应力 F_S/A 的两倍。

（4）圆截面梁　对于圆截面梁（图3.33a），由切应力互等定理可知，在截面边缘上各点处切应力的方向必与圆周相切（例如图3.33a中的 k 和 k' 两点的 τ），而在对称轴 y 上各点处，τ 必沿 y 轴方向。因此，可以假设：①沿宽度 kk' 上各点处的切应力均汇交于 y 轴上的 p 点；②各点处切应力沿 y 方向的分量沿宽度相等。根据上述假设，可用式（3.23）求出截面上距中性轴为 y 处的切应力沿 y 方向的分量，然后按所在点处切应力方向与 y 轴间的夹角，求出该点处的切应力。圆截面的最大切应力仍在中性轴上各点处。在中性轴上，$b=d$，S_z^* 为半圆面积（图3.33b）对中性轴的静矩，$S_z^*=\dfrac{1}{2}\cdot\dfrac{\pi d^2}{4}\cdot\dfrac{2d}{3\pi}=\dfrac{d^3}{12}$，圆截面惯性矩 $I_z=\dfrac{\pi d^4}{64}$。于是有

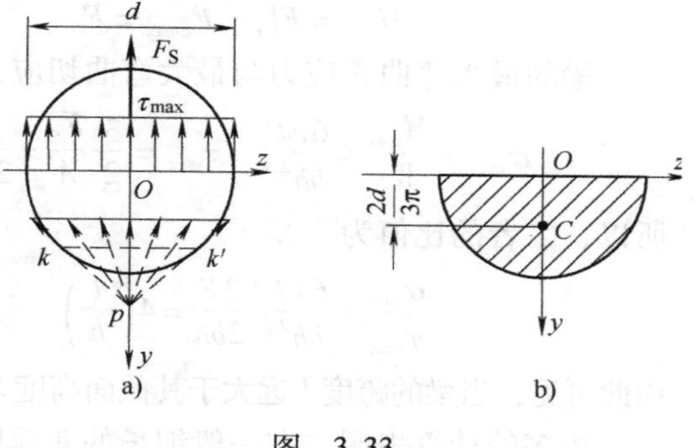

图　3.33

$$\tau_{max}=\frac{F_S S_z^*}{I_z b}=\frac{F_S\cdot d^3/12}{(\pi d^4/64)\cdot d}=\frac{4}{3}\frac{F_S}{A}$$

式中，A 为圆截面的面积。由此可知，圆截面梁横截面上的 τ_{max} 比平均切应力 F_S/A 大33%。

2. 梁的弯曲切应力强度条件

横力弯曲下的等直梁，除了保证正应力的强度外，还需要满足切应力强度要求。最大弯曲切应力通常发生在最大剪力所在截面的中性轴各点处，即

$$\tau_{max}=\frac{F_{Smax}S_{zmax}^*}{I_z b} \tag{3.28}$$

式中，b 为横截面在中性轴上的宽度；S_{zmax}^* 为中性轴一侧的横截面对中性轴的静矩。由于中性轴上各点处的弯曲正应力为零，因此最大弯曲切应力作用点处于纯剪切状态，相应的强度条件为

$$\tau_{max}\leqslant[\tau] \tag{3.29}$$

式中，$[\tau]$ 为材料的许用切应力。

在进行梁的强度计算时，必须同时满足正应力和切应力强度条件。在选择梁的截面尺寸时，一般先按正应力强度条件选择截面尺寸，然后按切应力进行强度校核。但对于细长梁，其强度的控制因素主要取决于弯曲正应力。满足弯曲正应力强度条件的细长梁，一般都能满足切应力强度条件。只有在下述一些情况下，要进行弯曲切应力强度校核：①梁的跨度较短，或在支座附近作用较大的载荷，以致梁的弯矩较小，而剪力较大；②铆接或焊接的工字

梁，如腹板薄而截面高度颇大，以致厚度与高度的比值小于型钢的相应比值时，应对腹板进行切应力校核；③经焊接、铆接或胶合而成的梁，对焊缝、铆钉或胶合面等，一般要进行剪切计算；④木材在顺纹方向抗剪强度较差，木梁在横力弯曲时可能因中性层上的切应力过大而使梁沿中性层发生剪切破坏。

例 3.11 如图 3.34 所示矩形截面悬臂梁，承受集中载荷 F 作用，试比较梁内最大弯曲正应力与弯曲切应力的大小。

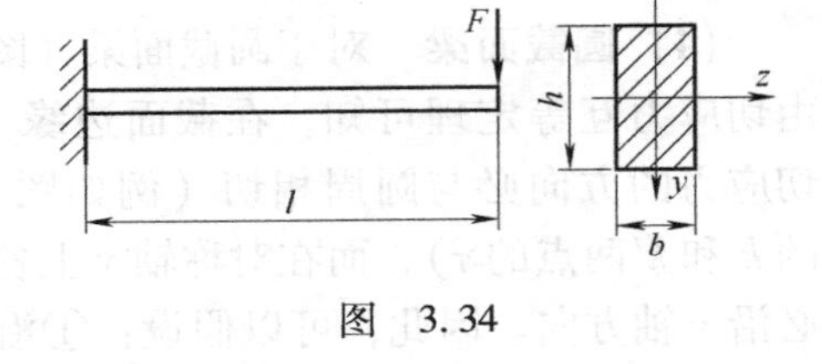

图 3.34

解：梁的最大弯矩与最大剪力分别为

$$M_{\max}=Fl,\quad F_{S\max}=F$$

梁的最大弯曲正应力与最大弯曲切应力分别为

$$\sigma_{\max}=\frac{M_{\max}}{W_z}=\frac{6Fl}{bh^2},\quad \tau_{\max}=\frac{3}{2}\frac{F_S}{A}=\frac{3F}{2bh}$$

所以，二者的比值为

$$\frac{\sigma_{\max}}{\tau_{\max}}=\frac{6Fl}{bh^2}\bigg/\frac{3F}{2bh}=4\left(\frac{l}{h}\right)$$

由此可见，当梁的跨度 l 远大于其截面高度 h 时，梁的最大弯曲正应力远大于最大弯曲切应力。

更多的计算表明，在一般细长的非薄壁截面梁中（包括实心与厚壁截面梁），最大弯曲正应力与最大弯曲切应力之比的数量级，约等于梁的跨高比（即 l/h）。由此可见，在一般细长的非薄壁截面梁中，弯曲正应力是主要控制因素。

***例 3.12** 由木板胶合而成的梁如图 3.35a 所示。试求胶合面上沿 x 轴单位长度内的剪力。

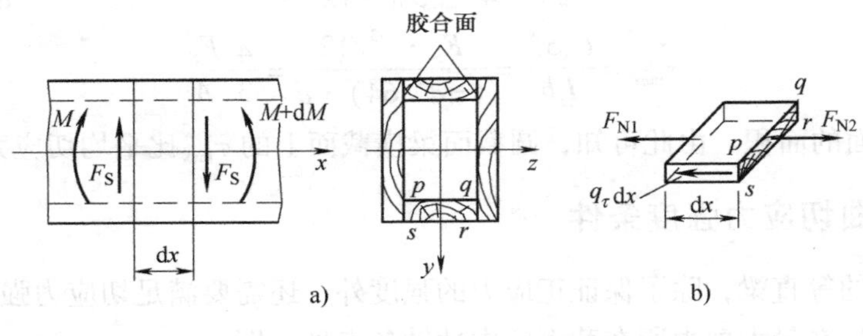

图 3.35

解：从梁中取出长为 dx 的微段，其两端横截面上的弯矩分别为 M 和 $M+dM$。再从微段中取出平放的木板，如图 3.35b 所示。仿照导出式（3.23）的同样方法，可求出

$$F_{N1}=\frac{M}{I_z}S_z^*,\quad F_{N2}=\frac{M+dM}{I_z}S_z^*$$

式中，S_z^* 是平放木板截面 $pqrs$ 对 z 轴的静矩；I_z 是整个梁截面对 z 轴的惯性矩。若胶合面上沿 x 轴单位长度内的剪力为 q_τ，则平放木板的前、后两个纵面上的剪力共为 $2q_\tau dx$。由平衡方程 $\sum F_x=0$，得

$$F_{N2}-F_{N1}-2q_\tau dx=0$$

将 F_{N1} 和 F_{N2} 代入上式，整理后得

$$q_\tau=\frac{1}{2}\frac{dM}{dx}\cdot\frac{S_z^*}{I_z}=\frac{1}{2}\frac{F_S S_z^*}{I_z}$$

例3.13　一简易起重设备如图3.36a所示。起重量（包含电葫芦自重）$F=30\text{kN}$。跨长$l=5\text{m}$。吊车大梁AB由20a号工字钢制成，其许用弯曲正应力$[\sigma]=170\text{MPa}$，许用切应力$[\tau]=100\text{MPa}$。试校核此梁的强度。

解：此吊车梁可简化为简支梁（图3.36b）。由于载荷是移动的，故需确定载荷的最不利位置。在计算最大正应力时，应取载荷F在跨中C截面（图3.36b），此时梁跨中弯矩为最大。在计算最大切应力时，应取载荷紧靠任一支座，例如支座A处（图3.36d），此时该支座的约束力最大，梁的最大剪力也最大。

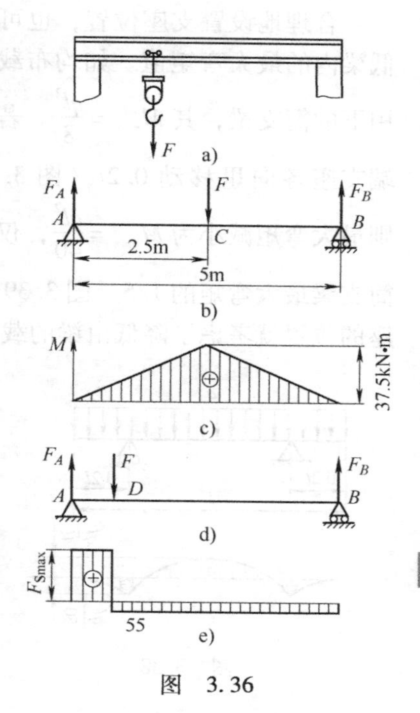

图　3.36

先校核正应力强度。在载荷处于最不利位置时，梁的弯矩如图3.36c所示，最大弯矩为

$$M_{\max}=37.5\text{kN}\cdot\text{m}$$

由型钢表查得20a号工字钢的$W_z=237\text{cm}^3$，由式（3.21）得

$$\sigma_{\max}=\frac{M_{\max}}{W_z}=\frac{37.5\times10^3}{237\times10^{-6}}\text{Pa}=158\text{MPa}<[\sigma]$$

校核切应力强度时，最不利载荷位置如图3.36d所示，相应的剪力图如图3.36e所示。如果载荷无限靠近支座A，有

$$F_{\text{Smax}}=F_A\approx F=30\text{kN}$$

利用型钢表查得20a号工字钢，$I_z/S^*_{z\max}=17.2\text{cm}$，$d=7\text{mm}$，代入式（3.27），得

$$\tau_{\max}=\frac{F_{\text{Smax}}S^*_{z\max}}{I_z d}=\frac{30\times10^3}{17.2\times7\times10^{-5}}\text{Pa}=24.9\text{MPa}<[\tau]$$

以上两方面的强度条件均能满足，所以此梁是安全的。

3.9　梁的优化设计

如前所述，按强度要求设计细长梁时，主要依据梁的弯曲正应力强度条件

$$\sigma_{\max}=\frac{M_{\max}}{W_z}\leqslant[\sigma] \tag{a}$$

从这个条件可以看出，要提高梁的承载能力应从两方面考虑：一方面是合理安排梁的受力情况，以降低$M_{\max}$的数值；另一方面是采用合理的截面形状，以提高W_z的数值，充分利用材料的性能。下面介绍几种工程中常用的提高梁的强度的措施。

1. 合理配置梁的载荷和支座

合理配置载荷，可以降低梁的最大弯矩值。例如，简支梁在跨中承受集中力F时（图3.37a），梁的最大弯矩为$M_{\max}=\dfrac{Fl}{4}$。若采用一个辅梁，使集中力F通过辅梁再作用到梁

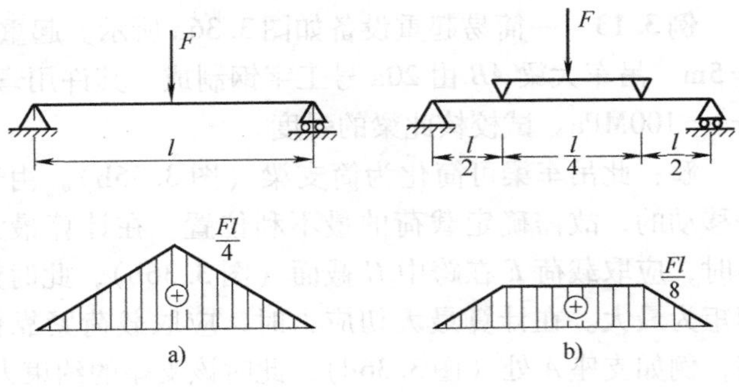

图 3.37

上（图 3.37b），则梁的最大弯矩下降为 $M_{\max}=\frac{Fl}{8}$。

合理地设置支座位置，也可以降低梁内的最大弯矩值。如均布载荷作用下的简支梁，其 $M_{\max}=\frac{ql^2}{8}$。若将两端支座各向里移动 0.2l（图 3.38），则最大弯矩减小为 $M_{\max}=\frac{ql^2}{40}$，仅为原简支梁最大弯矩的 1/5。图 3.39a 所示门式起重机的大梁、图 3.39b 所示锅炉筒体等，其支座的位置就考虑了降低由梁的载荷和自重所产生的最大弯矩。

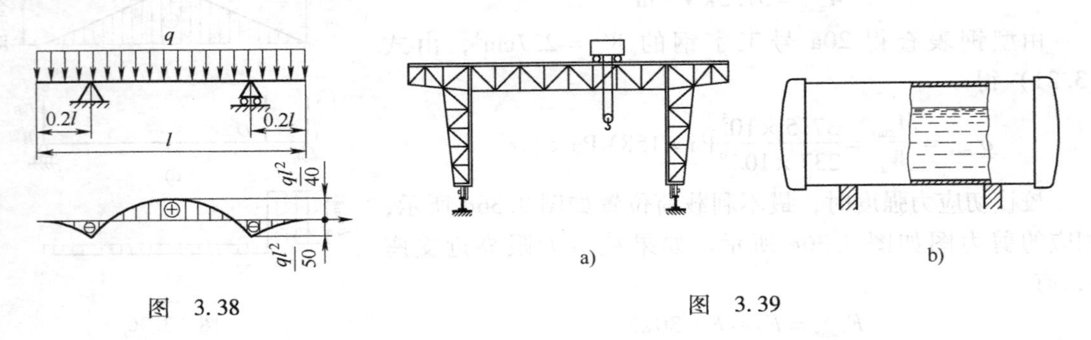

图 3.38　　　　图 3.39

2. 合理选取截面形状

由式（a）可知，梁可能承受的 $M_{\max}$ 与弯曲截面系数 W_z 成正比，所用材料的多少则与截面面积 A 成正比。因此，合理截面应该使 W_z/A 尽可能大。由于在一般截面中，W_z 与其中性轴垂直方向的尺寸平方成正比。所以，应尽可能地使横截面面积分布在距中性轴较远的地方。例如截面高度 h 大于宽度 b 的矩形截面梁，抵抗垂直平面内的弯曲变形时，如把截面平放（图 3.40a），则 $W_{z1}=\frac{hb^2}{6}$；如把截面竖放（图 3.40b），则 $W_{z2}=\frac{bh^2}{6}$。两者之比 $W_{z2}/W_{z1}=\frac{h}{b}>1$。显然竖放比平放合理。因此，房屋和桥梁等建筑物中的矩形截面梁，一般都是竖放的。如将矩形截面制成工字形或槽形（图 3.40c），则 W_z 还要增大。几种常用截面的 W_z/A 值如表 3.1 所示。

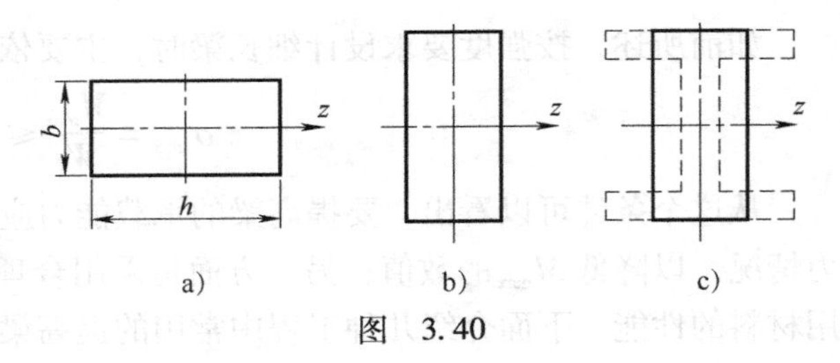

图 3.40

表 3.1　常见截面形状的 W_z/A 值

截面形状	矩形	圆形	圆管（$d/D=0.8$）	工字钢、槽钢
W_z/A	$0.167h$	$0.125d$	$0.205D$	$(0.27\sim0.31)h$

从表3.1中所列数值看出，工字形或槽形截面比矩形截面合理，圆管比实心圆杆经济，圆截面最不经济。观察这些截面形状可以发现，合理截面的材料大部分分布在离中性轴较远处，而这正是弯曲正应力的高应力区。所以桥式起重机的大梁以及钢结构中的抗弯构件，经常采用工字形、槽形或箱形截面等，这类截面有利于充分发挥构件材料的性能。值得注意的是，在提高 W_z 的过程中，不可将矩形截面的宽度取得太小，也不可将空心圆、工字形、箱形截面的壁厚取得太小，否则可能出现失稳的问题。

在讨论截面的合理形状时，还应考虑到材料的特性。对抗拉和抗压强度相等的材料（如碳钢等），宜采用对中性轴对称的截面，如圆形、矩形、工字形等。这样可使截面上、下边缘处的最大拉应力和最大压应力数值相等，同时接近许用应力。对抗拉和抗压强度不相等的材料（如铸铁），宜采用 T 形等中性轴偏于受拉一侧的截面形状，如图3.41所示。若能使 y_1 和 y_2 之比接近于下列关系：

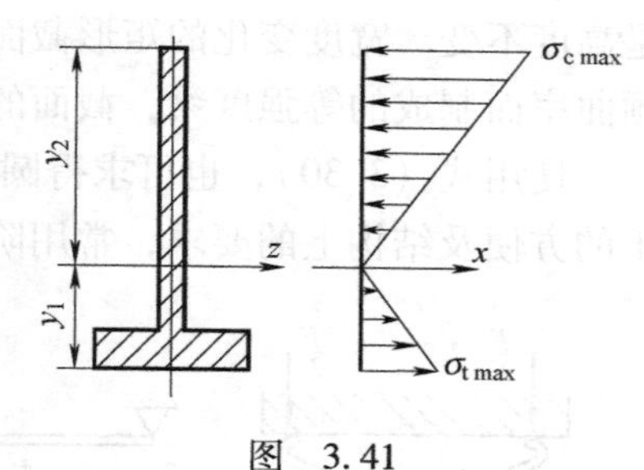

图　3.41

$$\frac{\sigma_{t\,max}}{\sigma_{c\,max}} = \frac{M_{max}y_1}{I_z} \bigg/ \frac{M_{max}y_2}{I_z} = \frac{y_1}{y_2} = \frac{[\sigma_t]}{[\sigma_c]}$$

式中，$[\sigma_t]$ 和 $[\sigma_c]$ 分别表示拉伸和压缩的许用应力，则最大拉应力和最大压应力便可同时接近许用应力。

3. 等强度梁的概念

由式（a）可知，对于等截面梁来说，只有在弯矩最大的截面上，最大正应力才有可能接近许用应力。而其余各截面上弯矩较小，应力也较低，材料利用率较低。为了节约材料，减轻自重，可以改变截面尺寸，使弯曲截面系数随弯矩而变化。在弯矩较大处采用较大截面，而在弯矩较小处采用较小截面。这种截面沿轴线变化的梁，称为变截面梁。理想的变截面梁是使各横截面上的最大弯曲正应力都相等，且都等于许用应力，这就是等强度梁的概念。设梁在任一截面上的弯矩为 $M(x)$，而截面的弯曲截面系数为 $W(x)$。根据上述等强度的要求，应有

$$\sigma_{max} = \frac{M(x)}{W(x)} = [\sigma]$$

或者写成

$$W(x) = \frac{M(x)}{[\sigma]} \tag{3.30}$$

这就是等强度梁的 $W(x)$ 沿梁轴线变化的规律。

例如宽度 b 保持不变而高度可变化的矩形截面简支梁（图3.42a），若设计成等强度梁，则其高度沿梁轴线的变化规律 $h(x)$ 由式（3.30）可求得：

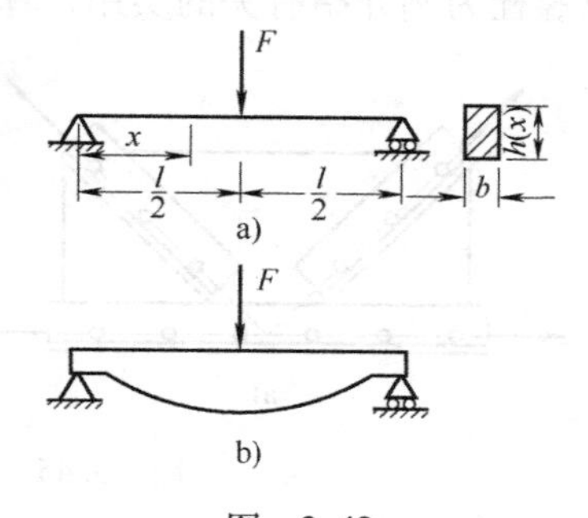

图　3.42

$$W(x) = \frac{bh^2(x)}{6} = \frac{\frac{F}{2}x}{[\sigma]}$$

$$h(x) = \sqrt{\frac{3Fx}{b[\sigma]}} \tag{b}$$

但在靠近支座处，应按切应力强度条件确定截面的最小高度

$$\tau_{max}=\frac{3}{2}\frac{F_S}{A}=\frac{3}{2}\frac{F/2}{bh_{min}}=[\tau]$$

$$h_{min}=\frac{3}{4}\frac{F}{b[\tau]} \tag{c}$$

按式（b）和式（c）确定的梁的外形，就是厂房建筑中常用的鱼腹梁（图 3.42b）。

另外，支撑载重汽车及铁路列车车厢，且起减振作用的叠板弹簧（图 3.43a），实质上是高度不变、宽度变化的矩形截面简支梁（图 3.43b），沿宽度切割下来，然后叠合并给以预曲率而制成的等强度梁，截面的最小宽度也应按切应力强度条件来确定。

使用式（3.30），也可求得圆截面等强度梁的截面直径沿轴线的变化规律。但考虑到加工的方便及结构上的要求，常用阶梯轴代替理论上的等强度梁，如图 3.44 所示。

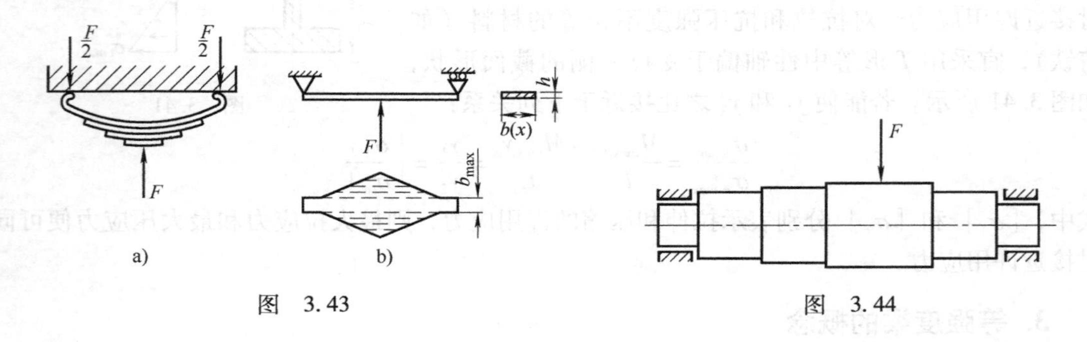

图 3.43　　图 3.44

3.10 连接件的强度计算

在工程中，经常需要将构件相互连接，例如桁架节点处的铆钉（或螺栓）连接（图 3.45a）、机械中的轴与齿轮间的键连接（图 3.46a）等。在构件连接处起连接作用的部件，如铆钉、螺栓、销钉、键等，统称为连接件。铆钉和键的受力图分别如图 3.45b 和图 3.46b 所示。连接件的受力与变形一般均较复杂，且连接件的尺寸都比较小，要精确分析其应力比较困难，同时也不实用，因此工程中通常均采用简化分析方法或实用计算方法。其要点是：一方面按照连接件的破坏可能性，采用简化计算方法，计算其名义应力；同时，对同类连接件进行破坏试验，并采用同样的简化计算方法，由破坏载荷确定材料的极限应力，从而建立强度条件。实践表明，只要简化合理，并有充分的试验依据，这种简化方法是可靠的。下面以螺栓为例介绍有关的实用计算。

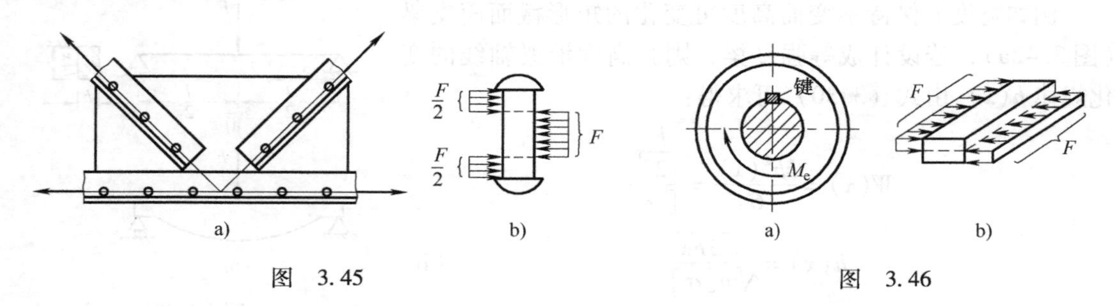

图 3.45　　图 3.46

1. 剪切的实用计算

设两块钢板用螺栓连接后承受拉力 F（图3.47a），显然，螺栓在两侧面上分别受到大小相等、方向相反、作用线相距很近的两组分布外力系的作用（图3.47b），将使螺栓沿两侧外力之间、并与外力作用线平行的截面 m-m（如图3.47b中虚线所示）发生相对错动，这种变形形式称为剪切。发生剪切变形的截面 m-m 称为剪切面。

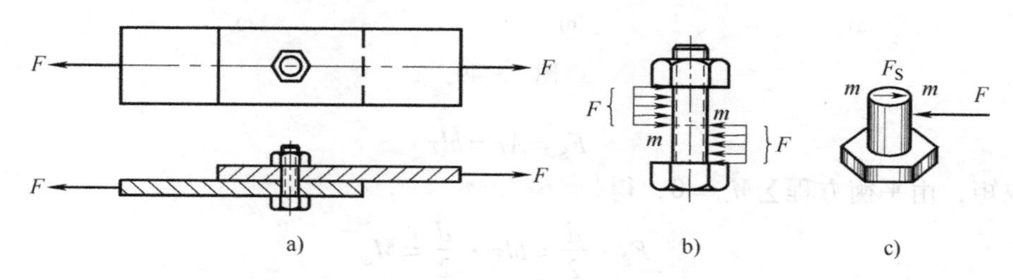

图 3.47

首先分析螺栓的内力。应用截面法，可得剪切面上的内力 F_S（图3.47c）。剪切实用计算中，假设剪切面上各点处的切应力相等，于是剪切面上的名义切应力为

$$\tau = \frac{F_S}{A} \tag{3.31}$$

式中，F_S 为剪切面上的剪力；A 为横截面面积。

然后，通过直接试验，并按名义切应力公式［式（3.31）］得到剪切破坏时材料的极限切应力 τ_u，再除以安全因数，即得材料的许用切应力［τ］，从而建立强度条件

$$\tau = \frac{F_S}{A} \leqslant [\tau] \tag{3.32}$$

例3.14 已知钢板厚度 $t = 10\text{mm}$（图3.48a），其剪切极限应力为 $\tau_u = 300\text{MPa}$。若用冲床将钢板冲出直径 $d = 25\text{mm}$ 的孔，问需要多大的冲剪力 F？

解： 剪切面是钢板内被冲头冲出的圆饼体的柱形侧面，如图3.48b所示。其面积为

$$A = \pi dt = (\pi \times 25 \times 10)\text{mm}^2 = 785\text{mm}^2$$

冲孔所需要的冲剪力应为

$$F \geqslant A\tau_u = (785 \times 10^{-6} \times 300 \times 10^6)\text{N} = 236 \times 10^3\text{N} = 236\text{kN}$$

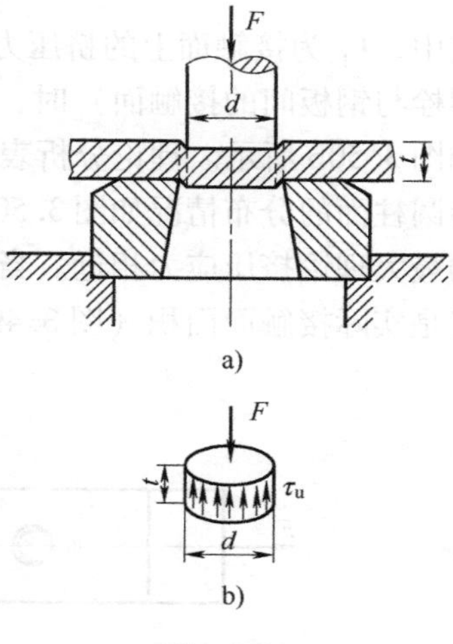

图 3.48

例3.15 图3.49a表示齿轮用平键与轴连接（图中只画了轴与键，没有画出齿轮）。已知轴的直径 $d = 70\text{mm}$，键的尺寸为 $b \times h \times l = 20\text{mm} \times 12\text{mm} \times 100\text{mm}$，传递的扭转力偶矩 $M_e = 2\text{kN} \cdot \text{m}$，键的许用切应力［$\tau$］$= 60\text{MPa}$，试校核键的剪切强度。

解： 将平键沿截面 n-n 分成两部分，并把 n-n 以下部分和轴作为一个整体来考虑（图3.49b）。因为假设在 n-n 截面上切应力均匀分布，故 n-n 截面上的剪力 F_S 为

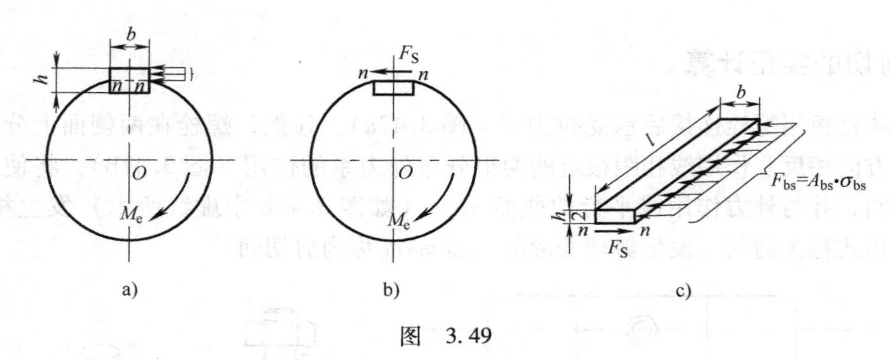

图 3.49

$$F_S = A\tau = bl\tau$$

对轴心取矩，由平衡方程$\sum M_O=0$，得

$$F_S \cdot \frac{d}{2} = bl\tau \cdot \frac{d}{2} = M_e$$

故有

$$\tau = \frac{2M_e}{bld} = \frac{2\times2000}{20\times100\times70\times10^{-9}}\text{Pa} = 28.6\times10^6\text{Pa} = 28.6\text{MPa} < [\tau]$$

2. 挤压的实用计算

在外力作用下，连接件和被连接的构件之间，必将在接触面上相互压紧，这种现象称为挤压。在接触面上的压力，称为挤压力，记为 F_{bs}。挤压力可根据被连接件所受的外力，由静力平衡条件求得。当挤压力过大时，可能引起螺栓压扁或钢板在孔缘压皱，从而导致连接松动而失效，如图 3.50a 所示。在挤压实用计算中，名义挤压应力 σ_{bs}为

$$\sigma_{bs} = \frac{F_{bs}}{A_{bs}} \tag{3.33}$$

式中，F_{bs}为接触面上的挤压力；A_{bs}为计算挤压面面积。当接触面为圆柱面（如螺栓连接中螺栓与钢板间的接触面）时，计算挤压面面积 A_{bs}取为实际接触面在直径平面上的投影面积，如图 3.50b 所示。理论分析表明，这类圆柱状连接件与钢板孔壁间接触面上的理论挤压应力沿圆柱面的分布情况如图 3.50c 所示，而按式（3.33）算得的名义挤压应力与接触面中点处的最大理论挤压应力相近。当连接件与被连接构件的接触面为平面时，计算挤压面面积 A_{bs}就是实际接触面面积（图 3.49c）。

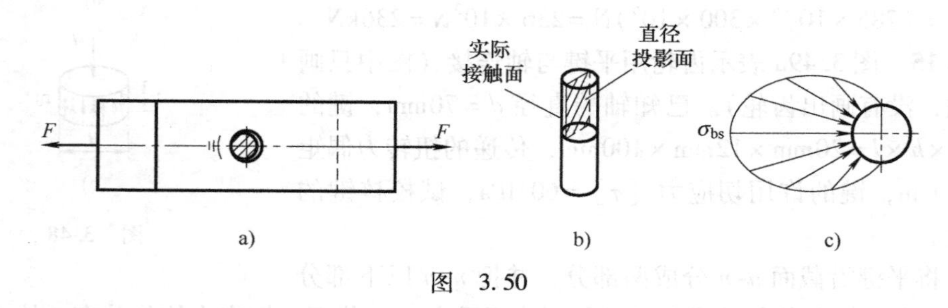

图 3.50

通过直接试验，并按名义挤压应力公式［式（3.33）］得到材料的极限挤压应力，再除以安全因数，得到材料的许用挤压应力［σ_{bs}］，于是挤压强度条件为

$$\sigma_{bs}=\frac{F_{bs}}{A_{bs}}\leqslant[\sigma_{bs}] \tag{3.34}$$

应当指出，挤压应力是连接件和被连接的构件之间的相互作用。因此，当两者材料不同时，应当校核其中许用挤压应力较低的材料的挤压强度。

例3.16　一销钉连接如图3.51a所示。销钉材料为20号钢，$[\tau]=30\text{MPa}$，$[\sigma_{bs}]=100\text{MPa}$，直径$d=20\text{mm}$。被连接的构件Ⅰ和Ⅱ的厚度分别为$t=8\text{mm}$和$1.5t=12\text{mm}$。牵引力$F=15\text{kN}$。试校核销钉的强度。

图　3.51

解：销钉受力如图3.51b所示。构件Ⅰ传递给销钉上、下两段的力各为$\frac{F}{2}$，构件Ⅱ传递给销钉中段的力为F。销钉有两个剪切面m-m和n-n（图3.51b）。由截面法可求得这两个剪切面上的剪力F_S各为

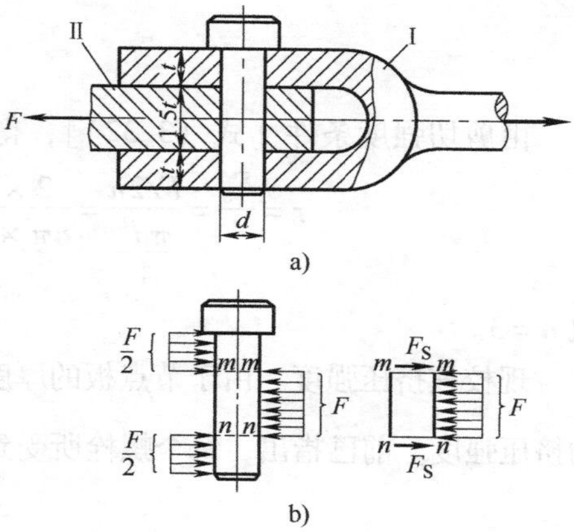

$$F_S=\frac{F}{2}$$

销钉剪切面上的名义切应力为

$$\tau=\frac{F_S}{A}=\frac{15\times10^3}{2\times\frac{\pi}{4}(20\times10^{-3})^2}\text{Pa}=23.9\times10^6\text{Pa}=23.9\text{MPa}<[\tau]$$

现校核挤压强度。图3.51b中的力F和$\frac{F}{2}$实际上就是作用在销钉侧面上的挤压力。由于销钉中间受挤压部分的长度$1.5t$小于两边的长度之和$2t$，而这两部分上挤压力相等，故应取长度为$1.5t$的中间一段销钉校核挤压强度

$$\sigma_{bs}=\frac{F_{bs}}{A_{bs}}=\frac{F}{1.5td}=\frac{15\times10^3}{12\times10^{-3}\times20\times10^{-3}}\text{Pa}=62.5\times10^6\text{Pa}=62.5\text{MPa}<[\sigma_{bs}]$$

故销钉满足剪切和挤压强度要求。

例3.17　某钢桁架的一个节点如图3.52a所示。斜杆A由两个63mm×6mm的等边角钢组成，受力$F=140\text{kN}$的作用。该斜杆用螺栓连接在厚度为$t=10\text{mm}$的节点板上，螺栓直径为$d=16\text{mm}$。若角钢、节点板和螺栓的材料均相同，$[\tau]=130\text{MPa}$，$[\sigma_{bs}]=300\text{MPa}$，$[\sigma]=170\text{MPa}$。试选择螺栓个数，并校核斜杆$A$的拉伸强度。

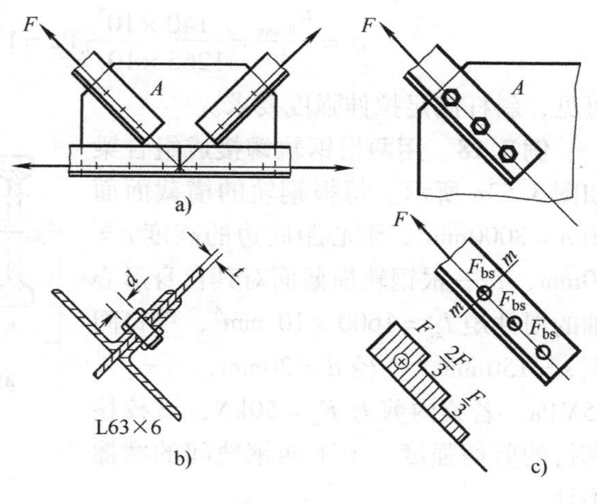

图　3.52

解：选择螺栓个数的问题与选择截面的问题类似，可先由剪切强度条件选择螺栓个数，然后校核挤压强度。

首先分析每个螺栓所受到的力。当各

螺栓直径相同，且外力作用线通过该组螺栓之截面形心时，可以假定每个螺栓受到相等的力。所以，在具有 n 个螺栓的接头上作用外力 F 时，每个螺栓所受到的力等于$\frac{F}{n}$。

由例 3.16 中对销钉的分析可知，这里的螺栓也有两个剪切面，故每个剪切面上的剪力为

$$F_S=\frac{F/n}{2}=\frac{F}{2n}$$

由剪切强度条件［式（3.32）］，得

$$\tau=\frac{F_S}{A}=\frac{F/2n}{\frac{\pi d^2}{4}}=\frac{2\times140\times10^3}{n\pi\times16^2\times10^{-6}}\text{Pa}\leqslant130\text{MPa},\quad n>2.68$$

取 $n=3$。

现校核挤压强度。由于节点板的厚度小于两角钢厚度之和，所以应校核螺栓与节点板之间的挤压强度。前已指出，每个螺栓所受到的力为$\frac{F}{n}$，这也就是螺栓和节点板相互的挤压力，即

$$F_{bs}=\frac{F}{n}=\frac{F}{3}$$

$$\sigma_{bs}=\frac{F_{bs}}{A_{bs}}=\frac{F/3}{td}=\frac{140\times10^3}{3\times10\times16\times10^{-6}}\text{Pa}=292\times10^6\text{Pa}=292\text{MPa}<[\sigma_{bs}]$$

由此可见，采用 3 个螺栓能满足挤压强度条件。

最后校核角钢的拉伸强度。取两根角钢一起作为分离体，其受力图及轴力图如图 3.52c 所示。由于角钢在 m-m 截面上轴力最大，该截面又因螺栓孔而削弱，因此是危险截面。该截面上的轴力为

$$F_{N\max}=F=140\text{kN}$$

由型钢表（附录Ⅱ）查得每个 63mm×6mm 角钢的横截面面积为 7.29cm^2，故危险截面 m-m 的面积为

$$A=2\times(729-6\times16)\text{mm}^2=1266\text{mm}^2$$

角钢横截面 m-m 上的拉伸正应力为

$$\sigma=\frac{F_{N\max}}{A}=\frac{140\times10^3}{1266\times10^{-6}}\text{Pa}=111\times10^6\text{Pa}=111\text{MPa}<[\sigma]$$

可见，斜杆满足拉伸强度要求。

例 3.18 用两根钢轨铆接成组合梁如图 3.53a 所示。每根钢轨的横截面面积 $A=8000\text{mm}^2$，形心距底边的高度 $c=80\text{mm}$，每一根钢轨横截面对其自身形心轴的惯性矩 $I_{z_1}=1600\times10^4\text{mm}^4$，铆钉间距 $s=150\text{mm}$，直径 $d=20\text{mm}$，$[\tau]=95\text{MPa}$。若梁内剪力 $F_S=50\text{kN}$，试校核铆钉的剪切强度。上下两钢轨间的摩擦不计。

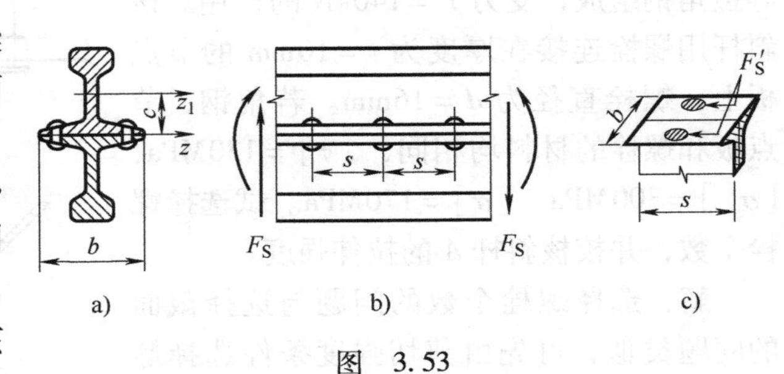

图 3.53

解：上、下两钢轨作为整体弯曲时，上面钢轨的横截面上全是压应力，而下面钢轨的横截面上则全是拉应力。在横力弯曲时，中性层上有切应力（参见3.8节）。根据切应力互等定理可知，作为连接件的铆钉承受剪力（图3.53c）。在计算每排铆钉（图3.53c中为两个）承受的剪力时，可先假设两钢轨在接触面上处处传递切应力 τ'，而后将其与接触面宽度 b（轨底宽度）及间距 s 相乘，即得每排铆钉剪切面上的剪力 $2F'_S$。即

$$2F'_S=\tau' bs \tag{a}$$

这里 τ' 可由式（3.24）计算：

$$\tau'=\frac{F_S S_z^*}{I_z b} \tag{b}$$

于是，在此梁中每一铆钉承担的剪力 F'_S 为

$$F'_S=\frac{1}{2}\tau' bs=\frac{sF_S S_z^*}{2I_z} \tag{c}$$

现计算中性轴 z 以上面积（即一根钢轨的横截面）对中性轴的静矩 $S_{z\max}^*$ 和整个截面对中性轴的惯性矩 I_z：

$$S_{z\max}^*=Ac=(8000\times 80)\text{mm}^3=64\times 10^4\text{mm}^3$$

$$I_z=2(I_{z_1}+Ac^2)=2\times(1600\times 10^4+8000\times 80^2)\text{mm}^4=1.344\times 10^8\text{mm}^4$$

将 s、F_S、$S_{z\max}^*$ 和 I_z 代入式（c），得

$$F'_S=\frac{sF_S S_z^*}{2I_z}=\frac{150\times 10^{-3}\times 50\times 10^3\times 64\times 10^{-5}}{2\times 1.344\times 10^{-4}}\text{N}=17.9\times 10^3\text{N}=17.9\text{kN}$$

于是，可得铆钉内的切应力为

$$\tau=\frac{F'_S}{\dfrac{\pi d^2}{4}}=\frac{4\times 17.9\times 10^3}{\pi\times 20^2\times 10^{-6}}\text{Pa}=56.9\times 10^6\text{Pa}=56.9\text{MPa}<[\tau]$$

可见，铆钉内的切应力满足强度条件。

3.11 应力集中

在工程中，由于结构和工艺上的要求，有些杆件必须有切口、切槽、孔、螺纹和轴肩等，以致在这些部位上截面尺寸发生骤然改变，如具有螺栓孔的钢板、带有螺纹的拉杆等。实验结果和理论分析表明，在这些杆件的截面突然变化处，将出现局部的应力骤增现象。如图3.54所示具有小圆孔的均匀拉伸板，在通过圆心的横截面上的应力分布就不再是均匀的，在孔的附近处应力骤增，而离孔稍远处应力就迅速下降并趋于均匀。这种由杆件截面骤然变化（或几何外形局部不规则）而引起的局部应力骤增现象，称为应力集中。

在发生应力集中的截面上的最大局部应力 $\sigma_{\max}$，必须借助于弹性理论或实验应力分析方法求得。设最大局部应力为 $\sigma_{\max}$，同一截面上的平均应力为 σ，则比值

$$K_t=\frac{\sigma_{\max}}{\sigma} \tag{3.35}$$

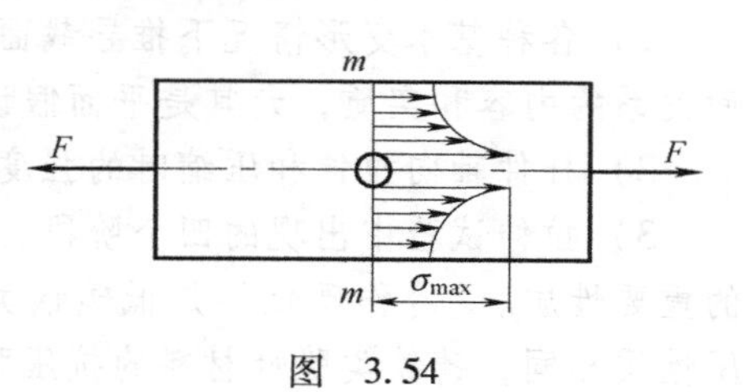

图　3.54

称为理论应力集中因数。它反映了应力集中的程度。实验结果表明：截面尺寸改变得越急剧，应力集中的程度就越严重。如图 3.54 中圆孔的半径越小，应力集中因数越大。因此，构件上应尽可能地避免带尖角的孔和槽，在阶梯轴的轴肩处要用圆弧过渡，而且应尽量使圆弧半径大一些。

应力集中现象可以解释许多日常见到的破坏现象，如用金刚石在玻璃上划一道刻痕，玻璃就很容易掰开；方便面的调料袋做成锯齿边，就容易撕开。反之，为了保证构件强度，构件要防止应力集中，避免截面变化，若工艺需要，必须是变截面的话，尽可能让截面缓慢变化。典型构件的应力集中因数可以在有关工程手册中查阅，本书不再深入研究。

由塑性材料制成的杆件受静载作用时，由于一般塑性材料存在屈服阶段，当局部的最大应力达到材料的屈服点应力时，若继续增加载荷，则其应力不增加，应变可继续增大，而所增加的载荷将由截面上尚未屈服的材料来承受，使截面上其他点的应力相继增大到屈服点应力（图3.55），直至整个截面上各点处的应力都达到屈服点应力时，杆件才因屈服而失效。因此，由塑性材料制成的杆件，在静载荷作用下通常不考虑应力集中的影响。但对于由脆性材料或塑性差的材料（例如高强度钢）制成的杆件，在静载荷作用下，局部的最大应力就可能引起材料的断裂，因而应按局部的最大应力进行强度计算。不过，脆性材料中的铸铁是个例外，由于其内部组织很不均匀，本身就存在气孔、杂质等引起应力集中的因素，因此外形骤变引起的应力集中的影响反而并不明显，故对铸铁构件在静载荷作用下，就可不考虑应力集中的影响。但在动应力作用下，则不论是塑性材料，还是脆性材料制成的构件，应力集中对构件的强度都有严重影响。

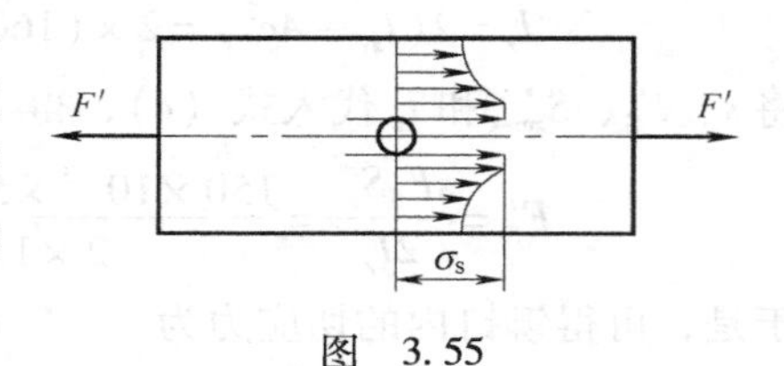

图 3.55

本章小结

1. 基本要求

1）掌握杆件轴向拉伸与压缩时横截面、斜截面上的应力计算，了解安全因数及许用应力的确定，能熟练地进行强度校核、截面设计和许用载荷的计算。

2）掌握材料在拉伸和压缩时的力学性能。

3）掌握圆轴扭转时的应力计算，熟练进行扭转的强度计算。

4）掌握弯曲正应力的计算，熟练进行弯曲强度计算，了解提高梁弯曲强度的措施。

5）掌握简单截面梁弯曲切应力的计算及弯曲切应力强度条件。

6）了解剪切和挤压的概念，掌握剪切和挤压的实用计算。

2. 本章重点

1）各种基本变形情况下推导截面应力的分析方法，熟悉几何变形、物理和静力学三方面关系的内容和实质，尤其是平面假设的异同。

2）杆件轴向拉伸和压缩时的强度分析，危险截面的概念。

3）拉伸试验中出现的四个阶段，三个强度特征值 σ_p、σ_s 及 σ_b 是静载、常温下低碳钢的重要性质。“冷作硬化”是低碳钢类塑性材料的一个重要现象，低碳钢类塑性材料的抗拉压性质相同，铸铁类脆性材料的抗压强度远大于抗拉强度。

4）圆轴扭转时横截面上的切应力分布规律，实心圆截面和空心圆截面的强度计算。

5）发生平面弯曲的条件，弯曲正应力在梁横截面上的分布规律及弯曲强度计算。

6）剪切面和挤压面的判断，剪切和挤压的实用计算。

3. 本章难点

1）利用几何变形、物理和静力学三方面关系推导圆轴的扭转切应力和梁的弯曲正应力。

2）考虑弯曲强度时正确确定危险截面及危险点，正确计算危险截面对中性轴的惯性矩、弯曲截面系数和危险点到中性轴的距离等，尤其是对于横截面上中性轴为非对称轴的脆性材料的强度校核。

3）剪切面和挤压面的判断是剪切和挤压实用计算的关键，当挤压面为曲面时取挤压面在挤压力方向的投影面积。

4. 学习建议

1）杆件在各种变形下横截面上应力是通过综合分析变形几何关系、静力平衡条件、物理关系而得到的，这是材料力学分析问题的重要方法。但弯曲切应力公式的推导略有不同，它是在承认弯曲正应力分布的前提下依据两个假设推出的。

2）进行杆件在各种变形下的强度计算时，要理解计算公式中各个量的力学含义，以便能够熟练解决工程实际中的三类问题：强度校核、许可载荷、截面尺寸设计。

3）熟悉杆件在拉伸（或压缩）、扭转和弯曲时应力在横截面上的分布规律，结合截面几何性质的分析，对提高杆件在各种载荷下的强度有着重要的意义。

4）对于铸铁一类脆性材料梁进行弯曲强度计算时，应找出全梁的最大拉、压正应力，然后再分别进行拉、压强度校核，当梁上同时存在正、负弯矩，且横截面上下不对称时，最大拉（或压）应力可能不一定是在弯矩绝对值最大截面上。

5）在进行梁的截面设计时，如需同时考虑正应力和切应力的强度，一般先按正应力强度条件选择截面，然后再进行切应力强度校核。

6）明确最大弯矩所在的面与最大剪力所在的面并非同一面，最大切应力与最大正应力点并非同一点，以便正确判断危险点。

习　题

3.1　已知等截面直杆面积 $A=500\text{mm}^2$，受轴向力作用，如题3.1图所示，$F_1=1\text{kN}$，$F_2=2\text{kN}$，$F_3=2\text{kN}$。试求杆各段的应力。

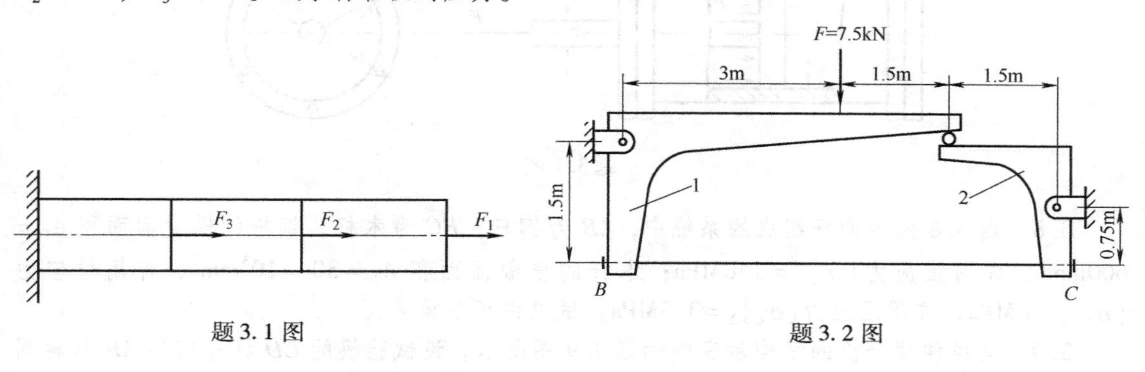

题3.1图　　　　题3.2图

3.2　在题3.2图示结构中，若钢拉杆 BC 的横截面直径为10mm，试求拉杆内的应力。设由 BC 连接的1和2两部分均为刚体。

3.3　题3.3图示横截面尺寸为75mm×75mm的短木柱，承受轴向压缩。欲使木柱任意截面的正应力不超过2.4MPa，切应力不超过0.77MPa，求其最大载荷 F。

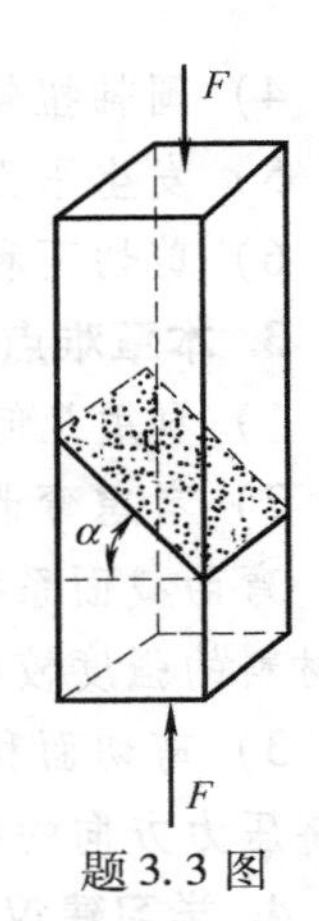

题3.3图

3.4　题3.4图示钢制阶梯形直杆，许用正应力 $[\sigma]=160\text{MPa}$，各段截面面积分别为：$A_1=A_3=400\text{mm}^2$，$A_2=200\text{mm}^2$。试校核杆的强度。

3.5　某铣床工作台进给油缸如题3.5图所示，缸内工作油压 $p=2\text{MPa}$，油缸内径 $D=75\text{mm}$，活塞杆直径 $d=18\text{mm}$。已知活塞杆材料的许用正应力 $[\sigma]=50\text{MPa}$，试校核活塞杆的强度。

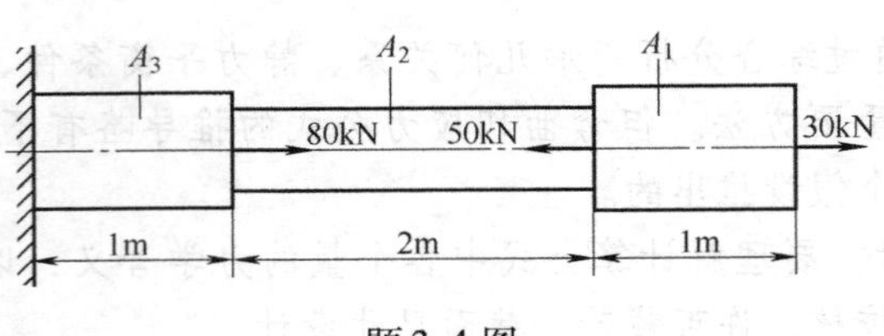

题3.4图

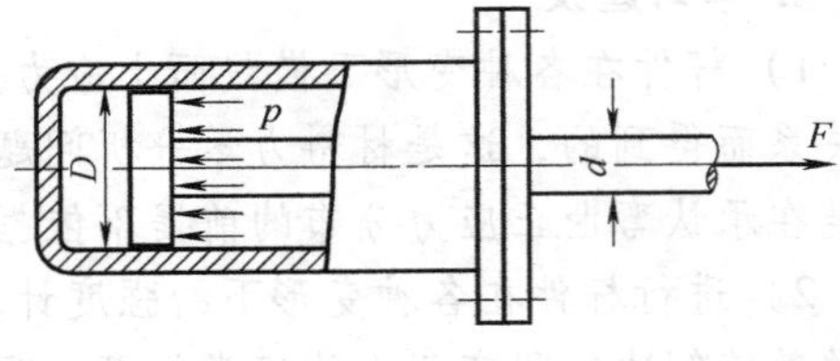

题3.5图

3.6　梯子的两部分 AB 和 AC 在点 A 铰接，且两部分长度均为 l，并用水平绳 DE 相连，梯子放在光滑的水平面上，一重 $P=800\text{N}$ 的人站在梯子上点 G，如题3.6图所示。梯子尺寸为 $l=2\text{m}$，$a=1.5\text{m}$，$h=1.2\text{m}$，$\alpha=60°$；绳子的截面面积为 20mm^2，许用正应力 $[\sigma]=10\text{MPa}$。问：(1) 不计梯重，校核绳 DE 的强度；(2) 若强度不足，可采取什么措施？

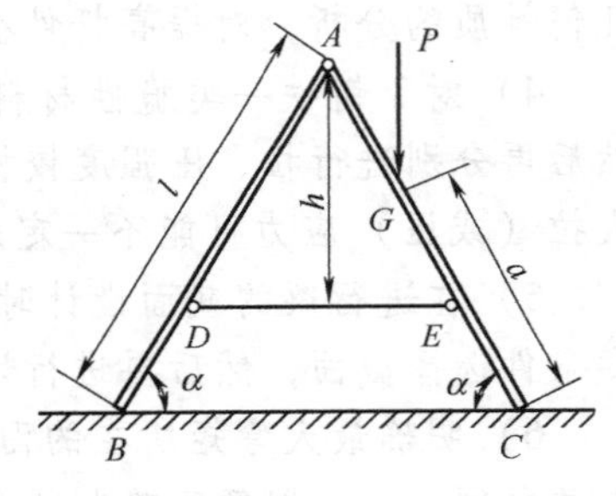

题3.6图

3.7　油缸内径 $D=186\text{mm}$，活塞杆直径 $d_1=65\text{mm}$，材料为20Cr并经过热处理，$[\sigma]_{杆}=130\text{MPa}$。缸盖由六个M20的螺栓与缸体连接，M20螺栓的内径 $d=17.3\text{mm}$，材料为35号钢，经热处理后 $[\sigma]_{螺}=110\text{MPa}$。试按活塞杆和螺栓的强度确定最大油压 p。

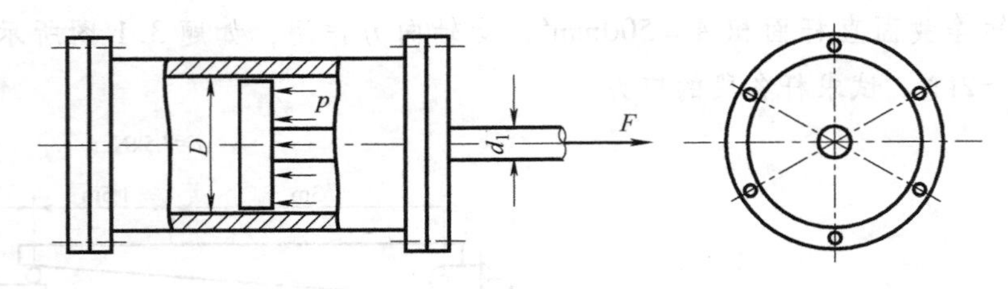

题3.7图

3.8　题3.8图示两杆组成的系统中，AB 为钢杆，BC 为木杆。钢杆的横截面面积 $A_1=600\text{mm}^2$，许用正应力 $[\sigma]_1=140\text{MPa}$；木杆的横截面面积 $A_2=30\times10^3\text{mm}^2$，许用拉应力 $[\sigma_t]_2=8\text{MPa}$，许用压应力 $[\sigma_c]_2=3.5\text{MPa}$。试求许可吊重 F。

3.9　某拉伸试验机的结构示意图如题3.9图所示。设试验机的 CD 杆与试件 AB 材料同为低碳钢，其 $\sigma_p=200\text{MPa}$，$\sigma_s=240\text{MPa}$，$\sigma_b=400\text{MPa}$。试验机最大拉力为100kN。

（1）用这一试验机做拉断试验时，试件直径最大可达多大？

（2）若设计时取试验机的安全因数 $n=2$，则 CD 杆的横截面面积为多大？

（3）若试件直径 $d=10\text{mm}$，今欲测弹性模量 E，则所加载荷最大不能超过多大？

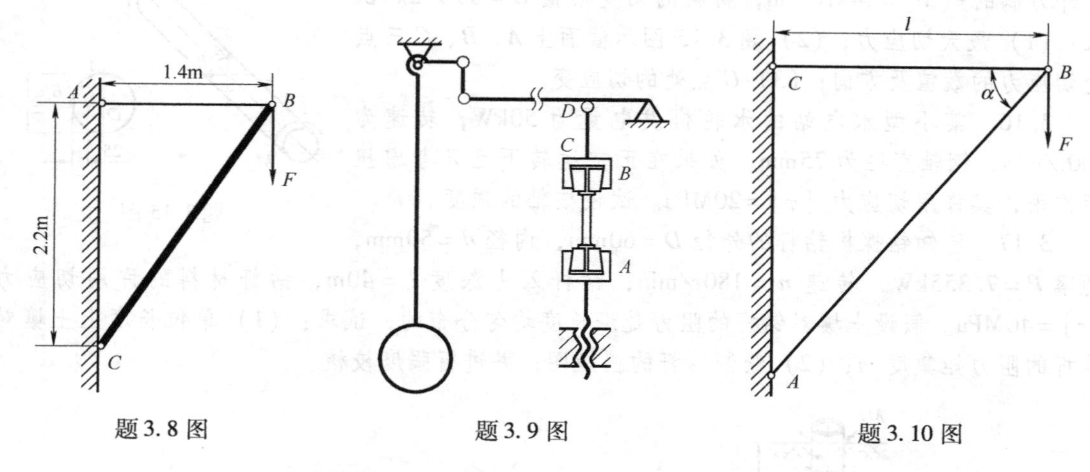

题3.8图　　题3.9图　　题3.10图

3.10　题3.10图示桁架承受铅垂载荷 F 作用。已知许用正应力为 $[\sigma]$，节点 B 与 C 间的指定距离为 l，为使桁架的重量最轻，试确定 α 的最佳值。

3.11　题3.11图示拉杆沿斜截面 m-n 由两部分胶合而成。设在胶合面上许用拉应力 $[\sigma]=100\text{MPa}$，许用切应力 $[\tau]=50\text{MPa}$。并设胶合面的强度控制杆件的拉力。试问：为使杆件承受最大拉力 F，α 的值应为多大？若杆件横截面面积为4cm²，并规定 $\alpha\leqslant60°$，试确定许可载荷 F。

3.12　如题3.12图所示的飞机起落架，A、B、C 均为铰链，杆 OA 垂直于 AB 连线。当飞机在跑道上等速滑行时，轮上受力 $F_V=29\text{kN}$，$F_H=0.78\text{kN}$。如杆 BC 材料的许用正应力为 $[\sigma]=250\text{MPa}$，试求杆 BC 的横截面面积。

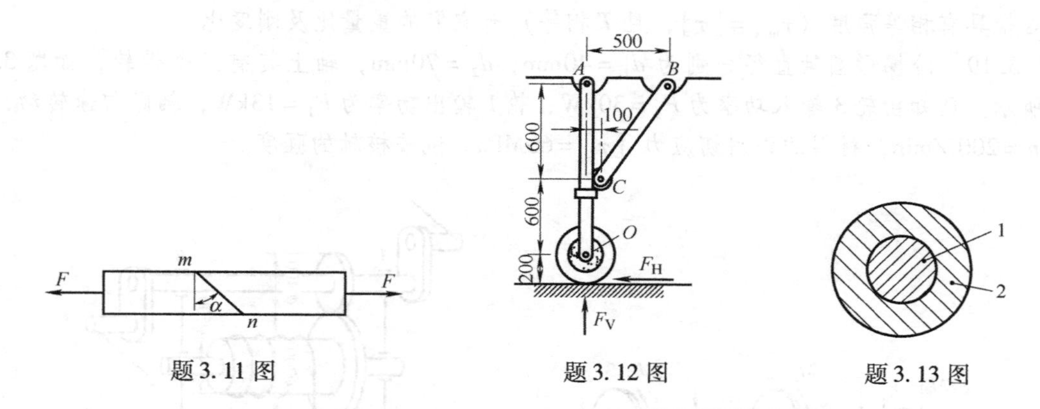

题3.11图　　题3.12图　　题3.13图

3.13　由实心圆杆1及空心圆杆2组成的受扭圆轴如题3.13图所示。假设在扭转过程中两杆无相对滑动，若：（1）两杆材料相同，即 $G_1=G_2$；（2）两杆材料不同，$G_1=2G_2$，试绘出横截面上切应力沿水平直径的变化规律。

3.14　一受扭圆管，外径 $D=32\text{mm}$，内径 $d=30\text{mm}$，弹性模量 $E=200\text{GPa}$，泊松比

$\nu=0.25$。设圆管表面纵向线的倾斜角 $\gamma=1.25\times10^{-3}$ rad，试求圆管承受的外力偶矩。$\left[提示：G=\frac{E}{2(1+r)}\right]$

3.15 实心圆轴的直径 $d=100$mm，长 $l=1$m，其两端所受外力偶的矩 $M_e=14$kN·m，材料的切变模量 $G=80$GPa。试求：(1) 最大切应力；(2) 题3.15图示截面上 A、B、C 三点处切应力的数值及方向；(3) C 点处的切应变。

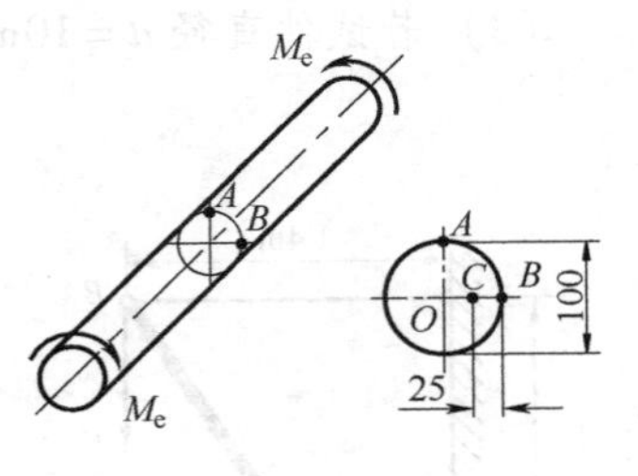

题3.15图

3.16 某小型水电站的水轮机发电量为50kW，转速为300r/min，钢轴直径为75mm，如果在正常运转下且只考虑扭矩作用，其许用切应力 $[\tau]=20$MPa。试校核轴的强度。

3.17 已知钻探机钻杆的外径 $D=60$mm，内径 $d=50$mm，功率 $P=7.355$kW，转速 $n=180$r/min，钻杆入土深度 $l=40$m，钻杆材料的许用切应力 $[\tau]=40$MPa。假设土壤对钻杆的阻力是沿长度均匀分布的，试求：(1) 单位长度上土壤对钻杆的阻力矩集度 m；(2) 绘制钻杆的扭矩图，并进行强度校核。

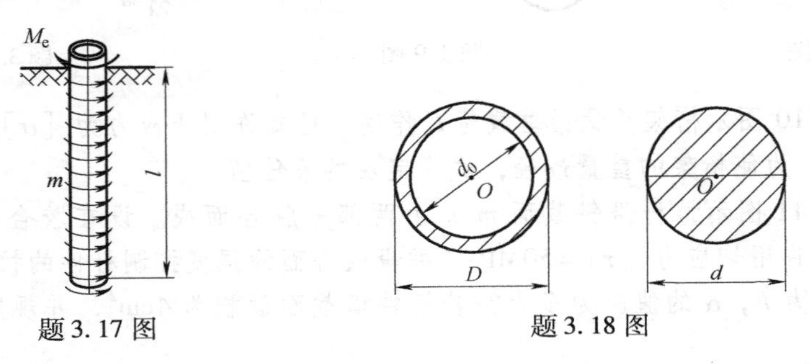

题3.17图　　题3.18图

3.18 长度相等的两根受扭圆轴，一为空心圆轴，一为实心圆轴，它们的材料相同，受力情况一样。实心轴直径为 d；空心轴外径为 D，内径为 d_0，且 $\frac{d_0}{D}=0.8$。试求当空心轴与实心轴具有相等强度（$\tau_{max}=[\tau]$，且 T 相等）时它们的重量比及刚度比。

3.19 阶梯形圆轴直径分别为 $d_1=40$mm，$d_2=70$mm，轴上装有三个带轮，如题3.19图所示。已知由轮3输入功率为 $P_3=30$kW，轮1输出功率为 $P_1=13$kW，轴做匀速转动，转速 $n=200$r/min，材料的许用切应力 $[\tau]=60$MPa。试校核轴的强度。

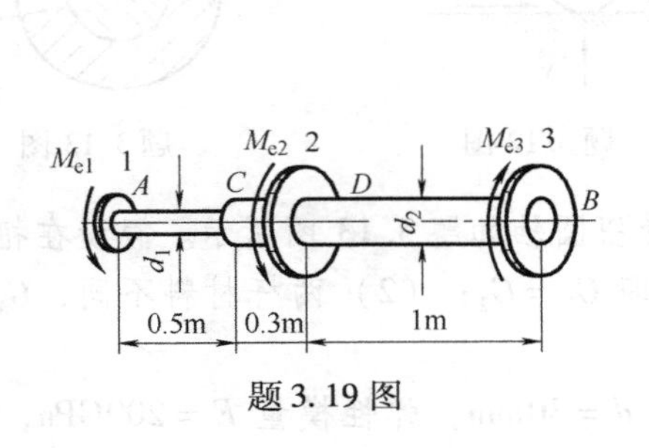

题3.19图

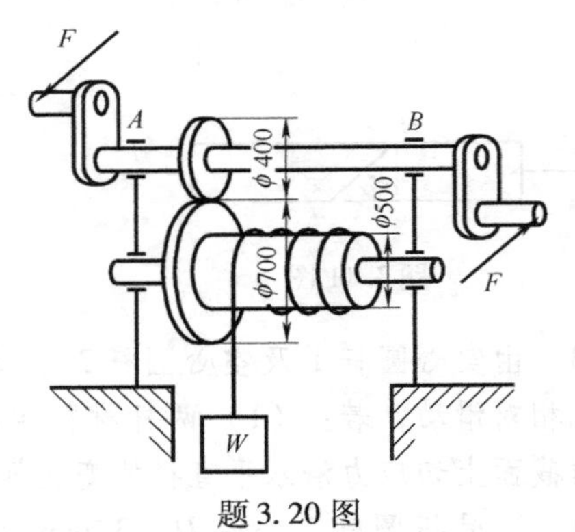

题3.20图

3.20 题3.20图示绞车同时由两人操作，若每人加在手柄上的力都是 $F=200\text{N}$，已知轴的许用切应力 $[\tau]=40\text{MPa}$，试按强度条件初步估算 AB 轴的直径，并确定最大起重量 W。

3.21 传送相同功率 P 的两根实心轴材料相同，转速 $n_1=64n_2$。在许用切应力 $[\tau]$ 相同的条件下，求两根轴的直径比 d_1/d_2，并由该题说明在现代机械中应用高转速机械的理由。

*3.22 用横截面 ABE、DCF 和包含轴线的纵向面 $ABCD$ 从受扭圆轴（题3.22图a）中截出一部分，如图b所示。根据切应力互等定理，纵向截面上的切应力 τ' 已表示于图b中。这一纵向截面上的内力系最终将组成一个力偶矩。试问它与这一截出部分上的什么内力平衡？

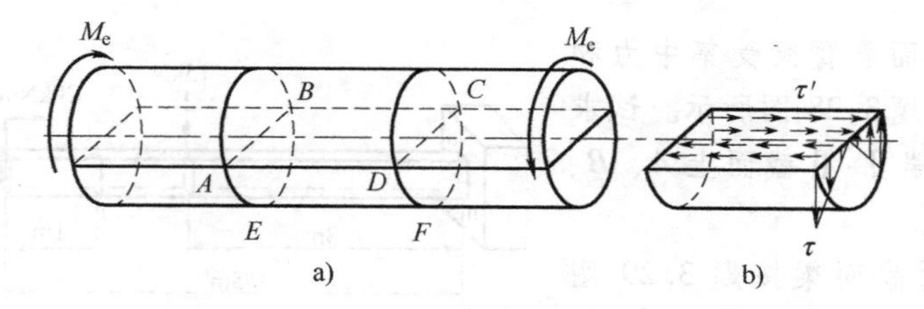

题3.22图

3.23 由四根不等边角钢焊成一体的梁，在纯弯曲条件下按题3.23图示四种形式组合，试问哪一种强度最高？哪一种强度最低？

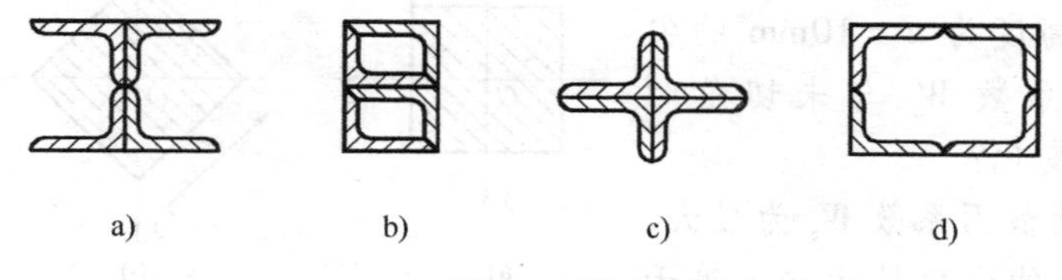

题3.23图

3.24 直径为 d 的钢丝，其规定非比例伸长应力为 $\sigma_{0.2}$。现在两端施加外力偶使其弯成直径为 D 的圆弧。试求当钢丝横截面上的最大正应力等于 $\sigma_{0.2}$ 时 D 与 d 的关系式，并根据此分析为何钢丝绳要由许多高强度的细钢丝组成。

3.25 梁在铅垂对称面内受外力作用而弯曲。当梁具有题3.25图示各种不同形状的横截面时，试分别绘出各种截面上的正应力沿其高度变化的图。

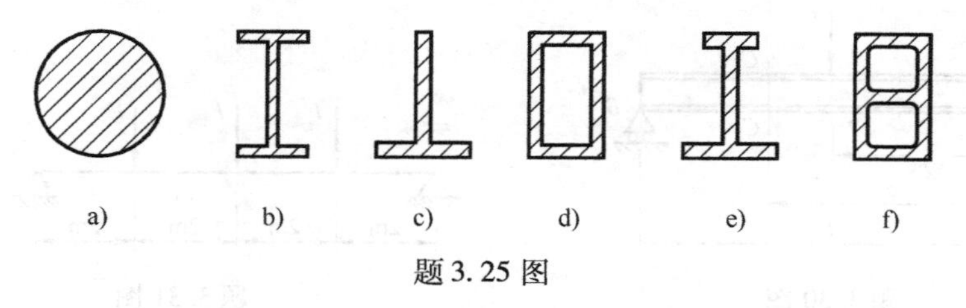

题3.25图

3.26 把直径 $d=1\text{mm}$ 的钢丝绕在直径为 2m 的卷筒上，试计算钢丝中产生的最大正应力。设 $E=200\text{GPa}$。

3.27 如题3.27图所示简支梁，若采用两种截面面积大小相等的实心和空心圆截面，$D_1=40\text{mm}$，空心圆内外径比 $\alpha=0.6$。试分别求它们的最大正应力，空心圆截面比实心圆截面的最大正应力减小了多少？

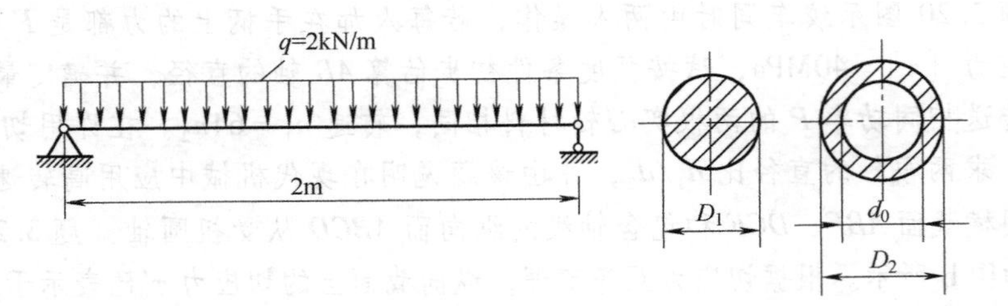

题 3.27 图

3.28 矩形截面悬臂梁受集中力和集中力偶作用，如题 3.28 图所示。试求Ⅰ-Ⅰ截面和固定端Ⅱ-Ⅱ截面上 A、B、C 三点处的正应力。

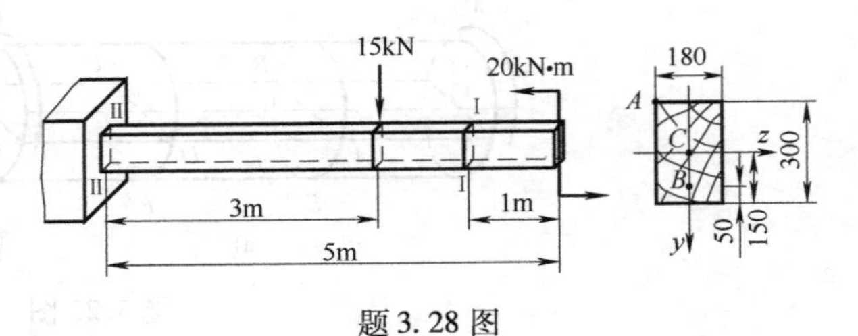

题 3.28 图

3.29 正方形截面梁按题 3.29 图 a、b 所示的两种方式放置。

(1) 若两种情况下横截面上的弯矩 M_z 相等，试比较横截面上的最大正应力。

(2) 对于 $h=200\text{mm}$ 的正方形，若如图 c 所示切去高度为 $u=10\text{mm}$ 的尖角，则弯曲截面系数 W_z 与未切角时 (图 b) 相比有何变化?

(3) 为使弯曲截面系数 W_z 为最大，则图 c 中截面切去的尖角尺寸 u 应等于多少? 这时的 W_z 比未切去尖角时增加百分之多少?

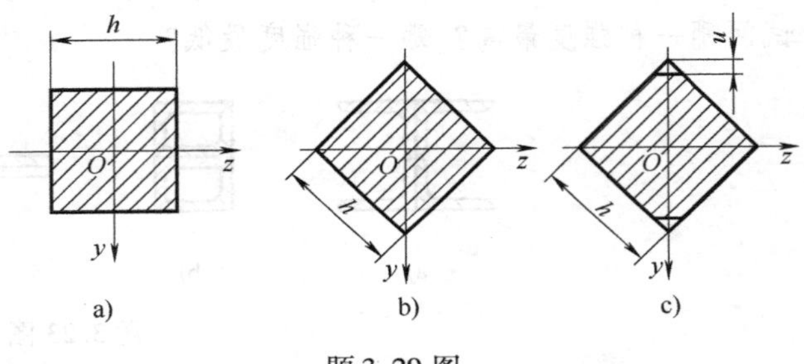

题 3.29 图

3.30 题 3.30 图示一由 16 号工字钢制成的简支梁，其上作用着集中载荷 F。在截面 C-C 处梁的下边缘上，用标距 $s=20\text{mm}$ 的应变计量得纵向伸长 $\Delta s=0.008\text{mm}$。已知梁的跨长 $l=1.5\text{m}$，$a=1\text{m}$，弹性模量 $E=210\text{GPa}$。试求力 F 的大小。

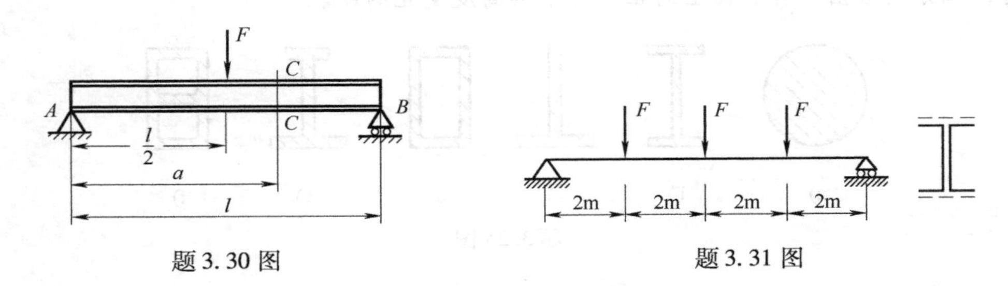

题 3.30 图　　题 3.31 图

3.31 由两根 28a 号槽钢组成的简支梁受三个集中力作用，如题 3.31 图所示。已知该材料为 Q235 钢，其许用正应力 $[\sigma]=170\text{MPa}$。试求该梁的许可载荷 F。

3.32 题 3.32 图示截面铸铁梁，已知许用压应力为许用拉应力的四倍，即 $[\sigma_c]=4[\sigma_t]$，试从强度方面考虑，确定宽度 b 的最佳值。

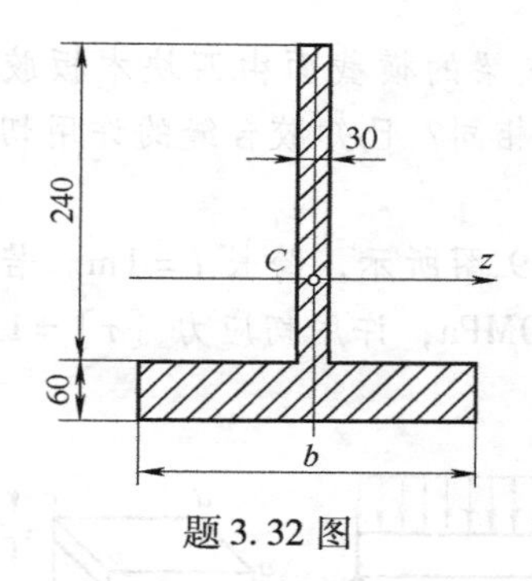

题3.32图

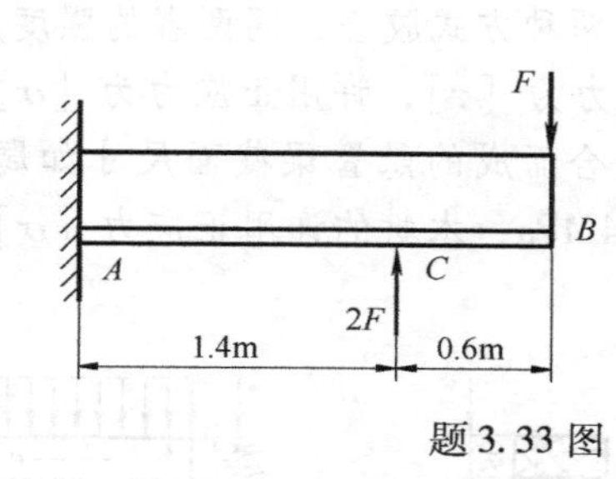

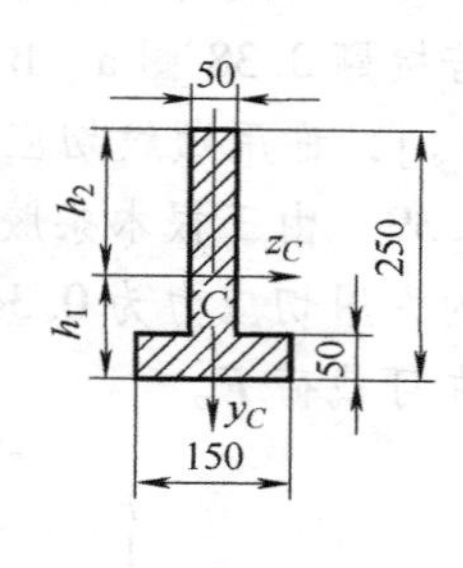

题3.33图

3.33 ⊥形截面铸铁悬臂梁，尺寸及载荷如题3.33图所示。若材料的许用拉应力 $[\sigma_t]=40\text{MPa}$，许用压应力 $[\sigma_c]=160\text{MPa}$，截面对形心轴 z_C 的惯性矩 $I_{z_C}=10180\text{cm}^4$，$h_1=9.64\text{cm}$，试计算该梁的许可载荷 F。

3.34 题3.34图示铸铁梁，载荷 F 可沿梁 AC 水平移动，其活动范围为 $0<\eta<3l/2$。已知许用拉应力 $[\sigma_t]=35\text{MPa}$，许用压应力 $[\sigma_c]=140\text{MPa}$，$l=1\text{m}$，试确定载荷 F 的许用值。

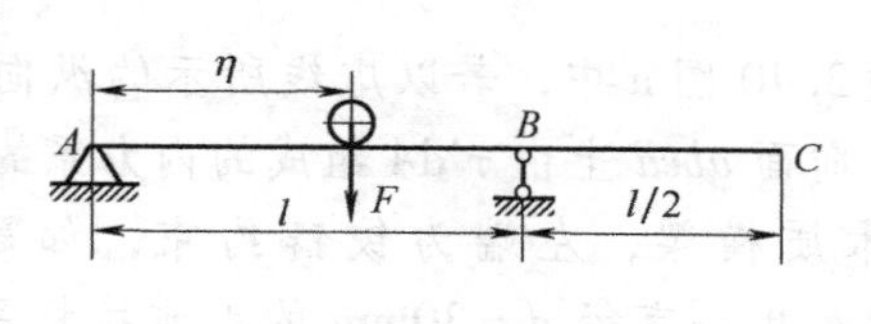

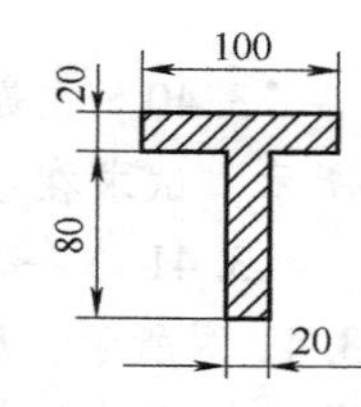

题3.34图

3.35 当载荷直接作用在跨长为 $l=6\text{m}$ 的简支梁 AB 之中点时，梁内最大正应力超过许可值30%。为了消除此过载现象，配置了如题3.35图所示的辅助梁 CD，试求此辅助梁的最小跨长 a。

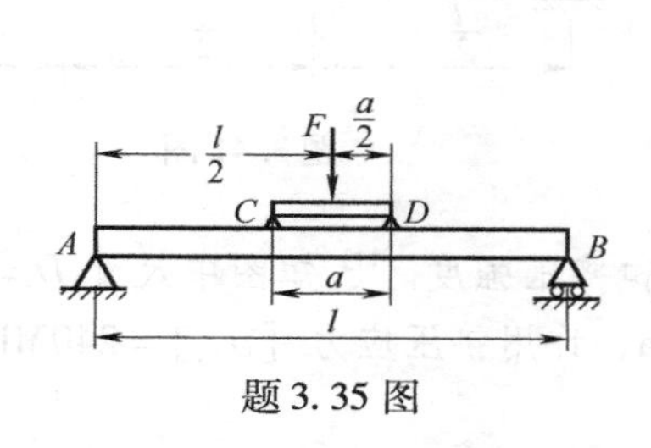

题3.35图

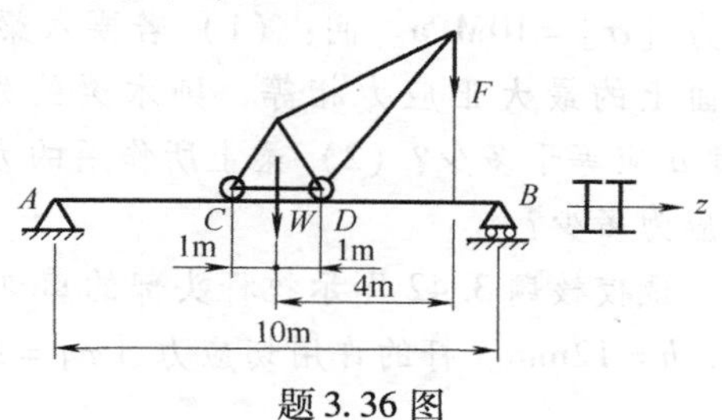

题3.36图

3.36 起重机下的梁由两根工字钢组成，起重机自重 $W=50\text{kN}$，起重量 $F=10\text{kN}$。许用应力 $[\sigma]=160\text{MPa}$，$[\tau]=100\text{MPa}$。若不考虑梁的自重，试按正应力强度条件选定工字梁型号，然后再按切应力强度条件进行校核。

3.37 如题3.37图所示为用作电测标定应力的等强度梁。已知截面为矩形，厚度 $h=5.11\text{mm}$，$F=30\text{N}$，$[\sigma]=52\text{MPa}$。试求宽度 $b(x)$ 的变化规律。

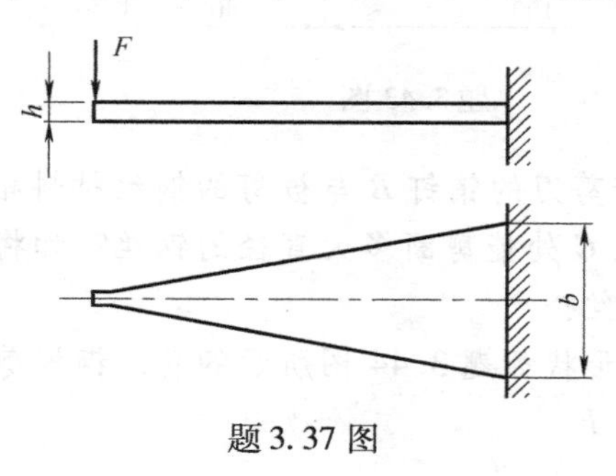

题3.37图

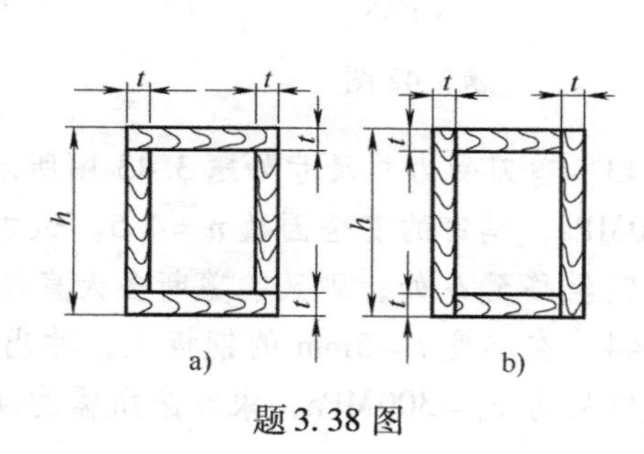

题3.38图

3.38　跨度为 l 的悬臂梁在自由端受集中力 F 作用。该梁的横截面由四块木板胶合而成。若按题 3.38 图 a、b 两种方式胶合，问两者的强度是否相同？已知胶合缝的许用切应力为 $[\tau_{胶}]$，许用顺纹切应力为 $[\tau]$，许用正应力为 $[\sigma]$。

3.39　由三根木条胶合而成的悬臂梁截面尺寸如题 3.39 图所示，跨长 $l=1\text{m}$。若胶合面上的许用切应力为 0.34MPa，木材的许用正应力 $[\sigma]=10\text{MPa}$，许用切应力 $[\tau]=1\text{MPa}$，试求许可载荷 F。

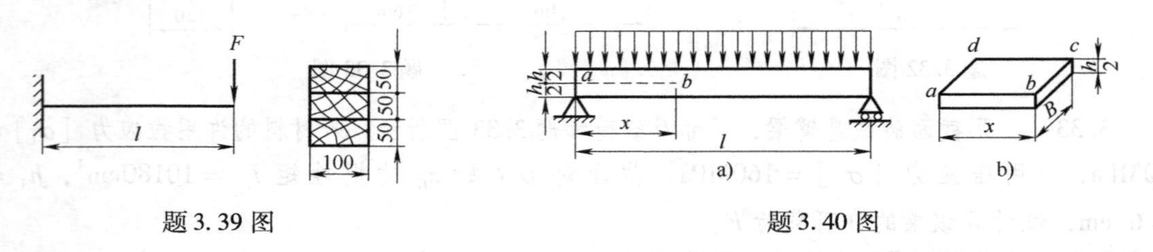

题 3.39 图　　　　题 3.40 图

*3.40　在题 3.40 图 a 中，若以虚线所示的纵向面和横向面从梁中截出一部分，如图 b 所示，试求在纵向面 $abcd$ 上由 $\tau' \mathrm{d}A$ 组成的内力系的合力，并说明它与什么力平衡。

3.41　一木质横梁，左端为铰链约束，如题 3.41 图所示，B 处用一直径 $d=30\text{mm}$ 的钢质拉杆吊住，钢杆的许用正应力 $[\sigma]=160\text{MPa}$。梁在 C、D 两处各有一集中力 F，已知木梁的矩形横截面的宽度为 200mm，高度为 300mm。AB 段长 $l=3\text{m}$，木梁的许用正应力 $[\sigma]=10\text{MPa}$。问：(1) 若要木梁在 C、B 两横截面上的最大正应力相等，则木梁的外伸臂 BD 的长度 a 应等于多少？(2) 梁上所作用的力 F 的最大数值应为多少？

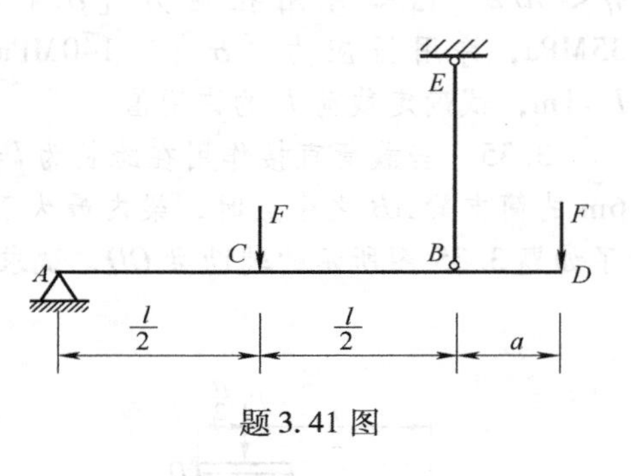

题 3.41 图

3.42　试校核题 3.42 图示拉杆头部的剪切强度和挤压强度。已知图中尺寸 $D=32\text{mm}$，$d=20\text{mm}$，$h=12\text{mm}$。杆的许用切应力 $[\tau]=100\text{MPa}$，许用挤压应力 $[\sigma_{bs}]=240\text{MPa}$。

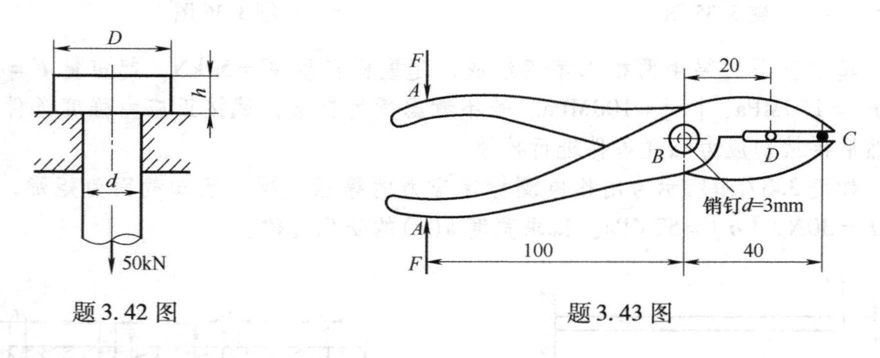

题 3.42 图　　　　题 3.43 图

3.43　剪刀受力与尺寸如题 3.43 图所示。若剪刀的销钉 B 与被剪的钢丝材料相同，其 $\tau_u=200\text{MPa}$，销钉的安全因数 $n=4.5$。试求：在 C 处能剪断多大直径的钢丝？如将此同样直径的钢丝移至 D 处，则又能剪断多大直径的钢丝？

3.44　在厚度 $t=5\text{mm}$ 的钢板上，冲出一个形状如题 3.44 图所示的孔，钢板剪断时的剪切极限应力 $\tau_u=300\text{MPa}$，求冲床所需的冲剪力 F。

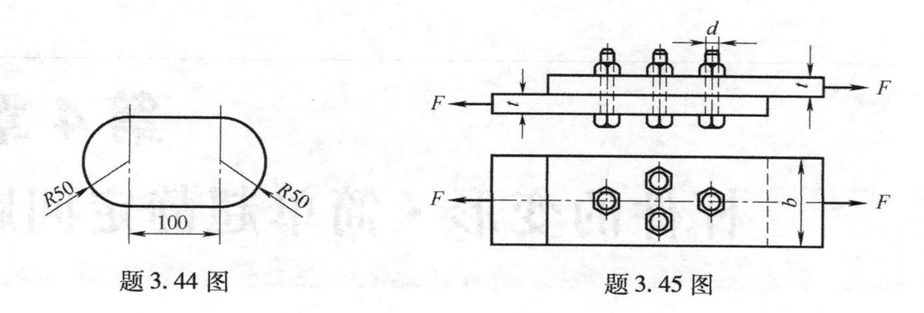

题3.44图　　题3.45图

3.45　拉力 $F=80\text{kN}$ 的螺栓连接如题3.45图所示。已知 $b=80\text{mm}$，$t=10\text{mm}$，螺栓直径 $d=22\text{mm}$，螺栓的许用切应力 $[\tau]=130\text{MPa}$，钢板的许用挤压应力 $[\sigma_{bs}]=300\text{MPa}$，许用拉应力 $[\sigma]=170\text{MPa}$。试校核接头的强度。

3.46　如题3.46图所示，一机轴采用两段直径 $d=100\text{mm}$ 的圆轴，由凸缘和螺栓加以连接，共有8个螺栓布置在 $D_0=200\text{mm}$ 的圆周上。已知轴在扭转时的最大切应力为70MPa，螺栓的许用切应力 $[\tau]=60\text{MPa}$。试求螺栓所需的直径 d_1。

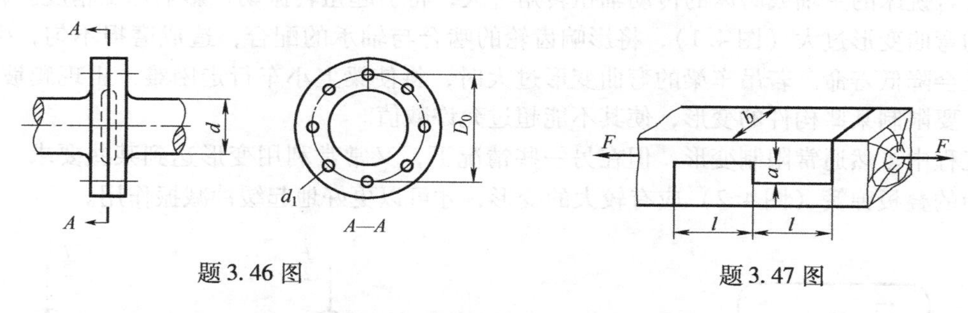

题3.46图　　题3.47图

3.47　矩形截面木拉杆的接头如题3.47图所示。已知轴向拉力 $F=50\text{kN}$，截面宽度 $b=250\text{mm}$，木材的顺纹许用挤压应力 $[\sigma_{bs}]=10\text{MPa}$，顺纹许用切应力 $[\tau]=1\text{MPa}$。试求接头处所需的尺寸 l 和 a。

3.48　两矩形截面木杆用两块钢板连接，如题3.48图所示。如截面的宽度 $b=250\text{mm}$，沿拉杆顺纹方向承受轴向拉力 $F=50\text{kN}$，木材的顺纹许用挤压应力 $[\sigma_{bs}]=10\text{MPa}$，顺纹的许用切应力 $[\tau]=1\text{MPa}$。试求接头所需的尺寸 δ 和 l。

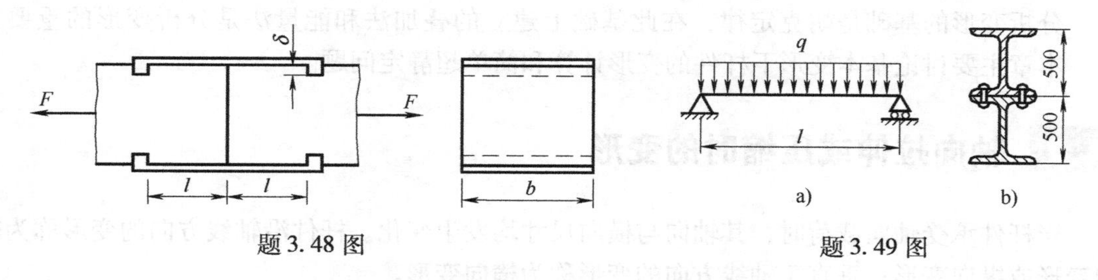

题3.48图　　题3.49图

*3.49　跨长 $l=11.5\text{m}$ 的临时桥的主桥，是由两根50b号工字钢相叠铆接而成（题3.49图b）。此梁受均布载荷 q 作用，能够在许用正应力 $[\sigma]=165\text{MPa}$ 下工作。已知铆钉直径 $d=23\text{mm}$，许用切应力 $[\tau]=95\text{MPa}$，试按剪切强度条件计算铆钉沿轴向的最大间距 s。

第4章 杆件的变形·简单超静定问题

4.1 引言

工程中对某些杆件除了有强度要求外，往往还有刚度要求，即要求它的变形不能过大。例如，若铣床的主轴或磨床的传动轴扭转角过大，将引起扭转振动，影响加工精度。若车床主轴的弯曲变形过大（图4.1），将影响齿轮的啮合与轴承的配合，造成磨损不匀，引起噪声，还会降低寿命。若吊车梁的弯曲变形过大时，将使梁上小车行走困难，出现爬坡现象。所以，要限制某些构件的变形，使其不能超过允许数值。

工程中虽然通常限制变形，但在另一些情况下，又常常利用变形达到某些要求。例如，车辆中的叠板弹簧（图4.2）应有较大的变形，才可以更好地起缓冲减振作用。

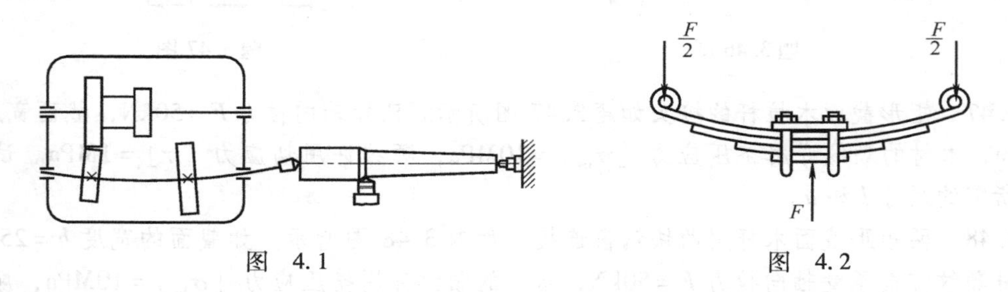

图 4.1　　　　图 4.2

研究变形除用于解决刚度问题外，还用于求解超静定问题和振动计算等。

分析变形的基础是胡克定律，在此基础上建立的叠加法和能量法是分析变形的重要方法。本章主要讨论基本变形下杆件的变形计算和简单超静定问题。

4.2 轴向拉伸或压缩时的变形

当杆件承受轴向载荷时，其轴向与横向尺寸均发生变化。杆件沿轴线方向的变形称为**轴向变形**或纵向变形；垂直于轴线方向的变形称为**横向变形**。

设等直杆的原长为 l，横截面面积为 A，横向尺寸为 b。在轴向拉力 F 作用下，长度由 l 变为 l_1，横向尺寸由 b 变为 b_1（图4.3）。则杆件在轴力作用下横截面上的正应力为

$$\sigma = \frac{F_{\mathrm{N}}}{A} = \frac{F}{A} \qquad \text{(a)}$$

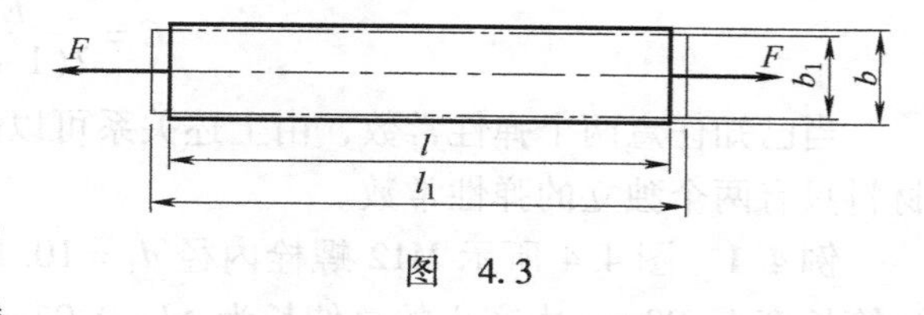

图　4.3

杆件沿轴线方向的变形为

$$\Delta l = l_1 - l$$

假设杆的变形是均匀的，则轴向正应变为

$$\varepsilon = \frac{\Delta l}{l} \tag{b}$$

根据胡克定律，在比例极限内（即线弹性范围内），正应变与正应力成正比，即

$$\sigma = E\varepsilon$$

将式（a）、式（b）代入上式，于是得

$$\Delta l = \frac{F_N l}{EA} = \frac{Fl}{EA} \tag{4.1}$$

上述关系式仍称为胡克定律。它表明，在比例极限内，杆的轴向变形 Δl 与轴力 F_N 及杆长 l 成正比，与乘积 EA 成反比。杆件的 EA 越大，则变形 Δl 越小，故 EA 称为杆件的**抗拉（压）刚度**。式（4.1）也可用于压缩变形，即轴向变形与轴力具有相同的符号，伸长为正，缩短为负。

杆件的横向变形和横向正应变分别为

$$\Delta b = b_1 - b$$

$$\varepsilon' = \frac{\Delta b}{b}$$

试验结果表明，当应力不超过材料的比例极限时，横向正应变与轴向正应变之比的绝对值近似为一常数，即

$$\left|\frac{\varepsilon'}{\varepsilon}\right| = \nu \tag{4.2}$$

对于大多数材料来说，横向正应变与轴向正应变有如下关系：

$$\varepsilon' = -\nu\varepsilon \tag{4.3}$$

ν 称为**横向变形因数**或**泊松比**，是材料的一个弹性常数，其值随材料而异，为无量纲量。对于绝大多数各向同性材料，$0<\nu<0.5$。

弹性模量 E 与泊松比 ν 都是材料的弹性常数。对于各向同性材料，E 和 ν 均与方向无关。几种常用材料的 E 和 ν 列入表4.1中。

表4.1　几种常用材料的 E 和 ν 的约值

材料名称	E/GPa	ν
碳素钢	196～216	0.24～0.28
合金钢	186～206	0.25～0.30
灰铸铁	78.5～157	0.23～0.27
铜及其合金	72.6～128	0.31～0.42
铝合金	70	0.33

可以证明，对于各向同性材料，弹性模量 E、泊松比 ν 与切变模量 G 之间存在如下关系：

$$G = \frac{E}{2(1+\nu)} \tag{4.4}$$

当已知任意两个弹性常数，由上述关系可以确定第三个弹性常数。由此可见，各向同性材料只有两个独立的弹性常数。

例 4.1 图 4.4 所示 M12 螺栓内径 $d_1 = 10.1\text{mm}$，拧紧后在计算长度 $l = 80\text{mm}$ 内产生的总伸长为 $\Delta l = 0.03\text{mm}$。钢的弹性模量 $E = 210\text{GPa}$。试计算螺栓内的应力和螺栓的预紧力。

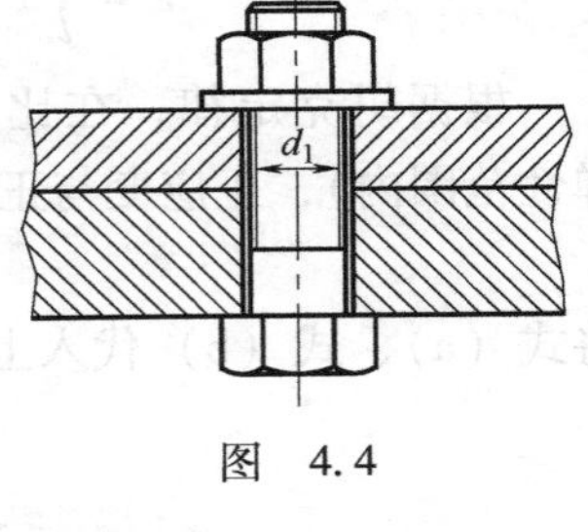

图 4.4

解： 拧紧后螺栓的正应变为

$$\varepsilon = \frac{\Delta l}{l} = \frac{0.03}{80} = 3.75 \times 10^{-4}$$

由胡克定律求螺栓横截面上的拉应力

$$\sigma = E\varepsilon = (210 \times 10^9 \times 3.75 \times 10^{-4})\text{Pa} = 78.8 \times 10^6 \text{Pa} = 78.8\text{MPa}$$

螺栓的预紧力为

$$F = A\sigma = \left[\frac{\pi}{4}(10.1 \times 10^{-3})^2 \times 78.8 \times 10^6\right]\text{N} = 6310\text{N} = 6.31\text{kN}$$

应当注意，当杆件承受多个载荷时，或者阶梯杆的情况下（图 4.5），应分段计算变形，然后求其代数和，即

$$\Delta l = \sum_{i=1}^{n} \frac{F_{Ni} l_i}{EA_i}$$

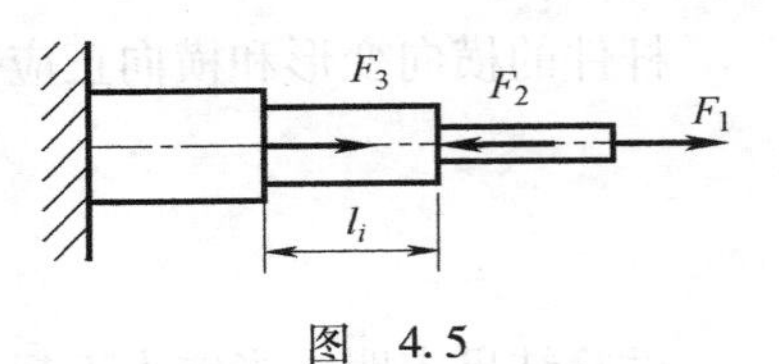

图 4.5

式中，F_{Ni}、l_i 和 A_i 分别为第 i 段杆的轴力、长度和横截面面积。

若杆件横截面沿轴线变化，但变化平缓（图 4.6）；或轴力也沿轴线连续变化，但作用线仍与轴线重合，可把式（4.1）应用于长为 $\mathrm{d}x$ 的微段，得微段的伸长为

$$\Delta(\mathrm{d}x) = \frac{F_N(x)\mathrm{d}x}{EA(x)}$$

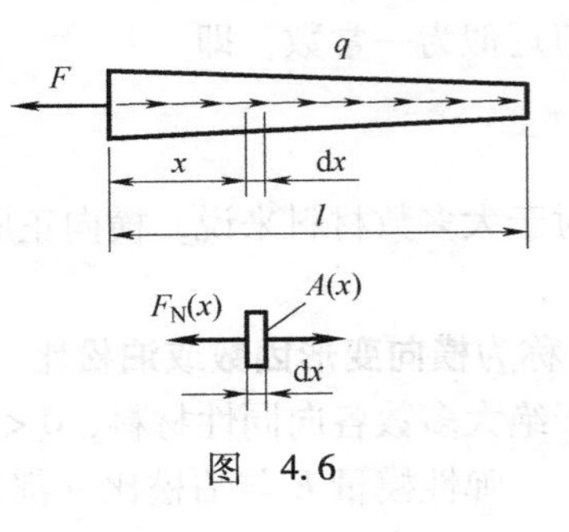

图 4.6

式中，$F_N(x)$ 和 $A(x)$ 分别表示轴力和横截面面积，它们都是 x 的函数。积分上式得杆件的伸长为

$$\Delta l = \int_0^l \frac{F_N(x)\mathrm{d}x}{EA(x)}$$

例 4.2 长度为 l、横截面面积为 A 的等直杆受自重作用，如图 4.7a 所示。若材料容重为 γ，弹性模量为 E。试分析杆的内力、应力、变形和强度。

解： 首先计算杆任一横截面上的轴力 $F_N(x)$，如图 4.7b 所示。应用截面法，由平衡方程 $\sum F_x = 0$，得 $F_N(x) = \gamma Ax$，任一横截面上的应力为 $\sigma(x) = \gamma x$，轴力与应力沿杆轴的变化规律如图 4.7d、e 所示。

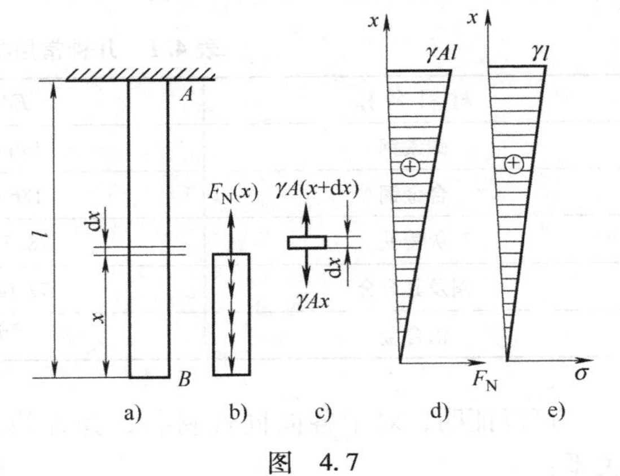

图 4.7

所以，考虑自重时，杆内各横截面上的轴

力不相等，故不能直接应用式（4.1），而必须首先求得长度为 dx 的微段的伸长，然后积分即可求得杆的伸长。为此，分析在 x 处的 dx 微段（图4.7c）的受力情况，则该微段的伸长为（略去无穷小量）

$$\Delta(dx)=\frac{F_N(x)dx}{EA}=\frac{\gamma Ax}{EA}dx$$

$$\Delta l=\int_l \Delta(dx)=\int_0^l \frac{\gamma Ax}{EA}dx=\frac{\gamma Al^2}{2EA}=\frac{Wl}{2EA}$$

式中，$W=\gamma\cdot Al$，为杆的自重。由此可见，等直杆因自重而引起的伸长等于将杆重的一半作用在杆端所引起的伸长。若材料的强度极限为 σ_b，最大应力发生在最上端，则其破坏条件为 $\gamma l=\sigma_b$ 或 $l=\sigma_b/\gamma$，即当杆的长度超过该值时，杆在其自重作用下断裂。这一结论对于矿井、深水井等的吊索设计均有实际意义。

杆的拉伸或压缩问题中，通常强度设计是主要的，满足了强度要求一般也就满足了刚度要求，不再讨论其刚度问题。对于桁架结构，工程中更加关注其节点的位移。下面以例4.3所示结构为例说明简单静定桁架结构节点位移的计算方法。

例4.3 一结构由两杆组成如图4.8a所示。已知两杆均为圆截面，直径 $d=20$mm，材料相同，$E=200$GPa，$F=60$kN。试求节点 B 的位移。

解： 由于两杆受力后变形，而使 B 点有位移，所以需先求出各杆的变形。为此首先求各杆的轴力。

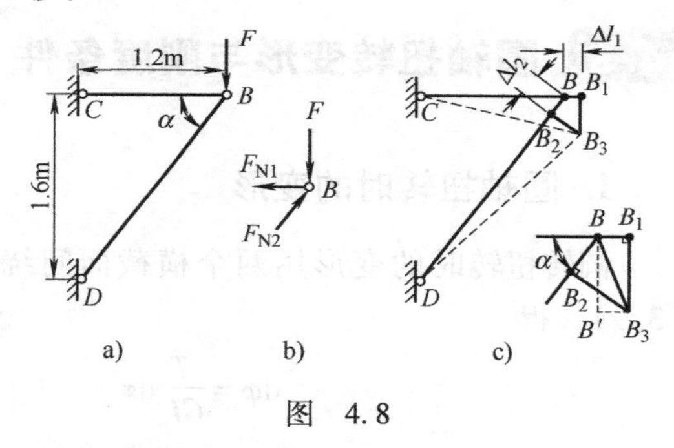

图 4.8

与结构原尺寸相比为很小的变形，称为小变形。对于某些大型结构，位移的数值可能并不很小，但若与结构原尺寸相比很小，则仍属于小变形。在小变形的条件下，通常可按结构的原有几何形状与尺寸计算约束力与内力，并可采用以切线代替圆弧的方法确定位移。小变形是一个十分重要的概念，利用此概念，可使许多问题的分析计算大为简化。

设 BC 杆的轴力为拉力 F_{N1}，BD 杆的轴力为压力 F_{N2}，根据节点 B 的平衡方程 $\sum F_x=0$ 和 $\sum F_y=0$，得

$$F_{N1}=\frac{3}{4}F=45\text{kN},\quad F_{N2}=\frac{5}{4}F=75\text{kN}$$

结果均为正值，说明假设是正确的。

由直角三角形 BCD，可求得 $l_{BD}=2$m。由胡克定律求各杆的变形：

$$\Delta l_1=\frac{F_{N1}l_{BC}}{EA}=\frac{45\times10^3\times1.2}{200\times10^9\times\frac{\pi\times20^2}{4}\times10^{-6}}\text{m}=0.86\times10^{-3}\text{m}$$

$$\Delta l_2=\frac{F_{N2}l_{BD}}{EA}=\frac{75\times10^3\times2}{200\times10^9\times\frac{\pi\times20^2}{4}\times10^{-6}}\text{m}=2.39\times10^{-3}\text{m}$$

这里，Δl_1 为 BC 杆的拉伸变形，而 Δl_2 为 BD 杆的压缩变形。设想将两杆在 B 点处拆开，并在其原位置上分别产生相应变形 Δl_1 和 Δl_2（图4.8c）。显然，变形后两杆仍应铰结

在一起。于是，分别以 C、D 为圆心，以两杆变形后的长度 $\overline{CB_1}$ 和 $\overline{DB_2}$ 为半径作两圆弧，它们的交点即为 B 点的新位置。但因变形微小，故可过 B_1、B_2 分别作 BC、BD 两杆的垂线以代替上述圆弧，此两垂线的交点 B_3 可认为是 B 点的新位置。$\overline{BB_3}$ 即为 B 点的位移。分别计算 B 点的水平位移 Δ_{Bx} 和垂直位移 Δ_{By}。由图 4.8c 中几何关系，得

$$\Delta_{Bx}=\overline{BB_1}=\Delta l_1=0.86\times10^{-3}\text{m} \tag{a}$$

$$\Delta_{By}=\overline{BB_2}/\sin\alpha+\overline{B'B_3}/\tan\alpha=\Delta l_2/\sin\alpha+\Delta l_1/\tan\alpha \tag{b}$$

将 $\sin\alpha=\dfrac{4}{5}$、$\tan\alpha=\dfrac{4}{3}$、Δl_1 和 Δl_2 代入，得

$$\Delta_{By}=\left(\frac{5}{4}\times2.39\times10^{-3}+\frac{3}{4}\times0.86\times10^{-3}\right)\text{m}=3.63\times10^{-3}\text{m}$$

计算 B 点的位移 $\overline{BB_3}$

$$\overline{BB_3}=\sqrt{\Delta_{Bx}^2+\Delta_{By}^2}=\sqrt{0.86^2+3.63^2}\times10^{-3}\text{m}=3.73\times10^{-3}\text{m} \tag{c}$$

由式（a）~式（c）可知，对线弹性杆系，位移与载荷的关系也是线性的。

上述解法中应注意对变形的假设（伸长与缩短）应与对内力的假设（拉伸或压缩）保持一致，通常称为力与变形的一致性。此题还可利用能量法（详见第 8 章）方便求解。

4.3 圆轴扭转变形与刚度条件

1. 圆轴扭转时的变形

圆转扭转时的变形用两个横截面间绕轴线的相对扭转角 φ 来度量（图 4.9）。由式(3.9)，得

$$\mathrm{d}\varphi=\frac{T}{GI_\mathrm{p}}\mathrm{d}x \tag{a}$$

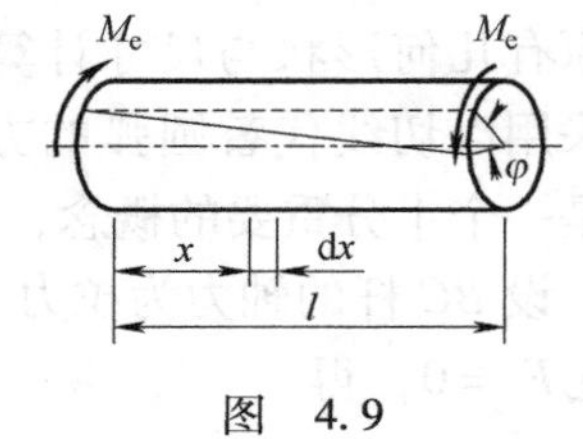

图 4.9

式中，$\mathrm{d}\varphi$ 表示相距为 $\mathrm{d}x$ 的两个横截面之间的相对扭转角。沿轴线 x 积分，即可求得距离为 l 的两个横截面之间的相对扭转角为

$$\varphi=\int_l\mathrm{d}\varphi=\int_0^l\frac{T}{GI_\mathrm{p}}\mathrm{d}x \tag{b}$$

若两截面之间的扭矩 T 不变，且为等直圆轴，则式（b）化为

$$\varphi=\frac{Tl}{GI_\mathrm{p}} \tag{4.5}$$

上式表明，GI_p 越大，则扭转角 φ 越小，故 GI_p 称为圆轴的**抗扭刚度**。由式（4.5）可见，φ 的符号与扭矩 T 的符号相同。

有时，轴在各段内的 T 并不相同，或者各段内的 I_p 不同，例如阶梯轴。这时应分别计算各段内的扭转角，然后求代数和，得两端截面的相对扭转角为

$$\varphi=\sum_{i=1}^{n}\frac{T_il_i}{GI_{\mathrm{p}i}} \tag{4.6}$$

式中，T_i、l_i 和 $I_{\mathrm{p}i}$ 分别为第 i 段圆轴的扭矩、长度和极惯性矩。

可以证明（请读者自证），长为l、扭矩T为常数的等截面薄壁圆筒的扭转变形为

$$\varphi = \frac{Tl}{2G\pi R_0^3 t}$$

2. 刚度条件

机械工程中的某些轴类零件，除满足强度条件外，还需满足刚度条件，即限制轴的扭转变形不应超过一定限度。为了消除长度l的影响，以φ对x的变化率$\frac{\mathrm{d}\varphi}{\mathrm{d}x}$表示扭转变形的程度，用$\varphi'$表示这个量，称为**单位长度扭转角**，单位为弧度/米（rad/m）。由式（3.9）可得

$$\varphi' = \frac{\mathrm{d}\varphi}{\mathrm{d}x} = \frac{T}{GI_{\mathrm{p}}} \tag{4.7}$$

应当注意，以上计算公式都只适用于材料在线弹性范围内的等直圆杆，因为作为计算依据的式（3.9）就是在这样的条件下导出的。

扭转的刚度条件为限制φ'的最大值不得超过单位长度许可扭转角［φ'］，即规定

$$\varphi'_{\max} = \frac{T_{\max}}{GI_{\mathrm{p}}} \leqslant [\varphi'] \ (\mathrm{rad/m})$$

工程中，习惯把度/米$\left((°)/\mathrm{m}\right)$作为［$\varphi'$］的单位。这样，把上式中的弧度换算为度，得

$$\varphi'_{\max} = \frac{T_{\max}}{GI_{\mathrm{p}}} \times \frac{180°}{\pi} \leqslant [\varphi'] \left((°)/\mathrm{m}\right) \tag{4.8}$$

各种轴类零件的［φ'］值可从有关规范中查到。对于精密机器的轴，其［φ'］常取在0.15～0.30(°)/m之间；对于一般的传动轴，可取为2(°)/m左右。

例4.4　图4.10所示传动轴系钢制实心圆截面轴。已知：$M_{e1}=1592\mathrm{N\cdot m}$，$M_{e2}=955\mathrm{N\cdot m}$，$M_{e3}=637\mathrm{N\cdot m}$。截面$A$与截面$B$、$C$之间的距离分别为$l_1=300\mathrm{mm}$和$l_2=500\mathrm{mm}$。轴的直径$d=70\mathrm{mm}$，钢的切变模量$G=80\mathrm{GPa}$，$[\varphi']=0.5(°)/\mathrm{m}$。试求截面$C$对$B$的相对扭转角，并校核轴的刚度。

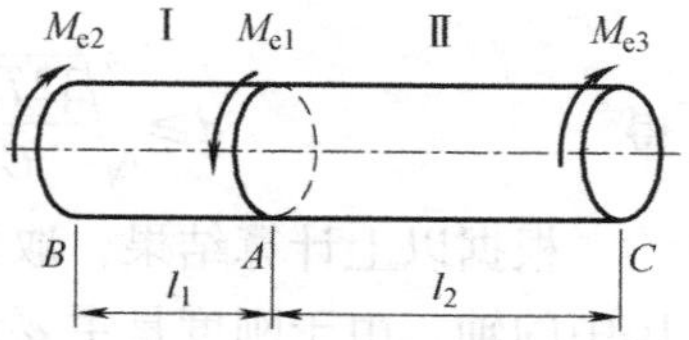

图　4.10

解： 由截面法求得此轴Ⅰ、Ⅱ两段内的扭矩分别为$T_{\mathrm{I}}=955\mathrm{N\cdot m}$，$T_{\mathrm{II}}=-637\mathrm{N\cdot m}$。因两段内的扭矩不相同，所以计算截面$C$对$B$的扭转角$\varphi_{BC}$时，应分别计算各段内的扭转角，然后求代数和。由式（4.6），得

$$\varphi_{CB} = \frac{T_{\mathrm{I}} l_1}{GI_{\mathrm{p}}} + \frac{T_{\mathrm{II}} l_2}{GI_{\mathrm{p}}} = \frac{955 \times 0.3 - 637 \times 0.5}{80 \times 10^9 \times \frac{\pi}{32} \times 70^4 \times 10^{-12}} \mathrm{rad} = -1.7 \times 10^{-4} \mathrm{rad}$$

计算结果中的负号表明φ_{CB}的转向与M_{e3}的转向相同。

轴BC为等截面轴，而BA段的扭矩最大，所以应校核该段轴的刚度，即

$$\varphi'_{\max} = \frac{T_{\max}}{GI_{\mathrm{p}}} \times \frac{180°}{\pi} = \frac{955}{80 \times 10^9 \times \frac{\pi}{32} \times 70^4 \times 10^{-12}} \times \frac{180}{\pi} (°)/\mathrm{m} = 0.29 (°)/\mathrm{m} < [\varphi']$$

若将此题中的实心轴改为空心轴，在保持重量不变（实际是横截面积不变）的情况下，可以得到较大的I_{p}，相应地提高圆轴刚度。若保持I_{p}不变，则空心轴比实心轴可少用材料，重量也就较轻。所以，飞机、轮船、汽车的某些轴常采用空心轴，以减轻重量。当然，空心

轴也会带来加工上的困难。

例 4.5 某机床中的传动轴上有三个齿轮（图 4.11a）。主动轮Ⅱ输入功率为 3.74kW，从动轮Ⅰ、Ⅲ输出功率分别为 0.76kN 和 2.98kN，轴的转速 $n=184\text{r/min}$，材料为 45 号钢，$G=80\text{GPa}$。若 $[\tau]=40\text{MPa}$，$[\varphi']=1.5(°)/\text{m}$。试设计轴的直径。

解： 首先根据齿轮传输的功率和转速计算作用于轴上的外力偶矩。

$$M_{e\mathrm{I}}=9549\frac{P_{\mathrm{I}}}{n}=\left(9549\times\frac{0.76}{184}\right)\text{N}\cdot\text{m}=39.4\text{N}\cdot\text{m}$$

$$M_{e\mathrm{II}}=9549\frac{P_{\mathrm{II}}}{n}=\left(9549\times\frac{3.74}{184}\right)\text{N}\cdot\text{m}=194\text{N}\cdot\text{m}$$

$$M_{e\mathrm{III}}=9549\frac{P_{\mathrm{III}}}{n}=\left(9549\times\frac{2.98}{184}\right)\text{N}\cdot\text{m}=155\text{N}\cdot\text{m}$$

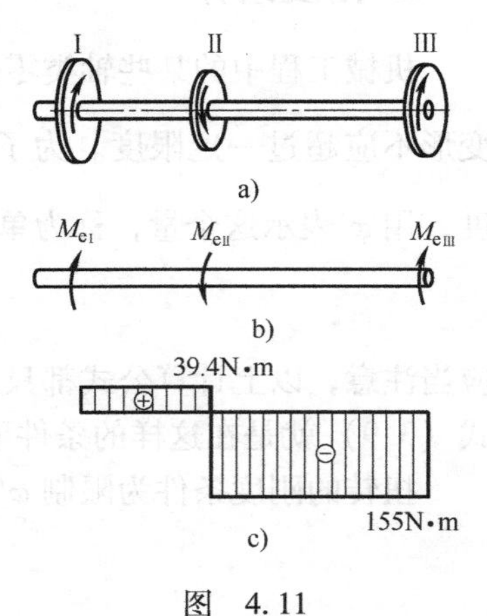

图 4.11

传动轴的受力如图 4.11b 所示，$M_{e\mathrm{I}}$ 和 $M_{e\mathrm{III}}$ 为阻抗力偶矩，故转向相同。$M_{e\mathrm{II}}$ 为主动力偶矩。由截面法可求得轴的扭矩图，如图 4.11c 所示。故 $T_{max}=155\text{N}\cdot\text{m}$。

由强度条件

$$\tau_{max}=\frac{T_{max}}{W_p}=\frac{16T_{max}}{\pi d^3}\leqslant[\tau]$$

得

$$d\geqslant\sqrt[3]{\frac{16T_{max}}{\pi[\tau]}}=\sqrt[3]{\frac{16\times155}{\pi\times40\times10^6}}\text{m}=0.0272\text{m}$$

由刚度条件

$$\varphi'_{max}=\frac{T_{max}}{GI_p}\times\frac{180°}{\pi}=\frac{T_{max}}{G\dfrac{\pi d^4}{32}}\times\frac{180°}{\pi}\leqslant[\varphi']$$

得

$$d\geqslant\sqrt[4]{\frac{32T_{max}\times180°}{G\pi^2[\varphi']}}=\sqrt[4]{\frac{32\times155\times180°}{80\times10^9\times\pi^2\times1.5°}}\text{m}=0.0297\text{m}$$

根据以上计算结果，取 $d=30\text{mm}$。可见，刚度条件是该轴的控制因素。对于大多数机床中的轴，由于刚度是主要矛盾，所以普遍用刚度作为控制因素。

4.4 梁的变形·挠曲线微分方程及其积分

讨论梁的弯曲变形时，以变形前的梁轴线为 x 轴，垂直向上的轴为 y 轴（图 4.12）。在对称弯曲的情况下，xy 平面为梁的纵向对称面，变形后梁的轴线将成为 xy 平面内的一条连续而光滑的曲线，称为**挠曲线**。研究表明，对于细长梁，剪力对其变形的影响一般可忽略不计。因此，当梁发生弯曲变形时，各横截面仍保持平面，与变形后的梁轴线垂直，并绕中性轴转动。由此可见，梁的变形可用横截面形心的线位移及截面的角位移描述。

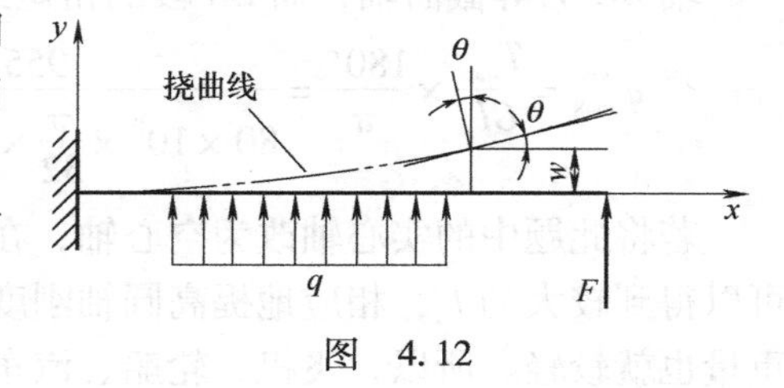

图 4.12

挠曲线上横坐标为 x 的横截面的形心沿 y 方向的位移，称为**挠度**，用 w 表示，挠曲线的方程可以写成

$$w=f(x)$$

弯曲变形中，梁的横截面对其原来位置转过的角度 θ，称为**截面转角**。根据平面假设，弯曲变形前垂直于轴线（x 轴）的横截面，变形后仍垂直于挠曲线。所以，截面转角 θ 就是 y 轴与挠曲线法线的夹角，也等于 x 轴与挠曲线切线的夹角。考虑到小变形时挠曲线是一条非常平坦的曲线，转角 θ 也是一个非常小的角度，故有

$$\theta \approx \tan\theta = w' = f'(x)$$

即挠曲线上任一点处切线的斜率 w' 都可以足够精确地代表该点处横截面的转角 θ。

挠度和转角是度量梁的弯曲变形的两个基本量。在图4.12所示的坐标系中，向上的挠度和逆时针的转角为正。

应当指出，梁弯曲变形时，横截面形心沿 x 轴方向也是有线位移的，但由于在小变形情况下，梁的挠度远小于跨度，挠曲线是一条平坦的曲线，横截面形心沿 x 轴方向的线位移与挠度相比属于高阶微量，可略去不计。

纯弯曲情况下，曾得到弯矩与曲率之间的关系为式（3.18），即

$$\frac{1}{\rho}=\frac{M}{EI} \tag{a}$$

横力弯曲时，梁横截面上既有弯矩也有剪力，式（a）只代表弯矩对弯曲变形的影响。对跨度远大于截面高度的梁，剪力对弯曲变形的影响可以略去，因此式（a）也可用于横力弯曲。对于等直梁来说，M 和 $\frac{1}{\rho}$ 皆为 x 的函数，即

$$\frac{1}{\rho(x)}=\frac{M(x)}{EI} \tag{b}$$

从几何方面看，平面曲线 $w=f(x)$ 上任一点的曲率可写为

$$\frac{1}{\rho(x)}=\frac{|w''|}{(1+w'^2)^{3/2}} \tag{c}$$

在一定的坐标系下，式（c）中的 w'' 是有正、负的，表示曲线的凹、凸方向。当取 x 轴向右为正，y 轴向上为正（图4.13）时，曲线向下凸时，w'' 为正，向上凸时为负。同时，按2.3节中对弯矩正负的规定，可知在图示坐标系中，M 与 w'' 的符号恰好相同。于是，将式（c）代入式（b），得

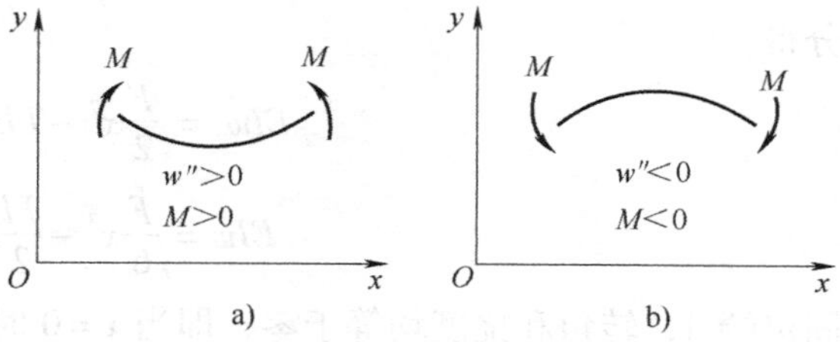

图　4.13

$$\frac{w''}{(1+w'^2)^{3/2}}=\frac{M(x)}{EI} \tag{4.9}$$

称为挠曲线微分方程，它是一个二阶非线性常微分方程。

对于工程中常用的梁，其挠曲线为一平坦的曲线，w'^2 与1相比很小，可略去不计，故式（4.9）可写为

$$w''=\frac{M(x)}{EI} \tag{4.10}$$

此式通常称为梁的挠曲线近似微分方程。这是因为：①略去了剪力 F_S 的影响；②在精确微分方程式（4.9）中略去了 w'^2 项。尽管如此，按式（4.10）计算得到的梁的挠度和转角是满足一般的工程精度要求的。但对大变形问题，还是应用精确的曲率公式计算为好。

应该指出：由于 x 轴的方向既不影响弯矩的正负，也不影响 w'^2 的正负，所以式（4.10）同样适用于 x 轴向左的坐标系。

将挠曲线近似微分方程（4.10）积分两次得转角方程和挠曲线方程为

$$\theta = \frac{\mathrm{d}w}{\mathrm{d}x} = \int \frac{M(x)}{EI}\mathrm{d}x + C \tag{4.11}$$

$$w = \iint\left[\frac{M(x)}{EI}\mathrm{d}x\right]\mathrm{d}x + Cx + D \tag{4.12}$$

式中，C、D 为积分常数。

在挠曲线的某些点上，挠度或转角有时是已知的。例如在固定端，挠度和转角都等于零（图 4.14a）；在铰支座上，挠度等于零（图 4.14b）。这类条件统称为边界条件。此外，挠曲线应该是一条连续光滑的曲线，即在挠曲线的任意点上，有唯一确定的挠度和转角，这就是连续性条件。根据边界条件和连续性条件，就可以确定积分常数。由以上分析可见，梁的位移不仅与梁的弯曲刚度及弯矩有关，而且与梁的边界条件及连续条件有关。

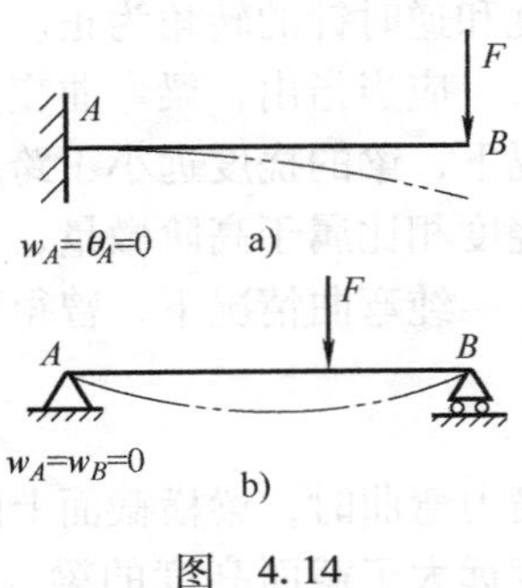

图 4.14

例 4.6 图 4.15 所示悬臂梁的抗弯刚度为 EI，在自由端受一集中力作用。试求梁的挠曲线方程和转角方程，并确定其最大挠度和最大转角。

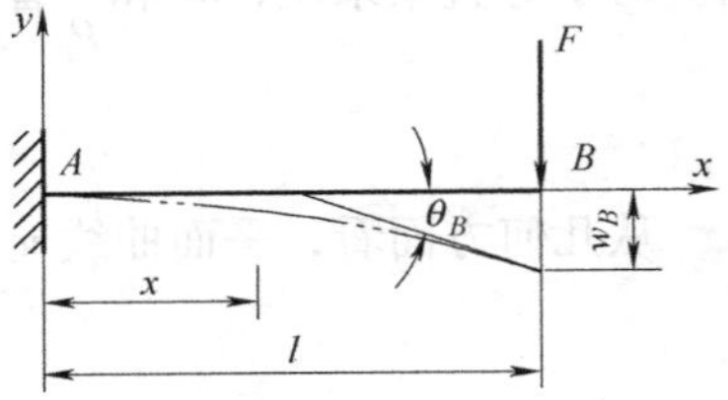

图 4.15

解：首先写出梁的弯矩方程

$$M(x) = -F(l-x)$$

由式（4.10），得挠曲线的近似微分方程

$$EIw'' = M(x) = -F(l-x) = Fx - Fl$$

积分得

$$EIw' = \frac{F}{2}x^2 - Flx + C \tag{a}$$

$$EIw = \frac{F}{6}x^3 - \frac{Fl}{2}x^2 + Cx + D \tag{b}$$

在固定端 A，转角和挠度均等于零，即当 $x=0$ 时，

$$w'_A = \theta_A = 0, \quad w_A = 0$$

根据这两个边界条件，由式（a）、式（b）得

$$C = EIw'_A = EI\theta_A = 0, \quad D = EIw_A = 0$$

将已确定的这两个积分常数代入式（a）和式（b），即得梁的转角方程和挠度方程分别为

$$EIw' = EI\theta = \frac{F}{2}x^2 - Flx \tag{c}$$

$$EIw = \frac{F}{6}x^3 - \frac{Fl}{2}x^2 \tag{d}$$

根据梁的受力情况及边界条件，可知此梁在自由端截面处，有绝对值最大的转角和挠度。将 $x=l$ 代入式（c）、式（d），可分别求得 θ_B 和 w_B 分别为

$$\theta_B = -\frac{Fl^2}{2EI}$$

$$w_B = -\frac{Fl^3}{3EI}$$

在以上结果中，θ_B 为负，表示截面 B 的转角沿顺时针方向；w_B 也为负，表示 B 点的挠度向下。

例 4.7　图 4.16 所示一抗弯刚度为 EI 的简支梁，在 C 点处受一集中力 F 作用。试求此梁的挠曲线方程和转角方程，并确定其最大挠度和最大转角。

解： 此梁的两个支座约束力分别为

$$F_A = F\frac{b}{l},\quad F_B = F\frac{a}{l}$$

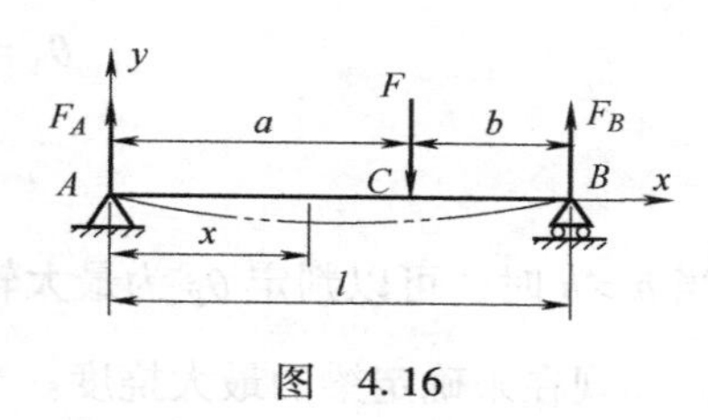

图　4.16

分段列出弯矩方程

AC 段：$M_1 = F_A x = F\dfrac{b}{l}x,\quad 0\leqslant x\leqslant a$

CB 段：$M_2 = F\dfrac{b}{l}x - F(x-a),\quad a\leqslant x\leqslant l$

由于 AC 和 CB 两段内弯矩方程不同，故挠曲线的微分方程也就不同，所以应分两段进行积分，在 CB 段内积分时，将 $(x-a)$ 作为自变量，这可使确定积分常数的运算简便。积分结果如下：

AC 段 $(0\leqslant x\leqslant a)$		CB 段 $(a\leqslant x\leqslant l)$	
$EIw_1'' = M_1 = F\dfrac{b}{l}x$		$EIw_2'' = M_2 = F\dfrac{b}{l}x - F(x-a)$	
$EIw_1' = F\dfrac{b}{l}\dfrac{x^2}{2} + C_1$	(a)	$EIw_2' = F\dfrac{b}{l}\dfrac{x^2}{2} - F\dfrac{(x-a)^2}{2} + C_2$	(c)
$EIw_1 = F\dfrac{b}{l}\dfrac{x^3}{6} + C_1 x + D_1$	(b)	$EIw_2 = F\dfrac{b}{l}\dfrac{x^3}{6} - F\dfrac{(x-a)^3}{6} + C_2 x + D_2$	(d)

积分出现四个积分常数，需要四个条件来确定。由于挠曲线是一条光滑连续的曲线，因此，在 C 截面处，由式（a）、式（c）所确定的转角应相等；由式（b）、式（d）所确定的挠度应相等。即

在 $x=a$ 处：　$w_1' = w_2',\quad w_1 = w_2$

将式（a）、式（c）和式（b）、式（d）代入上述连续条件可得

$$C_1 = C_2 \quad 和 \quad D_1 = D_2$$

此外，梁在 A、B 两端皆为铰支座，边界条件为

在 $x=0$ 处：　$w_1 = 0$　　(e)

在 $x=l$ 处：　$w_2 = 0$　　(f)

将边界条件式（e）代入式（b），得　$D_1 = D_2 = 0$

将边界条件式（f）代入式（d），得

$$C_1 = C_2 = -\frac{Fb}{6l}(l^2 - b^2)$$

把所求得的积分常数代回式（a）~式（d），得转角方程和挠度方程如下：

AC 段（$0 \leqslant x \leqslant a$）	CB 段（$a \leqslant x \leqslant l$）
$\theta_1 = w_1' = \frac{-Fb}{6lEI}(l^2 - b^2 - 3x^2)$ （g） $w_1 = -\frac{Fbx}{6lEI}(l^2 - b^2 - x^2)$ （h）	$\theta_2 = w_2' = \frac{-Fb}{6lEI}\left[(l^2 - b^2 - 3x^2) + \frac{3l}{b}(x-a)^2\right]$ （i） $w_2 = -\frac{Fb}{6lEI}\left[(l^2 - b^2 - x^2)x + \frac{l}{b}(x-a)^3\right]$ （j）

将 $x=0$ 和 $x=l$ 分别代入式（g）、式（i），得梁在 A、B 两端的截面转角分别为

$$\theta_A = -\frac{Fb(l^2 - b^2)}{6lEI} = \frac{-Fab(l+b)}{6lEI} \tag{k}$$

$$\theta_B = \frac{Fab(l+a)}{6lEI} \tag{l}$$

当 $a > b$ 时，可以判定 θ_B 为最大转角。

现在来确定梁的最大挠度。当 $\theta = \frac{\mathrm{d}w}{\mathrm{d}x} = 0$ 时，w 为极值。所以应首先确定转角 $\theta = 0$ 的截面位置。由式（k）知转角 θ_A 为负。此外，由式（g）可以求得截面 C 的转角为

$$\theta_C = \theta\big|_{x=a} = \frac{Fab}{3lEI}(a-b)$$

如 $a > b$，则 θ_C 为正。可见从截面 A 到截面 C，转角由负变为正。挠曲线即为光滑连续曲线，$\theta = 0$ 的截面必然在 AC 段内。令 $w_1' = 0$，由式（g）解得

$$x_0 = \sqrt{\frac{l^2 - b^2}{3}} \tag{m}$$

x_0 即为挠度为最大值的截面的横坐标。以 x_0 代入式（h），求得最大挠度为

$$w_{\max} = w_1\big|_{x=x_0} = -\frac{Fb}{9\sqrt{3}lEI}\sqrt{(l^2 - b^2)^3} \tag{n}$$

结合此例，讨论简支梁 $w_{\max}$ 的近似计算问题。将 $x = \frac{l}{2}$ 代入式（h），可得梁跨度中点处的挠度

$$w_{\frac{l}{2}} = -\frac{Fb}{48EI}(3l^2 - 4b^2) \tag{o}$$

当集中力作用于跨度中点时，由挠曲线的对称性可知最大挠度发生在跨度中点，即 $x_0 = \frac{l}{2}$。考虑一种极端情况，当集中力 F 无限接近于右端支座，b 值甚小，以致 b^2 与 l^2 相比可以省略。于是由式（m）~式（o）得

$$x_0 \approx 0.577l$$

$$w_{\max} \approx -\frac{Fbl^2}{9\sqrt{3}EI} = -0.0642\frac{Fbl^2}{EI}$$

$$w_{\frac{l}{2}} \approx -\frac{Fbl^2}{16EI} = -0.0625\frac{Fbl^2}{EI}$$

可见即使在这种极端情况下，发生最大挠度的截面仍在跨度中点附近。用跨度中点挠度代替最大挠度所引起的误差为

$$\frac{w_{max}-w_{\frac{l}{2}}}{w_{max}}=2.65\%$$

可见在简支梁中，只要挠曲线上无拐点，用跨度中点挠度代替最大挠度，其精确度能够满足工程计算要求。

积分法的优点是可以求得转角和挠度的普遍方程。但当只需要确定某些特定截面的转角和挠度，而并不需要求出转角和挠度的普遍方程时，积分法就显得过于累赘。为此，可将梁在某些简单载荷作用下的变形列入表 4.2 中，利用这些表格，使用叠加法，就可比较快捷地解决一些弯曲变形的问题。

表 4.2　梁在简单载荷作用下的变形

序号	梁的简图	挠曲线方程	端截面转角	最大挠度
1	y, M_e, A, B, x, l	$w=-\frac{M_e x^2}{2EI}$	$\theta_B=-\frac{M_e l}{EI}$	$w_B=-\frac{M_e l^2}{2EI}$
2	y, F, A, B, x, l	$w=\frac{-Fx^2}{6EI}(3l-x)$	$\theta_B=-\frac{Fl^2}{2EI}$	$w_B=-\frac{Fl^3}{3EI}$
3	y, q, A, B, x, l	$w=\frac{-qx^2}{24EI}(x^2-4lx+6l^2)$	$\theta_B=-\frac{ql^3}{6EI}$	$w_B=-\frac{ql^4}{8EI}$
4	y, M_e, A, B, x, l	$w=-\frac{M_e x}{6EIl}(l-x)(2l-x)$	$\theta_A=-\frac{M_e l}{3EI}$ $\theta_B=\frac{M_e l}{6EI}$	$x=\left(1-\frac{1}{\sqrt{3}}\right)l$ 处， $w_{max}=-\frac{M_e l^2}{9\sqrt{3}EI}$； $x=\frac{l}{2}$处， $w=-\frac{M_e l^2}{16EI}$
5	y, M_e, A, B, x, a, b, l	$w=\frac{M_e x}{6EIl}(l^2-3b^2-x^2)$ $(0\leqslant x\leqslant a)$ $w=\frac{M_e}{6EIl}[-x^3+3l(x-a)^2+(l^2-3b^2)x]$ $(a\leqslant x\leqslant l)$	$\theta_A=\frac{M_e}{6EIl}(l^2-3b^2)$ $\theta_B=\frac{M_e}{6EIl}(l^2-3a^2)$	
6	y, F, A, B, x, $\frac{l}{2}$, $\frac{l}{2}$	$w=-\frac{Fx}{48EI}(3l^2-4x^2)$ $\left(0\leqslant x\leqslant\frac{l}{2}\right)$	$\theta_A=-\theta_B=-\frac{Fl^2}{16EI}$	$x=\frac{l}{2}$处， $w=-\frac{Fl^3}{48EI}$

（续）

序号	梁的简图	挠曲线方程	端截面转角	最大挠度
7		$w=-\frac{Fbx}{6EIl}(l^2-x^2-b^2)$ $(0\leqslant x\leqslant a)$ $w=-\frac{Fb}{6EIl}\left[\frac{l}{b}(x-a)^3+(l^2-b^2)x-x^3\right]$ $(a\leqslant x\leqslant l)$	$\theta_A=-\frac{Fab(l+b)}{6EIl}$ $\theta_B=\frac{Fab(l+a)}{6EIl}$	$a>b$ 时，$x=\frac{l}{2}$处， $w=-\frac{Fb(3l^2-4b^2)}{48EI}$
8		$w=-\frac{qx}{24EI}(l^3-2lx^2+x^3)$	$\theta_A=-\theta_B=-\frac{ql^3}{24EI}$	$x=\frac{l}{2}$处， $w=-\frac{5ql^4}{384EI}$

4.5 叠加法求梁弯曲变形

在小变形条件下，且当梁内应力不超过比例极限即处于线弹性范围内时，挠曲线的近似微分方程（4.10）是一个线性微分方程。由前述分析还可知，由于梁的变形微小，横截面形心的轴向位移可以忽略不计，计算弯矩时用梁变形前的位置，梁内任一横截面的弯矩与载荷也呈线性关系。所以挠度和转角，均与作用于梁上的载荷呈线性关系。梁上某一载荷引起的变形，不受同时作用的其他载荷的影响，每一个载荷对弯曲变形的影响是各自独立的，即独立作用原理成立。在这种情况下，梁在几种载荷同时作用下某一横截面的挠度和转角，等于各载荷单独作用下该截面的挠度和转角的叠加。这就是计算弯曲变形的叠加法。

例 4.8 图 4.17 所示桥式起重机大梁的自重为均布载荷 q，作用于跨度中点的吊重为集中力 F。试求大梁跨度中点的挠度 w_C 和支座处横截面的转角 θ_A、θ_B。

解：此梁的载荷可分为 F 和 q 两种简单载荷。首先从表 4.2 中查出每种载荷单独作用时梁的相应位移，然后按叠加法求其代数和，即得所求的位移值：

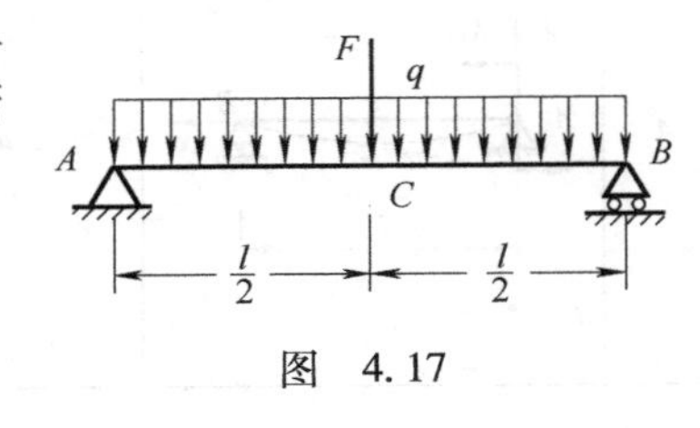

图 4.17

$$w_C=(w_C)_q+(w_C)_F=-\frac{5ql^4}{384EI}-\frac{Fl^3}{48EI}$$

$$\theta_A=-\theta_B=(\theta_A)_q+(\theta_A)_F=-\frac{ql^3}{24EI}-\frac{Fl^2}{16EI}$$

例 4.9 试用叠加法，求图 4.18a 所示抗弯刚度为 EI 的简支梁跨度中点的挠度 w_C 和两端截面的转角 θ_A、θ_B。

解：为了利用表 4.2 中的结果，可将图 4.18a 所示载荷视为正对称载荷（图 4.18b）和反对称载荷（图 4.18c）两种载荷的叠加。

在正对称载荷作用下（图 4.18b），梁跨中点截面的挠度以及两端截面的转角，由表 4.2 查得分别为

$$w_{C1}=-\frac{5\left(\frac{q}{2}\right)l^4}{384EI}=-\frac{5ql^4}{768EI}$$

$$\theta_{A1} = -\theta_{B1} = -\frac{(q/2)l^3}{24EI} = -\frac{ql^3}{48EI}$$

在反对称载荷作用下（图 4.18c），梁的挠曲线对于跨中截面是反对称的，因而跨中截面的挠度 w_{C2} 应等于零，但转角不等于零。又因该截面上的弯矩等于零，故可将 AC 段和 CB 段分别视为受均布载荷 $\frac{q}{2}$ 作用长为 $\frac{l}{2}$ 的简支梁。因此，由表 4.2 查得

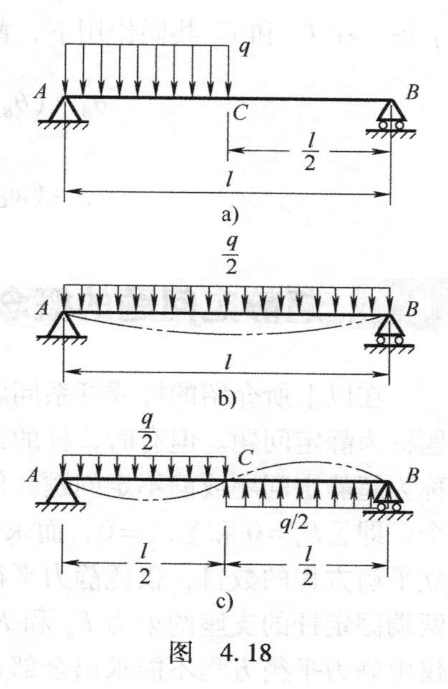

图　4.18

$$\theta_{A2} = \theta_{B2} = -\frac{(q/2)(l/2)^3}{24EI} = -\frac{ql^3}{384EI}$$

将相应的位移值进行叠加，即得

$$w_C = w_{C1} + w_{C2} = \frac{-5ql^4}{768EI}$$

$$\theta_A = \theta_{A1} + \theta_{A2} = -\frac{ql^3}{48EI} - \frac{ql^3}{384EI} = -\frac{3ql^3}{128EI}$$

$$\theta_B = \theta_{B1} + \theta_{B2} = \frac{ql^3}{48EI} - \frac{ql^3}{384EI} = \frac{7ql^3}{384EI}$$

例 4.10　车床主轴的计算简图可简化为外伸梁（图 4.19a），F_1 为切削力，F_2 为齿转传动力。若近似地把外伸梁视为等截面梁，抗弯刚度为 EI，试求截面 B 的转角和端点 C 的挠度。

解： 梁的变形是两个集中力 F_1 和 F_2 共同引起的。在 F_2 单独作用下（图 4.19b），由表 4.2 查得

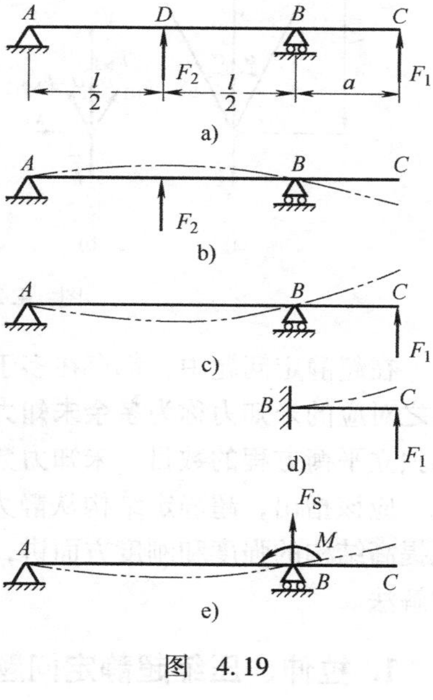

$$(\theta_B)_{F2} = -\frac{F_2 l^2}{16EI}$$

$$(w_C)_{F2} = (\theta_B)_{F2} \cdot a = -\frac{F_2 l^2 a}{16EI}$$

在求 F_1 引起的位移时（图 4.19c），为了利用表 4.2 的结果，可设想沿截面 B 将外伸梁分成两部分，BC 段为悬臂梁（图 4.19d），AB 段为简支梁（图 4.19e），在 B 截面上有剪力 F_S 和弯矩 M，且 $F_S = F_1$，$M = F_1 a$。剪力 F_S 直接作用于支座 B，不引起变形。M 所引起的 B 截面的转角即为集中力 F_1 引起的 B 截面的转角。

$$(\theta_B)_{F1} = (\theta_B)_M = \frac{Ml}{3EI} = \frac{F_1 al}{3EI}$$

图　4.19

先将 BC 段作为悬臂梁（图 4.19d），在 F_1 作用下，C 点的挠度为

$$(w_C)'_{F1} = \frac{F_1 a^3}{3EI}$$

然后，考虑将 BC 段整体转动了一个 $(\theta_B)_{F1}$，于是在 F_1 作用下，C 点的挠度应为

$$(w_C)_{F1} = (w_C)'_{F1} + (\theta_B)_{F1} \cdot a = \frac{F_1 a^3}{3EI} + \frac{F_1 a^2 l}{3EI} = \frac{F_1 a^2}{3EI}(a + l)$$

于是，在 F_1 和 F_2 共同作用下，截面 B 的转角和端点 C 的挠度分别为

$$\theta_B=(\theta_B)_{F1}+(\theta_B)_{F2}=\frac{F_1al}{3EI}-\frac{F_2l^2}{16EI}$$

$$w_C=(w_C)_{F1}+(w_C)_{F2}=\frac{F_1a^2(a+l)}{3EI}-\frac{F_2l^2a}{16EI}$$

4.6 超静定问题的概念及解法

在以上所介绍的杆或杆系问题中，约束力或内力都能通过静力学平衡方程求解。这类问题称为静定问题。但有时，杆的约束力或内力并不能完全由静力学平衡方程解出。这类问题称为超静定问题或静不定问题。例如图 4.20a 所示三杆桁架，结点 A 的静力平衡方程只有两个，即 $\sum F_x=0$ 和 $\sum F_y=0$，而未知力有三个。未知力（支座约束力或内力）的数目大于独立平衡方程的数目，仅凭静力平衡方程不能求得全部轴力，属于超静定问题。图 4.21 所示两端固定杆的支座约束力 F_A 和 F_B，由于共线力系仅有一个独立的平衡方程，即 $\sum F_y=0$，仅由静力平衡方程不能求出全部支座约束力，所以也是超静定问题。

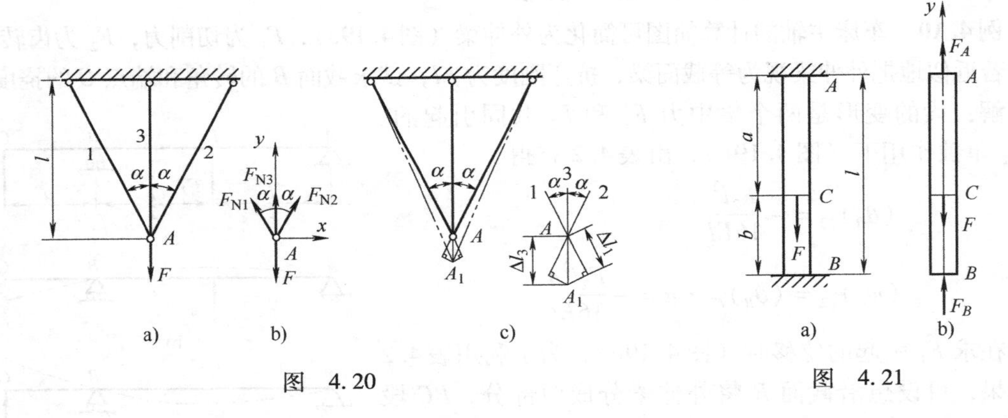

图 4.20　　　　图 4.21

在超静定问题中，都存在多于维持平衡所必需的支座或杆件，习惯上称其为**多余约束**。与之对应的未知力称为**多余未知力**。由于多余约束的存在，未知力的数目必然多于能够建立的独立平衡方程的数目。未知力数超过独立平衡方程数的数目，称为超静定的次数。

应该指出，超静定结构从静力平衡意义上讲，部分约束力（内力）是“多余”的，但从提高结构的强度和刚度方面讲，多余约束却是非常必要的。下面以例题来说明超静定问题的解法。

1. 拉伸、压缩超静定问题

图 4.20a 所示的三杆桁架为一次超静定问题。设 1、2 两杆的抗拉刚度为 EA，杆 3 的抗拉刚度为 E_3A_3，α、F 和 l 均为已知，求三杆的轴力。节点 A 的平衡方程为

$$\sum F_x=0,\quad F_{N2}\sin\alpha-F_{N1}\sin\alpha=0 \tag{a}$$

$$\sum F_y=0,\quad F_{N1}\cos\alpha+F_{N2}\cos\alpha+F_{N3}-F=0 \tag{b}$$

除以上平衡方程外，还必须建立一个补充方程。由于杆受力变形后仍应保持连续，而且

杆的变形应与其约束相适应。因此，这些变形之间必存在相互制约条件，称其为**变形协调条件**。

由于 1、2 两杆的抗拉刚度相同，结构对称，节点 A 竖直地移动到 A_1（图 4.20c），位移 $\overline{AA_1}$ 也就是杆 3 的伸长 Δl_3。由于三杆在受力变形后，下端仍应铰接在 A_1 点，所以 1、2 两杆的伸长量 Δl_1、Δl_2 与杆 3 的伸长量 Δl_3 之间的关系为

$$\Delta l_1 = \Delta l_2 = \Delta l_3 \cos\alpha \tag{c}$$

这就是变形几何方程。设三杆均处于线弹性范围，则由胡克定律可知，变形 Δl_1、Δl_3 与轴力 F_{N1}、F_{N3} 之间的物理关系为

$$\left.\begin{aligned} \Delta l_1 &= \frac{F_{N1} l_1}{EA} = \frac{F_{N1} l}{EA\cos\alpha} \\ \Delta l_3 &= \frac{F_{N3} l}{E_3 A_3} \end{aligned}\right\} \tag{d}$$

将式（d）代入式（c），得到补充方程为

$$\frac{F_{N1}}{EA\cos\alpha} = \frac{F_{N3}}{E_3 A_3}\cos\alpha \tag{e}$$

联解式（a）、式（b）和式（e），整理后得

$$F_{N1} = F_{N2} = \frac{F}{2\cos\alpha + \dfrac{E_3 A_3}{EA\cos^2\alpha}}$$

$$F_{N3} = \frac{F}{1 + 2\dfrac{EA}{E_3 A_3}\cos^3\alpha}$$

由上述结果可以看出，在超静定结构中，各杆的轴力与该杆刚度和其他杆的刚度比有关，任一杆件刚度的改变都将引起杆系内力的重新分配。一般说来，增大某杆刚度，该杆的轴力亦相应增大。这也是超静定问题区别于静定问题的一个重要特征。

上例表明，超静定问题的求解需要综合静力平衡关系、变形协调关系和物理关系。根据问题的变形协调条件写出变形几何方程，并通过胡克定律（物理关系）得到补充方程，是整个解题步骤中的主要环节。这种综合考虑几何、物理和静力学三方面关系的方法，对于求解一般超静定问题是普遍适用的。

例 4.11　求图 4.21a 所示两端固定杆的支座约束力。设杆的抗拉（压）刚度为 EA。F、a、b、l 均为已知。

解：杆的受力如图 4.21b 所示。因共线力系只有一个平衡方程，而未知力有两个，所以是一次超静定问题，必须建立一个补充方程。

杆的平衡方程为

$$\sum F_y = 0, \quad F_A + F_B - F = 0 \tag{a}$$

按图 4.21b 所示 F_A 和 F_B 的指向，该杆的 AC 段受拉伸而 CB 段受压缩。因为杆的上、下两端面受到沿轴向的约束，不可能发生沿轴向的相对位移，杆受力后其总长度应保持不变，AC 段的伸长量与 CB 段的缩短量相等。此即本问题的变形协调条件，变形几何方程为

$$\Delta l_{AC} = \Delta l_{CB} \tag{b}$$

式中，Δl_{AC}、Δl_{CB}均为绝对值。

由胡克定律，物理方程为

$$\Delta l_{AC} = \frac{F_A a}{EA}, \quad \Delta l_{CB} = \frac{F_B b}{EA} \tag{c}$$

将式（c）代入式（b），即得补充方程

$$\frac{F_A a}{EA} = \frac{F_B b}{EA} \tag{d}$$

联立式（a）、式（d），可得

$$F_A = \frac{Fb}{l}, \quad F_B = \frac{Fa}{l}$$

结果为正号，说明假设的支座约束力 F_A 和 F_B 的指向是正确的。

例 4.12 在图 4.22a 所示结构中，设横梁 AD 为刚性梁，1、2 两杆的横截面面积相等，材料相同。$F = 52\text{kN}$，试求 1、2 两杆的轴力。不考虑杆 1 的稳定问题。

解：本题为一次超静定问题。设 1 杆受压力，2 杆受拉力。取梁 AD 为分离体（图 4.22b），列平衡方程 $\sum M_A = 0$，得

$$F_{N1} a + F_{N2} \times 2a - F \times 3a = 0 \tag{a}$$

由于横梁 AD 是刚性梁，结构变形后，它仍为直杆，由变形图 4.22c 中看出，1、2 两杆的变形 Δl_1 和 Δl_2 应满足以下关系：

$$\Delta l_2 = 2\Delta l_1 \tag{b}$$

此即为变形几何方程。式中，Δl_1 和 Δl_2 均为绝对值。

由胡克定律，物理方程为

$$\Delta l_1 = \frac{F_{N1} l}{EA}, \quad \Delta l_2 = \frac{F_{N2} \times 1.2l}{EA} \tag{c}$$

将式（c）代入式（b），得补充方程

$$\frac{F_{N2} \times 1.2l}{EA} = \frac{2F_{N1} l}{EA} \tag{d}$$

联立求解式（a）、式（d）两式，得

$$F_{N1} = 36\text{kN}, \quad F_{N2} = 60\text{kN}$$

结果为正号，说明假设的轴力 F_{N1} 和 F_{N2} 的指向是正确的。

a)

b)

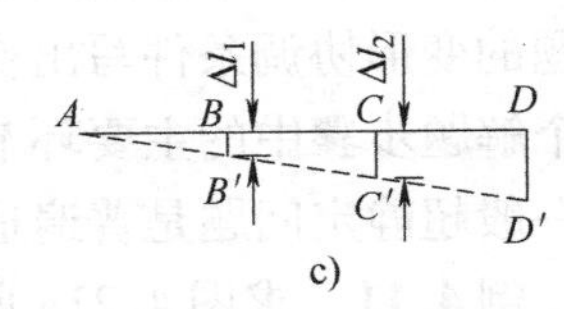

c)

图 4.22

应当指出，在画受力图与变形图时，受力图中轴力方向的假设，必须与变形图中杆件的伸长或缩短一一对应，这样，在利用胡克定律建立变形与轴力间的关系时，仅需考虑其绝对值即可。

2. 扭转超静定问题

等直圆杆在扭转时，如果杆端的约束力偶矩或杆横截面上的扭矩不能单凭静力平衡方程求解，这样的问题就称为扭转超静定问题。解这类问题与解拉压超静定问题所用方法是一样的，需综合考虑静力、几何、物理三个方面的关系，下面用例题说明。

例 4.13　图 4.23 所示一长为 l 的组合杆，由不同材料的实心圆截面杆和空心圆截面杆套在一起而组成，内、外两杆均在线弹性范围内工作，其抗扭刚度分别为 G_aI_{pa} 和 G_bI_{pb}。当此组合杆的两端面各自固结于刚性板上，并在刚性板处受一对矩为 M_e 的扭转力偶作用（图 4.23a）时，试求分别作用在内、外杆上的扭转力偶矩 M_a 和 M_b。

解：对于此杆只能写出一个平衡方程 $\sum M_x=0$，而未知量却有两个，即 M_a 和 M_b（图 4.23b），故为一次超静定问题。因此，必须建立一个补充方程。

由于圆杆两端各自与刚性板固结在一起，故内、外杆的扭转变形应相同，由此建立变形几何方程

$$\varphi_a=\varphi_b \tag{a}$$

式中，φ_a、φ_b 分别是内、外两杆的 B 端相对于 A 端的相对扭转角。

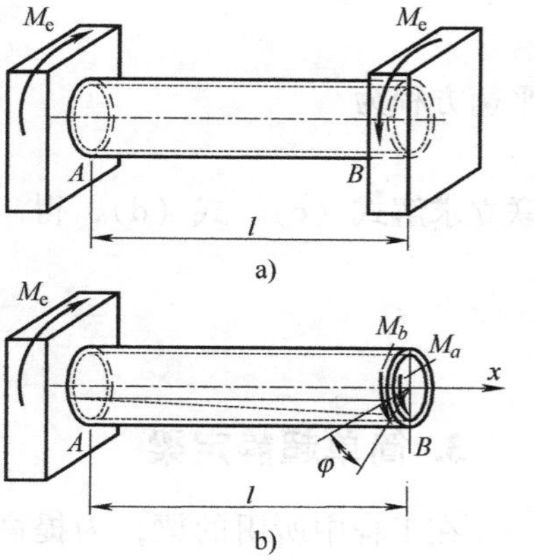

图　4.23

由式（4.5），得物理关系为

$$\varphi_a=\frac{M_al}{G_aI_{pa}},\quad \varphi_b=\frac{M_bl}{G_bI_{pb}} \tag{b}$$

将式（b）代入式（a），经简化后得补充方程为

$$M_a=\frac{G_aI_{pa}}{G_bI_{pb}}M_b \tag{c}$$

组合杆（图 4.23b）的平衡方程为

$$\sum M_x=0,\quad M_a+M_b=M_e \tag{d}$$

联立求解式（c）、式（d），得

$$M_a=\frac{G_aI_{pa}}{G_aI_{pa}+G_bI_{pb}}\cdot M_e$$

$$M_b=\frac{G_bI_{pb}}{G_aI_{pa}+G_bI_{pb}}\cdot M_e$$

结果为正，说明假定的 M_a 和 M_b 的转向是正确的。

例 4.14　有一空心圆管 A 套在实心圆杆 B 的一端（图 4.24a），两杆在同一横截面处各有一直径相同的贯穿孔，但两孔中心线的夹角为 β。设圆管和圆杆的抗扭刚度分别为 G_AI_{pA} 和 G_BI_{pB}。现在杆 B 上施加外力偶，使其扭转到两孔对准的位置，并在孔中装上销钉。试求在外力偶除去后两杆所受到的约束力偶矩。

解：设除去外力偶后内杆 B 通过销钉带动外管 A 转过 α 角，如图 4.24b 所示。图 4.24b 中①为孔的原始位置，②为装上销钉，除去外力偶后孔的位置。外管与内杆均产生扭转变形，两端的约束力偶 M_A 和 M_B 必然大小相等、方向相反，其值仅由平衡方程不能确定，故为一次超静定问题，必须建立一个补充方程。

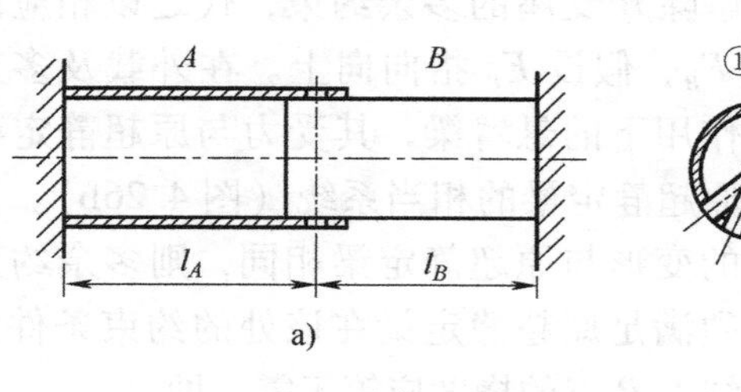

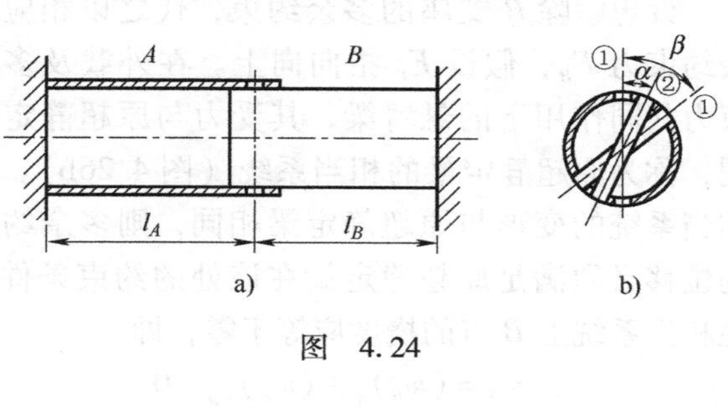

图　4.24

和原始状态相比，内杆的扭转角为

$$\varphi_B=\beta-\alpha$$

而外管的扭转角 $\varphi_A=\alpha$。因此变形几何方程为

$$\varphi_A+\varphi_B=\beta \tag{a}$$

物理方程为

$$\left.\begin{aligned}\varphi_A=\frac{T_Al_A}{G_AI_{pA}}=\frac{M_Al_A}{G_AI_{pA}}\\ \varphi_B=\frac{T_Bl_B}{G_BI_{pB}}=\frac{M_Bl_B}{G_BI_{pB}}\end{aligned}\right\} \tag{b}$$

将式（b）代入式（a），得补充方程

$$\frac{M_Al_A}{G_AI_{pA}}+\frac{M_Bl_B}{G_BI_{pB}}=\beta \tag{c}$$

平衡方程为

$$\sum M_x=0,\quad M_A-M_B=0 \tag{d}$$

联立求解式（c）、式（d），得

$$M_A=M_B=\frac{\beta}{\dfrac{l_A}{G_AI_{pA}}+\dfrac{l_B}{G_BI_{pB}}}$$

3. 简单超静定梁

在工程中所用的梁，为提高梁的强度与刚度，或是满足构造上的要求，往往会在静定梁上增加多余约束。例如在车削细长工件时，除一端将工件夹持住（类似固定端）外，为防止切削力 F 使工件变形过大，往往在另一端增加支座，减少工件挠度以提高加工精度，其受力简图如图 4.25 所示。图中约束力有四个，而独立的静力平衡方程只有三个，仅由静力平衡方程并不能确定全部未知力，这类梁称为超静定梁。

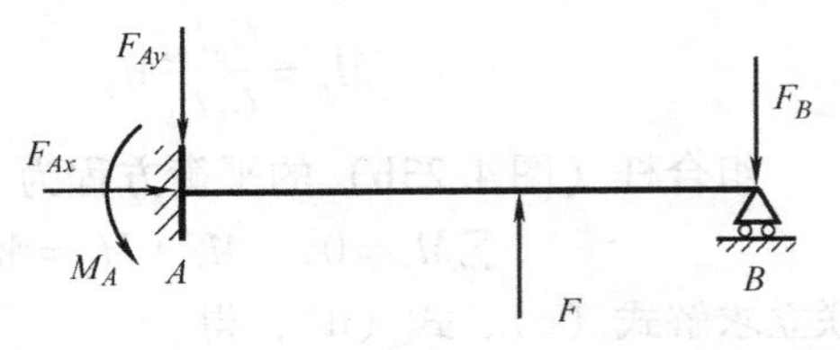

图 4.25

下面结合图 4.26a 所示抗弯刚度为 EI 的超静定梁，具体说明超静定梁的解法。该梁在载荷作用下，共有四个未知的支座约束力，而独立的平衡方程只有三个，故为一次超静定问题，须建立一个补充方程。

设想解除 B 支座的多余约束，代之以相应的多余约束力 F_B，假设 F_B 指向向上。在外载及多余约束力共同作用下的悬臂梁，其受力与原超静定梁相同，称为原超静定梁的相当系统（图 4.26b）。为使相当系统的变形与原超静定梁相同，则多余约束处的位移必须满足原超静定梁在该处的约束条件，即在相当系统上 B 点的挠度应等于零，即

$$w_B=(w_B)_q+(w_B)_{F_B}=0 \tag{a}$$

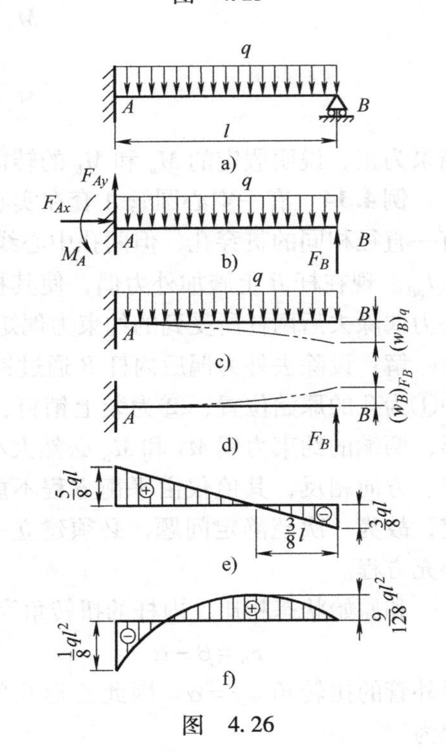

图 4.26

式（a）为变形几何方程。式（a）中，$(w_B)_q$ 和 $(w_B)_{F_B}$ 分别表示 q 和 F_B 各自单独作用时 B 端的挠度（图 4.26c、d）。由表 4.2 查得变形与力之间的物理关系

$$(w_B)_q = -\frac{ql^4}{8EI}, \quad (w_B)_{F_B} = \frac{F_B l^3}{3EI} \tag{b}$$

将式（b）代入式（a），即得补充方程

$$-\frac{ql^4}{8EI} + \frac{F_B l^3}{3EI} = 0 \tag{c}$$

由式（c）可解得

$$F_B = \frac{3ql}{8}$$

求得悬臂梁上的 F_B 以后，即可根据静力平衡方程，求出该梁固定端的三个约束力，分别为

$$F_{Ax} = 0, \quad F_{Ay} = \frac{5}{8}ql, \quad M_A = \frac{1}{8}ql^2$$

然后，就可绘制剪力图和弯矩图（图 4.26e、f），进而进行强度和刚度计算。

应该指出，相当系统的选取不是唯一的，其选择以便于计算为宜。只要不是限制梁刚体位移所必需的约束，都可视为多余约束。对上述例题，也可取支座 A 处阻止该梁转动的约束作为多余约束，将其解除并代之以多余约束力偶 M_A，得到图 4.27 所示的相当系统。其变形协调条件应该是简支梁在 q 和 M_A 共同作用下，A 端截面的转角等于零。

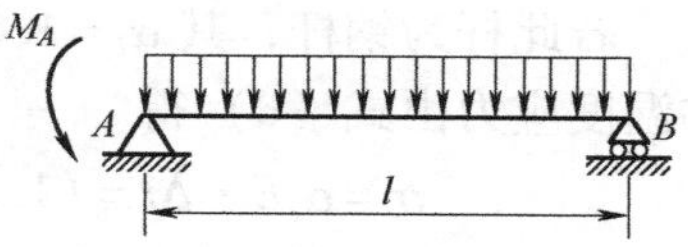

图　4.27

4.7　温度应力和装配应力

1. 温度应力

在工程中，结构或其部分杆件往往会遇到温度变化（例如工作条件中的温度改变或季节更替）。在静定问题中，由于杆能自由变形，整个结构均匀的温度变化不会在杆中产生内力。但在超静定问题中，由于有了多余约束，杆由温度变化所引起的变形将受到限制，从而会在杆中产生内力。这种内力称为温度内力。与之相应的应力称为温度应力。计算温度应力的关键同样在于根据问题的变形协调条件写出变形几何方程。与前面不同的是，杆的变形包括两部分，即由温度变化所引起的变形和由载荷所引起的变形。下面用例题说明。

例 4.15　图 4.28a 所示等直杆 AB 的两端分别与刚性支承连接。设两支承间的距离（即杆长）为 l，杆的横截面面积为 A，材料的弹性模量为 E，线膨胀系数为 α_l。试求温度升高 Δt 时杆内的温度应力。

解：如果杆只有一端（例如 A 端）固定，则温度升高以后，杆将自由地伸长（图 4.28b）。但由于刚性支承 B 的阻挡，使杆不能伸长，这就相当于在杆的两端加了压力而将杆顶住。这两端的压力 F_A 和 F_B（图 4.28c）都是未知数。由于只能写出一个平衡方程 $\sum F_x = 0$，故由它只能得知两端的轴向压力相等，而压力的大小仍不知道。因此属于一次超

静定问题，必须建立一个补充方程。

因为支承是刚性的，故与这一约束情况相适应的变形协调条件是杆的总长度不变。注意到杆的变形在此问题中包括由温度升高引起的变形 Δl_t 以及与轴向压力相应的弹性变形 Δl 两部分，故变形几何方程为

$$\Delta l_t - \Delta l = 0 \tag{a}$$

式中，Δl_t 和 Δl 都取绝对值。

这里的物理关系为

$$\Delta l = \frac{F_{\mathrm{N}} l}{EA} = \frac{F_A l}{EA} \tag{b}$$

而 Δl_t 可由线膨胀定律得

$$\Delta l_t = \alpha_l \Delta t \cdot l \tag{c}$$

将式（b）和式（c）代入式（a），即得温度内力为

$$F_{\mathrm{N}} = \alpha_l EA\Delta t$$

由此得温度应力为

$$\sigma = \frac{F_{\mathrm{N}}}{A} = \alpha_l E\Delta t \tag{d}$$

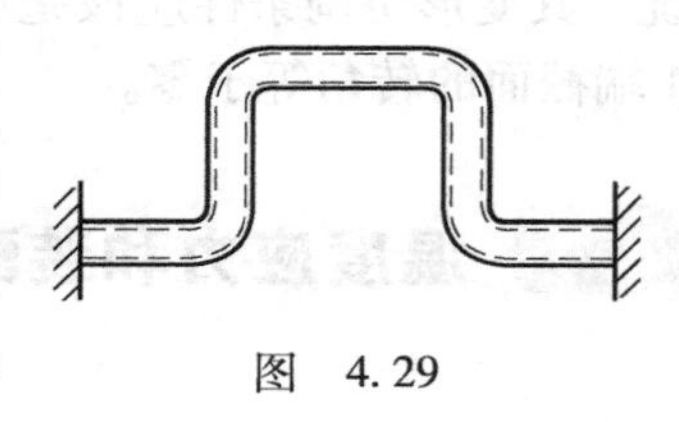

图　4.28

若此杆为钢杆，其 $\alpha_l = 1.2\times10^{-5}℃^{-1}$，$E = 210\mathrm{GPa}$，则当温度升高 $\Delta t = 40℃$ 时，杆内的温度应力由式（d）得

$$\sigma = \alpha_l E\cdot\Delta t = (1.2\times10^{-5}\times210\times10^3\times40)\mathrm{MPa} = 101\mathrm{MPa}\ (\text{压应力})$$

以上计算表明，在超静定结构中，温度应力是一个不容忽视的因素。温度应力过高时，管道可能突然变弯（失稳）甚至破裂。铁轨接头之间留有一定的空隙，混凝土路面各段间及房屋纵墙两段墙体之间留有伸缩缝，高温管道每隔一段距离设置一个弯道（图 4.29），桥梁、桁架等一端采用辊轴支座等都是常用的措施。

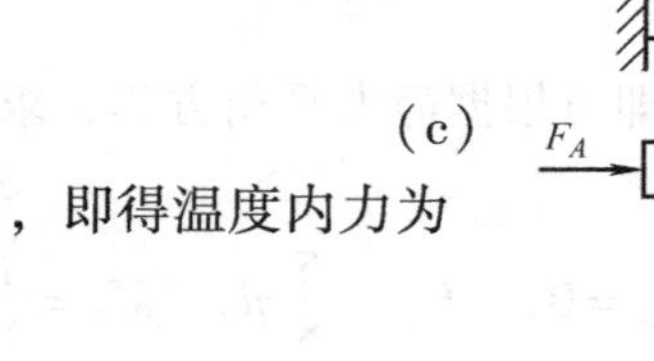

图　4.29

2. 装配应力

杆件在制成后，其尺寸有微小误差往往是难免的。在静定问题中，这种误差只会使结构的几何形状略有改变，并不会在杆中产生附加内力。但在超静定结构中，加工误差却往往要引起内力。例如在前面图 4.20a 所示的三杆桁架中，若 3 杆的尺寸比其应有的长度 $\overline{DA}$ 短了 δ，如图 4.30 所示（图中的 δ 是放大了的），则在强行将杆系装配好以后，各杆将处于图中虚线所示的位置，并因而产生轴力。此时 3 杆的轴力应为拉力，而 1、2 两杆的轴力则为压力。像这种附加的内力称为装配内力。与之相应的应力称为装配应力。计算装配应力的关键仍在于根据问题的变形协调条件写出变形几何方程。图 4.30 中杆 3 的伸长量为 Δl_3，1 杆和 2 杆的伸长量为 $\Delta l_1 = \Delta l_2$，几何变形关系为 $\Delta l_3 + \dfrac{\Delta l_1}{\cos\alpha} = \delta$。与平衡条件和物理方程联立之后可求解各杆内力。

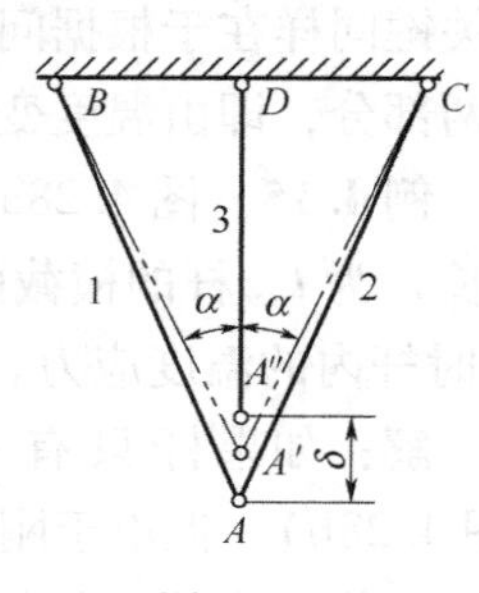

图　4.30

例 4.16　链条的一节由三根长为 l 的钢杆组成（图 4.31a）。若三杆的横截面面积相等、材料相同，中间钢杆短于名义长度，加工误差为 $\delta=\dfrac{l}{2000}$，试求各杆的装配应力。

解： 如不计两端连接螺栓的变形，可将链条的一节简化成图 4.31b 所示的超静定结构。当把较短的中间杆与两侧杆一同固定于两端的刚体时，中间杆将受到拉伸，而两侧杆受到压缩。最后在虚线所示的位置上，三杆的变形协调。设两侧杆的轴向压力为 F_{N1}、F_{N3}，且 $F_{N1}=F_{N3}$，中间杆的轴向拉力为 F_{N2}。平衡方程为

$$2F_{N1}=F_{N2} \tag{a}$$

若两侧杆的缩短为 Δl_1，中间杆的伸长为 Δl_2，由图 4.31b 可得变形几何方程为

$$\Delta l_1+\Delta l_2=\delta=\frac{l}{2000} \tag{b}$$

式中，Δl_1 和 Δl_2 均为绝对值。

由胡克定律

$$\Delta l_1=\frac{F_{N1}l}{EA},\quad \Delta l_2=\frac{F_{N2}l}{EA}$$

代入式（b），得补充方程为

$$F_{N1}+F_{N2}=\frac{EA}{2000} \tag{c}$$

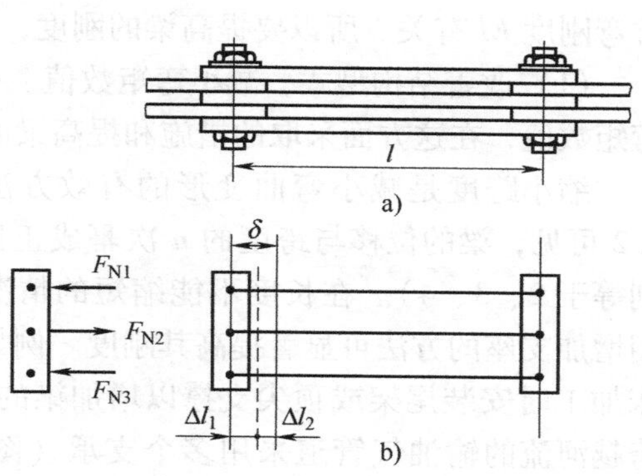

图　4.31

联立求解式（a）、式（c），得

$$F_{N1}=\frac{EA}{6000},\quad F_{N2}=\frac{EA}{3000}$$

若 $E=200\text{GPa}$，求得两侧杆和中间杆的装配应力分别是

$$\sigma_1=\frac{F_{N1}}{A}=\frac{E}{6000}=33.3\text{MPa}\quad（压应力）$$

$$\sigma_2=\frac{F_{N2}}{A}=\frac{E}{3000}=66.7\text{MPa}\quad（拉应力）$$

从以上计算中可以看出，制造误差虽很小，但装配后可引起相当大的装配应力，对结构产生不利的影响，这就要求构件制作时有一定的加工精度。但有时也会利用装配应力进行某些构件的装配（例如将轮圈套装在轮毂上），或提高某些构件的承载能力（例如预应力混凝土）。

4.8 梁的刚度条件与提高刚度的措施

1. 梁的刚度条件

对于承受弯曲变形的构件，除满足强度条件外，还需限制最大挠度 $|w|_{max}$ 和最大转角 $|\theta|_{max}$ 不超过某一规定数值，这就是刚度校核。梁的刚度条件为

$$\left.\begin{aligned}|w|_{max}&\leqslant[w]\\|\theta|_{max}&\leqslant[\theta]\end{aligned}\right\} \tag{4.13}$$

式中，$[w]$ 和 $[\theta]$ 为规定的许用挠度和转角。例如，对跨度为 l 的桥式起重机梁，其许用

挠度 [w] 为$\frac{l}{750}$~$\frac{l}{500}$。对一般用途的轴，许用挠度 [w] 为$\frac{3l}{10000}$~$\frac{5l}{10000}$。在安装齿轮或滑动轴承处，轴的许用转角 [θ] 为0.001rad。至于其他梁或轴的许用位移，可从有关设计规范或手册中查得。

2. 提高梁的刚度的措施

从挠曲线的近似微分方程及其积分结果可以看出，梁的变形与载荷、支座条件、跨度及抗弯刚度EI有关。所以要提高梁的刚度，可以采取以下措施：

（1）改善结构型式，减小弯矩数值　改善结构型式主要指合理布置支承和载荷，减小弯矩数值，在这方面采取的措施和提高梁的强度所采取的措施（见3.9节）是相同的。

缩小跨度是减小弯曲变形的有效方法。由表4.2可见，梁的位移与跨度的n次幂成正比（n分别等于2、3、4）。在长度不能缩短的情况下，采用增加支座的方法可显著提高其刚度。例如，在机床加工时安装尾架或顶尖支撑以增加梁的支撑点；跨越河流的输油气管道采用多个支承（图4.32）。需要指出的是，增加支承使静定梁变成了超静定梁，超静定梁对制造精度、装配技术的要求较高，且会产生温度应力，分析计算也比静定梁复杂。

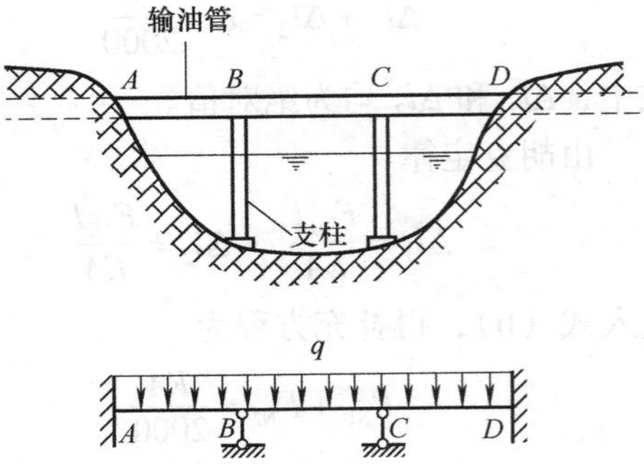

图　4.32

（2）选择合理的截面形状　由表4.2可见，梁的位移与EI成反比，增大截面惯性矩I的数值，也可有效地提高梁的刚度。形状合理的截面应是I/A值较大的截面，例如工字形、槽形、箱形截面等。一般地，提高截面惯性矩I的值，往往同时提高了梁的强度。不过，在强度问题中，更准确地说，是提高梁局部范围内的弯曲截面系数。而弯曲变形与梁全长内各部分的刚度都有关系，往往要考虑提高梁全长的抗弯刚度。这就解释了为什么等强度梁的截面形状不仅没有提高梁的刚度，反而降低了梁的刚度（读者可自证）。

弯曲变形还与材料的弹性模量有关，但因为各种钢材的E值大致相同，所以在设计中，若选择普通钢材已经满足强度要求，如只是为了进一步提高梁的刚度而改用优质钢材，效果不大。

例4.17　一简支梁，跨度中点承受集中载荷F。已知载荷$F=35\text{kN}$，跨度$l=4\text{m}$，许用正应力 $[\sigma]=160\text{MPa}$，许用挠度 $[w]=l/500$，弹性模量$E=200\text{GPa}$，试选择工字钢型号。

解：本例所涉及的问题是，既要满足强度要求，又要满足刚度要求。

解决这类问题的办法是，可以先按强度设计准则设计截面尺寸，然后校核刚度条件是否满足；也可以先按刚度设计准则设计截面尺寸，然后校核强度条件是否满足。或者，同时按强度和刚度设计准则设计截面尺寸，最后选两种情形下所得尺寸中之较大者。现按后一种方法计算如下。

梁的最大弯矩为

$$M_{\max}=\frac{Fl}{4}=\frac{35\times10^3\times4}{4}\text{N}\cdot\text{m}=3.5\times10^4\text{N}\cdot\text{m}$$

根据弯曲正应力强度条件

$$\sigma_{\max}=\frac{M_{\max}}{W_z}\leqslant[\sigma]$$

可得

$$W_z\geqslant\frac{M_{\max}}{[\sigma]}=\frac{3.5\times10^4}{160\times10^6}\text{m}^3=2.19\times10^{-4}\text{m}^3$$

由式（4.13）及表4.2可知，梁的刚度条件为

$$|w_{\max}|=\frac{Fl^3}{48EI_z}\leqslant[w]=\frac{l}{500}$$

由此得

$$I_z\geqslant\frac{500Fl^2}{48E}=\frac{500\times35\times10^3\times4^2}{48\times200\times10^9}=2.92\times10^{-5}\text{m}^4$$

由型钢表中查得，22a号工字钢的抗弯截面系数 $W_z=3.09\times10^{-4}\text{m}^3$，惯性矩 $I_z=3.40\times10^{-5}\text{m}^4$。可见，选择22a号工字钢将同时满足强度和刚度要求。

本章小结

1. 基本要求

1）掌握杆件轴向拉伸与压缩时的变形计算，了解泊松比。

2）掌握圆轴扭转时的变形计算，熟练进行扭转的刚度计算。

3）掌握梁的挠曲线近似微分方程，利用积分法求梁的弯曲变形。

4）熟练掌握叠加法求弯曲变形，熟练进行梁的刚度计算，了解提高梁弯曲刚度的措施。

5）掌握超静定概念，熟练掌握各种简单超静定问题的求解方法，了解温度应力和装配应力的计算。

2. 本章重点

1）杆件在轴向拉伸与压缩时的轴向变形及横向变形计算。

2）圆轴扭转时的变形计算和刚度计算。

3）梁弯曲时的变形分析，挠度、转角及挠曲线的概念，用积分法和叠加法求解梁的变形。

4）利用变形协调条件建立变形几何方程（或补充方程）求解简单超静定问题。

3. 本章难点

1）对于横截面几何尺寸或其上的内力随轴线分段变化的杆件，计算拉压或扭转变形时，应分段计算变形，然后代数相加得到全杆变形。对于横截面几何尺寸或其上的内力随轴线连续变化的杆件，则需要用积分法求变形。

2）挠曲线近似微分方程建立后，根据边界条件和光滑连续条件确定积分常数，特别对于分段积分时，诸多积分常数比较冗繁，需要细心和耐心。

3）使用叠加法求解梁弯曲变形时注意“分”与“叠”的技巧，“分”要受载和变形等效，分后变形易查表，叠加要全面，特别是刚体位移部分不可漏掉，“叠”时要注意正负号，以免笼统相加，造成结果错误。

4）求解超静定问题时，正确利用变形协调条件建立变形几何方程，尤其注意所设多余

约束处变形不为零时的变形几何方程的建立。

4. 学习建议

1）无论计算哪种形式的变形，应注意分段原则：拉（压）杆的拉压刚度（EA）分界处和轴力突变处、扭转轴的扭转刚度（GI_p）分界处和扭矩突变处、弯曲梁弯曲刚度（EI）分界处和弯矩方程需分段处。

2）明确梁在平面弯曲时，其变形（曲率）和横截面的位移（挠度和转角）的概念及正负的规定，求解指定截面的转角和挠度时用叠加法更为方便，关键要掌握叠加的“分”与“叠”，使之成为已知结果或易查表求得结果的简单梁。

3）解简单超静定问题时，首先判断结构是否是超静定系统，求解重心要放在如何根据变形协调条件找出变形几何方程上：拉压超静定问题是根据各杆件伸长（或缩短）量之间的协调关系建立变形几何方程；扭转超静定则是根据各扭转角之间的协调关系建立变形几何方程；弯曲超静定则是通过相当静定系统与原结构的比较建立变形几何方程，在列变形几何方程时，注意所假设的杆件变形应是杆件可能发生的变形，假设的内力方向应与变形一致。

习　　题

4.1　变截面直杆如题4.1图所示。已知：$A_1=8\text{cm}^2$，$A_2=4\text{cm}^2$，$E=200\text{GPa}$。求杆的总伸长Δl。

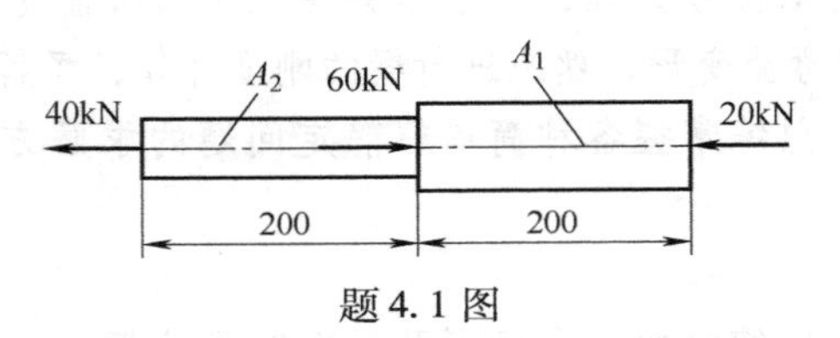

题4.1图

4.2　直径$d=100\text{mm}$的等直钢杆在轴向拉力F作用下直径减小了0.025mm，取钢的弹性模量$E=200\text{GPa}$，泊松比$\nu=0.3$。试确定F的大小。

4.3　像矿山升降机钢缆这类很长的拉杆，应考虑其自重的影响。设材料单位体积的重量为γ，许用正应力为$[\sigma]$。钢缆下端所受拉力为F。钢缆截面不变。试求钢缆的允许长度及其总伸长。

4.4　平板拉伸试件，宽度$b=29.8\text{mm}$，厚度$h=4.1\text{mm}$，如题4.4图所示。在拉伸试验时，每增加3kN拉力，利用电阻计测得沿轴线方向产生应变$\varepsilon_1=120\times10^{-6}$，横向应变$\varepsilon_2=-38\times10^{-6}$。求试件材料的弹性模量$E$及泊松比$\nu$。

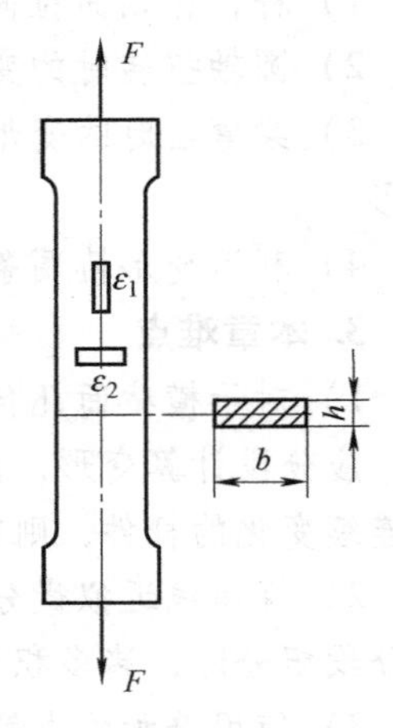

题4.4图

4.5　如题4.5图所示，打入黏土的木桩长为L，顶上载荷为F。设载荷全由摩擦力承担，且沿木桩单位长度内的摩擦力f按抛物线$f=Ky^2$变化，这里K为常数。若$F=420\text{kN}$，$L=12\text{m}$，$A=640\text{cm}^2$，$E=10\text{GPa}$，试确定常数K，并求木桩的缩短量。

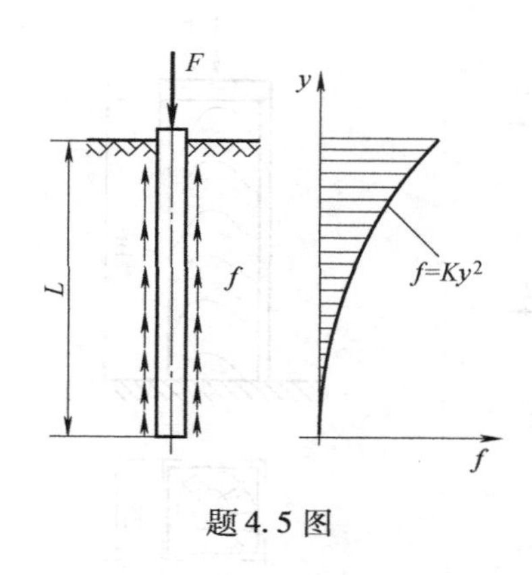

题4.5图

题4.6图

4.6 题4.6图示BA、BD两杆原在水平位置。在F力作用下，两杆变形，B点的位移为Δ。若两杆的抗拉刚度同为EA，试求Δ与F的关系。

4.7 如题4.7图所示刚性横梁AB，由钢丝绳并经无摩擦滑轮所支持。设钢丝绳的轴向刚度（即产生单位轴向变形所需之力）为k，试求当载荷F作用时端点B的铅垂位移。

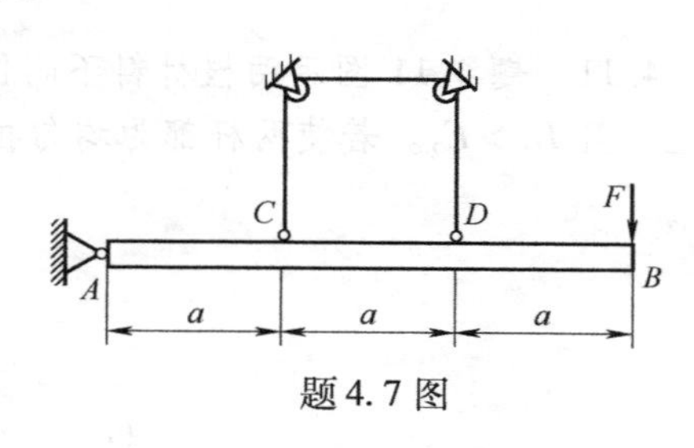

题4.7图

4.8 试判断题4.8图示各结构是静定的，还是超静定的？若是超静定的，试确定其超静定次数并写出求解这些结构内力所必需的平衡方程及变形几何方程（不必求出内力的具体数值，图中横梁均为刚性梁）。

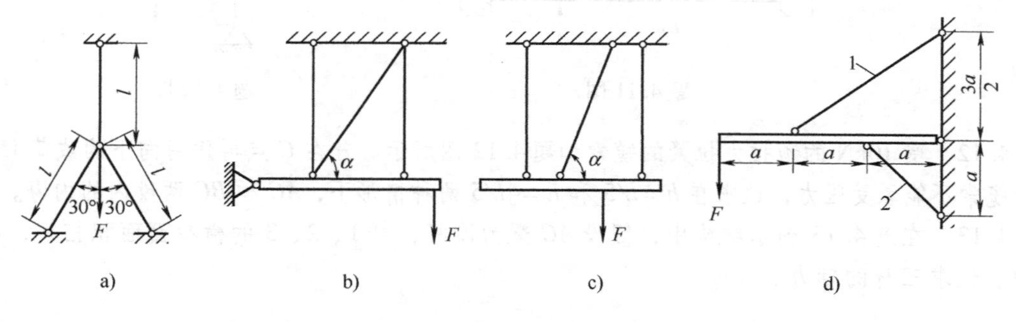

题4.8图

4.9 一种制作预应力钢筋混凝土的方式如题4.9图所示。首先用千斤顶以拉力F拉伸钢筋（图a），然后浇筑混凝土（图b）。待混凝土凝固后，卸除拉力F（图c）。这时，混凝土受压，钢筋受拉，形成预应力钢筋混凝土。设拉力F使钢筋横截面上产生的应力$\sigma_0 = 820\text{MPa}$，钢筋与混凝土的弹性模量之比为8∶1，横截面面积之比为1∶30，试求钢筋与混凝土横截面上的预应力。

4.10 题4.10图示木制短柱的四角用四个40mm×40mm×4mm的等边角钢加固。已知角钢的许用正应力$[\sigma]_{钢} = 160\text{MPa}$，$E_{钢} = 200\text{GPa}$；木材的许用正应力$[\sigma]_{木} = 12\text{MPa}$，$E_{木} = 10\text{GPa}$。试求许可载荷$F$。

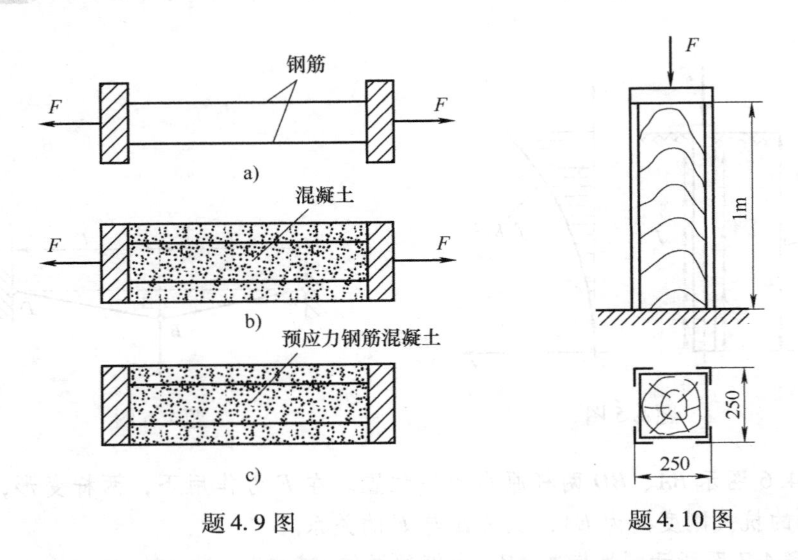

题4.9图　　题4.10图

4.11　题4.11图示两根材料不同但截面尺寸相同的杆件，同时固定连接于两端的刚性板上，且$E_1 > E_2$。若使两杆都为均匀拉伸，试求拉力F的偏心距e。

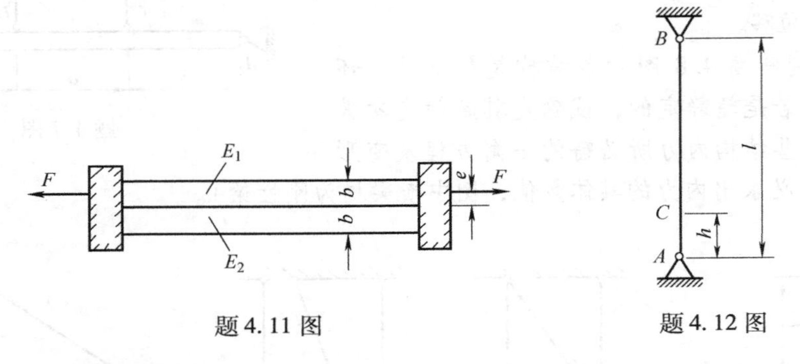

题4.11图　　题4.12图

4.12　受10kN的预拉力拉紧的缆索如题4.12图所示。若在C点再作用向下的载荷15kN，并设缆索不能承受压力，试求在$h = l/5$和$h = 4l/5$两种情形下，AC和BC两段内的内力。

4.13　在题4.13图示结构中，假设AC梁为刚杆，杆1、2、3的横截面面积相等，材料相同。试求三杆的轴力。

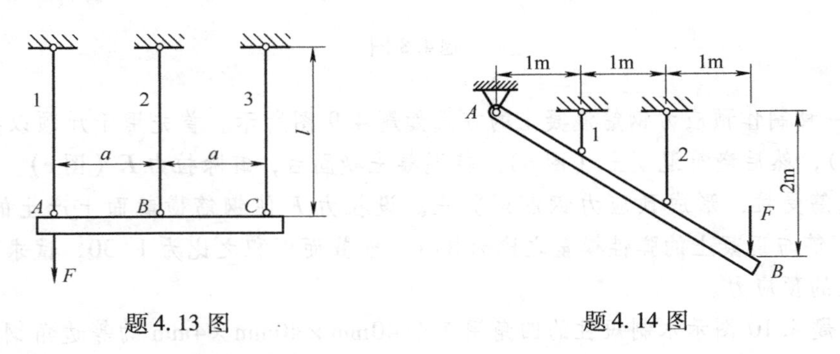

题4.13图　　题4.14图

4.14　题4.14图示刚杆AB悬挂于1、2两杆上，1杆的横截面面积为$60mm^2$，2杆为$120mm^2$，且两杆材料相同。若$F = 6kN$，试求两杆的轴力及支座A的约束力。

4.15　题4.15图示两钢杆，$A_1=100\text{mm}^2$，$A_2=200\text{mm}^2$，已知$E=210\text{GPa}$，材料的线膨胀系数$\alpha_l=12.5\times10^{-6}℃^{-1}$，求温度升高30℃时各段杆横截面上的最大正应力。

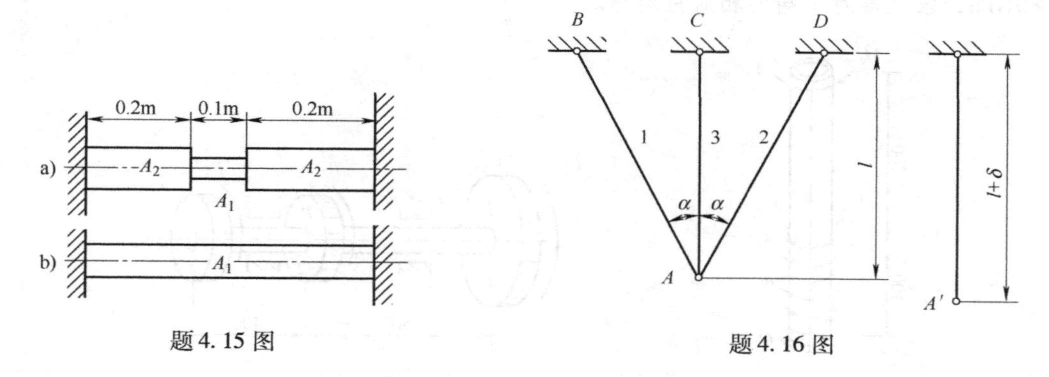

题4.15图　　题4.16图

4.16　在题4.16图示结构中，1、2两杆的抗拉刚度同为E_1A_1，3杆为E_3A_3。3杆的长度为$l+\delta$，其中δ为加工误差。试求将3杆装入AC位置后，1、2、3三杆的内力。

4.17　题4.17图示圆轴的直径$d=100\text{mm}$，$l=500\text{mm}$，$M_{e1}=7\text{kN}\cdot\text{m}$，$M_{e2}=5\text{kN}\cdot\text{m}$，$G=82\text{GPa}$。试求$C$截面对$A$截面的相对扭转角$\varphi_{CA}$。

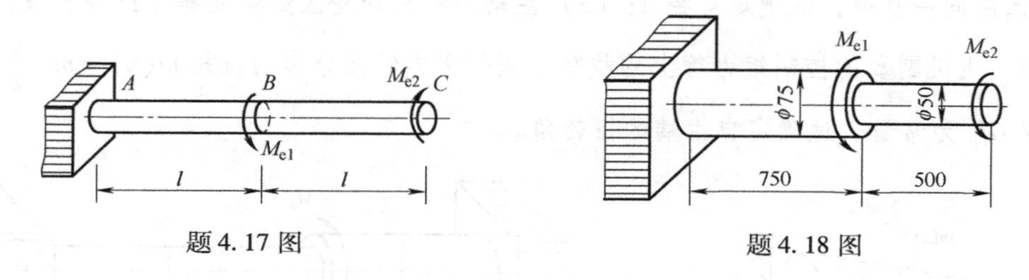

题4.17图　　题4.18图

4.18　已知变截面钢轴上的$M_{e1}=2.4\text{kN}\cdot\text{m}$，$M_{e2}=1.2\text{kN}\cdot\text{m}$，$G=80\text{GPa}$。试求最大切应力和最大相对扭转角。

4.19　轴传递的功率如题4.19图所示，若两段轴的τ_{max}相同，试求此两段轴的直径之比及两段轴的扭转角之比。

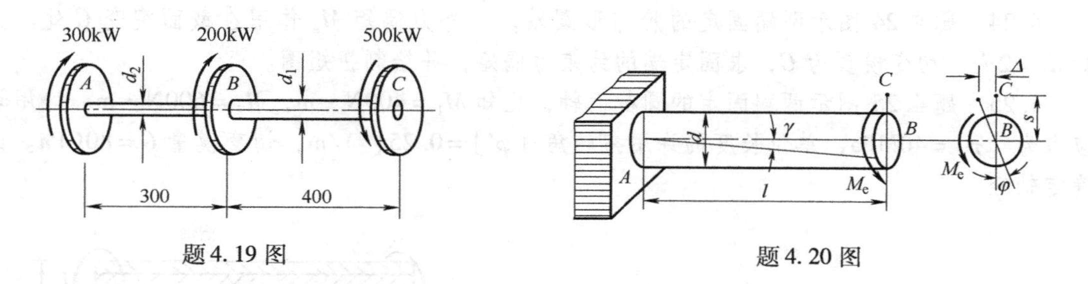

题4.19图　　题4.20图

4.20　用试验方法求钢的切变模量G时，其装置的示意图如题4.20图所示。AB为长$l=0.1\text{m}$、直径$d=10\text{mm}$的圆截面钢试件，在A端固定，B端有长$s=80\text{mm}$的杆BC与截面联成整体。当在B端加扭转力偶$M_e=15\text{N}\cdot\text{m}$时，测得$BC$杆的顶点$C$的位移$\Delta=1.5\text{mm}$。试求：(1) 切变模量$G$；(2) 杆内的最大切应力$\tau_{max}$；(3) 杆表面的切应变$\gamma$。

4.21　如题 4.21 图所示，已知钻头横截面直径为 20mm，在顶部受均匀的阻抗扭矩 m [单位为 (N·m)/m] 的作用，许用切应力 $[\tau]=70\text{MPa}$。试：(1) 求许可的 m。(2) 若 $G=80\text{GPa}$，求上端对下端的相对扭转角。

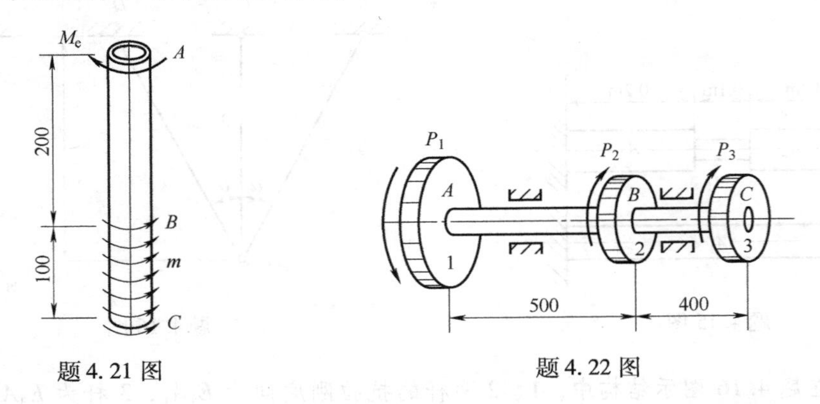

题 4.21 图　　　　题 4.22 图

4.22　如题 4.22 图所示，传动轴的转速 $n=500\text{r/min}$，主动轮 1 输入功率 $P_1=372.9\text{kW}$，从动轮 2、3 分别输出功率 $P_2=149.1\text{kW}$、$P_3=223.7\text{kW}$。已知 $[\tau]=70\text{MPa}$，$[\varphi']=1(°)/\text{m}$，$G=80\text{GPa}$。(1) 试确定 AB 段的直径 d_1 和 BC 段的直径 d_2；(2) 若 AB 和 BC 两段选用同一直径，试确定直径 d；(3) 主动轮和从动轮应如何安排才比较合理？

4.23　飞机副翼的控制矩力管上的载荷可理想化为线性分布的扭矩 $m(x)=m_0\dfrac{x}{l}$。管的扭转刚度 GI_p 为常量。试确定自由端的扭转角。

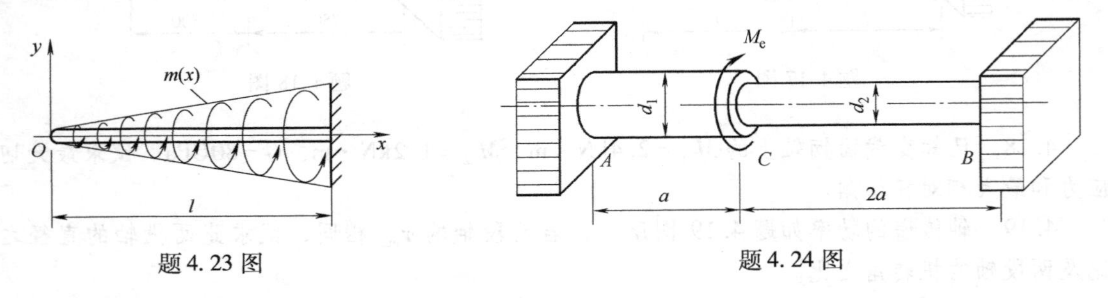

题 4.23 图　　　　题 4.24 图

4.24　题 4.24 图示两端固定的阶梯形圆轴，一外力偶矩 M_e 作用在截面突变 C 处。已知 $d_1=2d_2$，切变模量为 G，求固定端的约束力偶矩，并绘制扭矩图。

4.25　题 4.25 图示两端固定的圆截面轴，已知 $M_1=400\text{N}\cdot\text{m}$，$M_2=600\text{N}\cdot\text{m}$。许用切应力为 $[\tau]=40\text{MPa}$，单位长度的许用扭转角 $[\varphi']=0.25(°)/\text{m}$，切变模量 $G=80\text{GPa}$。试确定轴径。

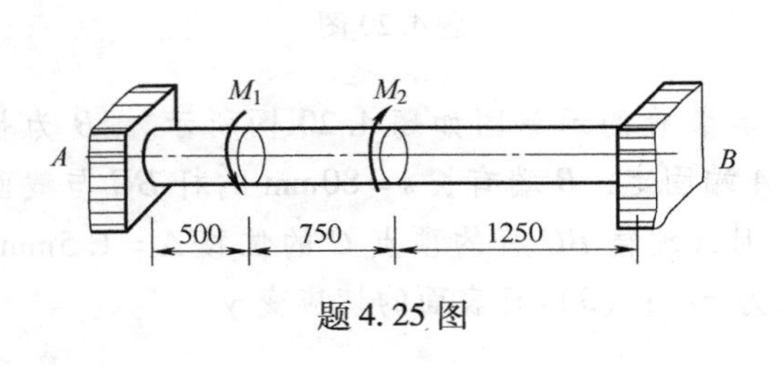

题 4.25 图

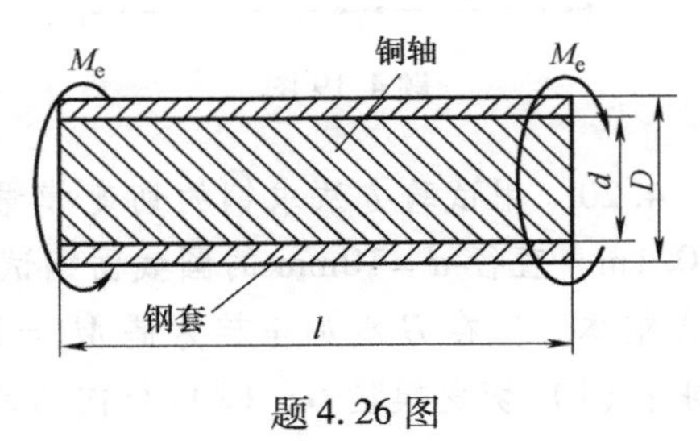

题 4.26 图

4.26 题4.26图示直径为 d 的铜制圆轴，外套为钢套筒，在力偶矩 M_e 作用下二者如同整体发生扭转变形。若钢和铜的切变模量分别为 G_s 和 G_c。试求：(1) 钢套筒及铜轴横截面上的切应力；(2) 此组合轴两端面的相对扭转角 φ。

4.27 如题4.27图所示，AB 和 CD 两杆的尺寸相同，AB 为钢杆，CD 为铝杆，两种材料的切变模量之比为3:1。若不计 BE 和 ED 两杆的变形，试问 F 力的影响将以怎样的比例分配于 AB 和 CD 两杆？

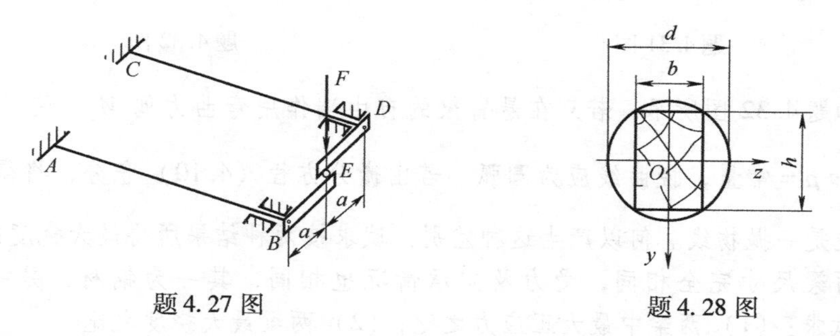

题4.27图　　题4.28图

4.28 题4.28图示直径为 d 的圆木，现需从中切出一矩形截面梁。试问：(1) 如欲使所切矩形梁的弯曲强度最高，h 与 b 的比值应为多少？(2) 如欲使所切矩形梁的弯曲刚度最高，h 与 b 的比值应为多少？

4.29 写出题4.29图示各梁的边界条件。在图b中支座 B 的弹簧刚度（产生单位变形量所需加的力）为 k(N/m)。

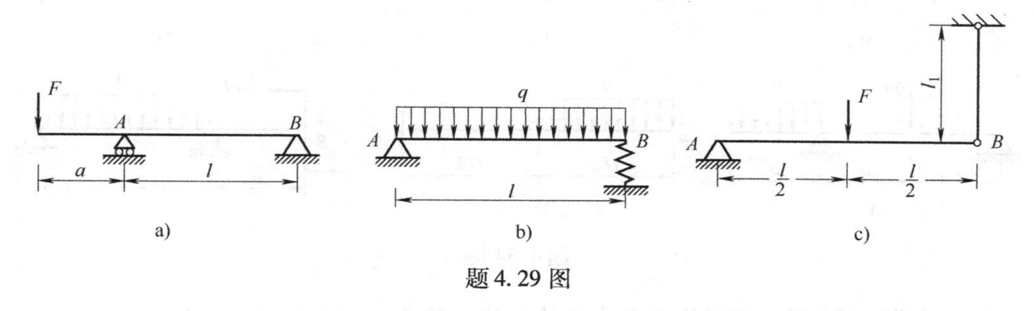

题4.29图

4.30 试用积分法求题4.30图示各梁（EI 已知）的：(1) 挠曲线方程，并大致描出曲线形状；(2) A 截面的挠度及 B 截面的转角。

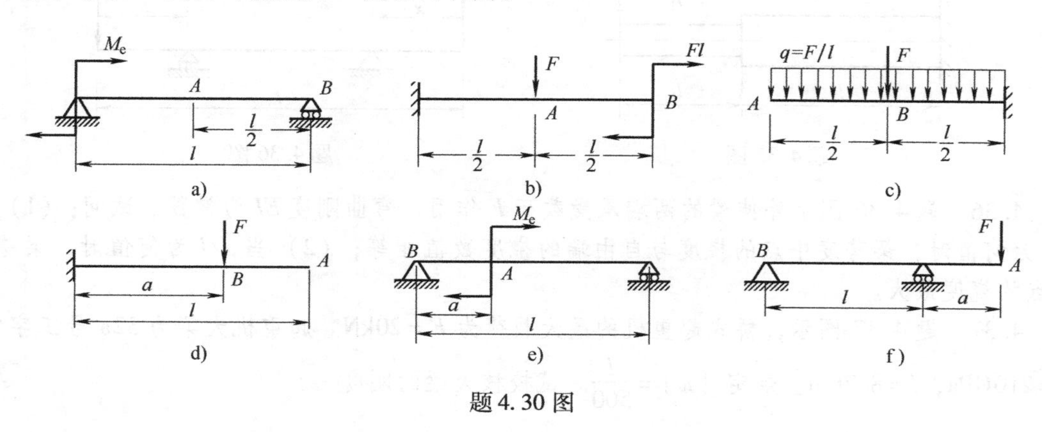

题4.30图

4.31　题4.31图示梁在B截面处支承一弹簧，弹簧刚度为k。试求A截面的挠度。EI为已知。

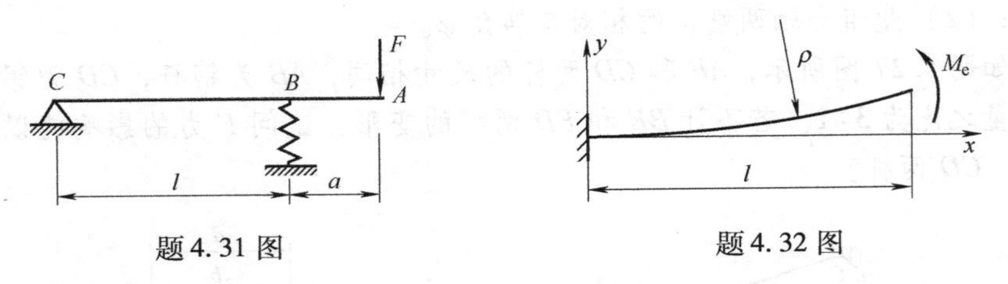

题4.31图　　题4.32图

4.32　如题4.32图所示，若只在悬臂梁的自由端作用弯曲力偶M_e，使其成为纯弯曲，则由$\dfrac{1}{\rho}=\dfrac{M_e}{EI}$知$\rho=$常量，挠曲线应为圆弧。若由微分方程（4.10）积分，将得到$w=\dfrac{M_e x^2}{2EI}$，它表明挠曲线是一抛物线。何以产生这种差别？试求按两种结果所得最大挠度的相对误差。

4.33　两梁尺寸完全相同，受力及支承情况也相同，其一为钢材，另一为木材。若$E_{钢}=7E_{木}$，试求：（1）两梁中最大正应力之比；（2）两梁最大挠度之比。

4.34　试用叠加法求题4.34图示各梁的A截面的挠度及B截面的转角。EI为已知。

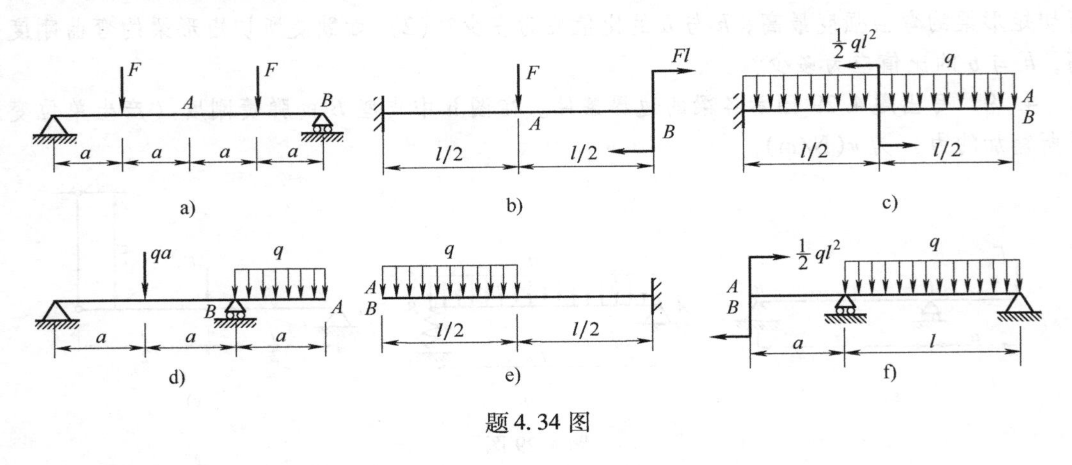

题4.34图

4.35　求题4.35图示变截面梁自由端的挠度和转角。

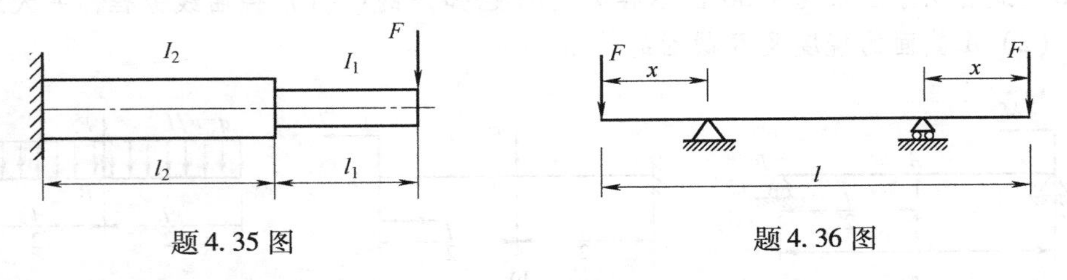

题4.35图　　题4.36图

4.36　题4.36图示外伸梁的两端承受载荷F作用，弯曲刚度EI为常数。试问：（1）当x/l为何值时，梁跨度中点的挠度与自由端的挠度数值相等；（2）当x/l为何值时，梁跨度中点的挠度最大。

4.37　题4.37图示，桥式起重机的最大载荷为$F=20\text{kN}$。起重机大梁为32a号工字钢，$E=210\text{GPa}$，$l=8.76\text{m}$。规定$[w]=\dfrac{l}{500}$。试校核大梁的刚度。

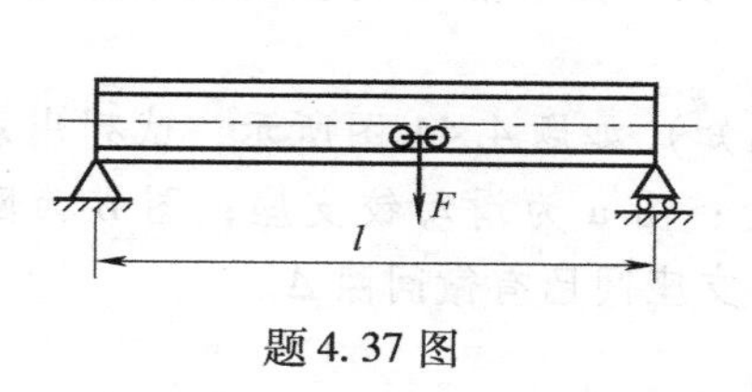

题 4.37 图

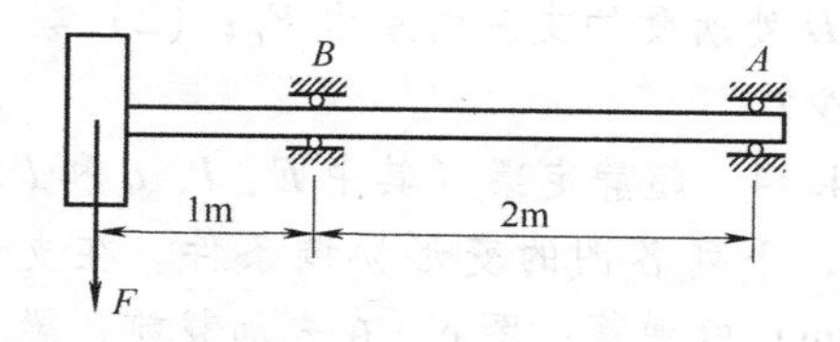

题 4.38 图

4.38　钢轴如题 4.38 图所示，已知 $E=200\text{GPa}$，左端轮上受力 $F=20\text{kN}$。若规定支座 B 处截面的许可转角 $[\theta]=0.5°$。试选定此轴的直径。

4.39　等截面刚架如题 4.39 图所示，E、A 及 l 均为已知。试大致描出其变形曲线，并在下列两种情况下求截面 D 的垂直位移 Δ_y 及水平位移 Δ_x：(1) 不考虑 BC 杆的轴向伸长；(2) 考虑 BC 杆的轴向伸长。

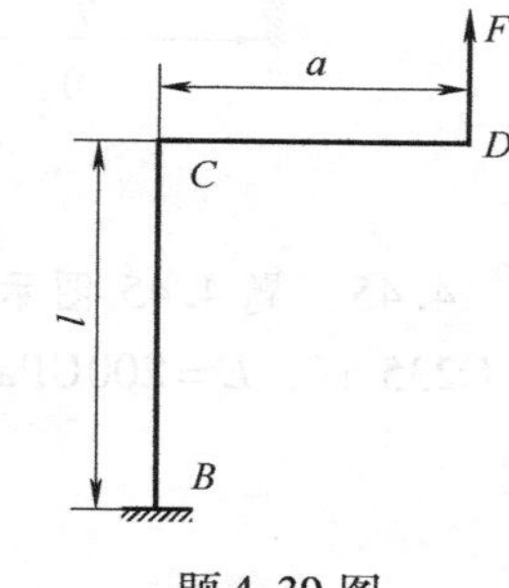

题 4.39 图

4.40　直角拐 AB 与 AC 轴刚性连接，A 处为一轴承，允许 AC 轴的端截面在轴承内自由转动，但不能上下移动，如题 4.40 图所示。已知 $F=60\text{N}$，$E=210\text{GPa}$，$G=0.4E$。试求截面 B 的垂直位移。

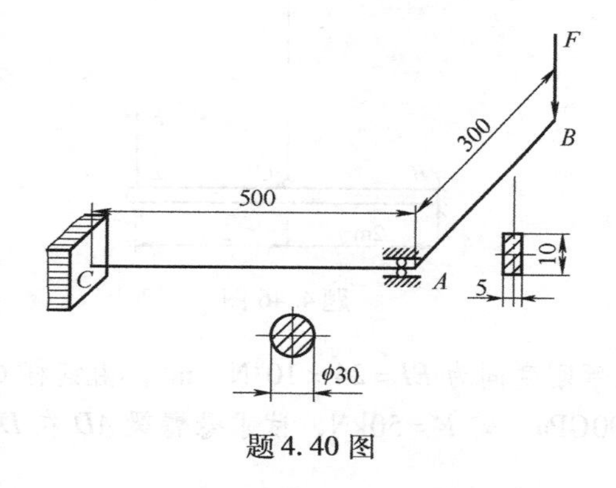

题 4.40 图

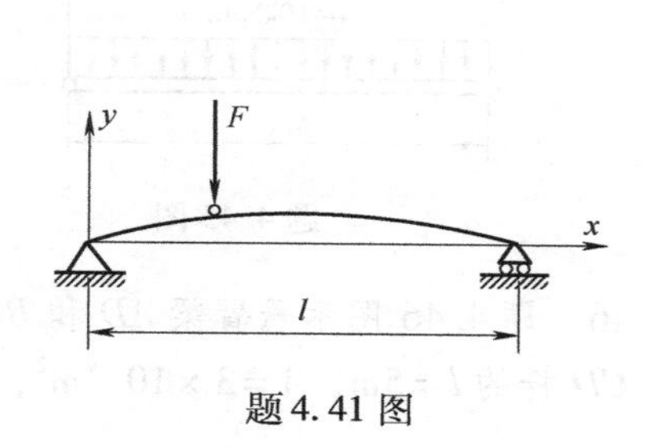

题 4.41 图

4.41　题 4.41 图示滚轮沿简支梁移动时，要求滚轮恰好走一水平路径，试问需将梁的轴线预先弯成怎样的曲线？设 EI 为常数。

4.42　题 4.42 图示等截面梁，抗弯刚度为 EI。设梁下有一曲面 $y=-Ax^3$，欲使梁变形后恰好与该曲面密合，且曲面不受压力。试问梁上应加什么载荷？并确定载荷的大小和方向。

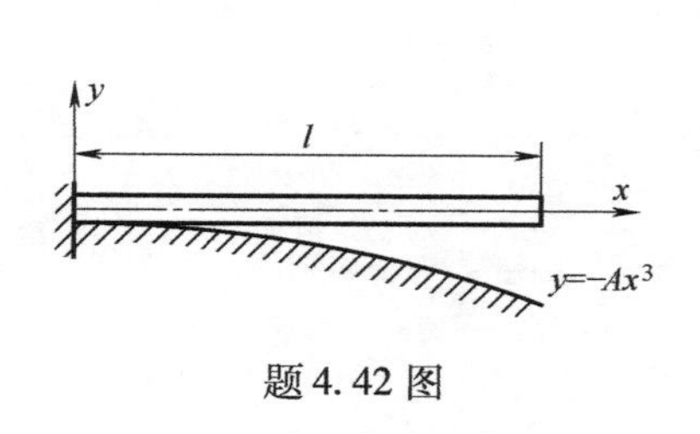

题 4.42 图

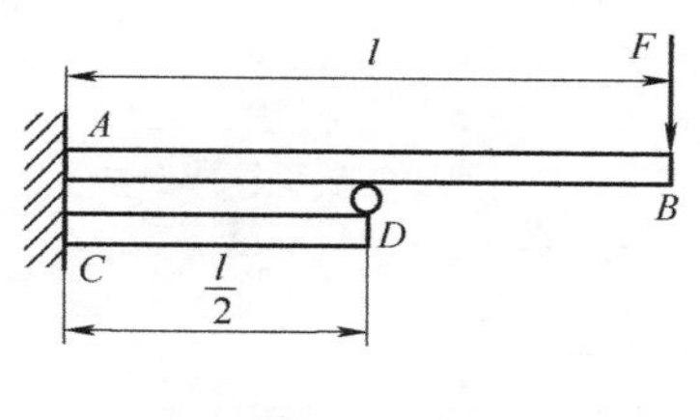

题 4.43 图

4.43　题 4.43 图示悬臂梁 AB 在自由端受集中力 F 作用。为增加其强度和刚度，用材料和截面均与 AB 梁相同的短梁 CD 加固，二者在 D 处的连接可视为简支支承。求：(1) AB

梁在 D 处所受的支座约束力 F_C；(2) 梁 AB 的最大弯矩和点 B 的挠度比未加固时的数值减少多少？

4.44 超静定梁（其中 E、I、q 和 l 均为已知）如题 4.44 图所示，试列出求多余约束 F_B 时，下列各图的变形协调条件。在支座 B 处：图 a 为滑动铰支座；图 b 为刚度系数为 k(N/m) 的弹簧；图 c，在未加载前，梁 B 端与支座间已有微间隙 Δ。

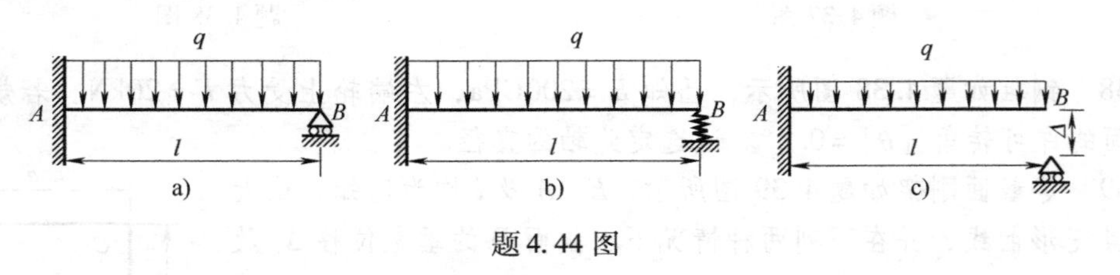

题 4.44 图

4.45 题 4.45 图示结构中，梁为 16 号工字钢；拉杆的截面为圆形，$d=10$mm。两者均为 Q235 钢，$E=200$GPa。试求梁及拉杆内的最大正应力。

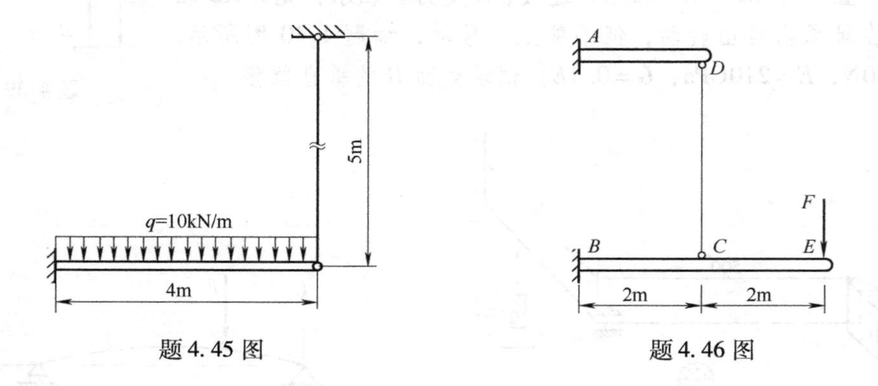

题 4.45 图

题 4.46 图

4.46 题 4.46 图示悬臂梁 AD 和 BE 的抗弯刚度同为 $EI=24\times10^6\text{N}\cdot\text{m}^2$，由钢杆 CD 相连接。CD 杆的 $l=5$m，$A=3\times10^{-4}\text{m}^2$，$E=200$GPa。若 $F=50$kN，试求悬臂梁 AD 在 D 点的挠度。

第5章

应力状态分析·强度理论

5.1 应力状态的概念

前面在进行杆件的强度计算时，均以杆件危险横截面上的最大应力与相应的许用应力相比较建立强度条件。对于轴向拉伸（压缩），是以危险横截面上的正应力与材料在单向拉伸（压缩）时的许用应力相比较来建立强度条件。对于自由扭转的构件，是以危险横截面上的最大切应力与材料在扭转时的许用切应力相比较来建立强度条件。对于横力弯曲梁，例如图5.1所示工字钢简支梁，在危险横截面上距中性轴最远点的正应力值最大而切应力等于零，即处于单向拉伸（压缩）状态，故可将其与材料在单向拉伸（压缩）时的许用应力相比较建立强度条件。在中性轴上各点处切应力最大而正应力等于零，即处于纯剪切应力状态，故可将其与材料在纯剪切时的许用切应力相比较建立强度条件。一般地，在横截面上任意点处，例如在翼缘与腹板连接处各点既有正应力又有切应力，且数值均比较大，当需要考虑这些点处的强度时，应该如何进行强度计算呢？为此，需要全面地研究受力构件内一点处的应力变化规律。

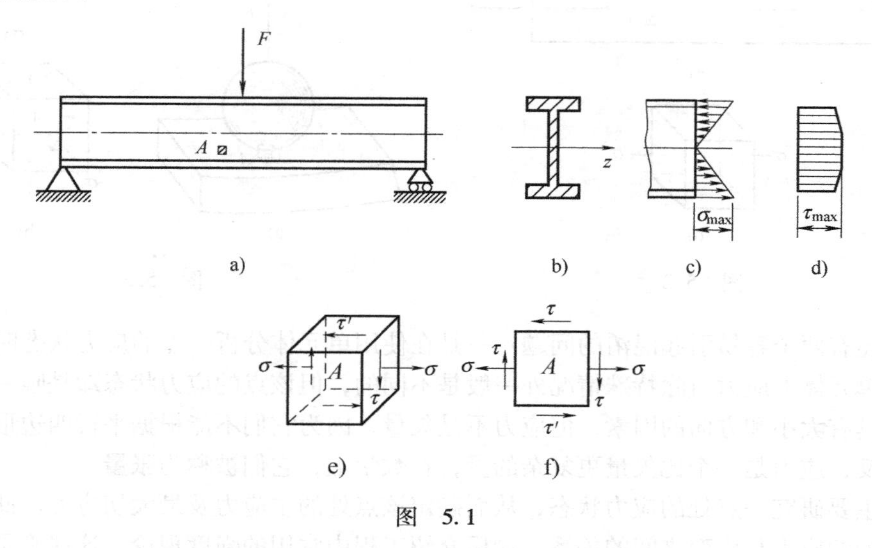

图 5.1

在3.2节中分析拉（压）杆斜截面上的应力时已知，杆内任意一点处的应力随所在截面的方位而变化。一般说来，通过受力构件内一点处不同方位截面上的应力是不相同的。受力构件内一点处不同方位截面上应力的集合，称为**一点处的应力状态**。研究一点处的应力状态，就是要研究通过该点各不同方位截面上应力的变化规律，从而确定该点处的最大正应力和最大切应力及其所在截面的方位，为复杂应力状态下的强度计算提供力学参量。

为了研究受力构件内某一点处的应力状态，可以围绕该点取出一个微小的正六面体，称为**单元体**。例如研究图 5.1a 所示梁内 A 点的应力状态，可用一对横截面和两对纵向截面，围绕 A 点截出一个单元体（图 5.1e）。由于单元体在三个方向上的尺寸均为无穷小量，故可认为在它的每个面上，应力都是均匀的，且在单元体内相互平行的截面上，应力的大小及性质都是相同的，所以这种单元体的应力状态可以代表一点的应力状态。由于这个单元体前、后两个面上的应力等于零，可用平面图形（图 5.1f）表示。至于梁横截面上 A 点处的应力，则可用式（3.19）和式（3.23）求得。由切应力互等定理，还可以确定该单元体上、下表面上的切应力。

若围绕受力构件内一点取出单元体，在单元体的三个相互垂直的面上都无切应力，这种切应力等于零的面称为**主平面**。主平面上的正应力称为**主应力**，分别记为 σ_1、σ_2、σ_3，且规定按代数值大小的顺序来排列，即 $\sigma_1 \geqslant \sigma_2 \geqslant \sigma_3$。对于简单拉伸（压缩），三个主应力中只有一个不等于零（图 5.2b），称为**单向应力状态**。若三个主应力中有两个不等于零，称为**二向或平面应力状态**。当三个主应力皆不等于零时，称为**三向或空间应力状态**。单向应力状态也称为**简单应力状态**，二向和三向应力状态统称为**复杂应力状态**。在滚珠轴承中，围绕滚珠与外圈的接触点 A（图 5.3a），以垂直和平行于压力 F 的平面截取单元体（图 5.3b）。在滚珠与外圈的接触面上，有接触应力 σ_3。由于 σ_3 的作用，单元体将向周围膨胀，于是引起周围材料对它的约束应力 σ_1 和 σ_2。所取单元体三个垂直的面皆为主平面，且三个主应力皆不等于零，于是得到三向应力状态。与此相似，火车车轮与钢轨的接触处，也都是三向应力状态。

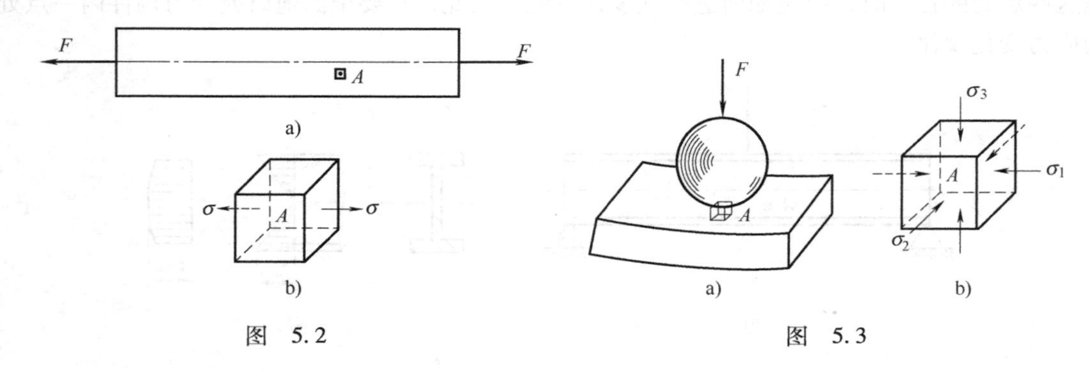

图 5.2　　图 5.3

另外还有两个容易引起混淆的问题：一是在使用单元体分析一点的应力状态时，处于不同方位的单元体上应力值除特殊情况外一般是不同的，但该点的应力状态却是唯一的；二是尽管应力具有大小和方向的因素，但应力不是矢量，因为它们不能根据平行四边形法则进行叠加。相反，应力是一个比矢量更复杂的量，在数学上，它们被称为**张量**。

本章主要研究一点处的应力状态，从而确定该点处的主应力及最大切应力。此外，还将讨论一点处的应力与应变之间的关系，最后介绍工程中常用的强度理论。这些都是对构件危险点在复杂应力状态下进行强度计算的基础。

5.2 平面应力状态分析·应力圆

若单元体有一对相互平行的平面上应力为零，则称为**平面应力状态**。平面应力状态的普遍形式如图5.4a所示，即在两对平面上分别有正应力和切应力。因为单元体前、后两平面上没有应力，可将该单元体用平面图形（图5.4b）来表示。σ_x 和 τ_{xy}是法线为 x 轴的面上的正应力和切应力；σ_y 和 τ_{yx}是法线为 y 轴的面上的正应力和切应力。切应力有两个下标，第一个下标表示切应力作用平面的法线方向相平行的轴，第二个下标则表示与切应力的方向相平行的轴。应力的符号规定如下：正应力以拉应力为正，压应力为负；切应力以对单元体内任意点的矩为顺时针转向者为正，反之为负。

本节研究根据单元体各面上的已知应力分量 σ_x、τ_{xy}和 σ_y、τ_{yx}来确定任一斜截面上的未知应力分量，并确定该点处的主应力和主平面。

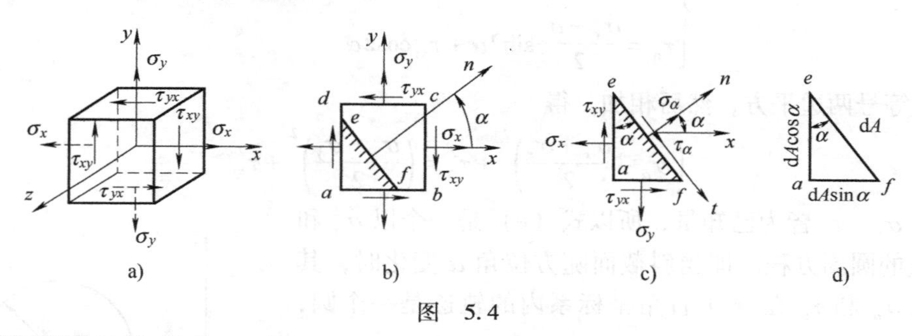

图 5.4

1. 斜截面上的应力

已知一平面应力状态单元体上的应力 σ_x、τ_{xy}和 σ_y、τ_{yx}（图5.4a），来求该单元体平行于 z 轴的任一斜截面上的应力。设任一斜截面 ef 的外法线 n 与 x 轴的夹角为 α，以后将方位角为 α 的斜截面简称为 **α 截面**，并规定：由 x 轴转到外法线 n 为逆时针转向时，则 α 为正，反之为负。应用截面法，以截面 ef 把单元体分成两部分，并研究 aef 部分的平衡（图5.4c）。斜截面 ef 上的应力由正应力 σ_α 和切应力 τ_α 来表示，并设斜截面 ef 的面积为 $\mathrm{d}A$，则截面 ea 和截面 af 的面积分别为 $\mathrm{d}A\cos\alpha$ 和 $\mathrm{d}A\sin\alpha$（图5.4d）。把作用于 aef 部分上的力分别投影于 ef 面的外法线 n 和切线 t 方向，由静力平衡方程 $\sum F_\mathrm{n}=0$ 和 $\sum F_\mathrm{t}=0$ 可得

$$\begin{cases}\sigma_\alpha \mathrm{d}A+(\tau_{xy}\mathrm{d}A\cos\alpha)\sin\alpha-(\sigma_x\mathrm{d}A\cos\alpha)\cos\alpha+(\tau_{yx}\mathrm{d}A\sin\alpha)\cos\alpha-(\sigma_y\mathrm{d}A\sin\alpha)\sin\alpha=0\\ \tau_\alpha \mathrm{d}A-(\tau_{xy}\mathrm{d}A\cos\alpha)\cos\alpha-(\sigma_x\mathrm{d}A\cos\alpha)\sin\alpha+(\sigma_y\mathrm{d}A\sin\alpha)\cos\alpha+(\tau_{yx}\mathrm{d}A\sin\alpha)\sin\alpha=0\end{cases} \quad \text{(a)}$$

根据切应力互等定理，τ_{xy}和 τ_{yx}数值相等，以 τ_{xy}代换 τ_{yx}，并简化以上两个平衡方程，得

$$\begin{cases}\sigma_\alpha=\sigma_x\cos^2\alpha+\sigma_y\sin^2\alpha-2\tau_{xy}\sin\alpha\cos\alpha\\ \tau_\alpha=(\sigma_x-\sigma_y)\sin\alpha\cos\alpha+\tau_{xy}\cos^2\alpha-\tau_{xy}\sin^2\alpha\end{cases} \quad \text{(b)}$$

由三角函数可知

$$\begin{cases}\cos^2\alpha=\dfrac{1}{2}(1+\cos2\alpha)\\ \sin^2\alpha=\dfrac{1}{2}(1-\cos2\alpha)\\ 2\sin\alpha\cos\alpha=\sin2\alpha\end{cases} \quad \text{(c)}$$

将式（c）代入式（b），整理可得

$$\sigma_\alpha=\frac{\sigma_x+\sigma_y}{2}+\frac{\sigma_x-\sigma_y}{2}\cos 2\alpha-\tau_{xy}\sin 2\alpha \tag{5.1}$$

$$\tau_\alpha=\frac{\sigma_x-\sigma_y}{2}\sin 2\alpha+\tau_{xy}\cos 2\alpha \tag{5.2}$$

上述两式即为平面应力状态（图 5.4a）下，任意 α 截面上应力 σ_α 和 τ_α 的计算公式。公式表明，α 截面上的正应力 σ_α 和切应力 τ_α 随 α 角的改变而变化，即 σ_α 和 τ_α 均为 α 的函数。

2. 应力圆

式（5.1）和式（5.2）可以看作是以 2α 为参数的方程。为消去 2α，将两式改写为

$$\begin{cases}\sigma_\alpha-\dfrac{\sigma_x+\sigma_y}{2}=\dfrac{\sigma_x-\sigma_y}{2}\cos 2\alpha-\tau_{xy}\sin 2\alpha\\ \tau_\alpha=\dfrac{\sigma_x-\sigma_y}{2}\sin 2\alpha+\tau_{xy}\cos 2\alpha\end{cases} \tag{d}$$

以上两式等号两边平方，然后相加，得

$$\left(\sigma_\alpha-\frac{\sigma_x+\sigma_y}{2}\right)^2+\tau_\alpha^2=\left(\frac{\sigma_x-\sigma_y}{2}\right)^2+\tau_{xy}^2 \tag{e}$$

因为 σ_x、σ_y、τ_{xy} 皆为已知量，所以式（e）是一个以 σ_α 和 τ_α 为变量的圆周方程。即当斜截面随方位角 α 变化时，其上的应力 σ_α 和 τ_α 在 σ-τ 直角坐标系内的轨迹是一个圆，其圆心位于横坐标轴（σ 轴）上，离原点的距离为 $\frac{\sigma_x+\sigma_y}{2}$，半径为 $R=\sqrt{\left(\frac{\sigma_x-\sigma_y}{2}\right)^2+\tau_{xy}^2}$，如图 5.5 所示。此圆称为**应力圆或莫尔圆**。利用应力圆来分析一点处的应力状态，是一种简便、直观且有效的方法，通常称为**图解法**。下面讨论根据平面应力状态单元体上的已知应力 σ_x、τ_{xy} 和 σ_y、τ_{yx}（图 5.6a），绘出相应的应力圆，并确定 α 截面上的应力 σ_α 和 τ_α 以及单元体的主应力、主平面和最大切应力 τ_{max}。

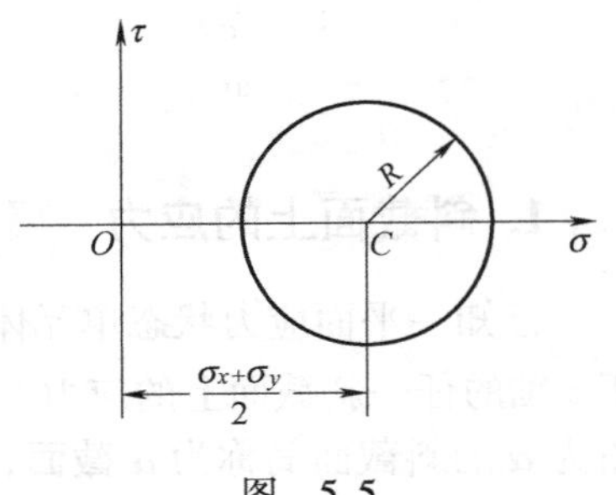

图 5.5

以图 5.6a 所示单元体为例，在 σ-τ 直角坐标系中，按选定的比例尺，量取 $\overline{OB_1}=\sigma_x$、$\overline{B_1D_1}=\tau_{xy}$ 得 D_1 点；量取 $\overline{OB_2}=\sigma_y$、$\overline{B_2D_2}=\tau_{yx}$ 得 D_2 点（图 5.6b）。连接 D_1、D_2 两点的直线与 σ 轴相交于 C 点，以 C 点为圆心、$\overline{CD_1}$ 或 $\overline{CD_2}$ 为半径作圆。不难得到，该圆的圆心 C 点到坐标原点的距离为 $\frac{\sigma_x+\sigma_y}{2}$，半径 $\overline{CD_1}$ 或 $\overline{CD_2}$ 等于 $\sqrt{\left(\frac{\sigma_x-\sigma_y}{2}\right)^2+\tau_{xy}^2}$，因而，该圆就是对应该单元体应力状态的应力圆。由于 D_1 点的坐标为（σ_x，τ_{xy}），因而，D_1 点代表单元体法线为 x 的平面上的应力。若要求此单元体某一 α 截面上的应力 σ_α 和 τ_α，可从应力圆的半径 $\overline{CD_1}$ 按方位角 α 的转向转动 2α 角，得到半径 $\overline{CE}$，圆周上 E 点的 σ、τ 坐标分别满足式（5.1）和式（5.2），因而，它们就依次为 σ_α 和 τ_α。现证明如下。

从图 5.6b 可见，E 点的横坐标为

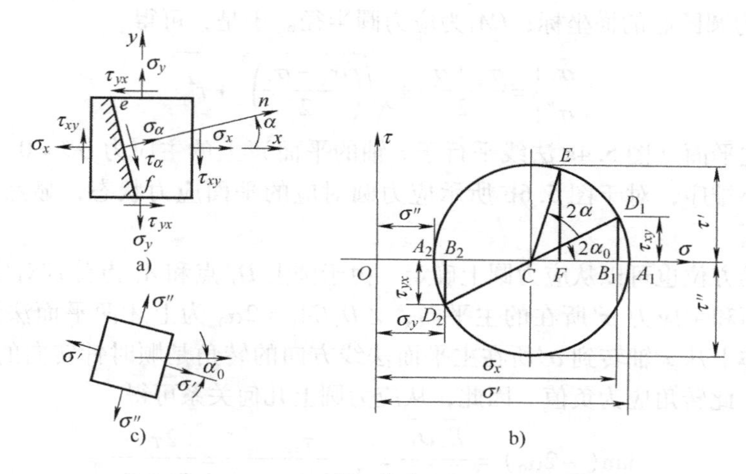

图 5.6

$$\begin{aligned}\overline{OF} &= \overline{OC} + \overline{CF} = \overline{OC} + \overline{CE}\cos(2\alpha_0 + 2\alpha) \\ &= \overline{OC} + \overline{CE}\cos 2\alpha_0 \cos 2\alpha - \overline{CE}\sin 2\alpha_0 \sin 2\alpha\end{aligned} \tag{f}$$

式中，$\overline{OC} = \dfrac{\sigma_x + \sigma_y}{2}$；$\overline{CE}\cos 2\alpha_0 = \overline{CD_1}\cos 2\alpha_0 = \dfrac{\sigma_x - \sigma_y}{2}$；$\overline{CE}\sin 2\alpha_0 = \overline{CD_1}\sin 2\alpha_0 = \tau_{xy}$。于是，得

$$\overline{OF} = \frac{\sigma_x + \sigma_y}{2} + \frac{\sigma_x - \sigma_y}{2}\cos 2\alpha - \tau_{xy}\sin 2\alpha = \sigma_\alpha \tag{g}$$

上式即为式（5.1）。按类似方法可证明 E 点的纵坐标为

$$\overline{EF} = \frac{\sigma_x - \sigma_y}{2}\sin 2\alpha + \tau_{xy}\cos 2\alpha = \tau_\alpha \tag{h}$$

即为式（5.2）。

从以上作圆及证明可以看出，应力圆上的点与单元体上的面之间的对应关系：单元体某一截面上的两个应力，必对应于应力圆上某一点的坐标；单元体上任意两个面的外法线之间的夹角若为 β（图5.7a），则在应力圆上代表该两个面上应力的两点之间圆弧所对的圆心角必为 2β，且两者的转向一致（图5.7b）。这种对应关系是应力圆的参数表达式（5.1）和式（5.2）以两倍方位角为参变量的必然结果。根据这种对应关系，就可很容易地从绘出的应力圆上确定任一斜截面上的正应力 σ_α 和切应力 τ_α。

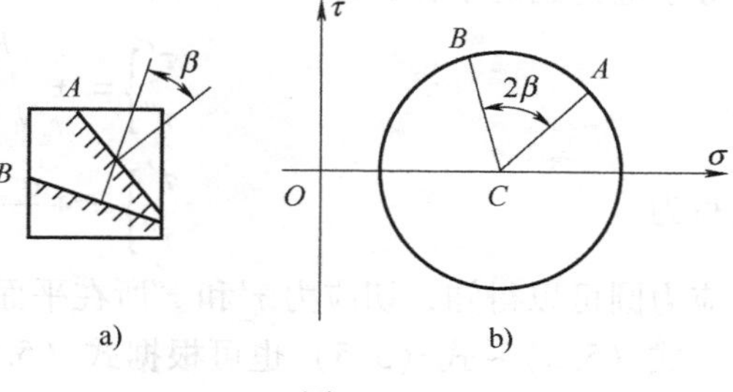

图 5.7

应力圆直观地反映了一点处应力状态的特征。下面仍结合图5.6a所示单元体，来研究如何确定该单元体的主平面方位和主应力数值。在图5.6b所示的应力圆上，A_1 和 A_2 为应力圆与 σ 轴的两个交点，其纵坐标均为零，由此可知，A_1、A_2 点的坐标对应着单元体主平面上的应力，暂记为 σ' 和 σ''。另外应力圆是关于 σ 轴对称的，因而 σ' 和 σ'' 分别为图5.4a中平行于 z 轴的各截面上正应力中最大值和最小值。由图可见，A_1 和 A_2 两点的横坐标分别为

$$\overline{OA_1} = \overline{OC} + \overline{CA_1}, \quad \overline{OA_2} = \overline{OC} - \overline{CA_1}$$

式中，$\overline{OC}$为应力圆圆心的横坐标；$\overline{CA_1}$为应力圆半径。于是，可得

$$\left.\begin{matrix}\sigma'\\ \sigma''\end{matrix}\right\}=\frac{\sigma_x+\sigma_y}{2}\pm\sqrt{\left(\frac{\sigma_x-\sigma_y}{2}\right)^2+\tau_{xy}^2} \tag{5.3}$$

这里，第三个主平面（图5.4a法线平行于z轴的平面）上的主应力$\sigma'''=0$，三个主应力按其代数值的大小排序，对于图5.6b所示应力圆对应的平面应力状态，显然$\sigma_1=\sigma'$，$\sigma_2=\sigma''$，而$\sigma_3=\sigma'''$。

主平面上的方位也可以从应力圆上确定。由于圆上D_1点和A_1点分别对应于单元体上的法线为x的平面和主应力σ'所在的主平面，$\angle D_1CA_1=2\alpha_0$为上述两平面法线夹角α_0的两倍，所示单元体上从x轴转到σ'所在主平面法线方向的转角是顺时针转向的，按前述对α_0正负号的规定，此转角应为负值。因此，从应力圆上几何关系可得

$$\tan(-2\alpha_0)=\frac{\overline{B_1D_1}}{\overline{CB_1}}=\frac{\tau_{xy}}{\frac{1}{2}(\sigma_x-\sigma_y)}=\frac{2\tau_{xy}}{\sigma_x-\sigma_y} \tag{i}$$

或写为

$$\tan 2\alpha_0=-\frac{2\tau_{xy}}{\sigma_x-\sigma_y} \tag{5.4}$$

事实上，在180°的范围内，满足式（5.4）的解有两个，分别是α_0和$\alpha_0\pm90°$，分别对应两个主平面的方位角，利用应力圆很容易确认并区分这两个主平面，如果仅根据式（5.4）计算就不易做出判断。下面介绍一个简单的主平面方位角判定方法：若$\sigma_x>\sigma_y$，α_0为σ'所在主平面方位角；若$\sigma_x<\sigma_y$，$\alpha_0\pm90°$为σ'所在主平面方位角（下面例题5.1属于这种情况）。上述判定方法读者可自行通过应力圆来验证。

由应力圆（图5.6b）可见，平行于z轴的各截面上切应力中最大值τ'和最小值τ''数值上等于应力圆的半径，即

$$\left.\begin{matrix}\tau'\\ \tau''\end{matrix}\right\}=\pm\sqrt{\left(\frac{\sigma_x-\sigma_y}{2}\right)^2+\tau_{xy}^2} \tag{5.5}$$

或写为

$$\left.\begin{matrix}\tau'\\ \tau''\end{matrix}\right\}=\pm\frac{\sigma'-\sigma''}{2}$$

由应力圆可以得知，切应力τ'和τ''所在平面与主平面的夹角为45°。

式（5.3）~式（5.5）也可根据式（5.1）和式（5.2）通过解析法导出，建议读者作为练习自行推导。

例5.1　已知图5.8a所示单元体的$\sigma_x=-1\text{MPa}$，$\sigma_y=-0.2\text{MPa}$，$\tau_{xy}=0.2\text{MPa}$，$\tau_{yx}=-0.2\text{MPa}$。试分别用图解法和解析法求此单元体在$\alpha=30°$和$\alpha=-40°$两斜截面上的应力。

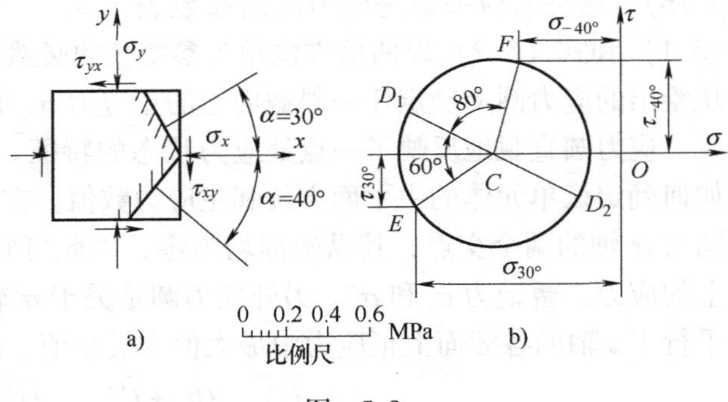

图　5.8

解：(1) 图解法　在σ-τ直角坐标系内，按选定的比例尺，以$\sigma_x=-1\text{MPa}$，$\tau_{xy}=0.2\text{MPa}$为坐标确定D_1点；以$\sigma_y=-0.2\text{MPa}$，$\tau_{yx}=-0.2\text{MPa}$为坐标确定

D_2 点。连接 D_1、D_2，与横坐标轴交于 C。以 C 为圆心、$\overline{D_1D_2}$ 为直径作应力圆如图 5.8b 所示。

要在应力圆上确定 $\alpha=30°$ 斜截面上的应力，将半径 $\overline{CD_1}$ 逆时针转动 $2\alpha=60°$ 的角到半径 $\overline{CE}$，E 点的坐标就代表 $\alpha=30°$ 斜截面上的应力。要确定 $\alpha=-40°$ 斜截面上的应力，将半径 $\overline{CD_1}$ 顺时针转动 $2\alpha=-80°$ 的角到半径 $\overline{CF}$，F 点的坐标就代表 $\alpha=-40°$ 斜截面上的应力。按选定的比例尺，量出应力圆上 E、F 两点的横、纵坐标，可分别得到

$$\sigma_{30°}=-0.96\text{MPa},\quad \tau_{30°}=-0.26\text{MPa},\quad \sigma_{-40°}=-0.46\text{MPa},\quad \tau_{-40°}=0.44\text{MPa}$$

（2）解析法　由式（5.1）和式（5.2）可得

$$\sigma_{30°}=\left[\frac{(-1)+(-0.2)}{2}+\frac{(-1)-(-0.2)}{2}\cos(2\times30°)-0.2\sin(2\times30°)\right]\text{MPa}$$
$$=-0.973\text{MPa}$$

$$\tau_{30°}=\left[\frac{(-1)-(-0.2)}{2}\sin(2\times30°)+0.2\cos(2\times30°)\right]\text{MPa}=-0.246\text{MPa}$$

$$\sigma_{-40°}=\left\{\frac{(-1)+(-0.2)}{2}+\frac{(-1)-(-0.2)}{2}\cos[2\times(-40°)]-0.2\sin[2\times(-40°)]\right\}\text{MPa}$$
$$=-0.472\text{MPa}$$

$$\tau_{-40°}=\left\{\frac{(-1)-(-0.2)}{2}\sin[2\times(-40°)]+0.2\cos[2\times(-40°)]\right\}\text{MPa}=0.429\text{MPa}$$

比较上述两种方法所得到的结果可知，图解法简便，但结果是通过作图“量”出来的，精度较低，因此图解法的主要作用是可以方便了解一点应力状态的各种属性，精确结果还是要通过解析法来计算。

另外，讨论一下关于主平面的方位角，由式（5.4）计算可得到

$$\tan2\alpha_0=-\frac{2\tau_{xy}}{\sigma_x-\sigma_y}=-\frac{2\times0.2}{(-1)-(-0.2)}=0.5,\quad \alpha_0=13.28°$$

从图 5.8b 应力圆可发现，这个方位角应该是主应力 σ'' 所在的主平面法线与 x 轴的夹角，主应力 σ' 所在的主平面法线与 x 轴的夹角应为 $\alpha_0'=\alpha_0\pm90°=103.28°$ 或 $-76.72°$，而此例中 $\sigma_x<\sigma_y$，符合前述主平面方位角判定方法。

例 5.2　已知图 5.9a 所示单元体的 $\sigma_x=80\text{MPa}$，$\sigma_y=-40\text{MPa}$，$\tau_{xy}=-60\text{MPa}$，$\tau_{yx}=60\text{MPa}$。试用图解法和解析法求主应力，并确定主平面的方位。

解：（1）图解法　在 σ-τ 直角坐标系内，按选定的比例尺，以 $\sigma_x=80\text{MPa}$，$\tau_{xy}=-60\text{MPa}$ 为坐标确定 D_1 点；以 $\sigma_y=-40\text{MPa}$，$\tau_{yx}=60\text{MPa}$ 为坐标确定 D_2 点。连接 D_1、D_2，与横坐标轴交于 C。以 C 为圆心、D_1D_2 为直径作应力圆（图 5.9b）。按所用比例尺量出

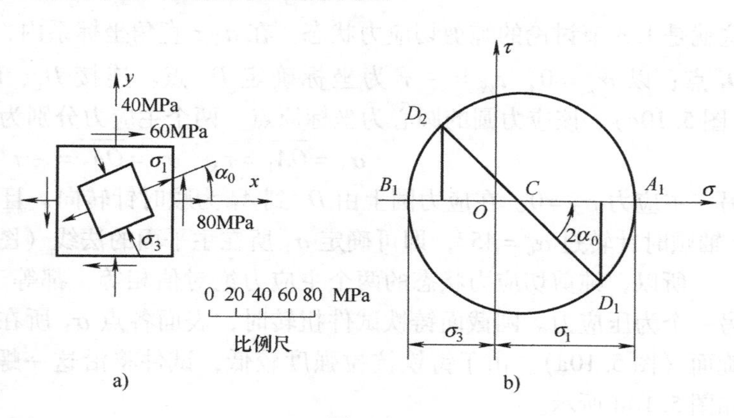

图 5.9

$$\sigma_1 = \overline{OA_1} = 105\text{MPa}, \quad \sigma_3 = \overline{OB_1} = -65\text{MPa}$$

在这里另一主应力 $\sigma_2 = 0$。在应力圆上由 D_1 到 A_1 为逆时针转向，且 $\angle D_1CA_1 = 2\alpha_0 = 45°$。所以，在单元体上从 x 轴以逆时针转向量取 $\alpha_0 = 22.5°$，确定 σ_1 所在主平面的法线（图 5.9a）。

（2）解析法　由式（5.3）可得

$$\sigma' = \left\{\frac{80+(-40)}{2} + \sqrt{\left[\frac{80-(-40)}{2}\right]^2 + (-60)^2}\right\}\text{MPa} = 104.85\text{MPa}$$

$$\sigma'' = \left\{\frac{80+(-60)}{2} - \sqrt{\left(\frac{80-(-60)}{2}\right)^2 + (-60)^2}\right\}\text{MPa} = -64.85\text{MPa}$$

按主应力大小顺序可知

$$\sigma_1 = \sigma' = 104.85\text{MPa}, \quad \sigma_3 = \sigma'' = -64.85\text{MPa}$$

由式（5.4）可得

$$\tan 2\alpha_0 = -\frac{2\times(-60)}{80-(-40)} = 1, \quad \alpha_0 = 22.5°$$

例 5.3　讨论图 5.10 所示圆轴扭转时的应力状态，并分析铸铁试件受扭转时的破坏现象。

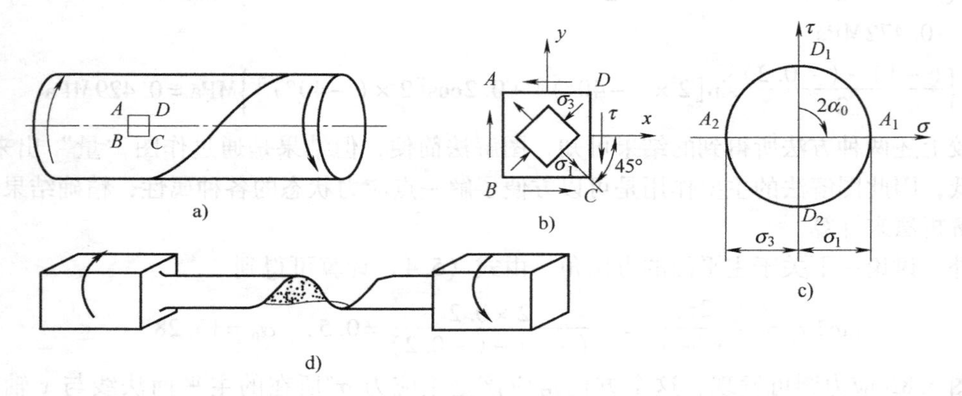

图　5.10

解： 圆轴扭转时，在横截面的边缘处切应力最大，其数值为 $\tau = T/W_p$。在圆轴的表层，按图 5.10a 所示方式取出单元体 $ABCD$，单元体各面上的应力如图 5.10b 所示，有

$$\sigma_x = \sigma_y = 0, \quad \tau_{xy} = \tau$$

这就是 1.3 节讨论的纯剪切应力状态。在 σ-τ 直角坐标系内，以 $\sigma_x = 0$，$\tau_{xy} = \tau$ 为坐标确定 D_1 点；以 $\sigma_y = 0$，$\tau_{yx} = -\tau$ 为坐标确定 D_2 点。连接 D_1、D_2，以 $\overline{D_1D_2}$ 为直径作应力圆（图 5.10c）。该应力圆的圆心为坐标原点，两个主应力分别为

$$\sigma_1 = \overline{OA_1} = \tau, \quad \sigma_3 = \overline{OA_2} = -\tau$$

另一主应力 $\sigma_2 = 0$。在应力圆上由 D_1 到 A_1 为顺时针转向，且 $2\alpha_0 = 90°$。所以在单元体上以 x 轴顺时针转过 $\alpha_0 = 45°$，即可确定 σ_1 所在主平面的法线（图 5.10b）。

所以，纯剪切应力状态的两个主应力绝对值相等，都等于切应力 τ，但一个为拉应力，另一个为压应力。圆截面铸铁试件扭转时，表面各点 σ_1 所在的主平面连成倾角为 45° 的螺旋面（图 5.10a）。由于铸铁抗拉强度较低，试件将沿这一螺旋面因拉伸而发生断裂破坏，如图 5.10d 所示。

5.3 空间应力状态的最大切应力

对于受力物体内一点处的应力状态，最普遍的情况是所取单元体三对平面上都有正应力和切应力，而其切应力可分解为沿坐标轴方向的两个分量，如图 5.11 所示。图中 x 平面上有正应力 σ_x、切应力 τ_{xy}和 τ_{xz}。这种单元体所代表的应力状态称为**空间应力状态**。

在空间应力状态的 9 个应力分量中，根据切应力互等定理，在数值上有 $\tau_{xy}=\tau_{yx}$、$\tau_{yz}=\tau_{zy}$、$\tau_{zx}=\tau_{xz}$，因而，独立的应力分量仅为 6 个，即 σ_x、σ_y、σ_z、τ_{xy}、τ_{yz}、τ_{zx}。

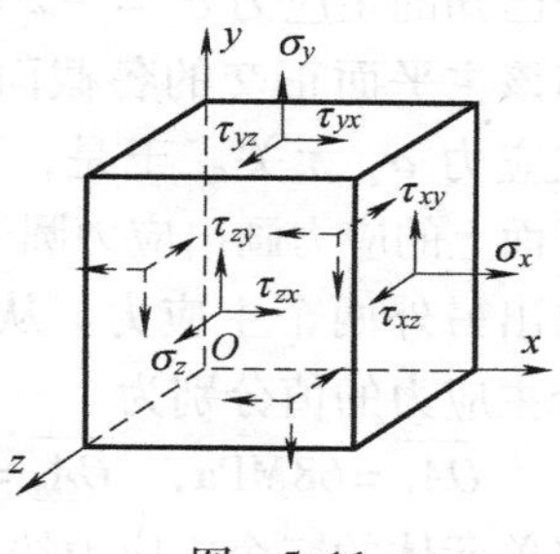

图 5.11

可以证明，在受力物体内的任一点处一定可以找到一个单元体，其三对相互垂直的平面均为主平面，三对主平面上的主应力分别为 σ_1、σ_2 和 σ_3。

本节研究当受力物体内某一点处的三个主应力 σ_1、σ_2 和 σ_3 均为已知时（图 5.12a），来确定该点处的最大正应力和最大切应力。首先来研究与其中一个主应力（例如 σ_3）平行的斜截面上的应力。应用截面法，沿该斜截面将单元体截为两部分，并研究其左边部分的平衡（图5.12b）。由于主应力 σ_3 所在的两平面上是一对自相平衡的力，因而该斜截面上的应力 σ、τ 与 σ_3 无关，只由主应力 σ_1 和 σ_2 来决定。于是该截面上的应力可由 σ_1 和 σ_2 画出的应力圆上的点来表示，而该应力圆上的最大和最小正应力分别为 σ_1 和 σ_2。同理可知，在与 σ_2（或 σ_1）平行的截面上的应力 σ、τ，可由 σ_1、σ_3（或 σ_2、σ_3）画出的应力圆上的点来表示。进一步的研究证明，表示与三个主平面斜交的任意斜截面（图 5.12a 中的 abc 截面）上应力 σ 和 τ 的点，必位于上述三个应力圆所围成的阴影范围（图 5.12c）以内。

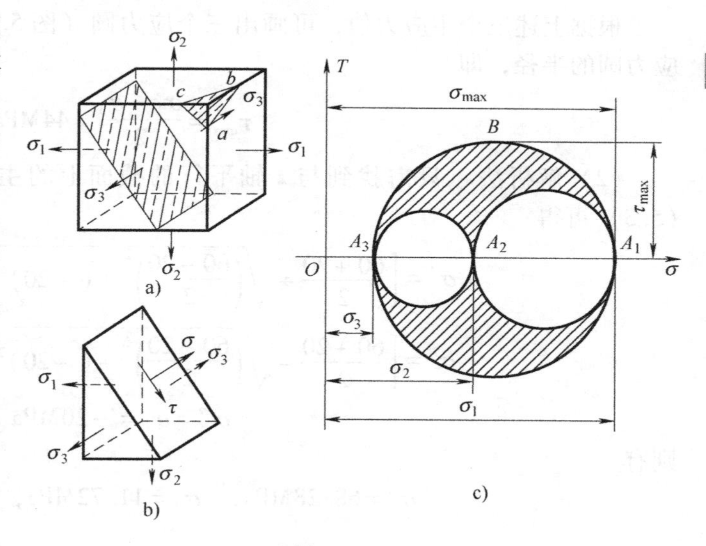

图 5.12

根据以上分析可知，空间应力状态的最大、最小正应力（指代数值）分别等于最大应力圆上 A_1、A_3 点的横坐标 σ_1、σ_3，即

$$\sigma_{max}=\sigma_1,\quad \sigma_{min}=\sigma_3$$

而最大切应力则等于最大应力圆的半径（图 5.12c），即

$$\tau_{max}=\frac{\sigma_1-\sigma_3}{2} \tag{5.6}$$

且最大切应力所在截面与主应力 σ_2 平行，并与 σ_1 和 σ_3 所在的平面各成45°角。

上述两公式同样适用于单向或二向应力状态，只需将具体问题中的主应力求出，并按代数值 $\sigma_1 \geqslant \sigma_2 \geqslant \sigma_3$ 的顺序排列。

例 5.4 单元体各面上的应力如图 5.13a 所示。试求出单元体的主应力及最大切应力。

解：（1）图解法 该单元体有一个已知的主应力 $\sigma_z = -20\text{MPa}$，因此，与该主平面正交的各截面上的应力与主应力 σ_z 无关。于是，可依据 x、y 平面上的应力画出应力圆（图 5.13b），求出另外两个主应力。从圆上量得两个主应力的值分别为

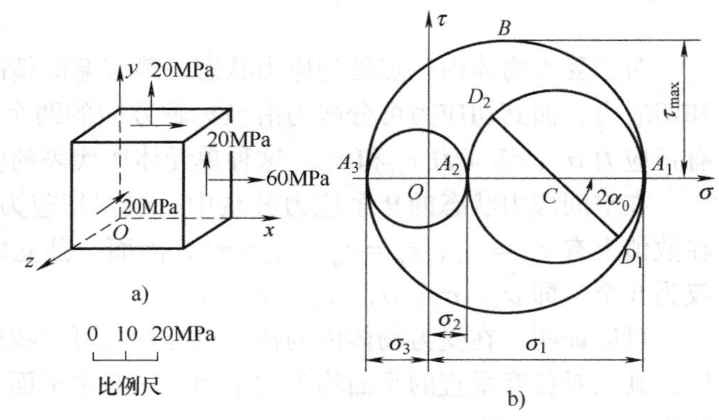

图 5.13

$$\overline{OA_1} = 68\text{MPa}, \quad \overline{OA_2} = 12\text{MPa}$$

将单元体的三个主应力按代数值的大小排列为

$$\sigma_1 = 68\text{MPa}, \quad \sigma_2 = 12\text{MPa}, \quad \sigma_3 = -20\text{MPa}$$

根据上述三个主应力值，可画出三个应力圆（图 5.13b）。单元体的最大切应力为最大应力圆的半径，即

$$\tau_{\max} = \frac{\sigma_1 - \sigma_3}{2} = 44\text{MPa}$$

（2）解析法 只需找到与 z 轴平行的截面上的主应力，且主应力与 σ_z 无关，由式 (5.3) 可得

$$\sigma' = \left[\frac{60+20}{2} + \sqrt{\left(\frac{60-20}{2}\right)^2 + (-20)^2}\right]\text{MPa} = 68.28\text{MPa}$$

$$\sigma'' = \left[\frac{60+20}{2} - \sqrt{\left(\frac{60-20}{2}\right)^2 + (-20)^2}\right]\text{MPa} = 11.72\text{MPa}$$

$$\sigma''' = \sigma_z = -20\text{MPa}$$

则有

$$\sigma_1 = 68.28\text{MPa}, \quad \sigma_2 = 11.72\text{MPa}, \quad \sigma_3 = -20\text{MPa}$$

5.4 空间应力状态下的应力应变关系

1. 广义胡克定律

在 3.3 节讨论单向拉伸或压缩时，根据试验结果，曾得到线弹性范围内正应力与正应变的关系，即胡克定律

$$\sigma = E\varepsilon \quad \text{或} \quad \varepsilon = \frac{\sigma}{E} \tag{a}$$

此外，在 4.2 节讨论可知，轴向变形还将引起横向尺寸的变化，横向应变 ε' 可表示为

$$\varepsilon' = -\nu\varepsilon = -\nu\frac{\sigma}{E} \tag{b}$$

在纯剪切的情况下，试验结果表明，当切应力不超过剪切比例极限时，切应力和切应变之间的关系服从剪切胡克定律。即

$$\tau = G\gamma \quad 或 \quad \gamma = \frac{\tau}{G} \tag{c}$$

在普遍情况下，描述一点的应力状态需要6个独立的应力分量，即σ_x、σ_y、σ_z和τ_{xy}、τ_{yz}、τ_{zx}（图5.11）。这种普遍情况，可以看作是三组单向应力和三组纯剪切的组合。对于各向同性材料，当变形很小且在线弹性范围内时，正应变只与正应力有关，而与切应力无关；切应变只与切应力有关，而与正应力无关。这样，就可利用式（a）~式（c）求出各应力分量对应的应变，然后再进行叠加，即得到复杂应力状态下应力与应变的关系。例如，在σ_x、σ_y、σ_z分别单独作用时，x方向的正应变依次分别为

$$\varepsilon'_x = \frac{\sigma_x}{E},\quad \varepsilon''_x = -\nu\frac{\sigma_y}{E},\quad \varepsilon'''_x = -\nu\frac{\sigma_z}{E}$$

于是，在σ_x、σ_y、σ_z同时作用时，x方向的正应变为

$$\varepsilon_x = \varepsilon'_x + \varepsilon''_x + \varepsilon'''_x = \frac{1}{E}[\sigma_x - \nu(\sigma_y + \sigma_z)]$$

同理，可以求出沿y、z方向的正应变ε_y和ε_z。最后得到

$$\left.\begin{aligned}\varepsilon_x &= \frac{1}{E}[\sigma_x - \nu(\sigma_y + \sigma_z)]\\ \varepsilon_y &= \frac{1}{E}[\sigma_y - \nu(\sigma_z + \sigma_x)]\\ \varepsilon_z &= \frac{1}{E}[\sigma_z - \nu(\sigma_x + \sigma_y)]\end{aligned}\right\} \tag{5.7}$$

至于切应力与切应变之间，仍为式（c）所示的关系。这样，在xy、yz、zx三个面内的切应变分别为

$$\gamma_{xy} = \frac{\tau_{xy}}{G},\quad \gamma_{yz} = \frac{\tau_{yz}}{G},\quad \gamma_{zx} = \frac{\tau_{zx}}{G} \tag{5.8}$$

式（5.7）和式（5.8）称为**广义胡克定律**。

当单元体的六个表面皆为主平面时（图5.14），广义胡克定律化为

$$\left.\begin{aligned}\varepsilon_1 &= \frac{1}{E}[\sigma_1 - \nu(\sigma_2 + \sigma_3)]\\ \varepsilon_2 &= \frac{1}{E}[\sigma_2 - \nu(\sigma_3 + \sigma_1)]\\ \varepsilon_3 &= \frac{1}{E}[\sigma_3 - \nu(\sigma_1 + \sigma_2)]\end{aligned}\right\} \tag{5.9}$$

$$\gamma_{xy} = \gamma_{yz} = \gamma_{zx} = 0 \tag{d}$$

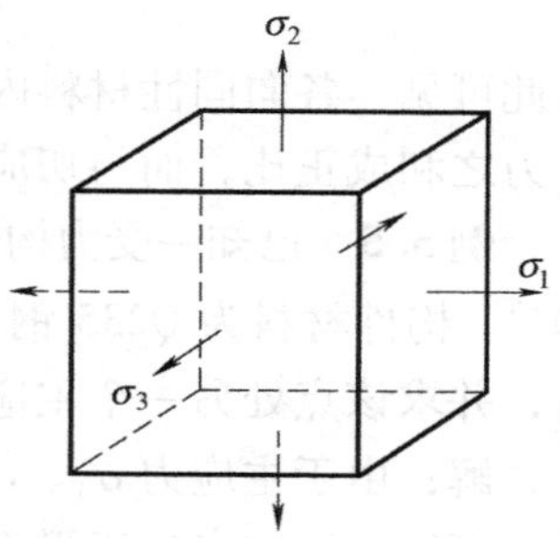

图 5.14

式（d）表明，在三个坐标平面内的切应变等于零，故x、y、z方向的正应变称为主应变。可知主应变与主应力的方向是一致的。主应变分别用ε_1、ε_2、ε_3表示，且按代数值大小排列$\varepsilon_1 \geqslant \varepsilon_2 \geqslant \varepsilon_3$。

在平面应力状态下，设$\sigma_3 = 0$，则由式（5.9）可得

$$\left.\begin{aligned}\varepsilon_1&=\frac{1}{E}(\sigma_1-\nu\sigma_2)\\\varepsilon_2&=\frac{1}{E}(\sigma_2-\nu\sigma_1)\\\varepsilon_3&=-\frac{\nu}{E}(\sigma_1+\sigma_2)\end{aligned}\right\}\tag{5.10}$$

由上式可见，平面应力状态的 $\sigma_3=0$，其相应的主应变 $\varepsilon_3\neq0$。

2. 各向同性材料的体积应变

构件在受力变形后，通常将引起体积变化。每单位体积的体积变化，称为**体积应变**，用 θ 表示。现研究各向同性材料在空间主应力状态（图 5.14）下的体积应变。

设单元体的三对平面均为主平面，其三个边长分别为 $\mathrm{d}x$、$\mathrm{d}y$、$\mathrm{d}z$，变形后的边长则分别为 $(1+\varepsilon_1)\mathrm{d}x$、$(1+\varepsilon_2)\mathrm{d}y$、$(1+\varepsilon_3)\mathrm{d}z$。因此，变形后单元体的体积为

$$V'=(1+\varepsilon_1)\mathrm{d}x\cdot(1+\varepsilon_2)\mathrm{d}y\cdot(1+\varepsilon_3)\mathrm{d}z$$

展开上式，并在小变形下略去正应变乘积项的高阶微量，得

$$V'=(1+\varepsilon_1+\varepsilon_2+\varepsilon_3)\mathrm{d}x\mathrm{d}y\mathrm{d}z$$

由体积应变的定义，得

$$\theta=\frac{V'-V}{V}=\frac{(1+\varepsilon_1+\varepsilon_2+\varepsilon_3)\mathrm{d}x\mathrm{d}y\mathrm{d}z-\mathrm{d}x\mathrm{d}y\mathrm{d}z}{\mathrm{d}x\mathrm{d}y\mathrm{d}z}=\varepsilon_1+\varepsilon_2+\varepsilon_3$$

将广义胡克定律公式（5.9）代入上式，经简化后得

$$\theta=\frac{1-2\nu}{E}(\sigma_1+\sigma_2+\sigma_3)\tag{5.11}$$

上式表明，任一点处的体积应变与该点处的三个主应力之和成正比。

对于平面纯剪切应力状态，$\sigma_1=-\sigma_3=\tau_{xy}$，$\sigma_2=0$，由式（5.11）可见，体积应变等于零，即在小变形条件下，切应力不引起各向同性材料的体积应变。因此，在图 5.11 所示一般空间应力状态下，材料的体积应变只与三个正应变 ε_x、ε_y、ε_z 有关。于是，仿照上述推导可得

$$\theta=\frac{1-2\nu}{E}(\sigma_x+\sigma_y+\sigma_z)$$

由此可见，各向同性材料内一点处的体积应变与通过该点的任意三个相互垂直的平面上的正应力之和成正比，而与切应力无关。这一结论将在下节中用到。

例 5.5 已知一受力构件自由表面上某点处的两主应变值为 $\varepsilon_1=240\times10^{-6}$，$\varepsilon_3=-160\times10^{-6}$。构件材料为 Q235 钢，弹性模量 $E=210\text{GPa}$，泊松比 $\nu=0.3$。试求该点处的主应力数值，并求该点处另一个主应变 ε_2 的数值和方向。

解： 由于主应力 σ_1、σ_2、σ_3 与主应变 ε_1、ε_2、ε_3 一一对应，故由题意及已知的主应变数据可知，已知点处于平面应力状态且 $\sigma_2=0$。由广义胡克定律

$$\varepsilon_1=\frac{1}{E}(\sigma_1-\nu\sigma_3)$$

$$\varepsilon_3=\frac{1}{E}(\sigma_3-\nu\sigma_1)$$

联解上列两式，得

$$\sigma_1=\frac{E}{1-\nu^2}(\varepsilon_1+\nu\varepsilon_3)=\left[\frac{210\times10^9}{1-0.3^2}(240-0.3\times160)\times10^{-6}\right]\text{Pa}=44.3\text{MPa}$$

$$\sigma_3=\frac{E}{1-\nu^2}(\varepsilon_3+\nu\varepsilon_1)=\left[\frac{210\times10^9}{1-0.3^2}(-160+0.3\times240)\times10^{-6}\right]\text{Pa}=-20.3\text{MPa}$$

主应变 ε_2 的数值可仿照式（5.10）中的第三式，得

$$\varepsilon_2=-\frac{\nu}{E}(\sigma_1+\sigma_3)=-\frac{0.3}{210\times10^9}(44.3-20.3)\times10^6=-34.3\times10^{-6}$$

由此可见，ε_2 是缩短的主应变，其方向与 ε_1 及 ε_3 垂直，即沿构件自由表面的法线方向。

例5.6　边长为0.1m的铜立方体，无间隙地放入变形可略去不计的刚性凹槽中（图5.15a）。已知铜的弹性模量 $E=100\text{GPa}$，泊松比 $\nu=0.34$。当铜块受到 $F=300\text{kN}$ 的均布压力作用时，试求铜块的三个主应力的大小。

解：铜块横截面上的压应力为

$$\sigma_y=-\frac{F}{A}=-\frac{300\times10^3}{0.1^2}\text{Pa}=-30\text{MPa}$$

铜块受到轴向压缩将产生横向变形，但由于刚性凹槽壁的约束，使得铜块在 x、z 方向的应变等于零。于是，在铜块与凹槽壁接触面间将产生均匀的压应力 σ_x、σ_z（图5.15b）。按广义胡克定律公式（5.7）可得

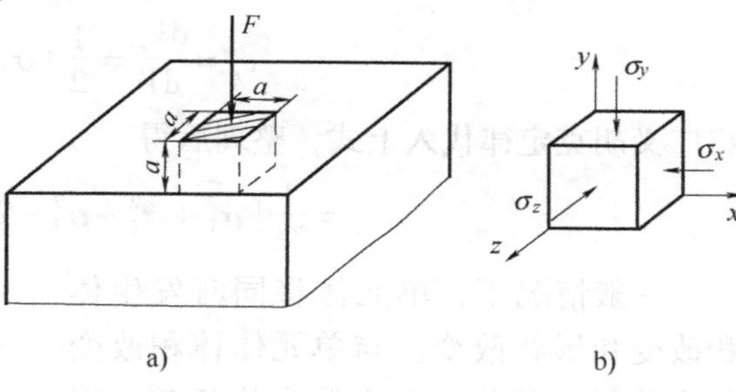

图　5.15

$$\varepsilon_x=\frac{1}{E}[\sigma_x-\nu(\sigma_y+\sigma_z)]=0$$

$$\varepsilon_z=\frac{1}{E}[\sigma_z-\nu(\sigma_x+\sigma_y)]=0$$

联立求解以上两式，可得

$$\sigma_x=\sigma_z=\frac{\nu}{1-\nu}\sigma_y=\frac{0.34}{1-0.34}(-30)\text{MPa}=-15.5\text{MPa}$$

按主应力的代数值顺序排列，得该铜块的主应力为

$$\sigma_1=\sigma_2=-15.5\text{MPa},\quad \sigma_3=-30\text{MPa}$$

5.5　空间应力状态的应变能密度

弹性体受力作用而产生弹性变形时，其内部将储存能量。弹性体在外力作用下，因发生变形而储存的能量称为**应变能**或**变形能**。若以单位体积表示的应变能则称为**应变能密度**。材料在线弹性范围内，力 F 与相应变形 Δ 成正比，外力功表达式为

$$W=\frac{1}{2}F\Delta \tag{a}$$

忽略动能的影响，外力功将转变为应变能。在空间应力状态下，弹性应变能与外力功在数值上仍然相等。对于线弹性范围内、小变形条件下的受力物体所积蓄的应变能只取决于外力和变形的最终值，而与加载顺序无关。因为，若以不同的加载顺序可以得到不同的应变

能，那么，按一个储存能量较多的顺序加载，而按另一个储存能量较少的顺序卸载，完成一个循环弹性体内将增加能量。显然，这与能量守恒定律相矛盾。为了便于分析空间应力状态（图5.16a）的应变能密度，这里假设物体上的外力按同一比例由零增至最终值，物体内任一单元体各面上的应力也按同一比例由零增至最终值。

设微单元的三个边长分别为 dx、dy 和 dz（图5.16a），则与力 $\sigma_1 dydz$、$\sigma_2 dxdz$ 和 $\sigma_3 dydx$ 相对应的位移为 $\varepsilon_1 dx$、$\varepsilon_2 dy$ 和 $\varepsilon_3 dz$。这些力所做功为

$$dW=\frac{1}{2}(\sigma_1\varepsilon_1+\sigma_2\varepsilon_2+\sigma_3\varepsilon_3)dxdydz=\frac{1}{2}(\sigma_1\varepsilon_1+\sigma_2\varepsilon_2+\sigma_3\varepsilon_3)dV$$

于是储存在微单元体内的应变能为

$$dV_\varepsilon=dW=\frac{1}{2}(\sigma_1\varepsilon_1+\sigma_2\varepsilon_2+\sigma_3\varepsilon_3)dV$$

由应变能密度定义，可得到空间应力状态的应变能密度为

$$v_\varepsilon=\frac{dV_\varepsilon}{dV}=\frac{1}{2}(\sigma_1\varepsilon_1+\sigma_2\varepsilon_2+\sigma_3\varepsilon_3) \tag{5.12}$$

将广义胡克定律代入上式，整理后得

$$v_\varepsilon=\frac{1}{2E}[\sigma_1^2+\sigma_2^2+\sigma_3^2-2\nu(\sigma_1\sigma_2+\sigma_2\sigma_3+\sigma_3\sigma_1)] \tag{5.13}$$

一般情况下，单元体将同时发生体积改变和形状改变。与单元体体积改变相应的那一部分能密度称为**体积改变能密度**，并用 v_V 表示；而与单元体形状改变相应的那一部分能密度称为**畸变能密度**，并用 v_d 表示。两部分之和即为应变能密度 v_ε，即

$$v_\varepsilon=v_V+v_d \tag{b}$$

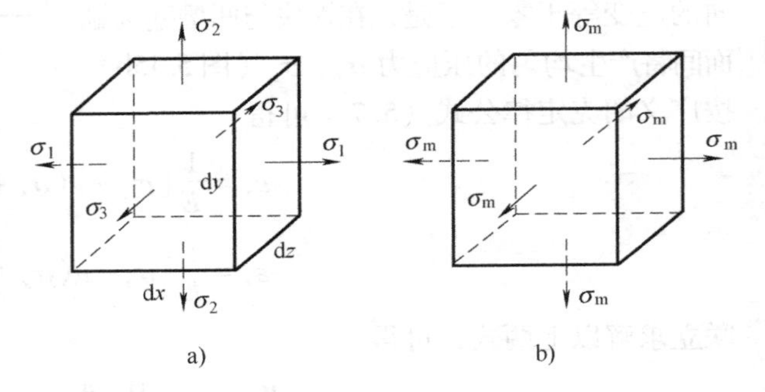

图 5.16

由于单元体的体积改变可用体积应变来量度，因此，两个体积应变相等的单元体，其体积改变能密度相等。于是，将图5.16a所示单元体的三个主应力均代之以三个主应力的平均值（图5.16b）

$$\sigma_m=\frac{1}{3}(\sigma_1+\sigma_2+\sigma_3)$$

则由于两单元体的主应力之和相等，故它们的体积应变相等，所以 v_V 也相等。由于图5.16b所示单元体的三个主应力相等，故变形后的形状与原来的形状相似，即只发生体积改变而无形状改变。因而这种情况下的应变能密度即为体积改变能密度 v_V。由式（5.13），得

$$\begin{aligned}v_V&=\frac{1}{2E}[\sigma_m^2+\sigma_m^2+\sigma_m^2-2\nu(\sigma_m^2+\sigma_m^2+\sigma_m^2)]\\&=\frac{3(1-2\nu)}{2E}\sigma_m^2=\frac{1-2\nu}{6E}(\sigma_1+\sigma_2+\sigma_3)^2\end{aligned} \tag{5.14}$$

将式（5.13）、式（5.14）代入式（b），整理后，即得空间应力状态下单元体的畸变能密度 v_d 为

$$v_d=v_\varepsilon-v_V=\frac{1+\nu}{6E}[(\sigma_1-\sigma_2)^2+(\sigma_2-\sigma_3)^2+(\sigma_3-\sigma_1)^2] \tag{5.15}$$

5.6 强度理论

在第3章研究拉（压）杆的强度问题时，所用的强度条件是以杆横截面上的正应力 σ 为依据的，即

$$\sigma \leqslant [\sigma]$$

而材料的拉（压）许用应力［σ］是通过拉伸（压缩）试验，测定材料破坏时横截面上的极限应力，然后除以适当的安全因数得到的。像这种直接根据试验结果建立强度条件的方法，只对危险点是单向应力状态和纯剪切应力状态的特殊情况才是可行的。

对于危险点处于复杂应力状态的构件，三个主应力 σ_1、σ_2、σ_3 之间的比例有无限多种可能，要在每一种比例下都通过对材料的直接试验来确定其极限应力，将是难以做到的。

因此，长期以来人们大量观察和研究了各类各向同性材料在不同受力条件下的破坏现象，分析、推测引起其破坏的原因。事实上，不论材料破坏的表面现象如何复杂，其破坏形式主要是脆性断裂和屈服失效两种类型，而同一类型的破坏则可能是由某一个共同的因素所引起的。衡量一点处受力和变形程度的量有应力、应变和应变能密度等。因此，可以设想，引起材料某种类型破坏的共同因素则可能包括最大正应力、最大正应变、最大切应力和最大应变能密度等。

于是，人们根据对材料破坏现象的分析，推测引起破坏的原因，提出各种假说，认为材料某种类型的破坏是由某种因素引起的，这种假说称为**强度理论**。按照强度理论，无论简单或复杂应力状态，引起破坏的因素是相同的。这样就可以通过某种类型破坏的最简单试验，测定该因素的极限值，来建立复杂应力状态的强度条件。

解释材料破坏原因的一些假说是否正确，或适用于什么情况，必须由实践来检验。通过多年来的理论分析和实践检验，一些强度假设成为人们公认的强度理论。这里只介绍各向同性材料在常温、静载荷条件下的几个常用强度理论。

由于材料的破坏主要分为脆性断裂和屈服两种类型，强度理论相应也分成两类：一类是解释脆性断裂的，其中有最大拉应力理论和最大正应变理论；另一类是解释屈服失效的，其中有最大切应力理论和最大畸变能密度理论。

1. 最大拉应力理论（第一强度理论）

由于最大拉应力理论是最早提出的强度理论，故也称为第一强度理论。这一理论认为：最大拉应力是引起材料脆断的主要因素。即认为无论在何种应力状态，只要最大拉应力达到材料的极限值，材料就会发生脆断破坏。既然最大拉应力的极限值与应力状态无关，于是就可用单向拉伸时沿横截面发生脆断的试验来确定最大拉应力的极限值。这一极限值即为材料的抗拉强度 σ_b。这样，根据这一理论，无论是什么应力状态，只要最大拉应力 σ_1 达到 σ_b 就发生断裂。于是得断裂准则

$$\sigma_1 = \sigma_b \tag{5.16}$$

将极限应力 σ_b 除以安全因数得许用应力［σ］，因此，按第一强度理论建立的强度条件是

$$\sigma_1 \leqslant [\sigma] \tag{5.17}$$

铸铁等脆性材料在单向拉伸时，断裂发生在拉应力最大的横截面，脆性材料的扭转也是

沿拉应力最大的螺旋面发生断裂。这些都与最大拉应力理论相符。这一理论没有考虑另外两个主应力的影响，且对没有拉应力的应力状态也无法应用。

2. 最大拉应变理论（第二强度理论）

这一理论认为最大拉应变是引起材料脆断的主要因素。即认为无论在何种应力状态，只要最大拉应变 ε_1 达到材料的极限值，材料即发生断裂。与前同理，材料的极限值可由单向拉伸时材料发生脆断的试验来测定。设单向拉伸直到脆断破坏材料可近似看作服从胡克定律，则拉断时正应变的极限值应为 $\varepsilon_u = \sigma_b / E$。按照这一理论，任意应力状态下，只要最大拉应变 ε_1 达到极限值 ε_u，材料就发生脆断。故得断裂准则为

$$\varepsilon_1 = \varepsilon_u = \frac{\sigma_b}{E} \tag{a}$$

由广义胡克定律

$$\varepsilon_1 = \frac{1}{E}[\sigma_1 - \nu(\sigma_2 + \sigma_3)]$$

代入式（a）得断裂准则

$$\sigma_1 - \nu(\sigma_2 + \sigma_3) = \sigma_b \tag{5.18}$$

将 σ_b 除以安全因数得许用应力 $[\sigma]$，于是按第二强度理论建立的强度条件是

$$\sigma_1 - \nu(\sigma_2 + \sigma_3) \leqslant [\sigma] \tag{5.19}$$

石料或混凝土等脆性材料受轴向压缩时，如在试验机的压头与试块的接触面上加润滑剂，以减小摩擦力的影响，试件将沿垂直于压力的方向裂开。裂开的方向也就是 ε_1 的方向。铸铁在拉-压二向应力状态，且压应力较大的情况下，试验结果也与这一理论接近。不过铸铁在两个主应力均为拉应力，或一个为拉应力、另一个为压应力且前者较后者的绝对值为大时的实验结果与最大拉应力理论较为符合。

3. 最大切应力理论（第三强度理论）

这一理论认为最大切应力是引起屈服的主要因素。即认为无论在何种应力状态，只要最大切应力达到材料屈服时的极限值，材料就发生屈服。至于材料屈服时切应力的极限值，可以通过任意一种使试样发生屈服的试验来测定。像低碳钢这一类塑性材料，在单向拉伸时材料就是沿与轴线成45°的斜截面发生滑移而屈服，该斜截面上的切应力达到极限值，且为屈服点应力 σ_s 的一半。即

$$\tau_u = \frac{1}{2}\sigma_s \tag{b}$$

由式（5.6），在任意应力状态下

$$\tau_{max} = \frac{1}{2}(\sigma_1 - \sigma_3) \tag{c}$$

所以，按照这一理论的屈服准则为

$$\tau_{max} = \tau_u \tag{d}$$

将式（b）、式（c）代入式（d），屈服准则可改写为

$$\sigma_1 - \sigma_3 = \sigma_s \tag{5.20}$$

以许用应力 $[\sigma]$ 代换 σ_s，得到按第三强度理论建立的强度条件

$$\sigma_1-\sigma_3\leqslant[\sigma] \tag{5.21}$$

最大切应力理论较好地解释了屈服现象。例如，低碳钢拉伸屈服时沿与轴线成45°的方向出现滑移线，这是材料内部沿这一方向相对滑移造成的，而该方向的斜截面上的切应力恰为最大值。钢、铝、铜等塑性材料的试验资料表明，塑性变形出现时最大切应力接近于某一常量。这一理论的缺陷是忽略了 σ_2 的影响。在二向应力状态下，与试验资料比较，理论结果偏于安全。

4. 畸变能密度理论（第四强度理论）

这一理论认为畸变能密度是引起材料屈服的主要因素。即认为无论在何种应力状态，只要畸变能密度达到材料的极限值，材料就发生屈服。与前同理，可通过单向拉伸时出现屈服的试验确定畸变能密度的极限值。单向拉伸屈服时有 $\sigma_1=\sigma_s$，$\sigma_2=\sigma_3=0$。按照式（5.15）得畸变能密度的极限值为

$$v_d=\frac{1+\nu}{6E}2\sigma_s^2$$

按照式（5.17），任意应力状态下的畸变能密度为

$$v_d=\frac{1+\nu}{6E}[(\sigma_1-\sigma_2)^2+(\sigma_2-\sigma_3)^2+(\sigma_3-\sigma_1)^2]$$

所以，按照这一理论的屈服准则应为上两式相等，整理后为

$$\sqrt{\frac{1}{2}[(\sigma_1-\sigma_2)^2+(\sigma_2-\sigma_3)^2+(\sigma_3-\sigma_1)^2]}=\sigma_s \tag{5.22}$$

以许用应力 $[\sigma]$ 代替 σ_s，得按第四强度理论建立的强度条件

$$\sqrt{\frac{1}{2}[(\sigma_1-\sigma_2)^2+(\sigma_2-\sigma_3)^2+(\sigma_3-\sigma_1)^2]}\leqslant[\sigma] \tag{5.23}$$

几种塑性材料钢、铝、铜的试验资料与屈服准则式（5.22）非常接近。这一理论与实验结果吻合的程度比第三强度理论更好。在纯剪切的情况下，由屈服准则式（5.22）和式（5.20）得出的结果相差15%，这是两者相差最大的情况。

综合式（5.17）、式（5.19）、式（5.21）和式（5.23），可以把四个强度理论的强度条件写成如下统一形式：

$$\sigma_{ri}\leqslant[\sigma],\quad i=1,2,3,4 \tag{5.24}$$

式中，σ_{ri}称为计算应力，它由三个主应力按一定形式组合而成。按照第一到第四强度理论的次序，计算应力分别为

$$\left.\begin{aligned}
\sigma_{r1}&=\sigma_1\\
\sigma_{r2}&=\sigma_1-\nu(\sigma_2+\sigma_3)\\
\sigma_{r3}&=\sigma_1-\sigma_3\\
\sigma_{r4}&=\sqrt{\frac{1}{2}[(\sigma_1-\sigma_2)^2+(\sigma_2-\sigma_3)^2+(\sigma_3-\sigma_1)^2]}
\end{aligned}\right\} \tag{5.25}$$

关于强度理论的应用，一般说，铸铁、石料、混凝土、玻璃等脆性材料通常以脆断方式破坏，宜选用第一和第二强度理论；碳钢、铝、铜等塑性材料通常以屈服方式失效，宜选用

第三和第四强度理论。

应该指出，不同材料固然可以发生不同形式的破坏，但即使是同一材料，在不同应力状态下也可能有不同的失效形式。例如，碳钢在单向拉伸时以屈服的形式失效，但碳钢制成的螺栓受拉伸，会沿螺纹根部横截面发生脆断。这是因为该横截面上大部分材料处于三向拉应力的空间应力状态。当三个主应力数值接近时，由屈服准则式（5.20）或式（5.22）看出，屈服将很难出现。又如，铸铁单向受拉时以脆断形式破坏。但如以淬火钢球压在铸铁板上，接触点附近的材料处于三向受压状态，随着压力的增大，铸铁板会出现明显的凹坑，这表明已出现屈服现象。以上例子说明材料的破坏形式与应力状态有关。因此，无论是塑性或脆性材料，在三向拉应力相近的情况下，都将以断裂的形式破坏，宜采用最大拉应力理论。但应指出，对于塑性材料，由于不可能从单向拉伸试验得到材料发生脆断时的极限应力，所以，式（5.17）中的许用应力不能取单向拉伸的许用应力值，而应用发生脆断时的最大主应力 σ_1 除以安全因数。无论是塑性或脆性材料，在三向压应力相近的情况下，都可引起塑性变形，宜采用第三或第四强度理论。与前同理，但因脆性材料不可能由单向拉伸试验得到材料发生屈服的极限应力，所以，式（5.21）或式（5.23）中的［σ］也不能用脆性材料在单向拉伸时的许用拉应力值。

根据强度理论，可以从材料在单向拉伸时的许用应力［σ］来推知材料在纯剪切应力状态下的许用应力。在纯剪切应力状态下，一点处的三个主应力分别为 $\sigma_1=\tau$，$\sigma_2=0$，$\sigma_3=-\tau$。对于像低碳钢一类的塑性材料，在纯剪切应力状态下，材料发生屈服失效，所以，若按畸变能密度理论建立的强度条件（5.25），并将三个主应力代入，得

$$\sigma_{r4}=\sqrt{\frac{1}{2}[(\tau-0)^2+(0+\tau)^2+(-\tau-\tau)^2]}=\sqrt{3}\tau\leqslant[\sigma]$$

$$\tau\leqslant\frac{[\sigma]}{\sqrt{3}} \tag{e}$$

式中，［σ］为材料在单向拉伸时的许用应力。另一方面，纯剪切应力状态下的强度条件为

$$\tau\leqslant[\tau] \tag{f}$$

比较式（e）和式（f），可知

$$[\tau]=\frac{[\sigma]}{\sqrt{3}}=0.577[\sigma]$$

这是按照第四强度理论得到的塑性材料的［τ］与［σ］之间的关系。

若按最大切应力理论建立的强度条件

$$\sigma_{r3}=\sigma_1-\sigma_3=\tau-(-\tau)=2\tau\leqslant[\sigma]$$

$$\tau\leqslant0.5[\sigma] \tag{g}$$

比较式（g）和式（f），可知

$$[\tau]=0.5[\sigma]$$

此即为按照第三强度理论得到的塑性材料的［τ］与［σ］之间的关系。故对于塑性材料

$$[\tau]=(0.5\sim0.6)[\sigma]$$

同理，应用最大拉应变理论和最大拉应力理论，可导出像铸铁一类的脆性材料的［τ］与［σ］之间的关系为 $[\tau]=(0.8\sim1)[\sigma]$，建议读者自行验算。

例5.7 当锅炉或其他圆筒形容器的壁厚 t 远小于它的内直径 D 时（如 $t<\frac{D}{20}$），称之为薄壁圆筒。图5.17a所示一薄壁容器承受内压力的压强为 p。圆筒部分的内直径为 D，壁厚为 t，且 $t \ll D$。试按第三强度理论写出圆筒壁的计算应力表达式。

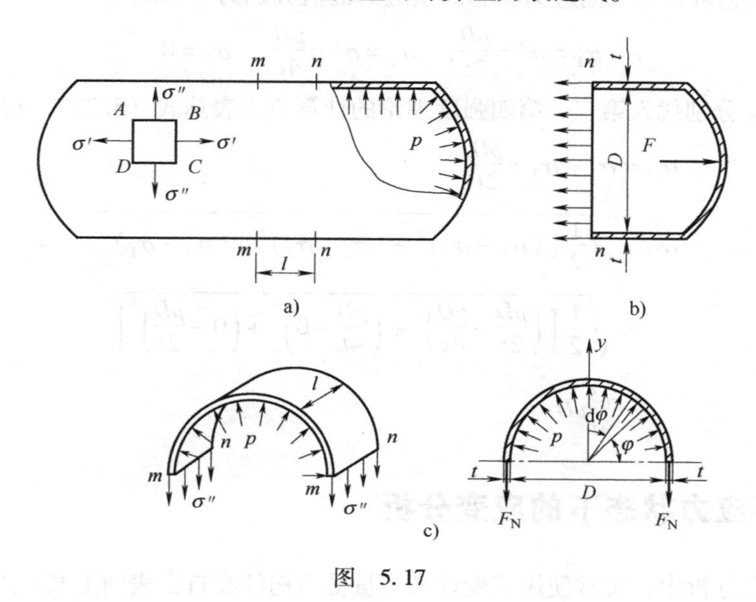

图 5.17

解： 首先计算圆筒部分内的应力。由圆筒及其受力的对称性可知，作用在圆筒底上压力的合力 F 的作用线与圆筒的轴线重合（图5.17b）。因此圆筒部分的横截面上各点的正应力 σ' 可按轴向拉伸时的公式（3.1）计算，即

$$\sigma' = \frac{F}{A} = \frac{p \cdot \frac{\pi D^2}{4}}{\pi D t} = \frac{pD}{4t} \tag{a}$$

因为 $t \ll D$，所以，在计算中取 $A \approx \pi D t$。

为了求出圆筒部分纵截面上的正应力 σ''，用相距为 l 的两个横截面和包含直径的纵向平面，从圆筒中截取一部分（图5.17c）。若在筒壁的纵向截面上应力为 σ''，则内力为 $F_N = \sigma'' t l$。在这一部分圆筒内壁的微分面积 $l\frac{D}{2}\mathrm{d}\varphi$ 上的压力为 $pl\frac{D}{2}\mathrm{d}\varphi$。该部分内压力在 y 方向的投影的代数和为

$$\int_0^{\pi} pl\frac{D}{2}\sin\varphi \mathrm{d}\varphi = plD$$

积分结果表明，它等于截出部分在纵向平面上的投影面积 lD 与 p 的乘积。由平衡方程 $\sum F_y = 0$，得

$$2\sigma'' tl - plD = 0$$

$$\sigma'' = \frac{pD}{2t} \tag{b}$$

从式（a）、式（b）可见，纵向截面上的应力 σ'' 是横截面上应力 σ' 的两倍。

σ' 作用的截面就是薄壁圆筒的横截面，这类截面上没有切应力。又因压力是轴对称载

荷，所以在σ''作用的纵向截面上也没有切应力。这样，通过壁内任意点的纵、横两截面皆为主平面，σ'和σ''皆为主应力。此外，在单元体 $ABCD$ 的壁厚方向上，有作用于内壁的内压力 p 和作用于外壁的大气压力，它们都远小于σ'和σ''，可以认为等于零，于是，筒壁上任一点的应力状态可视为二向应力状态。主应力的值分别为

$$\sigma_1=\sigma''=\frac{pD}{2t},\quad \sigma_2=\sigma'=\frac{pD}{4t},\quad \sigma_3=0$$

将σ_1、σ_2 及 σ_3 分别代入第三、第四强度理论的计算应力表达式（5.27），得

$$\sigma_{r3}=\sigma_1-\sigma_3=\frac{pD}{2t}$$

$$\begin{aligned}\sigma_{r4}&=\sqrt{\frac{1}{2}[(\sigma_1-\sigma_2)^2+(\sigma_2-\sigma_3)^2+(\sigma_3-\sigma_1)^2]}\\&=\sqrt{\frac{1}{2}\left[\left(\frac{pD}{2t}-\frac{pD}{4t}\right)^2+\left(\frac{pD}{4t}-0\right)^2+\left(0-\frac{pD}{2t}\right)^2\right]}\\&=\frac{\sqrt{3}}{4t}pD\end{aligned}$$

*5.7 平面应力状态下的应变分析

在实验应力分析中，常常使用应变计来测量受力构件在自由表面上某一点处的应变。在这种应变测量中，往往先测定测点处沿几个方向的正应变，然后确定该点处的主应变、主应力等。受力物体内一点处各方向应变的集合，称为**一点处的应变状态**。由于研究的构件具有自由表面，则该表面上某点的应力状态必定为平面应力状态，因此本节研究平面应力状态下一点处在该平面内的应变随方向而改变的规律。

1. 任意方向的应变

为了推导平面应力状态下一点处在该平面内沿任意方向正应变和切应变的表达式，假设在所研究的点 O 处 xOy 坐标系内的正应变 ε_x、ε_y 和切应变 γ_{xy}为已知。要求得该点处沿任意方向的正应变 ε_α（或 $\varepsilon_{x'}$），如图 5.18 所示，可将 xOy 坐标系绕 O 点旋转一个 α 角，得到一个新的 $x'Oy'$坐标系，并规定 α 角以逆时针转动时为正值。在新坐标系中，直角$\angle x'Oy'$的变化就是相应的切应变 γ_α。根据已知的正应变 ε_x、ε_y 和切应变 γ_{xy}推导 ε_α、γ_α 表达式时，假设 O 点处沿某一方向的微段内，应变是均匀的。关于应变正负号规定如下（与应力对应）：正应变使微段伸长为正，反之为负；切应变使直角$\angle xOy$ 增大为正，反之为负。本节将通过平面应力下的广义胡克定律来建立已知应变 ε_x、ε_y 和γ_{xy}与未知应变 ε_α 和 γ_α 之间的关系式。

按广义胡克定律公式（5.7）可知，平面应力下的表达式可写为

$$\left.\begin{aligned}\varepsilon_x&=\frac{1}{E}(\sigma_x-\nu\sigma_y)\\\varepsilon_y&=\frac{1}{E}(\sigma_y-\nu\sigma_x)\\\gamma_{xy}&=\frac{\tau_{xy}}{G}\end{aligned}\right\}\qquad(5.26)$$

需要说明的是，平面应力状态并不一定是平面应变状态，即 $\varepsilon_z \neq 0$，但由于 ε_z 的方向垂直于 ε_α，因此对其无影响，故在式（5.26）中没有出现。

为了下面的推导方便，对式（5.26）做如下变换，将式（5.26）前两项等式两端通过相加和相减，并整理可得

$$\left.\begin{aligned}\sigma_x+\sigma_y&=\frac{E}{1-\nu}(\varepsilon_x+\varepsilon_y)\\ \sigma_x-\sigma_y&=\frac{E}{1+\nu}(\varepsilon_x-\varepsilon_y)\\ \tau_{xy}&=G\gamma_{xy}\end{aligned}\right\}\tag{5.27}$$

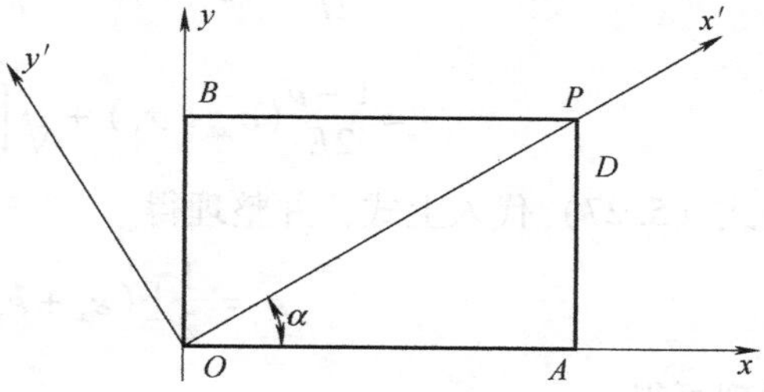

由广义胡克定律，沿轴线 x' 方向上的正应变表达式可写为

$$\varepsilon_\alpha=\frac{1}{E}(\sigma_\alpha-\nu\sigma_{\alpha+90^\circ})\tag{5.28}$$

图　5.18

由式（5.1）可得

$$\left.\begin{aligned}\sigma_\alpha&=\frac{\sigma_x+\sigma_y}{2}+\frac{\sigma_x-\sigma_y}{2}\cos2\alpha-\tau_{xy}\sin2\alpha\\ \sigma_{\alpha+90^\circ}&=\frac{\sigma_x+\sigma_y}{2}-\frac{\sigma_x-\sigma_y}{2}\cos2\alpha+\tau_{xy}\sin2\alpha\end{aligned}\right\}\tag{5.29}$$

将式（5.29）代入式（5.28）得

$$\varepsilon_\alpha=\frac{1-\nu}{2E}(\sigma_x+\sigma_y)+\frac{1+\nu}{2E}(\sigma_x-\sigma_y)\cos2\alpha-\tau_{xy}\frac{1+\nu}{E}\sin2\alpha$$

将式（5.27）代入上式，并整理为

$$\varepsilon_\alpha=\frac{\varepsilon_x+\varepsilon_y}{2}+\frac{\varepsilon_x-\varepsilon_y}{2}\cos2\alpha-\gamma_{xy}G\frac{1+\nu}{E}\sin2\alpha$$

注意到 $G=\dfrac{E}{2\ (1+\nu)}$，上式简化为

$$\varepsilon_\alpha=\frac{\varepsilon_x+\varepsilon_y}{2}+\frac{\varepsilon_x-\varepsilon_y}{2}\cos2\alpha-\frac{\gamma_{xy}}{2}\sin2\alpha\tag{5.30}$$

由胡克定律和式（5.2）

$$\gamma_\alpha=\frac{\tau_\alpha}{G}=\frac{1}{G}\left(\frac{\sigma_x-\sigma_y}{2}\sin2\alpha+\tau_{xy}\cos2\alpha\right)$$

经整理可得

$$\gamma_\alpha=(\varepsilon_x-\varepsilon_y)\sin2\alpha+\gamma_{xy}\cos2\alpha\tag{5.31}$$

2. 主应变的数值与方向

如前所述，平面应力状态下，在一点处与该平面（即与纸面）垂直的各斜截面中存在着两个互相垂直的主平面，其上的正应力为主应力而切应力均等于零。由5.4节可知，主应变与主应力的方向一致，因此，平面应力状态下，在此平面内一点处也存在着两个互相垂直的主应变，其相应的切应变均等于零。设面内对应主应力 σ' 和 σ'' 的主应变分别为 ε' 和 ε''，

由平面应力下的广义胡克定律和式（5.3），则有

$$\begin{aligned}\varepsilon' &= \frac{1}{E}(\sigma' - \nu\sigma'') \\ &= \frac{1-\nu}{2E}(\sigma_x + \sigma_y) + \frac{1+\nu}{E}\sqrt{\left(\frac{\sigma_x - \sigma_y}{2}\right)^2 + \tau_{xy}^2} \\ &= \frac{1-\nu}{2E}(\sigma_x + \sigma_y) + \sqrt{\left[(\sigma_x - \sigma_y)\frac{1+\nu}{2E}\right]^2 + \left(\frac{1+\nu}{E}\gamma_{xy}G\right)^2}\end{aligned}$$

将式（5.27）代入上式，并整理得

$$\varepsilon' = \frac{1}{2}\left[(\varepsilon_x + \varepsilon_y) + \sqrt{(\varepsilon_x - \varepsilon_y)^2 + \gamma_{xy}^2}\right] \tag{5.32a}$$

同理可得

$$\varepsilon'' = \frac{1}{2}\left[(\varepsilon_x + \varepsilon_y) - \sqrt{(\varepsilon_x - \varepsilon_y)^2 + \gamma_{xy}^2}\right] \tag{5.32b}$$

主应变 ε' 的方向与主应力 σ' 方向是一致的，则有

$$\tan 2\alpha_0 = -\frac{2\tau_{xy}}{(\sigma_x - \sigma_y)} = -\frac{2G\gamma_{xy}}{\dfrac{E}{1+\nu}(\varepsilon_x - \varepsilon_y)}$$

经整理得

$$\tan 2\alpha_0 = -\frac{\gamma_{xy}}{\varepsilon_x - \varepsilon_y} \tag{5.33}$$

例 5.8 设用图 5.19a 所示的 45°应变花测得某构件表面上一点处的三个正应变值为 $\varepsilon_x = 345\times10^{-6}$，$\varepsilon_{45°} = 208\times10^{-6}$ 及 $\varepsilon_y = -149\times10^{-6}$。试求该点处的主应变数值和方向。

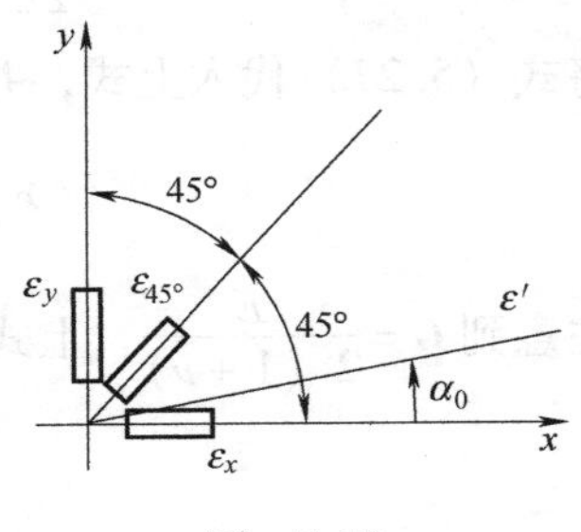

图 5.19

解： 由式（5.30）可得

$$\begin{aligned}\varepsilon_{45°} &= \frac{1}{2}(\varepsilon_x + \varepsilon_y) + \frac{1}{2}(\varepsilon_x - \varepsilon_y)\cos 90° - \frac{1}{2}\gamma_{xy}\sin 90° \\ &= \frac{1}{2}(\varepsilon_x + \varepsilon_y) - \frac{1}{2}\gamma_{xy}\end{aligned}$$

$$\begin{aligned}\gamma_{xy} &= \varepsilon_x + \varepsilon_y - 2\varepsilon_{45°} = [345 + (-149) - 2\times208]\times10^{-6} \\ &= -220\times10^{-6}\end{aligned}$$

由式（5.32），主应变为

$$\varepsilon' = \frac{10^{-6}}{2}\left\{[345 + (-149)] + \sqrt{[345 - (-149)]^2 + (-220)^2}\right\} = 368.49\times10^{-6}$$

$$\varepsilon'' = \frac{10^{-6}}{2}\left\{[345 + (-149)] - \sqrt{[345 - (-149)]^2 + (-220)^2}\right\} = -172.38\times10^{-6}$$

由式（5.33），主应变 ε' 与 x 轴夹角为

$$\tan 2\alpha_0 = -\frac{\gamma_{xy}}{\varepsilon_x - \varepsilon_y} = -\frac{-220}{345 - (-149)} = 0.4453$$

$$\alpha_0 = 12°$$

本章小结

1. 基本要求

1）掌握一点的应力状态，熟练掌握用单元体表示一点的应力状态。

2）熟练掌握平面应力状态分析。

3）了解空间应力状态分析。

4）掌握广义胡克定律，熟练掌握其应用。

5）理解强度理论的概念，熟悉四种常用的强度理论，熟练掌握其应用。

6）掌握平面应力状态下的应变分析。

2. 本章重点

1）平面应力状态分析，平面应力状态下斜截面上的应力、一点的主应力和主平面的方位计算；空间应力状态下的最大切应力计算。

2）用广义胡克定律建立应力和应变的关系。

3）四个强度理论的概念。

3. 本章难点

1）对平面应力状态下由已知单元体上的应力推导指定斜截面上的应力。

2）平面应力状态下主平面方位的判断。

3）组合变形下构件危险截面和危险点的判定，危险点的应力状态分析。

4）平面应力状态下的应变分析。

4. 学习建议

1）平面应力状态下斜截面上应力的计算，实际上是应用截面法、考虑所截单元体部分的静力平衡。而主应力、面内最大切应力的计算采用的是数学中求极值的方法。

2）应力圆图解法一般不是用来求解斜截面上的应力值及主平面方位，而是帮助分析平面应力状态时已知单元体四个面上的应力与不同斜截面上应力的关系，是最直观和最形象的方法。斜截面上应力计算公式、主应力计算公式和主平面方位计算公式推导比较烦琐，借助应力圆图解法还是非常容易理解的。对于一些难度较大的应力状态问题，解析法与图解法并用，可方便解题。

3）用解析法［式（5.4）］求解主平面方位时，$-90°\sim90°$之间有两个相差90°的方位角，对应的是两个主应力，但一般不易判断对应哪一个主应力，可借鉴如下判断：$\sigma_x \geqslant \sigma_y$时，两个方位中绝对值较小的角度对应$\sigma_{max}$所在的主平面；$\sigma_x \leqslant \sigma_y$时，两个方位中绝对值较大的角度对应$\sigma_{max}$所在的主平面。

4）主应力表达式（5.3）是计算单元体面内主应力，注意另外一个主平面（平行于纸面）上的主应力（零或非零）的存在，表达主应力时将三个主应力排序并同时列出。要注意区分单元体面内最大切应力［式（5.5）］和一点的最大切应力［式（5.6）］。

5）平面应力状态下的应变分析不是平面应变分析，尽管两者在某些应变分析表达式上相同，但是两个完全不同的概念，毫无疑问，力学实验中的自由表面上的应变测量属于平面应力状态。

习 题

5.1 构件受力如题5.1图所示。试：(1) 确定危险点的位置；(2) 用单元体表示危险点的应力状态。

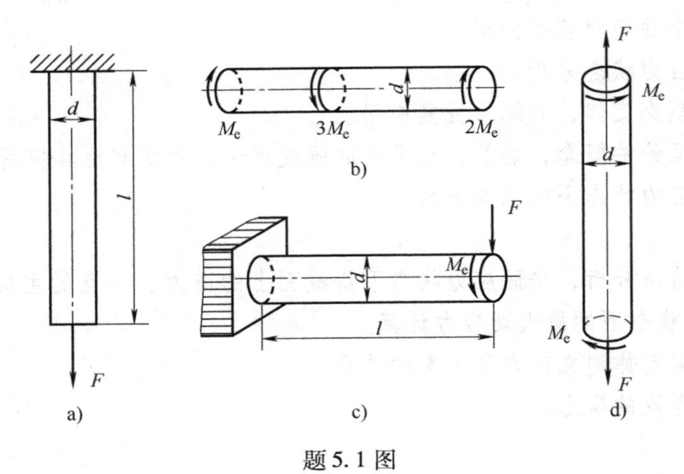

题5.1图

5.2 题5.2图示为平面弯曲梁，试用单元体表示 A、B、C、D、E 各点的应力状态。

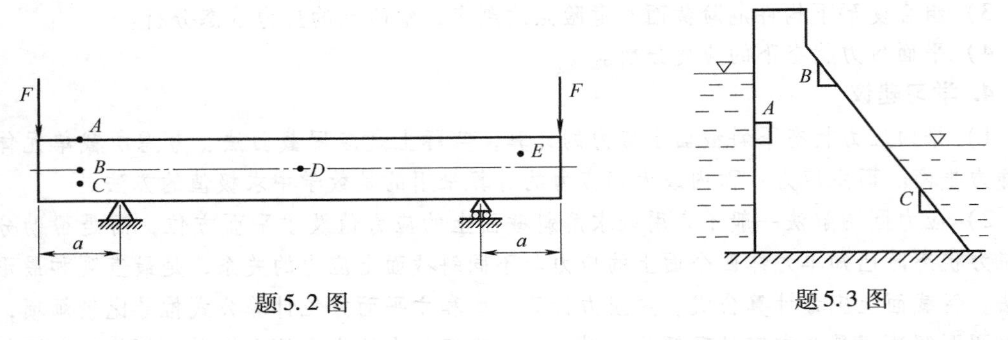

题5.2图　　题5.3图

5.3 试绘出题5.3图示水坝内 A、B、C 三小块各截面上的应力（只考虑图纸平面内受力情况）。

5.4 三个单元体各面上的应力如题5.4图所示。问各单元体是何种应力状态。

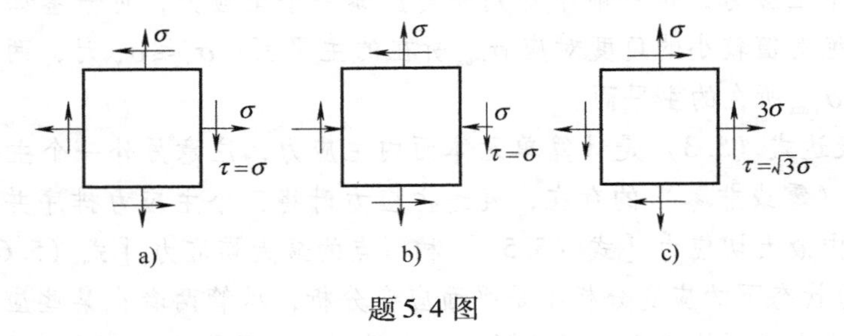

题5.4图

5.5 试用解析法推导出式 (5.3) ~ 式 (5.5)。(提示：求 σ_α、τ_α 的极值)

5.6　试证明平面应力状态单元体互相垂直的两斜面上的正应力之和等于常数。

5.7　在题 5.7 图示应力状态中，试用解析法和图解法求指定斜截面上的应力（应力单位为 MPa）。

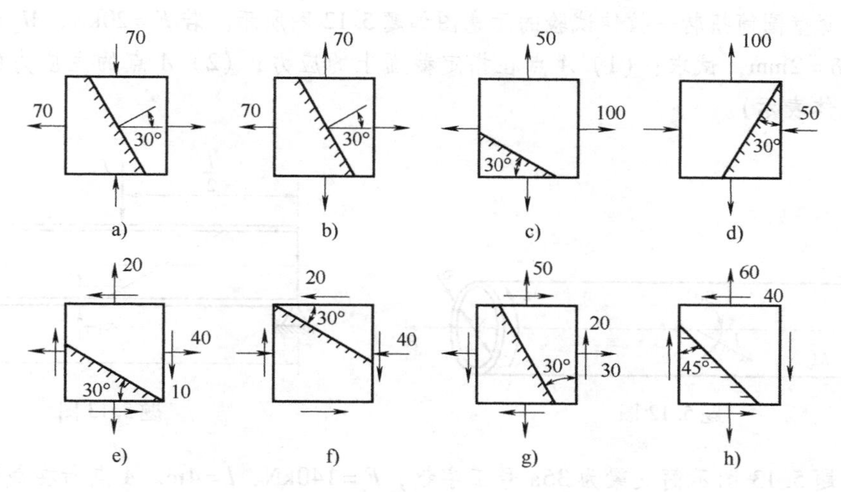

题 5.7 图

5.8　已知应力状态如题 5.8 图所示，图中应力单位为 MPa。试用解析法及图解法求：（1）主应力大小，主平面方位；（2）在单元体上绘出主平面方位及主应力方向；（3）最大切应力。

5.9　某受力构件中 A 点处于平面应力状态，已知与主应力等于零的面（纸面）垂直的两个平面上的应力如题 5.9 图所示（应力单位为 MPa），试利用图解法和解析法求该点处的主应力、最大切应力数值以及主平面方位。

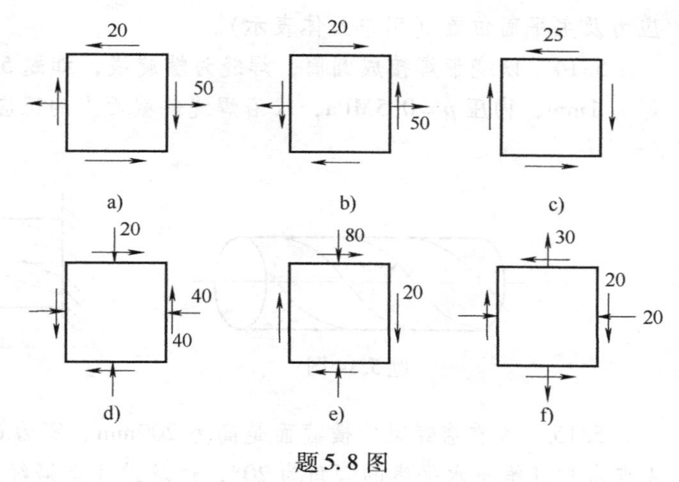

题 5.8 图

5.10　某点的应力状态如题 5.10 图所示，设 σ_α、τ_α 及 σ_y 已知，试考虑如何根据已知数值直接绘出应力圆。

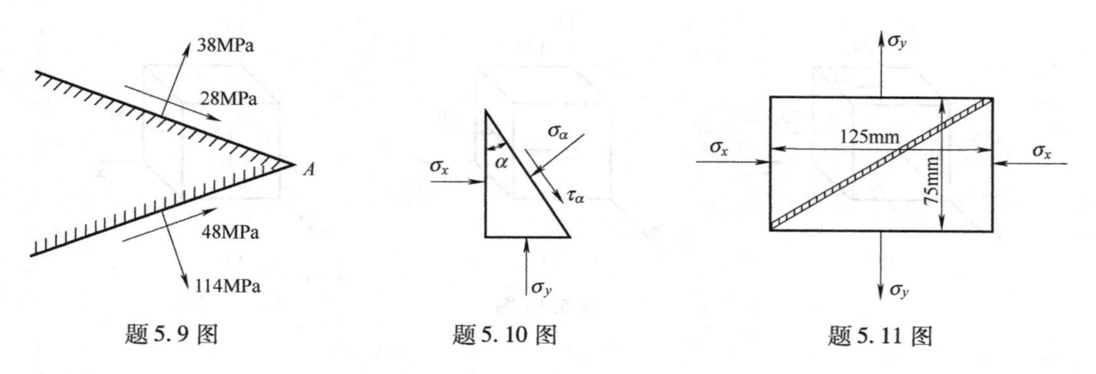

题 5.9 图　　　　题 5.10 图　　　　题 5.11 图

5.11　题5.11图示一块尺寸为75mm×125mm的矩形板由两块焊接在一起的三角形板构成，短边承受的应力$\sigma_x=-2.5\text{MPa}$，长边承受的应力为$\sigma_y=12.0\text{MPa}$，请求出焊缝上的正应力和切应力。

5.12　薄壁圆筒扭转—拉伸试验的示意图如题5.12图所示。若$F=20\text{kN}$，$M_e=600\text{N}\cdot\text{m}$，$d=50\text{mm}$，$\delta=2\text{mm}$，试求：(1) A点在指定截面上的应力；(2) A点的主应力的大小及方向（用单元体表示）。

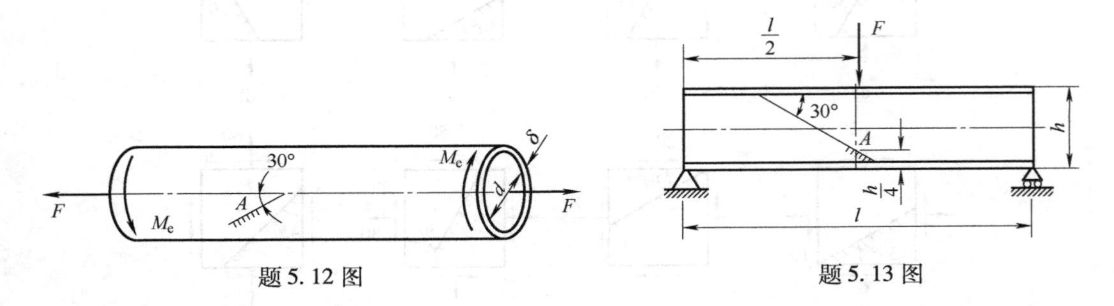

题5.12图　　　　题5.13图

5.13　题5.13图示简支梁为36a号工字钢，$F=140\text{kN}$，$l=4\text{m}$。A点所在截面在集中力F的左侧，且无限接近F作用的截面。试求：(1) A点在指定斜截面上的应力；(2) A点主应力及主平面位置（用单元体表示）。

5.14　以绕带焊接成圆筒，焊缝为螺旋线，如题5.14图所示。管的内径为300mm，壁厚为1mm，内压$p=0.5\text{MPa}$，求沿焊缝斜截面上的正应力和切应力。

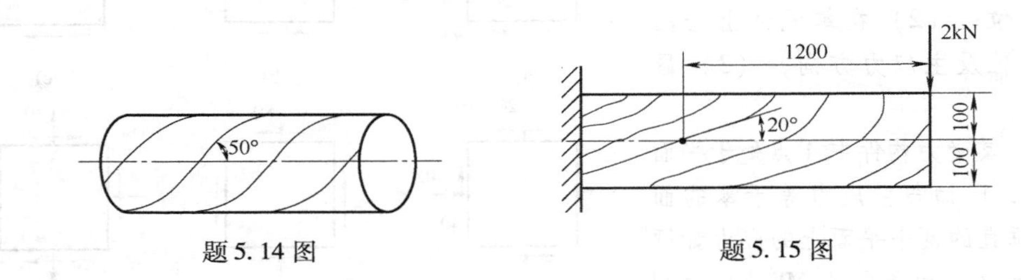

题5.14图　　　　题5.15图

5.15　木质悬臂梁的横截面是高为200mm、宽为60mm的矩形，如题5.15图所示。在A点木材纤维与水平线的倾角为20°，试求过A点沿纤维方向的斜面上的正应力和切应力。

5.16　单元体各面上的应力如题5.16图所示（应力单位为MPa），试求主应力及最大切应力。

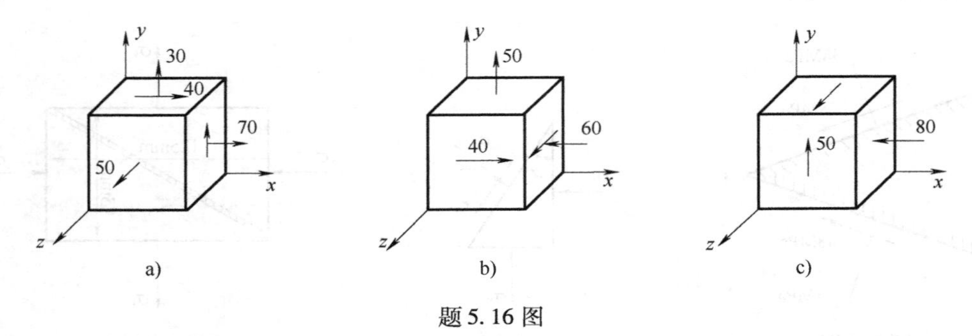

题5.16图

5.17　有一处于二向拉伸状态下的单元体（$\sigma_1 \neq 0$，$\sigma_2 \neq 0$，而 $\sigma_3 = 0$），其主应变 $\varepsilon_1 = 0.00017$，$\varepsilon_2 = 0.00004$。已知 $\nu = 0.3$，试求主应变 ε_3。该主应变是否为 $\varepsilon_3 = -\nu(\varepsilon_1 + \varepsilon_2) = -0.000063$，为什么？

5.18　边长为20mm的钢立方体置于钢模中，在顶面上受力 $F = 14\text{kN}$，已知 $\nu = 0.3$，假设钢模的变形以及立方体与钢模之间的摩擦力可忽略不计，试求立方体各个面上的正应力。

5.19　在一个体积较大的钢块上开一个贯穿的槽，其宽度和深度都是10mm，在槽内紧密无隙地嵌入一铝质立方体，它的尺寸是10mm×10mm×10mm，如题5.19图所示。当铝块受到压力 $F = 6\text{kN}$ 的作用时，假设钢块不变形，铝的弹性模量 $E = 70\text{GPa}$，$\nu = 0.33$，试求铝块的三个主应力及其相应的变形。

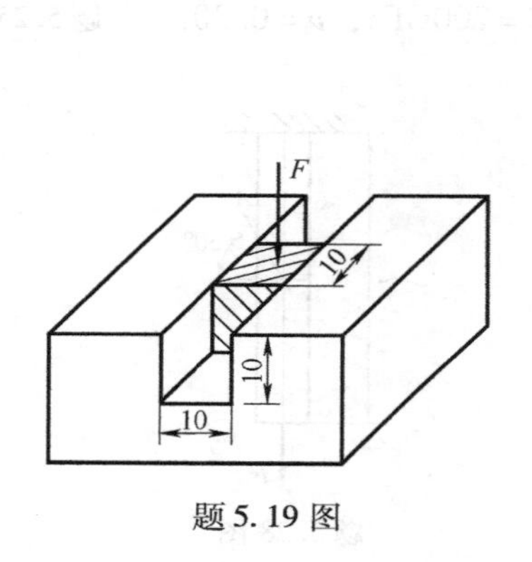

题5.19图

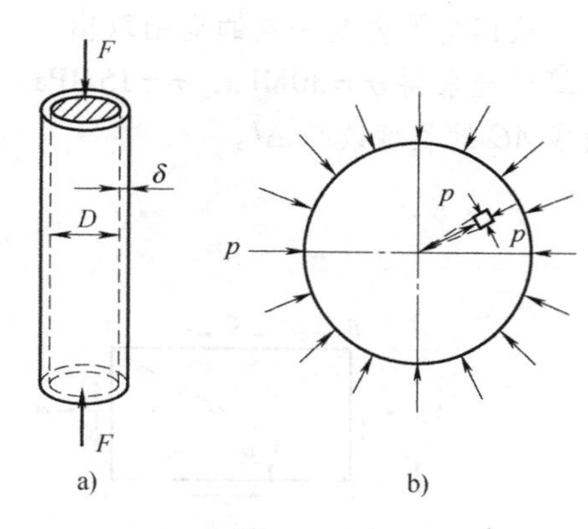

题5.20图

5.20　直径 $D = 40\text{mm}$ 的铝质圆柱，放置在一厚度为 $\delta = 2\text{mm}$ 的钢质套筒内，二者之间无间隙，如题5.20图所示。圆柱承受压力 $F = 40\text{kN}$。若铝的弹性模量及泊松比分别为 $E_1 = 70\text{GPa}$，$\nu_1 = 0.35$，钢的弹性模量是 $E = 210\text{GPa}$，试求筒内的环向应力。（提示：当圆柱受径向压力 p 时，其中任一点的径向及环向应力均为 p，见图b。）

5.21　将沸水倒入厚玻璃杯里，玻璃杯内外壁的受力情况如何？若因此而发生破裂，问破坏是从内壁开始，还是从外壁开始，为什么？

5.22　已知钢轨与火车车轮接触点处的正压力 $\sigma_1 = -650\text{MPa}$，$\sigma_2 = -700\text{MPa}$，$\sigma_3 = -900\text{MPa}$，如果钢轨的许用应力 $[\sigma] = 250\text{MPa}$，试用第三强度理论和第四强度理论校核其强度。

5.23　受内压力作用的一容器，其圆筒部分任意一点 A 处的应力状态如题5.23图所示。当容器受最大的内压力时，用应变仪测得 $\varepsilon_x = 1.88 \times 10^{-4}$，$\varepsilon_y = 7.37 \times 10^{-4}$。已知钢材的弹性模量 $E = 210\text{GPa}$，泊松比 $\nu = 0.3$，$[\sigma] = 170\text{MPa}$，试用第三强度理论对 A 点进行强度校核。

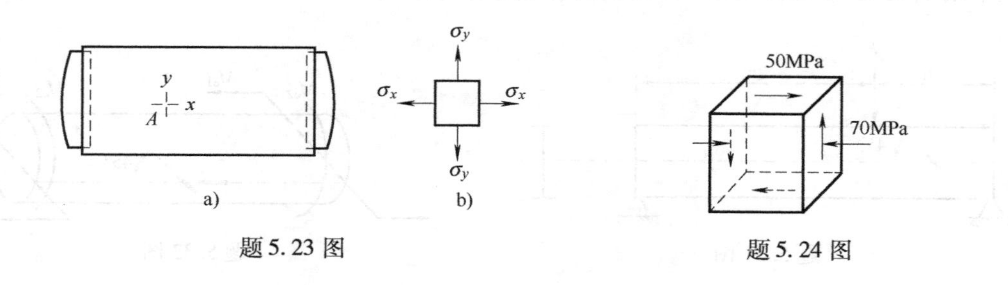

题5.23图　　题5.24图

5.24　设有单元体如题5.24图所示，已知材料的许用拉应力 $[\sigma_t]=60\text{MPa}$，许用压应力为 $[\sigma_c]=180\text{MPa}$，$\nu=0.25$。试按第二强度理论进行强度校核。

5.25　题5.25图所示梁端封闭的铸铁薄壁圆筒，其内径 $D=100\text{mm}$，壁厚 $t=10\text{mm}$，承受内压力 $p=5\text{MPa}$，且在两端受轴向压力 $F=100\text{kN}$ 的作用。材料的许用拉伸应力 $[\sigma_t]=40\text{MPa}$，泊松比 $\nu=0.25$。试用第二强度理论校核其强度。

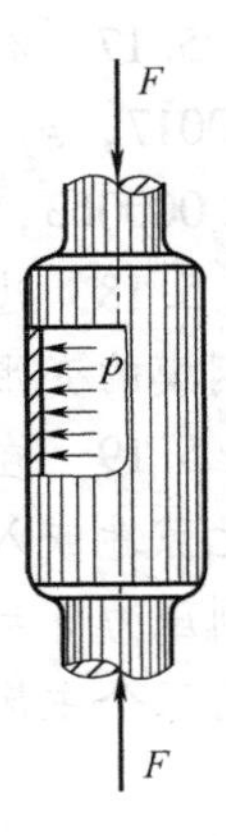

题5.25图

5.26　钢制圆柱形薄壁容器，直径为800mm，壁厚 $t=4\text{mm}$，$[\sigma]=120\text{MPa}$，试用第三和第四强度理论确定可能承受的内压力 p。

5.27　从钢构件内某一点的周围取出一个单元体如题5.27图所示。根据理论计算已经求得 $\sigma=30\text{MPa}$，$\tau=15\text{MPa}$，材料的 $E=200\text{GPa}$，$\nu=0.30$。试求对角线 AC 的长度改变 Δl。

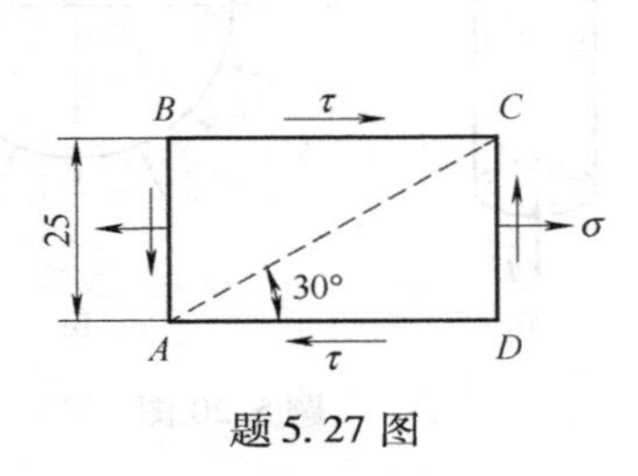

题5.27图

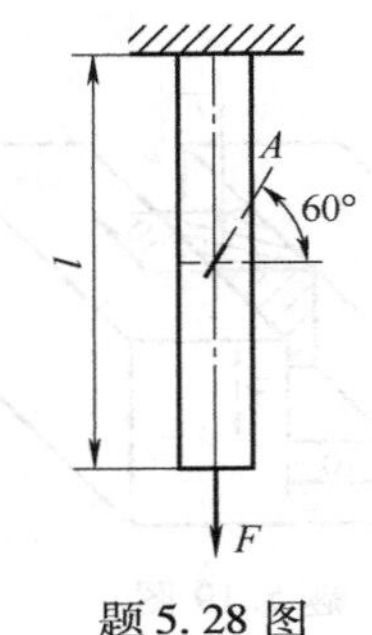

题5.28图

5.28　题5.28图所示为一钢质圆杆，直径 $d=20\text{mm}$，已知 A 点处与水平线成60°方向上的正应变 $\varepsilon_{60°}=4.1\times10^{-4}$，材料的 $E=210\text{GPa}$，$\nu=0.28$。试求载荷 F。

5.29　材料的某一微单元处于平面应力状态，其应变 $\varepsilon_x=280\times10^{-6}$，$\varepsilon_y=420\times10^{-6}$，$\gamma_{xy}=150\times10^{-6}$，请计算与 x 轴成35°角方向上的正应变 $\varepsilon_{35°}$。

5.30　一根直径 $d=32\text{mm}$ 的实心杆受到轴力 F 和扭矩 M 的作用，安装在其表面上的应变计 A、B 给出的读数为 $\varepsilon_A=140\times10^{-6}$，$\varepsilon_B=-60\times10^{-6}$，如题5.30图所示。该杆由 $E=210\text{GPa}$、$\nu=0.29$ 的钢制造。求：(1) 轴力 F 和扭矩 M；(2) 该结构中最大切应变 γ_{max} 和最大切应力 τ_{max}。

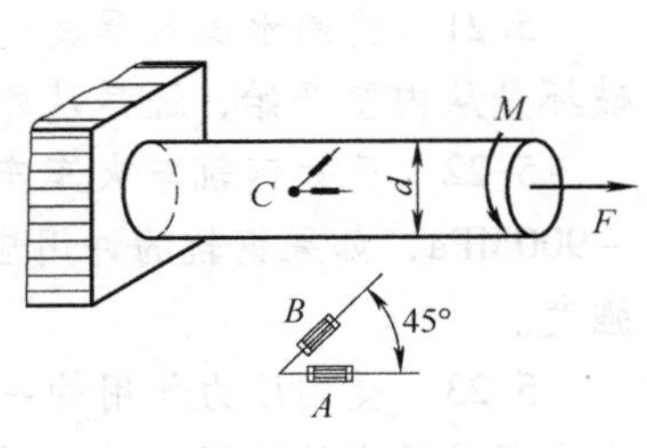

题5.30图

5.31　在题5.31图示28a号工字梁的中性层上某点 K 处，沿与轴线成45°的方向贴有电阻片，测得正应变 $\varepsilon_{45°}=-2.6\times10^{-5}$，材料的 $E=210\text{GPa}$，$\nu=0.30$。试求梁上的载荷 F。

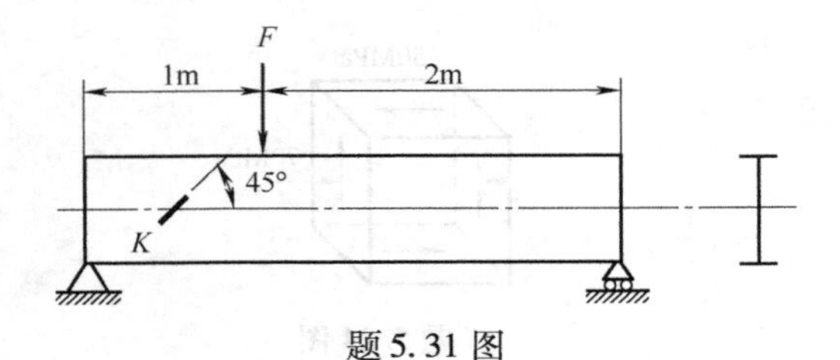

题5.31图

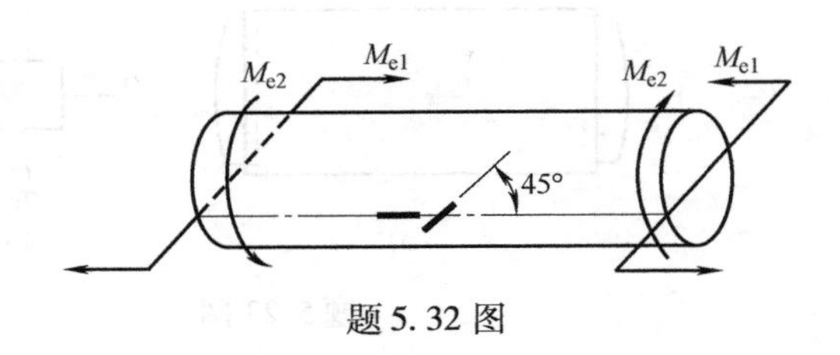

题5.32图

5.32 直径 $d=30\text{mm}$ 的圆轴承受弯矩 M_{e1} 及扭矩 M_{e2} 的联合作用。为了测定 M_{e1} 和 M_{e2}，在题5.32图示轴线方向和与轴线成45°方向贴上应变片。若测得应变平均值分别为 $\varepsilon_{0^\circ}=5.00\times10^{-4}$，$\varepsilon_{45^\circ}=4.26\times10^{-4}$，并已知材料的 $E=210\text{GPa}$，$\nu=0.28$，试求 M_{e1} 和 M_{e2}。

5.33 在空间飞行器构件表面上，通过三个题5.33图示布置的应变片监测其应变。在某一特定操作期间，下列应变被记录：$\varepsilon_a=1100\times10^{-6}$，$\varepsilon_b=200\times10^{-6}$，$\varepsilon_c=200\times10^{-6}$。请求出该测点的主应变和主应力，材料为 $E=41\text{GPa}$、$\nu=0.35$ 的镁合金。

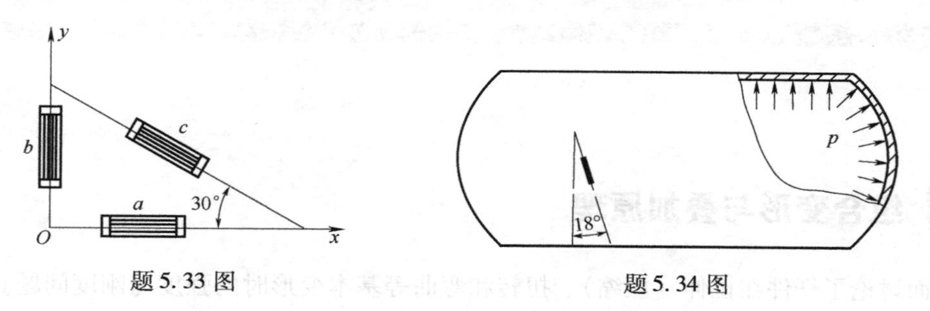

题5.33图　　题5.34图

5.34 圆柱形容器内径为600mm，壁厚6mm，在外表面与垂线夹角为18°方向贴应变计，测得应变读数为 280×10^{-6}，试确定题5.34图中所示钢制圆柱形容器的内压，已知容器材料的 $E=200\text{GPa}$，$\nu=0.3$。

第6章 杆件在组合变形下的强度计算

6.1 组合变形与叠加原理

前面讨论了杆件在拉伸（压缩）、扭转和弯曲等基本变形时的强度与刚度问题。工程实际中的杆件，由外力所引起的变形常常包含两种或两种以上的基本变形。这种变形形式称为**组合变形**。例如在有起重机的厂房中，立柱受到由吊车梁传来的偏心距为 e 的竖向载荷（图6.1a）。为分析立柱的变形，将外力向立柱的轴线简化，得到沿轴线的力 F 及附加力偶 $M_e = Fe$（图6.1b）。这样便可看出立柱受到由 F 引起的轴向压缩和由 M_e 引起的弯曲变形。

如4.5节所述，若杆件在线弹性范围内，且变形很小，则作用在杆上的任一载荷所引起的应力（或应变、位移等）与载荷呈线性关系，叠加原理成立。所以，当杆件处于组合变形且满足上述条件时，叠加原理适用。可首先计算出每种基本变形所引起的应力（或应变、位移等），然后将所得结果叠加，即为杆件在组合变形时的应力（或应变、位移等）。

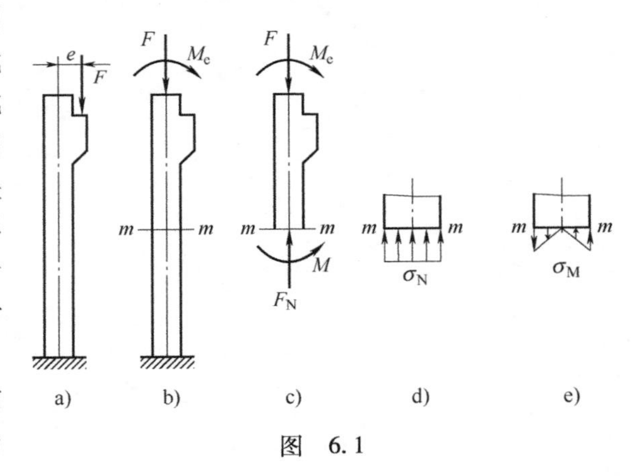

图 6.1

例如在上面的例子中，首先将外力简化为静力等效的两组外力，使每一组外力对应一种基本变形。然后，分析每种基本变形的内力（图6.1c）和应力，图6.1d所示为轴力 F_N 引起的应力 σ_N，图6.1e为弯矩引起的应力 σ_M。最后，将两种应力叠加，即得立柱在组合变形时的应力。

几种基本变形可以有各种组合方式，这里只讨论工程中常见的几种情况，其分析方法同样适用于其他组合变形形式。

6.2 拉伸（压缩）与弯曲的组合

现以承受均布载荷 q 和轴向力 F 的两端铰支杆为例（图6.2a），说明拉伸（压缩）与弯曲组合变形杆件的强度计算方法。

由图6.2a可看出，轴向力F使杆轴向拉伸，各横截面上的轴力F_N均为F，即$F_N=F$；均布载荷q使杆弯曲，杆件中点处横截面C上的弯矩最大，其值为$M_{max}=ql^2/8$。所以，横截面C为危险截面，在该截面上同时作用有轴力和最大弯矩（图6.2b）。

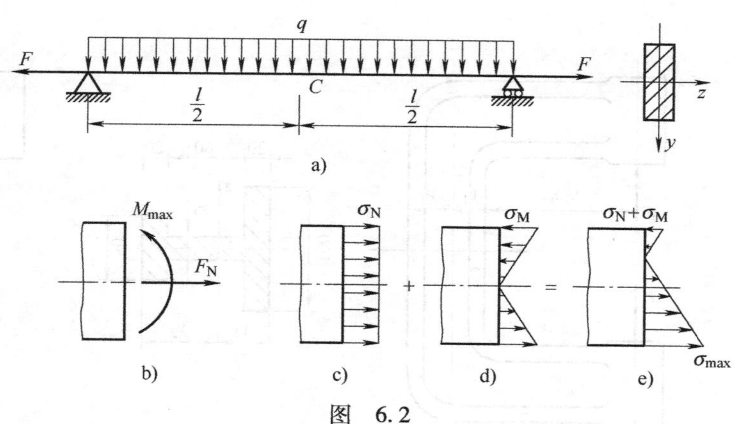

图　6.2

在危险截面上，轴力引起的均匀分布的正应力（图6.2c）为

$$\sigma_N=\frac{F_N}{A}$$

弯矩M_{max}引起的正应力沿截面高度按线性规律变化（图6.2d），距中性轴y处的弯曲正应力为

$$\sigma_M=\frac{M_{max}y}{I_z}$$

所以，由叠加原理，危险截面上任一点处的正应力为

$$\sigma=\sigma_N+\sigma_M=\frac{F_N}{A}+\frac{M_{max}y}{I_z} \tag{6.1}$$

上式表明，正应力σ是坐标y的一次函数，即正应力沿截面高度按线性规律变化（图6.2e），而最大正应力则发生在横截面C的下边缘各点处，其值为

$$\sigma_{max}=\frac{F_N}{A}+\frac{M_{max}}{W_z} \tag{6.2}$$

由于危险点处于单向应力状态，故最大正应力确定后，将其与许用应力比较，即可建立相应的强度条件

$$\frac{F_N}{A}+\frac{M_{max}}{W_z}\leqslant[\sigma] \tag{6.3}$$

应该指出，如果材料的许用拉应力和许用压应力不同，而且横截面上的部分区域受拉，部分区域受压，则应按式（6.1）计算最大拉应力和最大压应力，并分别按拉伸和压缩进行强度校核。

例6.1　图6.3a所示压力机框架上的载荷$F=11\text{kN}$，F至立柱内侧的距离$b=250\text{mm}$。立柱横截面形状如图6.3b所示。框架材料为铸铁，许用拉应力$[\sigma_t]=30\text{MPa}$，许用压应力$[\sigma_c]=120\text{MPa}$。试校核框架的强度。

解：根据立柱的横截面尺寸，计算横截面面积A，确定截面形心位置，计算截面对形心轴z的惯性矩I_z，计算结果为：$A=4.2\times10^{-3}\text{m}^2$，$y_1=40.5\times10^{-3}\text{m}$，$I_z=4.88\times10^{-6}\text{m}^4$。

将F向立柱轴线简化，立柱承受拉伸和弯曲两种基本变形（图6.3c）。任意横截面上的轴力和弯矩分别为

$$F_N=F=11\text{kN}$$

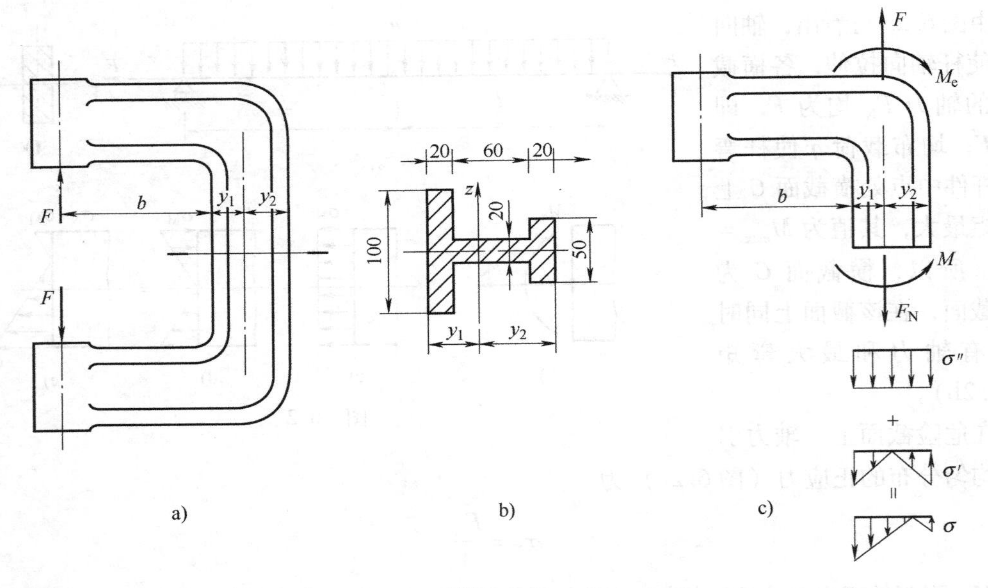

图 6.3

$$M=M_e=F(b+y_1)=[11\times10^3\times(250+40.5)\times10^{-3}]\text{N}\cdot\text{m}=3200\text{N}\cdot\text{m}$$

横截面上与 M 对应的弯曲正应力按线性分布，其最大拉应力和最大压应力分别为

$$\sigma'_{\text{t max}}=\frac{My_1}{I_z}=\frac{3200\times40.5\times10^{-3}}{4.88\times10^{-6}}\text{Pa}=26.6\times10^6\text{Pa}=26.6\text{MPa}$$

$$\sigma'_{\text{c max}}=\frac{My_2}{I_z}=-\frac{3200\times(100-40.5)\times10^{-3}}{4.88\times10^{-6}}\text{Pa}=-39\times10^6\text{Pa}=-39\text{MPa}$$

横截面上与 F_N 对应的拉应力均匀分布，其值为

$$\sigma''=\frac{F_N}{A}=\frac{11\times10^3}{4.2\times10^{-3}}\text{Pa}=2.62\times10^6\text{Pa}=2.62\text{MPa}$$

两种应力叠加后的最大拉应力和最大压应力分别为

$$\sigma_{\text{t max}}=\sigma'_{\text{t max}}+\sigma''=(26.6+2.62)\text{MPa}=29.2\text{MPa}<[\sigma_t]$$

$$\sigma_{\text{c max}}=|\sigma'_{\text{c max}}+\sigma''|=|-39+2.62|\text{MPa}=36.4\text{MPa}<[\sigma_c]$$

所以，框架满足强度条件。

例 6.2 图 6.4a 所示起重机的最大吊重 $F=12\text{kN}$，许用正应力 $[\sigma]=100\text{MPa}$，试为横梁 AB 选择合适的工字钢。

解： 根据横梁 AB 的受力简图（图 6.4b），由平衡方程 $\sum M_A=0$，得 $F_{Cy}=18\text{kN}$，于是

$$F_{Cx}=F_{Cy}\cot\alpha=\left(18\times\frac{2}{1.5}\right)\text{kN}=24\text{kN}$$

绘出 AB 梁的弯矩图（图 6.4c）和轴力图（图 6.4d）。在 C 之左侧截面上，弯矩为极值而轴力与 AC 段任一截面相同，故为危险截面。

试算时可以先不考虑轴力的影响，只按弯曲强度条件确定工字梁的弯曲截面系数

$$W\geqslant\frac{M}{[\sigma]}=\frac{12\times10^3}{100\times10^6}\text{m}^3=120\times10^{-6}\text{m}^3$$

$$=120\text{cm}^3$$

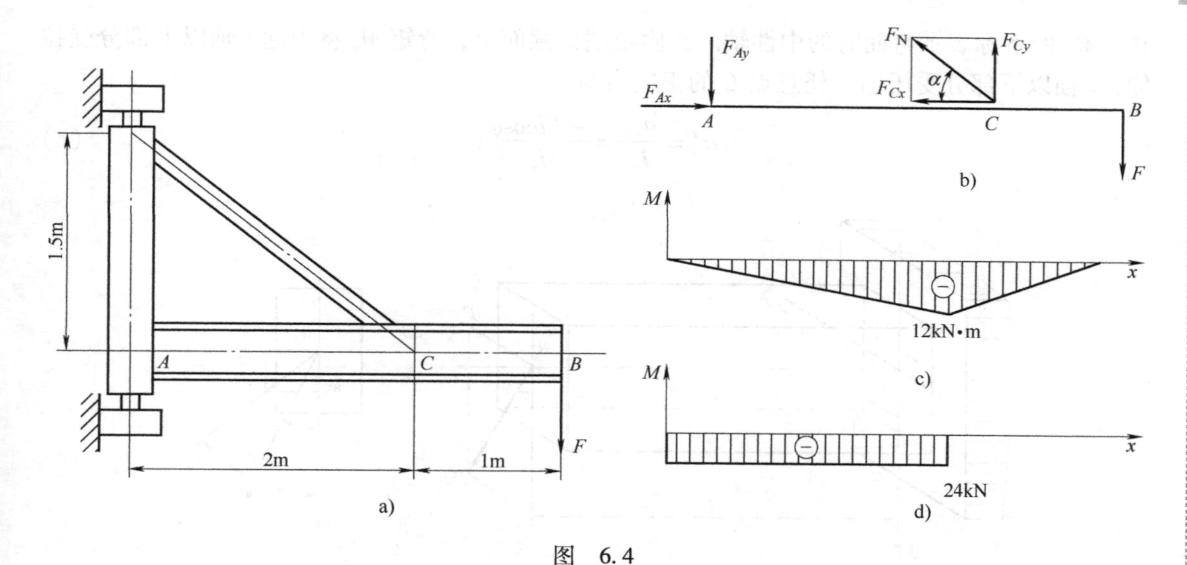

图　6.4

查型钢表，选 $W=141\text{cm}^3$ 的16号工字钢，其截面面积为 $A=26.1\text{cm}^2$。选定工字钢后，再按弯曲与压缩的组合变形校核强度。根据 C 点左侧截面上弯曲正应力与压缩引起的均匀分布压应力的叠加，可知在该截面的下边缘各点压应力最大，其值为

$$\sigma_{\mathrm{c\,max}}=\frac{F_{\mathrm{N}}}{A}+\frac{M_{\max}}{W}=\left(\frac{24\times10^{3}}{26.1\times10^{-4}}+\frac{12\times10^{3}}{141\times10^{-6}}\right)\mathrm{Pa}=94.3\times10^{6}\mathrm{Pa}=94.3\mathrm{MPa}$$

最大压应力略小于许用应力，说明所选工字钢是合适的。

6.3 斜弯曲

2.4节曾指出，对具有纵向对称面的梁，当横向外力或外力偶作用在这一对称面内时，梁发生对称弯曲。这时，梁变形后的轴线是一条位于外力作用平面内的平面曲线，因而也称为平面弯曲。在工程实际问题中，梁上的横向力有时并不与横截面对称轴或形心主惯性轴重合，例如屋顶檩条倾斜地放置于桁架上（图6.5），檩条承受的垂直载荷 F 就不与截面的对称轴重合。可将 F 沿截面的两个对称轴分解为 F_y 和 F_z，这时杆件将在两个形心主惯性平面（xy 平面和 xz 平面，x 为轴线）发生对称弯曲，且变形后的轴线与外力不在同一纵向平面内。这种弯曲变形称为**斜弯曲**。

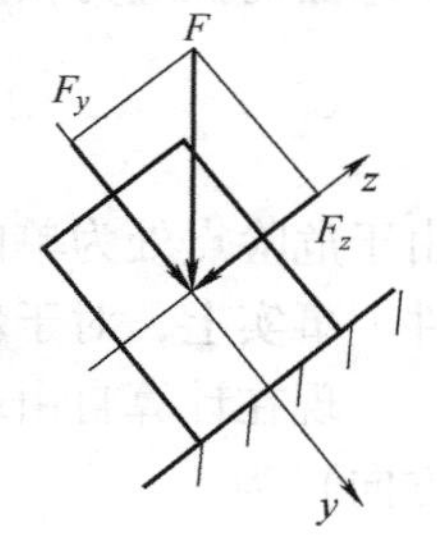

图　6.5

现以矩形截面的悬臂梁（图6.6a）为例，说明斜弯曲应力与变形的计算。设作用于自由端截面内的集中力 F 通过截面形心，且与 y 轴的夹角为 φ。选取梁的轴线为 x 轴，截面上两个对称轴分别为 y 轴和 z 轴。将 F 分解成沿 y 和 z 的分量

$$F_y=F\cos\varphi,\quad F_z=F\sin\varphi \tag{a}$$

F_y 将引起梁在垂直对称面 xy 中的弯曲，F_z 将引起梁在水平对称面 xz 中的弯曲。于是梁的变形为两个互相垂直的平面弯曲组合。显然，由 F_y、F_z 引起的弯矩在固定端为极值，故固定端处截面为危险截面。其上弯矩分别为

$$M_z=-F_yl=-Fl\cos\varphi,\quad M_y=-F_zl=-Fl\sin\varphi \tag{b}$$

M_z、M_y 的下标表示弯曲时的中性轴。在固定端处截面上，弯矩 M_z 将引起 z 轴以上部分受拉伸，z 轴以下部分受压缩。任意点 C 的正应力为

$$\sigma' = \frac{M_z y}{I_z} = \frac{-Fl\cos\varphi}{I_z}y \tag{c}$$

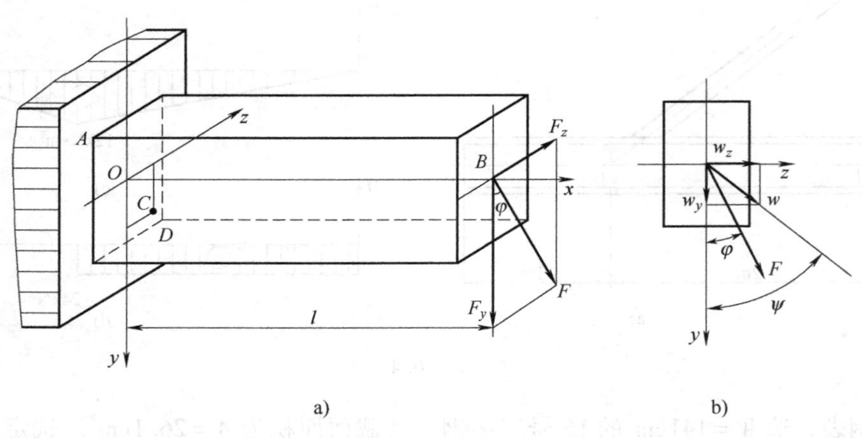

图 6.6

同理，在固定端处截面上，弯矩 M_y 将引起 y 轴以左部分受拉伸，y 轴以右部分受压缩，任意点 C 的正应力为

$$\sigma'' = \frac{M_y z}{I_y} = \frac{-Fl\sin\varphi}{I_y}z \tag{d}$$

将两个弯曲引起的应力叠加，得 C 点的正应力为

$$\sigma = \sigma' + \sigma'' = -\left(\frac{Fl\cos\varphi}{I_z}y + \frac{Fl\sin\varphi}{I_y}z\right) \tag{e}$$

可见，在固定端截面的第一象限内两个弯曲的压应力相加，D 点压应力最大。第三象限内两个弯曲的拉应力相加，A 点的拉应力最大。最大拉应力与最大压应力的绝对值相等，为

$$\left.\begin{matrix}\sigma_{\mathrm{t\,max}} \\ \sigma_{\mathrm{c\,max}}\end{matrix}\right\} = \pm\left(\frac{Fl\cos\varphi}{I_z}y_{\max} + \frac{Fl\sin\varphi}{I_y}z_{\max}\right) \tag{f}$$

由于危险点处为单向应力状态，故最大应力确定后，将其与许用应力比较，即可建立强度条件。事实上，对于斜弯曲，其危险点一定位于危险截面上距离中性轴最远的点。

现在计算自由端截面形心 B 的位移。利用表 4.2，求出 B 点因 F_y 引起的垂直位移（y 方向）为

$$w_y = \frac{F_y l^3}{3EI_z} = \frac{Fl^3\cos\varphi}{3EI_z} \tag{g}$$

同理，B 点因 F_z 引起的水平位移（z 方向）为

$$w_z = \frac{F_z l^3}{3EI_y} = \frac{Fl^3\sin\varphi}{3EI_y} \tag{h}$$

将 w_y 和 w_z 几何相加（图 6.6b），得 B 点的总位移及其方向为

$$w = \sqrt{w_y^2 + w_z^2} = \frac{Fl^3}{3E}\sqrt{\left(\frac{\cos\varphi}{I_z}\right)^2 + \left(\frac{\sin\varphi}{I_y}\right)^2} \tag{i}$$

$$\tan\psi = \frac{w_z}{w_y} = \frac{I_z}{I_y}\tan\varphi \tag{j}$$

一般情况，$I_z \neq I_y$，故 $\psi \neq \varphi$，这表明挠度所在的平面与外力作用平面并不重合。

6.4 偏心拉伸（压缩）· 截面核心

1. 偏心拉伸（压缩）

作用在直杆上的外力，当其作用线与杆的轴线平行但不重合时，将引起偏心拉伸或偏心压缩，如图 6.7a 所示。今以横截面具有两对称轴的等直杆受偏心拉力（图 6.7a）为例，说明偏心拉伸（压缩）杆件的强度计算。先将偏心拉力 F 向轴线简化，得到与轴线重合的拉力 F 和力偶矩 Fe。然后，将力偶矩 Fe 分解为 M_{ey} 和 M_{ez}（图 6.7b）：

$$M_{ey} = Fe\sin\alpha = Fz_F$$
$$M_{ez} = Fe\cos\alpha = Fy_F$$

式中，y、z 轴为截面的两个对称轴；y_F、z_F 为偏心拉力 F 作用点（A 点）的坐标；e 为偏心距。因此，该偏心拉伸问题等效为轴力 F、M_{ey} 和 M_{ez} 共同作用的效果。显然与轴线重合的力 F 引起拉伸，M_{ey} 和 M_{ez} 引起两个在纵对称面内的纯弯曲。可见，偏心拉伸是拉伸与弯曲的组合变形。当杆的抗弯刚度较大时，可按叠加原理求解。

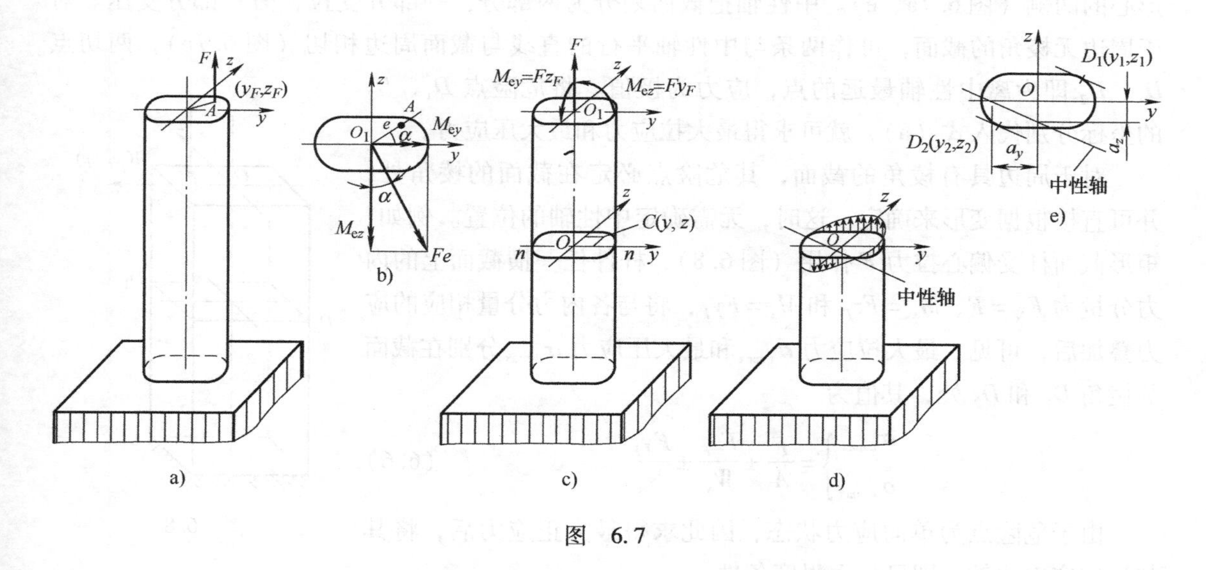

图　6.7

现在，研究任一横截面 n-n（图 6.7c）上任意点 C 的正应力。该截面上的轴力 $F_N = F$，两个弯矩 $M_y = M_{ey} = Fz_F$ 和 $M_z = M_{ez} = Fy_F$，与三个内力对应的应力分别为

$$\sigma' = \frac{F_N}{A} = \frac{F}{A},\quad \sigma'' = \frac{M_y z}{I_y} = \frac{Fz_F \cdot z}{I_y},\quad \sigma''' = \frac{M_z y}{I_z} = \frac{Fy_F \cdot y}{I_z}$$

由于 C 点在第一象限内，根据杆件的变形可知，σ'、σ''、σ''' 均为拉应力，于是，由叠加原理，得 C 点的正应力为

$$\sigma = \frac{F}{A} + \frac{Fz_F \cdot z}{I_y} + \frac{Fy_F \cdot y}{I_z} \tag{a}$$

注意到 $I_z = Ai_z^2$，$I_y = Ai_y^2$（参见附录I），式（a）可改写为

$$\sigma = \frac{F}{A}\left(1 + \frac{z_F \cdot z}{i_y^2} + \frac{y_F \cdot y}{i_z^2}\right) \tag{b}$$

上式是一个平面方程，表明正应力在横截面上按线性规律变化。横截面上离中性轴最远的点应力最大，为此应先确定中性轴的位置。应力平面与横截面相交的直线（其上 $\sigma = 0$）就是中性轴（图6.7d）。令中性轴上各点的坐标为（y_0，z_0），代入式（b），由于中性轴上各点的应力等于零，应有

$$1 + \frac{z_F}{i_y^2}z_0 + \frac{y_F}{i_z^2}y_0 = 0 \tag{6.4}$$

上式即为中性轴的方程。可见中性轴是一条不通过截面形心的直线。若令中性轴在 y、z 轴上的截距分别为 a_y、a_z（图6.7e），则在式（6.4）中令 $z_0 = 0$，相应的 y_0 即为 a_y；而令 $y_0 = 0$，相应的 z_0 即为 a_z。由此求得

$$a_y = -\frac{i_z^2}{y_F},\quad a_z = -\frac{i_y^2}{z_F} \tag{6.5}$$

上式表明，a_y、a_z 分别与 y_F、z_F 符号相反。这就是说，中性轴与外力作用点分别位于截面形心的两侧（图6.7a、e）。中性轴把截面划分为两部分，一部分受拉，另一部分受压。对于周边无棱角的截面，可作两条与中性轴平行的直线与截面周边相切（图6.7e），两切点 D_1、D_2 即为离中性轴最远的点，应力为极值。将危险点 D_1、D_2 的坐标分别代入式（a），就可求得最大拉应力和最大压应力。

对于周边具有棱角的截面，其危险点必定在截面的棱角处，并可直接根据变形来确定。这时，无需确定中性轴的位置。例如，矩形截面杆受偏心拉力 F 作用（图6.8），杆件任一横截面上的内力分量为 $F_N = F$、$M_y = Fz_F$ 和 $M_z = Fy_F$，将与各内力分量相应的应力叠加后，可见，最大拉应力 $\sigma_{t\max}$ 和最大压应力 $\sigma_{c\max}$ 分别在截面的棱角 D_1 和 D_2 处，其值为

$$\left.\begin{matrix}\sigma_{t\max}\\ \sigma_{c\max}\end{matrix}\right\} = \frac{F}{A} \pm \frac{Fz_F}{W_y} \pm \frac{Fy_F}{W_z} \tag{6.6}$$

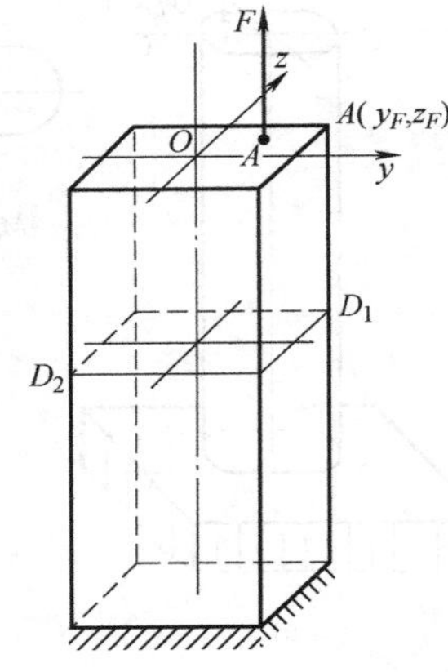

图 6.8

由于危险点为单向应力状态，因此求得最大正应力后，将其与许用应力比较，即可建立强度条件。

2. 截面核心

由式（6.5）可知，对于给定的截面，y_F、z_F 越小，a_y、a_z 就越大。即外力作用点离形心越近，中性轴距形心就越远。特别地，当中性轴不穿过截面时，整个截面上就只有一种应力。土建工程中常用的混凝土构件和砖石砌体，其抗拉强度远低于抗压强度，设计中往往认为其抗拉强度为零。这就要求构件在受偏心压力作用时，其横截面上不出现拉应力。为此，

应使中性轴不穿过横截面。当外力作用点位于截面形心附近的一个区域内时，就可以保证中性轴不穿过横截面，这个区域就称为**截面核心**。当外力作用在截面核心的边界上时，与此相对应的中性轴就正好与截面的周边相切（图6.9）。核心边界就是利用这一关系确定的。

为确定任意形状截面（图6.9）的截面核心边界，可将与截面周边相切的任一直线①看作是中性轴，它在 y、z 两个形心主惯性轴上的截距分别为 a_{y1} 和 a_{z1}。根据这两个值，就可由式（6.5）确定与该中性轴对应的外力作用点1，亦即截面核心边界上一个点的坐标（ρ_{y1}，ρ_{z1}）：

$$\rho_{y1}=-\frac{i_z^2}{a_{y1}},\quad \rho_{z1}=-\frac{i_y^2}{a_{z1}} \tag{c}$$

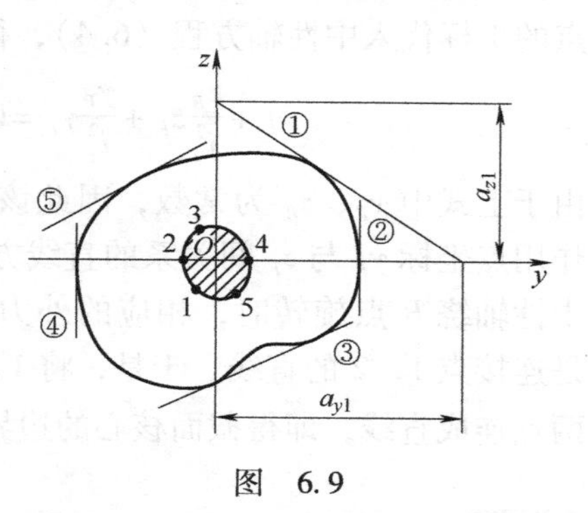

图　6.9

同理，分别将与截面周边相切的直线②、③……看作是中性轴，并按上述方法求得与它们对应的截面核心边界上的点2、3……的坐标。连接这些点所得到的一条封闭曲线，就是所求截面核心的边界，而该边界曲线所包围的带阴影线的面积，即为截面核心（图6.9）。对于周边有凹入部分的截面（图6.9），不能取与凹入部分的周边相切的直线作为中性轴，因为这种直线显然是穿过截面的。下面以圆形和矩形截面为例，来具体说明确定其截面核心边界的方法。

由于圆截面对于圆心 O 是极对称的，因而，截面核心对于圆心也应是极对称的，是一个圆心为 O 的圆。作一条与圆截面周边切于 A 点的直线①（图6.10），将其看作中性轴，其在 y、z 两形心主惯性轴上的截距分别为

$$a_{y1}=\frac{d}{2},\quad a_{z1}=\infty$$

而圆截面的 $i_y^2=i_z^2=\frac{d^2}{16}$，将以上各值代入式（c），就可得到与中性轴①对应的截面核心边界上点1的坐标为

$$\rho_{y1}=-\frac{i_z^2}{a_{y1}}=-\frac{d}{8},\quad \rho_{z1}=-\frac{i_y^2}{a_{z1}}=0$$

从而可知，截面核心边界是一个以 O 为圆心、以 $\frac{d}{8}$ 为半径的圆，图6.10中带阴影线的区域即为截面核心。

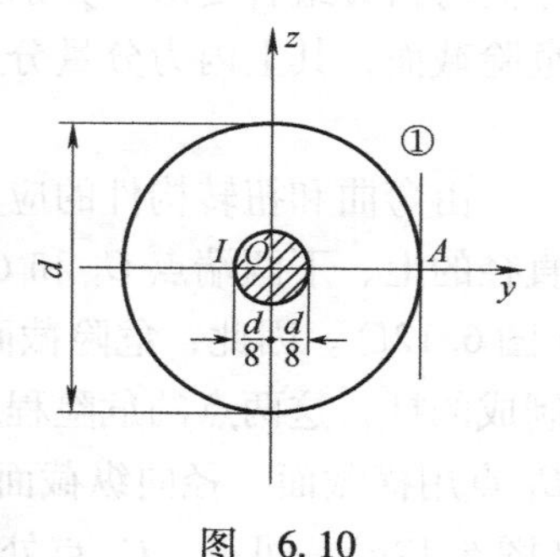

图　6.10

对于图6.11所示矩形，y、z 两对称轴就是截面的形心主惯性轴。先将切于 AB 边的直线①看作中性轴，其在 y、z 两轴上的截距分别为

$$a_{y1}=\frac{h}{2},\quad a_{z1}=\infty$$

矩形截面的 $i_y^2=\frac{b^2}{12}$，$i_z^2=\frac{h^2}{12}$。将以上各值代入式（c），就可得到与中性轴①对应的截面核心边界上点1的坐标为

$$\rho_{y1}=-\frac{i_z^2}{a_{y1}}=-\frac{h}{6},\quad \rho_{z1}=-\frac{i_y^2}{a_{z1}}=0$$

同理，分别将切于 BC、CD、DA 的直线②、③、④看作中性轴，可求得对应的截面核心边

界上点2、3、4（图6.11）。这样，就得到截面边界上的4个点。当中性轴绕顶点B从直线①旋转到直线②时，将得到一系列通过B点但斜率不同的中性轴，将B点的坐标代入中性轴方程（6.4），得

$$1+\frac{z_B}{i_y^2}z_F+\frac{y_B}{i_z^2}y_F=0$$

由于上式中y_B、z_B为常数，因此该式可看作表示外力作用点坐标y_F与z_F间关系的直线方程。这就表明，当中性轴绕B点旋转时，相应的外力作用点移动的轨迹是连接点1、2的直线。于是，将1、2、3、4点相邻的两点连成直线，即得截面核心的边界。截面核心是一个位于截面中央的菱形（图6.11）。

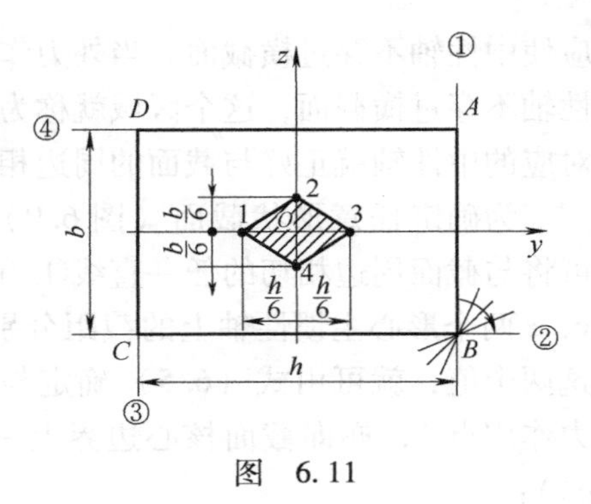

图 6.11

6.5 扭转与弯曲的组合

机械结构中的传动轴通常发生扭转与弯曲的组合变形。由于传动轴大都是圆截面，因此，本节以圆截面杆为主要研究对象讨论杆件扭转与弯曲组合变形的强度计算。

设直径为d的等直圆截面杆AB，A端固定，B端有与AB成直角的钢臂，并承受铅垂力F作用（图6.12a）。为分析杆AB的内力，可将F向AB杆右端截面形心B简化，得到作用于杆端B的横向力F和作用于杆端截面内的力偶矩$M_e=Fa$（图6.12b）。可见，杆AB发生弯曲与扭转组合变形。分别绘出杆的弯矩图和扭矩图（图6.12c、d），可见，固定端截面为危险截面，其上内力分量分别为

$$M=Fl,\quad T=M_e=Fa$$

由弯曲和扭转构件的应力变化规律可知，危险截面上的最大弯曲正应力σ发生在铅垂直径的上、下两端点C_1和C_2（图6.12e），而最大扭转切应力τ发生在截面周边上各点处（图6.12f）。因此，危险截面上的危险点为C_1和C_2。对于许用拉、压应力相等的塑性材料制成的杆，这两点的危险程度是相同的。为此，可取其中的任一点（C_1点）来研究。围绕C_1点用横截面、径向纵截面以及平行于表面的圆柱面截取单元体，可得C_1点处的应力状态（图6.12g）。可见，C_1点处于平面应力状态，其三个主应力为

$$\left.\begin{matrix}\sigma_1\\\sigma_3\end{matrix}\right\}=\frac{\sigma}{2}\pm\sqrt{\left(\frac{\sigma}{2}\right)^2+\tau^2},\quad \sigma_2=0 \qquad (*)$$

对于用塑性材料制成的杆件，其复杂应力状态的强度计算，应选用第三或第四强度理论建立强度条件。若按第三强度理论，强度条件是

$$\sigma_{r3}=\sigma_1-\sigma_3\leqslant[\sigma]$$

将式（*）中的主应力代入上式，得

$$\sigma_{r3}=\sqrt{\sigma^2+4\tau^2}\leqslant[\sigma] \qquad (6.7)$$

若按第四强度理论，强度条件是

$$\sigma_{r4}=\sqrt{\frac{1}{2}[(\sigma_1-\sigma_2)^2+(\sigma_2-\sigma_3)^2+(\sigma_3-\sigma_1)^2]}\leqslant[\sigma]$$

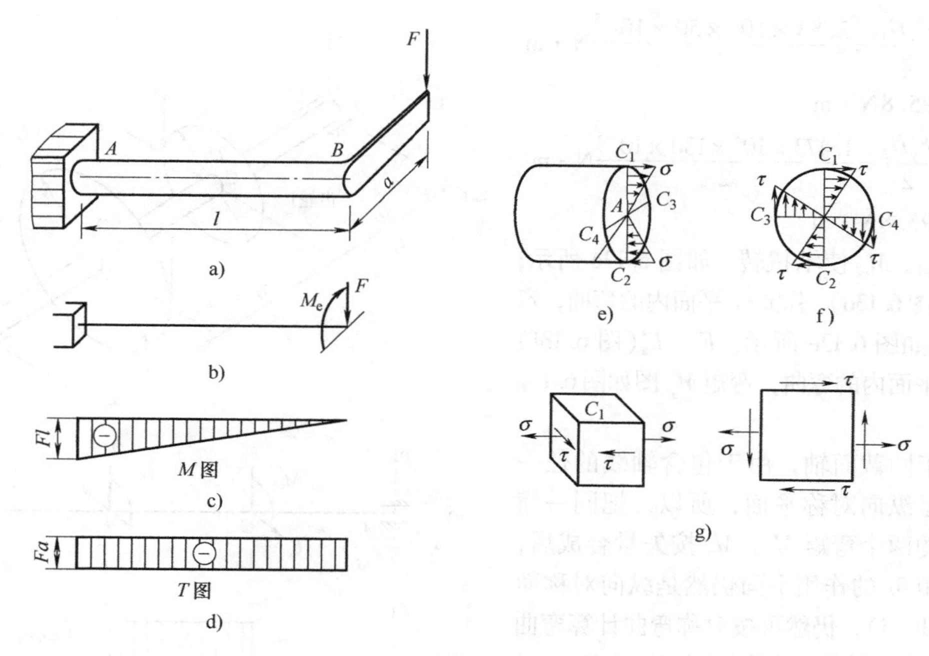

图　6.12

将式（*）中的主应力代入上式，整理后得

$$\sigma_{r4}=\sqrt{\sigma^2+3\tau^2}\leqslant[\sigma] \tag{6.8}$$

注意到弯曲正应力 $\sigma=\dfrac{M}{W}$，扭转切应力 $\tau=\dfrac{T}{W_p}$，且对于圆截面有 $W_p=2W$，代入式（6.7）、式（6.8），得圆轴的强度条件为

$$\sigma_{r3}=\sqrt{\left(\frac{M}{W}\right)^2+4\left(\frac{T}{W_p}\right)^2}=\frac{1}{W}\sqrt{M^2+T^2}\leqslant[\sigma] \tag{6.9}$$

$$\sigma_{r4}=\sqrt{\left(\frac{M}{W}\right)^2+3\left(\frac{T}{W_p}\right)^2}=\frac{1}{W}\sqrt{M^2+0.75T^2}\leqslant[\sigma] \tag{6.10}$$

显然，在求得危险截面的弯矩和扭矩后，利用强度条件式（6.9）或式（6.10），计算更为简便。

值得注意的是，式（6.7）、式（6.8）适用图 6.12g 所示的平面应力状态，且不论正应力 σ、切应力 τ 是何种变形引起的。例如船舶的推进轴将同时发生扭转、弯曲和轴向压缩（或拉伸），这时危险点处的正应力 σ 应等于弯曲正应力与轴向压缩（或拉伸）正应力之和，其应力状态如图 6.12g 所示的相同，因此，式（6.7）、式（6.8）仍适用。但对于式（6.9）、式（6.10），却仅适用于扭转与弯曲组合变形下的圆截面杆。

例 6.3　图 6.13a 所示齿轮轴，齿轮 1、2 的节圆直径分别为 $D_1=50\text{mm}$，$D_2=130\text{mm}$。在齿轮 1 上，作用有切向力 $F_y=3.83\text{kN}$，径向力 $F_z=1.393\text{kN}$；在齿轮 2 上，作用有切向力 $F'_y=1.473\text{kN}$，径向力 $F'_z=0.536\text{kN}$。轴由 45 号钢制成，直径 $d=25\text{mm}$，许用正应力 $[\sigma]=180\text{MPa}$，试按第三强度理论校核轴的强度。

解： 首先将齿轮上的力 F_y、F_z、F'_y、F'_z 向轴线简化，得轴的计算简图（图 6.13b），图中

$$M_{e1}=\frac{F_yD_1}{2}=\frac{3.83\times10^3\times50\times10^{-3}}{2}\text{N}\cdot\text{m}$$
$$=95.8\text{N}\cdot\text{m}$$
$$M_{e2}=\frac{F'_yD_2}{2}=\frac{1.473\times10^3\times130\times10^{-3}}{2}\text{N}\cdot\text{m}$$
$$=95.8\text{N}\cdot\text{m}$$

可见，M_{e1}、M_{e2}使轴扭转，如图6.13c所示；F_y、F'_y（图6.13d）引起xy平面内的弯曲，弯矩M_z图如图6.13e所示；F_z、F'_z（图6.13f）引起xz平面内的弯曲，弯矩M_y图如图6.13g所示。

对于圆截面轴，由于包含轴线的任一平面都是纵向对称平面，所以，把同一横截面上的两个弯矩M_y、M_z按矢量合成后，合成弯矩M的作用平面仍然是纵向对称面（图6.13h、i），仍然可按对称弯曲计算弯曲正应力。由此轴的两个弯矩图（图6.13e、g）可知，C截面的合成弯矩最大，其值为

$$M_C=\sqrt{M_y^2+M_z^2}=(\sqrt{37.5^2+152^2})\text{N}\cdot\text{m}$$
$$=157\text{N}\cdot\text{m}$$

另一方面，在CE段内各横截面上的扭矩都相同，所以，C截面的右侧是危险截面，其上扭矩$T=95.8\text{N}\cdot\text{m}$。于是，由第三强度理论的强度条件式（6.9），得

$$\sigma_{r3}=\frac{1}{W}\sqrt{M_C^2+T^2}=\frac{32}{\pi d^3}\sqrt{M_C^2+T^2}$$
$$=\frac{32\sqrt{157^2+95.8^2}}{\pi\times25^3\times10^{-9}}\text{Pa}$$
$$=120\times10^6\text{Pa}=120\text{MPa}<[\sigma]$$

所以，轴AB符合强度要求。

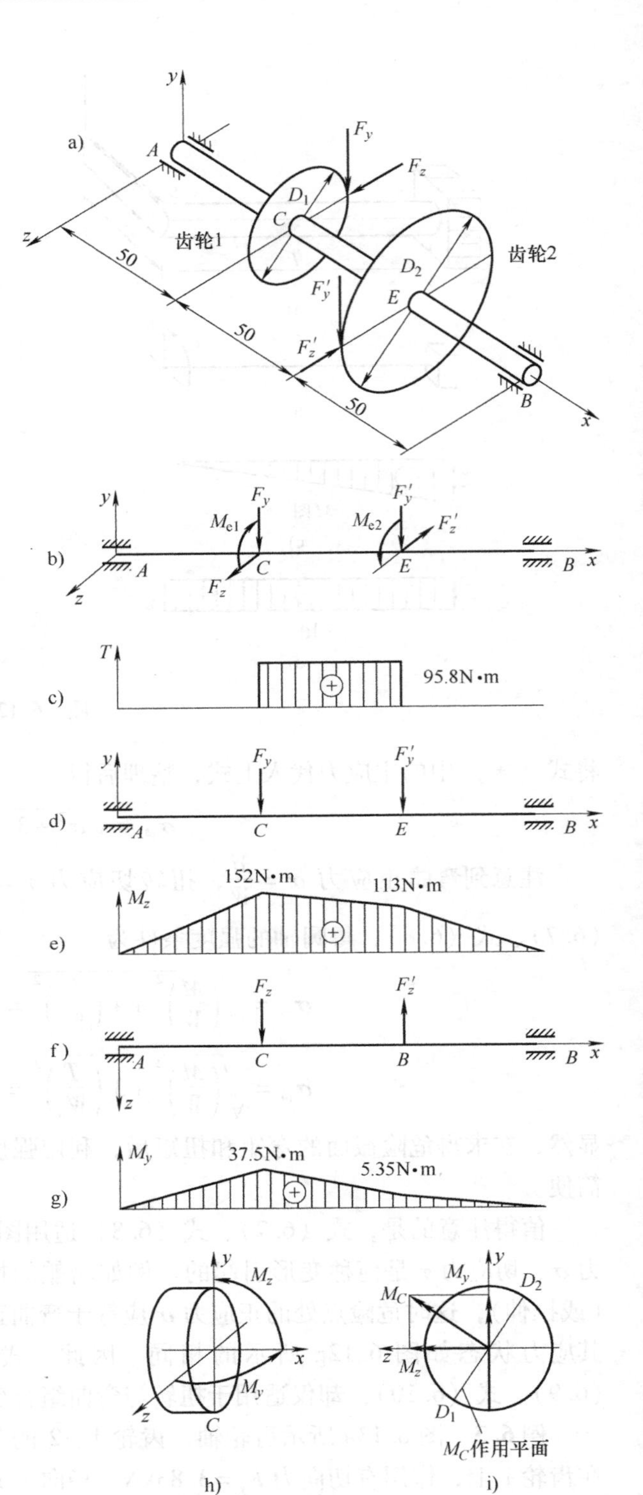

图 6.13

本章小结

1. 基本要求

1）理解组合变形的概念及叠加原理的适用范围。

2）掌握拉伸（或压缩）与弯曲组合的概念并熟练计算最大应力。

3）掌握斜弯曲的概念并熟练计算最大应力。

4）掌握偏心拉（压）的概念并熟练计算最大应力，理解截面核心的概念。

5）掌握扭转与弯曲组合的概念，并熟练应用第三和第四强度理论校核杆件的强度。

6）利用组合变形的分析方法求解杆件在其他基本变形组合下的强度问题。

2. 本章重点

1）判断各种组合变形是由哪几种基本变形组成的，正确判断组合变形下杆件的危险截面和危险点。

2）拉伸（或压缩）与弯曲组合变形下的强度计算；

3）弯曲与扭转组合变形下的应力状态分析及其强度计算。

3. 本章难点

1）组合变形的分解和危险截面、危险点的确定。

2）弯曲与扭转组合变形下危险点的应力状态分析；拉（压）、弯曲与扭转组合变形下危险点的应力状态分析。

3）截面核心的几何形状确定。

4）弯曲与扭转组合变形中式（6.7）、式（6.8）与式（6.9）、式（6.10）的区别和联系。

4. 学习建议

1）分析和求解组合变形问题的关键是分与合。分，就是将作用在杆件上的载荷分解成若干基本载荷，根据内力分布情况判断危险截面，根据危险截面上的应力分布情况判断危险点，并分别计算杆件应力；合，是将基本变形引起的危险点的应力叠加起来。另外要注意的是组合变形下杆件的危险截面、危险点不止一个，切勿遗漏；

2）本章所涉及的组合变形就危险点的应力状态而言可分为两类：单向应力状态和平面应力状态。拉（压）弯组合、斜弯曲、偏心拉伸（压缩）等仅在杆件横截面引起正应力，因此危险点应力状态均为单向状态，其最大应力可通过代数叠加计算。弯扭组合、拉（压）弯扭组合下危险点为平面应力状态（图6.12g），可直接根据式（6.7）和式（6.8）计算危险点的相当应力。若危险点为其他复杂应力状态，还需计算三个主应力并选择合适的强度理论计算危险点的相当应力。

3）在应用本章公式进行计算时，需要注意公式的使用条件。如弯扭组合变形中式（6.7）和式（6.8）不仅适用于弯扭组合的强度计算，也适合拉（压）弯扭组合的强度计算；但式（6.9）和式（6.10）仅适合圆截面杆弯扭组合的强度计算。注意组合变形分析方法和步骤，不必强记某些计算公式。

4）材料力学研究对象主要为杆件，因此复杂载荷作用下引起的应力主要发生在横截面上，围绕危险点取单元体时，其中一对平面为横截面，只要把横截面上的应力画出，根据互等定理和对称性可方便画出危险点的应力状态。

5）两相互垂直平面内的对称弯曲，圆截面杆件可直接合成两个弯矩，危险点在截面外边缘某点，强度条件为 $\sigma_{\max}=\dfrac{\sqrt{M_y^2+M_z^2}}{W}\leqslant[\sigma]$，由于 $I_y\equiv I_z$，杆件为平面弯曲。对于矩形截面杆件，危险点在横截面的尖角处，其强度条件为 $\sigma_{\max}=\dfrac{M_y}{W_y}+\dfrac{M_z}{W_z}\leqslant[\sigma]$，一般情况下 $I_y\neq I_z$，则杆件不是平面弯曲，或称为斜弯曲。

习　题

6.1　试求题6.1图示各构件在指定截面Ⅰ-Ⅰ、Ⅱ-Ⅱ上的内力分量。

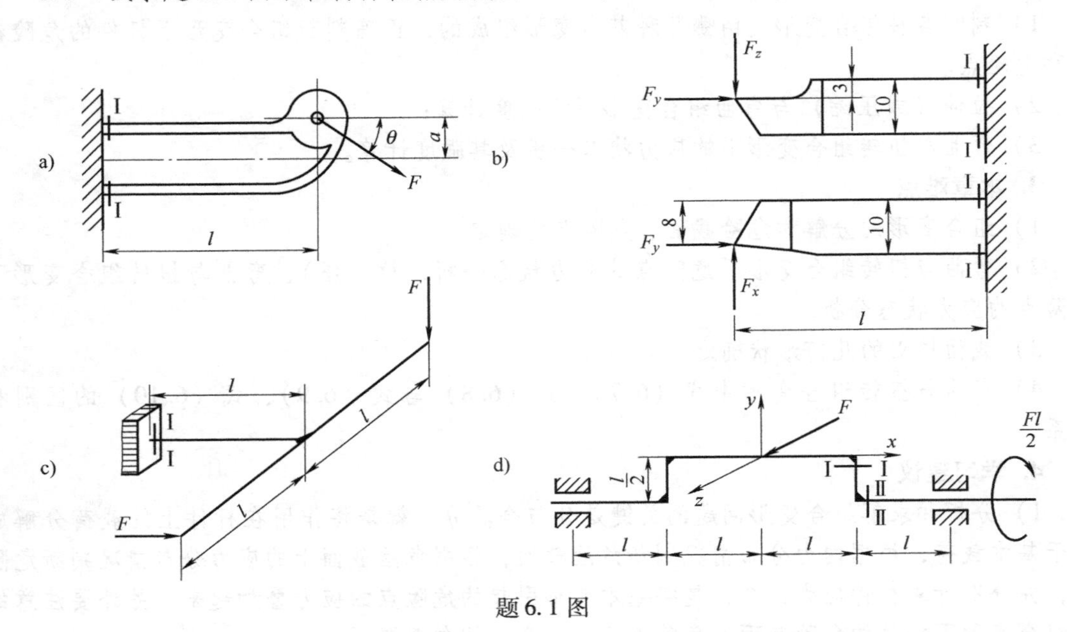

题6.1图

6.2　悬臂梁的横截面形状如题6.2图所示。若作用于自由端的载荷F垂直于梁的轴线，且其作用方向如图中虚线所示。试指出哪种情况是平面弯曲。如非平面弯曲，将为哪种变形？

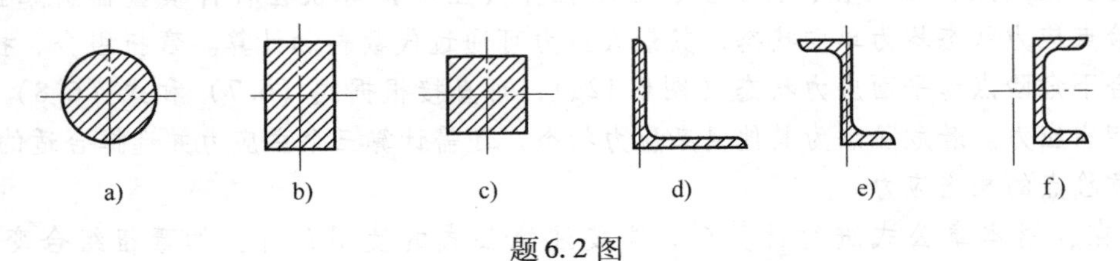

题6.2图

6.3　作用于题6.3图示悬臂木梁上的载荷为：在水平平面内$F_1=800\text{N}$，在垂直平面内$F_2=1650\text{N}$。木材的许用正应力［σ］$=10\text{MPa}$。若矩形截面$h/b=2$，试确定其截面尺寸。

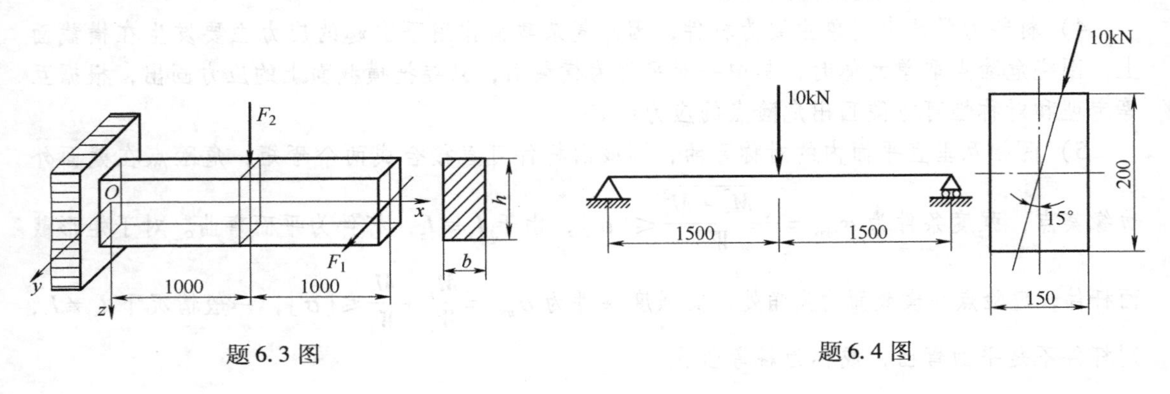

题6.3图　　　　题6.4图

6.4　简支梁如题 6.4 图所示，若 $E=10\text{GPa}$，试求：(1) 中性轴的位置；(2) 最大正应力；(3) 梁中点的总挠度。

6.5　人字架承受载荷如题 6.5 图所示。试求截面Ⅰ-Ⅰ上最大正应力及 A 点处的正应力。

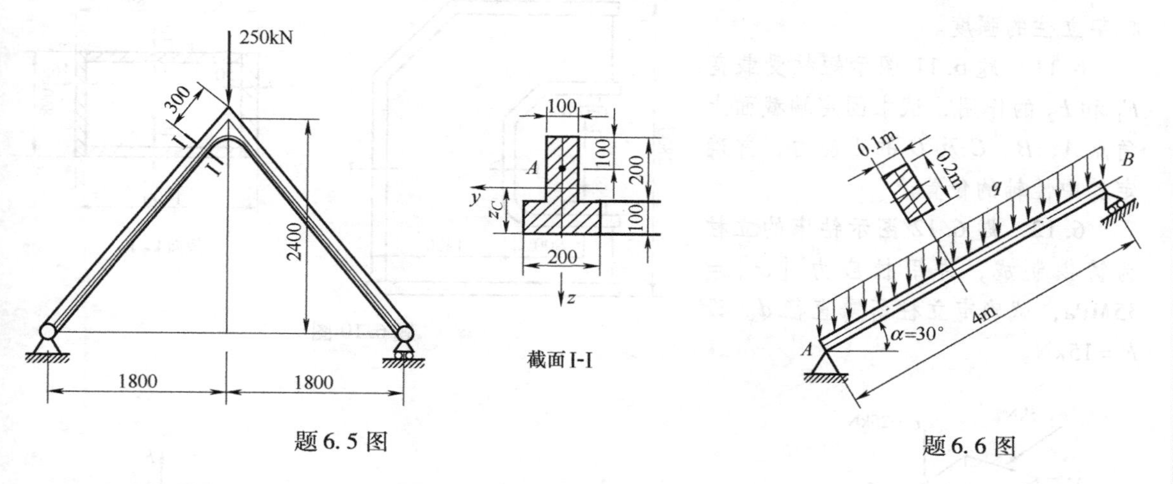

题 6.5 图　　　　题 6.6 图

6.6　题 6.6 图示一楼梯木斜梁的长度 $l=4\text{m}$，截面为 $0.2\text{m}\times0.1\text{m}$ 的矩形，受均布荷载作用，$q=2\text{kN/m}$。试绘制此梁的轴力图和弯矩图，并求梁中点横截面上的最大拉应力和最大压应力。

6.7　有一木质拉杆如题 6.7 图所示，截面原为边长 a 的正方形，拉力 F 与杆轴重合。后因使用上的需要，在杆长的某一段范围内开一 $a/2$ 宽的切口，如图所示。试求 m-m 截面上的最大拉应力和最大压应力，并问此最大拉应力是截面削弱以前的拉应力值的几倍？

6.8　题 6.8 图示砖砌烟囱高 $H=30\text{m}$，底截面Ⅰ-Ⅰ的外径 $d_1=3\text{m}$，内径 $d_2=2\text{m}$，自重 $W_1=2000\text{kN}$，受 $q=1\text{kN/m}$ 的风力作用。试求：(1) 烟囱底截面上的最大压应力；(2) 若烟囱的基础埋深 $h=4\text{m}$，基础及填土自重按 $W_2=1000\text{kN}$ 计算，土壤的许用压应力 $[\sigma]=0.3\text{MPa}$，圆形基础的直径 D 应为多大？[提示：计算风力时，可略去烟囱直径的变化，把它看作等截面杆。]

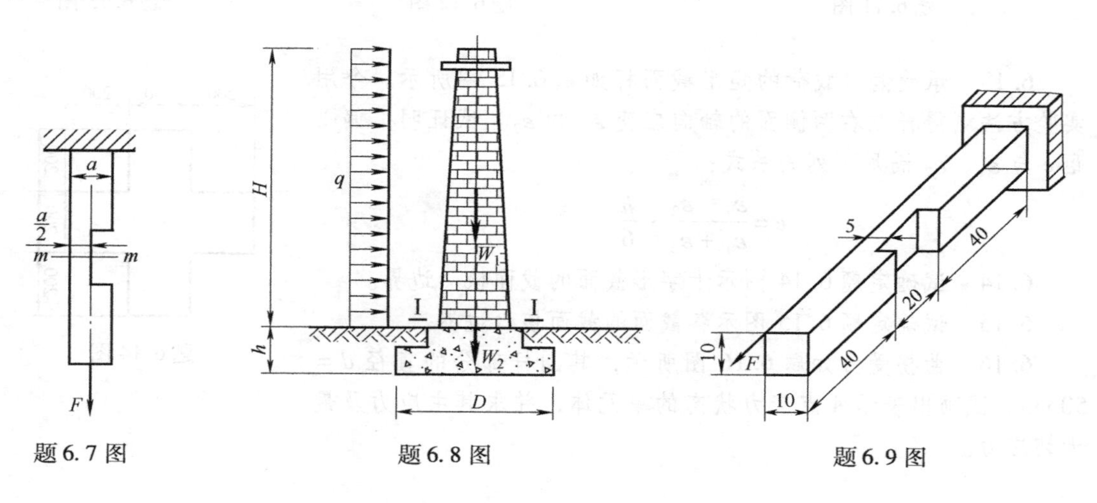

题 6.7 图　　　　题 6.8 图　　　　题 6.9 图

6.9 正方形截面杆一端固定，中间部分开有切槽，切槽尺寸及各部分尺寸均示于题6.9图中。若 $F=1\text{kN}$，求杆内的最大正应力并指出其作用点的位置。

6.10 单臂液压机机架及其立柱的横截面尺寸如题6.10图所示。$F=1600\text{kN}$，材料的许用正应力 $[\sigma]=160\text{MPa}$。试校核机架立柱的强度。

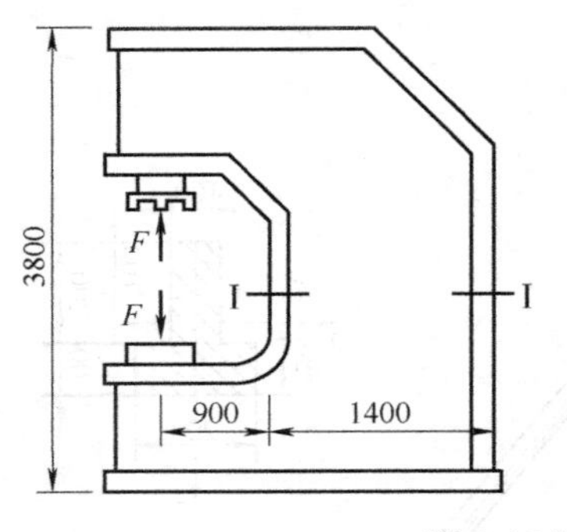

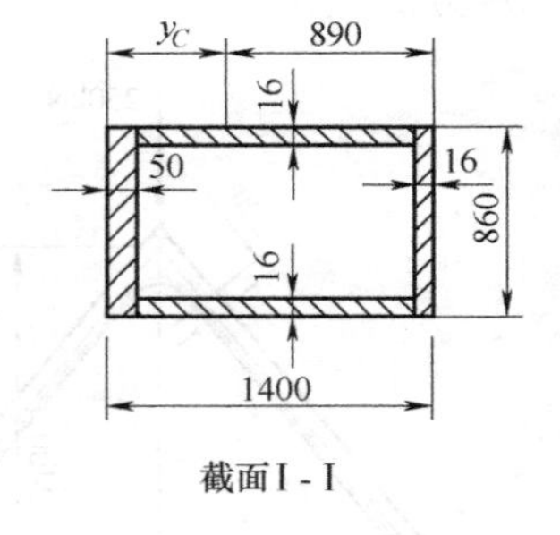

题6.10图

6.11 题6.11图示短柱受载荷 F_1 和 F_2 的作用，试求固定端截面上角点 A、B、C 及 D 的正应力，并确定其中性轴的位置。

6.12 题6.12图示钻床的立柱为铸铁制成，许用拉应力 $[\sigma]=35\text{MPa}$，试确定立柱所需直径 d。设 $F=15\text{kN}$。

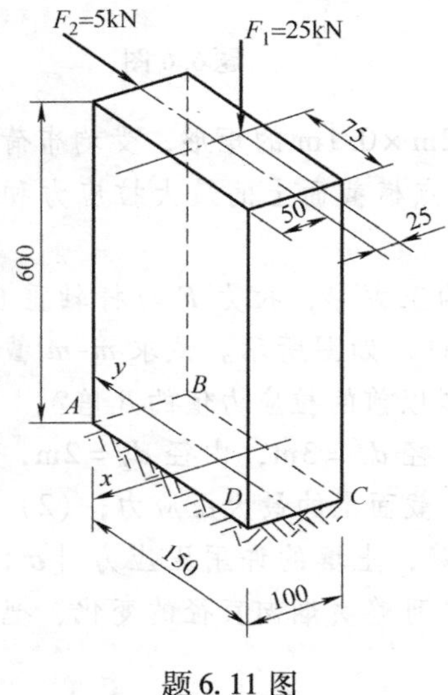

题6.11图

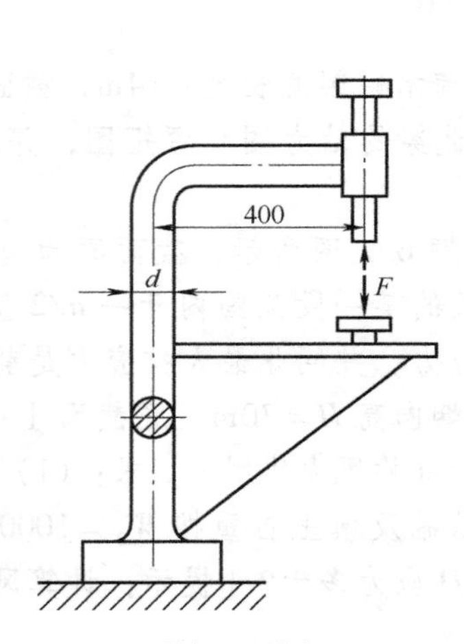

题6.12图

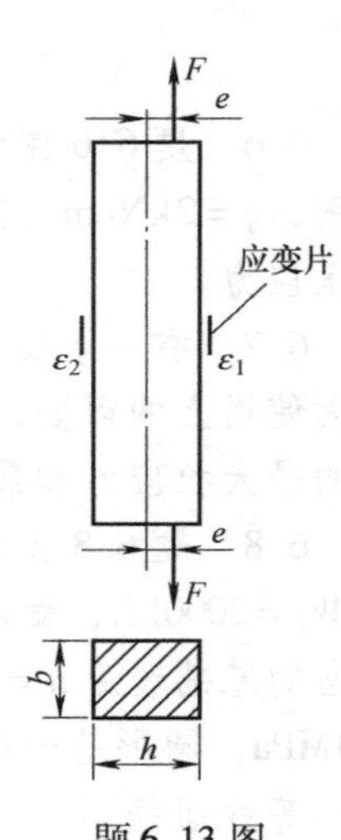

题6.13图

6.13 承受偏心载荷的矩形截面杆如题6.13图所示。今用实验方法测得杆左右两侧面的轴向应变 ε_1 和 ε_2。试证明：偏心距 e 与 ε_1、ε_2 满足下列关系式：

$$e=\frac{\varepsilon_1-\varepsilon_2}{\varepsilon_1+\varepsilon_2}\cdot\frac{h}{6}$$

6.14 试确定题6.14图示十字形截面的截面核心边界。

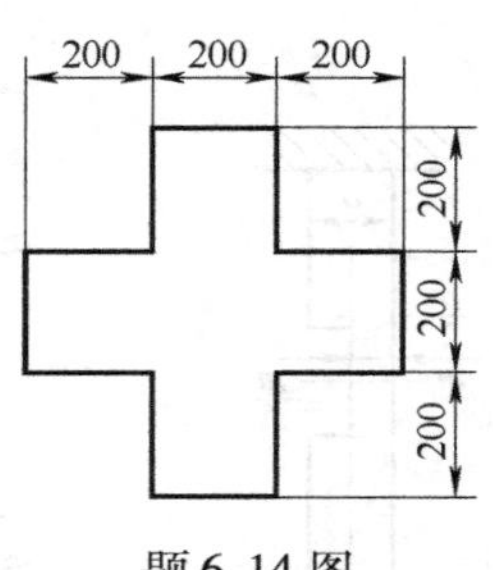

题6.14图

6.15 试确定题6.15图示各截面的截面核心边界。

6.16 曲拐受力如题6.16图所示，其圆杆部分的直径 $d=50\text{mm}$。试画出表示 A 点应力状态的单元体，并求其主应力及最大切应力。

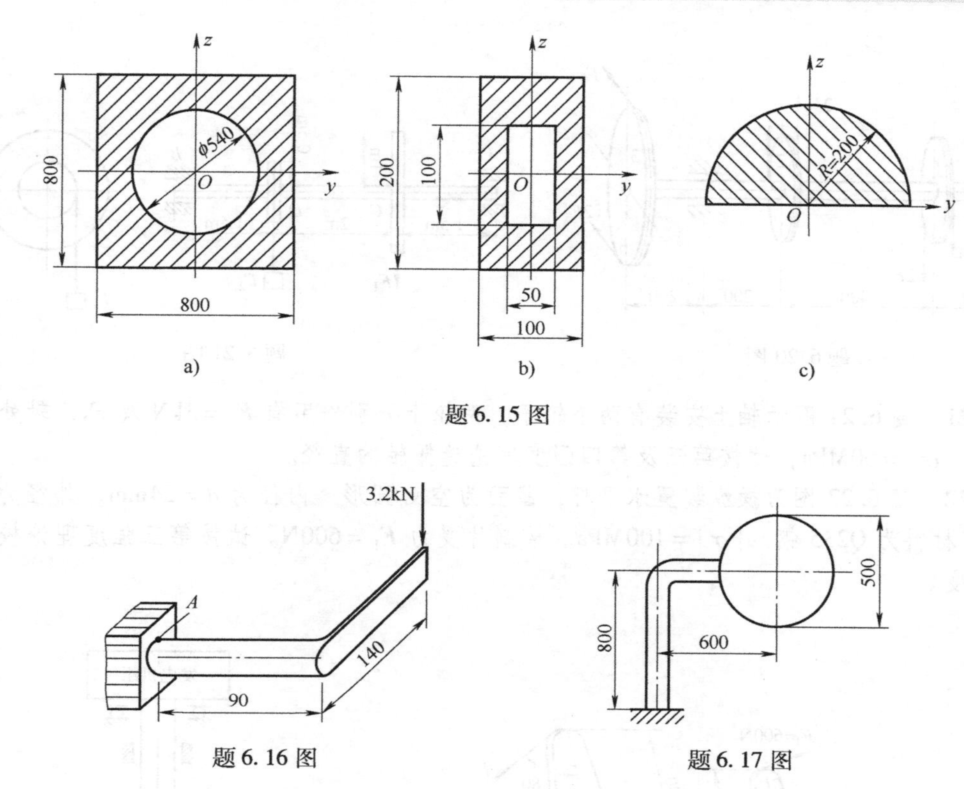

题6.15图

题6.16图

题6.17图

6.17 如题6.17图示铁道路标圆信号板，装在外径 $D=60\text{mm}$ 的空心圆柱上，所受的最大风载 $p=2\text{kN/m}^2$，$[\sigma]=60\text{MPa}$。试按第三强度理论选定空心柱的厚度。

6.18 手摇绞车如题6.18图所示，轴的直径 $d=30\text{mm}$，材料为Q235钢，$[\sigma]=80\text{MPa}$。试按第三强度理论，求绞车的最大起吊重量 W。

6.19 电动机的功率为9kW，转速715r/min，带轮直径 $D=250\text{mm}$，主轴外伸部分长度为 $l=120\text{mm}$，主轴直径 $d=40\text{mm}$，如题6.19图所示。若 $[\sigma]=60\text{MPa}$，试按第三强度理论校核轴的强度。

6.20 题6.20图示为一带轮轴，已知 F_1 和 F_2 均为1500N，1、2轮的直径均为300mm，3轮直径为450mm，轴的直径为60mm。若 $[\sigma]=80\text{MPa}$，试按第三强度理论对该轴进行校核。

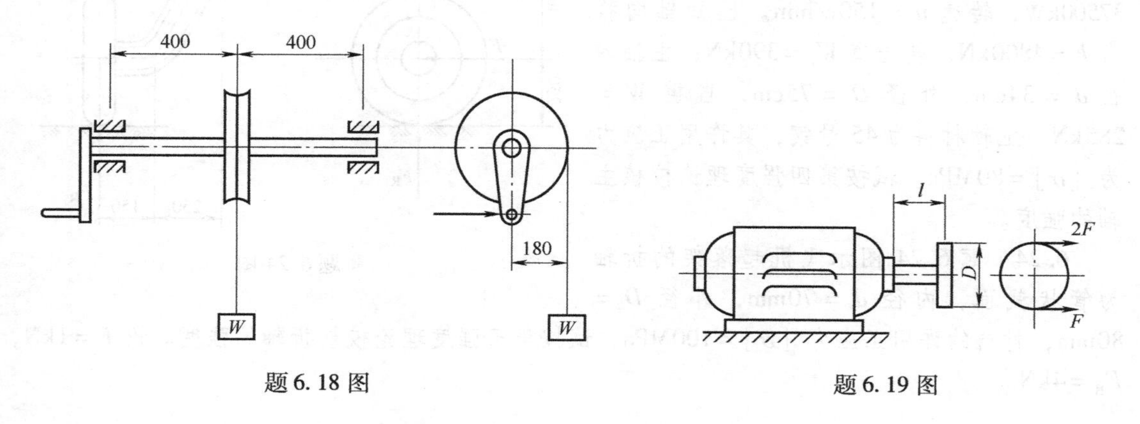

题6.18图

题6.19图

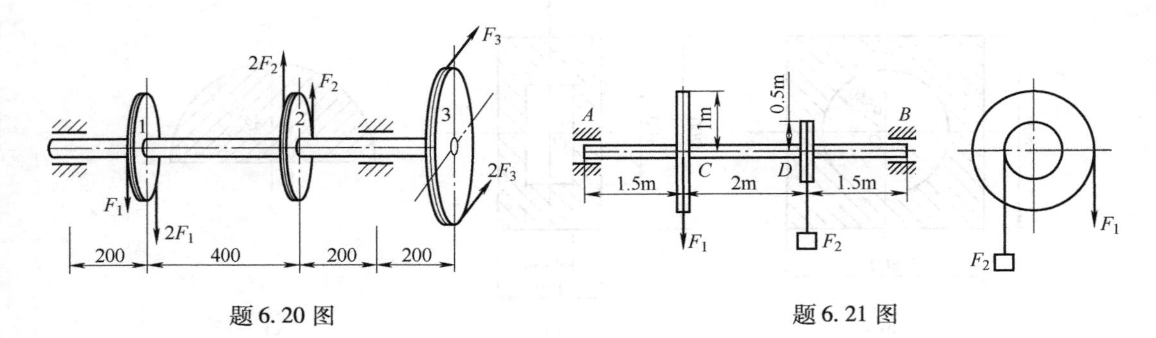

题 6.20 图　　　　题 6.21 图

6.21　题 6.21 图示轴上安装有两个轮子，两轮上分别作用有 $F_1=3\text{kN}$ 及 F_2，轴处于平衡。若 $[\sigma]=60\text{MPa}$，试按第三及第四强度理论选择轴的直径。

6.22　题 6.22 图为操纵装置水平杆，截面为空心圆形，内径为 $d=24\text{mm}$，外径为 $D=30\text{mm}$。材料为 Q235 钢。$[\sigma]=100\text{MPa}$。控制片受力 $F_1=600\text{N}$。试按第三强度理论校核该杆的强度。

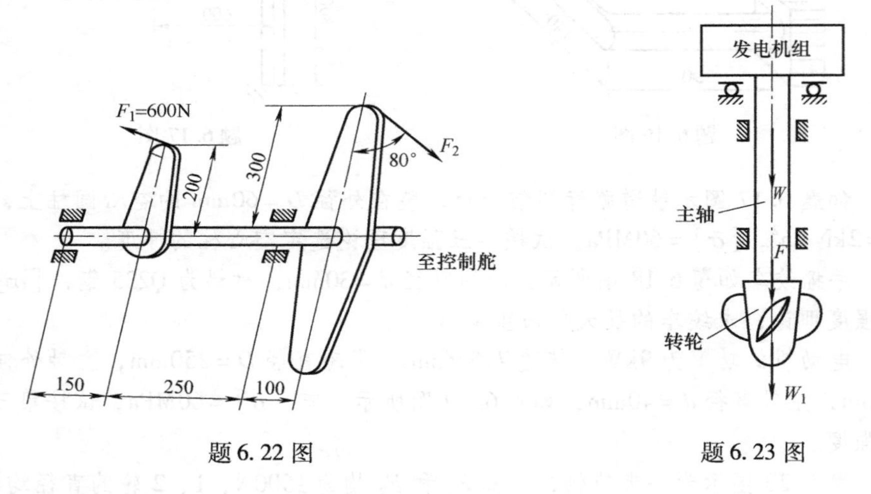

题 6.22 图　　　　题 6.23 图

6.23　某型水轮机主轴的示意图如题 6.23 图所示。水轮机组的输出功率为 $P=37500\text{kW}$，转速 $n=150\text{r/min}$。已知轴向推力 $F=4800\text{kN}$，转轮重 $W_1=390\text{kN}$；主轴内径 $d=34\text{cm}$，外径 $D=75\text{cm}$，自重 $W=285\text{kN}$。主轴材料为 45 号钢，其许用正应力为 $[\sigma]=80\text{MPa}$。试按第四强度理论校核主轴的强度。

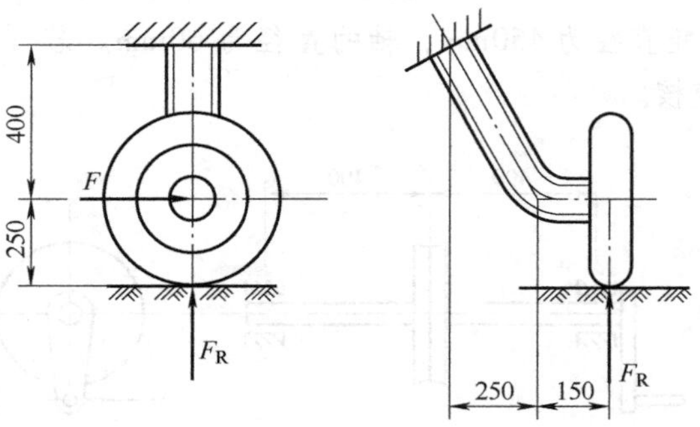

题 6.24 图

6.24　题 6.24 图示飞机起落架的折轴为管状截面，内径 $d=70\text{mm}$，外径 $D=80\text{mm}$，材料的许用正应力 $[\sigma]=100\text{MPa}$，试按第三强度理论校核折轴的强度。设 $F=1\text{kN}$，$F_R=4\text{kN}$。

第7章 压杆稳定

7.1 压杆稳定的概念

前述各章讨论了构件的强度和刚度问题，构件或因强度不够而发生屈服或脆断；或因刚度不够而发生过大的弹性变形。它们的共同特点是构件在受力产生变形直到破坏的过程中，其变形形式保持不变。但在工程中还存在另一种破坏形式，就是构件丧失稳定性而失去承载能力。例如取一根钢锯条，其横截面尺寸为10mm×1mm，钢的许用正应力 $[\sigma]=300\text{MPa}$，按强度条件算得钢锯条所能承受的轴向压力应为

$$F=[\sigma]A=(300\times10\times1)\text{N}=3000\text{N}=3\text{kN}$$

但若将此钢锯条竖放在桌上，用手压其上端，则当压力不到30N时，锯条就被明显压弯，出现了横向大变形，此时锯条无法再承担更大的压力。显然，实际所承受的压力仅为按强度计算所得许可载荷的百分之一。由此可见，细长压杆受压时，表现出与强度失效全然不同的性质，其取决于压杆受压时能否保持直线形态的平衡。

为便于对压杆的承载能力进行理论研究，通常将压杆假设为由均质材料制成、轴线为直线且外加压力的作用线与压杆轴线重合的理想中心受压直杆力学模型。现利用这一模型说明压杆稳定性的概念。图7.1a所示中心受压直杆承受轴向压力 F 作用后，给杆施加一微小的横向干扰力 Q，使杆发生弯曲变形，然后撤去横向力。实验表明，当轴向压力不大时，撤去横向力后，杆的轴线将恢复其原来的直线平衡状态（图7.1b），则认为压杆原来直线形态的平衡是稳定的；当轴向力增大到一定的极限值时，重复上述过程，当撤去横向力后，杆的轴线将保持弯曲的平衡形态，而不再恢复其原有的直线平衡形态（图7.1c），则压杆原来直线形态的平衡是不稳定的。中心受压直杆直线形态的平衡，由稳定平衡转化为不稳定平衡时所受轴向压力的极限值，称为临界压力或临界载荷，用 F_{cr} 表示。当轴向压力达到或超过压杆的临界压力时，压杆将丧失其直线形态的平衡而过渡为曲线形态的平衡，称为失稳或屈曲现象。由此可见，研究压杆稳定性问题的关键是确定其临界压力 F_{cr}。若压杆的工作压力不超过临界压力，则压杆不会失稳。

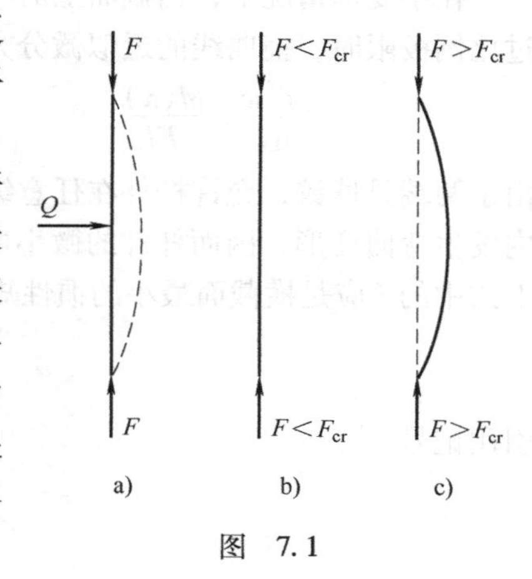

图 7.1

压杆是工程中常见的构件。例如高压输电塔架、钻井井架等各种桁架结构中的受压杆件、建筑物和结构中的立柱、钻井时钻柱组合的下部结构、内燃机中的连杆、气门挺杆、液压油缸的活塞杆和千斤顶的螺杆等。压杆失稳后，压力的微小增加都将引起弯曲变形的显著增大，轻则引起构件的失效，重则引起整个机器或结构的破坏。除压杆外，其他弹性构件和结构也存在稳定性问题。例如，图 7.2a 所示狭长矩形截面梁，当作用在自由端的载荷 F 达到或超过一定数值时，梁将发生侧向弯曲与扭转；与此类似，图 7.2b 所示承受径向外压的薄壁圆管，当外压 p 达到或超过一定数值时，圆环形截面将突然变为椭圆形，如深海潜艇可因这类事故而沉没；薄壁圆筒在轴向压力或扭转力偶作用下，会在表面形成波纹状折皱。

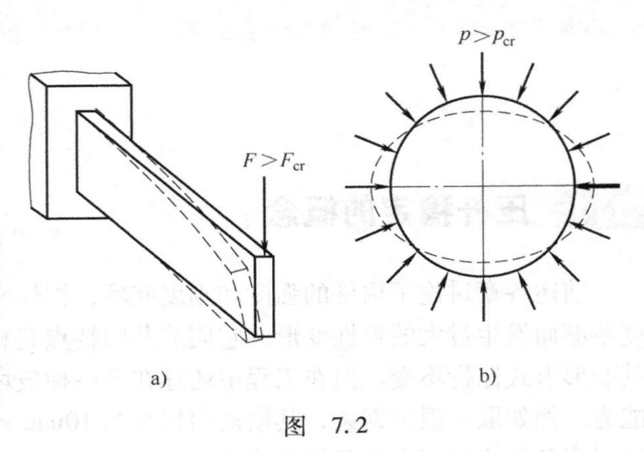

图 7.2

失稳现象由于其发生的突然性和破坏的彻底性（整体破坏），往往造成灾难性后果。本章主要以中心受压直杆力学模型为对象，研究压杆稳定性问题及临界载荷 F_{cr}的计算，不涉及其他形式的稳定问题。

7.2 两端铰支细长压杆的临界压力

设细长中心受压直杆的两端为球铰支座，当压力达到临界值时，压杆将由直线平衡形态转变为曲线平衡形态。因此，临界压力 F_{cr}可定义为：保持直线平衡的最大压力；或保持微小弯曲平衡的最小压力。

选取坐标系如图 7.3 所示，距原点为 x 的任意截面的挠度为 w，该截面弯矩 M 的绝对值为 Fw。若取压力 F 的绝对值，则 w 为正时，M 为负；w 为负时，M 为正。即 M 与 w 的符号相反，所以弯矩方程为

$$M(x) = -Fw \tag{a}$$

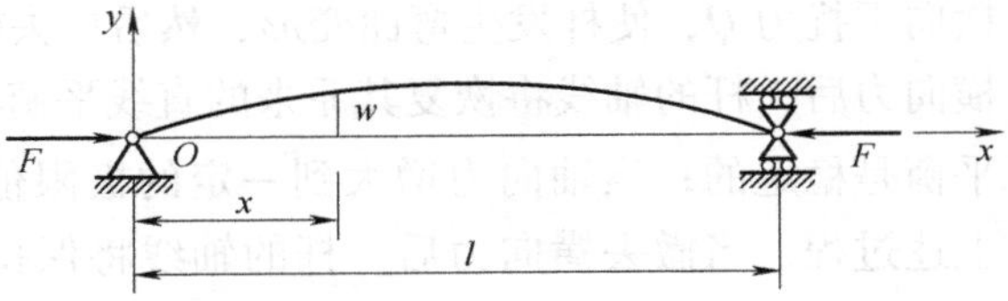

图 7.3

在小变形情况下，当截面上的应力不超过比例极限时，挠曲线的近似微分方程为

$$\frac{d^2w}{dx^2} = \frac{M(x)}{EI} \tag{b}$$

由于两端是球铰，允许杆件在任意纵向平面内发生弯曲变形，因而杆件的微小弯曲变形一定发生在抗弯能力最小的纵向平面内。所以，上式中的 I 应是横截面最小的惯性矩。将式（a）代入式（b），得

$$\frac{d^2w}{dx^2} = -\frac{Fw}{EI} \tag{c}$$

引用记号

$$k^2 = \frac{F}{EI} \tag{d}$$

于是式（c）可以写成

$$\frac{d^2w}{dx^2}+k^2w=0 \tag{e}$$

这是一个二阶齐次线性常微分方程，其通解为

$$w=A\sin kx+B\cos kx \tag{f}$$

式中，A、B 为积分常数，两端铰支压杆的位移边界条件是

$$x=0 \text{ 和 } x=l \text{ 时}, \quad w=0$$

由此求得

$$B=0, \quad A\sin kl=0 \tag{g}$$

后面的式子有两组可能的解，A 或者 $\sin kl$ 等于零。但因 B 已经等于零，如 A 再等于零，则由式（f）知 $w\equiv0$，这表示杆件轴线任意点的挠度为零，即压杆的轴线仍为直线。这就与杆件失稳发生微小弯曲的前提相矛盾。因此其解应为

$$\sin kl=0$$

而要满足此条件，则要求

$$kl=n\pi, \quad n=0,1,2,\cdots$$

由此求得

$$k=\frac{n\pi}{l}$$

代入式（d），求出

$$F=\frac{n^2\pi^2EI}{l^2}$$

因为 n 是 $0,1,2,\cdots$ 整数中任一个整数，故上式表明，使杆件保持为弯曲平衡的压力，理论上是多值的。在这些压力中，使杆件保持微小弯曲的最小压力为压杆的临界压力 F_{cr}。如取 $n=0$，则 $F=0$，表示杆件上并无压力，自然不是我们所需要的。因此，取 $n=1$，可得两端铰支细长压杆临界压力为

$$F_{cr}=\frac{\pi^2EI}{l^2} \tag{7.1}$$

上式也称为两端铰支细长压杆的欧拉公式。两端铰支压杆是工程中最常见的情况。如上节提到的挺杆、活塞杆和桁架结构中的压杆等，一般都可简化成两端铰支杆。

在导出欧拉公式时，用变形后的位置计算弯矩，如式（a）所示。这里不再使用原始尺寸原理，是稳定问题在处理方法上与以往不同之处。

现在讨论压杆的挠曲线方程，取 $n=1$ 时，$k=\pi/l$。再注意到 $B=0$，于是式（f）化为

$$w=A\sin\frac{\pi x}{l} \tag{h}$$

可见压杆过渡为曲线平衡后，挠曲线为半波正弦曲线。A 是杆件中点（即 $x=l/2$ 处）的挠度，它的数值无法确定，这是因为在推导过程中使用了挠曲线的近似微分方程。若以横坐标表示挠曲线中点的挠度 δ，纵坐标表示压力 F（图7.4），当 F 小于 F_{cr}时，杆件的直线平衡是稳定的，δ 恒为零，F 与 δ 的关系是与纵坐标轴重合的直线 OA。当 F 到达 F_{cr}时，直线平衡过渡为曲线平衡，δ 不等于零但数值未定，F 与 δ 的关系为水平线 AB。若采用挠曲线的精确微分方程，挠曲线中点挠度 δ 与压力 F 之间的关系如图 7.4 中曲线 AC 所示。

必须指出，以上所述压杆的稳定性以及压杆临界压力的计算都是就理想压杆这一力学模型而言的。实际压杆不可避免地存在某些缺陷，如轴线存在初曲率、轴向力的作用线与压杆轴线并非完全重合，即使在实验室条件下尽可能消除以上缺陷(在工程中不可避免)，压杆材料本身的不均匀性却无法消除。以上缺陷相当于压力有一个偏心距，压杆在受压力作用时除发生压缩变形外，还发生附加的弯曲变形，即压弯组合变形。实际压杆的压缩试验表明（如图 7.4 中曲线 OF 所示）：当压力不大时，压杆即发生弯曲变形，并随压力增大而缓慢增大；当压力 F 接近临界载荷 F_{cr}时，挠度急剧增大，最终使压杆因过度弯曲而丧失承载能力，可以把折线 OAB 看作曲线 OF 的极限情况。

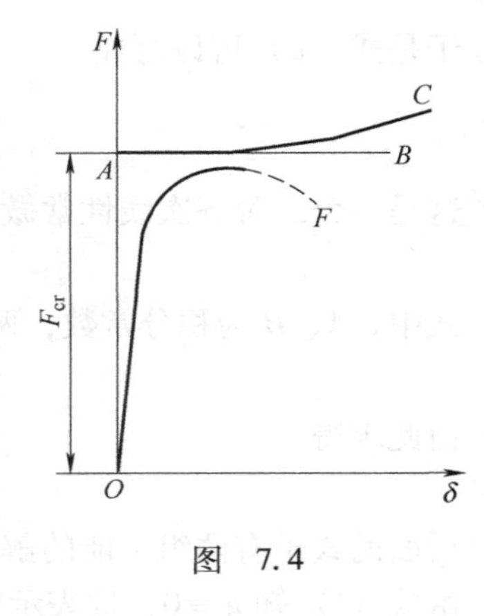

图 7.4

例 7.1 柴油机的挺杆是钢制空心圆管，外径和内径分别为 12mm 和 10mm，杆长 383mm，两端视为铰支，材料为 Q275 钢，其弹性模量 $E=210\text{GPa}$，屈服极限 $\sigma_s=275\text{MPa}$。试计算挺杆的临界压力。

解： 挺杆横截面的惯性矩是

$$I=\frac{\pi}{64}(D^4-d^4)=\frac{\pi}{64}(0.012^4-0.01^4)\text{m}^4=0.0527\times10^{-8}\text{m}^4$$

由式（7.1）计算挺杆的临界压力为

$$F_{cr}=\frac{\pi^2EI}{l^2}=\frac{\pi^2\times210\times10^9\times0.0527\times10^{-8}}{0.383^2}\text{N}=7440\text{N}$$

上述计算可见，压杆的临界压力与杆的横截面面积无关，而与横截面的抗弯刚度 EI 有关。对于同样长度的杆，用同样截面积的材料做成不同的形状，它们的临界压力可以相差很大。这一点也说明压杆稳定性问题不同于杆件的拉、压强度问题。

由式（3.8）计算使挺杆压缩屈服的轴向压力为

$$F_s=\frac{\sigma_s\pi}{4}(D^2-d^2)=\left[\frac{275\times10^6\times\pi}{4}(0.012^2-0.01^2)\right]\text{N}=9503.3\text{N}$$

上述计算说明，细长压杆的承压能力应按稳定性要求确定。

7.3 其他支座条件下细长压杆的临界压力

当杆端为其他约束情况时，细长压杆的临界压力公式可以仿照 7.2 节中的方法，根据在不同的杆端约束情况下压杆的挠曲线近似微分方程式和挠曲线的边界条件来推导（如例 7.2）。也可采用类比方法，利用两端铰支细长压杆的临界压力公式，得到其他杆端约束情况下细长压杆的临界压力公式。从 7.2 节中推导临界压力公式的过程可知，两端铰支细长压杆的临界压力和该压杆的挠曲线形状有联系。由此可以推知，两压杆的挠曲线形状若相同，则两者的临界压力也应相同。根据这个关系，利用式（7.1）可以得到其他杆端约束情况下细长压杆的临界压力公式。

千斤顶螺杆的下端可简化成固定端，上端与重物共同做微小的侧向位移，可简化成自由端，得到长为 l 的一端固定另一端自由的细长压杆（图 7.5a）。其挠曲线形状和长为 $2l$ 的两端铰支压杆挠曲线（图 7.5b）的上半段形状相同，都是 1/4 波的正弦曲线。依据前面的推理，长为 l 的一端固定另一端自由的细长压杆的临界压力和长为 $2l$ 的两端铰支细长压杆的临界压力相同，可将杆长 $2l$ 代入式（7.1），其临界压力为

$$F_{cr}=\frac{\pi^2 EI}{(2l)^2} \tag{7.2}$$

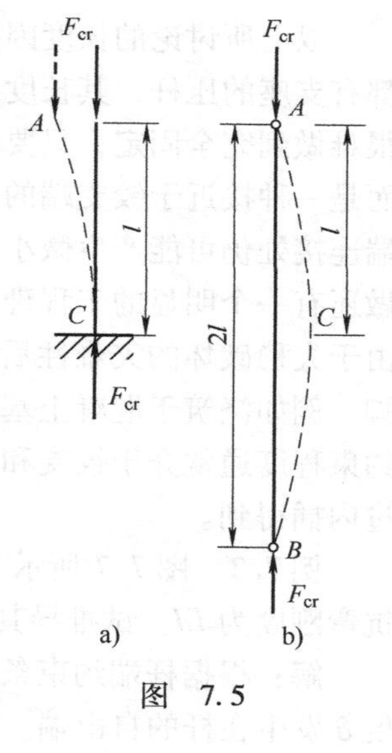

图　7.5

对于长为 l 的两端固定的细长压杆，失稳后的挠曲线中，距上、下两端各 $l/4$ 处有两个拐点 A、B（图 7.6a）。在 A、B 两点间的一段曲线形状和两端铰支长为 $l/2$ 的压杆的挠曲线形状相同（图 7.6b），都是半波的正弦曲线。于是 AB 杆的临界压力可按两端铰支细长压杆的临界压力公式（7.1）来计算，但应将公式中的杆长用 AB 段的长度 $l/2$ 代入，即

$$F_{cr}=\frac{\pi^2 EI}{\left(\frac{l}{2}\right)^2} \tag{7.3}$$

由于 AB 段杆是两端固定压杆中的一部分，所以 AB 段杆的临界压力就是所研究的两端固定压杆的临界压力。

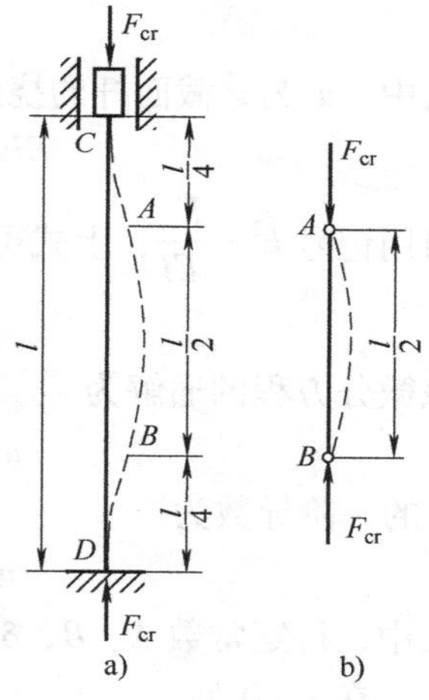

图　7.6

至于长为 l 的一端固定另一端铰支细长压杆的临界压力公式，可根据压杆的挠曲线近似微分方程求得

$$F_{cr}=\frac{(4.49)^2 EI}{l^2}=\frac{\pi^2 EI}{(0.7l)^2} \tag{7.4}$$

上述结果可归纳为，细长压杆临界压力公式的统一形式：

$$F_{cr}=\frac{\pi^2 EI}{(\mu l)^2} \tag{7.5}$$

式中，μl 称为压杆的**相当长度**，即相当两端铰支压杆的长度或压杆挠曲线拐点间之距离；而 μ 称为**长度因数**，反映不同杆端约束对临界压力的影响。几种常见杆端约束条件下压杆的长度因数列在表 7.1 中。表中挠曲线上的 C、D 点为拐点。

表 7.1　几种常见杆端约束条件下压杆的长度因数

支端情况	两端铰支	一端固定另一端铰支	两端固定	一端固定另一端自由	两端固定但可沿横向相对移动
失稳时挠曲线形状	F_{cr}, B, A, l	F_{cr}, B, C, A, l, $0.7l$	F_{cr}, B, D, C, A, l, $0.5l$	F_{cr}, l, $2l$	F_{cr}, C, l, $0.5l$
长度因数 μ	$\mu=1$	$\mu\approx0.7$	$\mu=0.5$	$\mu=2$	$\mu=1$

以上所讨论的长度因数μ是对理想的杆端约束情况而言的。从表7.1中可以看到，两端都有支座的压杆，其长度因数在0.5~1.0的范围。在实际情况下，端部固定的压杆其杆端很难做到完全固定；只要杆端面稍有发生转动的可能，这种杆端就不能看成理想的固定端，而是一种接近于铰支端的情况。例如钢结构桁架中两端为焊接或铆接的压杆，因杆受力后杆端连接处仍可能产生微小的转动，故不能简化为固定，在计算中一般按铰支处理。另外这样做还有一个明显的工程理由：按铰支计算的压杆临界压力比固支压杆低，使设计偏于安全。由于失稳破坏的灾难性后果，这种考虑是合理的。对于与坚实的基础完全固结在一起的柱脚，例如浇筑于混凝土基础中的钢筋混凝土立柱的柱脚，可简化为固定端。实际压杆的杆端约束程度通常介于铰支和固定之间，其长度因数可基于判断和经验，从设计手册和规范中通过内插得到。

例7.2 图7.7所示下端固定、上端自由、长度为l的等截面细长中心受压直杆，杆的抗弯刚度为EI。试推导其临界压力F_{cr}的欧拉公式，并求出压杆的挠曲线方程。

解： 根据杆端约束条件可知，杆在临界压力F_{cr}作用下的挠曲线形状如图所示。最大挠度δ发生在杆的自由端。由临界压力所引起的杆任意x横截面上的弯矩为

$$M(x)=F_{cr}(\delta-w)$$

式中，w为x截面杆的挠度。挠曲线的近似微分方程为

$$EIw''=M(x)=F_{cr}(\delta-w)$$

引用记号$k^2=\dfrac{F_{cr}}{EI}$，上式可简化为

$$w''+k^2w=k^2\delta$$

该微分方程的通解为

$$w=A\sin kx+B\cos kx+\delta \tag{a}$$

w的一阶导数为

$$w'=Ak\cos kx-Bk\sin kx \tag{b}$$

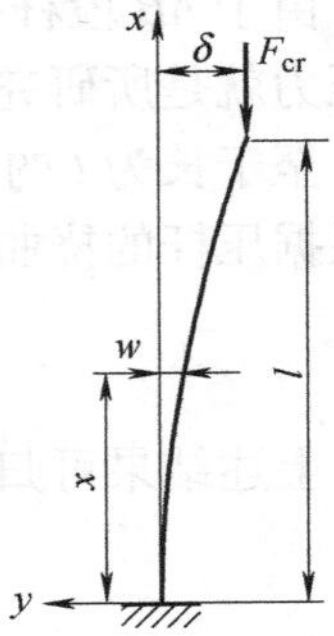

图 7.7

式中，待定常数A、B、δ可由挠曲线的边界条件来确定，它们是

在$x=0$处 $\qquad w=0,\quad w'=0 \qquad$ (c)

在$x=l$处 $\qquad w=\delta \qquad$ (d)

将边界条件式（c）代入式（a）、式（b），可得$A=0$，$B=-\delta$。于是，式（a）可写为

$$w=\delta(1-\cos kx) \tag{e}$$

将边界条件（d）代入式（e）得

$$\delta=\delta(1-\cos kl)$$

使上式成立的条件为

$$\cos kl=0$$

从而得到

$$kl=\frac{n\pi}{2},\quad n=1,3,5,\cdots$$

由最小解$kl=\dfrac{\pi}{2}$，即得临界压力F_{cr}的欧拉公式

$$F_{cr}=\frac{\pi^2EI}{4l^2}=\frac{\pi^2EI}{(2l)^2} \tag{f}$$

以$k=\frac{\pi}{2l}$代入式（e），可得此压杆的挠曲线方程为

$$w=\delta\left(1-\cos\frac{\pi x}{2l}\right)$$

与两端铰支细长压杆的挠曲线形状和临界压力相比，一端固定、一端自由的压杆的挠曲线只有半个正弦半波，而其临界压力只有前者的1/4。式中的δ为杆自由端的微小挠度，如前所述，在根据挠曲线的近似微分方程推导时，其值不定。

7.4 欧拉公式的适用范围·经验公式

将临界压力F_{cr}除以杆件的横截面面积A求得的应力，称为压杆的临界应力σ_{cr}，即

$$\sigma_{cr}=\frac{F_{cr}}{A}=\frac{\pi^2EI}{A(\mu l)^2} \tag{a}$$

将横截面的惯性矩I写成$I=i^2A$，这里i为惯性半径。于是式（a）写成

$$\sigma_{cr}=\frac{\pi^2E}{\left(\frac{\mu l}{i}\right)^2} \tag{b}$$

引入记号

$$\lambda=\frac{\mu l}{i} \tag{7.6}$$

式中，λ是一无量纲参数，称为压杆的柔度或长细比，反映了压杆长度、约束条件、截面形状和尺寸对压杆临界应力的影响。则压杆的临界应力可表示为

$$\sigma_{cr}=\frac{\pi^2E}{\lambda^2} \tag{7.7}$$

上式是欧拉公式的另一表达形式。

因为欧拉公式是以挠曲线近似微分方程为依据推导出的，而这个微分方程又是以胡克定律为基础的，所以欧拉公式只有在临界应力σ_{cr}不超过材料的比例极限σ_p时才是正确的。令式（7.7）中的σ_{cr}小于或等于σ_p，得

$$\frac{\pi^2E}{\lambda^2}\leqslant\sigma_p \quad 或 \quad \lambda\geqslant\sqrt{\frac{\pi^2E}{\sigma_p}} \tag{c}$$

若令

$$\lambda_p=\sqrt{\frac{\pi^2E}{\sigma_p}} \tag{7.8}$$

则欧拉公式的适用范围为

$$\lambda\geqslant\lambda_p \tag{7.9}$$

不在这个范围之内的压杆不能使用欧拉公式。

式（7.8）表明，λ_p与材料的力学性能有关，材料不同λ_p的数值也就不同。以Q235钢为例，$E=200\text{GPa}$，$\sigma_p=200\text{MPa}$，由式（7.8）求得$\lambda_p=100$。又如对$E=70\text{GPa}$、$\sigma_p=175\text{MPa}$的铝合金，由式（7.8）求得$\lambda_p=62.8$。则对上述两种材料制成的压杆，只有在$\lambda\geqslant100$和$\lambda\geqslant62.8$时，才可以使用欧拉公式。满足条件$\lambda\geqslant\lambda_p$的压杆称为大柔度压杆或细长

压杆。

若压杆的柔度小于 λ_p，由式（7.7）算出的 σ_{cr} 大于材料的比例极限 σ_p，此时 $\lambda < \lambda_p$，表明欧拉公式已不能使用。这类压杆是在应力超过比例极限后失稳的，属于非弹性稳定问题。对这类压杆，工程计算中一般使用以实验结果为依据的经验公式，如直线公式、抛物线公式等。这里只介绍经常使用的直线公式。

直线公式把临界应力 σ_{cr} 与柔度 λ 表示为下列直线关系：

$$\sigma_{cr} = a - b\lambda \tag{7.10}$$

式中，a 和 b 是与材料有关的常数。表 7.2 列举了几种材料的 a 和 b 值。

柔度很小的短柱，如压缩试验用的金属短柱或水泥块，受压时并不会像大柔度杆那样出现弯曲变形，它的破坏是因为压应力达到屈服极限 σ_s（塑性材料）或抗压强度 σ_b（脆性材料）而引起的，不存在失稳问题，称为小柔度杆。所以，按式（7.10）算出的临界应力最高只能等于其极限应力（σ_s 或 σ_b），设相应的柔度为 λ_s，则

$$\lambda_s = \frac{a - \sigma_s}{b} \quad 或 \quad \lambda_s = \frac{a - \sigma_b}{b} \tag{7.11}$$

这是使用直线公式时柔度的最小值。

表 7.2　直线公式的系数 a 和 b

材料	Q235 钢	优质碳钢	硅钢	铬钼钢	铸铁	强铝	松木
a/MPa	304	461	578	980.7	332.2	373	28.7
b/MPa	1.12	2.568	3.744	5.296	1.454	2.15	0.19

综上所述，可将压杆按照其柔度值分为三类，根据三类压杆的临界应力表达式，可绘出临界应力 σ_{cr} 随柔度 λ 变化的关系曲线，称为临界应力总图，如图 7.8 所示。对 $\lambda < \lambda_s$ 的小柔度压杆或粗短杆，应按强度问题计算，其“临界应力”就是屈服极限 σ_s 或抗压强度 σ_b，图 7.8 中表示为水平线 AB 段。柔度介于 λ_s 和 λ_p 之间的压杆称为中柔度杆或中长杆，用经验公式（7.10）计算临界应力，图 7.8 中表示为斜直线 BC 段。对 $\lambda \geq \lambda_p$ 的大柔度压杆或细长压杆，用欧拉公式（7.7）计算临界应力，图 7.8 中表示为曲线 CD 段。

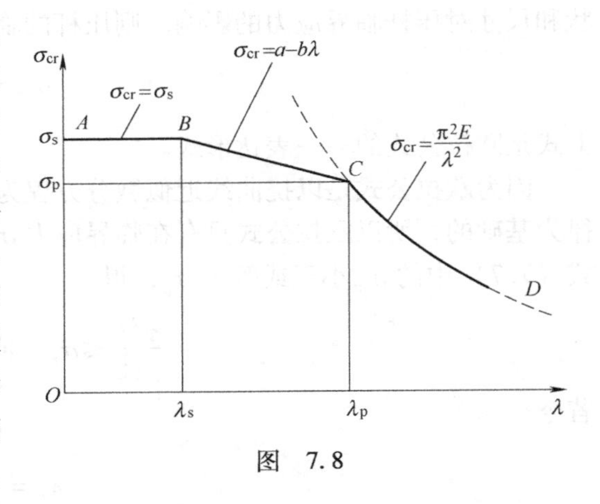

图　7.8

例 7.3　一发动机连杆如图 7.9 所示，截面为工字形，材料为 Q235 钢，试求此杆的临界压力。

解：连杆在两端为销钉连接，这种约束与球铰约束不同。连杆受压时，可能在 xy 平面内发生弯曲，也能在 xz 平面内发生弯曲。故在进行稳定校核时必须首先计算出两个弯曲平面的柔度 λ，以确定压杆在哪一平面内发生失稳。若在 xy 平面内弯曲（横截面绕 z 轴转动），两端可以认为是铰支，$\mu = 1$；若在 xz 平面内弯曲，由于上下销子不能在 xz 平面内转动，故两端可以认为是固定端，$\mu = 0.5$。

在 xy 平面内有

$$I_z=\left[\frac{12}{12}\times24^3+2\times\left(\frac{22}{12}\times6^3+22\times6\times15^2\right)\right]\text{mm}^4$$
$$=74\times10^3\text{mm}^4$$
$$A=(24\times12+2\times6\times22)\text{mm}^2=552\text{mm}^2$$
$$\lambda_{xy}=\frac{\mu l}{i_z}=\frac{\mu l}{\sqrt{\dfrac{I_z}{A}}}=\frac{1\times750}{\sqrt{\dfrac{74\times10^3}{552}}}=65$$

在 xz 平面内有

$$I_y=\left[\frac{24}{12}\times12^3+2\times\left(\frac{6}{12}\times22^3\right)\right]\text{mm}^4$$
$$=141\times10^3\text{mm}^4$$
$$\lambda_{xz}=\frac{\mu l}{i_y}=\frac{\mu l}{\sqrt{\dfrac{I_y}{A}}}=\frac{0.5\times580}{\sqrt{\dfrac{141\times10^3}{552}}}=57$$

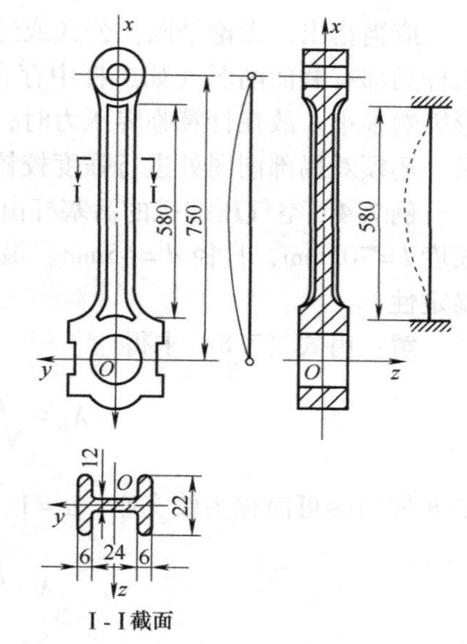

图　7.9

由于 $\lambda_{xy}>\lambda_{xz}$，连杆将在 xy 平面内失稳。由表7.2查得 $a=304\text{MPa}$，$b=1.12\text{MPa}$，则 $\lambda_p=100$，$\lambda_s=\dfrac{a-\sigma_s}{b}=\dfrac{304-235}{1.12}=61.6$。在 xy 平面内，连杆柔度满足 $\lambda_s<\lambda_{xy}<\lambda_p$，属于中柔度压杆，可采用直线公式计算，连杆临界压力为

$$F_{cr}=\sigma_{cr}A=(a-b\lambda_{xy})A=[(304-1.12\times65)\times10^6\times552\times10^{-6}]\text{N}=128\text{kN}$$

7.5　压杆的稳定计算

从临界应力总图可以看到，对于由稳定性控制其承载能力的细长压杆和中柔度压杆，临界应力均随柔度增加而减小，对于由压缩强度控制其承载能力的粗短压杆，则不必考虑其柔度的影响。因此，对实际压杆首先要计算其柔度，根据柔度的数值确定压杆种类，选择欧拉公式或经验公式求出压杆临界应力，乘以横截面面积 A 即可求得临界压力 F_{cr}。要使压杆具有足够的稳定性，必须使压杆所承受的轴向压力 F 小于临界压力 F_{cr}，并具有一定的安全裕度。设稳定安全因数为 n_{st}，则压杆的稳定条件为

$$F\leqslant\frac{F_{cr}}{n_{st}} \tag{7.12}$$

以上稳定条件也可改写为用安全因数表示的形式，即要求压杆的工作安全因数不小于规定的稳定安全因数 n_{st}：

$$n=\frac{F_{cr}}{F}\geqslant n_{st} \tag{7.13}$$

式中，临界压力 F_{cr} 与工作压力 F 之比 n，称为工作安全因数。规定的稳定安全因数 n_{st} 一般要高于强度安全因数。这有两方面的原因。其一是真实压杆在几何、材料、载荷、约束条件等方面的初始缺陷都会严重影响压杆的稳定性。而同样的因素对杆件强度的影响就不像对稳定性那么严重。其二是失稳的突发性和破坏的彻底性往往造成灾难性的后果，必须绝对防止。常用的稳定安全因数 n_{st} 的数值为2～6，一般可于设计手册或规范中查到。

应当指出，无论是欧拉公式或经验公式，都是以压杆的整体变形来考虑的临界压力。当压杆局部有截面削弱（如压杆中存在螺钉孔等情况）时，局部的截面削弱对压杆的整体变形影响很小。故在计算临界压力时，I 和 A 可按未削弱的横截面尺寸来计算。但校核稳定性后，还须对局部削弱处进行强度校核，其计算面积应是扣除孔洞等削弱后的实际面积。

例 7.4 空气压缩机的活塞杆由 45 号钢制成，$\sigma_s = 350\text{MPa}$，$\sigma_p = 280\text{MPa}$，$E = 210\text{GPa}$。长度 $l = 703\text{mm}$，直径 $d = 45\text{mm}$。最大压力 $F_{max} = 41.6\text{kN}$。规定安全因数 $n_{st} = 8$。试校核其稳定性。

解：由式（7.8）求得

$$\lambda_p = \sqrt{\frac{\pi^2 E}{\sigma_p}} = \sqrt{\frac{\pi^2 \times 210 \times 10^9}{280 \times 10^6}} = 86$$

活塞杆两端可简化为铰支座，$\mu = 1$。活塞杆截面为圆形，$i = \sqrt{\dfrac{I}{A}} = \dfrac{d}{4}$，故柔度为

$$\lambda = \frac{\mu l}{i} = \frac{1 \times 703 \times 10^{-3}}{\frac{45}{4} \times 10^{-3}} = 62.5$$

因为 $\lambda < \lambda_p$，故不能用欧拉公式计算临界压力。如使用直线公式，由表 7.2 查得优质碳钢的 $a = 461\text{MPa}$，$b = 2.568\text{MPa}$，由式（7.11）得

$$\lambda_s = \frac{a - \sigma_s}{b} = \frac{461 \times 10^6 - 350 \times 10^6}{2.568 \times 10^6} = 43.2$$

可见活塞杆的 λ 介于 λ_s 和 λ_p 之间，是中柔度压杆，由直线公式求得

$$\sigma_{cr} = a - b\lambda = (461 \times 10^6 - 2.568 \times 10^6 \times 62.5)\text{Pa} = 301 \times 10^6\text{Pa} = 301\text{MPa}$$

$$F_{cr} = A\sigma_{cr} = \left[\frac{\pi}{4}(45 \times 10^{-3})^2 \times 301 \times 10^6\right]\text{N} = 478 \times 10^3\text{N} = 478\text{kN}$$

活塞杆的工作安全因数为

$$n = \frac{F_{cr}}{F_{max}} = \frac{478}{41.6} = 11.5 \geqslant n_{st}$$

所以满足稳定性要求。

例 7.5 某型平面磨床液压传动装置如图 7.10 所示。油缸活塞直径 $D = 65\text{mm}$，油压 $p = 1.2\text{MPa}$，活塞杆长度 $l = 1250\text{mm}$，材料为 35 号钢，$\sigma_p = 220\text{MPa}$，$E = 210\text{GPa}$，$n_{st} = 6$。试确定活塞杆的直径。

解：活塞杆承受的轴向压力为

$$F = \frac{\pi}{4}D^2 p = \left[\frac{\pi}{4}(65 \times 10^{-3})^2 \times 1.2 \times 10^6\right]\text{N}$$
$$= 3982\text{N}$$

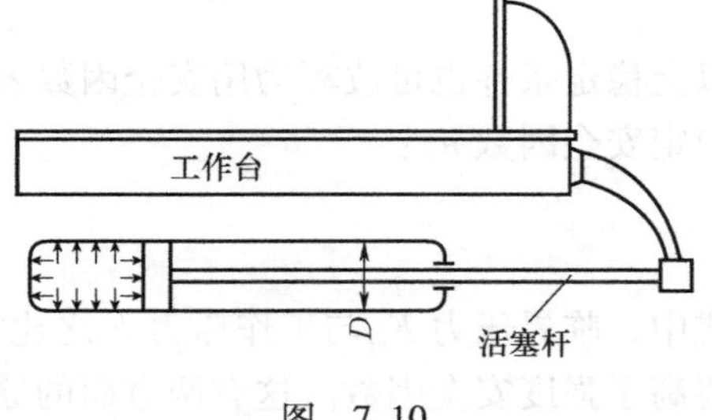

图 7.10

如在稳定条件式取等号，则活塞杆的临界压力应为

$$F_{cr} = n_{st} F = 6 \times 3982\text{N} = 23.9\text{kN}$$

现在需要确定活塞杆的直径 d，以使它具有上列数值的临界压力，但在直径确定之前不能求出活塞杆的柔度 λ，自然也不能判定究竟是用欧拉公式还是用经验公式计算。因此，在试算时先用欧拉公式确定活塞杆的直径。待确定直径后，再检查是否满足使用欧拉公式的条件。

将活塞杆简化成两端铰支压杆，由欧拉公式得

$$F_{cr}=\frac{\pi^2 EI}{(\mu l)^2}=\frac{\pi^2\times 210\times 10^9\mathrm{Pa}\times\frac{\pi}{64}d^4}{(1\times 1.25\mathrm{m})^2}=23900\mathrm{N}$$

由此解出 $d=0.0246\mathrm{m}$，取 $d=25\mathrm{mm}$。

用所确定的 d 计算活塞杆的柔度

$$\lambda=\frac{\mu l}{i}=\frac{1\times 1.25}{0.025/4}=200$$

对活塞杆的材料35号钢，由式（7.8）得

$$\lambda_p=\sqrt{\frac{\pi^2 E}{\sigma_p}}=\sqrt{\frac{\pi^2\times 210\times 10^9}{220\times 10^6}}=97$$

因为 $\lambda>\lambda_p$，所以用欧拉公式进行的试算是正确的。活塞杆直径 d 可取为25mm。

例7.6 图7.11所示结构中杆 AC 和 CD 均由Q235钢制成，C、D 两处均可简化为球铰。圆杆 CD 直径 $d=20\mathrm{mm}$，矩形杆 AC 的高、宽分别为 $h=140\mathrm{mm}$、$b=100\mathrm{mm}$。材料的 $E=200\mathrm{GPa}$，$\sigma_s=235\mathrm{MPa}$。强度安全因数 $n=2.0$，稳定安全因数 $n_{st}=3.0$。试确定结构的许可载荷。

解：取结构整体为研究对象，其中杆 CD 为二力杆，由平衡条件可得

$$F_{CD}=\frac{F}{3}$$

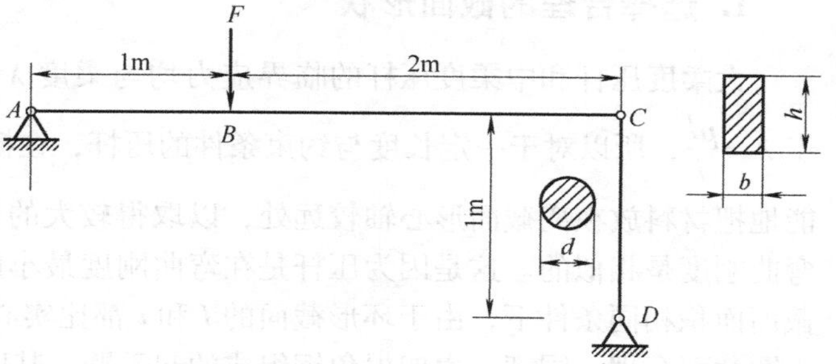

杆 CD 为压杆，两端铰支，$\mu=1$，截面为圆形，$i=\sqrt{\frac{I}{A}}=\frac{d}{4}=5\mathrm{mm}$，故柔度为

$$\lambda=\frac{\mu l_{CD}}{i}=\frac{1\times 1000}{5}=200$$

因为 $\lambda>\lambda_p$，杆 CD 为大柔度压杆，按欧拉公式计算临界压力，可得

图 7.11

$$F_{cr}=\frac{\pi^2 E}{\lambda^2}A=\left(\frac{\pi^2\times 200\times 10^9}{200^2}\times\frac{\pi\times 20^2\times 10^{-6}}{4}\right)\mathrm{N}=15.5\mathrm{kN}$$

由杆 CD 的稳定条件确定许可载荷为

$$F_{CD}=\frac{F}{3}\leqslant\frac{F_{cr}}{n_{st}},\quad F\leqslant 15.5\mathrm{kN}$$

其次校核梁 AC 的强度。最大弯矩在集中力作用点 B 处，$M_{max}=F_A\times 1=\frac{2F}{3}$。按弯曲正应力强度条件确定许可载荷为

$$\sigma_{max}=\frac{M_{max}}{W_z}=\frac{2F/3}{bh^2/6}=\frac{4F}{bh^2}\leqslant[\sigma]=\frac{\sigma_s}{n}$$

$$F\leqslant\frac{\sigma_s bh^2}{4n}=\frac{235\times 10^6\times 100\times 140^2\times 10^{-9}}{4\times 2.0}\mathrm{N}=57.6\mathrm{kN}$$

故结构的许可载荷为 $F\leqslant 15.5\mathrm{kN}$。

由于压杆的临界应力随柔度的增大而降低，因此，设计压杆时所用的许用应力也应随柔

度的增加而减小。除上述安全因数法外，在我国钢结构设计规范中，规定轴心受压杆件的稳定许用应力按下式计算：

$$[\sigma]_{st} = \varphi[\sigma] \tag{7.14}$$

式中，φ 为稳定系数或折减系数，与压杆材料、截面形状和柔度有关，数值小于1。稳定系数 φ 可从相关规范中查到。压杆的稳定条件可写为

$$\sigma \leqslant \varphi[\sigma] \tag{7.15}$$

该稳定条件在土木工程中常用，但由于应用上式时要涉及与规范有关的较多内容，这里不再赘述。

7.6 提高压杆稳定性的措施

从压杆的稳定条件和临界应力总图可以看出，压杆的稳定性与压杆材料的力学性能和柔度有关，而柔度 $\lambda = \frac{\mu l}{i}$ 又综合了压杆的长度、约束条件和截面特性等因素。所以，可从这几方面采取适当的措施提高压杆的稳定性。

1. 选择合理的截面形状

大柔度压杆和中柔度压杆的临界应力均与柔度 λ 有关，柔度越小，临界应力越大。由于 $\lambda = \frac{\mu l}{i}$，所以对于一定长度与约束条件的压杆，在横截面面积保持一定的情况下，应尽可能地把材料放在离截面形心轴较远处，以取得较大的惯性矩 I 或惯性半径 i，这与提高梁的弯曲刚度是相似的。这是因为压杆是在弯曲刚度最小的方向发生弯曲变形而失稳的。例如，截面面积相同条件下，由于环形截面的 I 和 i 都比实心圆截面的大得多，所以环形截面比实心圆截面合理。同理，由四根角钢组成的起重臂，其四根角钢应分散放置在截面的四角，而不是集中地放置在截面形心附近（图 7.12）。由型钢组成的桥梁桁架中的压杆或建筑物中的柱，也都是把型钢分开安放。当然，也不能为了取得较大的 I 和 i，就无限制地增加环形截面的直径并减小其壁厚，这将使其变成薄壁圆管，可能引起局部失稳。对由型钢组成的组合压杆，也要用足够强劲的缀条或缀板把分开放置的型钢连成一个整体（图 7.13）。否则，各条型钢变成独立的受压杆件，反而降低了稳定性。

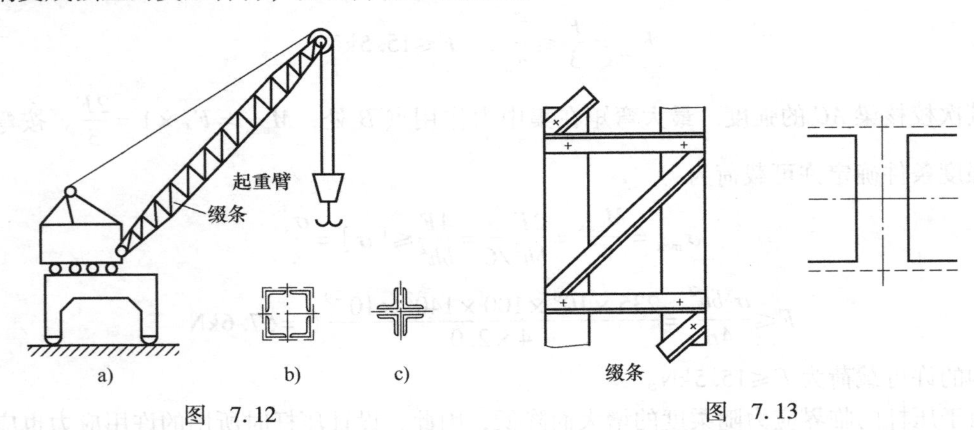

图 7.12　　图 7.13

还应注意，由于压杆总是在刚度最小的方向发生失稳，所以压杆要尽可能在各个方向具有相同的稳定性。如压杆在各纵向平面内的相当长度 μl 相同时，应使截面对任一形心轴的 i 相等或接近相等，这样，压杆在任一纵向平面内的 λ 都相等或接近相等，在任一纵向平面内具有相等或接近相等的稳定性。圆形、环形或图 7.12 中的载面都能满足这一要求。如压杆在各纵向平面内的相当长度 μl 不同，如发动机的连杆（见图 7.9），则可采用 I_y 和 I_z 不等的截面（如矩形截面或工字形截面），使得在两个主惯性平面内的柔度尽可能相等或接近，从而达到在两个主惯性平面内抵抗失稳能力相近的目的。

2. 改变压杆的约束条件与合理选择杆长

由式（7.5）可知，临界压力与相当长度 μl 的平方成反比。因此，在条件允许的情况下，增强对压杆的约束或减少压杆长度，都可有效提高压杆的稳定性。图 7.14a 中两端铰支压杆改为两端固定压杆（图 7.14c）后，临界压力变为原来的 4 倍，图 7.14c 中杆的临界压力为图 7.14d 中的 16 倍。而图 7.14b 中杆的临界压力则变为图 7.14a 的 4 倍。

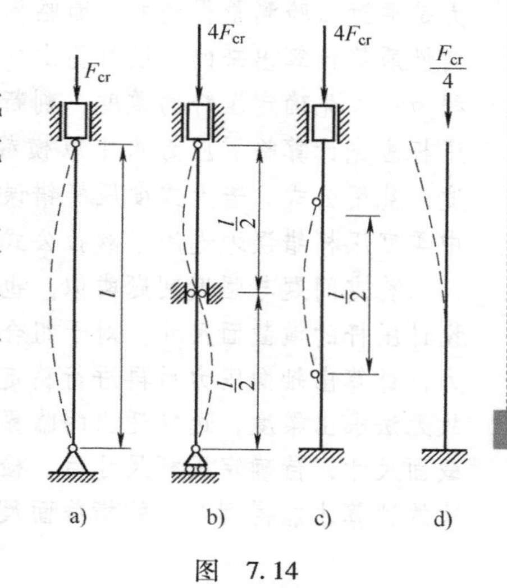

图 7.14

3. 合理选择材料

细长压杆（$\lambda \geqslant \lambda_p$）的临界压力与材料的弹性模量 E 有关，弹性模量较高就具有较高的稳定性。但由于各种钢材的 E 大致相等，所以对于细长压杆，选用优质钢材或低碳钢差别不大。对中等柔度杆，经验公式表明临界应力与材料的强度有关。优质钢材的强度高，在一定程度上可以提高临界压力的数值。至于柔度很小的短杆，本来就是强度问题，优质钢材的强度高自然有明显的优势。

本章小结

1. 基本要求

1）掌握压杆稳定性的概念、细长压杆的欧拉公式及其适用范围。

2）掌握不同柔度压杆的临界应力计算公式，熟练应用安全因数法进行稳定性计算。

3）了解提高压杆稳定性的措施。

2. 本章重点

在理解压杆稳定概念的基础上，明确压杆的柔度、长度因数、临界压力和临界应力的概念，计算柔度并判断压杆的类型，熟练掌握常见支座条件下各种压杆的临界压力和临界应力的计算并进行稳定性校核。

3. 本章难点

失稳平面的判断是本章的难点。一般求压杆的临界应力时，首先根据其截面几何性质和约束条件计算实际柔度 λ，并与两个极限值 λ_p、λ_s 进行比较，正确判断压杆类型，然后选用相应的临界应力公式进行计算。当实际压杆存在多个柔度值时，需要判断失稳可能发生在哪个平面。若压杆在各个方向的约束条件相同，失稳将在刚度最小的形心主惯性平面内发生，故计算中取最小惯性矩 I_{min}（或最小惯性半径 i_{min}）；若压杆在不同方向具有不同约束条件（如柱形铰），失稳将发生在抗弯能力最弱的方向（即柔度最大的方向），需综合考虑杆端约束、截面形状尺寸及有效杆长等因素的影响，分别计算压杆在各形心主惯性平面的柔度，选择较大值所在的平面判定为失稳平面，然后判断压杆类型计算临界压力。

4. 学习建议

压杆稳定中的临界压力与强度问题中的极限应力相似，都是客观存在的。只不过极限应力是通过试验测量得到的，而临界压力或应力是根据压杆的材料、长度、约束条件和截面几何性质等计算出来的。压杆稳定性分析的主要工作就是确定临界压力或临界应力，其分析过程为：首先确定压杆的柔度，判断属于哪一类压杆，选择合适的公式计算临界压力，中柔度压杆应先计算临界应力再乘以横截面面积得到临界压力。在此过程中，切忌不计算压杆柔度，乱用公式。若大柔度压杆错误地选用中柔度压杆的经验公式，其结果会偏于危险。而对中柔度压杆错误地选用了欧拉公式，则其后果也是偏于危险的。

稳定问题与强度问题类似，也存在三个方面的问题：确定许可载荷；压杆稳定性校核；设计压杆的横截面尺寸。对于组合结构，需对结构进行受力分析，确定哪些杆件承受轴向压力，计算出轴向压力后再进行稳定性计算。在设计压杆横截面尺寸时，由于截面尺寸未知，故无法求出柔度，选择适当的临界应力计算公式。因此，可采用试算法，先由欧拉公式确定截面尺寸，待确定压杆尺寸后，检查是否满足使用欧拉公式的适用条件，有时需经过反复多次的试算才能得到合适的横截面尺寸。

习　题

7.1　何谓压杆的临界压力？它的大小与哪些因素有关？理想中心受压直杆受压力作用后的变形与失稳和实际压杆有何区别？

7.2　研究梁的弯曲变形和推导压杆临界压力的欧拉公式时都用到挠曲线近似微分方程 $d^2w/d^2x = M(x)/EI$，试问两者的 $M(x)$ 有何区别？

7.3　两端为球铰支承的压杆，其横截面形状分别如题 7.3 图所示，试画出压杆失稳时横截面绕其转动的轴。

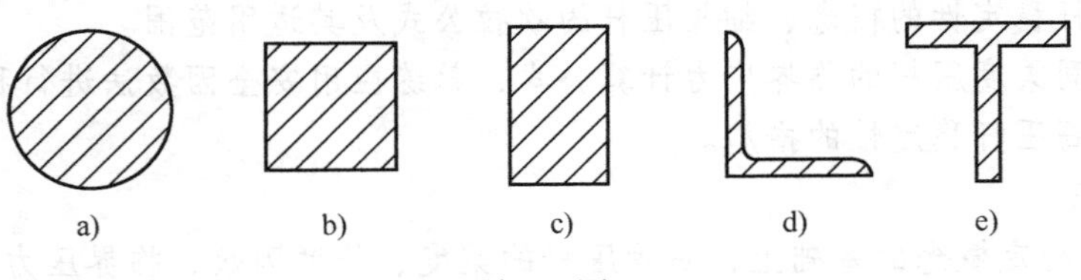

题 7.3 图

7.4　题 7.4 图示正方形桁架，各杆截面的弯曲刚度均为 EI，且均为细长杆。试问当 F 为多大时结构中的个别杆将失稳？如果将载荷 F 的方向改为向内，则使杆件失稳的载荷 F 又为多大？

7.5　题 7.5 图示细长压杆，其直径均为 d，材料相同，$\sigma_p = 200\text{MPa}$，但二者长度和约束条件各不相同。

（1）分析哪一根杆的临界压力较大？

（2）计算 $d=160\text{mm}$，$E=206\text{GPa}$ 时，两杆的临界压力。

（3）在其他条件不变时，若杆长 l 减小一半，其临界压力将增加几倍？

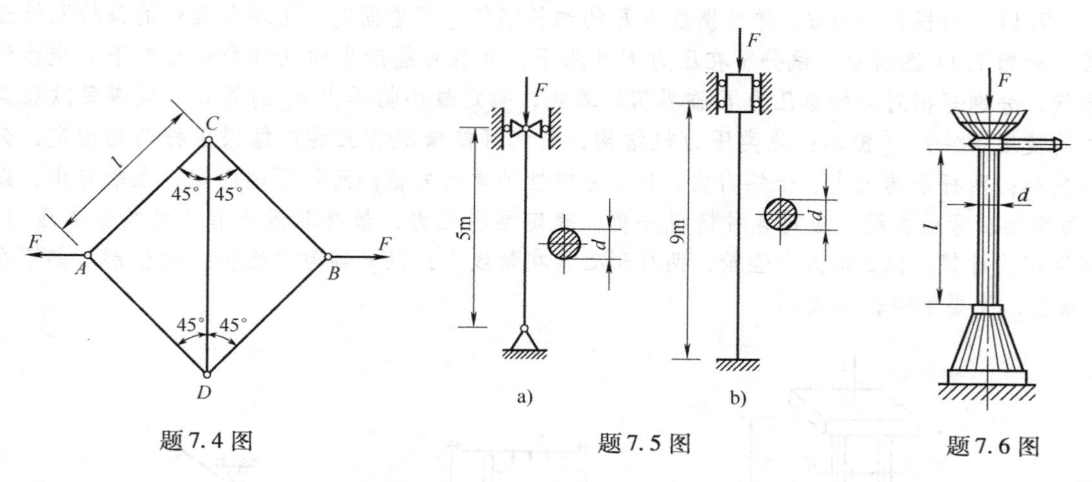

题7.4图　　题7.5图　　题7.6图

7.6　题7.6图示螺旋千斤顶丝杠的最大承载力 $F=150\text{kN}$，直径 $d=52\text{mm}$，最大升高长度 $l=500\text{mm}$，材料为Q235钢。试计算丝杠的工作安全因数。[提示：可以认为丝杠下端是固定的，上端是自由的。]

7.7　题7.7图示直径为 d、长度为 l 的实心杆，两端铰支，如改为直径均为 d 的4根焊接在一起的组合杆，试比较它们的临界压力。

7.8　在超静定结构中，由于温度变化而引起的失稳称为热屈曲。长为5m的10号工字钢，在温度为0℃时安装在两个固定支座之间，此时杆不受力。已知钢的线膨胀系数 $\alpha_l=125\times10^{-7}℃^{-1}$，$E=210\text{GPa}$。试问当温度升高至多少时，杆将丧失稳定。

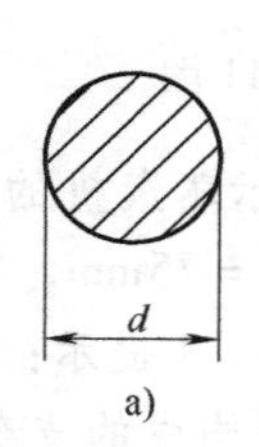

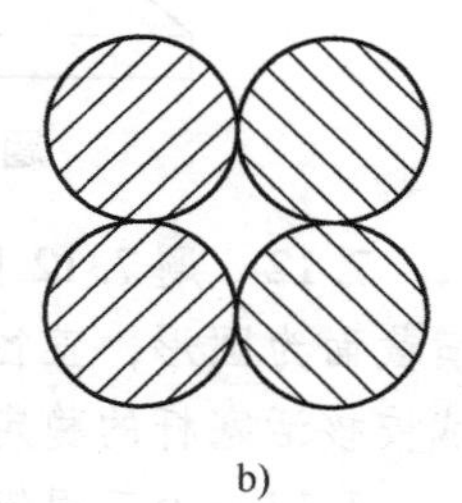

题7.7图

7.9　题7.9图示压杆的横截面为矩形，$h=80\text{mm}$，$b=40\text{mm}$，杆长 $l=2\text{m}$，材料为Q235钢，$E=210\text{GPa}$，两端约束示意图为：正视图a的平面内相当于铰链；俯视图b的平面内为弹性固定，采用 $\mu=0.8$。试求此杆的临界压力 F_{cr}。

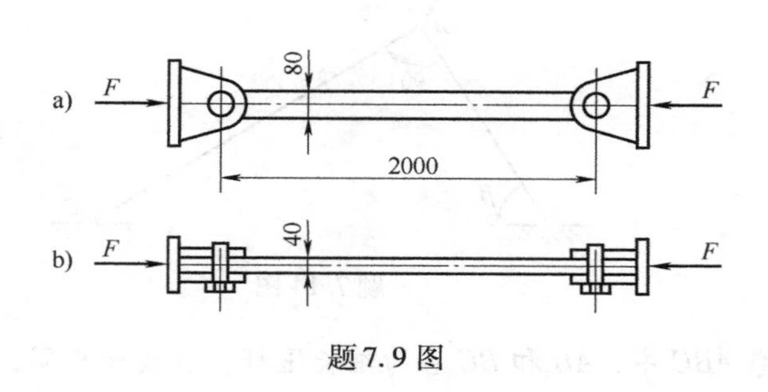

题7.9图

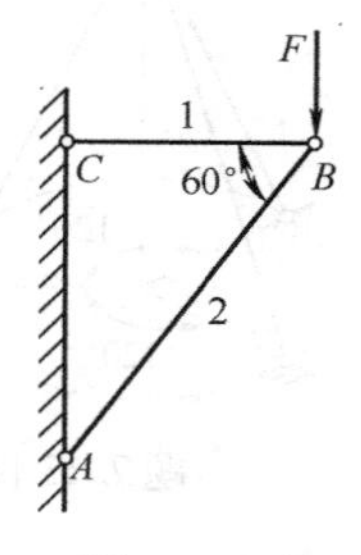

题7.10图

7.10　题7.10图示结构，AB 杆和 BC 杆均为等截面钢杆，直径 $d=40\text{mm}$，BC 杆长 $l_1=$

600mm，AB 杆长 $l_2=1200\text{mm}$，材料为 Q235 钢，$E=200\text{GPa}$，$\sigma_s=240\text{MPa}$，$\lambda_p=100$，$a=304\text{MPa}$，$b=1.12\text{MPa}$。设杆件的强度安全因数和稳定安全因数均取2，试求结构的最大许可载荷。

7.11　两根直径为 d、弹性模量为 E 的细长钢杆，下端固定、上端与强劲的顶块刚性连接，如题7.11图所示。试分析在压力 F 作用下，立柱可能产生的几种失稳形态下的挠曲线形状，分别写出对应的总压力 F 临界值的算式，确定最小临界力 F_{cr} 的算式（设满足欧拉公式的使用条件）。[提示：此类压力机结构，失稳可能情况有三种：每根压杆两端固定，分别失稳；两杆下端固定、上端自由，以 z 为中性轴弯曲失稳；两杆下端固定、上端自由，以 y 为中性轴弯曲失稳。应对各种情况分析，确定临界压力，最终取最小者为结构临界压力。惯性矩的计算，以 z 轴为中性轴，两柱形心均在轴线上；以 y 轴为中性轴，两柱形心都不在 y 轴上，故要用移轴公式。]

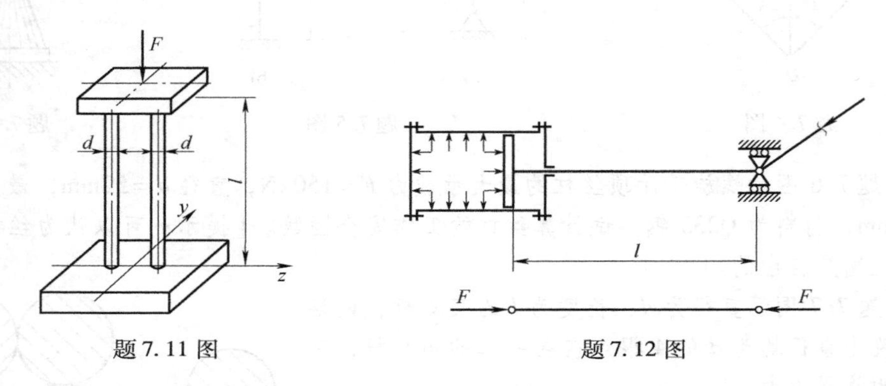

题7.11图　　题7.12图

7.12　题7.12图示蒸汽机的活塞杆，受活塞传来的轴向压力 $F=120\text{kN}$，$l=1800\text{mm}$，横截面为圆形，直径 $d=75\text{mm}$，材料为 Q275 钢，$E=210\text{GPa}$，$\sigma_p=240\text{MPa}$，规定 $n_{st}=8$，试校核活塞杆的稳定性。[提示：图示活塞杆可视为两端铰支约束。]

7.13　由三根钢管构成的支架如题7.13图所示。钢管的外径为30mm，内径为22mm，长度 $l=2.5\text{m}$，$h=2\text{m}$，$E=210\text{GPa}$，在支架的顶点三杆铰接。若取稳定安全因数 $n_{st}=3$，试求许可载荷 F。设各杆均为细长压杆。

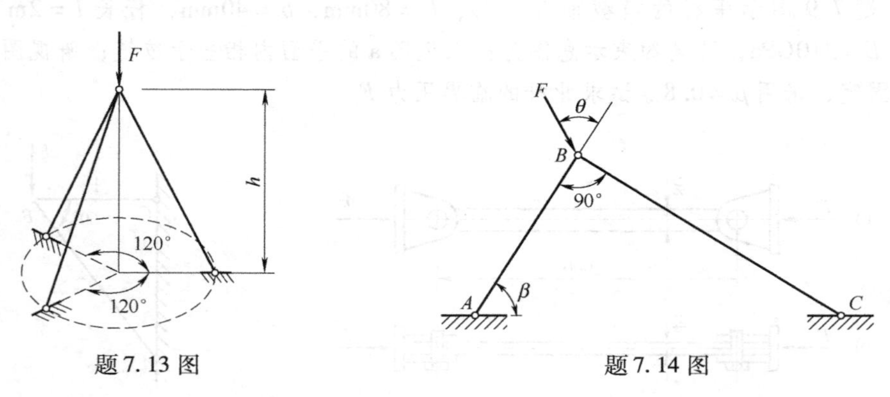

题7.13图　　题7.14图

7.14　在题7.14图示铰接杆系 ABC 中，AB 和 BC 皆为细长压杆，且截面相同，材料一样，若因在 ABC 平面内失稳而破坏，并规定 $0<\theta<\dfrac{\pi}{2}$，试确定 F 为最大值时的 θ 角。

7.15 长度为l，两端固定的空心圆截面压杆，承受轴向力F，如题7.15图所示。压杆材料为Q235钢，弹性模量$E=200\text{GPa}$，取$\lambda_p=100$，截面外径与内径之比为$D/d=1.2$。试求：(1) 能应用欧拉公式时，压杆的长度与外径的最小比值，以及这时的临界压力；(2) 若压杆改用实心圆截面，而压杆的长度、杆端约束、材料及临界压力均保持与空心圆杆相同，计算两杆的重量之比。

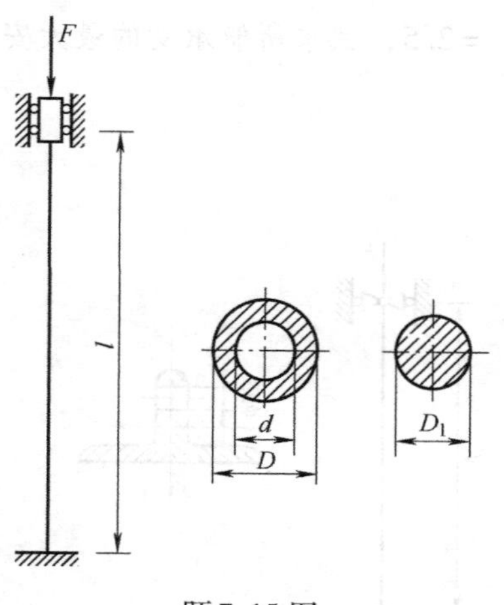

题7.15图

7.16 某厂自制的简易起重机如题7.16图所示，其压杆BD为20号槽钢，材料为Q235钢，$E=200\text{GPa}$，$\sigma_p=200\text{MPa}$，$\sigma_s=240\text{MPa}$。起重机的最大起重量是$W=40\text{kN}$，若规定的稳定安全因数为$n_{st}=5$，试校核BD杆的稳定性。

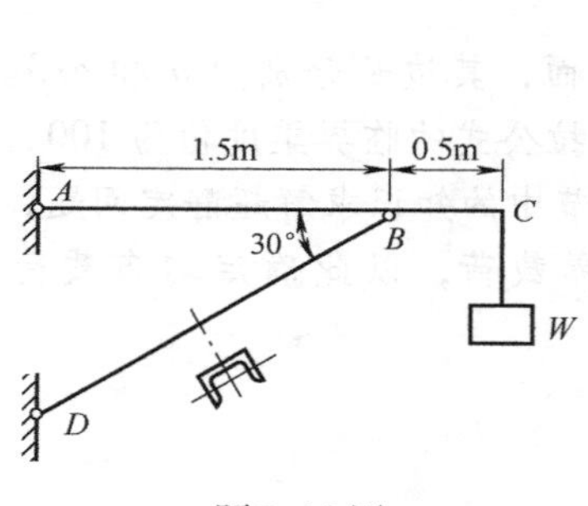

题7.16图

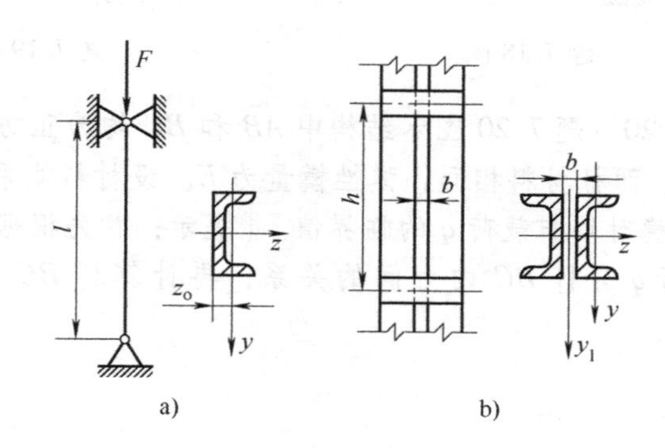

题7.17图

*7.17 一长度$l=4\text{m}$，两端铰支的10号槽钢的立柱，承受轴向压力F，如题7.17图a所示。槽钢材料为Q235钢，弹性模量$E=200\text{GPa}$，取$\lambda_p=100$。试求：

(1) 钢柱的临界压力；

(2) 若用两根10号槽钢组合成立柱（图b），则两槽钢的间距b、连接板的间距h，以及组合柱的临界压力分别应为多大？[提示：为合理利用材料，计算两槽钢间距时，应使组合柱两相互垂直的形心主惯性矩相等。为防止单根槽钢绕y轴失稳，计算连接板间距时，应使单根槽钢的柔度λ_y不大于组合柱的柔度λ_z（$=\lambda_{y1}$）。]

7.18 题7.18图示压杆，两端为球铰约束，杆长$l=2.4\text{m}$，压杆由两根$125\text{mm}\times125\text{mm}\times12\text{mm}$的等边角钢铆接而成，铆钉孔直径为23mm。若压杆所受压力$F=800\text{kN}$，材料为Q235钢，许用正应力$[\sigma]=155\text{MPa}$，稳定安全因数$n_{st}=1.48$。试校核此压杆是否安全。[提示：由于铆接时在角钢上开孔，所以此压杆可能发生两种失效：一是整体稳定失效，局部截面的削弱，即个别截面上的铆钉孔对这种失效影响不大，可采用未开孔时的横截面面积；二是强度失效，即在开有铆钉孔的截面上其应力由于截面削弱将增加，需要用削弱后的面积。]

7.19 题7.19图示结构中BC为圆截面杆，其直径$d=80\text{mm}$，AC为边长$a=70\text{mm}$的正方形截面杆。已知该结构A端固定，B、C为球铰。两杆材料均为3号钢，弹性模量$E=210\text{GPa}$，$\sigma_p=220\text{MPa}$，它们可以各自独立发生弯曲互不影响。若该结构的稳定安全因数

$n_{st}=2.5$，试求所能承受的最大安全压力。

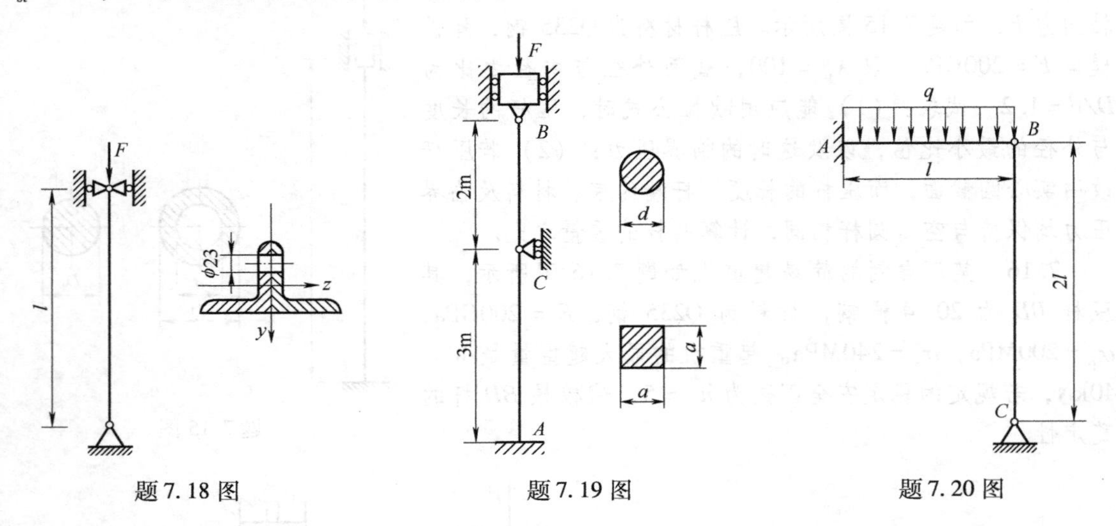

题7.18图　　题7.19图　　题7.20图

7.20　题7.20图示结构中 AB 和 BC 均为正方形截面，其边长分别为 a 和 $a/3$。已知：$l=5a$，两杆材料相同，弹性模量为 E。设材料能采用欧拉公式的临界柔度值为100，试求杆 BC 失稳时均布载荷 q 的临界值。[提示：首先根据4.6节中的知识求解超静定问题，建立均布载荷 q 与杆 BC 内力间的关系，再计算杆 BC 的临界载荷，以此确定均布载荷 q 的临界值。]

第2篇

加深与扩展内容

第8章 能量法

8.1 概述

变形固体在受外力作用而变形时，引起外力作用点沿力作用方向的位移，外力因此而做功，同时，弹性体因变形而储存了应变能。例如钟表的发条（弹性体）被拧紧（发生弹性变形）以后，在它放松的过程中将带动齿轮系，使指针转动，这样，发条就做了功。这说明发条在拧紧的状态下储存有能量。弹性体在外力作用下，因发生变形而储存的能量称为**变形能**或**应变能**，用 V_ε（或 V_γ）表示。

忽略动能的微小变化和其他能量损耗，按能量守恒原理，储存在弹性体内的应变能在数值上等于外力在相应位移上所做的功 W，即

$$V_\varepsilon = W$$

此式即为弹性体的**功能原理**。由于弹性变形的可逆性，当外力撤除后，这种应变能将全部转换为其他形式的能量。

利用应变能的概念可以解决与结构或构件的弹性变形有关的问题。利用上述功和能的概念来求解变形固体的位移、变形和内力等的方法，统称为**能量法**。能量法的应用很广泛，它不仅适用于线性弹性问题，而且还适用于非线性弹性体。它也是用有限元法求解固体力学问题的重要基础。本章讨论能量法中的一些基本原理，然后，以求解线弹性结构位移为例来说明其应用。

目前我们所叙述的求解杆件变形的方法有解析法（拉压杆、扭转轴）、积分法和叠加法（弯曲梁或结构位移），事实上积分法适用面很窄，只能解决最简单的问题，稍微复杂一些的载荷就会使得计算过程非常冗繁（如例题4.7），因此在实际位移计算上几乎没有什么意义。叠加法可以利用相关简单问题的计算结果求解复杂载荷下的变形和结构位移，但其完全依赖于结构的几何变形过程，换句话说要对结构中各部分（或各构件）变形间几何关系非常清晰，如例题4.3和例题4.10。而有些结构几乎难以找到构件变形间几何关系，如图8.1所示桁架结构求 C 节点的垂直位移，我们不难求出每根杆的变形，但利用它们间的几何关系求出 C 点的垂直位移几乎是不可完成的，尽管我们相信它们之间确实存在确定的关系。而本章所介绍的能量法在解决此类问题时，无论多么复杂的结构和载荷，

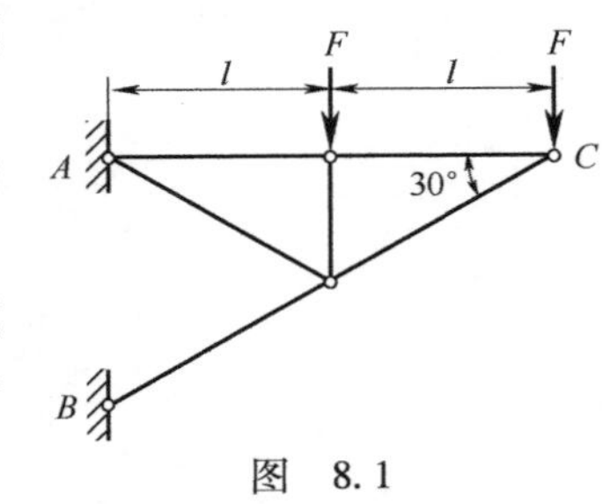

图 8.1

只要需知道各部分（各构件）的内力和几何尺寸，就可求出结构任意点的位移，而不必顾忌各部分（各构件）之间复杂的几何关系，这就是能量法求位移的意义所在。

8.2 应变能的普遍表达式

设作用于物体上的外力为 $F_1, F_2, \cdots, F_n$，且设物体的约束条件使它不可能有刚性位移（图 8.2a），$\Delta_1, \Delta_2, \cdots, \Delta_n$ 分别表示外力作用点沿外力方向因变形引起的位移。这里的外力和位移是指广义力和广义位移。在 5.5 节中曾指出，弹性体在变形过程中储存的应变能，只取决于外力和位移的最终值，与加载顺序无关。这样，为便于计算应变能，假设 $F_1, F_2, \cdots, F_n$ 按同一比例由零增到最终值，在线弹性范围内，位移 $\Delta_1, \Delta_2, \cdots, \Delta_n$ 也将与外力按相同的比例增加，因此，每一外力 $F_i(i=1,2,\cdots,n)$ 与相应的位移 Δ_i 之间仍保持线性关系，每一外力 F_i 在相应位移 Δ_i 上的功等于 F_i-Δ_i 曲线下的面积（图 8.2b），由弹性体的功能原理，线弹性体应变能的普遍表达式为

$$V_\varepsilon = W = \sum_{i=1}^{n} \frac{1}{2} F_i \Delta_i \tag{8.1}$$

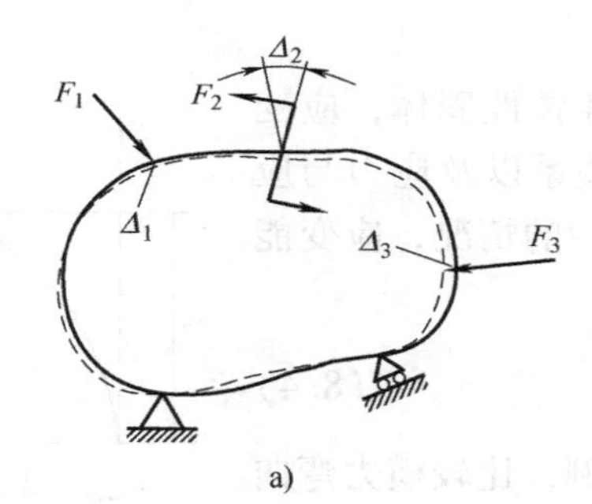

a)

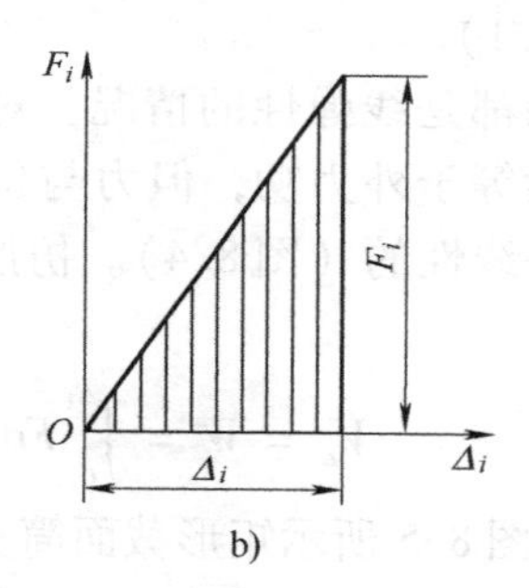

b)

图 8.2

上式表明，线弹性体的应变能等于每一外力与其相应位移乘积的 1/2 的总和。这一结论也称为**克拉贝依隆原理**。

因为位移与外力之间是线性关系，所以如将式（8.1）中的位移用外力表示，则应变能是外力的二次函数，因此，计算应变能时叠加原理不适用。

现将上述原理应用于杆件的组合变形。设在杆件中取出长为 dx 的微段（图 8.3a），其两端横截面上有弯矩 $M(x)$、扭矩 $T(x)$ 和轴力 $F_N(x)$。对所分析的微段来说，这些都是外力。设两个端截面的相对轴向位移为 $\mathrm{d}(\Delta l)$、相对扭转角为 dφ、相对截面转角为 dθ，由式（8.1），微段内的应变能为

$$\begin{aligned} \mathrm{d}V_\varepsilon &= \frac{1}{2}F_N(x)\mathrm{d}\delta + \frac{1}{2}M(x)\mathrm{d}\theta + \frac{1}{2}T(x)\mathrm{d}\varphi \\ &= \frac{F_N^2(x)\mathrm{d}x}{2EA} + \frac{M^2(x)\mathrm{d}x}{2EI} + \frac{T^2(x)\mathrm{d}x}{2GI_p} \end{aligned}$$

积分上式，得出整个杆件的应变能

$$V_\varepsilon = \int_l \frac{F_N^2(x)\mathrm{d}x}{2EA} + \int_l \frac{M^2(x)\mathrm{d}x}{2EI} + \int_l \frac{T^2(x)\mathrm{d}x}{2GI_p} \tag{8.2}$$

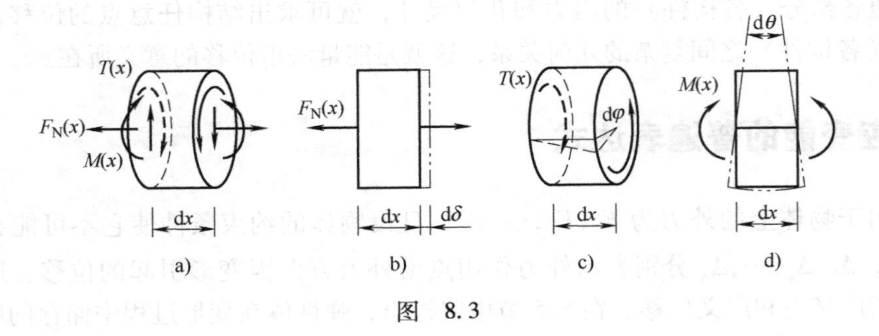

图 8.3

注意到，在式（8.2）中，并未涉及与剪切变形对应的应变能，其表达式应为

$$V_{\gamma} = \alpha \int_{l} \frac{F_{\mathrm{S}}^{2}(x)}{2GA} \mathrm{d}x \tag{8.3}$$

式中，α 为与截面形状有关的剪切形状系数，是无量纲量。当梁的截面为矩形时，$\alpha = \frac{6}{5}$；圆截面时，$\alpha = \frac{10}{9}$。可以证明，剪切应变能与其他变形对应的应变能相比甚小，常常忽略不计（详见例题8.1）。

以上讨论的都是线弹性的情况。对非线性弹性固体，应变能在数值上仍然等于外力功，但力与位移的关系以及应力与应变的关系都不是线性的（图8.4）。仿照线弹性的情况，应变能 V_{ε} 为

$$V_{\varepsilon} = W = \int_{0}^{\Delta_1} F \mathrm{d}\Delta \tag{8.4}$$

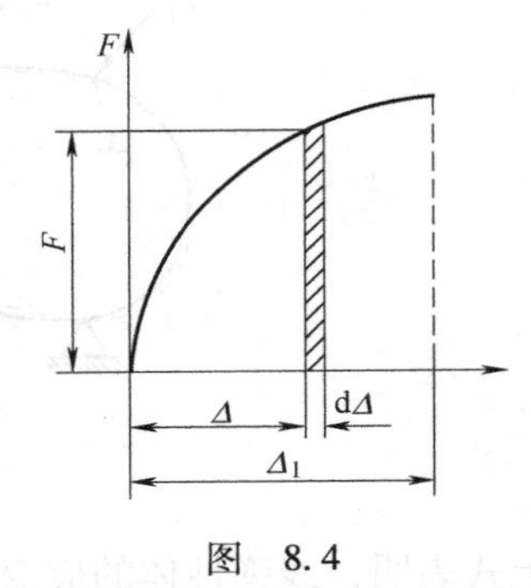

图 8.4

例 8.1 以图8.5所示矩形截面简支梁为例，比较横力弯曲时梁内的弯曲和剪切两种应变能。

解： 以 V_{ε} 和 V_{γ} 分别表示弯曲应变能与剪切应变能，将 $M(x) = \frac{F}{2}x$ 和 $F_{\mathrm{S}}(x) = \frac{F}{2}$ 分别代入式（8.2）和式（8.3），求出

$$V_{\varepsilon} = 2\int_{0}^{l/2} \frac{1}{2EI}\left(\frac{F}{2}x\right)^{2} \mathrm{d}x = \frac{F^{2}l^{3}}{96EI}$$

$$V_{\gamma} = 2\int_{0}^{l/2} \frac{\alpha}{2GA}\left(\frac{F}{2}\right)^{2} \mathrm{d}x = \frac{\alpha F^{2} l}{8GA}$$

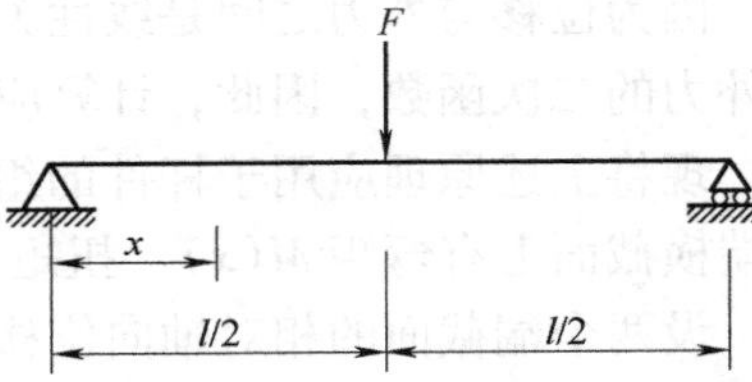

图 8.5

两种应变能之比为

$$\frac{V_{\gamma}}{V_{\varepsilon}} = \frac{12EI\alpha}{GAl^{2}}$$

对矩形截面，$\alpha = \frac{6}{5}$，$I/A = h^{2}/12$。将它们及 $G = \frac{E}{2(1+\nu)}$ 代入上式，得

$$\frac{V_{\gamma}}{V_{\varepsilon}} = \frac{12}{5}(1+\nu)\left(\frac{h}{l}\right)^{2}$$

取 $\nu = 0.3$，当 $h/l = \frac{1}{5}$ 时，以上比值为 $\frac{V_{\gamma}}{V_{\varepsilon}} = 0.125$；当 $h/l = 1/10$ 时，为 $\frac{V_{\gamma}}{V_{\varepsilon}} = 0.0312$。可见，

只有对短梁才应考虑剪切应变能，对长梁剪切应变能可忽略不计。

例 8.2 如图 8.6 所示，外伸梁 ABC 在自由端 C 受铅垂载荷 F 作用，已知 EI 为常数，试用功能原理求 C 端的挠度（略去剪切影响）。

解： 由功能原理知，外力功 W 在数值上等于梁内储存的应变能 V_ε。现在分别计算 W 和 V_ε。设 F 力作用点沿 F 方向的位移为 Δ_C，Δ_C 即为 C 点的挠度，F 力所做的功应为

$$W=\frac{1}{2}F\Delta_C$$

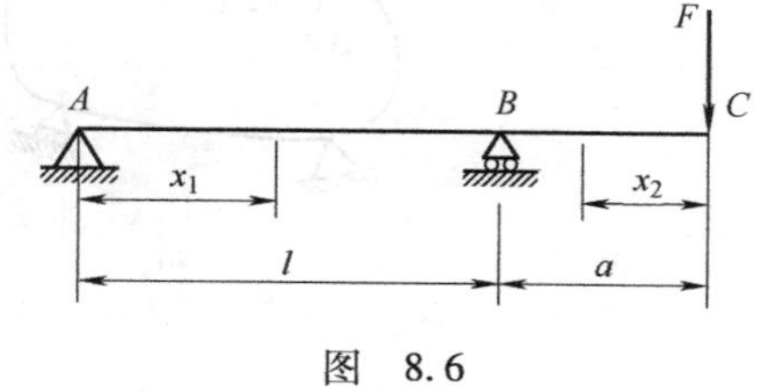

图 8.6

计算应变能 V_ε，需首先写出弯矩方程，为计算方便，各段坐标原点采取了不同的选择，如图 8.6 所示。AB、CB 段的弯矩方程分别为

$$M(x_1)=-F_Ax_1=-\frac{Fa}{l}x_1,\quad 0\leqslant x_1\leqslant l$$

$$M(x_2)=-Fx_2,\quad 0\leqslant x_2\leqslant a$$

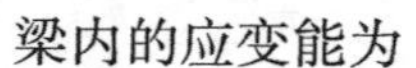

梁内的应变能为

$$V_\varepsilon=\frac{1}{2EI}\int_0^l M^2(x_1)\,\mathrm{d}x_1+\frac{1}{2EI}\int_0^a M^2(x_2)\,\mathrm{d}x_2$$

$$=\frac{1}{2EI}\int_0^l\left(-\frac{Fa}{l}x_1\right)^2\mathrm{d}x_1+\frac{1}{2EI}\int_0^a(-Fx_2)^2\,\mathrm{d}x_2$$

$$=\frac{F^2a^2}{6EI}(l+a)$$

根据功能原理 $W=V_\varepsilon$，得

$$\frac{1}{2}F\Delta_C=\frac{F^2a^2}{6EI}(l+a)$$

$$\Delta_C=\frac{Fa^2}{3EI}(l+a)$$

计算结果为正，表示 C 点的挠度 Δ_C 与载荷 F 方向一致。此例题也可以利用第 4 章的积分法或叠加法求解，从而比较一下哪一个方法在思路上更清晰、求解过程中更方便。后面的叙述中我们将把利用能量原理求解结构位移的过程变得更方便、更规范。

8.3 互等定理

对线弹性结构，利用应变能的概念，可以导出功的互等定理以及由此派生出来的位移互等定理。它们是材料力学中的一个普遍定理，表明施加在弹性体上不同点的力或位移在一定条件下的相互关系。

设在线弹性结构上作用力 F_1 和 F_2（图 8.7a），引起两力作用点沿力作用方向上的位移分别为 Δ_1 和 Δ_2。由式（8.1），力 F_1 和 F_2 完成的功为 $\frac{1}{2}F_1\Delta_1+\frac{1}{2}F_2\Delta_2$。然后在此结构上再作用 F_3 和 F_4，引起 F_3 和 F_4 作用点沿力作用方向上的位移分别为 Δ_3 和 Δ_4（图 8.7b），同时还引起 F_1 和 F_2 作用点沿作用方向上的位移 Δ_1' 和 Δ_2'，且在位移中力 F_1 和 F_2 的大小不变，所以除 F_3 和 F_4 完成了数量为 $\frac{1}{2}F_3\Delta_3+\frac{1}{2}F_4\Delta_4$ 的功外，力 F_1 和 F_2 又完成了数量为 $F_1\Delta_1'+$

$F_2\Delta_2'$的功。因此，按先加 F_1 和 F_2 后加 F_3 和 F_4 的次序加载，结构应变能为

$$V_{\varepsilon_1} = \frac{1}{2}F_1\Delta_1 + \frac{1}{2}F_2\Delta_2 + \frac{1}{2}F_3\Delta_3 + \frac{1}{2}F_4\Delta_4 + F_1\Delta_1' + F_2\Delta_2'$$

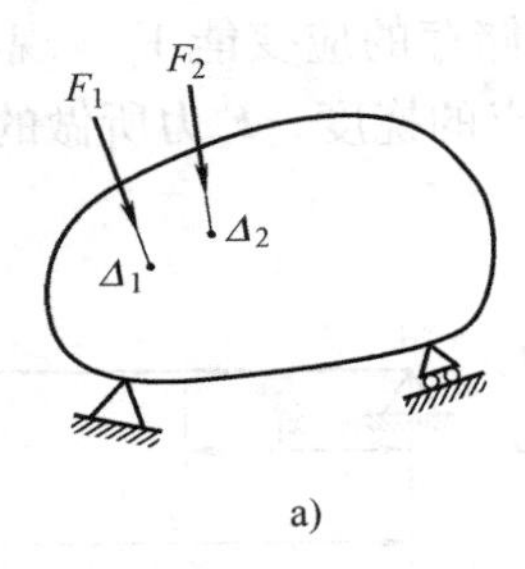

a)

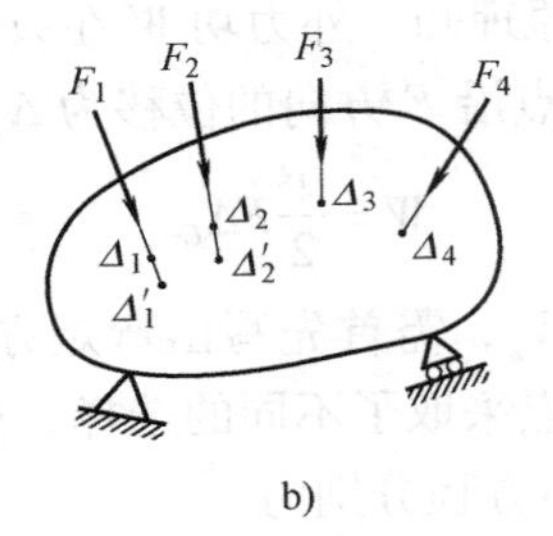

b)

图 8.7

如果先加力 F_3 和 F_4 后加力 F_1 和 F_2，仿上述步骤，又可求得结构的应变能为

$$V_{\varepsilon_2} = \frac{1}{2}F_3\Delta_3 + \frac{1}{2}F_4\Delta_4 + \frac{1}{2}F_1\Delta_1 + \frac{1}{2}F_2\Delta_2 + F_3\Delta_3' + F_4\Delta_4'$$

式中，Δ_3'和 Δ_4'分别是作用 F_1 和 F_2 时，引起 F_3 和 F_4 作用点沿作用力方向的位移。

由于应变能只取决于力和位移的最终值，与加载顺序无关，故 $V_{\varepsilon_1} = V_{\varepsilon_2}$，从而得出

$$F_1\Delta_1' + F_2\Delta_2' = F_3\Delta_3' + F_4\Delta_4' \tag{8.5}$$

以上结果显然可以推广到更多力的情况。式（8.5）表明：第一组力在第二组力引起的位移上所做的功等于第二组力在第一组力引起的位移上所做的功。这就是**功的互等定理**。若第一组力只有 F_1，第二组力只有 F_3，则式（8.5）化为

$$F_1\Delta_1' = F_3\Delta_3' \tag{8.6}$$

若 $F_1 = F_3$，则上式化为

$$\Delta_1' = \Delta_3' \tag{8.7}$$

这表明，当 F_1 与 F_3 数值相等时，F_1 作用点沿 F_1 方向因作用 F_3 而引起的位移在数值上等于 F_3 作用点沿 F_3 方向因作用 F_1 而引起的位移。这就是**位移互等定理**。

上述互等定理中的力和位移都应理解为广义的。例如，把力换成力偶，相应的位移换成角位移，推导过程依然一样，结论自然不变。此外，这里的位移是指在结构不可能发生刚性位移的情况下，只是由变形引起的位移。

8.4 卡氏定理

本节将根据应变能的概念导出计算弹性体位移的定理，即卡氏定理。

设弹性体结构在支座约束下无任何刚性位移，在其上作用着 n 个外力（参见图 8.2），弹性体因作用外力而储存的应变能为 V_ε。设想在上述诸力中仅给 F_i 一个增量 ΔF_i，其余不变，则使弹性体储存的应变能也有一个相应增量 ΔV_ε，于是系统的总应变能为

$$V_\varepsilon + \Delta V_\varepsilon$$

现改变加载次序：先加 ΔF_i，然后再加 n 个外力。先加 ΔF_i 时，在 ΔF_i 的作用点沿着 ΔF_i 的方向的位移为 $\Delta(\Delta_i)$，因此 ΔF_i 做功为$\frac{1}{2}\Delta F_i \cdot \Delta(\Delta_i)$。再在弹性体上加 n 个外力 F_1，

$F_2,\cdots,F_n$ 时，除了使弹性体储存了应变能 V_ε 外，还使 ΔF_i 在其新的位移 Δ_i 上也做了功，其值为 $\Delta F_i\Delta_i$，这部分功同样转变为弹性体的应变能。于是，系统的总应变能为

$$V_\varepsilon+\Delta F_i\Delta_i+\frac{1}{2}\Delta F_i\cdot\Delta(\Delta_i)$$

由于应变能与加载次序无关，只与力和位移的最终值有关，则上述两种情况的应变能相等，即

$$V_\varepsilon+\Delta V_\varepsilon=V_\varepsilon+\Delta F_i\Delta_i+\frac{1}{2}\Delta F_i\cdot\Delta(\Delta_i)$$

略去高阶小量$\frac{1}{2}\Delta F_i\cdot\Delta(\Delta_i)$，可得到

$$\frac{\Delta V_\varepsilon}{\Delta F_i}=\Delta_i$$

极限情况下，ΔF_i 趋近于零，上式左端是应变能 V_ε 对 F_i 的偏导数，即

$$\frac{\partial V_\varepsilon}{\partial F_i}=\Delta_i \tag{8.8}$$

可见，若将结构的应变能表达为载荷 $F_1,F_2,\cdots,F_n$ 的函数，**则应变能对任一载荷 F_i 的偏导数，等于 F_i 作用点沿 F_i 作用方向的位移 Δ_i**。这便是**卡氏第二定理**，通常称为**卡氏定理**。从推导过程中可知，卡氏定理只适用于线弹性结构。

下面把卡氏定理用于几种常见的情况。

横力弯曲的弯曲应变能由式（8.2）计算，应用卡氏定理，得

$$\Delta_i=\frac{\partial V_\varepsilon}{\partial F_i}=\frac{\partial}{\partial F_i}\left(\int_l\frac{M^2(x)}{2EI}\mathrm{d}x\right)$$

式中，积分是对 x 的，而求导则是对 F_i 的，所以可将被积分的函数先对 F_i 求导，然后再积分，故有

$$\Delta_i=\int_l\frac{M(x)}{EI}\cdot\frac{\partial M(x)}{\partial F_i}\mathrm{d}x \tag{8.9}$$

对横截面高度远小于轴线半径的平面曲杆，受弯时也可仿照直梁计算。

桁架的每根杆件都是受拉伸或压缩，应变能都由式（8.2）计算。若桁架共有 n 根杆件，则桁架的整体应变能为

$$V_\varepsilon=\sum_{j=1}^{n}\frac{F_{\mathrm{N}j}^2l_j}{2EA_j}$$

应用卡氏定理得

$$\Delta_i=\frac{\partial V_\varepsilon}{\partial F_i}=\sum_{j=1}^{n}\frac{F_{\mathrm{N}j}l_j}{EA_j}\frac{\partial F_{\mathrm{N}j}}{\partial F_i} \tag{8.10}$$

需要说明的是：当应用上述定理计算没有外力作用的点的位移（或所求的位移与加力方向不一致）时，可在所求位移的点、沿着所求位移的方向虚加一个力 F'（广义力），写出所有力（包括 F'）作用下的应变能 V_ε 的表达式，并将其对 F' 求偏导数，然后再令其中的 F' 等于零，便得到所要求的位移。具体过程详见例 8.4。

例 8.3　图 8.8 所示刚架的弯曲刚度为 EI，若不计轴力和剪力对位移的影响，试计算 B 点的水平位移 Δ_{Bx} 和 C 点的垂直位移 Δ_{Cy}。

解： 为将作用于刚架上的两个力区分开来，暂时将作用于 B 点的力 F 记为 F_1（图 8.8b）。根据卡氏定理，B 点水平位移 Δ_{Bx} 和 C 点的垂直位移 Δ_{Cy} 分别为

$$\Delta_{Bx} = \frac{\partial V_\varepsilon}{\partial F_1} = \int_l \frac{M(x)}{EI}\frac{\partial M(x)}{\partial F_1}\mathrm{d}x \quad \text{(a)}$$

$$\Delta_{Cy} = \frac{\partial V_\varepsilon}{\partial F} = \int_l \frac{M(x)}{EI}\frac{\partial M(x)}{\partial F}\mathrm{d}x \quad \text{(b)}$$

分段列出弯矩方程，并计算相应的偏导数。

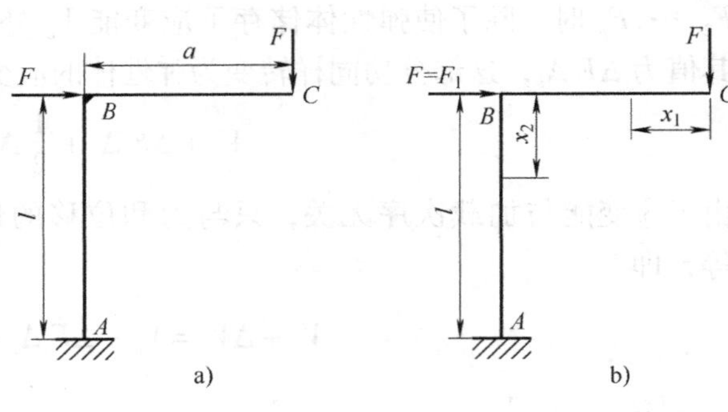

图 8.8

按图 8.8b 中所取坐标，在 CB 段内

$$M_1(x_1) = -Fx_1, \quad \frac{\partial M_1(x_1)}{\partial F} = -x_1, \quad \frac{\partial M_1(x_1)}{\partial F_1} = 0$$

在 BA 段内

$$M_2(x_2) = -Fa - F_1x_2, \quad \frac{\partial M_2(x_2)}{\partial F} = -a, \quad \frac{\partial M_2(x_2)}{\partial F_1} = -x_2$$

代入式（a）和式（b），计算积分，并令 $F_1 = F$，得到

$$\begin{aligned}\Delta_{Bx} &= \frac{\partial V_\varepsilon}{\partial F_1} = \int_0^a \frac{M_1(x_1)}{EI}\frac{\partial M_1(x_1)}{\partial F_1}\mathrm{d}x_1 + \int_0^l \frac{M_2(x_2)}{EI}\frac{M_2(x)}{\partial F_1}\mathrm{d}x_2 \\ &= \frac{1}{EI}\int_0^l(-Fa - F_1x_2)(-x_2)\mathrm{d}x_2 = \frac{Fl^2}{6EI}(3a + 2l)(\rightarrow)\end{aligned}$$

$$\begin{aligned}\Delta_{Cy} &= \frac{\partial V_\varepsilon}{\partial F} = \int_0^a \frac{M_1(x_1)}{EI}\frac{\partial M_1(x_1)}{\partial F}\mathrm{d}x_1 + \int_0^l \frac{M_2(x_2)}{EI}\frac{M_2(x_2)}{\partial F}\mathrm{d}x_2 \\ &= \frac{1}{EI}\int_0^a(-Fx_1)(-x_1)\,\mathrm{d}x_1 + \frac{1}{EI}\int_0^l(-Fa - F_1x_2)(-a)\mathrm{d}x_2 \\ &= \frac{Fa}{6EI}(2a^2 + 6al + 3l^2)(\downarrow)\end{aligned}$$

例 8.4 均布载荷 q 作用下的悬臂梁如图 8.9a 所示，其中 EI 为常量。试求自由端的挠度及转角，剪力对变形的影响忽略不计。

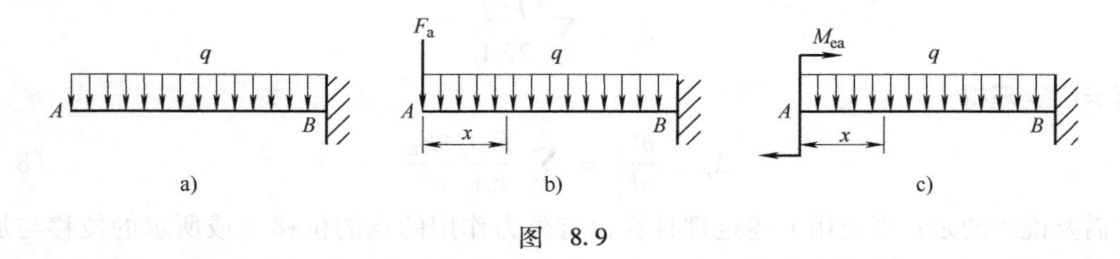

图 8.9

解： 在端点 A 处附加一个垂直向下的集中力 F_a（图 8.9b），F_a 称为附加力，其梁的弯矩方程和对 F_a 的偏导数分别为

$$M(x) = -\frac{1}{2}qx^2 - F_ax$$

$$\frac{\partial M(x)}{\partial F_a} = -x$$

于是端点 A 的挠度为

$$w_A = \int_0^l \frac{M(x)}{EI}\frac{\partial M(x)}{\partial F_a}dx = \frac{1}{EI}\int_0^l\left(\frac{1}{2}qx^2 + F_a x\right)x dx$$

$$= \frac{1}{EI}\int_0^l\left(\frac{1}{2}qx^3 + F_a x^2\right)dx = \frac{1}{EI}\left(\frac{ql^4}{8} + \frac{F_a l^3}{3}\right) \quad \text{(a)}$$

由于 F_a 为虚设力，则令 $F_a=0$，即可得到悬臂梁 A 端的实际挠度

$$w_A = \frac{1}{EI}\left(\frac{ql^4}{8} + \frac{F_a l^3}{3}\right)\bigg|_{F_a=0} = \frac{ql^4}{8EI} \quad \text{(b)}$$

在积分式（a）中，F_a 作为常数，若在积分之前就使 $F_a=0$，所得结果仍为式（b），从而使积分过程得以简化。

计算截面 A 转角时，在截面 A 附加一个力偶 M_{ea}（图 8.9c），其梁的弯矩方程及对 M_{ea} 的偏导数分别为

$$M(x) = -\frac{1}{2}qx^2 + M_{ea}$$

$$\frac{\partial M(x)}{\partial M_{ea}} = 1$$

于是截面 A 的转角为

$$\theta_A = \left[\int_l \frac{M(x)}{EI}\frac{\partial M(x)}{\partial M_{ea}}dx\right]_{M_{ea}=0} = \frac{1}{EI}\int_0^l\left(-\frac{1}{2}qx^2\right)\cdot 1 \cdot dx = -\frac{ql^3}{6EI}$$

负号表示截面 A 的实际转动方向与附加力偶的方向相反。

例 8.5 轴线为四分之一圆周的平面曲杆如图 8.10a 所示。EI 为常量，曲杆 A 端固定，自由端 B 上作用垂直集中力 F。求 B 点的垂直和水平位移。

解： 首先计算 B 点的垂直位移 Δ_y。由图 8.10a 可知，曲杆任意截面 m-n 上的弯矩及其导数为

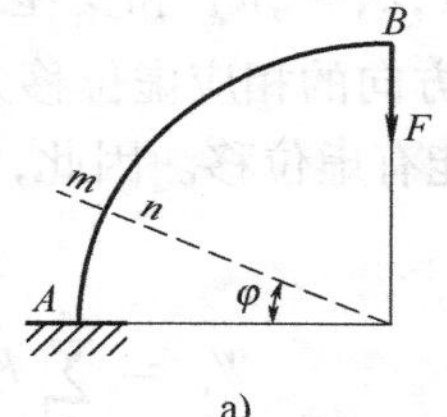

a)

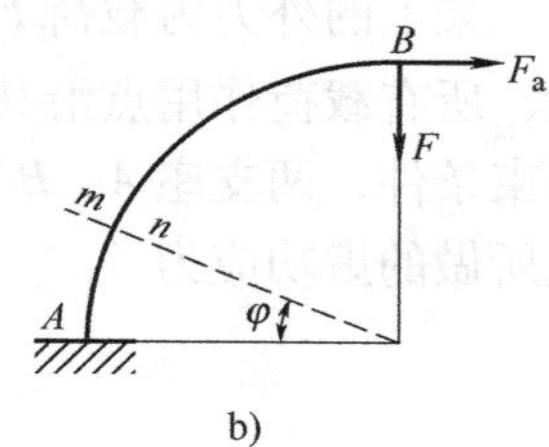

b)

图 8.10

$$M = FR\cos\varphi$$

$$\frac{\partial M}{\partial F} = R\cos\varphi$$

仿照直梁公式（8.9）有

$$\Delta_y = \int_s \frac{M}{EI}\frac{\partial M}{\partial F}ds = \frac{1}{EI}\int_0^{\frac{\pi}{2}} FR\cos\varphi \cdot R\cos\varphi \cdot Rd\varphi = \frac{FR^3\pi}{4EI}$$

为了求得 B 点的水平位移，在端点 B 上增加水平附加力，如图 8.10b 所示。这样

$$M = FR\cos\varphi + F_a R(1-\sin\varphi)$$

$$\frac{\partial M}{\partial F_a} = R(1-\sin\varphi)$$

$$\Delta_x = \left[\int_s \frac{M}{EI}\frac{\partial M}{\partial F_a}ds\right]_{F_a=0} = \frac{1}{EI}\int_0^{\frac{\pi}{2}} FR\cos\varphi \cdot R(1-\sin\varphi)\cdot Rd\varphi = \frac{FR^3}{2EI}$$

8.5 虚功原理

外力作用下的简支梁如图8.11所示。图中实线表示的曲线为梁处于平衡位置时轴线的真实变形，虚线则表示在平衡的位置上又给定的一个位移，我们称之为**虚位移**。梁的虚位移应满足如下条件：

1）在虚位移过程中，梁的原有外力和内力保持不变，且始终平衡，则外力在虚位移上所做的功为力与虚位移的乘积，称为**虚功**。

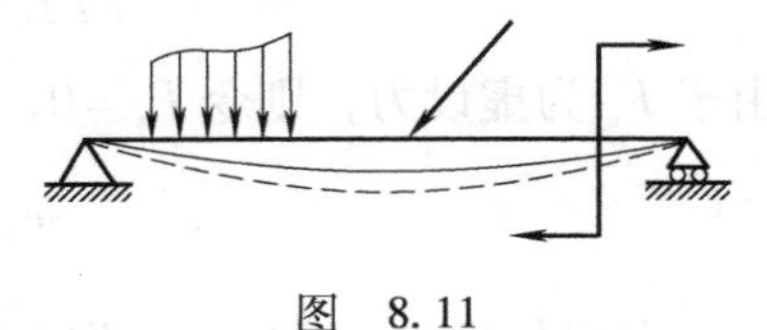

图 8.11

2）虚位移应满足原有的边界条件和连续性条件，如在铰链支座上的位移为零。

3）虚位移符合小变形的要求，建立平衡方程时，仍可用杆件变形前的位置和尺寸。

无疑，满足上述条件的虚位移也是梁实际可能发生的位移。

现以简支梁（图8.12a）为例，推导出虚功原理的表达式。

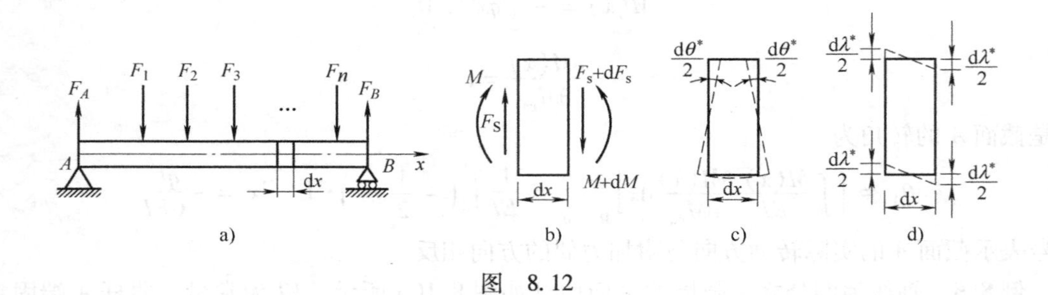

图 8.12

梁上的外力为载荷 $F_i(i=1,2,\cdots,n)$ 和支座约束力 F_A、F_B。当给此梁任意一个虚位移时，所有载荷作用点沿其作用方向的相应虚位移为 $\Delta_i^*(i=1,2,\cdots,n)$（图中未绘出）。根据约束条件，两支座 A、B 不可能有虚位移。因此，由上述条件1），梁上的所有外力在虚位移上所做的虚功应为

$$W_e = \sum_{i=1}^{n} F_i\Delta_i^* \tag{a}$$

还可按另一方式计算梁的总虚功。取梁上任一微段 dx（图8.12a、b）来研究。作用在该微段左右两横截面上的内力分别为剪力 F_S、F_S+dF_S 和弯矩 M、$M+dM$，计算虚功时，省略增量 dM、dF_S。这个微段的虚位移可分为刚性虚位移和变形虚位移两部分。由于作用于该微段上的力系（包括外力和内力）是一个平衡力系，根据质点系的虚位移原理，这一平衡力系在刚体虚位移上做功的总和为零，因而只剩下在虚变形中所做的功。微段的虚变形可以分解成：两端截面的相对转角 $d\theta^*$ 和相对错动 $d\lambda^*$（图8.12c、d）。在上述微段的虚变形中，只有两端截面上的内力做功，其数值为

$$dW_i = Md\theta^* + F_S d\lambda^*$$

积分上式得内力虚功为

$$W_i = \int M d\theta^* + \int F_S d\lambda^* \tag{b}$$

按两种方式求得的总虚功表达式（a）与（b）应该相等，即

$$\sum_{i=1}^{n} F_i \Delta_i^* = \int M \mathrm{d}\theta^* + \int F_S \mathrm{d}\lambda^* \tag{8.11}$$

推广到一般性问题，$F_i(i=1,2,\cdots,n)$ 表示广义力，分别代表集中力和外力偶矩，而 $\Delta_i^*(i=1,2,\cdots,n)$ 表示广义虚位移，分别代表与广义力相对应的线位移和角位移。若微段两端截面上的内力还有轴力 F_N 和扭矩 T，则对应虚变形为两端截面的轴向相对位移 $\mathrm{d}\delta^*$ 和相对扭转角 $\mathrm{d}\varphi^*$，则式（8.11）变为

$$\sum_{i=1}^{n} F_i \Delta_i^* = \int F_N \mathrm{d}\delta^* + \int M \mathrm{d}\theta^* + \int F_S \mathrm{d}\lambda^* + \int T \mathrm{d}\varphi^* \tag{8.12}$$

上式表明，**外力在虚位移上所做虚功等于内力在相应虚变形上所做虚功**，这就是**虚功原理**。也可把上式右边看作是相应于虚位移的虚应变能。这样，虚功原理表明，外力虚功等于杆件的虚应变能。

在导出虚功原理时，并未使用应力-应变关系，故虚功原理与材料的性能无关，它可用于线弹性材料，也可用于非线性弹性材料。虚功原理并不要求力与位移的关系一定是线性的，故可用于力与位移呈非线性关系的结构。

8.6 单位载荷法·莫尔积分

利用虚功原理可以得到计算弹性结构指定点在指定方向上位移的**单位载荷法**（又称**单位力法**）。设在外力作用下，弹性结构某一截面在某一方向上的位移为 Δ（图 8.13a）。为了计算 Δ，设想在同一结构上此截面处沿位移方向作用一单位力（图 8.13b），它与支座约束力组成平衡力系。在单位力作用下，梁任意截面上的轴力、弯矩、剪力和扭矩分别记为 $\overline{F}_N$、$\overline{M}$、$\overline{F}_S$ 和 $\overline{T}$。把结构在原有外力作用下的位移作为虚位移，加于单位力作用下的结构上。则虚功原理的表达式（8.12）化为

$$1 \cdot \Delta = \int \overline{F}_N \mathrm{d}\delta + \int \overline{M} \mathrm{d}\theta + \int \overline{F}_S \mathrm{d}\lambda + \int \overline{T} \mathrm{d}\varphi \tag{a}$$

上式左端为单位力的虚功，右端各项中的 $\mathrm{d}\delta$、$\mathrm{d}\theta$、$\mathrm{d}\lambda$ 和 $\mathrm{d}\varphi$ 是原有外力引起的，分别对应于 $\overline{F}_N$、$\overline{M}$、$\overline{F}_S$ 和 $\overline{T}$ 的杆件微段的虚变形位移。

对线弹性体，在所研究的杆件中取出长为 $\mathrm{d}x$ 的微段，其两端截面间的相对位移可按以下各式求出：

$$\left.\begin{aligned} \mathrm{d}\delta &= \frac{F_N \mathrm{d}x}{EA} \\ \mathrm{d}\theta &= \frac{M \mathrm{d}x}{EI} \\ \mathrm{d}\lambda &= \alpha \frac{F_S \mathrm{d}x}{GA} \\ \mathrm{d}\varphi &= \frac{T \mathrm{d}x}{GI_p} \end{aligned}\right\} \tag{b}$$

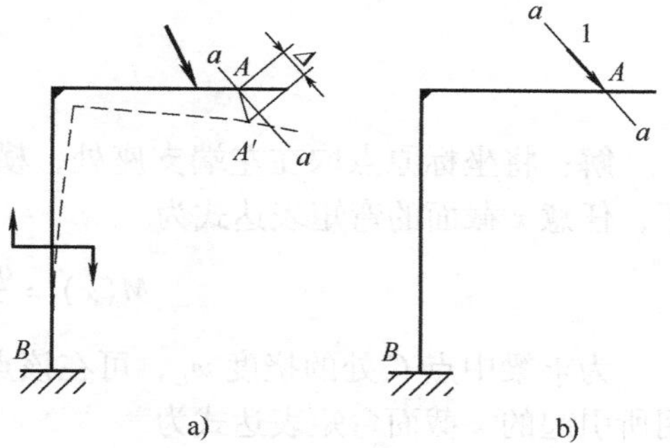

除第三式外，其他各式的内容在第 4 章均已讨论过。而第三式结合式（8.3）也不难理解。

图　8.13

将式（b）中各项代入式（a）中可得

$$1 \cdot \Delta = \int_0^l \frac{F_N \overline{F}_N}{EA} dx + \int_0^l \frac{M\overline{M}}{EI} dx + \int_0^l \alpha \frac{F_S \overline{F}_S}{GA} dx + \int_0^l \frac{T\overline{T}}{GI_p} dx \tag{8.13}$$

上式称为**莫尔定理**，式中积分称为**莫尔积分**。此式左端常写成Δ而不写出单位力1。对非圆截面杆，上式中的I_p应该用I_t来代替。

这里要补充说明几点：

1）在所研究的杆件中，由实际荷载所引起的横截面上的轴力F_N、弯矩M、剪力F_S和扭矩T并不一定同时存在，式（8.13）是在普遍情况下得到的。同样在单位力作用下也不一定都有$\overline{F}_N$、$\overline{M}$、$\overline{F}_S$和$\overline{T}$。另一方面，由于剪切应变能与其他应变能相比（尤其在较长梁上）小得多（参见例8.1），故常常忽略不计。因此，在应用式（8.13）时，要根据具体研究的对象来确定其右端应包括哪几项。

2）单位力是个广义力，视所要确定的位移Δ的性质而定。若Δ为某点的线位移，则单位力即为施加于该点处沿待定位移方向的集中力；若Δ为某一截面的转角或扭转角，则单位力为施加于该截面处的弯曲力偶或扭转力偶；若Δ为桁架上两节点间的相对线位移，则单位力应该是施加在两节点上的一对大小相等、指向相反的力，其作用线应与两节点间的连线重合。

3）在只受节点荷载作用的桁架中，由于各杆在横截面上只有轴力F_N，且沿杆长为定值，因此，由式（8.13）可知，单位载荷法计算桁架节点位移的表达式为

$$\Delta = \sum_{i=1}^{n} \frac{F_{Ni}\overline{F}_{Ni} l_i}{E_i A_i} \tag{8.14}$$

式中，F_{Ni}、A_i、l_i和E_i分别是第i根杆的轴力、横截面面积、杆长和弹性模量；n为杆的总数；$\overline{F}_{Ni}$为该杆件由单位力所引起的轴力。

例8.6 抗弯刚度为EI的等截面简支梁受均布载荷q作用（图8.14a）。试用单位力法计算梁中点C的挠度和支座A截面的转角。忽略剪力对弯曲变形的影响。

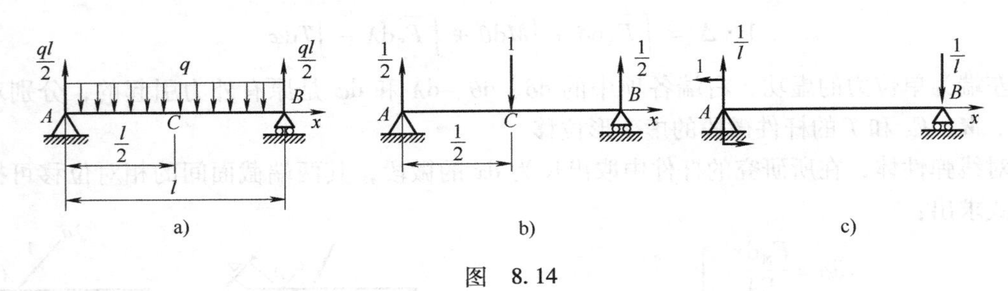

图 8.14

解： 将坐标原点取在左端支座处，横坐标轴与梁的轴线重合。在实际的均布载荷作用下，任意x截面的弯矩表达式为

$$M(x) = \frac{ql}{2}x - \frac{qx^2}{2}, \quad 0 \leqslant x \leqslant l$$

为求梁中点C处的挠度w_C，可在该点处施加向下的单位力1（图8.14b），由单位力作用所引起的x截面弯矩表达式为

$$\overline{M}(x) = \frac{1}{2}x, \quad 0 \leqslant x \leqslant \frac{1}{2}$$

将 $M(x)$ 和 $\overline{M}(x)$ 表达式代入式（8.13），并注意到载荷和单位力作用下弯矩图对梁中点的对称性，因此可得梁中点的挠度 w_C 为

$$w_C = \int_l \frac{M(x)\overline{M}(x)}{EI}\mathrm{d}x = 2\int_0^{\frac{l}{2}} \frac{1}{EI}\left(\frac{ql}{2}x - \frac{qx^2}{2}\right)\frac{x}{2}\mathrm{d}x = \frac{5ql^4}{384EI}$$

结果为正值，表示挠度 w_C 的指向与单位力的指向一致，即向下。

为求左支座 A 截面的转角 θ_A，可在该截面处施加单位力偶 1，其转向取逆时针方向（图 8.14c）。由单位力偶作用所引起的 x 截面弯矩表达式为

$$\overline{M}(x) = \frac{1}{l}x - 1,\quad 0 < x \leqslant l$$

由式（8.13），可得支座 A 截面的转角 θ_A 为

$$\theta_A = \int_l \frac{M(x)\overline{M}(x)}{EI}\mathrm{d}x = \int_0^l \frac{1}{EI}\left(\frac{ql}{2}x - \frac{q}{2}x^2\right)\left(\frac{x}{l} - 1\right)\mathrm{d}x$$

$$= \frac{1}{EI}\left(\frac{ql^3}{6} - \frac{ql^3}{4} - \frac{ql^3}{8} + \frac{ql^3}{6}\right) = -\frac{ql^3}{24EI}$$

结果为负值，表示转角 θ_A 的转向与单位力偶的相反，即为顺时针转向。

例 8.7　由图 8.15a 所示刚架的自由端 A 作用集中载荷 F。刚架各段的抗弯刚度已于图中标出。若不计轴力和剪力对位移的影响，试计算 A 点的垂直位移 Δ_y 及截面 B 的转角 θ_B。

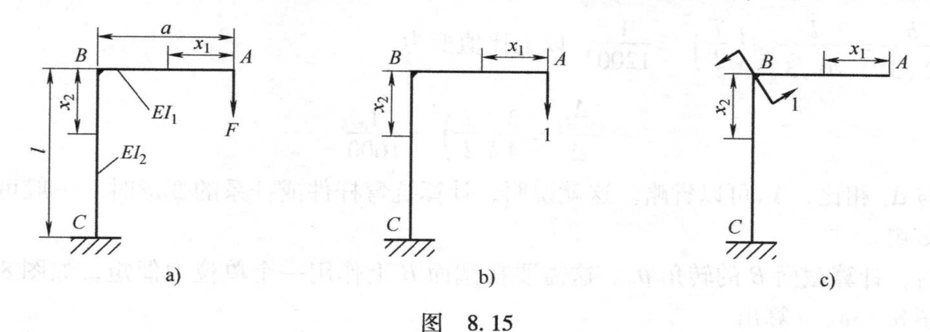

图　8.15

解：首先计算 A 点的垂直位移。为此于 A 点作用垂直向下的单位力（图 8.15b）。计算刚架各段内的 $M(x)$ 和 $\overline{M}(x)$。

AB 段：　$M(x_1) = -Fx_1,\quad \overline{M}(x_1) = -x_1$

BC 段：　$M(x_2) = -Fa,\quad \overline{M}(x_2) = -a$

利用莫尔定理

$$\Delta_y = \int_0^a \frac{M(x_1)\overline{M}(x_1)}{EI_1}\mathrm{d}x_1 + \int_0^l \frac{M(x_2)\overline{M}(x_2)}{EI_2}\mathrm{d}x_2$$

$$= \frac{1}{EI_1}\int_0^a(-Fx_1)(-x_1)\mathrm{d}x_1 + \frac{1}{EI_2}\int_0^l(-Fa)(-a)\mathrm{d}x_2$$

$$= \frac{Fa^3}{3EI_1} + \frac{Fa^2l}{EI_2}$$

如考虑轴力对 A 端垂直位移的影响，根据莫尔定理，在上式应再增加一项

$$\Delta_{y1} = \sum_{i=1}^{2}\frac{F_{Ni}\overline{F}_{Ni}l_i}{EA_i}$$

由图 8.15a、b 知

AB 段：　　$F_{N1}=0, \quad \overline{F}_{N1}=0$

BC 段：　　$F_{N2}=-F, \quad \overline{F}_{N2}=-1$

由此求得因轴力引起的垂直位移是

$$\Delta_{y1}=\frac{Fl}{EA_2}$$

为了便于比较，设刚架横杆和竖杆长度相等，截面形状和面积均相同。即 $a=l$，$I_1=I_2=I$，$A_1=A_2=A$。这样 A 点因弯矩引起的垂直向下位移是

$$\Delta_y=\frac{Fa^3}{3EI_1}+\frac{Fa^2l}{EI_2}=\frac{4Fl^3}{3EI}$$

Δ_{y1} 与 Δ_y 之比是

$$\frac{\Delta_{y_1}}{\Delta_y}=\frac{3I}{4Al^2}=\frac{3}{4}\left(\frac{i}{l}\right)^2$$

由附录Ⅰ内容可知，上式中 $i\left(=\sqrt{\frac{I}{A}}\right)$ 为刚架横截面对其中性轴的惯性半径，一般说来，$\left(\frac{i}{l}\right)^2$ 是一个很小的数，例如当刚架横截面是边长为 b 的正方形，且 $l=10b$ 时，$i=\sqrt{\frac{I}{A}}=\frac{b}{2\sqrt{3}}=\frac{l}{20\sqrt{3}}$，$\left(\frac{i}{l}\right)^2=\frac{1}{1200}$，以上比值变为

$$\frac{\Delta_{y_1}}{\Delta_y}=\frac{3}{4}\left(\frac{i}{l}\right)^2=\frac{1}{1600}$$

显然，与 Δ_y 相比，Δ_{y1} 可以省略。这就说明，计算抗弯杆件或杆系的变形时，一般可以省略轴力的影响。

最后，计算截面 B 的转角 θ_B。这需要在截面 B 上作用一个单位力偶矩，如图 8.15c 所示。由图 8.15a、c 算出

AB 段：　　$M(x_1)=-Fx_1, \quad \overline{M}(x_1)=0$

BC 段：　　$M(x_2)=-Fa, \quad \overline{M}(x_2)=1$

根据莫尔定理，得

$$\theta_B=\frac{1}{EI_2}\int_0^l(-Fa)\cdot 1\cdot \mathrm{d}x_2=-\frac{Fal}{EI_2}$$

式中，负号表示 θ_B 的转向与所加单位力偶矩的转向相反。

例 8.8　图 8.16a 所示为一简单桁架，其各杆的 EA 相等。在图示载荷作用下，试求 A、C 两节点间的相对位移 Δ_{AC}。

解： 将桁架的杆件按图 8.16 中所示进行编号。由节点 A 的平衡条件，容易求得杆件 1 和 2 的轴力分别是

$$F_{N1}=0, \quad F_{N2}=-F$$

用相似的方法可以求得其他各杆的

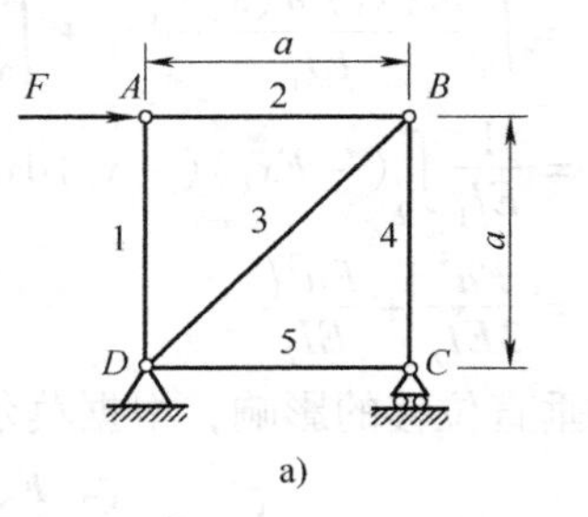

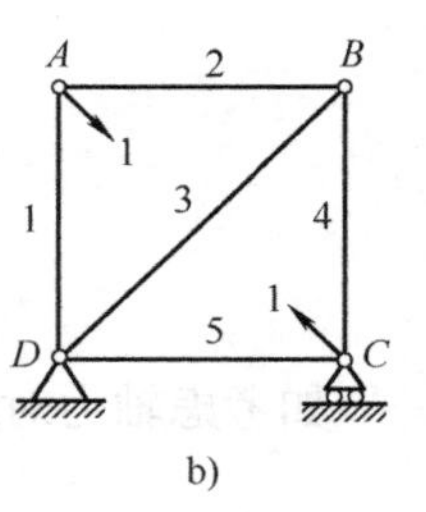

图　8.16

轴力。各杆因载荷 F 引起的轴力 F_{Ni} 已列入表 8.1 中。为了计算节点 A 与 C 间的相对位移 Δ_{AC}，需要在 A 点和 C 点沿 A 与 C 的连线作用一对方向相反的单位力，如图 8.16b 所示。桁架在上述单位力作用下各杆的轴力 $\overline{F}_{Ni}$ 也列入表 8.1 中。

表　8.1

杆件编号	F_{Ni}	$\overline{F}_{Ni}$	l_i	$F_{Ni}\overline{F}_{Ni}l_i$
1	0	$-1/\sqrt{2}$	a	0
2	$-F$	$-1/\sqrt{2}$	a	$Fa/\sqrt{2}$
3	$\sqrt{2}F$	1	$\sqrt{2}a$	$2Fa$
4	$-F$	$-1/\sqrt{2}$	a	$Fa/\sqrt{2}$
5	0	$-1/\sqrt{2}$	a	0

将表 8.1 中所列数值代入式（8.14），求得

$$\Delta_{AC} = \sum_{i=1}^{5} \frac{F_{Ni}\overline{F}_{Ni}l_i}{EA} = (2+\sqrt{2})\frac{Fa}{EA} = 3.414\frac{Fa}{EA}$$

等号右边为正，表示 A、C 两点间的相对位移与单位力的方向一致，所以 A、C 两点的距离是缩短。

例 8.9　直径为 d 的四分之一圆弧形曲杆，圆弧的半径为 R，A 端固定，B 端受有垂直于圆弧平面的力 F 作用，如图 8.17 所示。若 F、R、d、E 和 G 等均为已知，求 B 端沿力作用方向上的位移。

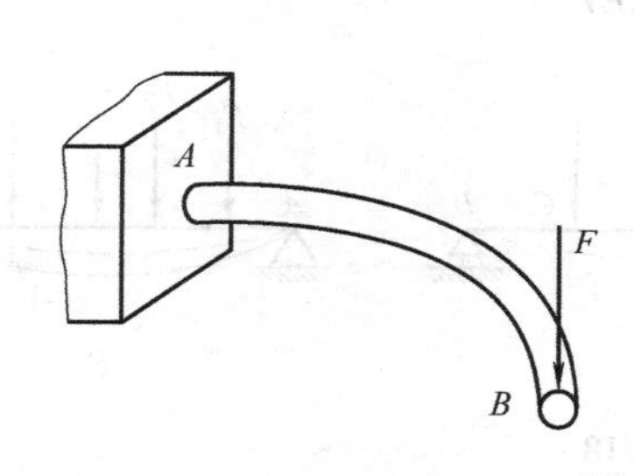

图　8.17

解：在力 F 作用下，曲杆的横截面上将产生两个主要内力分量：弯矩 M 和扭矩 T（忽略剪力的影响）。因此，这是一个组合变形问题。

首先计算原载荷系统所产生的内力分量。对于角坐标为 θ 的任意截面，其上的内力分量为

$$\left.\begin{aligned} &扭矩：T(\theta) = F(R - R\cos\theta) = FR(1-\cos\theta) \\ &弯矩：M(\theta) = FR\sin\theta \end{aligned}\right\} \tag{a}$$

然后，再在所要求的位移方向施加单位力，并计算单位力所引起的内力分量。由于本题所要求位移与载荷 F 的方向一致，则单位力亦与载荷 F 的方向一致，因此，在式（a）中用 $F=1$ 代入，即得到单位力所引起的扭矩和弯矩。即

$$\left.\begin{aligned} &扭矩：\overline{T}(\theta) = R(1-\cos\theta) \\ &弯矩：\overline{M}(\theta) = R\sin\theta \end{aligned}\right\} \tag{b}$$

将式（a）、式（b）代入式（8.13）得到

$$\Delta_B = \int_s \frac{T\overline{T}}{GI_p}ds + \int_s \frac{M\overline{M}}{EI}ds = \frac{1}{GI_p}\int_0^{\frac{\pi}{2}} FR^2(1-\cos\theta)^2 Rd\theta + \frac{1}{EI}\int_0^{\frac{\pi}{2}} FR^2\sin^2\theta Rd\theta$$

$$= \frac{FR^3}{GI_p}\left(\frac{3\pi}{4}-2\right) + \frac{FR^3}{EI}\cdot\frac{\pi}{4} = \frac{8FR^3}{d^4}\left(\frac{0.45}{G}+\frac{2}{E}\right)$$

在上面例题中，直接用卡氏定理计算位移Δ_B或许更方便一些。即将式（a）中两式对F求偏导，直接得出式（b），而且具有普遍性。因为在弯矩$M(x)$的表达式中，与载荷F_i有关的项可以写成$F_i \cdot \overline{M}(x)$，这里$\overline{M}(x)$是$F_i=1$时的弯矩。即

$$M(x) = F_i \cdot \overline{M}(x) + \cdots$$

故有

$$\frac{\partial M(x)}{\partial F_i} = \overline{M}(x)$$

对于其他形式的内力同理可得。将上式代入式（8.9）便可得到莫尔积分。

莫尔定理还可借助于其他方法进行证明。以受横力弯曲的简支梁为例，设梁在$F_1, F_2, \cdots$作用下（图8.18a）C点的位移为Δ。若梁为线弹性的，不考虑剪力的影响，由式（8.2），弯曲应变能为

$$V_\varepsilon = \int_l \frac{M^2(x)}{2EI}dx \tag{c}$$

式中，$M(x)$是载荷作用下梁横截面上的弯矩。为了求出C点的位移Δ，设想在C点沿位移方向单独作用单位力（图8.18b），梁横截面上相应的弯矩为$\overline{M}(x)$。这时梁的应变能为

$$\overline{V_\varepsilon} = \int_l \frac{\overline{M}^2(x)}{2EI}dx \tag{d}$$

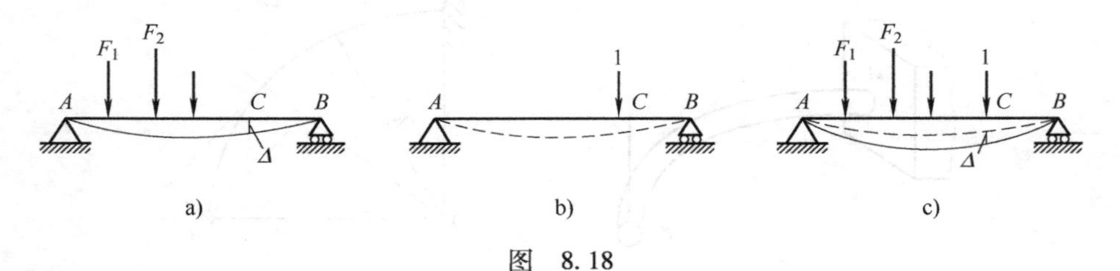

图 8.18

若先作用单位力，然后再作用$F_1, F_2, \cdots$，梁的应变能除$\overline{V}_\varepsilon$和V_ε外，还因为作用$F_1, F_2, \cdots$时，使已作用于C点的单位力又位移了Δ（图8.18c）而完成了$1\cdot\Delta$的功，故应变能为

$$V'_\varepsilon = V_\varepsilon + \overline{V}_\varepsilon + 1\cdot\Delta$$

在$F_1, F_2, \cdots$和单位力共同作用下，梁横截面上的弯矩为$M(x)+\overline{M}(x)$，应变能又可用弯矩来计算，即

$$V'_\varepsilon = \int_l \frac{[M(x)+\overline{M}(x)]^2}{2EI}dx$$

故有

$$V_\varepsilon + \overline{V_\varepsilon} + 1\cdot\Delta = \int_l \frac{[M(x)+\overline{M}(x)]^2}{2EI}dx \tag{e}$$

将式（e）右端展开，由式（c）和式（d）不难得到

$$1 \cdot \Delta = \int_l \frac{M(x)\overline{M}(x)}{EI}\mathrm{d}x$$

这也就是横力弯曲梁求变形的莫尔积分。

*8.7 计算莫尔积分的图乘法

对于等截面直杆，莫尔积分中的 EI（或 GI_p）为常量，可以提出积分号。从而只需要计算积分

$$\int_l M(x)\overline{M}(x)\mathrm{d}x \quad \text{(a)}$$

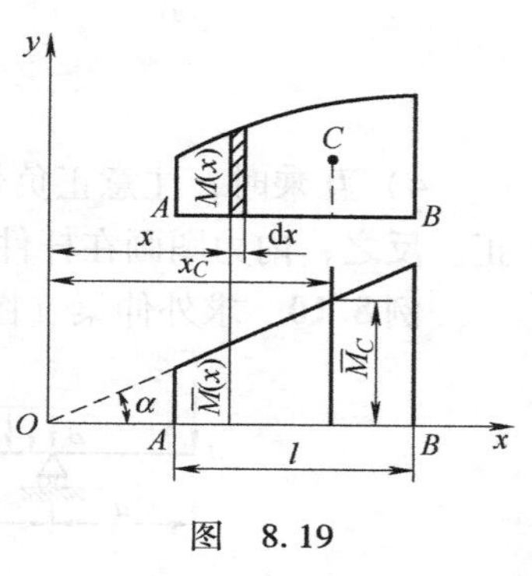

图 8.19

由于单位力引起的内力为 x 的线性函数，则 $\overline{M}(x)$ 图是一斜直线（图8.19），它的斜度角为 α，与 x 轴交点为 O。如果取 O 为原点，则 $\overline{M}(x)$ 图中任意点的纵坐标为

$$\overline{M}(x) = x\tan\alpha$$

这样，式（a）中的积分可写成

$$\int_l M(x)\overline{M}(x)\mathrm{d}x = \tan\alpha\int_l x \cdot M(x)\mathrm{d}x \quad \text{(b)}$$

在积分符号后面的 $M(x)\mathrm{d}x$ 是 $M(x)$ 图中画阴影线的微分面积，而 $xM(x)\mathrm{d}x$ 则是上述微分面积对 y 轴的静矩。于是，积分 $\int_l xM(x)\mathrm{d}x$ 就是 $M(x)$ 图的面积对 y 轴的静矩。若以 ω 代表 $M(x)$ 图的面积，x_C 代表 $M(x)$ 图的形心到 y 轴的距离，则

$$\int_l x \cdot M(x)\mathrm{d}x = \omega \cdot x_C$$

这样式（b）化为

$$\int_l M(x)\overline{M}(x)\mathrm{d}x = \omega \cdot x_C \cdot \tan\alpha = \omega \cdot \overline{M}_C \quad \text{(c)}$$

式中，$\overline{M}_C$ 是 $\overline{M}(x)$ 图中与 $M(x)$ 图的形心 C 对应的纵坐标。对受横力弯曲的等截面直梁（不计剪力影响），其莫尔积分可写成

$$\Delta = \int_l \frac{M(x)\overline{M}(x)}{EI}\mathrm{d}x = \frac{\omega \cdot \overline{M}_C}{EI} \quad (8.15)$$

以上对莫尔积分的简化运算称为**图乘法**。当然，上式积分符号下面的函数也可以是轴力或扭矩等。

图乘法中，计算较复杂的 $M(x)$ 图的面积和形心有些困难，在图8.20中，给出了几种常见图形的面积和形心位置的计算公式。其中抛物线顶点的切线平行于基线或与基线重合。

应用图乘法要注意以下几点：

1）应当分段进行互乘，每一段内的单位力引起的弯矩图必须是一条直线，而不允许出现折点。

2）当载荷比较复杂时可将其分解为若干个简单载荷，分别画出其弯矩图，再分别与单位力引起的弯矩图互乘，然后叠加。

3）若截面发生突变，则应以突变处分界，所乘结果分别除以各段的抗弯（抗拉、抗扭）刚度，再将其叠加。

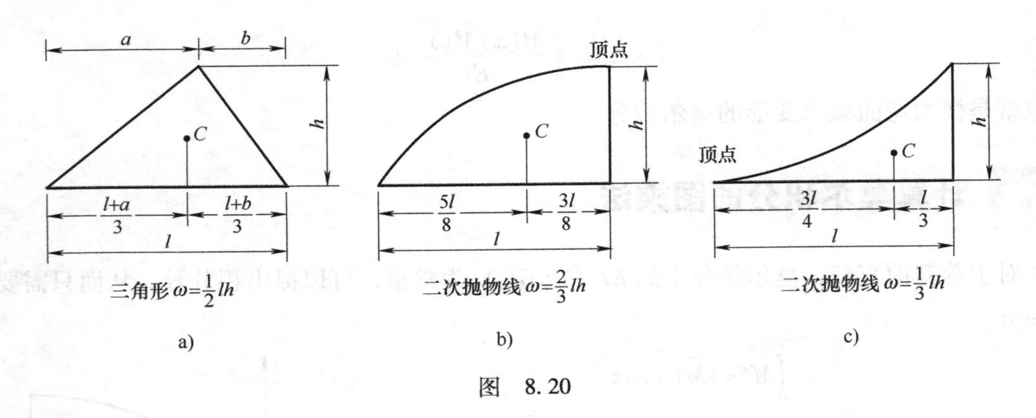

图 8.20

4）互乘时，注意正负号。应将符号相同的内力图画在杆件轴线的同侧，且互乘结果为正。反之，内力图画在杆件轴线的两侧，则互乘结果为负。

例 8.10 求外伸梁（图 8.21a）截面 A 的转角，其 EI 为常量。

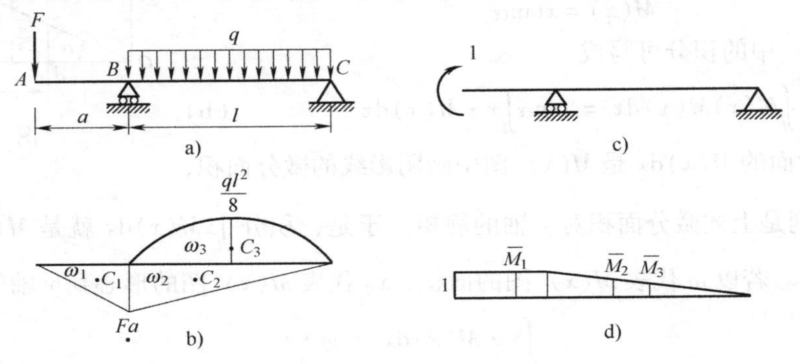

图 8.21

解： 将外伸梁在载荷作用下的弯矩图分成三部分（图 8.21b），将这三部分叠加即为梁的弯矩图。为了求出截面 A 的转角，在截面 A 上作用一单位力偶矩（图 8.21c），其弯矩图如图 8.21d 所示。由式（8.15），对弯矩图的每一部分应用图乘法，然后求其总和。这样，有

$$\theta_A = \int_l \frac{M(x)\overline{M}(x)}{EI}\mathrm{d}x = \frac{1}{EI}(\omega_1\overline{M}_1 + \omega_2\overline{M}_2 + \omega_3\overline{M}_3)$$

$$= \frac{1}{EI}\left(-\frac{1}{2}\times Fa\times a\times 1 - \frac{1}{2}\times Fa\times l\times\frac{2}{3} + \frac{2}{3}\times\frac{ql^2}{8}\times l\times\frac{1}{2}\right)$$

$$= -\frac{Fa^2}{EI}\left(\frac{1}{2}+\frac{l}{3a}\right) + \frac{ql^3}{24EI}$$

θ_A 包含两项，分别代表载荷 F 及 q 的影响。

例 8.11 均布载荷作用下的简支梁如图 8.22a 所示，其 EI 为常量。试求跨度中点的挠度 w_C。

解： 简支梁在均布载荷作用下的弯矩图为二次抛物线（图 8.22b）。在跨度中点 C 作用一个单位力的 $\overline{M}(x)$ 图为一条折线（图 8.22d），则以 $\overline{M}(x)$ 图的转折点为界，分两段使用图乘法。利用图 8.20 中的公式，容易求得 AC 和 CB 两段内弯矩图面积 ω_1 和 ω_2 为

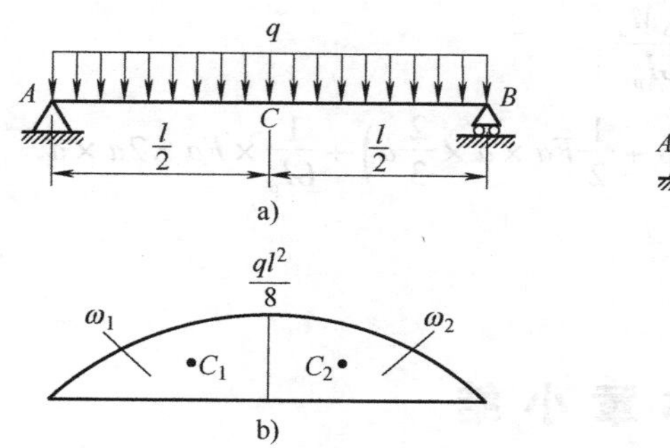

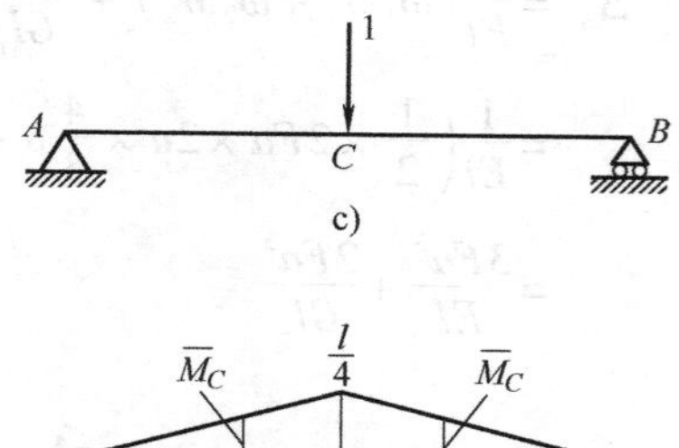

图 8.22

$$\omega_1=\omega_2=\frac{2}{3}\times\frac{l}{2}\times\frac{ql^2}{8}=\frac{ql^3}{24}$$

ω_1 和 ω_2 的形心在 $\overline{M}(x)$ 图中对应的纵坐标为

$$\overline{M}_C=\frac{5}{8}\times\frac{l}{4}=\frac{5l}{32}$$

于是跨度中点的挠度是

$$w_C=\frac{\omega_1\overline{M}_C}{EI}+\frac{\omega_2\overline{M}_C}{EI}=\frac{2}{EI}\times\frac{ql^3}{24}\times\frac{5l}{32}=\frac{5ql^4}{384EI}$$

例 8.12 一端固定的折杆 ABC 水平放置，受铅垂方向的 F 力作用，如图 8.23 所示。若 AB 和 BC 杆的抗扭刚度为 GI_p，抗弯刚度为 EI，求加力点铅垂方向的位移。

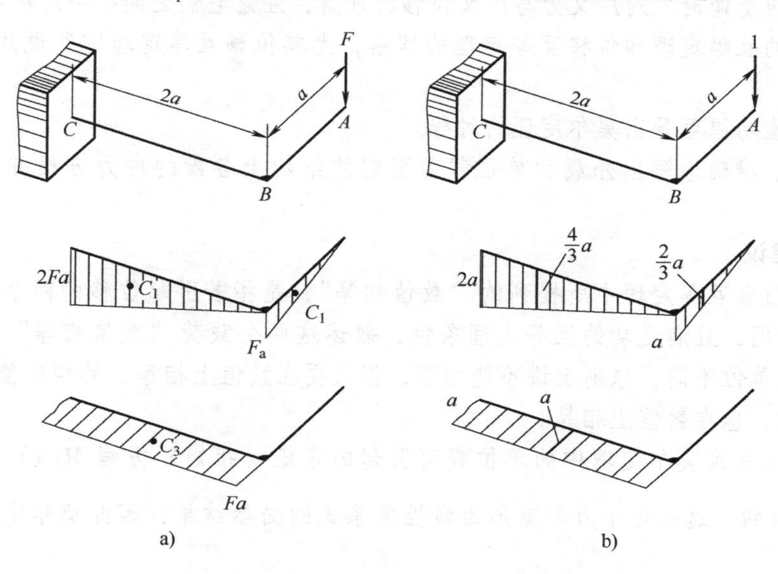

图 8.23

解：此系统属于组合变形问题，BC 杆上既有弯矩又有扭矩（剪力影响忽略不计），应用图乘法时，注意同类内力才能互乘。

结构在载荷和单位力作用下的弯矩图和扭矩图分别如图 8.23a、b 所示。应用图乘法，得到

$$\Delta_A = \frac{1}{EI}(\omega_1 \overline{M}_1 + \omega_2 \overline{M}_2) + \frac{\omega_3 \overline{M}_3}{GI_p}$$
$$= \frac{1}{EI}\left(\frac{1}{2} \times 2Fa \times 2a \times \frac{4}{3}a + \frac{1}{2}Fa \times a \times \frac{2}{3}a\right) + \frac{1}{GI_p} \times Fa \times 2a \times a$$
$$= \frac{3Fa^3}{EI} + \frac{2Fa^3}{GI_p}$$

本章小结

1. 基本要求

1）理解功能原理，会计算各种基本变形和组合变形的应变能。

2）理解互等定理及其应用。

3）掌握卡氏定理并应用其求解结构的位移问题。

4）熟练掌握莫尔定理并应用其求解结构的位移问题。

5）了解图乘法原理及其应用。

2. 本章重点

在掌握功能原理、应变能的计算基础上，熟练应用单位载荷法求任何结构（刚架、桁架、曲杆等）任一截面处的位移。

3. 本章难点

1）计算应变能时，对广义力与广义位移的理解，注意它们之间一一对应的关系。

2）对功的互等定理和位移互等定理的理解，尤其位移互等定理中所说的“数值相等”概念。

3）利用虚功原理导出莫尔定理的过程。

4）快速、准确地写出外载和单位载荷引起的结构上各段的内力方程并正确完成莫尔积分。

4. 学习建议

1）关于位移互等定理中所提到的“数值相等”，是指若引起位移的两个载荷分别是集中力和集中力偶，且满足功的互等定理条件，叙述这两个载荷“数值相等”是因为集中力和集中力偶的单位不同，原则上讲不能相等，但只要在数值上相等，其相应位移分别是线位移和截面转角，也在数值上相等。

2）我们注意到莫尔定理中的单位载荷引起的弯矩（扭矩）方程 $\overline{M}(x)$ 与卡氏定理中 $\frac{\partial M(x)}{\partial F_i}$ 是一致的，这是由于力与变形为线性关系式的必然结果，因此莫尔定理在使用时更方便一些。

3）利用莫尔定理求解结构位移时应注意以下几个问题：①单位载荷设置时，注意必须对应所求位移性质、方向；②外载结构图和单位载荷结构图中，局部坐标设置和内力的正负号规定（尤其刚架系统）必须一致，否则会得到错误结果；③外载与单位载荷引起的结构上各段的内力方程必须一一对应。对于复杂结构，特别注意不要漏项；④求结构中两点的相对位移时应沿两点的连线上加一对方向相反的单位力。

习 题

8.1 两根圆截面直杆的材料相同，尺寸如题8.1图所示，其中一根为等截面杆，另一根为变截面杆。试比较两根杆件的应变能。

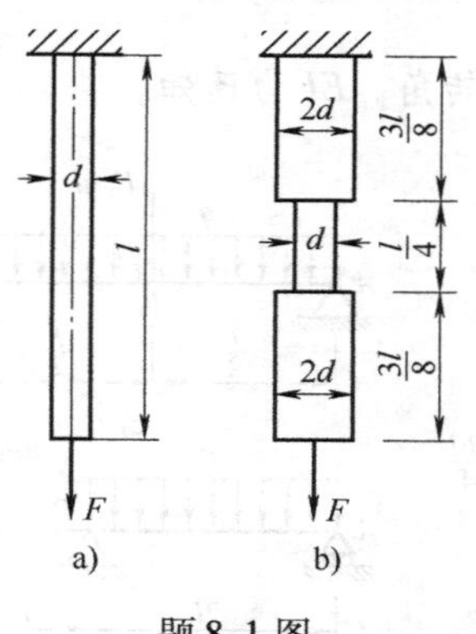

题8.1图

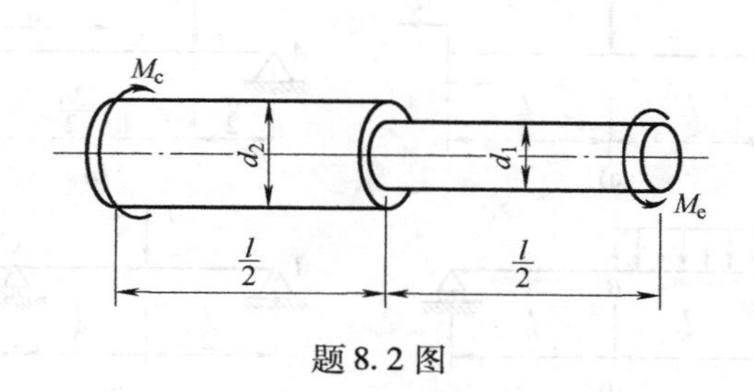

题8.2图

8.2 试求题8.2图示受扭圆轴内所储存的应变能（$d_2=1.5d_1$）。

8.3 题8.3图示桁架各杆的材料相同，截面面积相等。试求在F力作用下，桁架的应变能。

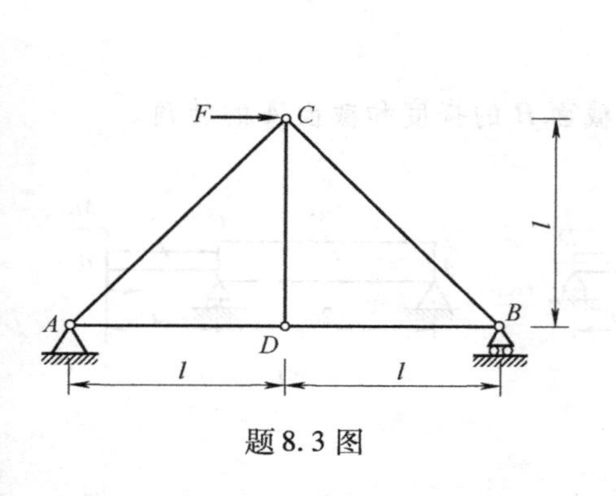

题8.3图

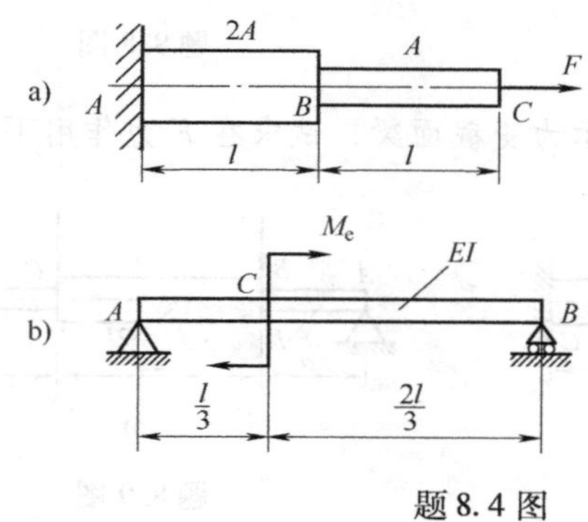

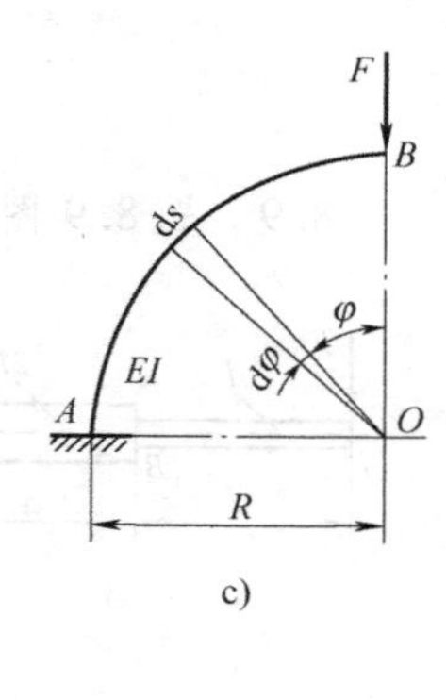

题8.4图

8.4 计算题8.4图示各杆的应变能。

8.5 传动轴受力情况如题8.5图所示。轴的直径为40mm，材料为45号钢，$E=210$GPa，$G=80$GPa。试计算轴的应变能。

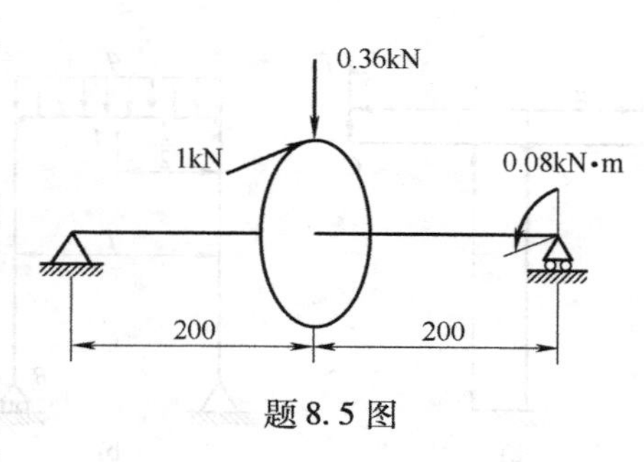

题8.5图

8.6 在外伸梁的自由端作用力偶矩M_e，如题8.6图所示，试用互等定理，并借助于表4.1，求跨度中点C的挠度w_C。

8.7 车床主轴如题8.7图所示，在转化为当量轴以后，其抗弯刚度EI可以作为常量。试用互等定理求在载荷F作用下，截面C的挠度和前轴承B处的截面转角。

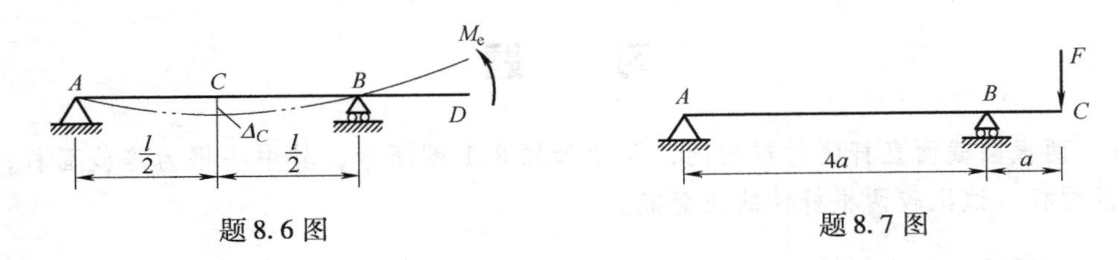

题8.6图　　　　题8.7图

8.8　试求题8.8图示各梁B截面的挠度及C截面的转角。EI为已知。

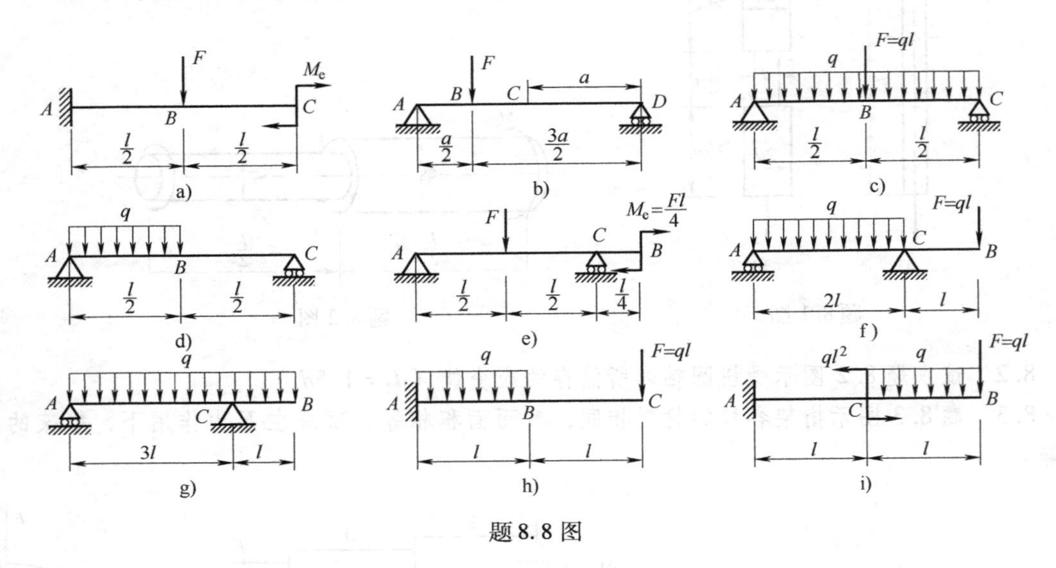

题8.8图

8.9　题8.9图示为变截面梁，试求在F力作用下截面B的挠度和截面A的转角。

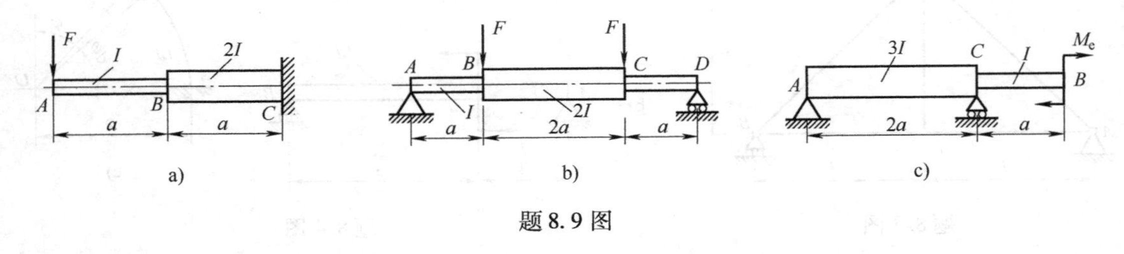

题8.9图

8.10　题8.10图示刚架各杆的EI皆相等，试求截面A、B的位移和截面C的转角。

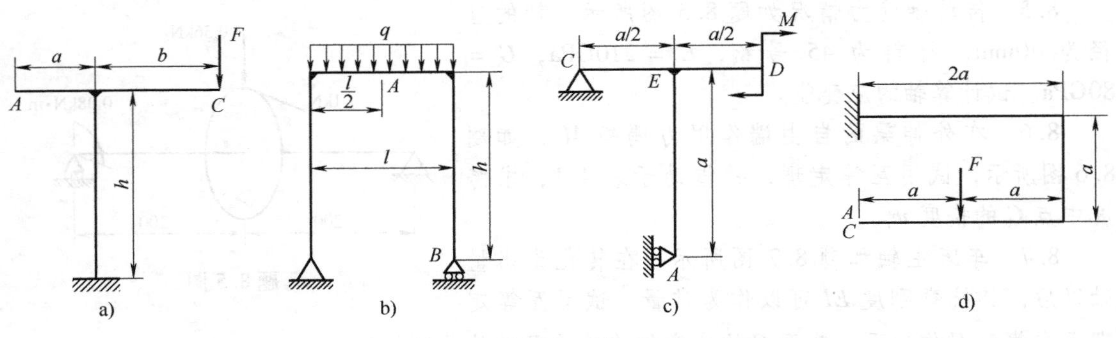

题8.10图

8.11 题8.11图示跨度为l的简支梁，截面高度为h，设温度沿梁的长度不变，但沿梁截面高度h按线性规律变化。若梁顶面的温度为T_1，底面的温度为T_2，且$T_2>T_1$，试求梁在跨度中点的挠度和左端截面的转角。（注：本题属超纲题，下面给出详解）

解：由于温度沿截面高度按线性规律变化，横截面将仍然保持为平面。取长为dx的微段，其两端截面的相对转角应为

$$\mathrm{d}\theta^* = \frac{\alpha(T_2-T_1)}{h}\mathrm{d}x$$

式中，α为材料的线膨胀系数。

为了求出跨度中点的挠度，以单位力作用于跨度中央（图b），这时梁截面上的弯矩为

$$\overline{M}(x) = \frac{1}{2}x$$

设跨度中点因温度影响而引起的挠度为Δ_C，把温度位移作为虚位移，加于图b所示的平衡位置。根据虚功原理，则

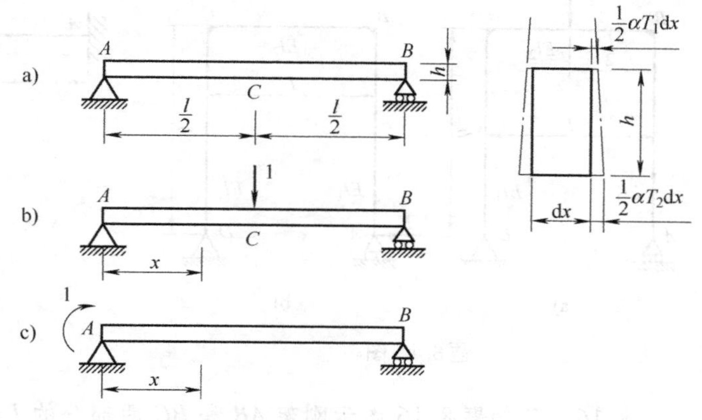

题8.11图

$$\Delta_C = \int \overline{M}(x)\mathrm{d}\theta^* = 2\int_0^{\frac{l}{2}} \frac{x}{2}\frac{\alpha(T_2-T_1)}{h}\mathrm{d}x = \frac{\alpha(T_2-T_1)l^2}{8h}$$

因为$T_2>T_1$，则Δ_C为正，表明单位力在Δ_C上做的功为正，亦即Δ_C与单位力的方向相同。

计算梁左端截面转角时，在左端作用单位力偶矩如图c所示。这时

$$\overline{M}(x) = 1-\frac{x}{l}$$

设梁的左端截面因温度影响而引起的转角为θ_A，仍以温度位移为虚位移加于图c所示情况上。由虚功原理

$$\theta_A = \int \overline{M}(x)\mathrm{d}\theta^* = \int_0^l \left(1-\frac{x}{l}\right)\frac{\alpha(T_2-T_1)}{h}\mathrm{d}x = \frac{\alpha(T_2-T_1)l}{2h}$$

θ_A为正表示它与单位力偶矩的方向一致。

*8.12 在简支梁的整个跨度l内，作用均布载荷q。材料的应力-应变关系为$\sigma=C\sqrt{\varepsilon}$。其中$C$为常量，$\sigma$与$\varepsilon$皆取绝对值。试求梁的端截面的转角。

*8.13 题8.13图示桁架受F力作用，材料的应力-应变关系为$\sigma=C\sqrt{\varepsilon}$，试求$A$点的水平位移和垂直位移。

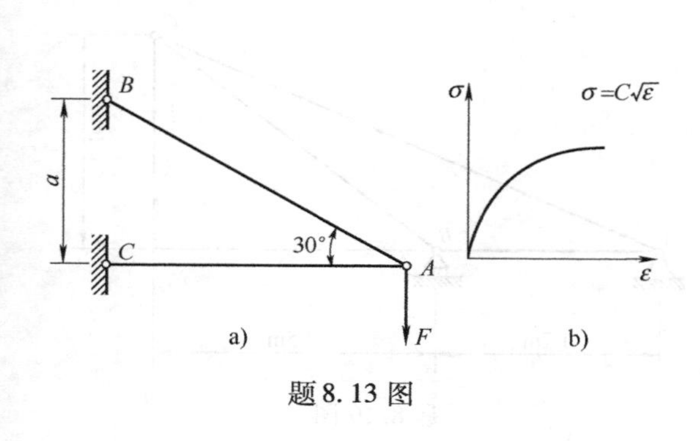

题8.13图

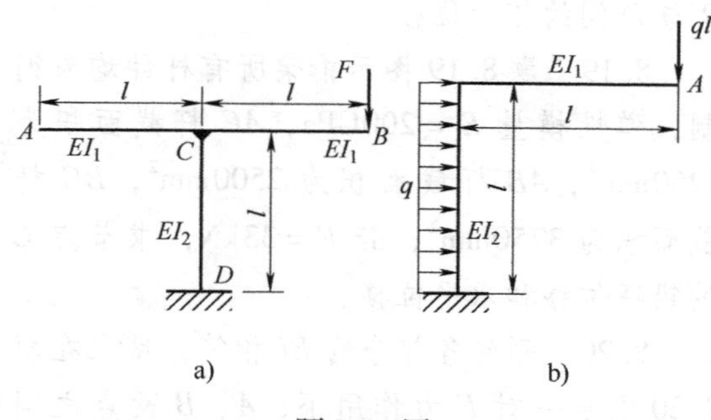

题8.14图

8.14　求题 8.14 图示各变截面刚架 A 截面的垂直位移和水平位移。

8.15　求题 8.15 图示各变截面刚架 A 截面的位移与转角。

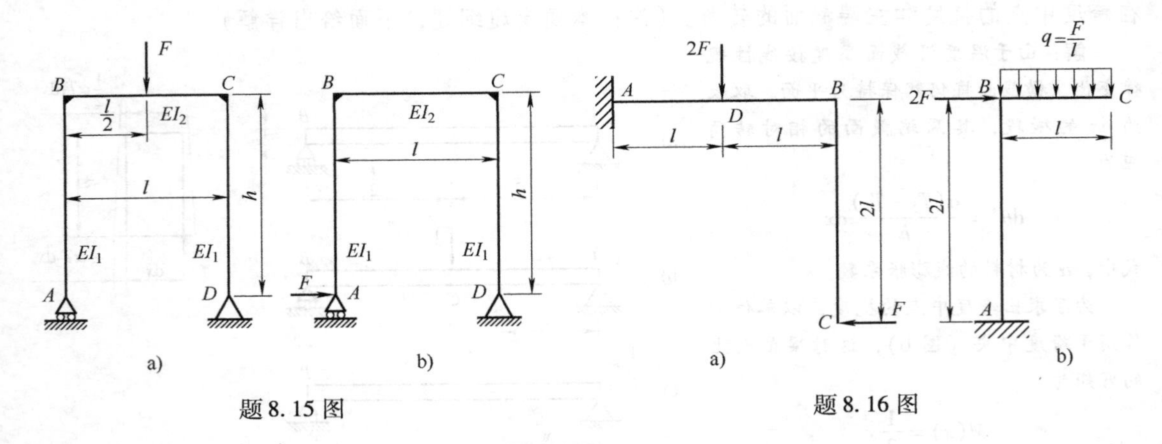

题 8.15 图　　　　题 8.16 图

8.16　已知题 8.16 图示刚架 AB 和 BC 两部分的 $I=3\times10^3\text{cm}^4$，$E=200\text{GPa}$，试求 C 截面的水平位移和转角。$F=10\text{kN}$，$l=1$ m。

8.17　题 8.17 图示桁架各杆的材料相同，截面面积均为 A。试求节点 C 处的水平位移和垂直位移。

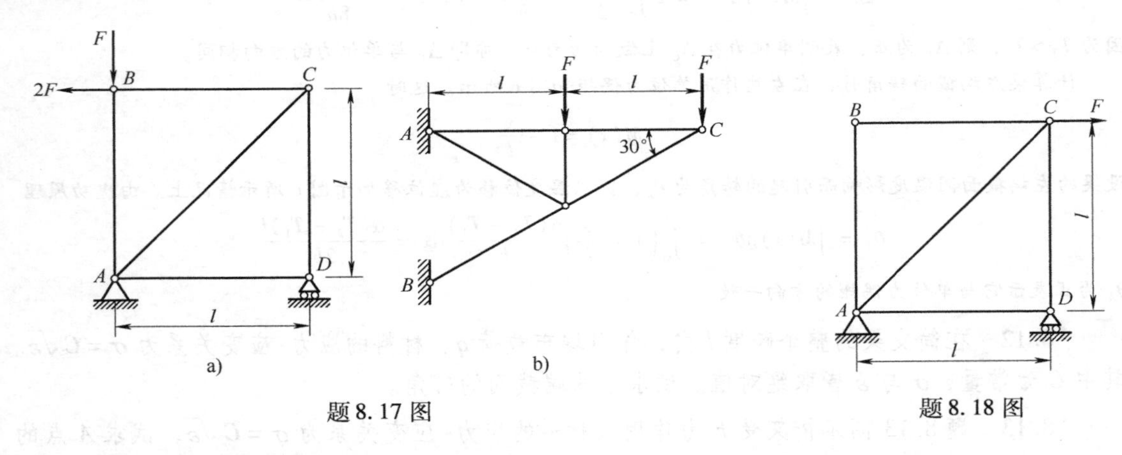

题 8.17 图　　　　题 8.18 图

8.18　题 8.18 图示桁架各杆的材料相同，截面面积相等。在载荷 F 作用下，试求节点 B 与 D 间的相对位移。

8.19　题 8.19 图示桁架所有杆件均为钢制，弹性模量 $E=200\text{GPa}$，AC 杆截面积为 1250mm^2，AB 杆截面积为 2500mm^2，BC 杆截面积为 3750mm^2，若 $F=33\text{kN}$，求节点 C 的铅锤位移和水平位移。

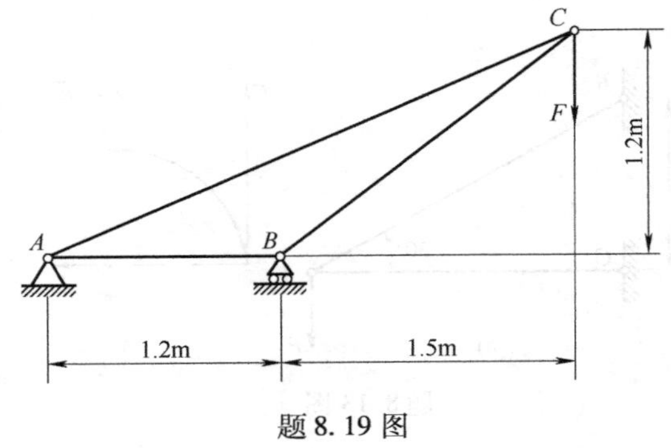

题 8.19 图

8.20　刚架各部分的 EI 相等，试求在题 8.20 图示一对 F 力作用下，A、B 两点之间的相对位移及 A、B 两截面的相对转角。

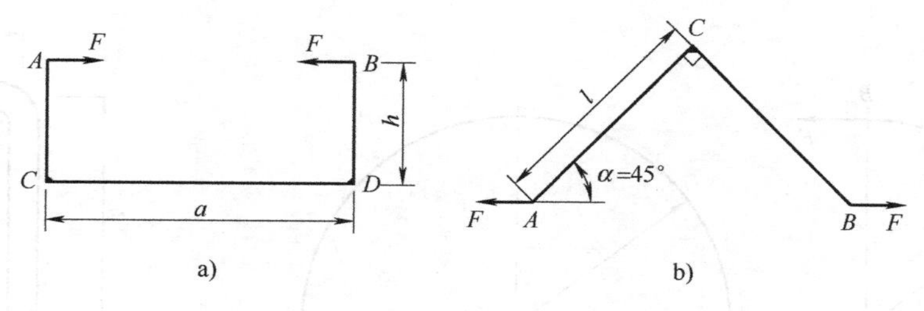

题8.20图

8.21 题8.21图示直角拐ABC水平放置，受垂直方向的F力作用。刚架的EI和GI_p都为已知，试求截面A的垂直位移。

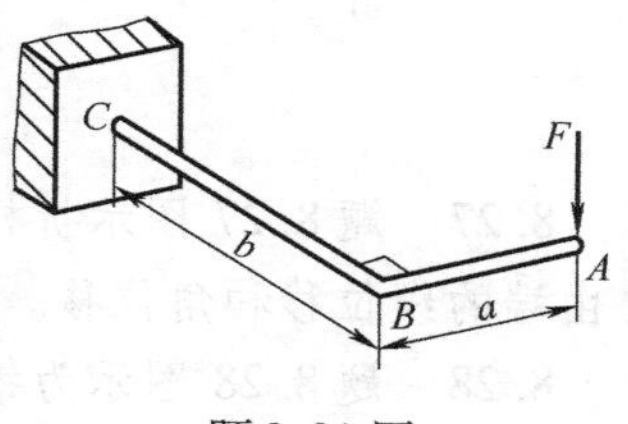

题8.21图

8.22 题8.22图示简易吊车的吊重$W=2.83\text{kN}$。撑杆AC长为2m，截面的惯性矩为$I=8.53\times10^6\text{mm}^4$。拉杆$BD$的横截面面积为$600\text{mm}^2$。若撑杆只考虑弯曲的影响，试求$C$点的垂直位移。设撑杆和拉杆材料相同，弹性模量$E=200\text{GPa}$。

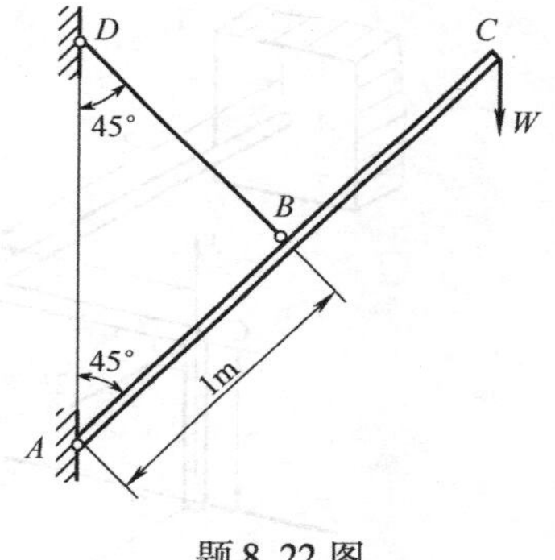

题8.22图

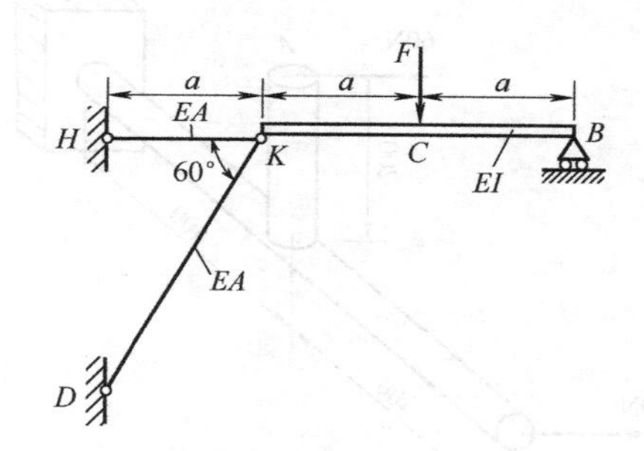

题8.23图

8.23 由杆系及桁架组成的混合结构如题8.23图所示。设F、a、E、A、I均为已知。试求C点的垂直位移。

8.24 题8.24图中绕过无摩擦滑轮的钢索截面面积为76.36mm^2，$E_{索}=177\text{GPa}$，$F=20\text{kN}$。横梁$ABCD$的抗弯刚度为$EI=1440\text{kN}\cdot\text{m}^2$，试求$C$点的垂直位移。

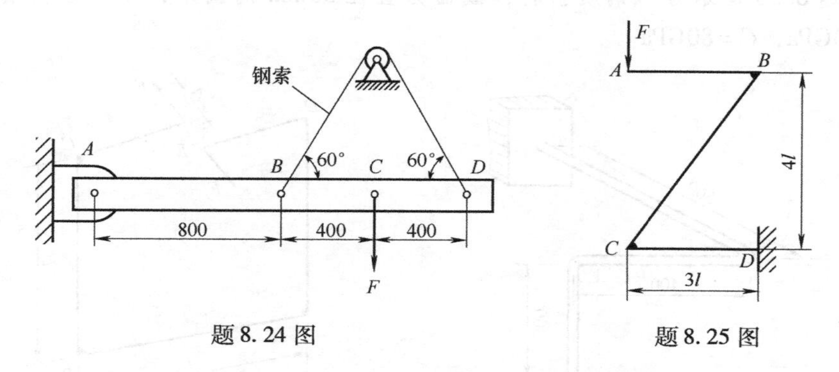

题8.24图

题8.25图

8.25 平面刚架如题8.25图所示。若刚架各部分材料和截面均相同，试求截面A的转角。

8.26 等截面曲杆如题8.26图所示。试求截面B的垂直位移、水平位移以及转角。

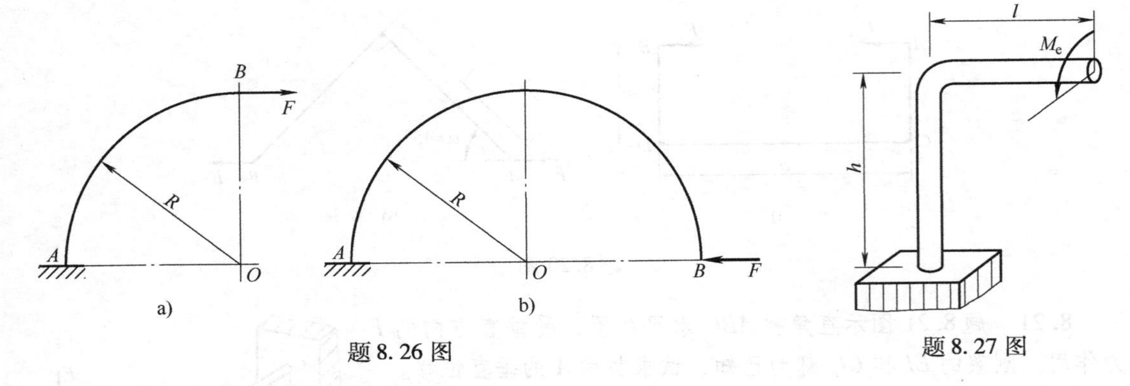

题 8.26 图　　题 8.27 图

8.27　题 8.27 图示折杆的横截面为圆形，其直径为 d。在力偶矩 M_e 作用下，试求折杆自由端的线位移和角位移。

8.28　题 8.28 图示为钢质圆截面折杆，截面直径 $d=20\text{mm}$，弹性模量和切变模量分别为 $E=210\text{GPa}$ 和 $G=80\text{GPa}$，试求 A、B 两端点的水平位移。

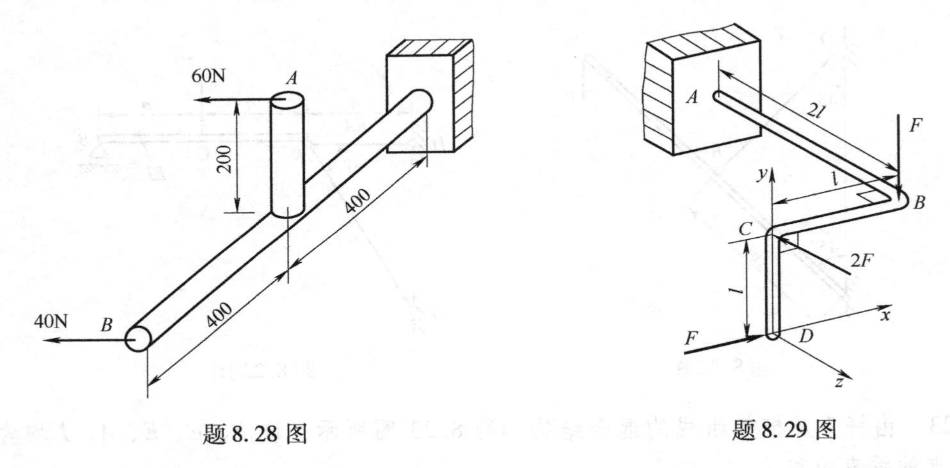

题 8.28 图　　题 8.29 图

8.29　试求题 8.29 图示圆截面直角拐 D 截面在水平面内 z、x 方向上的位移 Δ_{Dz}、Δ_{Dx}，设 EI 和 GI_p 已知。

8.30　题 8.30 图示为一钢质折杆，截面为直径 30mm 的圆形，试求自由端的线位移。已知 $E=210\text{GPa}$，$G=80\text{GPa}$。

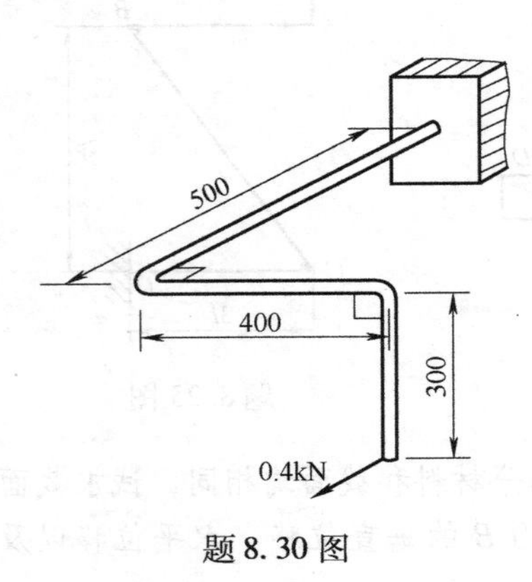

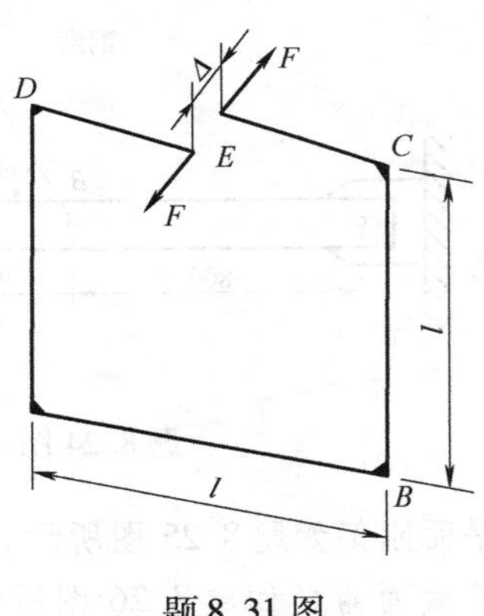

题 8.30 图　　题 8.31 图

8.31 题8.31图示正方形刚架各部分的EI和GI_p均相等，E处有一切口。在一对垂直于刚架平面的水平力F作用下，试求切口两侧的相对水平位移Δ。

8.32 题8.32图示半径为R的细圆环，截面为圆形，其直径为$d(\ll R)$。F力垂直于圆环中线所在的平面。试求两个F力作用点的相对线位移。

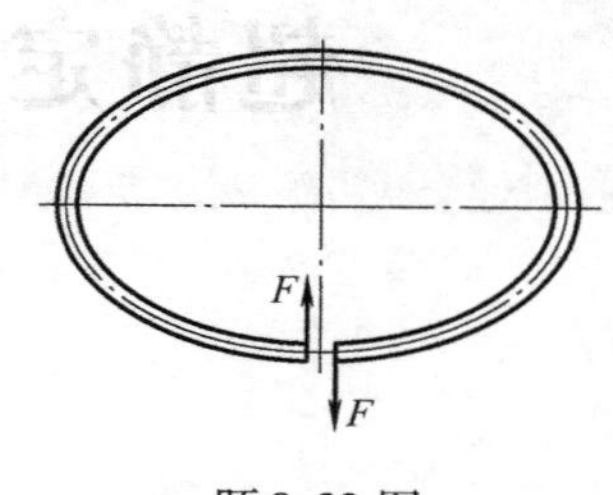

题8.32图

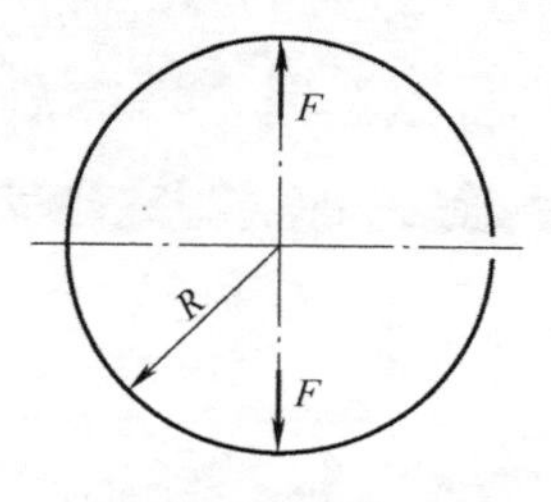

题8.33图

8.33 题8.33图示圆形曲杆的横截面尺寸远小于曲杆半径R，试求切口两侧截面的相对转角。

第9章 超静定结构

9.1 概述

在第4章讨论杆件的变形时，曾讨论过一些简单的超静定问题，本章将对此类问题做进一步讨论。

图9.1a、b所示静定梁有三个约束力，在 xy 平面内，使梁只可能有变形引起的位移，而不可能有任何刚性位移或转动。这样的结构称为**几何不变**或**运动学不变结构**。上述三个约束力所代表的约束，都是保持结构几何不变所必需的。例如解除简支梁的右端可动铰支座，或解除悬臂梁固定端对转动的约束，使之变为固定铰支座，这两种情况都将变成图9.1c所示结构，它可绕左端铰链 A 自由转动，成为几何可变的体系。而超静定结构的一些约束往往并不是维持几何不变所必需的。例如图9.2所示结构，将结构中 B、C 和 D 支座中任意两个解除，结构仍然为几何不变结构。因此，把这类约束称为**多余约束**，与多余约束对应的约束力称为**多余约束力**。第4章中所涉及的所谓超静定结构，都是在静定结构的基础上附加“多余约束”而形成的。由于涉及的全是外部约束，因而这种超静定结构均称为**外超静定结构**，对此，静力平衡方程不能确定全部外部约束力。工程中还有一些结构，虽然可以用平衡方程确定全部外约束力（图9.3a），却不能确定其全部内力分量，若在 CD 杆件中间切开口（图9.3b），刚架仍能保持为几何不变的结构，则切口两侧的三对内部约束力成为多余约束力。这种结构称为**内超静定结构**。此外，还有一些结构既是外超静定的，又是内超静定的（图9.4a）。这样，关于超静定的定义便扩充为：凡是用静力学平衡方程无法确定全部约束力和内力的结构，统称为**超静定结构**或**超静定系统**。

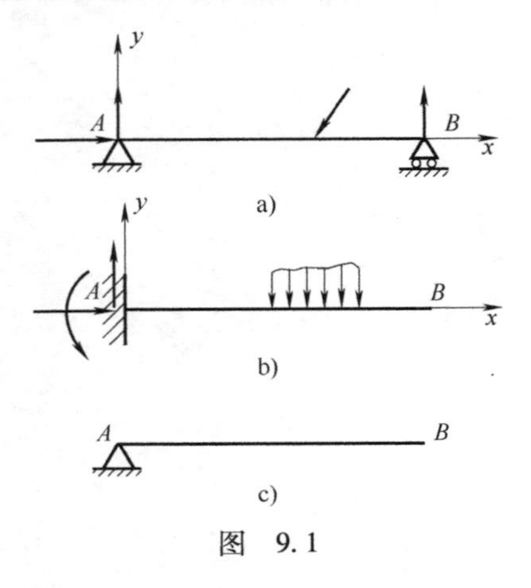

图 9.1

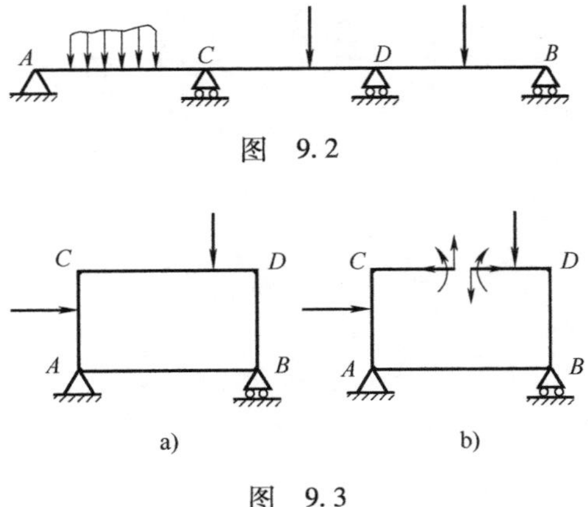

图 9.2

图 9.3

在图9.1~图9.4中，杆系中各杆的轴线在同一平面内，且该平面是各杆的形心主惯性平面；同时，外力也都作用于这一平面内。这种杆系称为平面杆系。今后的讨论以平面杆系为主。

判断系统的超静定次数，首先判断其外超静定次数，然后再判断内超静定次数，二者之和即为系统的总超静定次数。例如图9.4a所示超静定结构，解除支座C，并将截面D切开，成为图9.4b所示静定结构。解除支座C相当于解除一个外约束，切开截面D又等于解除三个内部约束。可见，相当于解除了四个约束。或者说，与相应的静定结构相比，图9.4a所示超静定结构有四个多余约束，称为四次超静定结构。解除超静定结构的某些约束后得到的静定结构，称为原超静定结构的**基本静定系**。图9.4b中的静定结构就是图9.4a所示超静定结构的基本静定系。基本静定系的选择不是唯一的。例如图9.4a，可以解除支座A，并在E处切开（图9.5a），在基本静定系上，除原有载荷外，还应该用相应的多余约束力代替被解除的多余约束，这就得到图9.5b所示结构。载荷和多余约束力作用下的基本静定系称为**相当系统**。

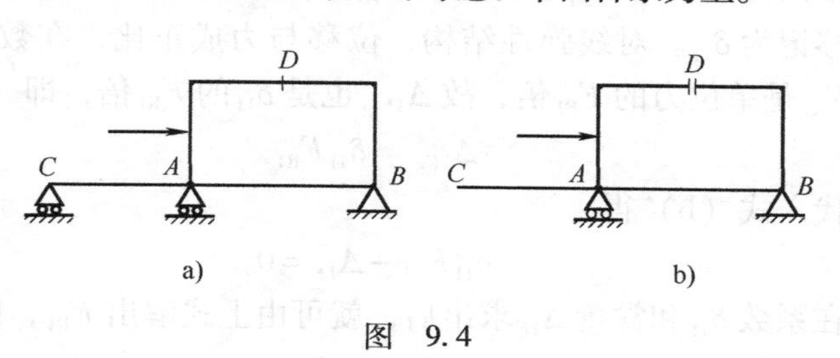

图　9.4

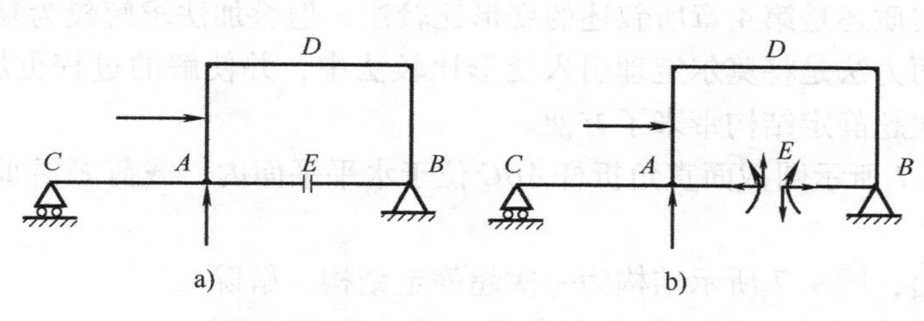

图　9.5

9.2　用力法解超静定结构

解超静定系统时，可以取未知的多余约束力为基本未知量，而将变形或位移表示为未知力的函数，根据约束条件解出多余约束力，这种方法称为**力法**。

图9.6a为一次超静定梁。解除多余支座B，并以多余约束力F_{R1}代替它（图9.6b）。在载荷F和多余约束力F_{R1}共同作用下，以Δ_1表示B端沿F_{R1}方向的位移。由变形叠加法可以认为Δ_1由两部分组成，一部分是静定系（悬臂梁）在F单独作用下引起的位移Δ_{1F}（图9.6c），另一部分是在F_{R1}单独作用下引起的位移$\Delta_{1F_{R1}}$（图9.6d）。这样

$$\Delta_1 = \Delta_{1F} + \Delta_{1F_{R1}} \tag{a}$$

位移记号Δ_{1F}和$\Delta_{1F_{R1}}$的第一个下标“1”，表示位移发生于F_{R1}作用点，且沿F_{R1}的方向；第二个下标“F”和“F_{R1}”，则分别表示位移是由F或F_{R1}引起的，由原约束条件知：在F_{R1}方向上的位移Δ_1应为零，即

$$\Delta_1 = \Delta_{1F} + \Delta_{1F_{R1}} = 0 \tag{b}$$

上式为变形协调方程。

在计算 $\Delta_{1F_{R1}}$ 时，可以在基本静定系上沿 F_{R1} 方向作用单位力（图 9.6e），B 点沿 F_{R1} 方向由这一单位力引起的位移记为 δ_{11}。对线弹性结构，位移与力成正比，在数值上，F_{R1} 是单位力的 F_{R1} 倍，故 $\Delta_{1F_{R1}}$ 也是 δ_{11} 的 F_{R1} 倍，即

$$\Delta_{1F_{R1}}=\delta_{11}F_{R1}$$

代入式（b）得

$$\delta_{11}F_{R1}+\Delta_{1F}=0$$

在系数 δ_{11} 和常量 Δ_{1F} 求出后，就可由上式解出 F_{R1}，即

$$F_{R1}=-\frac{\Delta_{1F}}{\delta_{11}} \tag{9.1}$$

对于上例，用莫尔积分可求得

$$\delta_{11}=\frac{l^3}{3EI},\quad \Delta_{1F}=-\frac{Fa^2}{6EI}(3l-a)$$

代入式（9.1），便可求出

$$F_{R1}=-\frac{\Delta_{1F}}{\delta_{11}}=\frac{Fa^2}{2l^3}(3l-a)$$

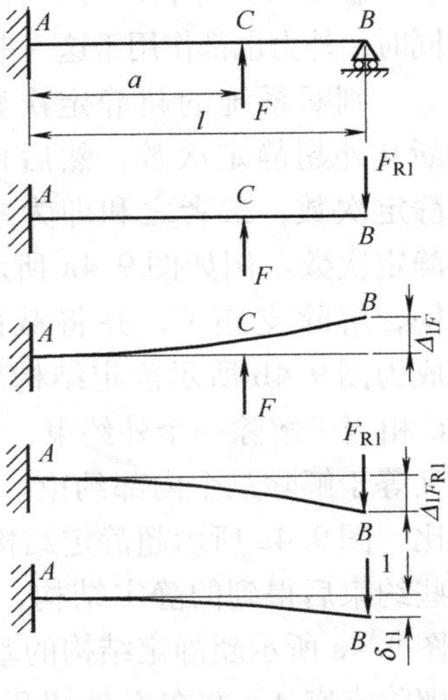

图 9.6

其实力法的实质还是第 4 章所叙述的变形比较法，但叠加法求解较为复杂结构的变形问题就变得困难，而力法是将莫尔定理引入变形比较法中，并使解的过程更加规范和方便了，同时也给求解高次超静定结构带来了方便。

例 9.1 图 9.7 所示圆截面直角折杆 ABC 位于水平平面内，载荷 F 沿垂直方向，求 C 端的约束力。

解： 不难看出，图 9.7 所示结构为一次超静定结构。解除 C 端支座约束，并以约束力 F_{R1} 作为多余约束力，得到由图 9.7b 所示的相当系统。基本静定系统在 F 单独作用下（图 9.7c），C 端沿 F_{R1} 方向的位移为 Δ_{1F}；在单独作用 $F_{R1}=1$ 时（图 9.7d），C 端沿 F_{R1} 方向的位移为 δ_{11}。在 F 和 F_{R1} 联合作用下，由原结构的约束条件，C 端沿 F_{R1} 方向的位移为零。则有

$$\delta_{11}F_{R1}+\Delta_{1F}=0 \tag{c}$$

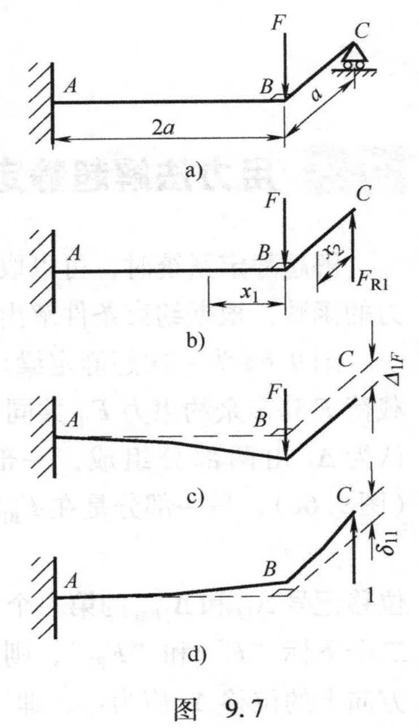

图 9.7

下面将分别计算 Δ_{1F} 和 δ_{11}，剪力影响忽略不计。基本静定系上只作用 F 力时（图 9.7c），两段杆件上的内力为

AB 杆：　$M(x_1)=-Fx_1$，　$0\leqslant x_1\leqslant 2a$

CB 杆：　$M(x_2)=0$，　$0\leqslant x_2\leqslant a$

其次，在基本静定系作用单位力时（图 9.7d），注意到 AB 杆上弯矩和扭矩同时存在，两段杆件上的内力为

AB 杆：　$\overline{M}(x_1)=x_1$，$\overline{T}(x_1)=a$，　$0\leqslant x_1\leqslant 2a$

BC 杆：　$\overline{M}(x_2)=x_2$，　$0\leqslant x_2\leqslant a$

根据莫尔定理

$$\Delta_{1F} = \int_l \frac{M(x)\overline{M}(x)\mathrm{d}x}{EI} = \int_0^{2a} -\frac{Fx_1 \cdot x_1 \cdot \mathrm{d}x_1}{EI} = -\frac{8Fa^3}{3EI}$$

$$\begin{aligned}\delta_{11} &= \int_l \frac{\overline{M}(x)\overline{M}(x)\mathrm{d}x}{EI} + \int_l \frac{\overline{T}(x)\overline{T}(x)\mathrm{d}x}{GI_p} \\ &= \int_0^{2a} \frac{x_1^2\mathrm{d}x_1}{EI} + \int_0^{a} \frac{x_2^2\mathrm{d}x_2}{EI} + \int_0^{2a} \frac{a^2\mathrm{d}x_1}{GI_p} \\ &= \frac{8a^3}{3EI} + \frac{a^3}{3EI} + \frac{2a^3}{GI_p} \\ &= \frac{3a^3}{EI} + \frac{2a^3}{GI_p}\end{aligned}$$

将 Δ_{1F} 和 δ_{11} 代入式（c），得

$$F_{R1} = -\frac{\Delta_{1F}}{\delta_{11}} = -\frac{-\dfrac{8Fa^3}{3EI}}{\dfrac{3a^3}{EI} + \dfrac{2a^3}{GI_p}} = \frac{8F}{3\left(3 + \dfrac{2EI}{GI_p}\right)}$$

考虑到圆截面杆 $I_p = 2I$。上式可简化为

$$F_{R1} = \frac{8F}{3\left(3 + \dfrac{E}{G}\right)}$$

例 9.2 图 9.8 所示结构为内超静定问题，结构由横梁 AB 和杆 1、2、3 组成，在横梁中点 C 作用垂直载荷 F，试计算截面 C 的挠度。设梁的弯曲刚度为 EI，各杆的拉压刚度均为 EA，且 $I = Aa^2/10$。

解： 由平衡方程求得 A 和 B 端的支座约束力

$$F_{Ay} = F_{By} = \frac{F}{2}(\uparrow)$$

但是，由于该结构内部有一多余约束，故为一次内超静定结构。

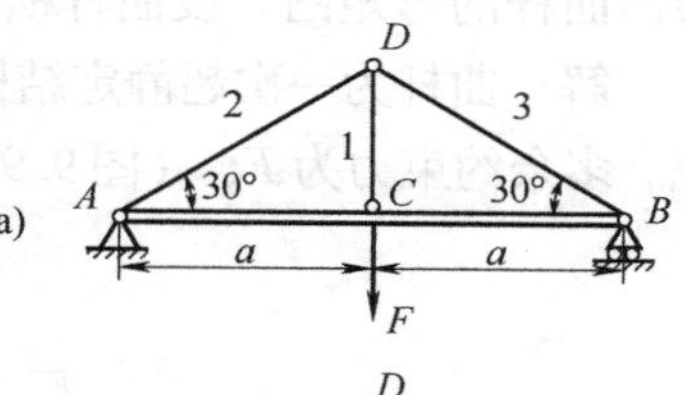

设以杆 1 为多余约束，假想地将其切开，并以杆 1 的轴力为多余约束力 F_{R1}，得到图 9.8b 所示的相当系统。以 Δ_{1F} 表示切口两侧横截面因载荷 F（图 9.8c）而引起的沿 F_{R1} 方向的相对位移，以 δ_{11} 表示切口两侧横截面因单位力（图 9.8d）而引起的沿 F_{R1} 方向的相对位移。由于杆件是连续的，故切口两侧截面的相对位移应为零，于是，变形协调方程为

$$\delta_{11}F_{R1} + \Delta_{1F} = 0 \qquad \text{(d)}$$

现在计算 Δ_{1F} 和 δ_{11}。由图 9.8c，基本静定系在 F 作用下各杆的轴力 F_{Ni} 均为零，而梁 AC 段的弯矩方程为

$$M(x) = \frac{F}{2}x$$

由图 9.8d，基本静定系在单位力作用下各杆的轴力分别为

$$\overline{F}_{N1} = 1, \quad \overline{F}_{N2} = \overline{F}_{N3} = -1$$

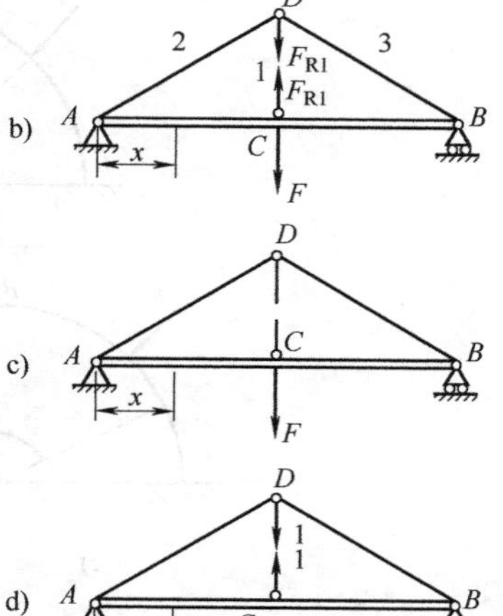

图 9.8

梁 AC 段的弯矩方程为

$$\overline{M}(x)=(\overline{F}_{N2}\sin 30°)x=-\frac{1}{2}x$$

应用莫尔定理

$$\begin{aligned}
\Delta_{1F}&=\frac{2}{EI}\int_0^a M(x)\overline{M}(x)\,\mathrm{d}x+\sum_{i=1}^{3}\frac{F_{Ni}\overline{F}_{Ni}l_i}{EA}\\
&=\frac{2}{EI}\int_0^a \frac{F}{2}x\left(-\frac{1}{2}x\right)\mathrm{d}x\\
&=-\frac{Fa^3}{6EI}=-\frac{5Fa}{3EA}\\
\delta_{11}&=\frac{2}{EI}\int_0^a \overline{M}(x)\overline{M}(x)\,\mathrm{d}x+\sum_{i=1}^{3}\frac{\overline{F}_{Ni}\overline{F}_{Ni}l_i}{EA}\\
&=\frac{a^3}{6EI}+\frac{5a}{\sqrt{3}EA}=\frac{5(1+\sqrt{3})a}{3EA}
\end{aligned}$$

将 Δ_{1F} 和 δ_{11} 代入式（d）中，然后解出

$$F_{R1}=-\frac{\Delta_{1F}}{\delta_{11}}=\frac{F}{1+\sqrt{3}}$$

现在计算截面 C 的挠度，可以直接通过相当系统（图 9.8b）进行计算，由表 4.2 中 6 栏有

$$\Delta_C=\frac{(F-F_{R1})l^3}{48EI}=\frac{(F-F_{R1})(2a)^3}{48EI}=\frac{\sqrt{3}Fa^3}{6(1+\sqrt{3})EI}(\downarrow)$$

例 9.3 轴线为四分之一圆周的曲杆 A 端固定，B 端铰支（图 9.9a）。在 F 作用下，试绘出曲杆的弯矩图。设曲杆横截面尺寸远小于轴线半径，可以借用计算直杆变形的公式。

解： 曲杆为一次超静定结构，解除多余支座 B，得到 A 端固定、B 端为自由的基本静定系统。多余约束力为 F_{R1}（图 9.9b）。在 F 和 F_{R1} 的共同作用下，由原结构的约束条件，可得

$$\delta_{11}F_{R1}+\Delta_{1F}=0 \tag{e}$$

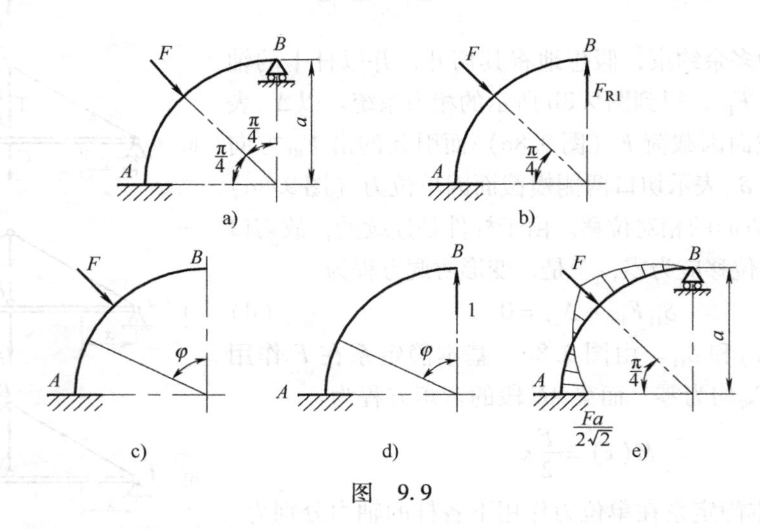

图 9.9

当基本静定系上只作用外载荷 F 时（图 9.9c），弯矩为

$$M=0,\quad 0\leqslant\varphi\leqslant\frac{\pi}{4}$$

$$M=Fa\sin\left(\varphi-\frac{\pi}{4}\right),\quad \frac{\pi}{4}\leqslant\varphi\leqslant\frac{\pi}{2}$$

当 B 点沿 F_{R1} 方向作用一单位力时（图9.9d），弯矩方程是

$$\overline{M}=-a\sin\varphi$$

应用莫尔积分，并设曲杆的 EI 为常量，有

$$\Delta_{1F}=\int_s\frac{M\overline{M}\mathrm{d}S}{EI}=\frac{1}{EI}\int_{\frac{\pi}{4}}^{\frac{\pi}{2}}Fa\sin\left(\varphi-\frac{\pi}{4}\right)(-a\sin\varphi)a\mathrm{d}\varphi=-\frac{Fa^3\pi}{8\sqrt{2}EI}$$

$$\delta_{11}=\int_s\frac{\overline{M}\,\overline{M}\mathrm{d}S}{EI}=\frac{1}{EI}\int_0^{\frac{\pi}{2}}(-a\sin\varphi)^2a\mathrm{d}\varphi=\frac{\pi a^3}{4EI}$$

将 Δ_{1F} 和 δ_{11} 代入式（e），得到

$$\frac{\pi a^3}{4EI}F_{R1}-\frac{Fa^3\pi}{8\sqrt{2}EI}=0$$

由此解出

$$F_{R1}=\frac{F}{2\sqrt{2}}$$

F_{R1} 为正值，表示对 F_{R1} 假定的方向是正确的。求出 F_{R1} 后，可以计算出曲杆任意横截面上的弯矩为

$$M=-F_{R1}a\sin\varphi=-\frac{Fa}{2\sqrt{2}}\sin\varphi,\quad 0\leqslant\varphi\leqslant\frac{\pi}{4}$$

$$M=Fa\sin\left(\varphi-\frac{\pi}{4}\right)-F_{R1}a\sin\varphi=Fa\left[\sin\left(\varphi-\frac{\pi}{4}\right)-\frac{1}{2\sqrt{2}}\sin\varphi\right],\quad \frac{\pi}{4}\leqslant\varphi\leqslant\frac{\pi}{2}$$

绘出弯矩图如图9.9e所示。这里仍把使曲杆曲率增加的弯矩规定为正，并把弯矩图画在曲杆受压侧。

以上各例都是只有一个多余约束的情况。对于有多个多余约束的高次超静定系统，其计算量都很大，一般都采用规范化的正则方程求解。

设有 n 次超静定系统，相应的有 n 个多余约束力（包括多余约束内力分量），分别用 F_{R1}，F_{R2}，…，F_{Rn} 表示。这里 F_{Ri} 为广义力，表示力和力偶，同时也表示外约束力和内约束力。另外，与 F_{R1}，F_{R2}，…，F_{Rn} 的作用点和方向相对应的未知位移分别用 Δ_1，Δ_2，…，Δ_n 表示。这里 Δ_i 是指广义位移，表示线位移和角位移，同时也表示绝对位移和相对位移。用 $\delta_{ij}(i=1,2,\cdots,n;j=1,2,\cdots,n)$ 表示当 $F_{Rj}=1$ 时引起的 F_{Ri} 作用点沿 F_{Ri} 方向的位移，也就是说，第一个下标 i 表示位移所在的点和方向，第二个下标 j 表示此位移是由哪个广义单位力所引起的。由于结构为线弹性，故 F_{Rj} 产生的 F_{Ri} 作用点沿 F_{Ri} 方向的位移就是乘积 $F_{Rj}\delta_{ij}$。最后，用 Δ_{iF} 表示结构所有已知载荷产生的在 F_{Ri} 作用点沿 F_{Ri} 方向的位移。

由于同一位置沿同一方向的位移可以按代数值相加，故 F_{R1}，F_{R2}，…，F_{Rn} 及所有已知载荷在 F_{Ri} 作用点沿 F_{Ri} 方向产生的位移 Δ_i 就是 $\delta_{i1}F_{R1}+\delta_{i2}F_{R2}+\cdots+\delta_{in}F_{Rn}+\Delta_{iF}$。如果已知 n 个多余约束处的位移均为零，则 n 个变形协调条件可写成下列形式：

$$\left.\begin{aligned}\Delta_1 &= \delta_{11}F_{R1} + \delta_{12}F_{R2} + \cdots + \delta_{1n}F_{Rn} + \Delta_{1F} = 0\\ \Delta_2 &= \delta_{21}F_{R1} + \delta_{22}F_{R2} + \cdots + \delta_{2n}F_{Rn} + \Delta_{2F} = 0\\ &\vdots\\ \Delta_n &= \delta_{n1}F_{R1} + \delta_{n2}F_{R2} + \cdots + \delta_{nn}F_{Rn} + \Delta_{nF} = 0\end{aligned}\right\} \tag{9.2}$$

这就是力法正则方程，由它可解出 n 个多余约束力，而方程中 δ_{ij}、Δ_{iF} 均可用莫尔定理求得。又根据位移互等定理可知

$$\delta_{ij} = \delta_{ji}$$

由以上所述可见，采用力法正则方程解超静定问题，只不过是把原来的变形协调条件改写成简洁、具有统一规则形式的方程而已。由于变形协调条件表示为广义力 F_{Ri} 的线性方程组，因此在求解 F_{Ri} 时带来了方便，特别是用计算机编程求解时，更是十分简便。

例 9.4　求解图 9.10a 所示超静定刚架支座 B 的约束力。设两杆的 EI 相等。

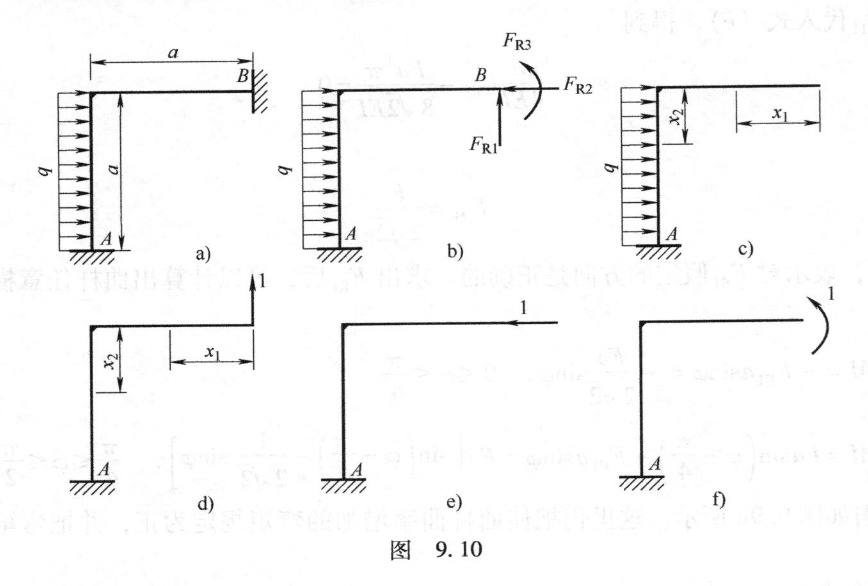

图　9.10

解： 因为结构为两端固定，共有六个未知约束力，为三次超静定系统。解除 B 端约束，得基本静定系。基本静定系上，除作用原载荷 q 以外，在 B 端还作用着竖向力 F_{R1}、水平力 F_{R2} 和力偶 F_{R3}，这些都是多余约束力，从而得到图 9.10b 所示的相当系统。其正则方程应为

$$\left.\begin{aligned}\delta_{11}F_{R1} + \delta_{12}F_{R2} + \delta_{13}F_{R3} + \Delta_{1F} = 0\\ \delta_{21}F_{R1} + \delta_{22}F_{R2} + \delta_{23}F_{R3} + \Delta_{2F} = 0\\ \delta_{31}F_{R1} + \delta_{32}F_{R2} + \delta_{33}F_{R3} + \Delta_{3F} = 0\end{aligned}\right\} \tag{f}$$

由图 9.10c ~ f，应用莫尔定理分别计算方程式（f）中的三个常数项和九个系数：

$$\Delta_{1F} = -\frac{1}{EI}\int_0^a \frac{qx_2^2}{2}\cdot a\cdot \mathrm{d}x_2 = -\frac{qa^4}{6EI}$$

$$\Delta_{2F} = -\frac{1}{EI}\int_0^a \frac{qx_2^2}{2}\cdot x_2\cdot \mathrm{d}x_2 = -\frac{qa^4}{8EI}$$

$$\Delta_{3F} = -\frac{1}{EI}\int_0^a \frac{qx_2^2}{2}\cdot 1\cdot \mathrm{d}x_2 = -\frac{qa^3}{6EI}$$

$$\delta_{11} = \frac{1}{EI}\int_0^a x_1 \cdot x_1 \cdot \mathrm{d}x_1 + \frac{1}{EI}\int_0^a a \cdot a \cdot \mathrm{d}x_2 = \frac{4a^3}{3EI}$$

$$\delta_{22} = \frac{1}{EI}\int_0^a x_2 \cdot x_2 \cdot \mathrm{d}x_2 = \frac{a^3}{3EI}$$

$$\delta_{33} = \frac{1}{EI}\int_0^a 1 \cdot 1 \cdot \mathrm{d}x_1 + \frac{1}{EI}\int_0^a 1 \cdot 1 \cdot \mathrm{d}x_2 = \frac{2a}{EI}$$

$$\delta_{12} = \delta_{21} = \frac{1}{EI}\int_0^a x_2 \cdot a \cdot \mathrm{d}x_2 = \frac{a^3}{2EI}$$

$$\delta_{13} = \delta_{31} = \frac{1}{EI}\int_0^a x_1 \cdot 1 \cdot \mathrm{d}x_1 + \frac{1}{EI}\int_0^a a \cdot 1 \cdot \mathrm{d}x_2 = \frac{3a^2}{2EI}$$

$$\delta_{23} = \delta_{32} = \frac{1}{EI}\int_0^a x_2 \cdot 1 \cdot \mathrm{d}x_2 = \frac{a^2}{2EI}$$

平面刚架的杆件横截面上，一般有弯矩、剪力和轴力，但剪力或轴力对位移的影响都远小于弯矩，故在计算上述系数和常数项时，只考虑弯矩的影响。把上面求出的常数项和系数代入正则方程式（f），经整理化简后，得到

$$\left.\begin{aligned} 8aF_{R1} + 3aF_{R2} + 9F_{R3} &= qa^2 \\ 12aF_{R1} + 8aF_{R2} + 12F_{R3} &= 3qa^2 \\ 9aF_{R1} + 3aF_{R2} + 12F_{R3} &= qa^2 \end{aligned}\right\}$$

解以上联立方程，求出

$$F_{R1} = -\frac{qa}{16},\quad F_{R2} = \frac{7qa}{16},\quad F_{R3} = \frac{qa^2}{48}$$

式中，负号表示 F_{R1} 与假设的方向相反，即应该向下。求出三个多余约束力，也就是求得了支座 B 的约束力，进一步可绘制刚架的弯矩图，这些不再赘述。

9.3 对称与反对称性质的利用

在工程中，常常遇到对称结构上作用对称载荷或反对称载荷，在这种情形下，利用其特有的性质可使正则方程得到一些简化。图 9.11a 所示结构的几何形状、支承条件和各杆的刚度都对称于某一轴线，我们称此结构为**对称结构**。在这样的结构上，如载荷的作用位置、大小和方向也都对称于结构的对称轴（图 9.11b），则为**对称载荷**。如结构对称轴两侧载荷的作用位置和大小仍然是对称的，但方向却是反对称的（图 9.11c），则为**反对称载荷**。与此同时，杆件的内力也可分成对称和反对称的。例如，平面结构杆件的横截面上，一般有剪力、弯矩和轴力三个内力分量（图 9.12a）。对所考察的截面来说，弯矩 M 和轴力 F_N 是对称内力，剪力 F_S 则是反对称的内力。对于扭转的杆件来说（图 9.12b），截面上的扭矩也是反对称内力。

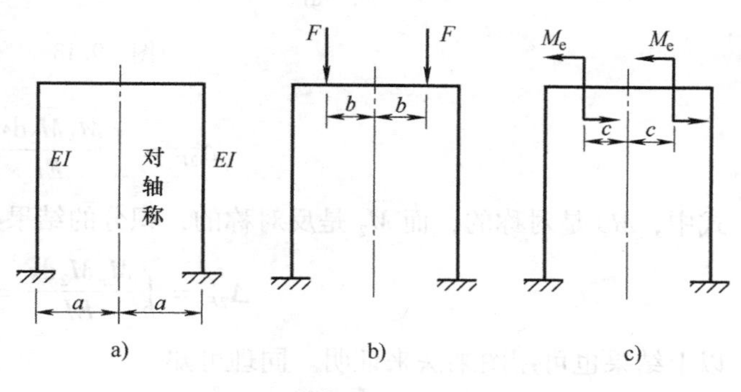

图　9.11

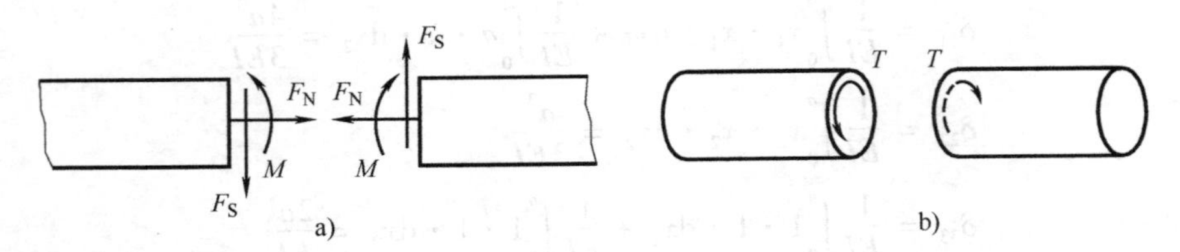

图 9.12

现以图 9.11b 为例，说明载荷对称性质的作用。刚架有三个多余约束，沿对称轴将刚架切开，就可解除三个多余约束得到基本静定系。三个多余约束力是对称截面上的轴力 F_{R1}、剪力 F_{R2} 和弯矩 F_{R3}（图 9.13a）。变形协调条件是，上述切开截面的两侧水平相对位移、垂直相对位移和相对转角都为零。由此可得到正则方程为

$$\left.\begin{aligned}\delta_{11}F_{R1}+\delta_{12}F_{R2}+\delta_{13}F_{R3}+\Delta_{1F}=0\\ \delta_{21}F_{R1}+\delta_{22}F_{R2}+\delta_{23}F_{R3}+\Delta_{2F}=0\\ \delta_{31}F_{R1}+\delta_{32}F_{R2}+\delta_{33}F_{R3}+\Delta_{3F}=0\end{aligned}\right\} \tag{a}$$

基本静定系在外载荷单独作用下的弯矩 M_F 已表示于图 9.13b 中，令三个约束力 F_{R1}、F_{R2}、F_{R3} 均为单位力 1，各自单独作用时相应的弯矩图 $\overline{M}_1$、$\overline{M}_2$ 和 $\overline{M}_3$ 分别表示于图 9.13c ~ e 中。注意到上述弯矩图中，除 $\overline{M}_2$ 是反对称的，其余是对称的。计算 Δ_{2F} 的莫尔积分是

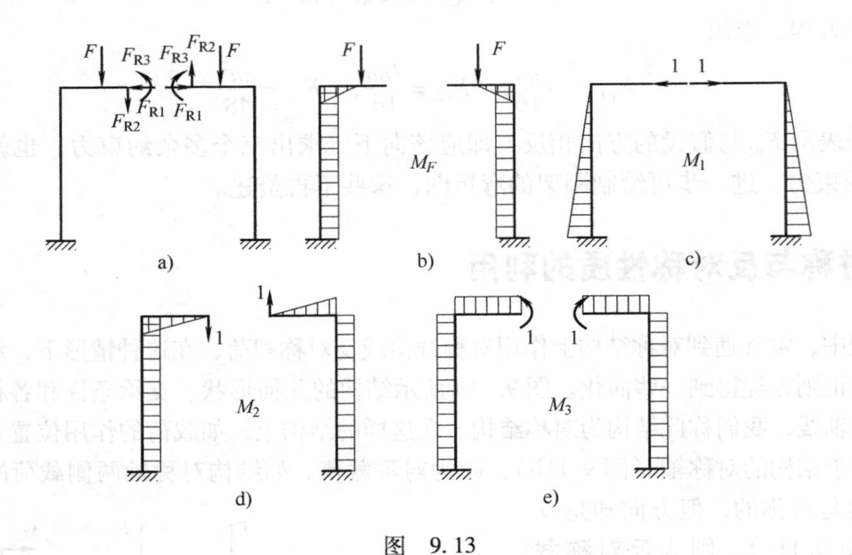

图 9.13

$$\Delta_{2F}=\int_l \frac{M_F\overline{M}_2\mathrm{d}x}{EI}$$

式中，M_F 是对称的，而 $\overline{M}_2$ 是反对称的，积分的结果必然等于零，即

$$\Delta_{2F}=\int_l \frac{M_F\overline{M}_2\mathrm{d}x}{EI}=0$$

以上结果也可用图乘法来证明。同理可知

$$\delta_{12}=\delta_{21}=\delta_{23}=\delta_{32}=0$$

于是正则方程（a）简化为

$$\left.\begin{aligned}\delta_{11}F_{R1}+\delta_{13}F_{R3}&=-\Delta_{1F}\\ \delta_{31}F_{R1}+\delta_{33}F_{R3}&=-\Delta_{3F}\\ \delta_{22}F_{R2}&=0\end{aligned}\right\}\tag{b}$$

由正则方程（b）中第三式可知，$\delta_{22}\neq0$，则必有 $F_{R2}=0$。可见，当对称结构上受对称载荷的作用时，在对称截面上，反对称内力为零。事实上，图9.11b所示的三次超静定结构求解内力的正则方程，已简化为相当于二次超静定的正则方程。

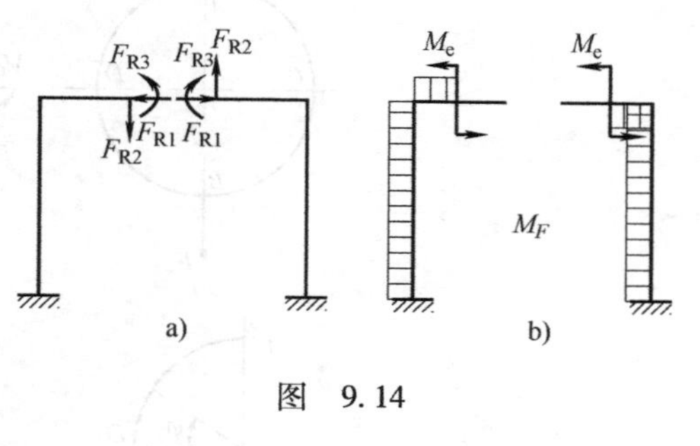

图　9.14

图9.11c是对称结构上受反对称载荷作用的情况。如仍沿对称轴将刚架切开，并代以多余约束力，得相当系统（图9.14a）。这时，正则方程仍为式（a），但外载荷单独作用下的 M_F 为反对称的（图9.14b），而 $\overline{M}_1$、$\overline{M}_2$ 和 $\overline{M}_3$ 仍然如图9.13c～e所示。由于 M_F 是反对称的，而 $\overline{M}_1$ 和 $\overline{M}_3$ 是对称的，这就使

$$\Delta_{1F}=\int_l\frac{M_F\overline{M}_1\mathrm{d}x}{EI}=0$$

$$\Delta_{3F}=\int_l\frac{M_F\overline{M}_3\mathrm{d}x}{EI}=0$$

此外，和前面一样

$$\delta_{12}=\delta_{21}=\delta_{23}=\delta_{32}=0$$

于是正则方程简化为

$$\left.\begin{aligned}\delta_{11}F_{R1}+\delta_{13}F_{R3}&=0\\ \delta_{31}F_{R1}+\delta_{33}F_{R3}&=0\\ \delta_{22}F_{R2}&=-\Delta_{2F}\end{aligned}\right\}\tag{c}$$

前面两式为 F_{R1} 和 F_{R3} 的齐次方程组，显然有 $F_{R1}=F_{R3}=0$ 的解。所以在对称结构上作用反对称载荷时，在对称截面上，对称内力 F_{R1} 和 F_{R3}（即轴力和弯矩）都为零，从而使正则方程（a）简化为相当于一次超静定的正则方程。

有些对称结构上作用的载荷虽不是对称或反对称的（图9.15a），但可把它转化为对称和反对称的两种载荷的叠加（图9.15b、c）。分别求出对称和反对称两种情况的解，叠加后即为原载荷作用下的解。

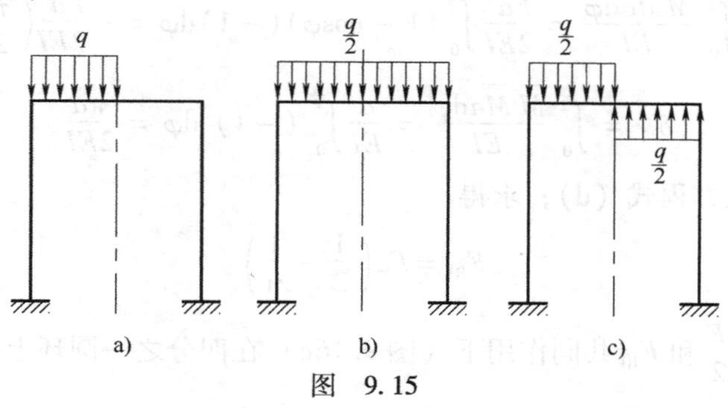

图　9.15

例 9.5 在等截面圆环直径 AB 的两端，沿直径作用方向相反的一对力 F（图 9.16a）。试求 AB 直径的长度变化。

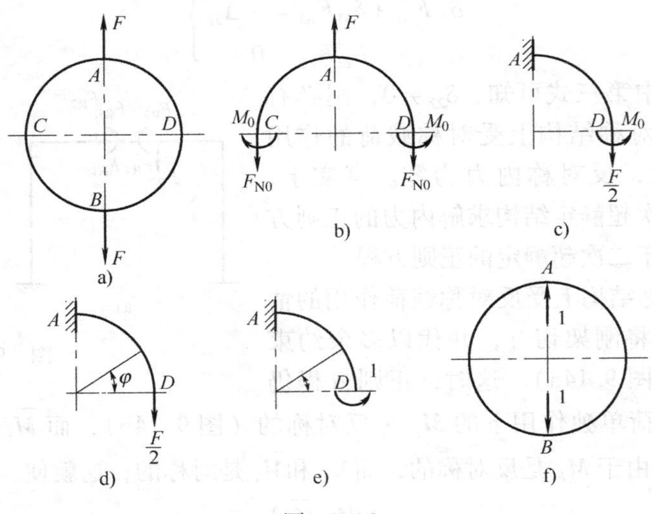

图 9.16

解： 沿水平直径将圆环切开（图 9.16b）。由载荷的对称性质，截面 C 和 D 上的剪力等于零，只有轴力 F_{N0} 和弯矩 M_0。利用平衡条件容易求出 $F_{N0}=\dfrac{F}{2}$，故只有 M_0 为未知力，把它记为 F_{R1}。圆环对垂直直径 AB 和水平直径 CD 都是对称的，可只研究圆环的四分之一（图 9.16c）。由于对称截面 A 和 D 的转角皆为零，可把 A 截面作为固定端，而把截面 D 的转角为零作为变形协调条件，并写成

$$\delta_{11}F_{R1}+\Delta_{1F}=0 \tag{d}$$

式中，Δ_{1F} 是在基本静定基上只作用 $F_{N0}=\dfrac{F}{2}$ 时（图 9.16d），截面 D 的转角；δ_{11} 是令 $F_{R1}=1$，且单独作用时（图 9.16e），截面 D 的转角。

现计算 Δ_{1F} 和 δ_{11}。由图 9.16d 和 e 求出

$$M=\frac{Fa}{2}(1-\cos\varphi),\quad \overline{M}=-1$$

所以

$$\Delta_{1F}=\int_0^{\frac{\pi}{2}}\frac{M\overline{M}a\mathrm{d}\varphi}{EI}=\frac{Fa^2}{2EI}\int_0^{\frac{\pi}{2}}(1-\cos\varphi)(-1)\mathrm{d}\varphi=-\frac{Fa^2}{2EI}\left(\frac{\pi}{2}-1\right)$$

$$\delta_{11}=\int_0^{\frac{\pi}{2}}\frac{\overline{M}\,\overline{M}a\mathrm{d}\varphi}{EI}=\frac{a}{EI}\int_0^{\frac{\pi}{2}}(-1)^2\mathrm{d}\varphi=\frac{\pi a}{2EI}$$

以 Δ_{1F} 和 δ_{11} 代入方程式（d），求得

$$F_{R1}=Fa\left(\frac{1}{2}-\frac{1}{\pi}\right)$$

求出 F_{R1} 后，算出在 $\dfrac{F}{2}$ 和 F_{R1} 共同作用下（图 9.16c）在四分之一圆环上任意截面的弯矩为

$$M(\varphi)=\frac{Fa}{2}(1-\cos\varphi)-Fa\left(\frac{1}{2}-\frac{1}{\pi}\right)=Fa\left(\frac{1}{\pi}-\frac{\cos\varphi}{2}\right)\tag{e}$$

由式（e）可画出整个圆环的弯矩图，它是关于垂直直径和水平直径对称的弯矩图。

在力 F 作用下圆环垂直直径的长度的变化也就是力 F 作用点 A 和 B 的相对位移 δ。由卡氏定理可得

$$\delta=4\int_0^{\frac{\pi}{2}}\frac{M(\varphi)}{EI}\cdot\frac{\partial M(\varphi)}{\partial F}\cdot a\mathrm{d}\varphi=\frac{4Fa^3}{EI}\int_0^{\frac{\pi}{2}}\left(\frac{1}{\pi}-\frac{\cos\varphi}{2}\right)^2\mathrm{d}\varphi=\frac{Fa^3}{EI}\left(\frac{\pi}{4}-\frac{2}{\pi}\right)=0.149\,\frac{Fa^3}{EI}$$

例 9.6　抗弯刚度为 EI 的梁 AB，支承及受力情况如图 9.17a 所示，试求约束力。

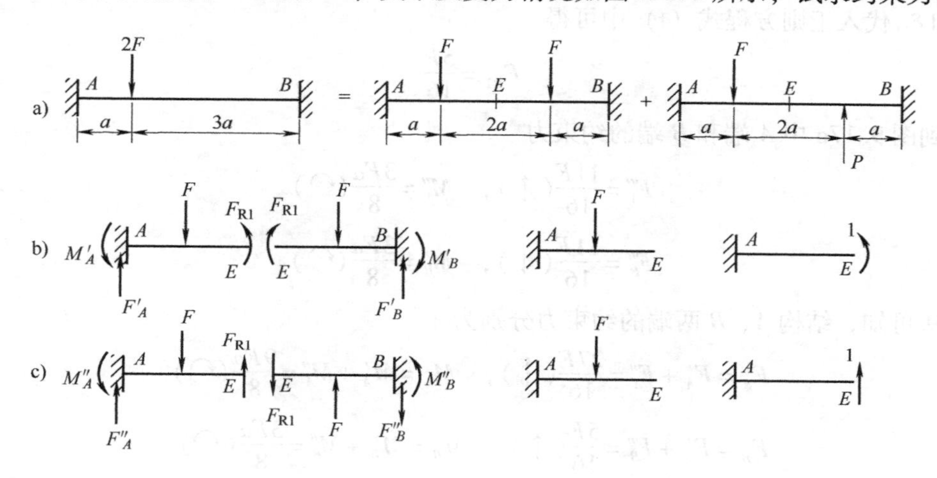

图　9.17

解：图 9.17a 所示结构是关于梁中点对称的结构，结构上的载荷既非对称又非反对称，但我们可将其分解为对称和反对称两种载荷的叠加。我们先来研究对称载荷的情况。将图示梁沿对称截面 E 切开，对于平面问题，对称截面上将有三对内力。由于对称载荷只有对称内力，则作为反对称内力的剪力为零。其次，在没有水平方向载荷的情况下，由于梁的弯曲变形为微小量，横截面的水平位移为二阶微量，可以忽略不计，因此，水平方向的约束力也可忽略不计，于是约束力仅有一对，即力偶 F_{R1}（图 9.17b）。注意到对称截面的转角为零，研究其中一半，正则方程可写成

$$F_{R1}\delta_{11}+\Delta_{1F}=0\tag{f}$$

式中，Δ_{1F}是由于 F 引起的 E 截面的转角；δ_{11}为 $F_{R1}=1$ 时引起的 E 截面的转角，由图 9.17b 不难得到

$$\Delta_{1F}=-\frac{Fa^2}{2EI},\quad \delta_{11}=\frac{2a}{EI}$$

将 Δ_{1F}和 δ_{11}代入正则方程（f）中，可得

$$F_{R1}=\frac{Fa}{4}$$

由此求得图 9.17b 中 A 点的约束力

$$\sum F_y=0,\quad F'_A=F(\uparrow)$$

$$\sum M_A(F)=0,\quad M'_A=\frac{3Fa}{4}(\curvearrowleft)$$

由对称性可得 B 点约束力

$$F'_B = F(\uparrow),\quad M'_B = \frac{3Fa}{4}(\curvearrowright)$$

其次，再研究反对称载荷。沿结构的对称截面 E 切开，截面只有反对称内力，即剪力 F_{R1}（图 9.17c）。注意到，对称截面的垂直位移为零，研究其中一半结构，其正则方程同式(f)，由图 9.17c 可得

$$\Delta_{1F} = -\frac{5Fa^3}{6EI},\quad \delta_{11} = \frac{8a^3}{3EI}$$

将 Δ_{1F} 和 δ_{11} 代入正则方程式（f）中可得

$$F_{R1} = \frac{5F}{16}$$

由此得到图 9.17c 中 A 端和 B 端的约束力

$$F''_A = \frac{11F}{16}(\uparrow),\quad M''_A = \frac{3Fa}{8}(\curvearrowleft)$$

$$F''_B = \frac{11F}{16}(\downarrow),\quad M''_B = \frac{3Fa}{8}(\curvearrowleft)$$

由叠加法可知，结构 A、B 两端的约束力分别为

$$F_A = F'_A + F''_A = \frac{27F}{16}(\uparrow),\quad M_A = M'_A + M''_A = \frac{9Fa}{8}(\curvearrowleft)$$

$$F_B = F'_B + F''_B = \frac{5F}{16}(\uparrow),\quad M_B = M'_B + M''_B = \frac{3Fa}{8}(\curvearrowright)$$

*9.4 连续梁与三弯矩方程

我们知道，跨度较大的直梁常常引起较大的弯曲变形和应力，工程上采用的最有效的解决方法是给梁增加支座。例如，某大型螺丝磨床为保证水平空心丝杆的精度，就用了五个支承（图 9.18）。像这类连续跨过一系列中间支座的多跨梁，称为**连续梁**。

为方便计算，对连续梁采用下述记号：从左到右把支座依次编号为 0，1，2，…（图 9.19a），把跨度依次编号为 l_1，l_2，l_3，…。设所有支座在同一水平线上，并无不同沉陷，且设只有支座 0 为固定铰支座，其余皆为可动铰支座。与简支梁相比较，连续梁增加了多余的中间支座而成为超静定梁，其超静定的次数就等于中间支座的数目。

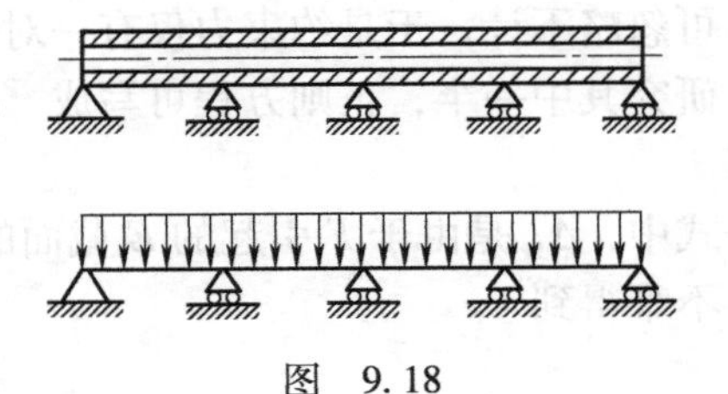

图 9.18

求解连续梁时，如采取解除中间支座得到基本静定系的方案，则变形协调方程（即力法正则方程）的每一方程式中，都将包含所有多余约束力，对于高次超静定系统，计算将非常烦琐。为此，设想在每个中间支座上方，把梁切开并装上铰链（图 9.19b），它就相当于把这些截面上的弯矩作为多余约束力，并分别记为 F_{R1}，F_{R2}，F_{R3}，…。在任一支座上方，两侧面上的弯矩是大小相等、方向相反的一对力偶矩，与其相应的位移是两侧截面的相对转角。在支座 n 左右的局部图 9.20a 中，支座 n 处铰链两侧截面的相对转角为 Δ_n，且可写成

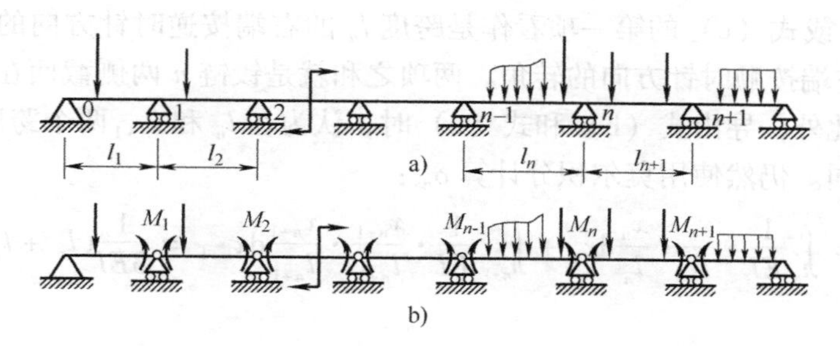

图　9.19

$$\Delta_n = \delta_{n(n-1)} F_{R(n-1)} + \delta_{nn} F_{Rn} + \delta_{n(n+1)} F_{R(n+1)} + \Delta_{nF}$$

式中所用记号的含义与前面两节相同。例如，Δ_{nF}表示载荷单独作用下（图9.20b），铰链n两侧的相对转角。又如系数δ_{nn}表示令$F_{Rn}=1$且单独作用时（图9.20d），铰链n两侧截面的相对转角。因为梁在支座n上本来就是光滑连续的，铰链n两侧截面不应有相对转角，即$\Delta_n=0$，所以

$$\delta_{n(n-1)} F_{R(n-1)} + \delta_{nn} F_{Rn} + \delta_{n(n+1)} F_{R(n+1)} + \Delta_{nF} = 0 \tag{a}$$

式中，常数项和三个系数都可由莫尔定理来计算。

当基本静定系上只作用外载时（图9.20b），把跨度l_n中的弯矩记为M_{nF}，跨度l_{n+1}中的弯矩记为$M_{(n+1)F}$。当只作用单位力偶矩$F_{Rn}=1$时（图9.20d），跨度l_n和l_{n+1}内的弯矩分别是

$$\overline{M} = \frac{x_n}{l_n}, \quad \overline{M} = \frac{x_{n+1}}{l_{n+1}}$$

于是由莫尔积分得

$$\Delta_{nF} = \int_{l_n} \frac{M_{nF} x_n \mathrm{d}x_n}{EIl_n} + \int_{l_{n+1}} \frac{M_{n+1F} x_{n+1} \mathrm{d}x_{n+1}}{EIl_{n+1}} = \frac{1}{EI}\left(\frac{1}{l_n}\int_{l_n} x_n \mathrm{d}\omega_n + \frac{1}{l_{n+1}}\int_{l_{n+1}} x_{n+1} \mathrm{d}\omega_{n+1}\right) \tag{b}$$

式中，$M_{nF}\mathrm{d}x_n = \mathrm{d}\omega_n$，是外载荷单独作用下，跨度$l_n$中弯矩图的微分面积（图9.20c）。因而积分$\int_{l_n} x_n \mathrm{d}\omega_n$是弯矩图面积$\omega_n$对$l_n$左端的静矩。如以$a_n$表示跨度$l_n$内弯矩图面积$\omega_n$的形心到左端的距离，则

$$\int_{l_n} x_n \mathrm{d}\omega_n = a_n \omega_n$$

同理，以b_{n+1}表示外载荷单独作用下，跨度l_{n+1}内弯矩图面积ω_{n+1}的形心到右端的距离，则

$$\int_{l_{n+1}} x_{n+1} \mathrm{d}\omega_{n+1} = b_{n+1} \omega_{n+1}$$

于是式（b）可写成

$$\Delta_{nF} = \frac{1}{EI}\left(\frac{\omega_n a_n}{l_n} + \frac{\omega_{n+1} b_{n+1}}{l_{n+1}}\right) \tag{c}$$

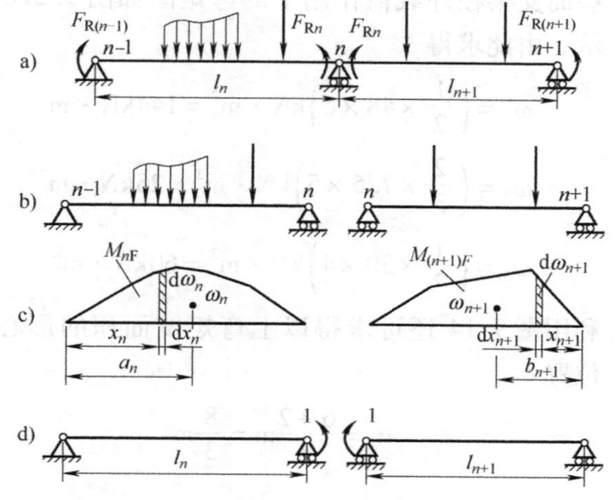

图　9.20

也可以把式（b）或式（c）的第一项看作是跨度 l_n 的右端按逆时针方向的转角，第二项看作是跨度 l_{n+1} 的左端按顺时针方向的转角。两项之和就是铰链 n 两侧截面在外载荷单独作用下的相对转角。此外，导出式（b）和式（c）时，认为在 l_n 和 l_{n+1} 两个跨度内 EI 相等，当然，它们也可不同。仍然使用莫尔积分计算 δ_{nn}：

$$\delta_{nn} = \int_{l_n} \frac{1}{EI} \cdot \frac{x_n}{l_n} \cdot \frac{x_n}{l_n} \mathrm{d}x_n + \int_{l_{n+1}} \frac{1}{EI} \cdot \frac{x_{n+1}}{l_{n+1}} \cdot \frac{x_{n+1}}{l_{n+1}} \mathrm{d}x_{n+1} = \frac{1}{3EI}(l_n + l_{n+1})$$

类似地还可求出

$$\delta_{n(n-1)} = \frac{l_n}{6EI}, \quad \delta_{n(n+1)} = \frac{l_{n+1}}{6EI}$$

将 Δ_{nF}、$\delta_{n(n-1)}$、δ_{nn} 和 $\delta_{n(n+1)}$ 代入式（a），整理后得出

$$F_{\mathrm{R}(n-1)} l_n + 2F_{\mathrm{R}n}(l_n + l_{n+1}) + F_{\mathrm{R}(n+1)} l_{n+1} = -\frac{6\omega_n a_n}{l_n} - \frac{6\omega_{n+1} b_{n+1}}{l_{n+1}} \tag{9.3}$$

如把弯矩 $F_{\mathrm{R}(n-1)}$、$F_{\mathrm{R}n}$ 和 $F_{\mathrm{R}(n+1)}$ 改为习惯上使用的记号 M_{n-1}、M_n 和 M_{n+1}，则式（9.3）可以写成

$$M_{n-1} l_n + 2M_n(l_n + l_{n+1}) + M_{n+1} l_{n+1} = -\frac{6\omega_n a_n}{l_n} - \frac{6\omega_{n+1} b_{n+1}}{l_{n+1}} \tag{9.4}$$

这就是三弯矩方程。

对连续梁的每一个中间支座都可以列出一个三弯矩方程，所以，可列出的方程式数目恰好等于中间支座的数目，也就是等于超静定的次数；而且每一方程式中只含有三个多余约束力偶矩，这就给计算带来了一定的方便。

例 9.7 连续梁如图 9.21a 所示，试求该连续梁的剪力图和弯矩图。

解： 支座编号如图所示。$l_1 = 6\mathrm{m}$，$l_2 = 5\mathrm{m}$，$l_3 = 4\mathrm{m}$。基本静定系的每个跨度皆为简支梁，这些简支梁在外载荷作用下的弯矩图如图 9.21c 所示。由此求得

$$\omega_1 = \left(\frac{1}{2} \times 48 \times 6\right) \mathrm{kN \cdot m^2} = 144 \mathrm{kN \cdot m^2}$$

$$\omega_2 = \left(\frac{2}{3} \times 7.5 \times 5\right) \mathrm{kN \cdot m^2} = 25 \mathrm{kN \cdot m^2}$$

$$\omega_3 = \left(\frac{1}{2} \times 30 \times 4\right) \mathrm{kN \cdot m^2} = 60 \mathrm{kN \cdot m^2}$$

利用图 9.14 还可求得以上弯矩图面积的形心的位置

$$a_1 = \frac{6+2}{3}\mathrm{m} = \frac{8}{3}\mathrm{m}$$

$$a_2 = b_2 = \frac{5}{2}\mathrm{m}$$

$$a_3 = \frac{4+1}{3}\mathrm{m} = \frac{5}{3}\mathrm{m}$$

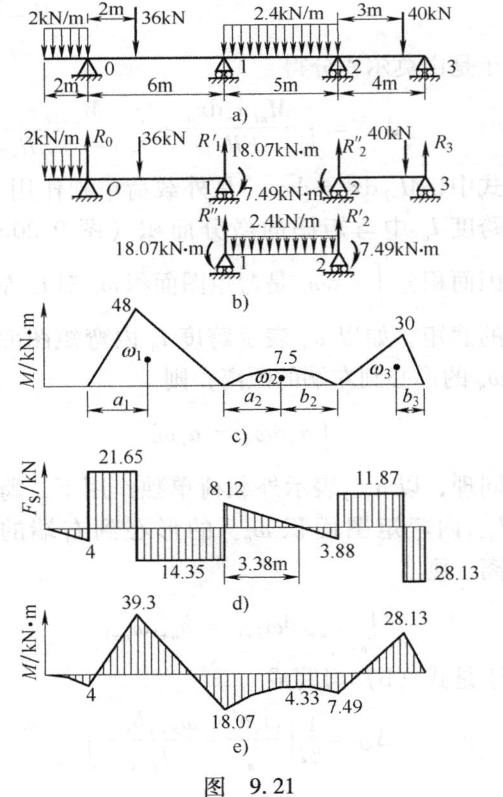

图 9.21

梁在左端有外伸部分，支座0上的梁截面的弯矩显然是

$$M_0=\left(-\frac{1}{2}\times2\times2^2\right)\mathrm{kN\cdot m}=-4\mathrm{kN\cdot m}$$

对跨度 l_1 和跨度 l_2 写出三弯矩方程。这时 $n=1$，$M_{n-1}=M_0=-4\mathrm{kN\cdot m}$，$M_n=M_1$，$M_{n+1}=M_2$，$l_n=l_1=6\mathrm{m}$，$l_{n+1}=l_2=5\mathrm{m}$，$a_n=a_1=\frac{8}{3}\mathrm{m}$，$b_{n+1}=b_2=\frac{5}{2}\mathrm{m}$。代入式（9.4）得

$$-4\times6+2M_1(6+5)+M_2\times5=\frac{6\times144\times8}{6\times3}-\frac{6\times25\times5}{5\times2}$$

对跨度 l_2 和 l_3 写出三弯矩方程。这时，$n=2$，$M_{n-1}=M_1$，$M_n=M_2$，$M_{n+1}=M_3=0$，$l_n=l_2=5\mathrm{m}$，$l_{n+1}=l_3=4\mathrm{m}$，$a_n=a_2=\frac{5}{2}\mathrm{m}$，$b_{n+1}=b_3=\frac{5}{3}\mathrm{m}$。代入式（9.4）得

$$M_1\times5+2M_2(5+4)+0\times4=-\frac{6\times25\times5}{5\times2}-\frac{6\times60\times5}{4\times3}$$

整理上面的两个三弯矩方程，得

$$22M_1+5M_2=-435$$
$$5M_1+18M_2=-225$$

解以上联立方程组，可得

$$M_1=-18.07\mathrm{kN\cdot m},\quad M_2=-7.48\mathrm{kN\cdot m}$$

求得 M_1 和 M_2 以后，连续梁三个跨度的受力情况如图9.21b所示。可以把它们看作是三个静定梁，而且载荷和端截面上的弯矩都是已知的。对每一跨度都可以求出约束力并绘出剪力图和弯矩图，把这些图连接起来就是连续梁的剪力图和弯矩图（图9.21d、e）。进一步的强度和变形计算都是我们所熟悉的。

本章小结

1. 基本要求

1）掌握力法的基本原理，熟练掌握用力法求解超静定结构的过程。

2）掌握对称结构作用对称和反对称载荷的性质，并利用其降低超静定次数。

3）了解三弯矩方程的原理。

2. 本章重点

1）用力法求解复杂超静定问题。

2）对于对称结构，合理地运用对称和反对称载荷的性质降低超静定问题的次数。

3. 本章难点

1）正确判定结构是否属于超静定以及超静定次数的判定。

2）根据结构的特点，选取合理的静定基。

3）正确地写出力法正则方程的系数项和常数项。

4）运用对称和反对称载荷的性质降低超静定问题的次数。

4. 学习建议

目前求解超静定问题有变形比较法和力法。变形比较法直观、容易理解，适用于几何变形关系非常明确，能比较方便地写出变形协调方程，如梁的超静定结构；而力法尽管也是由变形

协调方程演绎过来的，但融入莫尔定量做了规范化处理，其不必直接写出变形协调方程，因此也不必对各构件变形几何关系进行明辨，只需按部就班地列出系数项和常数项，代入正则方程求解即可，其适用于变形协调方程列出困难的刚架系统、桁架系统以及高次超静定结构。

利用力法求解超静定问题要注意以下几个问题：

1）正确判断超静定次数并选取合理的静定基。

2）正确计算正则方程的常数项Δ_{iF}和系数项δ_{ij}，常数项和系数项的积分式一般不难，几乎可以不列内力方程，但最好把静定基下的外载受力图和各约束力用单位力代替后的受力图画出，以方便判断。另外还要注意两点：一是下标的对应关系不能出错；二是正负号不能出错，一般说来如果约束力（或约束内力）的设置方向正确（大部分都能正确的判断方向），Δ_{iF}应为负值，而δ_{ii}是恒正的。

3）内超静定问题需要截断系统中某一构件来形成静定基，约束内力应该是成对出现(即作用力与反作用力)，这样才可满足正则方程$F_i\delta_{ij}+\Delta_{iF}=0$，相当于截开构件断口相对位移为零的变形协调关系，在求系数项时，千万不要漏掉截开构件本身δ_{ii}。

4）关于运用对称和反对称载荷的性质降低超静定问题次数的处理，目前是针对对称结构而言，一定要沿结构对称面截开构件。

习　题

9.1　题9.1图示平面结构，若载荷作用在结构平面内，试判断其各为几次超静定。

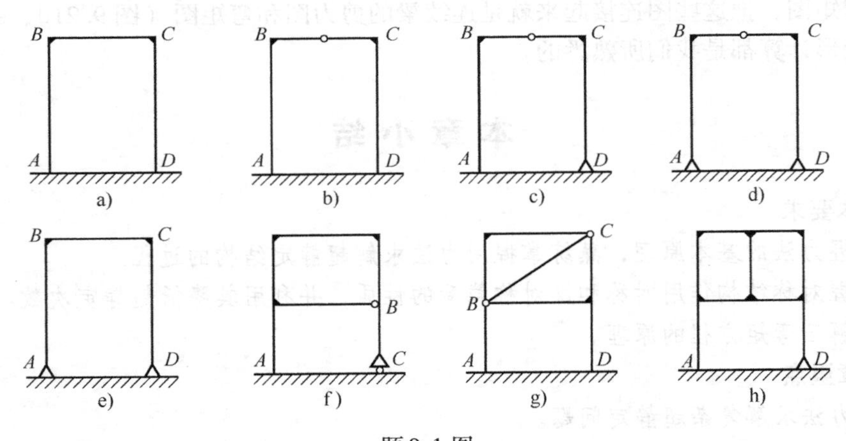

题9.1图

9.2　试求题9.2图示各梁的支座约束力。

9.3　试求题9.3图示等截面刚架的约束力并绘制弯矩图。

9.4　题9.4图示杆系各杆的材料相同，横截面面积相等，试求各杆的内力。建议用力法求解。

9.5　为改善桥式起重机大梁的刚度和强度，在大梁的下方增加预应力拉杆CD，梁的计算简图如题9.5图b所示。由于CC'和DD'两杆甚短，且刚度较大，其变形可以不计。试求拉杆CD因吊重F而增加的内力。设梁截面对中性轴的惯性矩为I、横截面面积为A，拉杆CD的横截面面积为A_1。

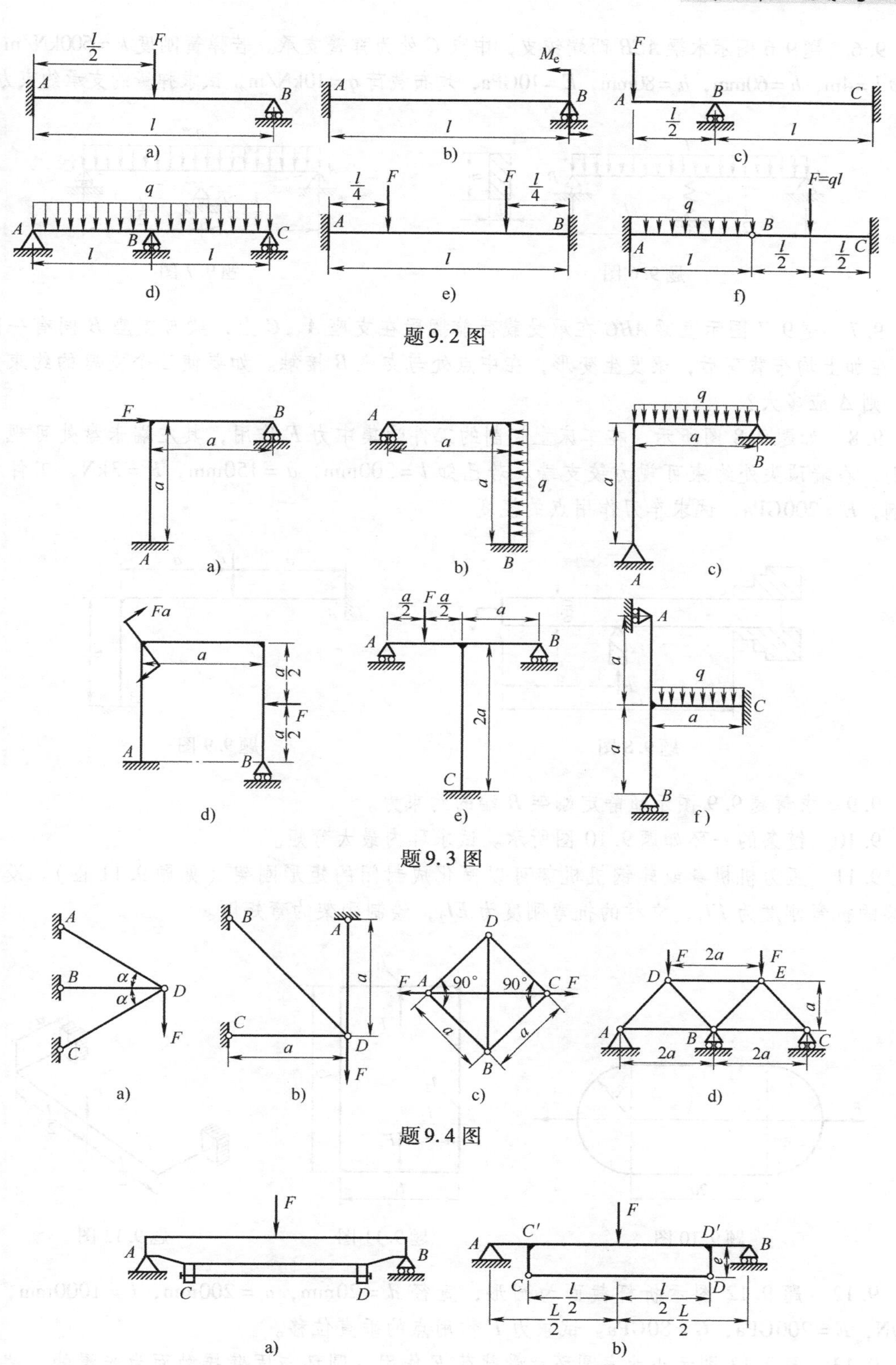

题 9.2 图

题 9.3 图

题 9.4 图

题 9.5 图

9.6 题9.6图示木梁ACB两端铰支，中点C处为弹簧支承。若弹簧刚度$k=500\text{kN/m}$，且已知$l=4\text{m}$，$b=60\text{mm}$，$h=80\text{mm}$，$E=10\text{GPa}$，均布载荷$q=10\text{kN/m}$，试求弹簧的支承约束力。

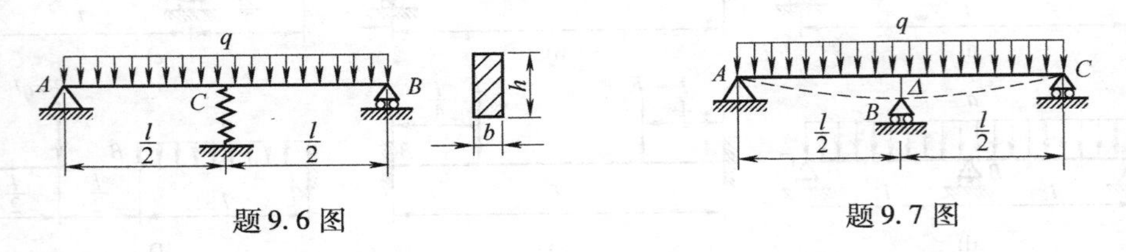

题9.6图　　题9.7图

9.7 题9.7图示直梁ABC在承受载荷前搁置在支座A、C上，梁与支座B间有一间隙Δ。在加上均布载荷后，梁发生变形，在中点处与支座B接触。如要使三个支座的约束力相等，则Δ应多大?

9.8 如题9.8图所示，在车床上切削的工件受集中力F作用，其左端卡盘处可视为固定端，右端顶尖处约束可视为铰支端。若已知$l=300\text{mm}$，$a=150\text{mm}$，$F=3\text{kN}$，工件材料为钢，$E=200\text{GPa}$，试求车刀作用点的挠度。

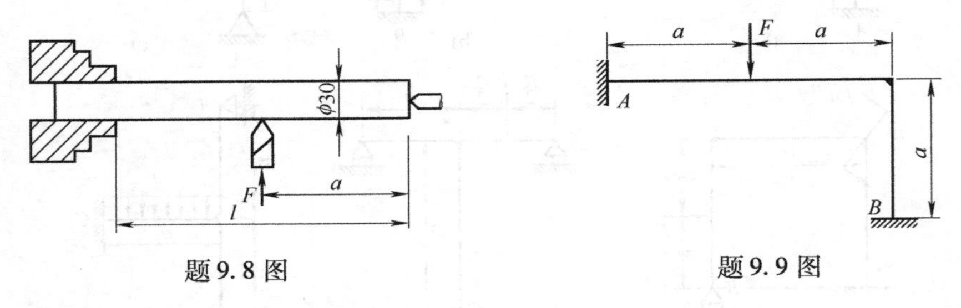

题9.8图　　题9.9图

9.9 求解题9.9图示超静定刚架B端的约束力。

9.10 链条的一环如题9.10图所示。试求环内最大弯矩。

9.11 压力机机身或轧钢机机架可以简化成封闭的矩形刚架（见题9.11图）。设刚架横梁的抗弯刚度为EI_1，立柱的抗弯刚度为EI_2，绘制刚架的弯矩图。

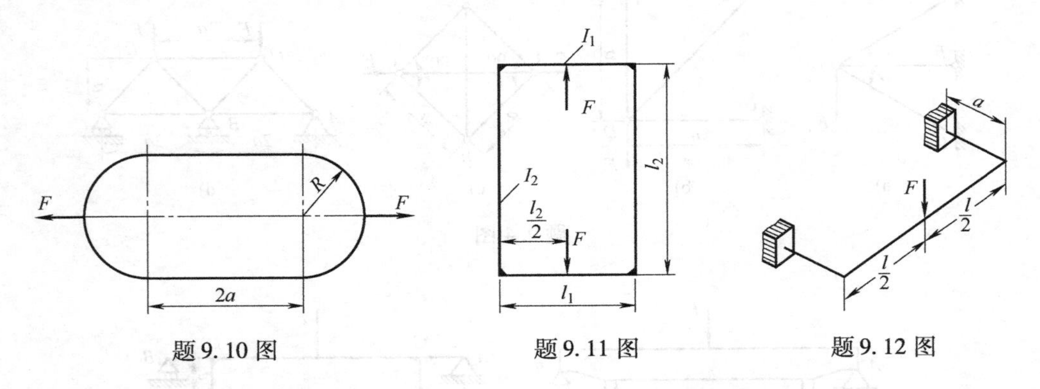

题9.10图　　题9.11图　　题9.12图

9.12 题9.12图示折杆截面为圆形，直径$d=20\text{mm}$，$a=200\text{mm}$，$l=1000\text{mm}$，$F=650\text{N}$，$E=200\text{GPa}$，$G=80\text{GPa}$。试求力F作用点的垂直位移。

9.13 题9.13图示小曲率圆环承受载荷F作用，圆环与固壁接触面为光滑的。试计算支座约束力。设弯曲刚度EI为常数。

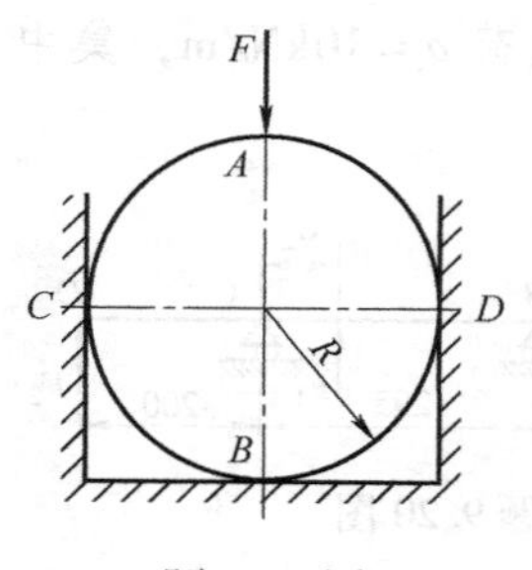

题9.13图

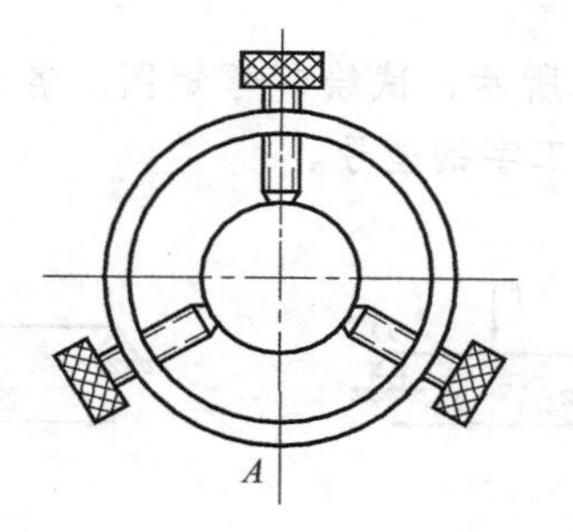

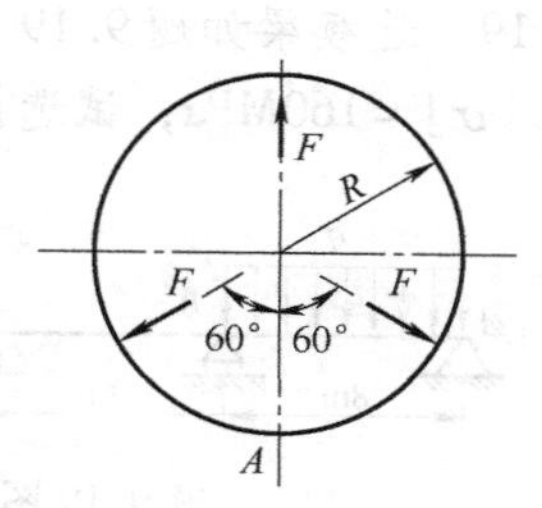

题9.14图

9.14 车床夹具如题9.14图所示。EI已知。试求夹具A截面上的弯矩。

9.15 求解题9.15图示超静定刚架对称面上的内力。

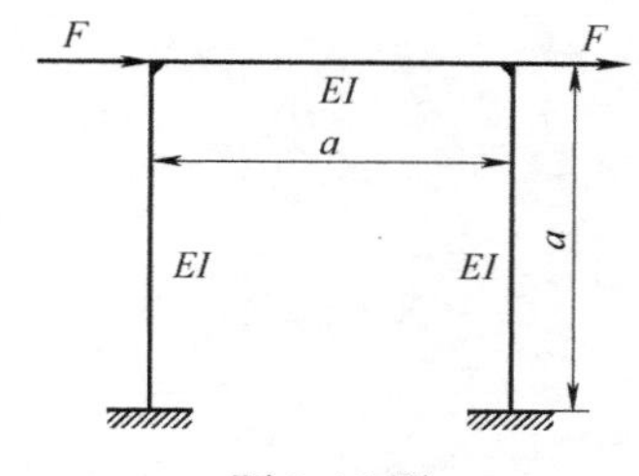

题9.15图

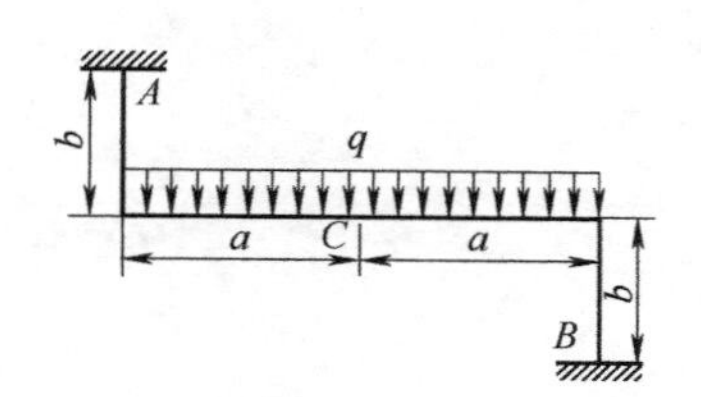

题9.16图

9.16 题9.16图示刚架几何体以C为对称中心。试证明截面C上的轴力和剪力皆等于零。

9.17 如题9.17图所示，若连续梁的一端固定，将怎样使用三弯矩方程？（注：本题属超纲题，下面给出详解）

解：设梁的右端固定（题9.17图a）。把右端固定的跨度记为l_n。l_n内只作用外载荷时，弯矩图如图c所示。a_n为弯矩图面积ω_n的形心到左端支座的距离。仿照9.4节中使用的方法，不难求得支座n截面的转角为

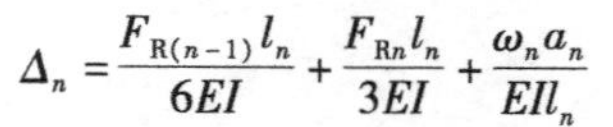

$$\Delta_n=\frac{F_{R(n-1)}l_n}{6EI}+\frac{F_{Rn}l_n}{3EI}+\frac{\omega_n a_n}{EIl_n}$$

因支座n原为固定端，故$\Delta_n=0$。于是上式化为

$$F_{R(n-1)}l_n+2F_{Rn}l_n=-\frac{6\omega_n a_n}{l_n} \tag{a}$$

这就是由于右端固定增加的方程式。如设想从支座n向右延伸一个虚拟的跨度l_{n+1}，如图b中虚线所示。对l_n和l_{n+1}写出三弯矩方程，然后使l_{n+1}趋于零，则同样可以得出式（a）。可见，固定端相当于一个以零为极限的跨度。

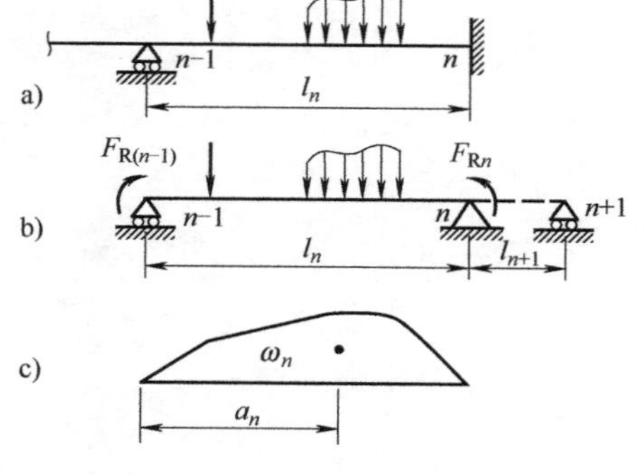

题9.17图

9.18 试绘出题9.18图示各连续梁的弯矩图，并求$|M|_{max}$。

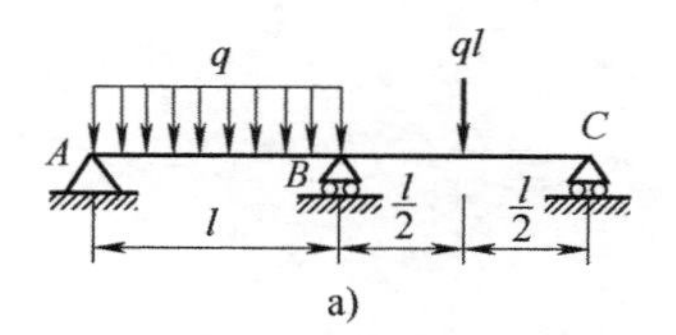

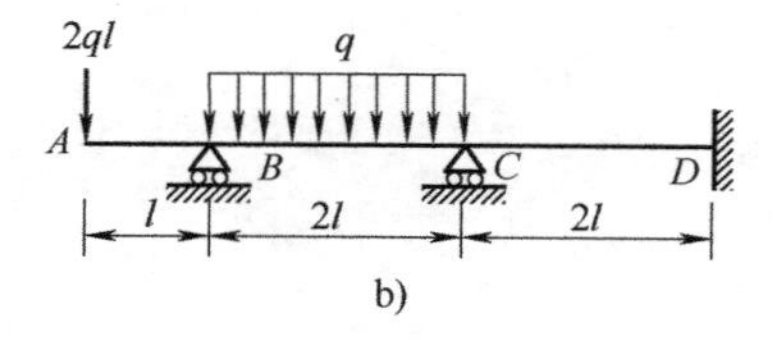

题9.18图

9.19 连续梁如题9.19图所示，试绘制弯矩图。若均布载荷 $q=10\text{kN/m}$，集中力 $F=40\text{kN}$，$[\sigma]=160\text{MPa}$，试选择工字钢型号。

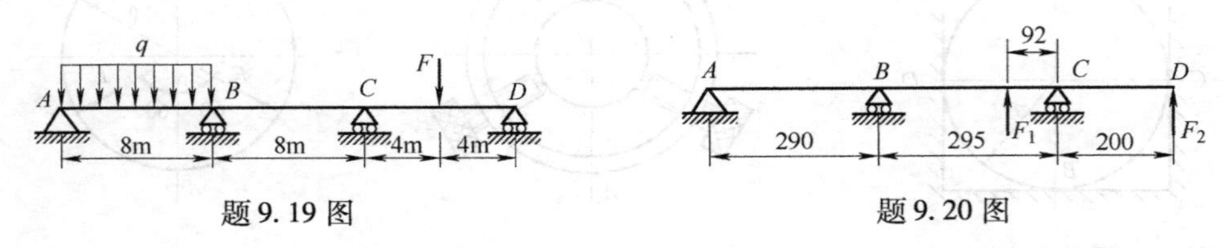

题9.19图　　　　题9.20图

9.20 车床的主轴简化成直径为 $d=90\text{mm}$ 的等截面当量轴，轴有三个轴承，在垂直平面内的受力情况如题9.20图所示。F_1 和 F_2 分别是传动力和切削力简化到轴线上的分力，且 $F_1=3.9\text{kN}$，$F_2=2.64\text{kN}$。若 $E=200\text{GPa}$，试求 D 点的挠度。

第 10 章 动载荷与交变应力

10.1 概述

在前面各章节的讨论中，认为构件所承受的载荷由零开始缓慢地增加到某一值后，就保持不变，在加载过程中，构件内各点的加速度很小，可以忽略不计。因此，可认为构件自始至终处于平衡状态。这类问题称为静载荷问题。

当我们接近实际工程时，会发现许多构件处于运动状态，使作用在构件上的载荷随时间发生显著的变化，如高速旋转的飞轮和加速提升的物体；还有些构件的速度在极短的时间内发生急剧变化，如锻压汽锤的锤杆、紧急制动的转轴；也有些构件因工作环境而引起振动，这些情况下构件所承受的载荷都属于**动载荷**。在动载荷作用下，构件内的应力不断变化，这种变化的应力称为**动应力**。此外，还有一些载荷随时间做周期性变化，这种载荷又称为**交变载荷**。在交变载荷作用下，构件内的应力又称为**交变应力**或**循环应力**。

构件在动载荷作用下所产生的动应力和动变形，在数值上常常大于静载荷作用下产生的应力和变形。而构件在交变载荷作用下，虽然最大工作应力远低于材料的屈服极限，且无明显的塑性变形，却往往会发生骤然断裂。这种破坏现象，称为**疲劳破坏**。因此，在交变应力作用下的构件还应校核疲劳强度。

实验结果表明，材料在动载荷下的弹性性能基本上与静载荷下的相同，只要动应力不超过此时的比例极限，胡克定律仍适用于动载荷下应力、应变的计算，弹性模量也与静载荷下的数值相同。

根据构件加速度的性质，动载荷问题可分为三类：①一般加速度问题；②构件的加速度有剧烈变化，即冲击载荷问题；③构件的加速度做周期性变化，即振动问题。

10.2 构件具有惯性力时的应力计算

1. 构件做等加速直线运动时的应力计算

构件做等加速直线运动，构件的内力与加速度有着密切的关系。图 10.1a 表示一钢索吊起重物 M，以等加速度 a 提升。重物的重力为 W，钢索的横截面面积为 A，其重量与 W 相比甚小而可忽略不计。设钢索受到的张力为 F_{Nd}（图 10.1b），由牛顿定律可得

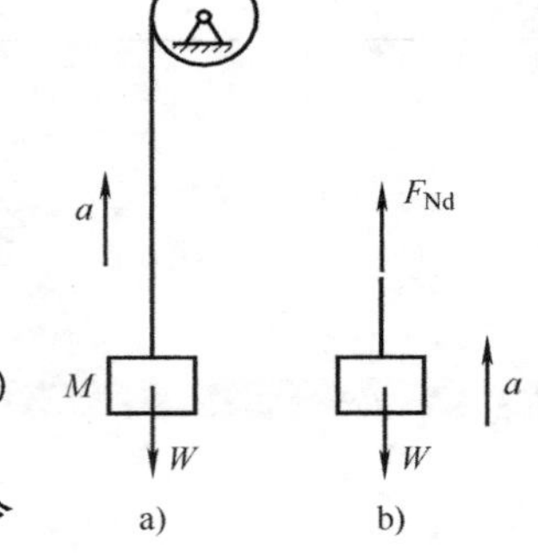

图 10.1

$$F_{\rm Nd}-W=\frac{W}{g}a$$

解得

$$F_{\rm Nd}=W+\frac{W}{g}a=W\left(1+\frac{a}{g}\right)$$

从而可得钢索横截面上的动应力为

$$\sigma_{\rm d}=\frac{F_{\rm Nd}}{A}=\frac{W}{A}\left(1+\frac{a}{g}\right)=\sigma_{\rm st}\left(1+\frac{a}{g}\right) \tag{a}$$

式中，$\sigma_{\rm st}=\dfrac{W}{A}$为 W 作为静载荷作用时钢索横截面上的静应力。令

$$K_{\rm d}=1+\frac{a}{g} \tag{b}$$

$K_{\rm d}$ 称为**动荷因数**，则式（a）变为

$$\sigma_{\rm d}=K_{\rm d}\sigma_{\rm st} \tag{c}$$

这表明动应力等于静应力乘以动荷因数。强度条件可以写成

$$\sigma_{\rm d}=K_{\rm d}\sigma_{\rm st}\leqslant[\sigma] \tag{d}$$

由于在动荷因数 $K_{\rm d}$ 中已经包含了动载荷的影响，所以 $[\sigma]$ 即为静载下的许用应力。

2. 构件做定轴转动时的应力计算

构件的定轴转动可分为匀速转动和匀变速转动。

（1）匀速定轴转动的例子 图 10.2 所示圆环绕通过圆心且垂直于圆环平面的轴，以匀角速度 ω 旋转。由于是匀角速转动，环内各点只有向心加速度。若圆环的平均直径 D 远大于厚度 t，则可以近似地认为圆环内各质点的向心加速度大小相等，且都等于$\dfrac{D\omega^2}{2}$。设圆环的横截面面积为 A，γ 表示材料单位体积的重量。于是，沿圆环轴线均匀分布的惯性力的集度为 $q_{\rm d}=\dfrac{A\gamma}{g}a_{\rm n}=\dfrac{A\gamma D}{2g}\omega^2$，方向与 $a_{\rm n}$ 相反，如图 10.2b 所示。为得到圆环横截面上的内力，沿圆环直径将它分成两部分，并研究其上半部分（图 10.2c）。由平衡条件$\sum F_y=0$，得

$$2F_{\rm Nd}=\int_0^{\pi}q_{\rm d}\sin\varphi\cdot\frac{D}{2}{\rm d}\varphi=q_{\rm d}D$$

$$F_{\rm Nd}=\frac{q_{\rm d}D}{2}=\frac{A\gamma D^2}{4g}\omega^2$$

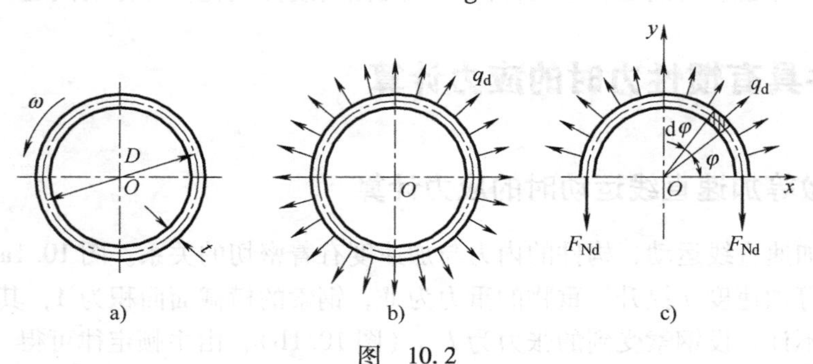

图 10.2

由此求得圆环横截面上的应力为

$$\sigma_{\mathrm{d}}=\frac{F_{\mathrm{Nd}}}{A}=\frac{\gamma D^{2}\omega^{2}}{4g}=\frac{\gamma v^{2}}{g} \tag{10.1}$$

式中，$v=\dfrac{D\omega}{2}$是圆环轴线上点的线速度。按以上公式求得的动应力应满足的强度条件是

$$\sigma_{\mathrm{d}}=\frac{\gamma v^{2}}{g}\leqslant[\sigma] \tag{10.2}$$

从以上两式看出，环内动应力仅与γ和v有关，而与横截面面积A无关。因而，要保证旋转圆环的强度，应限制圆环的转速。增加截面面积A，并不能改善圆环的强度。

例 10.1 如图10.3所示一均质等截面直杆AB，B端固定在直径为D的转轴上，转轴的角速度为ω，杆AB的长度为l，横截面面积为A，杆的单位体积重量为γ，试计算杆内的最大动应力$\sigma_{\mathrm{d\,max}}$。

解：根据动静法，在杆的各点处加上惯性力。由于在杆内各点处的惯性力是个分布力系，为比，可用线分布力集度q来度量惯性力的大小。对于均质的等截面直杆，距旋转中心为x处的惯性力集度等于单位长度杆的质量$\dfrac{A\gamma}{g}$乘以该点处的向心加速度$a_{\mathrm{n}}(=x\cdot\omega^{2})$，即

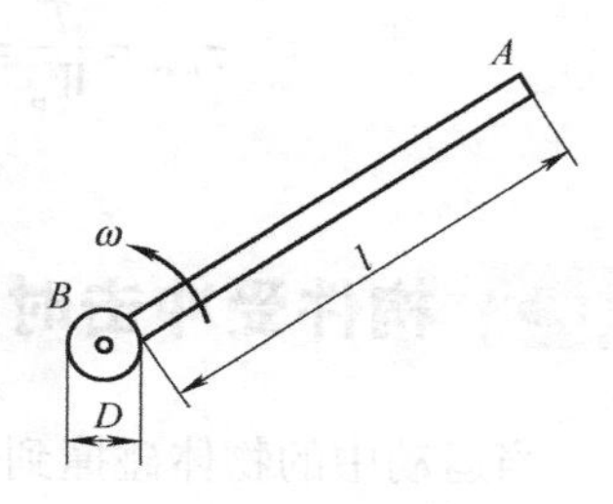

图 10.3

$$q_{\mathrm{d}}(x)=\frac{A\gamma\omega^{2}}{g}\cdot x$$

惯性力的方向与加速度的方向相反。沿杆轴加上惯性力$q_{\mathrm{d}}(x)$后，即可按分布静载荷作用下的拉杆来计算杆AB内的动应力σ_{d}。

显然，AB杆内的最大动应力发生在B端截面上，其值为

$$\sigma_{\mathrm{d\,max}}=\frac{1}{A}\int_{D/2}^{(l+D/2)}\frac{A\gamma\omega^{2}}{g}x\mathrm{d}x=\frac{1}{2}\cdot\frac{\gamma}{g}\omega^{2}(l^{2}+lD)$$

当杆长l远大于转轴的直径D时，上式括号中的第二项lD可以略去不计。由上式知，与匀速旋转圆环一样，匀速旋转的等截面直杆的动应力的大小与杆的横截面面积A无关。若将杆设计成变截面杆，如汽轮发电机转子上的叶片，则动应力表达式的形式要比上式复杂得多，因为任意x截面处的惯性力集度中的横截面面积也是截面位置x的函数$A(x)$。

(2) 匀变速定轴转动的例子

例 10.2 在AB轴的B端有一个质量很大的飞轮（图10.4），与飞轮相比，轴的质量可以忽略不计。轴的另一端A装有刹车离合器。飞轮的转速为$n=100\mathrm{r/min}$，转动惯量为$I_{x}=0.5\mathrm{kN\cdot m\cdot s^{2}}$，轴的直径$d=100\mathrm{mm}$。刹车时使轴在10s内按均匀减速停止转动。求轴内最大动应力。

解：飞轮与轴的转动角速度为

$$\omega_{0}=\frac{n\pi}{30}=\frac{100\pi}{30}\mathrm{rad/s}=\frac{10\pi}{3}\mathrm{rad/s}$$

当飞轮与轴同时做均匀减速转动时，其角加速度为

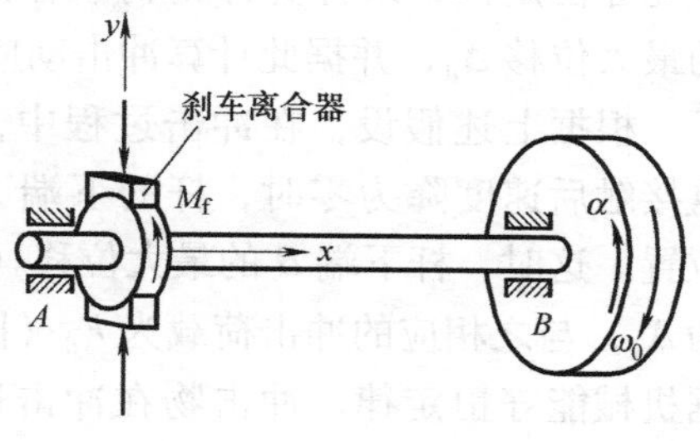

图 10.4

$$\alpha = \frac{\omega_1 - \omega_0}{t} = \frac{0 - \dfrac{10\pi}{3}}{10}\text{rad/s}^2 = -\frac{\pi}{3}\text{rad/s}^2$$

等号右边的负号只是表示 α 与 ω_0 的方向相反（如图 10.4）。设作用于轴上的摩擦力矩为 M_f，由动量矩定理可得

$$M_f = -I_x\alpha = -0.5\left(-\frac{\pi}{3}\right) = \frac{\pi}{6}\text{kN}\cdot\text{m}$$

横截面上的扭矩为

$$T = M_f = \frac{\pi}{6}\text{kN}\cdot\text{m}$$

横截面上的最大扭转切应力为

$$\tau_{\max} = \frac{T}{W_p} = \frac{\dfrac{\pi}{6}\times 10^3}{\dfrac{\pi}{16}(100\times 10^{-3})^3}\text{Pa} = 2.67\times 10^6\text{Pa} = 2.67\text{MPa}$$

10.3 构件受冲击时的应力与变形

当运动中的物体碰撞到一静止的构件时，前者的运动将受阻而在瞬间停止运动，这时构件就受到了冲击作用。例如，重锤自一定高度落下打击桩顶；河流中的浮冰碰撞到桥墩；高速旋转的飞轮或砂轮突然刹车等，都是冲击问题。在上述例子中，重锤、浮冰和飞轮等为冲击物，而桩、桥墩和连接飞轮的轴等则是承受冲击的构件。冲击载荷是在极短的时间内加到构件上的，作用力随时间的变化难以准确分析，使冲击问题的精确计算十分困难。在工程中，通常采用能量法来计算冲击荷载，此方法概念简单，且大致上可以估算出冲击时的位移和应力，不失为一种有效的近似方法。本节将重点介绍这种方法。

设重量为 W 的重物，从高度为 h 处自由下落冲击到固定在等截面直杆 AB 下端处的圆盘上（图 10.5a），杆 AB 的长度为 l，横截面面积为 A。这里的重物是冲击物，而杆 AB（包括圆盘）则为被冲击物。在冲击应力的估算中，我们做如下假定：①不计冲击物的变形，且冲击物与被冲击物接触后无回弹，即成为一个运动系统；②被冲击物的质量与冲击物相比很小可略去不计，而冲击应力瞬时传遍被冲击物，且材料服从胡克定律；③在冲击过程中，声、热等能量损耗很小，可略去不计。于是，可应用机械能守恒定律，来计算冲击荷载作用下被冲击物的最大位移 Δ_d，并据此计算冲击动应力 σ_d。

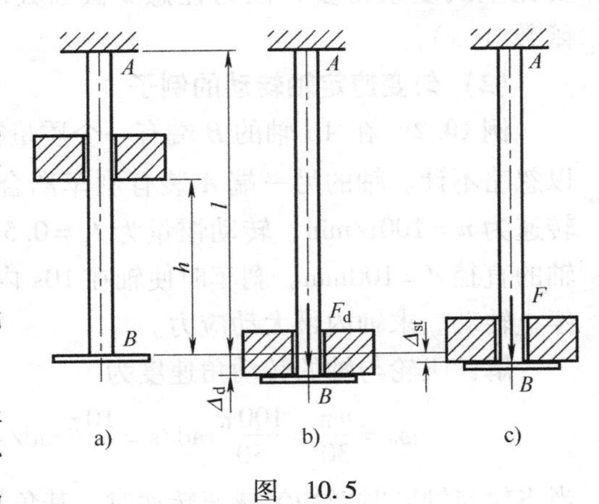

图 10.5

根据上述假设，在冲击过程中，当重物与圆盘接触后速度降为零时，杆的下端 B 就达到最低位置。这时，杆下端 B 的最大位移（即杆的伸长）为 Δ_d，与之相应的冲击荷载为 F_d（图 10.5b）。根据机械能守恒定律，冲击物在冲击过程中所减少的动能 T 和势能 V，应等于被冲击的杆 AB 所增加

的应变能 V_ε（这里省略了杆在冲击中变化不大的其他能量），即

$$T + V = V_\varepsilon \tag{a}$$

当杆下端 B 达到最低位置时，冲击物所减少的势能为

$$V = W(h + \Delta_d) \tag{b}$$

由于冲击物的初速度和终速度都为零，因而，其动能无变化，即

$$T = 0 \tag{c}$$

而杆 AB 所增加的应变能可通过冲击荷载 F_d 对位移 Δ_d 所做的功来计算。由于材料服从胡克定律，于是有

$$V_\varepsilon = \frac{1}{2}F_d\Delta_d \tag{d}$$

若重物 W 以静载的方式作用于构件上（图 10.5c），构件的静变形和静应力为 Δ_{st} 和 σ_{st}。在动载荷 F_d 作用下，相应的变形和应力为 Δ_d 和 σ_d。在线弹性范围内，载荷、变形和应力成正比，故有

$$\frac{F_d}{W} = \frac{\Delta_d}{\Delta_{st}} = \frac{\sigma_d}{\sigma_{st}} \tag{e}$$

或者写成

$$F_d = \frac{\Delta_d}{\Delta_{st}}W, \quad \sigma_d = \frac{\Delta_d}{\Delta_{st}}\sigma_{st} \tag{f}$$

将上式中的 F_d 代入式（d），得

$$V_\varepsilon = \frac{1}{2}\frac{\Delta_d^2}{\Delta_{st}}W \tag{g}$$

将式（b）、式（c）和式（g）代入式（a），经过整理，得

$$\Delta_d^2 - 2\Delta_{st}\Delta_d - 2h\Delta_{st} = 0$$

由上式解得 Δ_d 的两个根，并取正根，即得

$$\Delta_d = \Delta_{st}\left[1 + \sqrt{1 + \frac{2h}{\Delta_{st}}}\right] \tag{h}$$

引用记号

$$K_d = \frac{\Delta_d}{\Delta_{st}} = 1 + \sqrt{1 + \frac{2h}{\Delta_{st}}} \tag{10.3}$$

K_d 称为**冲击动荷因数**。这样，式（f）和式（h）就可写成

$$\Delta_d = K_d\Delta_{st}, \quad F_d = K_dW, \quad \sigma_d = K_d\sigma_{st} \tag{10.4}$$

由此可见，冲击荷载问题计算的关键，在于确定相应的冲击动荷因数。对于突然加于构件上的载荷，相当于物体自由下落时 $h = 0$ 的情况。由式（10.3）可知，$K_d = 2$。所以在突加载荷下，构件的应力和变形皆为静载时的两倍。

对于水平放置的系统，如图 10.6 所示，冲击过程中的势能不变，$V = 0$。若冲击物与杆件接触时的速度为 v，则动能 T 为 $\frac{1}{2}\frac{W}{g}v^2$。以 v、T 和式（g）中的 V_ε 代入式（a），得

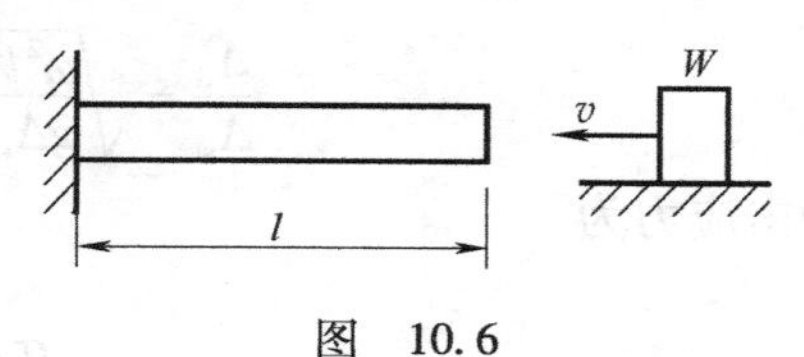

图　10.6

$$\frac{1}{2}\frac{W}{g}v^2=\frac{1}{2}\frac{\Delta_d^2}{\Delta_{st}}W$$

$$\Delta_d=\sqrt{\frac{v^2}{g\Delta_{st}}}\Delta_{st} \tag{i}$$

这里

$$K_d=\frac{\Delta_d}{\Delta_{st}}=\sqrt{\frac{v^2}{g\Delta_{st}}} \tag{10.5}$$

由式（10.4）可得

$$F_d=\sqrt{\frac{v^2}{g\Delta_{st}}}W,\quad \sigma_d=\sqrt{\frac{v^2}{g\Delta_{st}}}\sigma_{st} \tag{j}$$

由式（10.3）和式（10.5）可见，增大相应的静位移，可降低冲击动荷因数 K_d，也就意味着降低了冲击载荷和冲击应力。这是因为静位移的增大表示构件较为柔软，因而能更多地吸收冲击物的能量。如在图 10.5 中杆 AB 的 B 端圆盘上放置一个弹簧，以增大 Δ_{st}。这种弹簧起到了缓冲作用，故称为缓冲弹簧。火车、汽车等车辆在车体和轮轴之间均设有缓冲弹簧，以减轻乘客所承受到的由于轨道或路面不平而引起的冲击作用。另外应注意到，增加构件静变形 Δ_{st} 的同时应尽量避免增加构件静应力 σ_{st}，否则，降低了动荷因数 K_d，却又增加了 σ_{st}，结果动应力未必就会降低。

在实际冲击过程中，不可避免地会有声、热等其他能量损耗，因此，被冲击构件所增加的应变能 V_ε 将小于冲击物所减少的能量（$T+V$）。这说明由机械能守恒定律所算出的冲击动荷因数 K_d 是偏大的。因而，这种近似计算方法是偏于安全的。

例 10.3 在水平平面内的 AC 杆绕通过 A 点的垂直轴以匀角速度 ω 转动，图 10.7a 是它的俯视图。杆的 C 端有一重为 W 的集中质量。如因发生故障在 B 点卡住而突然停止转动（图 10.7b），试求 AC 杆内的最大冲击应力。设 AC 杆的质量可以忽略不计。

解： AC 杆将因突然停止转动而受到冲击，发生弯曲变形。C 端集中质量的初速度原为 ωl，在冲击过程中，最终变为零。损失的动能是

$$T=\frac{1}{2}\cdot\frac{W}{g}(\omega l)^2$$

因为是在水平平面内运动，集中质量的势能没有变化，即

$$V=0$$

至于杆件的变形能 V_ε 仍由式（g）来表达，即

$$V_\varepsilon=\frac{1}{2}\cdot\frac{\Delta_d^2}{\Delta_{st}}W$$

根据 $T+V=V_\varepsilon$，略做整理即可得到

$$\frac{\Delta_d}{\Delta_{st}}=\sqrt{\frac{\omega^2 l^2}{g\Delta_{st}}}$$

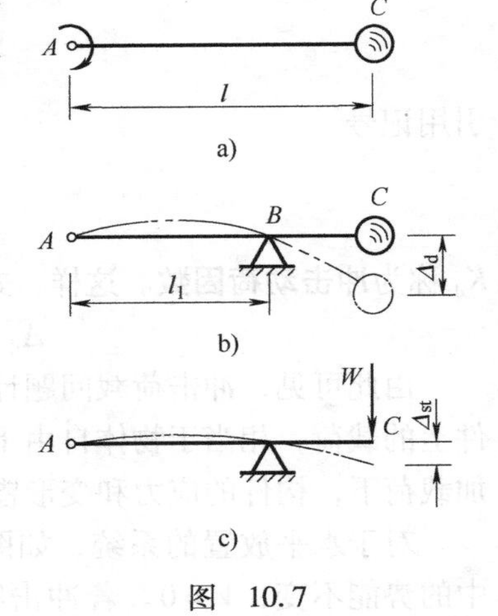

图 10.7

冲击应力为

$$\sigma_d=\frac{\Delta_d}{\Delta_{st}}\cdot\sigma_{st}=\sqrt{\frac{\omega^2 l^2}{g\Delta_{st}}}\cdot\sigma_{st} \tag{*}$$

若 W 以静载的方式作用于 C 端（图 10.7c），利用求弯曲变形的任一种方法，都可求得 C 点的静位移 Δ_{st} 为

$$\Delta_{st}=\frac{Wl\,(l-l_1)^2}{3EI}$$

同时，在截面 B 上的最大静应力 σ_{st} 为

$$\sigma_{st}=\frac{M}{W_x}=\frac{W(l-l_1)}{W_x}$$

把 Δ_{st} 和 σ_{st} 代入式（∗）便可求出最大冲击应力为

$$\sigma_d=\frac{\omega}{W_x}\sqrt{\frac{3EIlW}{g}}$$

例 10.4　如图 10.8a 所示简支梁，在距梁跨中点 C 上方高 $h=20\text{mm}$ 处有一重 $W=2\text{kN}$ 的冲击物自由落下，试求梁的最大挠度。若梁的两端支承在刚度系数 $k=300\text{kN/m}$ 的弹簧上，则受冲击时梁的最大挠度又为多少？设简支梁的刚度 $EI=5.25\times10^3\text{kN}\cdot\text{m}^2$，梁长 $l=3\text{m}$。（不计梁和弹簧的自重）

解： 由图 10.8c，简支梁中点的静变形为

$$\Delta_{st}=\frac{Wl^3}{48EI}=\frac{2\times10^3\times3^3}{48\times5.25\times10^3\times10^3}\text{m}$$
$$=2.14\times10^{-4}\text{m}=0.214\text{mm}$$

由式（10.3）可得动荷因数 K_d 为

$$K_d=1+\sqrt{1+\frac{2h}{\Delta_{st}}}$$
$$=1+\sqrt{1+\frac{2\times20}{0.214}}=14.7$$

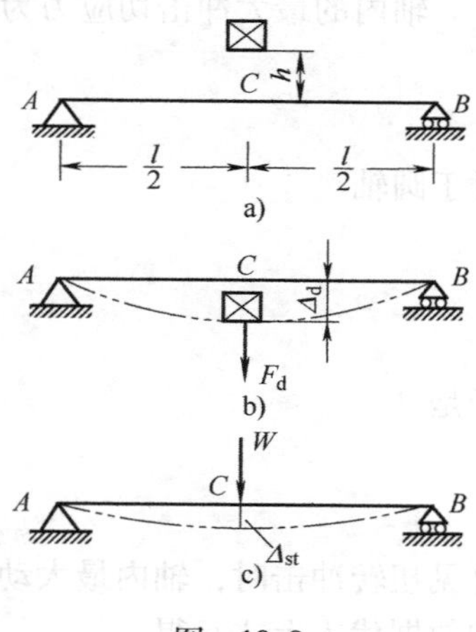

图　10.8

梁受冲击时中点有最大的挠度（图 10.8b）

$$\Delta_d=K_d\cdot\Delta_{st}=14.7\times0.214\text{mm}=3.146\text{mm}$$

若梁的两端支承在两个刚度相同的弹簧上，则梁在冲击点处沿冲击方向的静位移，应当由梁在跨中截面的静挠度和两端支承弹簧的压缩量两部分组成，即

$$\Delta_{st}=\frac{Wl^3}{48EI}+\frac{W}{2k}$$
$$=\left(\frac{2\times10^3\times3^3}{48\times5.25\times10^3\times10^3}+\frac{2\times10^3}{2\times300\times10^3}\right)\text{m}$$
$$=3.55\times10^{-3}\text{m}=3.55\text{mm}$$

由此可得动荷因数 K_d 和梁中点挠度为

$$K_d=1+\sqrt{1+\frac{2h}{\Delta_{st}}}=1+\sqrt{1+\frac{2\times20}{3.55}}=4.5$$
$$\Delta_d=K_d\cdot\Delta_{st}=4.5\times3.55\text{mm}=15.98\text{mm}$$

以上结果充分说明梁在有弹簧支承时，弹簧起了很大的缓冲作用，两种情形下，梁内最大静应力 σ_{st} 是相同的，由于动荷因数不同，不难推出，无弹簧支承时梁内最大动应力是有

弹簧支承时梁内最大动应力的 3.27 倍。

例 10.5 若例 10.2 中的 AB 轴在 A 端突然刹车（即 A 端突然停止转动），试求轴内最大动应力。设切变模量 $G=80\text{GPa}$，轴长 $l=1\text{m}$。

解： 当 A 端急刹车时，B 端飞轮具有动能。因而 AB 轴受到冲击，发生扭转变形。在冲击过程中，飞轮的角速度最后降低为零，它的动能 T 全部转变为轴的变形能 V_γ。飞轮动能的改变为

$$T=\frac{1}{2}I_x\omega^2$$

由式（9.3）可得 AB 轴的扭转变形能为

$$V_\gamma=\frac{T_{\rm d}^2 l}{2GI_{\rm p}}$$

由机械能守恒定律 $T=V_\gamma$，从而求得

$$T_{\rm d}=\omega\sqrt{\frac{I_xGI_{\rm p}}{l}}$$

轴内的最大冲击切应力为

$$\tau_{\rm d\,max}=\frac{T_{\rm d}}{W_{\rm p}}=\omega\sqrt{\frac{I_xGI_{\rm p}}{lW_{\rm p}^2}}$$

对于圆轴

$$\frac{I_{\rm p}}{W_{\rm p}^2}=\frac{\pi d^4}{32}\times\left(\frac{16}{\pi d^3}\right)^2=\frac{2}{\frac{\pi d^2}{4}}=\frac{2}{A}$$

于是

$$\tau_{\rm d\,max}=\omega\sqrt{\frac{2GI_x}{Al}}$$

可见扭转冲击时，轴内最大动应力 $\tau_{\rm d\,max}$ 与轴的体积 Al 有关。体积 Al 越大，$\tau_{\rm d\,max}$ 越小。把已知数据代入上式，得

$$\tau_{\rm d\,max}=\frac{10\pi}{3}\sqrt{\frac{2\times80\times10^9\times0.5\times10^3}{1\times(50\times10^{-3})^2\pi}}\text{Pa}=1057\times10^6\text{Pa}=1057\text{MPa}$$

与例 10.1 比较，可知这里求得的 $\tau_{\rm d\,max}$ 是在那里所得最大切应力的 396 倍。对于常用钢材，许用扭转切应力约为 $[\tau]=(80\sim100)\text{MPa}$。上面求出的 $\tau_{\rm d\,max}$ 已经超出了许用应力。所以对保证轴的安全来说，冲击载荷十分有害。

10.4 综合问题分析

在前面各章中，我们的讨论大多局限在某一专题上，如应力状态的分析、组合变形问题、超静定问题、压杆稳定问题和本章讨论的动载荷问题。但工程中出现的问题往往是几种情况的并存，解决此类问题需要一定的综合分析能力。本节将对有关例题进行讨论，旨在提高分析和解决综合问题的能力。

例 10.6 铝合金简支梁的截面尺寸为 $b\times h=75\text{mm}\times25\text{mm}$ 的矩形，跨中增加一刚度系

数 $k=18\text{kN/m}$ 的弹簧。重量 $W=250\text{N}$ 的重物从高 $H=50\text{mm}$ 处自由落下，如图 10.9a 所示。若铝合金的弹性模量 $E=70\text{GPa}$，跨长 $l=3\text{m}$，求：（1）冲击时梁内的最大正应力；（2）弹簧若按图 b 的方式放置，冲击时梁内的最大正应力又为何值？

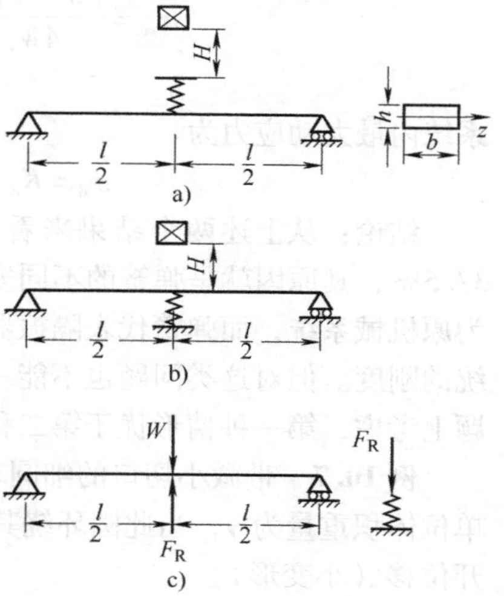

解：（1）考虑第一种情况　受冲点的静变形为弹簧压缩变形与梁中点挠度的叠加，即

$$\Delta_{st}=\frac{Wl^3}{48EI}+\frac{W}{k}$$

$$=\left(\frac{250\times3^3}{48\times70\times10^9\times\frac{75\times25^3}{12}\times10^{-12}}+\frac{250}{18\times10^3}\right)\text{m}$$

$$=34.5\times10^{-3}\text{m}=34.5\text{mm}$$

动荷因数为

$$K_d=1+\sqrt{1+\frac{2H}{\Delta_{st}}}$$

$$=1+\sqrt{1+\frac{2\times50}{34.5}}=2.975$$

静载下梁中点所在横截面上有最大弯矩，其值为$\frac{Wl}{4}$，

则梁内最大静应力为

$$\sigma_{st}=\frac{M_{max}}{W_z}=\frac{Wl}{4W_z}$$

$$=\frac{250\times3}{4\times\frac{75\times25^2}{6}\times10^{-9}}\text{Pa}=24\text{MPa}$$

图　10.9

则冲击时梁内最大正应力为

$$\sigma_d=K_d\cdot\sigma_{st}=2.975\times24\text{MPa}=71.4\text{MPa}$$

（2）考虑图 10.9b 所示的第二种情况　与第一种情况所不同的是：此时弹簧已成为弹性约束，而结构变成超静定结构，本题则成为超静定与动载荷的综合性问题。解题的步骤为，先解决静载下的超静定问题，求出约束力（或弹簧所受到的轴向压力），再求出受冲点的静变形，从而得到结构的动荷因数，最后求得梁内最大动应力。对于超静定与动载荷相结合的综合性问题，基本都是上述解题过程。

解除弹簧约束，得到图 10.9c 所示相当系统，由梁中点挠度与弹簧压缩变形的一致性得

$$\frac{(W-F_R)l^3}{48EI}=\frac{F_R}{k}$$

解得约束力 F_R 为

$$F_R=\frac{Wkl^3}{48EI+kl^3}=\frac{250\times18\times10^3\times3^3}{48\times70\times10^9\times\frac{75\times25^3}{12}\times10^{-12}+18\times10^3\times3^3}\text{N}=149.2\text{N}$$

由图 10.9c 计算在静载下梁中点挠度为

$$\Delta_{st}=\frac{F_R}{k}=\frac{149.2}{18\times10^3}\text{m}=8.29\times10^{-3}\text{m}=8.29\text{mm}$$

结构动荷系数为

$$K_d = 1 + \sqrt{1 + \frac{2H}{\Delta_{st}}} = 1 + \sqrt{1 + \frac{2 \times 50}{8.29}} = 4.61$$

静载下梁内最大静应力为

$$\sigma_{st} = \frac{(W - F_R)l}{4W_z} = \frac{(250 - 149.2) \times 3}{4 \times \frac{75 \times 25^2}{6} \times 10^{-9}} \text{Pa} = 9.68\text{MPa}$$

系统内最大动应力为

$$\sigma_d = K_d \cdot \sigma_{st} = 4.61 \times 9.68\text{MPa} = 44.6\text{MPa}$$

结论：从上述两个结果来看，第二种情形中结构内的最大动应力比第一种情形降低37.5%，其原因就是弹簧的不同安置。图 10.9a、b 就是机械隔振问题的简化图，简支梁即为原机械系统，而弹簧代表隔振器。第二种情形中，不仅提高了系统的强度，而且提高了系统的刚度。但对这类问题也不能一概而论，若弹簧的刚度大大低于结构的刚度时，从强度问题上考虑，第一种情形优于第二种情形，建议读者深入考虑。

例 10.7 带微小切口的细圆环，其横截面面积为 A，抗弯刚度为 EI，半径为 R，材料的单位体积重量为 γ，当此圆环绕其圆心以等角速度 ω 在环所在面内旋转时，求环切口处的张开位移（小变形）。

解：由于圆环以等角速 ω 旋转，圆环又较细，故可认为圆环内各质点的向心加速度相同。又因圆环各截面面积是相同的，则由动静法，加在环上的惯性力是沿环轴线均匀分布的线分布力，其指向为离开转动中心（图 10.10b）。则沿环轴线均匀分布的惯性力集度 q_d 为

$$q_d = \frac{\gamma R \omega^2 A}{g}$$

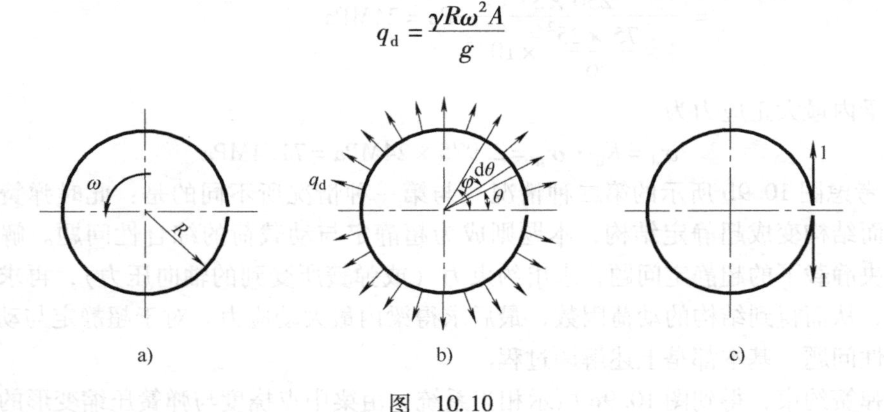

图 10.10

现求圆环与水平轴成任意角 φ 对应截面上的内力（图 10.10b）。在与水平轴成 $\theta(<\varphi)$ 角位置的圆环上取微弧段 $ds = R \cdot d\theta$，其上惯性力为

$$dF = q_d \cdot ds = \frac{\gamma \omega^2 R^2 A d\theta}{g}$$

微弧上惯性力在 φ 角对应的横截面上产生的弯矩为 $\frac{\gamma \omega^2 R^2 A d\theta}{g} \cdot R\sin(\varphi - \theta)$，则整个 φ 角对应的圆环部分在 φ 角所对应的横截面上产生的弯矩为

$$M(\varphi) = \int_0^{\varphi} \frac{\gamma \omega^2 R^3 A}{g} \sin(\varphi - \theta) d\theta = \frac{\gamma \omega^2 R^3 A(1 - \cos\varphi)}{g}$$

在切口处沿开口方向作用一对单位力，则单位力在 φ 角对应的截面上引起的弯矩为 $\overline{M}(\varphi)$

$$\overline{M}(\varphi)=1\cdot R\cdot(1-\cos\varphi)$$

由莫尔定理可得切口的开口位移

$$\Delta=\frac{1}{EI}\int_s M(\varphi)\overline{M}(\varphi)\,\mathrm{d}s=\frac{1}{EI}\int_0^{2\pi}\frac{\gamma\omega^2R^3A(1-\cos\varphi)}{g}R(1-\cos\varphi)R\mathrm{d}\varphi$$

$$=\frac{\gamma\omega^2R^5A}{EIg}\int_0^{2\pi}(1-\cos\varphi)^2\mathrm{d}\varphi=\frac{3\pi\gamma\omega^2R^5A}{EIg}$$

例 10.8　图 10.11 所示圆截面折杆 ABC 位于水平平面内，$AB\perp BC$，直径 $d=50\text{mm}$，杆 CD 亦为圆截面，$d_0=20\text{mm}$，折杆 ABC 和压杆 CD 均为 Q235 钢，$E=200\text{GPa}$，$G=80\text{GPa}$，$l=1000\text{mm}$，重 $W=2\text{kN}$ 的物体自高 $H=25\text{mm}$ 处落在 B 点。若取 CD 杆的稳定安全因数 $n_{st}=3$，试校核此杆安全否。（CD 杆按大柔度杆计算）

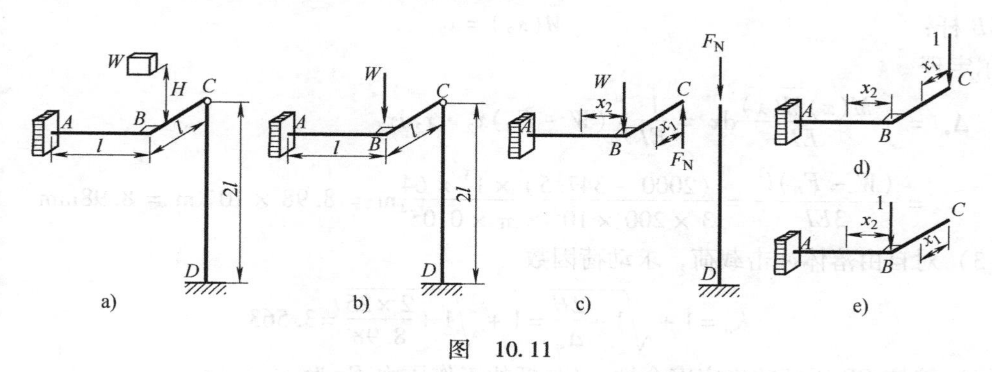

图　10.11

解：本题为综合性较强的题目，它涉及动载荷、压杆稳定、超静定、组合变形和能量法等问题。本题的求解顺序是，首先按静载荷解超静定问题，以求出 CD 杆的轴力 F_N，再由能量法中的莫尔定理求出 B 点在垂直方向上的静位移 Δ_{st}，从而求出动荷因数 K_d，最后校核 CD 杆的安全性。

（1）将 W 作用在 B 点考虑静载荷的情况　解除 C 端约束，以约束力 F_N 代之，F_N 即为 CD 杆的轴力，在 C 端作用一垂直向下的单位力（图 10.11d），由莫尔定理计算相当系统（图 10.11c）在 W 和 F_N 作用下 C 端的垂直位移 Δ_C。

BC 杆：$M(x_1)=-F_N\cdot x_1$，　$\overline{M}(x_1)=x_1$　$(0\leqslant x_1\leqslant l)$

AB 杆：$M(x_2)=(W-F_N)x_2$，　$\overline{M}(x_2)=x_2$

$T(x_2)=F_Nl$，$\overline{T}(x_2)=-l$　$(0\leqslant x_2<l)$

$$\Delta_C=\int_l\frac{M(x)\overline{M}(x)}{EI}\mathrm{d}x+\int_l\frac{T(x)\overline{T}(x)}{GI_p}\mathrm{d}x$$

$$=\frac{1}{EI}\left[\int_0^l(-F_Nx_1)\cdot x_1\mathrm{d}x_1+\int_0^l(W-F_N)x_2\cdot x_2\mathrm{d}x_2+\frac{1}{GI_p}\int_0^l F_Nl\cdot(-l)\mathrm{d}x_2\right]$$

$$=-\frac{F_Nl^3}{3EI}+\frac{Wl^3}{3EI}-\frac{F_Nl^3}{3EI}-\frac{F_Nl^3}{GI_p}=\frac{(W-2F_N)l^3}{3EI}-\frac{F_Nl^3}{GI_p}$$

压杆 CD 受轴力 F_N 作用而缩短为

$$\Delta l_{CD}=\frac{F_N\cdot 2l}{EA_0}$$

由变形协调条件

$$\Delta_C = \Delta l_{CD}$$

或

$$\frac{(W-2F_{\mathrm{N}})l^3}{3EI} - \frac{F_{\mathrm{N}}l^3}{GI_{\mathrm{p}}} = \frac{2F_{\mathrm{N}}l}{EA_0}$$

从而解得（注意 $I_{\mathrm{p}} = 2I$）

$$F_{\mathrm{N}} = \frac{W}{2 + \frac{3E}{2G} + \frac{6I}{A_0 l^2}} = \frac{2 \times 10^3}{2 + \frac{3 \times 200 \times 10^9}{2 \times 80 \times 10^9} + \frac{6 \times \pi \times 0.05^4 \times 4}{\pi \times 0.02^2 \times 64 \times 1^2}}\mathrm{N} = 347.5\mathrm{N}$$

（2）求 B 点的垂直位移　在相当系统中，在 B 点作用一垂直向下的单位力（图 10.11e），则

BC 杆：
$$\overline{M}(x_1) = 0$$

AB 杆：
$$\overline{M}(x_2) = x_2$$

由莫尔定理

$$\Delta_{\mathrm{st}} = \int_l \frac{M(x)\overline{M}(x)}{EI}\mathrm{d}x = \frac{1}{EI}\int_0^l (W - F_{\mathrm{N}})x_2 \cdot x_2 \mathrm{d}x_2$$

$$= \frac{(W - F_{\mathrm{N}})l^3}{3EI} = \frac{(2000 - 347.5) \times 1^3 \times 64}{3 \times 200 \times 10^9 \times \pi \times 0.05^4}\mathrm{m} = 8.98 \times 10^{-3}\mathrm{m} = 8.98\mathrm{mm}$$

（3）对自由落体冲击载荷，求动荷因数

$$K_{\mathrm{d}} = 1 + \sqrt{1 + \frac{2H}{\Delta_{\mathrm{st}}}} = 1 + \sqrt{1 + \frac{2 \times 25}{8.98}} = 3.563$$

（4）校核 CD 压杆的稳定安全性　CD 杆的工作压力 F_{d} 为

$$F_{\mathrm{d}} = K_{\mathrm{d}}F_{\mathrm{N}} = 3.563 \times 347.5\mathrm{N} = 1238.2\mathrm{N}$$

按大柔度杆计算 CD 压杆的临界力，注意 CD 压杆的约束方式为一端固定一端铰支，得

$$F_{\mathrm{cr}} = \frac{\pi^2 EI}{(\mu l)^2} = \frac{\pi^2 \times 200 \times 10^9 \times \pi \times 0.02^4}{(0.7 \times 2)^2 \times 64}\mathrm{N} = 7910\mathrm{N}$$

工作安全因数

$$n = \frac{F_{\mathrm{cr}}}{F_{\mathrm{d}}} = \frac{7910}{1238.2} = 6.39 > n_{\mathrm{st}}$$

CD 杆是安全的。

10.5 构件在交变载荷作用下的疲劳破坏

1. 交变应力与疲劳破坏概述

在机械或工程结构中，有些构件的应力随时间做周期性变化，这种应力称为**交变应力**。如图 10.12a 所示车轴，所受载荷 F（来自车厢的力）虽不随时间变化，但由于车轴以角速度 ω 旋转，横截面上任一点（除形心外）的位置随时间而改变，例如轴表面上 A 点到中性轴的距离为 $y = r\sin\omega t$，r 为轴的半径，因而，A 点的弯曲正应力

$$\sigma = \frac{My}{I} = \frac{Mr\sin\omega t}{I}$$

随时间 t 按正弦规律变化（图 10.12b），车轴每转一周，A 点处的材料即经历一次由拉伸到压缩的应力循环。又如图 10.13a 所示装有电动机的梁，在电动机的重力 W 作用下，梁处于静平衡位置。当电机转动时，因转子偏心引起的惯性力 F 将迫使梁在静平衡位置上、下振动（强迫振动），梁跨中截面下边缘危险点处的拉应力随时间变化的曲线如图 10.13b 所示。σ_{st} 表示电动机的重力 W 以静载方式作用于梁上引起的静应力，最大应力和最小应力分别表示梁在最大和最小位移时的应力。

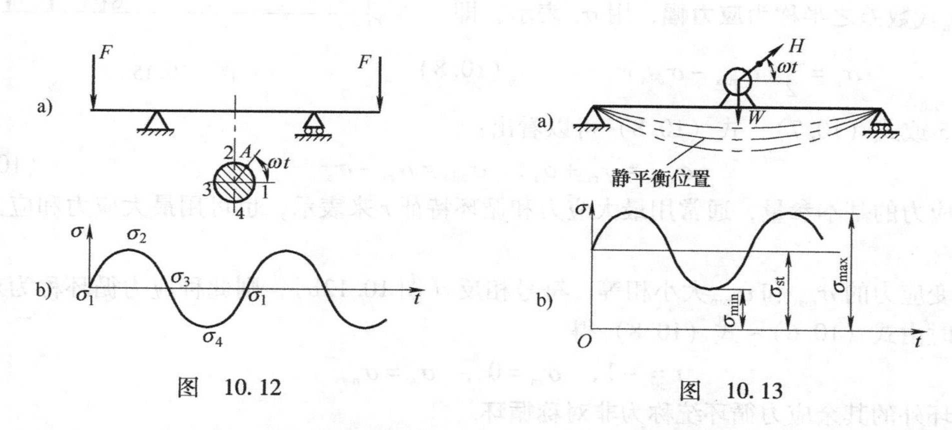

图　10.12　　　　　　　　　　图　10.13

实践表明，金属若长期处于交变应力下，虽然最大工作应力远低于材料的屈服点应力，也有可能发生骤然断裂。而且，即使是塑性较好的材料，断裂前也无明显的塑性变形。这种破坏，习惯上称为**疲劳破坏**。在构件发生疲劳破坏的断口上，呈现两个截然不同的区域，其一是光滑区，另一是晶粒状的粗糙区。例如，车轴疲劳破坏的断口如图 10.14 所示。据统计资料，飞机、车辆和机器发生的事故中，有很大比例是因构件疲劳破坏引起的。

关于疲劳破坏的机理，近代的实验研究表明，疲劳破坏实质上是构件在交变应力下，由疲劳裂纹源的形成、疲劳裂纹的扩展以及最后的脆断这三个阶段所组成的破坏过程。当交变应力的大小超过一定限度并经历了足够多次的重复后，金属中最不利或较弱的晶粒将沿最大切应力作用面发生循环滑移，形成微观裂纹。在构件外形突变或表面刻痕或材质有缺陷等部位，都有可能因应力集中引起微观裂纹。分散的微观裂纹经集结沟通，形成宏观裂纹。已形成的宏观裂纹在交变应力下逐渐扩展，在扩展过程中，裂纹两表面的材料时而压紧，时而张开。由于材料的相互反复压紧，就形成了断口表面的光滑区。因此，这一区域是在最后断裂前就已经形成的疲劳裂纹扩展区。由于裂纹尖端附近区域的材料通常处在三向拉应力状态，所以，当疲劳裂纹扩展到一定深度时，将引起剩余截面的脆性断裂。断口表面的粗晶粒状区域，就是发生脆性断裂前的剩余截面。

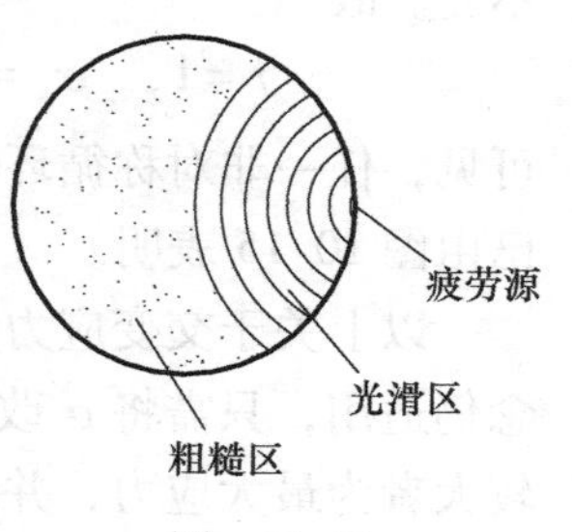

图　10.14

2. 交变应力的基本参量

交变应力的变化特点对材料的疲劳强度有直接影响。当交变应力稳定变化时，设应力 σ 与时间 t 的关系如图 10.15 所示。应力每重复变化一次，称为**一个应力循环**。以 σ_{max} 和 σ_{min} 分别表示应力循环中的最大和最小应力，比值

$$r=\frac{\sigma_{min}}{\sigma_{max}} \tag{10.6}$$

称为**交变应力的循环特征**。σ_{max}和σ_{min}的代数平均值称为**平均应力**，用σ_m表示，即

$$\sigma_m=\frac{1}{2}(\sigma_{max}+\sigma_{min}) \tag{10.7}$$

σ_{max}和σ_{min}代数差之半称为**应力幅**，用σ_a表示，即

$$\sigma_a=\frac{1}{2}(\sigma_{max}-\sigma_{min}) \tag{10.8}$$

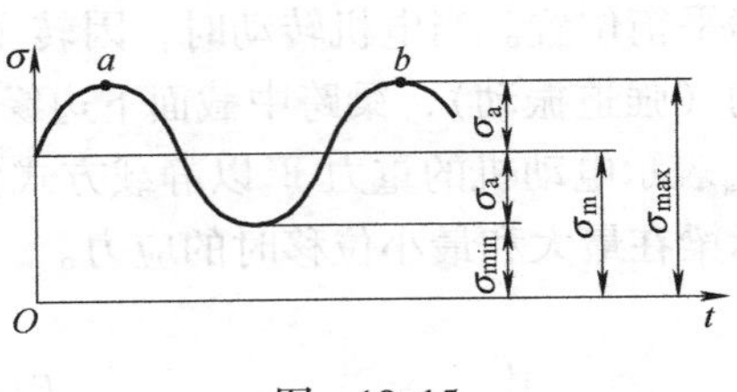

图 10.15

由图10.15或式（10.7）、式（10.8）可以看出：

$$\sigma_{max}=\sigma_m+\sigma_a,\quad \sigma_{min}=\sigma_m-\sigma_a \tag{10.9}$$

交变应力的基本参量，通常用最大应力和循环特征r来表示，也可用最大应力和应力幅来表示。

若交变应力的σ_{max}和σ_{min}大小相等、符号相反（图10.12b），则此种应力循环称为**对称循环**。这时由式（10.6）~式（10.8）得

$$r=-1,\quad \sigma_m=0,\quad \sigma_a=\sigma_{max}$$

除对称循环外的其余应力循环统称为**非对称循环**。

若交变应力中的最小应力$\sigma_{min}=0$，这时

$$r=0,\quad \sigma_m=\sigma_a=\frac{1}{2}\sigma_{max}$$

这种应力循环称为**脉动循环**（图10.16）。

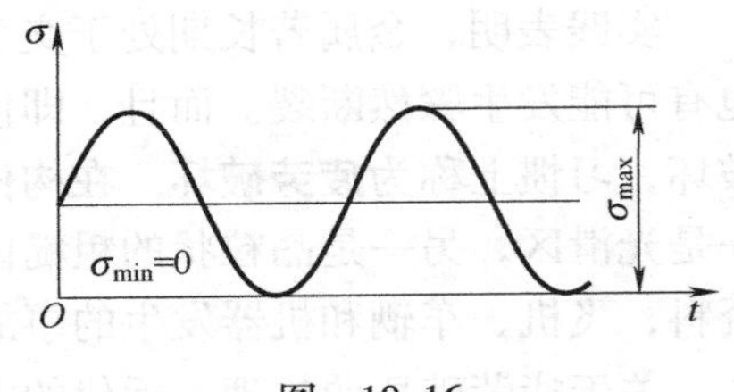

图 10.16

静应力也可看作是交变应力的特例，这时应力保持不变。故

$$r=1,\quad \sigma_a=0,\quad \sigma_m=\sigma_{max}=\sigma_{min}$$

可见，任一非对称循环都可以看作是，在静应力σ_m上叠加一个幅度为σ_a的对称循环。这已由图10.15表明。

以上关于交变应力的概念都是用正应力σ表示的。当构件承受交变切应力时，上述概念仍适用，只需将σ改为τ即可。还应指出，最大、最小应力都是代数值，这里以绝对值较大者为最大应力，并规定它为正号。按照这样的规定，循环特征r的范围为$-1\leqslant r\leqslant 1$。

10.6 构件的疲劳极限以及影响因素

1. 构件的疲劳极限

金属在交变应力下发生疲劳破坏时，应力往往低于屈服点应力，因此，静强度指标（σ_s，σ_b）已不能作为疲劳强度指标，交变应力下的疲劳强度指标应重新测定。本节介绍最常用的纯弯曲疲劳试验。

首先准备一组（8~12根）材料和尺寸均相同的光滑小试样（直径为7~10mm）。将试样装于疲劳试验机上（图10.17）承受纯弯曲。在最小直径截面上，最大弯曲正应力为

$\sigma_{max}=M/W=Fa/W$。保持载荷 F 的大小和方向不变，以电动机带动试样旋转。每旋转一周，截面上的点便经历一次对称循环的交变应力，这与图 10.12 中车轴的应力循环是相似的。试验一直进行到试样断裂为止，由计数器自动记录下试样在断裂时所旋转的总圈数即所经历的应力循环次数 N，称为试样的**疲劳寿命**。

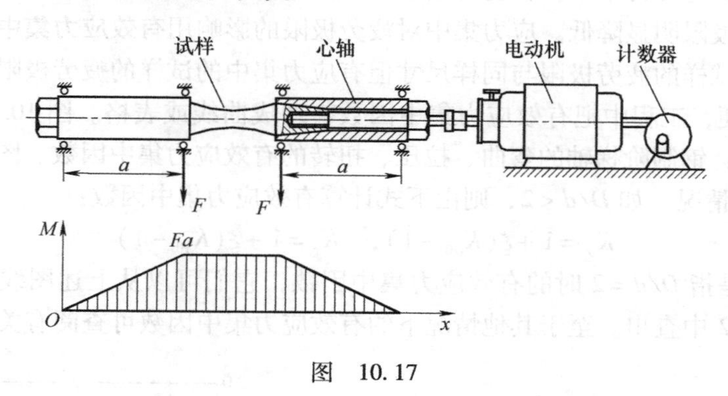

图　10.17

试验时使第一根试样的最大应力 $\sigma_{max,1}$ 较高，约为抗拉强度 σ_b 的 70%。经历 N_1 次循环后，试样断裂。N_1 称应力为 $\sigma_{max,1}$ 时的疲劳寿命。然后第二根试样的最大应力 $\sigma_{max,2}$ 略低于第一根，它的寿命为 N_2。一般地，随着应力水平的降低，疲劳寿命迅速增加。逐步降低应力水平，得出各应力水平相应的疲劳寿命。以最大应力 σ_{max} 为纵坐标，以疲劳寿命的对数值 $\lg N$ 为横坐标，按试验结果即可绘出最大应力和疲劳寿命间的关系曲线，称为**应力-寿命曲线**或 ***S*-*N* 曲线**。碳钢试样的 S-N 曲线如图 10.18 所示。从图中可以看出，应力越小，疲劳寿命 N 越长，而当 σ_{max} 减小至某一数值后，S-N 曲线趋向于水平直线。这表明只要应力不超过某一极限值，试样可经历无限次应力循环而不发生疲劳破坏。这一极限值称为材料的**疲劳极限**，并用 σ_r 表示，下标 r 表示循环特征。对称循环的疲劳极限记为 σ_{-1}。

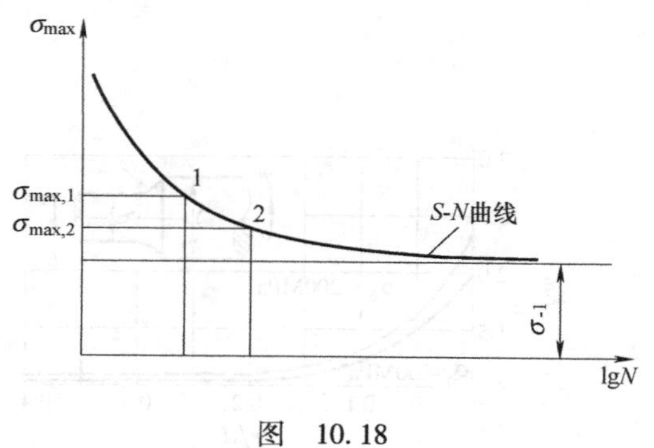

图　10.18

常温下的试验表明，若钢试样经历 10^7 次循环仍未疲劳，则认为再增加循环次数也不会疲劳。所以，把经历 10^7 次循环仍未疲劳的最大应力规定为钢材的疲劳极限。而把 $N_0=10^7$ 称为**循环基数**。有色金属的 S-N 曲线无明显趋于水平的直线部分，通常规定一个循环基数，例如 $N_0=10^8$，把与它对应且不引起疲劳的最大应力作为条件疲劳极限。

同样，也可通过试验测定材料在拉-压或扭转交变应力下的疲劳极限。试验发现，钢材的疲劳极限与其静抗拉强度 σ_b 之间存在以下近似关系：$\sigma_{-1}^{弯}\approx 0.4\sigma_b$，$\sigma_{-1}^{拉压}\approx 0.28\sigma_b$，$\tau_{-1}^{扭}\approx 0.22\sigma_b$。

2. 影响疲劳极限的主要因素

上面介绍了在交变应力作用下材料的疲劳极限，它是利用表面磨光、横截面尺寸无突然变化和直径为 7～10mm 的光滑小试样测定的。试验表明，构件的疲劳极限与材料的疲劳极限不同。它不仅与材质有关，而且与构件的外形、横截面尺寸、表面质量、工作环境等因素密切相关。下面介绍影响疲劳极限的几种主要因素。

(1) 构件外形的影响（应力集中问题） 构件外形的突然变化，如零件上的槽、孔、缺口、轴肩等，将引起应力集中。在应力集中的部位，应力急剧增大，更易萌生裂纹并促其发展，这就使疲劳极限明显降低。应力集中对疲劳极限的影响用**有效应力集中因数** K_σ 或 K_τ 表示，它表示光滑试样的疲劳极限与同样尺寸但有应力集中的试样的疲劳极限之比值，其值大于1。为使用方便，工程中把有效应力集中因数整理成曲线或表格。图 10.19 ~ 图 10.21 分别为对称循环下，钢制阶梯轴的弯曲、拉压、扭转的有效应力集中因数。图线是指 $D/d=2$，$d=30\sim50\text{mm}$ 的情况。如 $D/d<2$，则由下式计算有效应力集中因数：

$$K_\sigma = 1+\xi(K_{\sigma0}-1),\quad K_\tau = 1+\xi(K_{\tau0}-1) \tag{10.10}$$

式中，$K_{\sigma0}$、$K_{\tau0}$ 是指 $D/d=2$ 时的有效应力集中因数，它们可以从上述图线中查出，修正因数 ξ 可从图 10.22 中查出。至于其他情况下的有效应力集中因数可查阅有关手册。

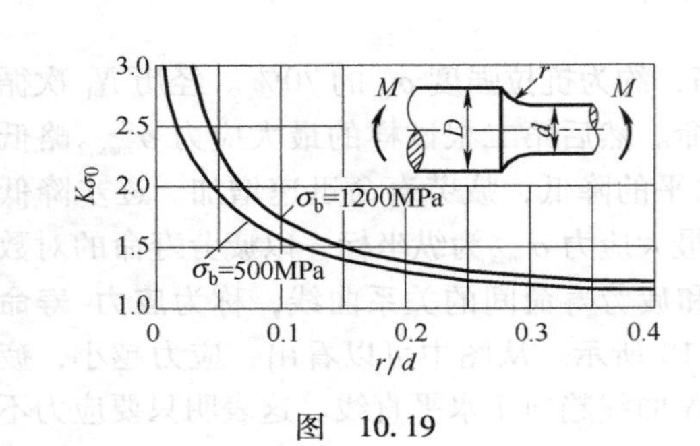

图 10.19

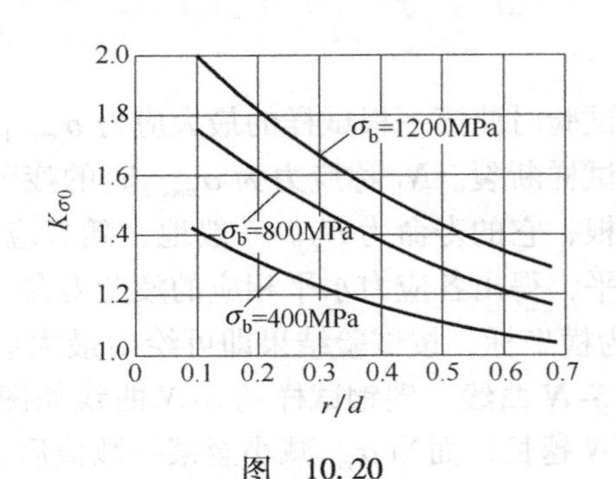

图 10.20

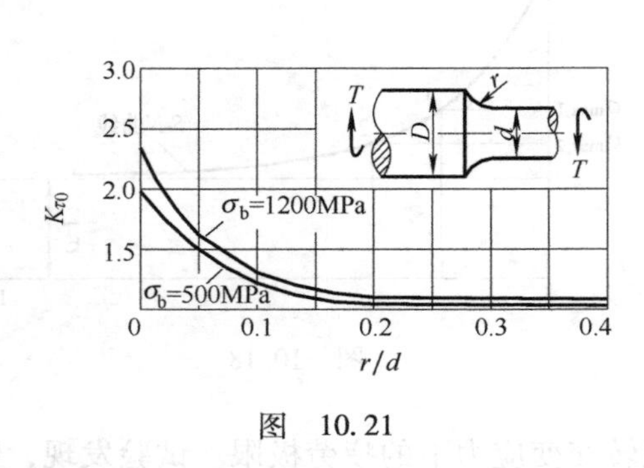

图 10.21

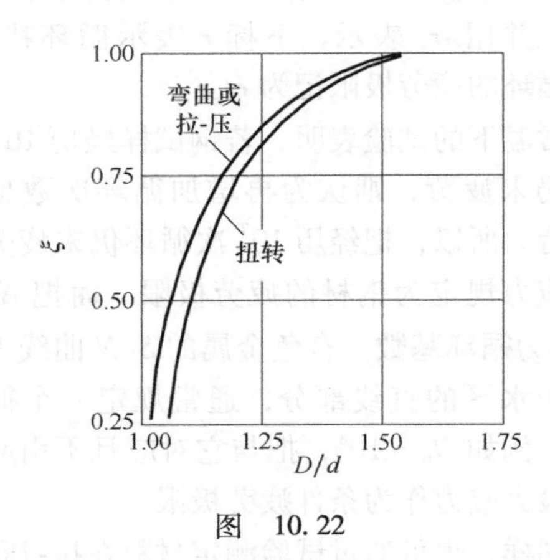

图 10.22

由图 10.19 ~ 图 10.21 中可以看出：r/d 越小，则有效应力集中因数越大；材料的抗拉强度 σ_b 越高，应力集中对疲劳极限的影响越显著。所以，对于在交变应力下工作的构件，尤其是高强度材料制成的构件，设计时应尽量减缓应力集中。例如，阶梯轴的轴肩要采用足够大的过渡圆角 r；有时因结构上的原因，难以加大过渡圆角的半径时，可采用减荷槽（图 10.23a）或凹槽（图 10.23b）；减小相邻横截面的粗细差别；把必要的孔或沟槽配置在低应力区等等。这些措施均能显著提高构件的疲劳强度。

（2）构件尺寸的影响　弯曲和扭转疲劳试验表明，构件的横截面尺寸对疲劳极限也有影响。尺寸大小对疲劳极限的影响可用**尺寸因数** ε_σ 或 ε_τ 表示。它代表光滑大尺寸试样的疲劳极限与光滑小尺寸试样的疲劳极限之比值，其值小于1。常用钢材弯曲和扭转的尺寸因数 ε_σ 或 ε_τ 列入图 10.24 中。由图 10.24 可以看出：试样直径越大，尺寸因数越小，疲劳极限降低越多；材料的抗拉强度越高，尺寸大小对构件疲劳极限的影响越显著。

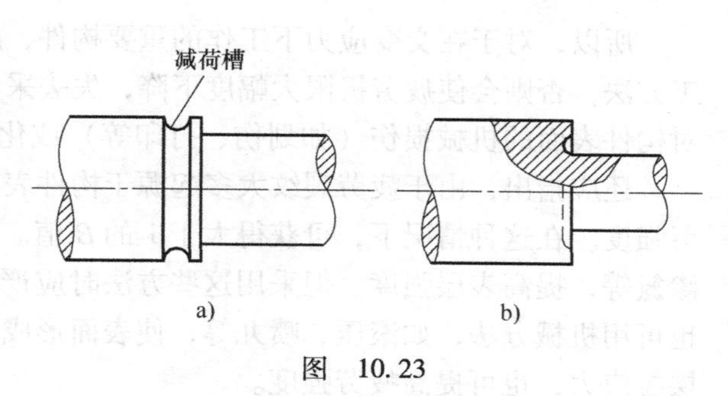

图　10.23

弯曲和扭转疲劳极限随构件尺寸增大而降低的原因，可利用图 10.25 所示情况加以说明。图中表示发生弯曲的两根直径不同的圆截面试样，在最大弯曲正应力相同的情况下，大试样内高应力区范围比小试样的大，所以在大试样中，疲劳裂纹更易于形成并扩展，疲劳极限因而降低。

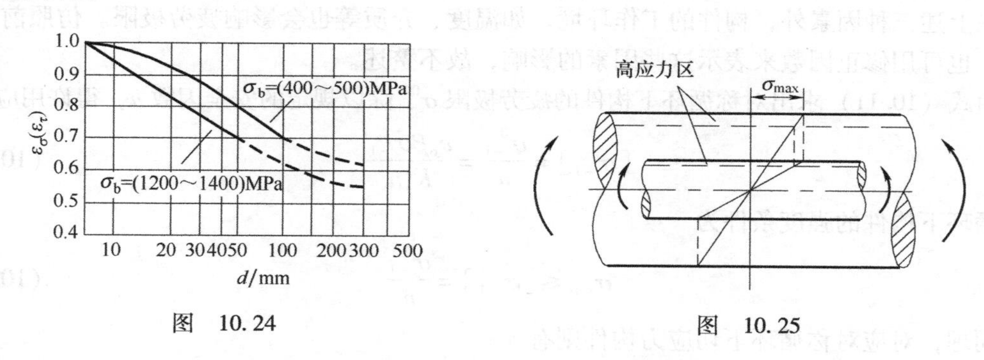

图　10.24　　　　图　10.25

在轴向拉-压时，由于横截面上的应力均匀分布，尺寸影响不大，可取 $\varepsilon_\sigma \approx 1$。

（3）构件表面质量的影响　试验表明，构件表面的加工质量对构件的疲劳强度也有很大影响。构件的最大应力一般发生于表层，表面的加工刀痕、擦伤等缺陷将引起应力集中，因此，容易萌生疲劳裂纹，从而降低疲劳极限。表面加工质量对构件疲劳极限的影响，用**表面质量因数** β 表示。β 表示用某种方法加工的构件的疲劳极限与光滑试样（经磨削加工）的疲劳极限之比值。不同加工表面的 β 值列于表 10.1 中。由表 10.1 可以看出，$\beta \leqslant 1$，表面加工质量越低，β 越小，疲劳极限降低越多，而且，材料的抗拉强度越高，加工质量的影响越显著。

表 10.1　表面质量因数 β

加工方法	表面粗糙 R_a/μm	β		
		σ_b = 400MPa	σ_b = 800MPa	σ_b = 1200MPa
磨削	0.2～0.4	1	1	1
车削	0.8～3.2	0.95	0.90	0.80
粗车	6.3～25	0.85	0.80	0.65
未加工表面	—	0.75	0.65	0.45

所以，对于在交变应力下工作的重要构件，越是高强度材料，越应采用高质量的表面加工方法，否则会使疲劳极限大幅度下降，失去采用高强度钢的意义。在使用中，应尽量避免对构件表面的机械损伤（如划伤、打印等）或化学损伤（如腐蚀、生锈等）。

还应指出，由于疲劳裂纹大多起源于构件表面，因此，可采用表层强化措施，来提高疲劳强度。在这种情况下，可获得大于 1 的 β 值。例如采用热处理，对构件表面淬火、渗碳、渗氮等，提高表层强度。但采用这些方法时应严格控制工艺过程，避免造成表面细微裂纹。也可用机械方法，如滚压、喷丸等，使表面形成预压应力层，抵消一部分易于引起裂纹的表层拉应力，也可提高疲劳强度。

综合考虑以上三种因素，对称循环下构件的疲劳极限 σ^0_{-1} 应为

$$\sigma^0_{-1}=\frac{\varepsilon_\sigma\beta}{K_\sigma}\sigma_{-1} \tag{10.11}$$

式中，σ_{-1} 是光滑小试样的疲劳极限。上式是对正应力写出的，若为切应力则可写为

$$\tau^0_{-1}=\frac{\varepsilon_\tau\beta}{K_\tau}\tau_{-1} \tag{10.12}$$

除上述三种因素外，构件的工作环境，如温度、介质等也会影响疲劳极限。仿照前面的方法，也可用修正因数来表示这些因素的影响，故不赘述。

由式（10.11）求出对称循环下构件的疲劳极限 σ^0_{-1} 除以规定的安全因数 n，得许用应力

$$[\sigma_{-1}]=\frac{\sigma^0_{-1}}{n}=\frac{\varepsilon_\sigma\beta\sigma_{-1}}{K_\sigma n} \tag{10.13}$$

对称循环下构件的强度条件为

$$\sigma_{\max}\leqslant[\sigma_{-1}]=\frac{\sigma^0_{-1}}{n} \tag{10.14}$$

同理，对应对称循环下切应力构件则有

$$\tau_{\max}\leqslant[\tau_{-1}]=\frac{\tau^0_{-1}}{n} \tag{10.15}$$

例 10.9 阶梯轴如图 10.26 所示。材料为合金钢，$\sigma_b=920\text{MPa}$，$\sigma_s=520\text{MPa}$，$\sigma_{-1}=420\text{MPa}$。轴在不变弯矩 $M=850\text{N}\cdot\text{m}$ 的作用下旋转。轴表面为车削加工。若规定 $n=1.4$，试校核轴的疲劳强度。

解： 轴在不变弯矩下旋转，故为弯曲对称循环。根据轴的尺寸，$r/d=\frac{5}{40}=0.125$，$\frac{D}{d}=\frac{50}{40}=1.25$，由图 10.19 查出 $K_{\sigma0}=1.56$，由图 10.22 查出 $\xi=0.85$，于是由式（10.10）求出有效应力集中因数为

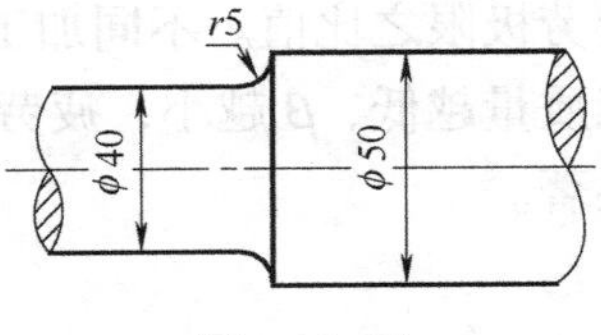

r5
φ40
φ50

图 10.26

$$K_\sigma=1+\xi(k_{\sigma0}-1)=1+0.85(1.56-1)=1.48$$

由图 10.24 查出尺寸因数 $\varepsilon_\sigma=0.77$。由表 10.1，使用插值法，求出表面质量因数 $\beta=0.87$。

把上述求得的 $\sigma_{\max}$、K_σ、ε_σ 和 β 代入式（10.11），可得构件的疲劳极限为

$$[\sigma_{-1}]=\frac{\sigma^0_{-1}}{n}=\frac{\varepsilon_\sigma\beta\sigma_{-1}}{nK_\sigma}=\frac{0.77\times0.87\times420\times10^6}{1.4\times1.48}\text{Pa}=135.79\text{MPa}$$

$$\sigma_{\max}=\frac{M}{W}=\frac{850}{\frac{\pi}{32}(40\times10^{-3})^3}\text{Pa}=135\times10^6\text{Pa}=135\text{MPa}<[\sigma_{-1}]$$

轴满足疲劳强度条件。

本章小结

1. 基本要求

1）掌握构件做等加速直线运动时的动载荷的动应力计算。

2）掌握构件定轴转动时的动载荷的动应力计算。

3）熟练掌握杆件受冲击时的应力与变形的计算。

4）提高对综合性问题分析能力，熟练掌握解决综合性问题的技术。

5）掌握疲劳破坏的特点和疲劳极限（持久极限）的概念；了解影响疲劳极限的三个主要因素。

2. 本章重点

1）运用动力学的基本知识，根据给定的条件确定惯性力的大小和方向，给出动荷因数，从而求得匀加速直线运动和绕定轴转动构件的应力。

2）根据机械能守恒原理，计算自由落体受冲击作用构件的应力与变形。

3）交变载荷作用下疲劳破坏特点、疲劳极限（持久极限）和疲劳极限曲线等基本概念。

4）对综合性问题的分析和求解。

3. 本章难点

1）利用能量法求解冲击问题动荷因数。

2）综合性问题的分析和计算。

4. 学习建议

1）要熟练掌握用能量法解决一般冲击问题的基本方法，以解决可能遇到的各类冲击问题。

2）在计算动荷因数中的静位移时，一定是冲击点沿冲击方向上的静位移。求静位移的方法可任意选择，熟记一些结果则更方便；系统的动荷因数一旦求出，则对该系统是唯一的。

3）综合性问题主要在所解决的题目中同时涉及超静定、压杆稳定、动载荷等问题，遇到综合性问题常常不知从哪里先下手。解决综合性问题时应仔细审题，确定有哪些要解决的问题。首先要解决静载荷下的超静定问题，这是因为后面的任何工作都要通过构件的受力分析，只有解决超静定问题，才能建立外载与构件内力之间的关系；然后通过相当系统在静载下的变形求出动荷因数；这样，其他问题就迎刃而解了。

4）有关交变应力和疲劳破坏的基本概念较多。疲劳破坏的机理、疲劳极限及其影响因素等概念是今后研究和应用疲劳破坏理论的重要基础，必须理解到位、掌握全面。至于疲劳强度的计算一般都是有规可循的，按固定程序查表计算即可。

习　题

10.1　题 10.1 图示为一悬吊在绳索上的 20 号槽钢，它以 1.8m/s 的速度匀速下降。试求当下降速度在 0.2s 内均匀地减小到 0.6m/s 时，槽钢内的最大弯曲正应力。

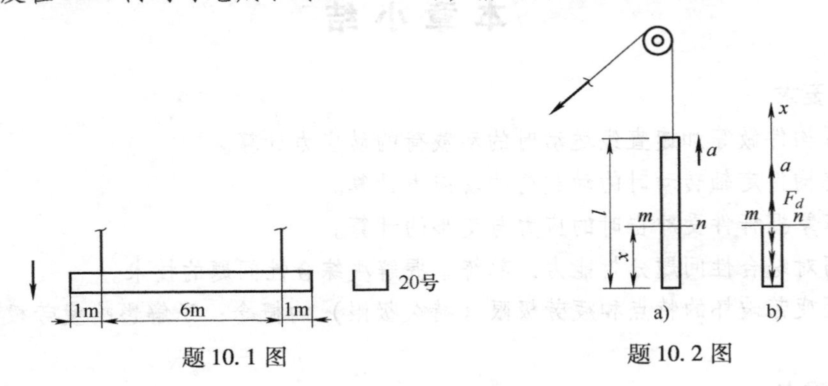

题 10.1 图　　题 10.2 图

10.2　长为 l、横截面面积为 A 的杆以加速度 a 向上提升，如题 10.2 图所示。若材料单位体积的重量为 γ，试求杆内的最大应力。

10.3　题 10.3 图示起重机的重量 $W_1=20\text{kN}$，装在两根 32a 号工字钢组成的梁上，梁长 $l=5\text{m}$。今用绳索吊起重量 $W_2=60\text{kN}$ 的重物，并在第 1s 内以匀加速上升 2.5m。试求绳内所受拉力及梁横截面上的最大正应力。（应考虑梁的自重）

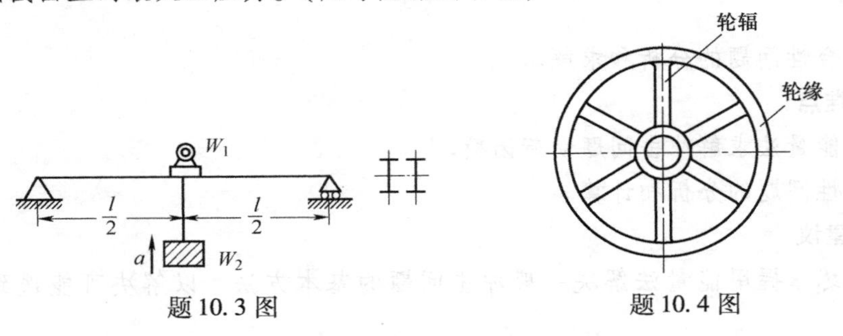

题 10.3 图　　题 10.4 图

10.4　题 10.4 图示飞轮的最大圆周速度 $v=25\text{m/s}$，材料的比重为 $72.6\ \text{kN/m}^3$。若不计轮辐的影响，试求轮缘内的最大正应力。（飞轮近似按细圆环处理）

10.5　题 10.5 图示轴上装一钢质圆盘，盘上有一圆孔。若轴与盘以 $\omega=40\text{rad/s}$ 的匀角速度旋转，试求轴内由这一圆孔引起的最大正应力，设圆盘材料的比重为 76.44kN/m^3。

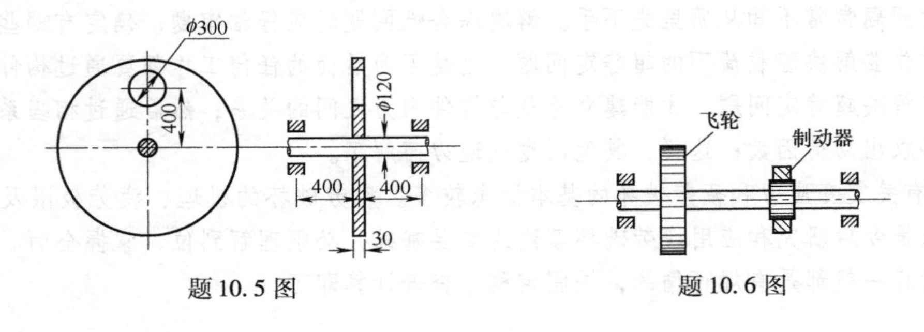

题 10.5 图　　题 10.6 图

10.6 如题10.6图所示，在直径为100mm的轴上装有转动惯量 $I=0.5\text{kN}\cdot\text{m}\cdot\text{s}^2$ 的飞轮，轴的转速为300r/min。制动器开始作用后，在20转内将飞轮刹停。试求轴内最大切应力。设在制动器作用前，轴已与驱动装置脱开，且轴承内的摩擦力可以不计。

10.7 题10.7图示钢轴 AB 和钢质圆杆 CD 的直径均为10mm，在 D 处有一个 $W=10\text{N}$ 的重物。若 AB 轴的转速 $n=300\text{r/min}$，试求 AB 轴内的最大正应力，不考虑轴 AB 和圆杆 CD 的自重。

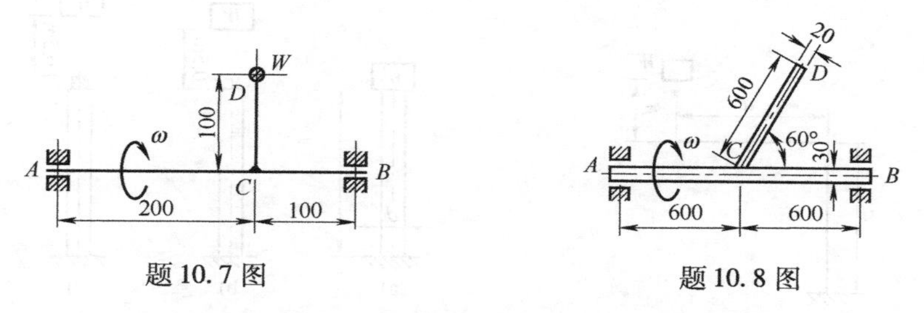

题10.7图　　题10.8图

10.8 题10.8图示钢轴的中点连接一圆截面钢斜杆 CD，AB 轴以匀角速度 $\omega=30\text{rad/s}$ 旋转，试求 AB 和 CD 杆内的最大正应力，材料的密度 $\gamma=7.8\times10^3\ \text{kg/m}^3$。（注：应考虑自重）

10.9 题10.9图示机车车轮以 $n=300\text{r/min}$ 的转速匀速旋转。平行杆 AB 的横截面为矩形，$h=5.6\text{cm}$，$b=2.8\text{cm}$，长度 $l=2\text{m}$，$r=25\text{cm}$，材料的密度为 $\gamma=7.8\times10^3\text{kg/m}^3$，试确定平行杆最危险的位置和杆内最大正应力。

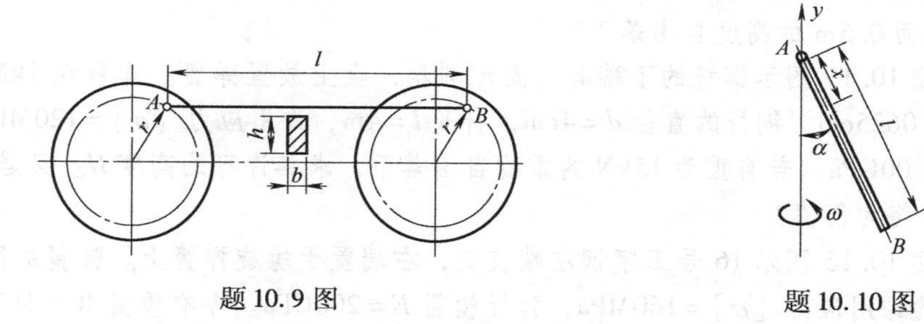

题10.9图　　题10.10图

10.10 题10.10图示重量为 W、长为 l 的杆件 AB，可在铅垂平面内绕 A 点自由转动。当此杆以等角速度 ω 绕铅垂轴 y 旋转时，(1) 求 α 角的大小；(2) 求杆上距 A 点为 x 处横截面上的弯矩和杆内最大弯矩；(3) 绘制弯矩图。

10.11 重量为 W 的重物自高度为 H 处下落冲击于梁上的 C 点，如题10.11图所示。设梁的抗弯刚度 EI 及弯曲截面系数 W_z 皆为已知量。试求梁内最大正应力及梁中点的挠度。

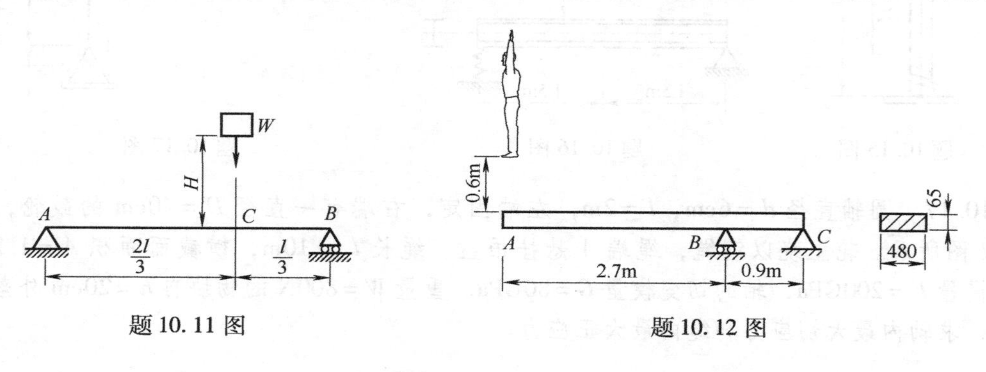

题10.11图　　题10.12图

10.12　题 10.12 图示重 700N 的运动员从 0.6m 高处落在跳板 A 端，跳板的横截面为 480mm × 65mm 的矩形，木板的弹性模量 $E = 12\text{GPa}$。假设运动员的腿不弯曲，试求：(1) 跳板中的最大弯曲正应力；(2) A 端的最大位移。

10.13　题 10.13 图示重量为 W 的重物自由下落在刚架上，设刚架的抗弯刚度 EI 及弯曲截面系数 W_z 为已知，试求刚架内的最大正应力。(忽略轴力)

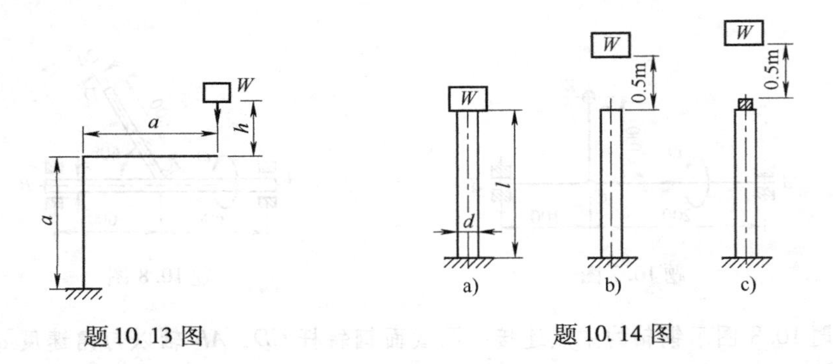

题 10.13 图　　题 10.14 图

10.14　直径 $d = 30\text{cm}$、长 $l = 6\text{m}$ 的圆木桩，下端固定，上端受 $W = 2\text{kN}$ 的重锤作用，如题 10.14 图所示。木材的弹性模量 $E_1 = 10\text{GPa}$。求下列三种情况下，木桩内的最大正应力。(1) 重锤以静载荷的方式作用于木桩上；(2) 重锤从离桩顶 0.5m 的高度自由落下；(3) 在桩顶放置直径为 15cm、厚为 40mm 的橡皮垫，橡皮的弹性模量 $E_2 = 8\text{MPa}$。重锤也是从离橡皮垫顶面 0.5m 的高度自由落下。

10.15　题 10.15 图示钢杆的下端有一固定圆盘，盘上放置弹簧。弹簧在 1kN 的静载荷作用下缩短 0.0625cm。钢杆的直径 $d = 4\text{cm}$，杆长 $l = 4\text{m}$，许用应力 $[\sigma] = 120\text{MPa}$，材料的弹性模量 $E = 200\text{GPa}$。若有重为 15kN 的重物自由落下，求其许可的高度 H。又若没有弹簧，则许可高度 H 将为何值？

10.16　题 10.16 图示 16 号工字钢左端铰支，右端置于螺旋弹簧上。弹簧的刚度系数为 80kN/m。梁的许用应力 $[\sigma] = 160\text{MPa}$，弹性模量 $E = 200\text{GPa}$。今有重量 $W = 4\text{kN}$ 的重物从梁的跨度中点上方自由落下，试求其许可高度。

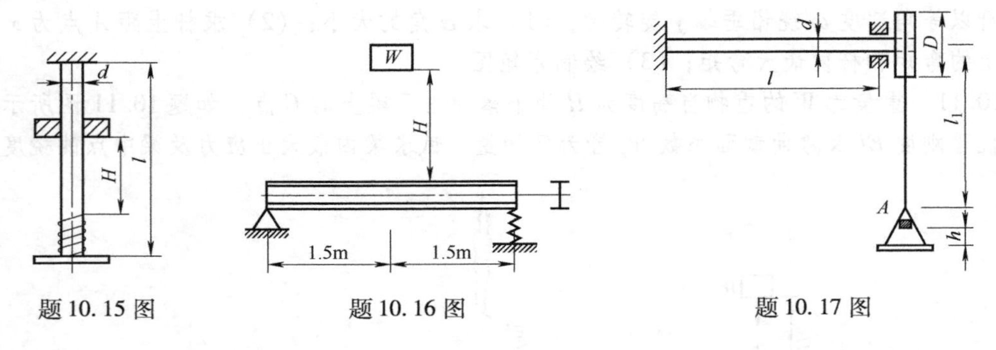

题 10.15 图　　题 10.16 图　　题 10.17 图

10.17　圆轴直径 $d = 6\text{cm}$，$l = 2\text{m}$，左端固定，右端有一直径 $D = 40\text{cm}$ 的鼓轮，如题 10.17 图所示。轮上绕以钢绳，绳端 A 悬挂吊盘。绳长 $l_1 = 10\text{m}$，横截面面积 $A = 1.2\text{cm}^2$，弹性模量 $E = 200\text{GPa}$，轴的切变模量 $G = 80\text{GPa}$。重量 $W = 800\text{N}$ 的物块自 $h = 20\text{cm}$ 外落于吊盘上，求轴内最大切应力和绳内最大正应力。

10.18　题10.18图示钢吊索的下端悬挂一重量 $W=25\text{kN}$ 的重物，并以速度 $v=100\text{cm/s}$ 下降。当吊索长 $l=20\text{m}$ 时，滑轮突然被卡住。试求吊索受到的冲击载荷 F_d。设钢吊索的横截面面积 $A=4.14\text{cm}^2$，弹性模量 $E=170\text{GPa}$，滑轮和吊索的质量可略去不计。（注：本题属超纲题，下面给出详解）

解：式（10.5）不能用于现在的问题，因为导出式（10.5）时，假设冲击前受冲构件并无应力和变形。在当前的问题中，钢索在受冲击前就已有应力和变形，并储存了应变能。若以 Δ_{st} 表示冲击开始时的变形，Δ_d 表示冲击结束时钢索的总伸长（Δ_d 内包括了 Δ_{st} 如题10.18图所示），冲击开始时整个系统的能量为

$$\frac{1}{2}\frac{W}{g}v^2+W(\Delta_d-\Delta_{st})+\frac{1}{2}k\Delta_{st}^2$$

上式中的第一项为冲击物的动能，第二项为冲击物相对它的最低位置的势能，第三项为钢索的变形能。冲击结束时，动能及势能皆为零，只剩下钢索的变形能 $\frac{1}{2}k\Delta_d^2$。由能量守恒定律得

$$\frac{1}{2}\frac{W}{g}v^2+W(\Delta_d-\Delta_{st})+\frac{1}{2}k\Delta_{st}^2=\frac{1}{2}k\Delta_d^2$$

以 $k=\frac{W}{\Delta_{st}}$ 代入上式，经简化后得出

$$\Delta_d^2-2\Delta_{st}\Delta_d+\Delta_{st}^2\left(1-\frac{v^2}{g\Delta_{st}}\right)=0$$

解出

$$\Delta_d=\left(1+\sqrt{\frac{v^2}{g\Delta_{st}}}\right)\Delta_{st}$$

故动荷因数为

$$K_d=1+\sqrt{\frac{v^2}{g\Delta_{st}}}=1+\sqrt{\frac{v^2}{g}\frac{EA}{Wl}}$$

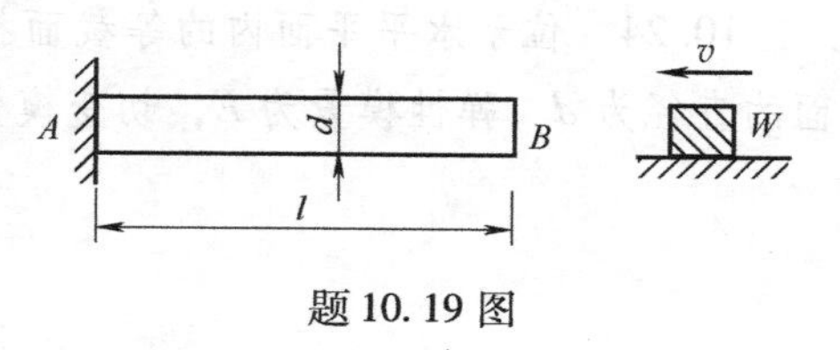

题10.18图

把给出的数据代入上式后，求得

$$K_d=4.79$$

$$F_d=K_d\cdot W=(4.79\times25)\text{kN}\approx120\text{kN}$$

10.19　长 $l=400\text{mm}$、直径 $d=12\text{mm}$ 的圆截面直杆，在 B 端受到水平方向的轴向冲击，如题10.19图所示。已知 AB 杆材料的弹性模量 $E=210\text{GPa}$，冲击时冲击物的动能为 $2000\text{N}\cdot\text{mm}$。在不考虑杆的质量的情况下，试求杆内的最大冲击正应力。

题10.19图

10.20　重量 $W=2\text{kN}$ 的冰块，以 $v=1\text{m/s}$ 的速度沿水平方向冲击在木桩的上端，如题10.20图所示。木桩长 $l=3\text{m}$，直径 $d=200\text{mm}$，弹性模量 $E=11\text{GPa}$。试求木桩在危险点处的最大冲击正应力。（不计木桩自重）

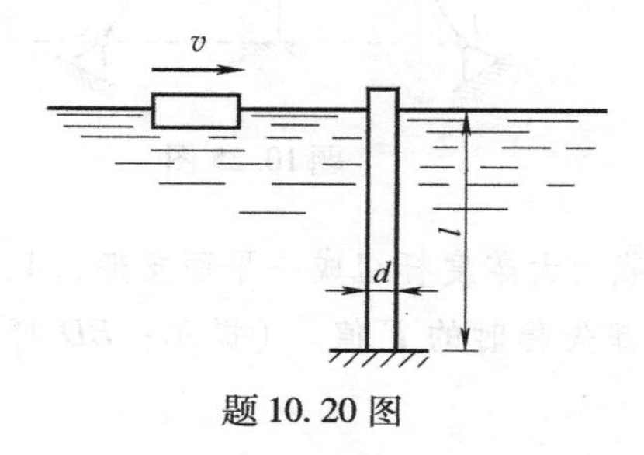

题10.20图

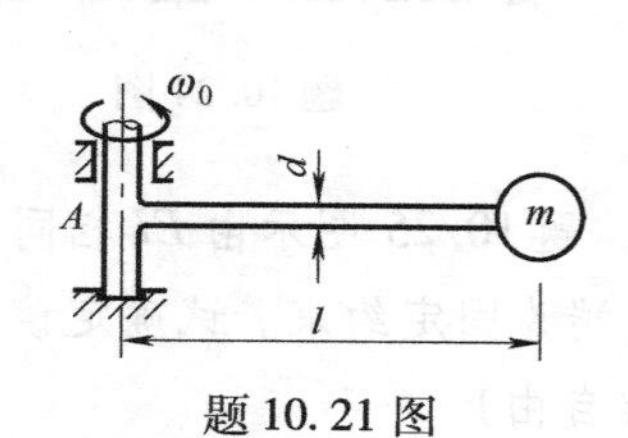

题10.21图

10.21　如题10.21图所示，直径为d的圆杆一端固结有质量为m的重物，A端绕铅垂轴线以匀角速度ω_0在水平面内转动，杆的弹性模量E为已知。若杆的A端突然停止转动，试求杆内的最大正应力。（忽略杆的重量及杆内的轴力）

10.22　题10.22图示立柱承受偏心拉力F和扭矩M_e的联合作用，在直径AB的纵向两侧面各贴一纵向应变片a和b，测得$\varepsilon_a=520\times10^{-6}$，$\varepsilon_b=-9.5\times10^{-6}$，已知$d=100$mm，$M_e=3.93$kN·m，$E=200$GPa，$[\sigma]=120$MPa。求：(1) 拉力$F$和偏心距$e$；(2) 按第三强度理论校核强度。

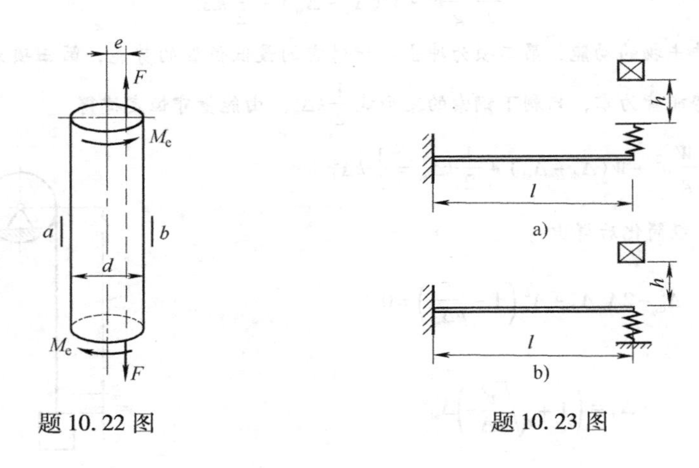

题10.22图　　　　题10.23图

10.23　相同两梁，受自由落体冲击如题10.23图所示，已知弹簧刚度为$k=\dfrac{3EI}{l^3}$。设h远大于受冲点静变形，动荷因数可近似用式$k_d=\sqrt{\dfrac{2h}{\Delta_{st}}}$计算。求图示两种情形下的动荷因数之比及最大动应力之比。

10.24　位于水平平面内的等截面折杆，其受力情况如题10.24图所示。已知折杆横截面的直径为d，弹性模量为E，切变模量为G，且有$G=0.4E$。试求D点的竖直位移。

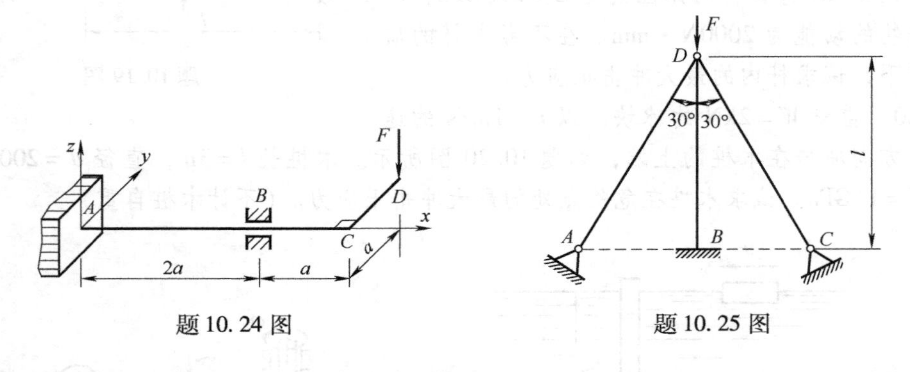

题10.24图　　　　题10.25图

10.25　题10.25图示由EI相同的三根圆截面大柔度杆组成一平面支架，A、C、D三点为球铰，B端为固定约束。试确定该支架因局部失稳时的F值。（提示：BD杆应视为为一端固定一端自由）

10.26　题10.26图示结构中，C、D处均为球铰。刚架ABC的横截面对其中性轴的惯性矩 $I=7114.14\text{cm}^4$，弯曲截面系数 $W=508\text{cm}^3$，杆CD为圆截面杆，直径 $d=40\text{mm}$，二者材料相同，弹性模量 $E=200\text{GPa}$，许用应力 $[\sigma]=160\text{MPa}$，若 $l=1\text{m}$，$n_{st}=3$，杆CD为大柔度杆。试确定许用载荷 $[M_e]$。

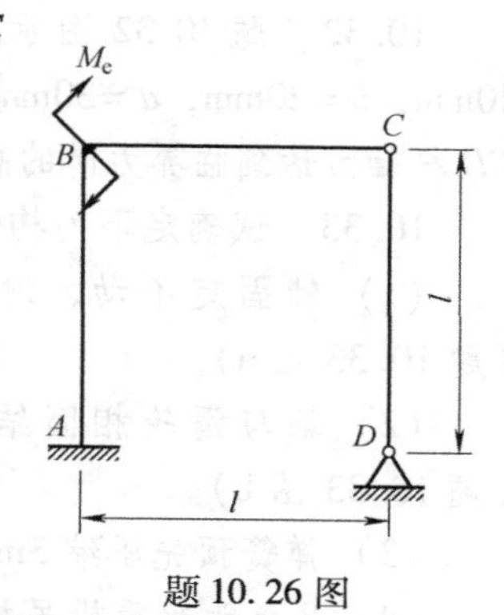

题10.26图

10.27　题10.27图示结构中AB和BC均为正方形截面，其边长分别为 a 和 $a/3$。已知：$l=5a$，两杆材料相同，弹性模量为 E。设材料能采用欧拉公式的临界柔度为100，试求BC杆失稳时均布载荷 q 的临界值。

10.28　圆截面外伸梁ABC与直杆CD在C处铰接，如题10.28图所示。已知，外伸梁的直径 $D=50\text{mm}$，竖直杆的直径 $d=5\text{mm}$，$l=1\text{m}$，梁与杆的材料相同，弹性模量 $E=200\text{GPa}$。现有一重物 $W=500\text{N}$，在离C点 $h=30\text{mm}$ 处自由落下。试求：(1) 直杆内的最大拉应力；(2) 梁内的最大弯曲正应力。

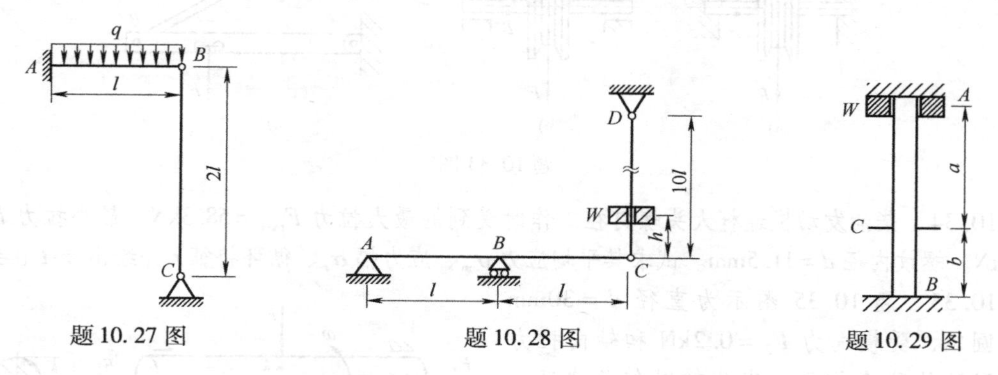

题10.27图　　题10.28图　　题10.29图

10.29　题10.29图示重物W自A处自由落下，冲击在C处。若 $a=2b$，且ABC的抗拉(压)刚度为EA，试求杆中最大的冲击应力 $\sigma_{d\max}$。

10.30　题10.30图示重量为W的重物自高为h处自由下落，冲击于薄壁圆环顶点A处，已知EI为常数。求A点受冲击时的最大位移。

10.31　题10.31图示开口圆环的弯曲刚度为EI，比重为 γ，截面直径为 d，B端与刚性杆AB相连，AB绕通过A点的铅垂轴以等角速度 ω 水平转动，只计弯矩的影响，求C点的径向位移。

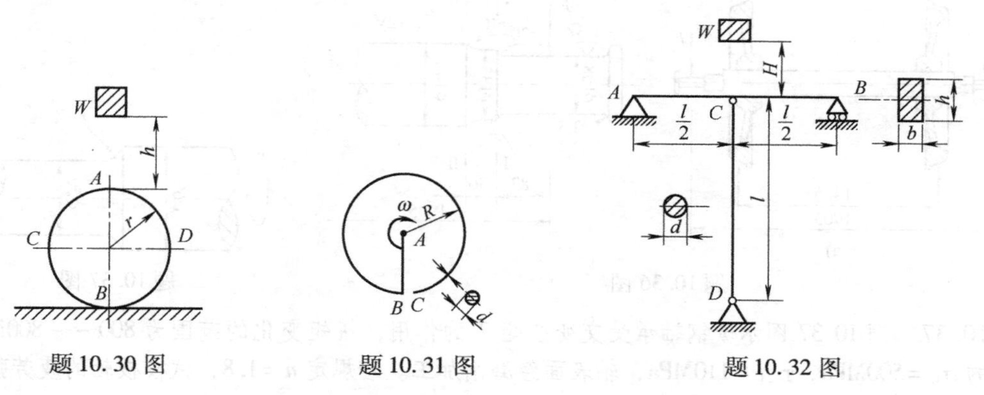

题10.30图　　题10.31图　　题10.32图

10.32　题10.32图示梁AB和杆CD均由Q235钢制成，$E=200\text{GPa}$，$l=1000\text{mm}$，$h=40\text{mm}$，$b=20\text{mm}$，$d=30\text{mm}$，重物$W=2\text{kN}$，自高度H处自由落在AB梁中点，试求：(1) 使CD杆轴力达到临界力时的高度H（CD杆视为大柔度杆）；(2) 此时梁内的最大动应力$\sigma_{d\max}$。

10.33　试确定下列构件中B点的应力循环特征r。

(1) 轴固定不动，滑轮绕轴转动，滑轮上作用有大小和方向均保持不变的铅垂力(题10.33图a)。

(2) 轴与滑轮相固结并一起旋转，滑轮上作用有大小和方向均保持不变的铅垂力(题10.33图b)。

(3) 弹簧预先压缩3mm，然后作幅度为2mm的振动，B点为簧杆表面上的任意点。

(4) B点为起重机吊杆AB上的任意点（题10.33图c)。

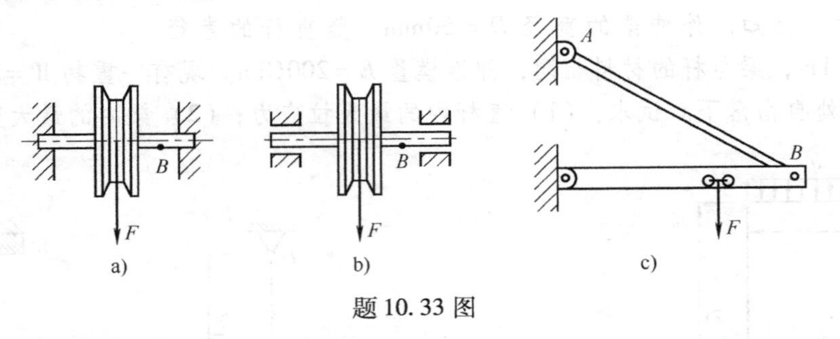

题10.33图

10.34　柴油发动机连杆大头螺钉在工作时受到的最大拉力$F_{\max}=58.3\text{kN}$，最小拉力$F_{\min}=55.8\text{kN}$。螺纹内径$d=11.5\text{mm}$。试求其平均应力σ_m、应力幅σ_a、循环特征r并绘出σ-t曲线。

10.35　题10.35图示为直径$d=30\text{mm}$的钢圆轴，受横向力$F_2=0.2\text{kN}$和轴向拉力$F_1=5\text{kN}$的联合作用。当此轴以匀角速度ω转动时，试绘出跨中表面上k点处的正应力随时间变化的σ-t曲线，并计算其循环特征r、应力幅σ_a和平均应力σ_m。

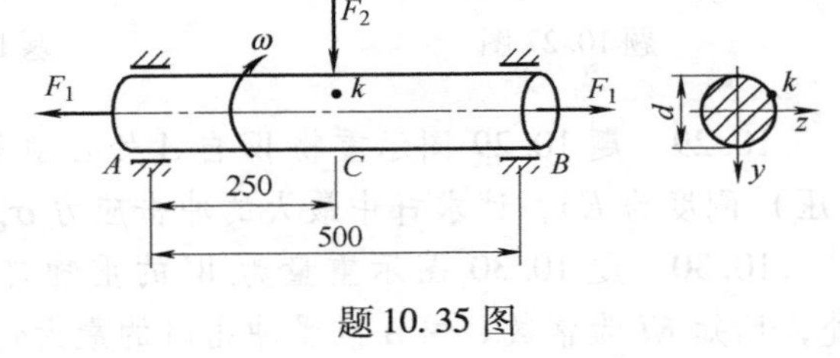

题10.35图

10.36　题10.36图示货车轮轴两端载荷$F=110\text{kN}$，材料为车轴钢，$\sigma_b=500\text{MPa}$，$\sigma_{-1}=240\text{MPa}$，规定安全因数$n=1.5$。试校核Ⅰ-Ⅰ和Ⅱ-Ⅱ截面的疲劳强度。

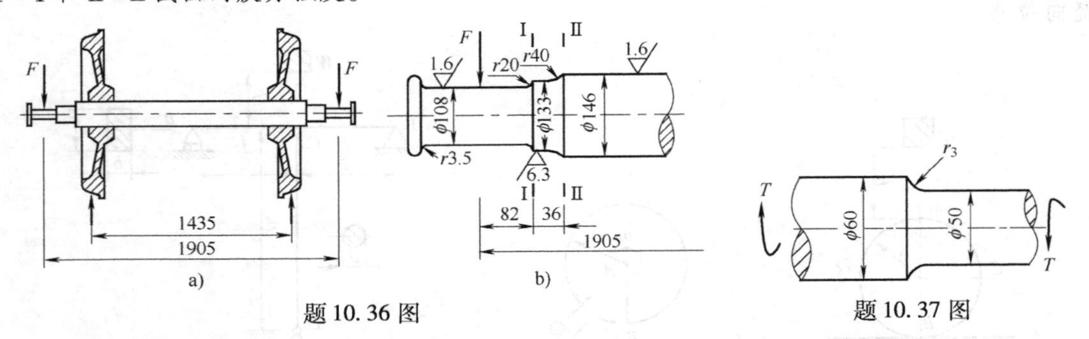

题10.36图　　题10.37图

10.37　题10.37图示碳钢轴承受交变扭矩T的作用，扭矩变化的范围为800～-800N·m，材料的$\sigma_b=500\text{MPa}$，$\tau_{-1}=110\text{MPa}$，轴表面经磨削加工。若规定$n=1.8$，试校核轴的疲劳强度。

第 11 章 扭转与弯曲问题的进一步探讨

11.1 非圆截面杆扭转的概念

前面我们讨论了圆截面直杆扭转时的应力和变形特征，但工程中也有一些受扭杆件并非是圆截面，如柴油机曲轴的曲柄承受扭转，而其横截面是矩形的。

取一横截面为矩形的直杆，在其侧面上画上纵向线和横向周界线（图 11.1a），扭转变形后发现横向周界线已变成空间曲线（图 11.1b）。这表明变形后杆的横截面已不再保持为平面，这种现象称为**翘曲**。这样，平面假设对非圆截面杆件的扭转已不再适用。因此，等直圆杆在扭转时的计算公式就不能应用到非圆截面杆的扭转问题中。对于这类问题，只能用弹性力学的方法求解。

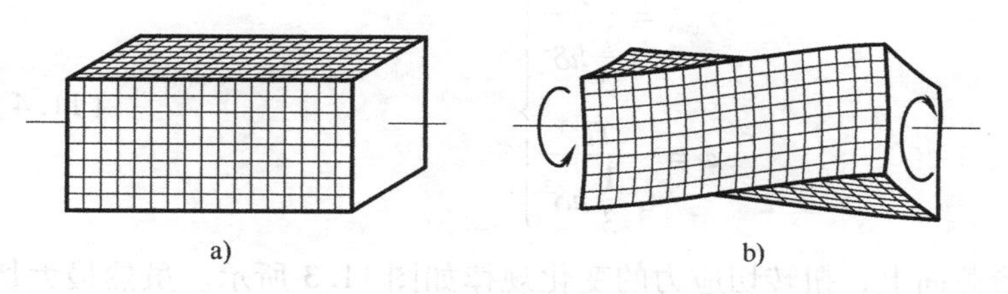

图 11.1

等直非圆截面杆在扭转时横截面上虽将发生翘曲，但当等直杆在两端受外力偶作用，且端面可以自由翘曲时，其相邻两横截面的翘曲程度完全相同，横截面上仍然是只有切应力而无正应力。若杆的两端受到约束而不能自由翘曲，则其相邻横截面的翘曲程度不同，这将在横截面上引起附加的正应力。前一种情况称为**自由扭转**，后一种则称为**约束扭转**。由约束扭转所引起的附加正应力，在一般实体截面杆中通常很小，可略去不计。但在薄壁杆件中，这一附加正应力则成为不能忽略的量。本节仅简单介绍矩形及狭长矩形截面的等直杆在自由扭转时弹性力学的结果。

对矩形截面杆自由扭转时的情况，横截面上的切应力分布如图 11.2 所示。边缘各点的切应力与边界相切，四个角点上切应力等于零。最大切应力发生于矩形长边的中点，且按下列公式计算：

$$\tau_{\max} = \frac{T}{\alpha h b^2} \tag{11.1}$$

式中，α 是一个与比值 h/b 有关的系数，其数值已列入表 11.1 中。短边中点的切应力 τ_1 是短边上最大切应力，可按以下公式计算：

$$\tau_1 = \nu\tau_{\max} \tag{11.2}$$

式中，$\tau_{\max}$是长边中点的是大切应力；系数 ν 与比值 h/b 有关，已列入表 11.1 中。杆件两端相对扭转角 φ 的计算公式是

$$\varphi = \frac{Tl}{G\beta hb^3} = \frac{Tl}{GI_t} \tag{11.3}$$

式中

$$GI_t = G\beta hb^3$$

称为矩形截面杆件的扭转刚度。β 也是与比值 h/b 有关的系数，并已列入表 11.1 中。

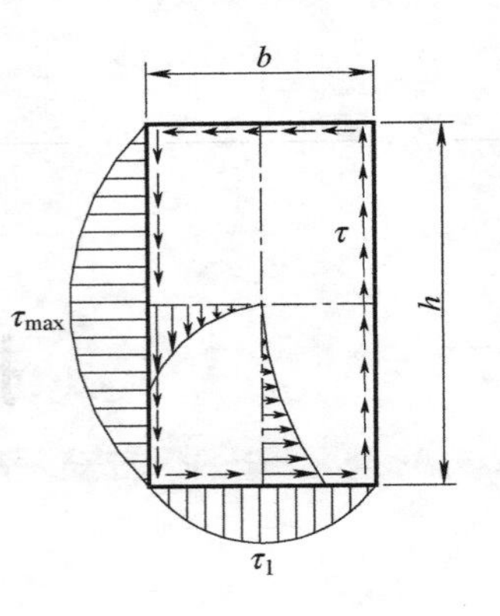

图 11.2

表 11.1 矩形截面杆扭转时的系数 α、β 和 ν

h/b	1.0	1.2	1.5	2.0	2.5	3.0	4.0	6.0	8.0	10.0	∞
α	0.208	0.219	0.231	0.246	0.258	0.267	0.282	0.299	0.307	0.313	0.333
β	0.141	0.166	0.196	0.229	0.249	0.263	0.281	0.299	0.307	0.313	0.333
ν	1.000	0.930	0.858	0.796	0.767	0.753	0.745	0.743	0.743	0.743	0.743

当$\dfrac{h}{b}>10$ 时，截面成狭长矩形。这时 $\alpha=\beta\approx\dfrac{1}{3}$。如以 δ 表示狭长矩形的短边长度，则式（11.1）和式（11.3）化为

$$\left.\begin{aligned}\tau_{\max} &= \frac{T}{\frac{1}{3}h\delta^2}\\ \varphi &= \frac{Tl}{G\frac{1}{3}h\delta^3}\end{aligned}\right\} \tag{11.4}$$

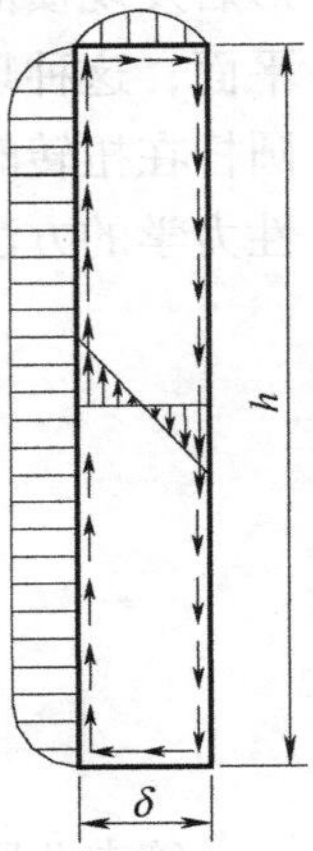

在狭长矩形截面上，扭转切应力的变化规律如图 11.3 所示。虽然最大切应力在长边中点，但沿长边各点的切应力实际上变化不大，接近相等，在靠近短边处才迅速减小为零。

图 11.3

例 11.1 一矩形截面的等直钢杆，其横截面尺寸 $h=100\text{mm}$，$b=50\text{mm}$，长度 $l=2\text{m}$，钢杆所受扭矩 $T=4000\text{N}\cdot\text{m}$，钢的许用切应力 $[\tau]=100\text{MPa}$，切变模量 $G=80\text{GPa}$，单位长度许可扭转角 $[\varphi']=1(°)/\text{m}$，试校核此杆的强度和刚度。

解： 由截面尺寸求得

$$\frac{h}{b}=\frac{100}{50}=2.0$$

由表 11.1 可查得 $\alpha=0.246$，$\beta=0.229$。由式（11.1）和式（11.3）可知

$$\tau_{\max}=\frac{T}{\alpha hb^2}=\frac{4000}{0.246\times100\times50^2\times10^{-9}}\text{Pa}=65.04\text{MPa}<[\tau]$$

$$\varphi'=\frac{\varphi}{l}=\frac{T}{G\beta hb^3}=\frac{4000}{80\times10^9\times0.229\times100\times50^3\times10^{-12}}\text{rad/m}$$

$$=0.01747\text{rad/m}=1(°)/\text{m}=[\varphi']$$

以上结果表明，此杆满足强度条件和刚度条件。

11.2 薄壁杆件的自由扭转

薄壁杆件是指其截面壁厚远小于截面其他两个尺寸（高和宽）的构件。若薄壁截面的壁厚中线是一条不封闭的折线或曲线（图 11.4），则称之为**开口薄壁杆件**；若薄壁截面的壁厚中线是一条封闭折线或曲线（图 11.5），则称之为**闭合薄壁杆件**。薄壁杆件以其重量轻、节约材料和符合应力分布的合理截面形状等优点，在工程中被广泛使用。本节将讨论开口和闭口薄壁杆件的自由扭转。

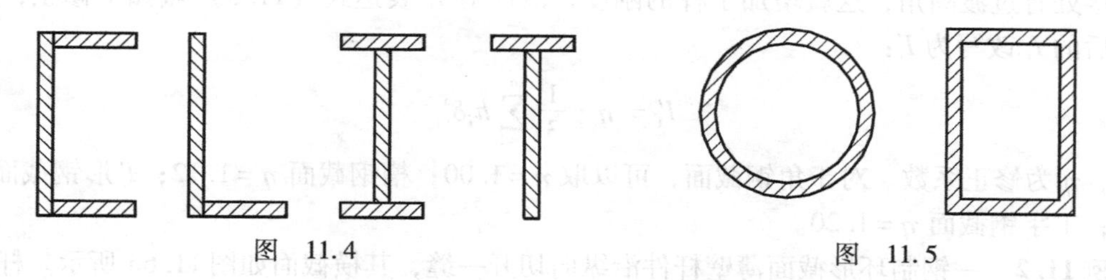

图 11.4　　　　图 11.5

1. 开口薄壁杆件的自由扭转

如图 11.4 所示，开口薄壁截面可以看成若干狭长的矩形所组成的组合截面。根据杆在扭转时横截面的变形情况，对其截面在自由扭转时的应力和变形做如下假设：杆件扭转后，横截面周线虽然在杆表面上变成曲线，但在其变形前平面上的投影形状仍保持不变，亦即就横截面的投影来说，它在杆件扭转时将做刚性转动。当开口薄壁杆沿杆长每隔一定距离有加筋板时，上述假设基本上和实际变形情况符合。由此假设得知，在杆扭转后，组合截面的各组成部分的扭转角与整个截面的扭转角 φ 相同，于是，由变形协调条件

$$\varphi_1 = \varphi_2 = \cdots = \varphi_n = \varphi \tag{a}$$

式中，$\varphi_i(i=1,2,\cdots,n)$ 代表组合截面中每一组成部分的扭转角。由式（11.3）可得

$$\frac{T_1 l}{GI_{t1}} = \frac{T_2 l}{GI_{t2}} = \cdots = \frac{T_n l}{GI_{tn}} = \frac{Tl}{GI_t} \tag{b}$$

式中，I_{ti} 和 $T_i(i=1,2,\cdots,n)$ 分别代表组合截面中每组成部分的相当极惯性矩和其上的扭矩；而 I_t 和 T 则分别代表整个组合截面的上述有关值。再由合力矩和分力矩的静力关系，可得

$$T = T_1 + T_2 + \cdots + T_n = \sum_{i=1}^{n} T_i \tag{c}$$

由式（b）和式（c）不难推出

$$I_t = I_{t1} + I_{t2} + \cdots + I_{tn} = \sum_{i=1}^{n} I_{ti} \tag{d}$$

对于开口薄壁截面，每一组成部分皆为狭长矩形，且长边远大于短边，则由表 11.1 可得

$$I_t = \sum_{i=1}^{n} I_{ti} = \frac{1}{3}\sum_{i=1}^{n} h_i \delta_i^3 \tag{11.5}$$

设每一组成矩形的最大切应力为 $\tau_{\max i}$，由式（11.4）及式（b）可得

$$\tau_{\max i}=\frac{T_i}{\frac{1}{3}h_i\delta_i^2}=\frac{T_i\delta_i}{I_{ti}}=\frac{T\delta_i}{I_t} \tag{e}$$

由式（e）可见，该组合截面上的最大切应力将发生在厚度为 $\delta_{\max}$ 的那个组成部分的长边处，其值为

$$\tau_{\max}=\frac{T\delta_{\max}}{I_t}=\frac{T\delta_{\max}}{\frac{1}{3}\sum_{i=1}^{n}h_i\delta_i^3} \tag{11.6}$$

在计算用型钢制成的等直杆扭转变形时，由于实际型钢截面的翼缘部分是变厚度的，且在连接处有过渡圆角，这就增加了杆的刚度，故应对 I_t 表达式（11.5）做如下修正，并将修正后的 I_t 改写为 I_t'：

$$I_t'=\eta\cdot\frac{1}{3}\sum_{i=1}^{n}h_i\delta_i^3$$

式中，η 为修正系数。对于角钢截面，可以取 $\eta=1.00$；槽钢截面 $\eta=1.12$；T 形钢截面 $\eta=1.15$；工字钢截面 $\eta=1.20$。

例 11.2　一钢制环形截面薄壁杆件沿纵向切开一缝，其横截面如图 11.6a 所示。杆在两端受一对扭转力偶 $T=30\text{N}\cdot\text{m}$ 的作用。已知圆环的平均直径 $d_0=40\text{mm}$，壁厚 $\delta=2\text{mm}$；钢的切变模量 $G=80\text{GPa}$。试计算横截面上的最大切应力和单位长度扭转角。若此杆无纵向切缝，再做应力和变形计算，并比较两种情况下的结果。

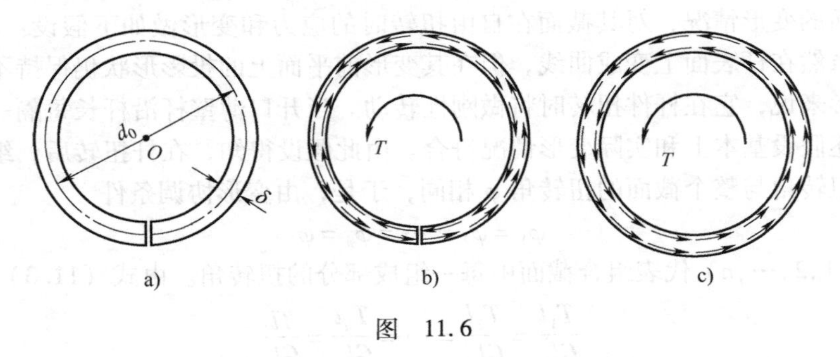

图　11.6

解：先计算杆有纵向切缝的情况。此时杆已成为开口环形薄壁截面杆。在计算 I_t 时，可将它展开为一狭长矩形截面来处理。

由式（11.5）可得

$$I_t=\frac{1}{3}h\delta^3=\frac{1}{3}(\pi d_0)\delta^3=\left(\frac{1}{3}\pi\times40\times2^3\times10^{-12}\right)\text{m}^4=3.35\times10^{-10}\text{m}^4$$

由式（11.6）可得

$$\tau_{\max}=\frac{T\delta_{\max}}{I_t}=\frac{30\times2\times10^{-3}}{3.35\times10^{-10}}\text{Pa}=179\text{MPa}$$

由式（11.3）可得

$$\varphi'=\frac{\varphi}{l}=\frac{T}{GI_t}=\frac{30}{80\times10^9\times3.35\times10^{-10}}\text{rad/m}=1.12\text{rad/m}$$

对于没有纵向切缝隙的情况，杆件可按照 3.5 节和 4.3 节中空心圆截面杆件扭转的精确

理论计算其最大切应力和单位长度扭转角。显见，环形截面的内、外径分别为

$$D = d_0 + \delta = (40 + 2)\,\text{mm} = 42\text{mm}$$

$$d = d_0 - \delta = (40 - 2)\,\text{mm} = 38\text{mm}$$

$$\alpha = \frac{d}{D} = 0.905$$

由式（3.12）可得最大切应力为

$$\tau_{\max} = \frac{T}{W_p} = \frac{30}{\dfrac{\pi \times 0.042^3}{16}(1 - 0.905^4)}\text{Pa} = 6.26\text{MPa}$$

由式（4.7）可得单位长度扭转角为

$$\varphi' = \frac{T}{GI_p} = \frac{30}{80 \times 10^9 \times \dfrac{\pi \times 0.042^4}{32} \times (1 - 0.905^4)}\text{rad/m} = 3.73 \times 10^{-3}\text{rad/m}$$

与前面的结果比较可知，环形截面杆若沿其纵向有一切缝，则应力和变形的数值将大大增加。在本例题中，切应力和单位长度扭转角因有纵向切缝而分别增大约 29 倍和 300 倍。两种情况下切应力沿壁厚的变化规律和指向也各不相同，分别表示于图 11.6b、c 中。

由此例可见，环形截面杆受扭时，一旦出现纵向贯穿壁厚的裂纹，杆就丧失了其原有的承载能力而导致骤然破坏。

2. 闭合薄壁杆件的自由扭转

关于闭口薄壁杆件，仅讨论横截面只有内外两个边界的单孔管状杆件（图 11.7a）。杆件壁厚 δ 沿截面中线是变化的，但与杆件的其他尺寸相比总是很小的，因此可认为切应力沿壁厚 δ 是均匀分布的。

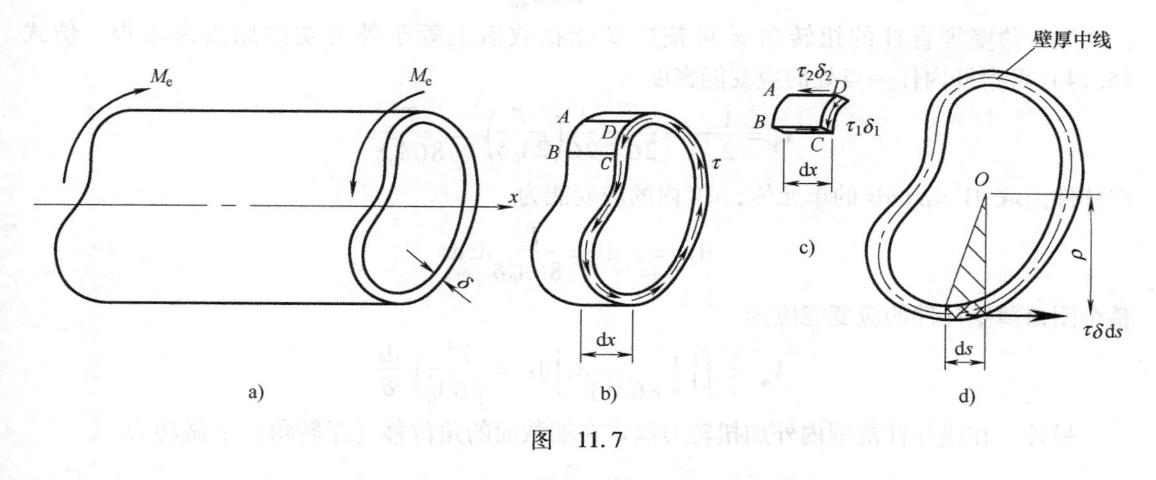

图　11.7

取长为 $\mathrm{d}x$ 的一段杆，再用两个与壁厚中线正交的纵截面从杆壁中取出小块 $ABCD$，如图 11.7c 所示。设横截面上 C、D 两点处的切应力分别为 τ_1 和 τ_2，而壁厚分别为 δ_1 和 δ_2。根据切应力互等定理，在上下两纵截面上应分别有切应力 τ_1 和 τ_2（图 11.7c）。由平衡方程

$$\sum F_x = 0,\quad \tau_1\delta_1\mathrm{d}x - \tau_2\delta_2\mathrm{d}x = 0$$

或

$$\tau_1\delta_1=\tau_2\delta_2$$

由于所取的两纵截面是任意选择的，故此式说明，横截面沿其周线的任一点处的切应力 τ 与该点处壁厚 δ 之乘积为一常数，即

$$\tau\delta=\text{常数}$$

为找出横截面上的切应力 τ 与扭矩 T 之间的关系，沿壁厚中线取长为 $\mathrm{d}s$ 的微弧，在此弧上的内力元素为 $\tau\delta\mathrm{d}s$（图 11.7d），其方向与壁厚中线相切。它对横截面平面内任一点的矩为

$$\mathrm{d}T=(\tau\delta\mathrm{d}s)\cdot\rho$$

式中，ρ 为从矩心到内力元素 $\tau\delta\mathrm{d}s$ 作用线的垂直距离。而整个截面上内力对 O 点的矩即为截面上的扭矩，于是有

$$T=\int_s(\tau\delta\mathrm{d}s)\cdot\rho=\tau\delta\int_s\rho\mathrm{d}s$$

由图 11.7d 可知，$\rho\mathrm{d}s$ 是图中阴影三角形面积的两倍，故此乘积沿壁厚中线全长 s 的积分应是该中线所围成的面积 A_0 的两倍。由上式

$$T=\tau\delta\cdot 2A_0$$

或

$$\tau=\frac{T}{2A_0\delta} \tag{11.7}$$

这就是闭合薄壁截面等直杆在自由扭转时横截面上任一点处切应力的计算公式。式中的扭矩 T 可用截面法从外力偶矩 M_e 求得。由式（11.7）可知，最大切应力应发生在壁厚最薄处，即

$$\tau_{\max}=\frac{T}{2A_0\delta_{\min}} \tag{11.8}$$

闭合薄壁等直杆的扭转角 φ 可按应变能在数值上等于外力功的原理来求得。仿式（5.14）可得杆内任一点处的应变能密度为

$$v_\gamma=\frac{1}{2}\tau\gamma=\frac{\tau^2}{2G}=\frac{1}{2G}\left(\frac{T}{2A_0\delta}\right)^2=\frac{T^2}{8GA_0^2\delta^2}$$

在杆件内取 $\mathrm{d}V=\delta\mathrm{d}x\mathrm{d}s$ 的单元体，$\mathrm{d}V$ 内的应变能为

$$\mathrm{d}V_\gamma=v_\gamma\mathrm{d}V=\frac{T^2}{8GA_0^2\delta}\mathrm{d}x\mathrm{d}s$$

整个闭口薄壁杆件的应变能应为

$$V_\gamma=\int_l\left[\int_s\frac{T^2}{8GA_0^2\delta}\mathrm{d}s\right]\mathrm{d}x=\frac{T^2l}{8GA_0^2}\int_s\frac{\mathrm{d}s}{\delta}$$

另外，在线弹性范围内外加扭转力偶矩在端截面的角位移（扭转角）上做功为

$$W=\frac{1}{2}T\varphi$$

由功能原理 $V_\gamma=W$，便可求得

$$\varphi=\frac{Tl}{4GA_0^2}\int_s\frac{\mathrm{d}s}{\delta} \tag{11.9}$$

若杆件的壁厚 δ 不变，上式化为

$$\varphi = \frac{TlS}{4GA_0^2\delta} \tag{11.10}$$

式中，S 是截面中线长度。

例 11.3　一环形截面杆和一正方箱形截面杆分别如图 11.8a、b 所示，两杆的材料相同，长 l、壁厚 δ 和横截面面积亦均相同。若作用在杆端的扭转力偶也相同，试求两杆切应力的比和扭转角的比。

解： 由式（11.7）和式（11.10）可知，环形截面与箱形截面上的切应力之比和两杆扭转角之比为

$$\left.\begin{aligned}
\frac{\tau_1}{\tau_2} &= \frac{\dfrac{T}{2A_{01}\delta}}{\dfrac{T}{2A_{02}\delta}} = \frac{A_{02}}{A_{01}} \\
\frac{\varphi_1}{\varphi_2} &= \frac{\dfrac{TlS_1}{4GA_{01}^2\delta}}{\dfrac{TlS_2}{4GA_{02}^2\delta}} = \left(\frac{A_{02}}{A_{01}}\right)^2 \frac{S_1}{S_2}
\end{aligned}\right\} \quad (*)$$

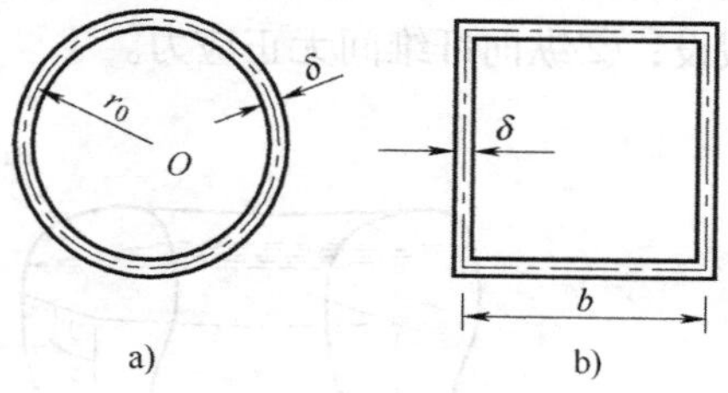

图　11.8

式中，τ_1、φ_1、A_{01} 和 S_1 分别表示环形截面杆的切应力、扭转角、壁厚中线所围成的面积和壁厚中线的全长；τ_2、φ_2、A_{02} 和 S_2 分别表示箱形截面杆的切应力、扭转角、壁厚中线所围成的面积和壁厚中线的全长。从式（$*$）可知，两杆的切应力之比和扭转角之比与壁厚中线所围成的面积和壁厚中线全长有关，为找到 A_{01} 和 A_{02}、S_1 和 S_2 的关系，先从两杆截面面积相等找出图中 r_0 和 b 的关系，由于

$$2\pi r_0\delta = 4b\delta$$

可得

$$b = \frac{\pi r_0}{2}$$

代入式（$*$）中有

$$\frac{\tau_1}{\tau_2} = \frac{A_{02}}{A_{01}} = \frac{b^2}{\pi r_0^2} = \frac{\left(\dfrac{r_0\pi}{2}\right)^2}{\pi r_0^2} = \frac{\pi}{4} = 0.785$$

$$\frac{\varphi_1}{\varphi_2} = \left(\frac{A_{02}}{A_{01}}\right)^2 \cdot \frac{S_1}{S_2} = \left(\frac{\pi}{4}\right)^2 \cdot \frac{2\pi r_0}{4b} = \left(\frac{\pi}{4}\right)^2 \cdot \frac{2\pi r_0}{2\pi r_0} = \left(\frac{\pi}{4}\right)^2 = 0.617$$

这两个比值说明：在本例题规定的一些条件下，与正方箱形截面杆相比，环形截面杆的抗扭性能较好。此处，箱形截面在内角处还有应力集中，若考虑到这一点，环形截面就更为有利了。

11.3 非对称弯曲

前面讨论的弯曲问题，要求梁有纵向对称面，且载荷都作用于这一对称面内，于是挠曲线也是这一对称面内的曲线。现在讨论梁无纵向对称面，或者虽有纵向对称面，但载荷并不在这个平面内的情况。

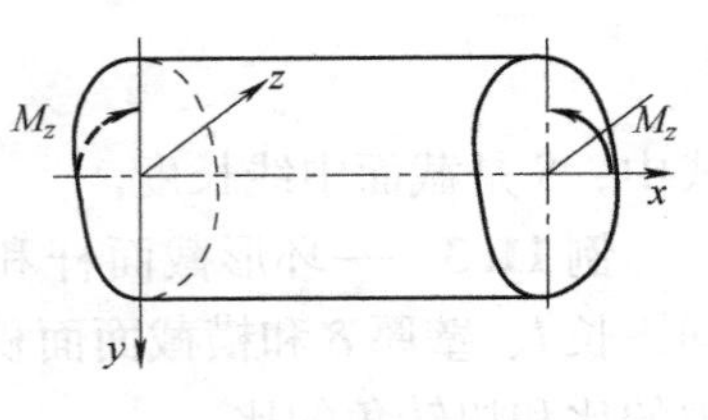

图 11.9

与3.6节类似，我们仍然从讨论纯弯曲问题入手。设梁的轴线为 x 轴，横截面上有通过形心的任意两根相互垂直的轴为 y 和 z（图11.9）。显然，y 和 z 并不一定是形心主惯性轴。可以认为两端的纯弯曲力矩在 xy 平面内，并将其记为 M_z。这并不影响问题的普遍性，因为作用于两端的弯曲力偶矩总可分解成分别在 xy 和 xz 两个平面中的力偶矩 M_z 和 M_y，这就可以先讨论 M_z 引起的应力，再讨论 M_y 的影响，然后将两者叠加。对当前讨论的纯弯曲问题，仍采用3.6节中提出的两个假设，即：①平面假设；②纵向纤维间无正应力。

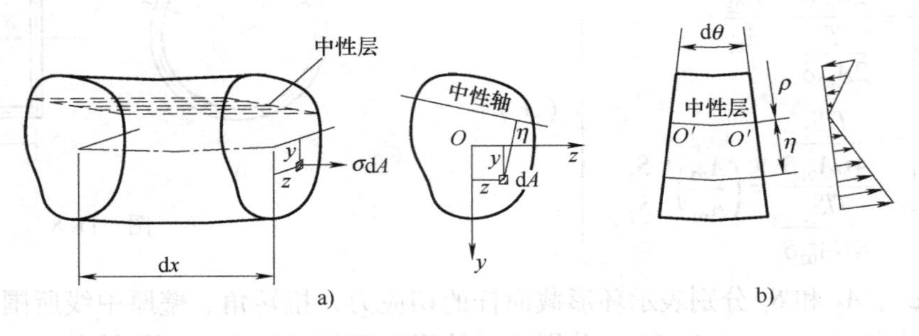

图 11.10

以相邻的两个横截面从梁中取出长为 dx 的微段，如图11.10a所示。图中画阴影线的曲面为中性层，它与横截面的交线为中性轴。根据平面假设，变形后两相邻横截面各自绕中性轴相对转动 $d\theta$ 角，并仍保持为平面。图11.10b表示垂直于中性轴的纵向平面，它与中性层的交线为 $O'O'$，ρ 为 $O'O'$ 的曲率半径。仿照3.7节中导出应变 ε 表达式的方法，可以求得距中性层为 η 的纤维的应变为

$$\varepsilon = \frac{(\rho+\eta)\,d\theta - \rho d\theta}{\rho d\theta} = \frac{\eta}{\rho} \tag{a}$$

所以，纵向纤维的应变 ε 与它到中性层的距离 η 成正比。当然，中性层的位置，亦即中性轴在截面上的位置，尚待确定。式（a）即为变形几何关系。

根据纵向纤维间无正应力的假设，各纵向纤维皆为单向拉伸或压缩。若应力不超过比例极限，按胡克定律

$$\sigma = E\cdot\varepsilon = E\cdot\frac{\eta}{\rho} \tag{b}$$

此即物理关系。它表明，横截面上一点的正应力与该点到中性轴的距离 η 成正比（图11.10b）。

现在列出静力关系。横截面上只有由微内力 σdA 组成的内力系，它是垂直于横截面的空间平行力系，与它相应的内力分量是轴力 F_N、弯矩 M_z 和 M_y，分别表示为

$$F_N = \int_A \sigma dA, \quad M_y = \int_A z\sigma dA, \quad M_z = \int_A y\sigma dA$$

横截面左侧的外力，只有 xy 平面中的弯曲力偶矩，且也把它记为 M_z。此外就别无其他外力。因此截面左侧梁段的平衡方程为

$$F_N = \int_A \sigma dA = 0 \tag{c}$$

$$M_y = \int_A z\sigma \mathrm{d}A = 0 \tag{d}$$

$$M_z = \int_A y\sigma \mathrm{d}A \tag{e}$$

将式（b）代入式（c）得

$$\int_A \sigma \mathrm{d}A = \frac{E}{\rho}\int_A \eta \mathrm{d}A = 0$$

因$\frac{E}{\rho}\neq 0$，故有$\int_A \eta \mathrm{d}A = 0$，这里$\eta$是$\mathrm{d}A$到中性轴的距离。这表明横截面$A$对中性轴的静矩等于零，中性轴必然通过截面形心。于是把图 11.10 中的中性轴改为图 11.11 所表示的位置。这样，连接各截面形心的轴线就在中性层内，长度不变。在横截面上，以θ表示y轴与中性轴的夹角，并且以逆时针方向为正，$\mathrm{d}A$到中性轴的距离η就可表示为

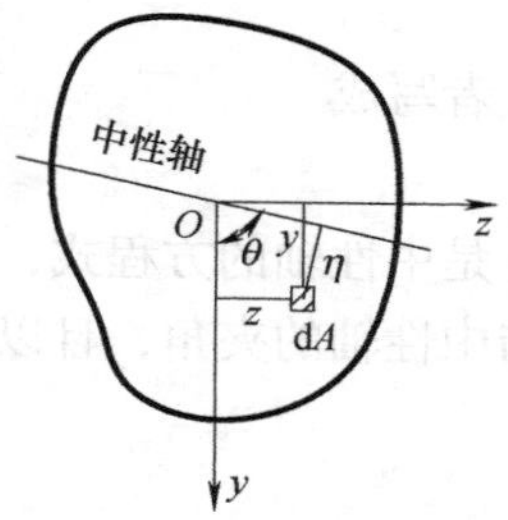

$$\eta = y\sin\theta - z\cos\theta$$

图　11.11

代入式（b）得

$$\sigma = \frac{E}{\rho}(y\sin\theta - z\cos\theta) \tag{f}$$

把式（f）代入平衡方程（d），得

$$M_y = \frac{E}{\rho}\left(\sin\theta\int_A yz\mathrm{d}A - \cos\theta\int_A z^2\mathrm{d}A\right) = \frac{E}{\rho}(I_{yz}\sin\theta - I_y\cos\theta) = 0 \tag{g}$$

由此求得

$$\tan\theta = \frac{I_y}{I_{yz}} \tag{11.11}$$

中性轴通过截面形心，y轴与它的夹角θ又可用上式确定，所以中性轴的位置就完全确定了。

把式（f）代入平衡方程（e），得

$$M_z = \frac{E}{\rho}\left(\sin\theta\int_A y^2\mathrm{d}A - \cos\theta\int_A yz\mathrm{d}A\right) = \frac{E}{\rho}(I_z\sin\theta - I_{yz}\cos\theta)$$

从式（f）和式（g）中消去$\frac{E}{\rho}$，得

$$\sigma = \frac{M_z(y\sin\theta - z\cos\theta)}{I_z\sin\theta - I_{yz}\cos\theta}$$

以$\cos\theta$除上式右边的分子和分母，并利用式（11.11）消去$\tan\theta$，整理后得

$$\sigma = \frac{M_z(I_y y - I_{yz}z)}{I_y I_z - I_{yz}^2} \tag{11.12}$$

这是只在xy平面内作用纯弯曲力偶矩M_z，且xy平面并非形心主惯性平面时，弯曲正应力的计算公式。这时，弯曲变形（挠度）发生于垂直于中性轴的纵向平面内，它与M_z的作用平面xy并不重合。

若只有xz平面内作用纯弯曲力偶矩M_y，则可用导出式（11.12）的同样方法，求得相应的正应力计算公式为

$$\sigma = \frac{M_y(I_z z - I_{yz}y)}{I_y I_z - I_{yz}^2} \tag{11.13}$$

最普遍的情况是在包含杆件轴线的任意纵向平面内，作用一对纯弯曲力偶矩。这时，可把这一力偶矩分解成作用于 xy 和 xz 两坐标平面内的 M_z 和 M_y，于是叠加式（11.12）和式（11.13），得相应的弯曲正应力为

$$\sigma = \frac{M_z(I_y y - I_{yz} z)}{I_y I_z - I_{yz}^2} + \frac{M_y(I_z z - I_{yz} y)}{I_y I_z - I_{yz}^2} \tag{11.14}$$

现在确定中性轴的位置。若以 y_0、z_0 表示中性轴上任一点的坐标，则因中性轴上各点的正应力等于零，如以 y_0、z_0 代入式（11.14），应有

$$\sigma = \frac{M_z(I_y y_0 - I_{yz} z_0)}{I_y I_z - I_{yz}^2} + \frac{M_y(I_z z_0 - I_{yz} y_0)}{I_y I_z - I_{yz}^2} = 0$$

或者写成

$$(M_z I_y - M_y I_{yz}) y_0 + (M_y I_z - M_z I_{yz}) z_0 = 0 \tag{h}$$

这是中性轴的方程式，表明中性轴是通过原点（截面形心）的一条直线，如以 θ 表示 y 轴与中性轴的夹角，且以逆时针方向为正，则由式（h）得

$$\tan\theta = \frac{z_0}{y_0} = -\frac{M_z I_y - M_y I_{yz}}{M_y I_z - M_z I_{yz}} \tag{11.15}$$

下面我们讨论两种特殊情况。

1）若只在 xy 平面内作用纯弯曲力偶矩 M_z，且 xy 平面为形心主惯性平面，即 y、z 轴为截面的形心主惯性轴，则因 $M_y = 0$，$I_{yz} = 0$，式（11.14）或式（11.12）化为

$$\sigma = \frac{M_z y}{I_z} \tag{11.16}$$

而且，由式（11.11）或式（11.15）都可得出 $\theta = \frac{\pi}{2}$，故中性轴与 z 轴重合。垂直于中性轴的 xy 平面，既是梁的挠曲线所在的平面，又是弯曲力偶矩 M_z 的作用平面，这种情况称为平面弯曲。显然，以前讨论的对称弯曲、载荷与弯曲变形都在纵向对称面内，就属于平面弯曲。还应指出，对实体杆件，若弯曲力偶矩 M_z 的作用平面平行于形心主惯性平面，而不是与它重合，则因这并不会改变上面的推导过程，故所得结果仍然是适用的。这时，M_z 的作用平面与挠曲线所在的平面是相互平行的。

2）若 M_z 和 M_y 同时存在，但它们的作用平面 xy 和 xz 皆为形心主惯性平面，即 y、z 为截面的形心主惯性轴，则因 $I_{yz} = 0$，式（11.14）和式（11.15）化为

$$\sigma = \frac{M_z y}{I_z} + \frac{M_y z}{I_y} \tag{11.17}$$

$$\tan\theta = -\frac{M_z I_y}{M_y I_z} \tag{11.18}$$

问题化为在两个形心主惯性平面内的弯曲的叠加。

以上讨论的是非对称的纯弯曲。非对称的横力弯曲往往同时出现扭转变形（参见 11.4 节）。对实体杆件，在通过截面形心的横向力作用下，可以省略上述扭转变形，把载荷分解成作用于 xy 和 xz 两个平面内的横向力，并用以计算弯矩 M_z 和 M_y，然后便可将纯弯曲的正应力计算公式用于横力弯曲的正应力计算。

例 11.4 有一 Z 形钢制成的两端外伸梁，用来承受均布荷载，其计算简图如图 11.12

所示。已知该梁截面对形心轴 y、z 的惯性矩和惯性积分别为 $I_y = 283 \times 10^{-8}\text{m}^4$、$I_z = 1930 \times 10^{-8}\text{m}^4$ 和 $I_{yz} = 532 \times 10^{-8}\text{m}^4$；钢材的许用弯曲正应力为 $[\sigma] = 170\text{MPa}$。求此梁的许可均布载荷集度值 q。

解：梁的许可均布荷载集度 q 可根据梁的正应力强度条件求得。为此，先求梁内的最大弯矩及截面上危险点的 y、z 坐标值。对于此外伸梁，要求得绝对值最大的弯矩，应先画出弯矩图，由图 11.12b 可见，跨中截面 C 处的弯矩绝对值最大，其值为

$$M_{\max} = 0.625q$$

由于均布载荷作用在 xy 平面内，故 $M_y = 0$，而 $M_{z\max} = M_{\max} = 0.625q$。将 I_y、I_z 和 I_{yz} 分别代入式（11.11），便可求出中性轴与 y 轴间的夹角 θ：

$$\tan\theta = \frac{I_y}{I_{yz}} = \frac{283 \times 10^{-8}}{532 \times 10^{-8}} = 0.532$$

由此求得

$$\theta = 28°$$

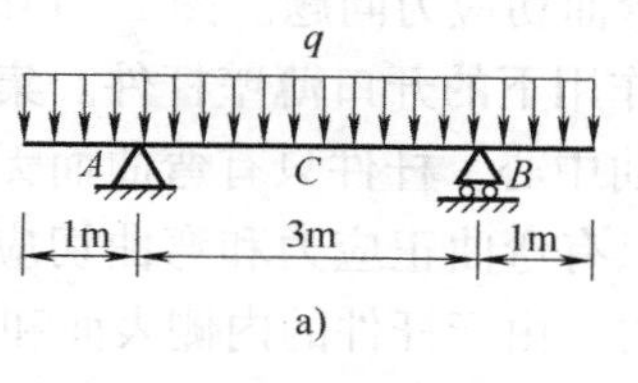

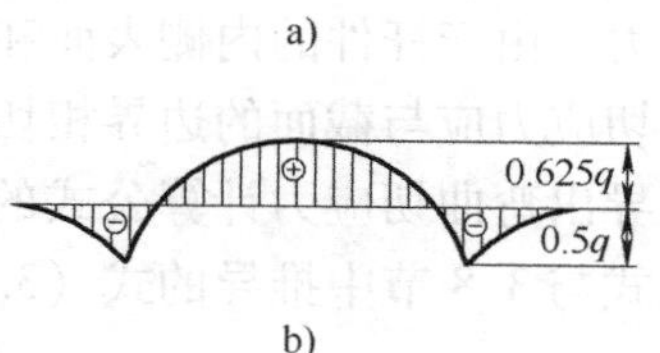

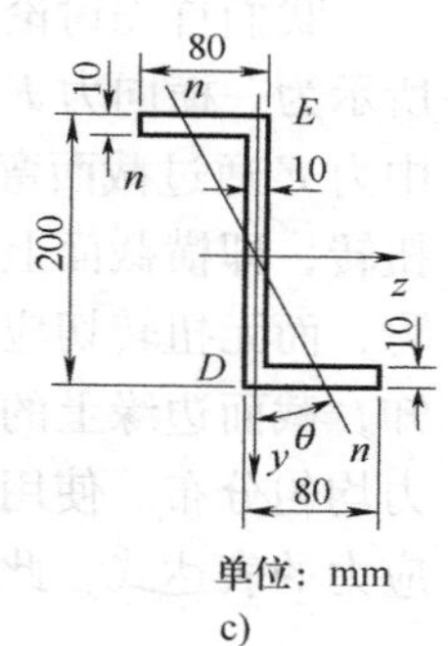

图　11.12

于是中性轴位置应如图 11.12c 中 n-n 轴所示。确定了中性轴位置后，便可作两条直线与中性轴平行，分别与截面同边相切于 D、E 两点，这两点距中性轴最远，因而是截面上的危险点。D、E 两点处的正应力绝对值是相等的。根据图示尺寸，可算得 D 点的两坐标值为

$$y_D = 100\text{mm} = 0.1\text{m}$$

$$z_D = -5\text{mm} = -0.005\text{m}$$

按照式（11.12）可求得此梁横截面上的最大正应力

$$\sigma_{\max} = \sigma_D = \frac{M_{z\max}(I_y y_D - I_{yz} z_D)}{I_y I_z - I_{yz}^2}$$

从而得到该梁的正应力强度条为

$$\frac{M_{z\max}(I_y y_D - I_{yz} z_D)}{I_y I_z - I_{yz}^2} \leqslant [\sigma]$$

将有关数值代入上式，得

$$\frac{0.625q[283 \times 10^{-8} \times 0.1 - 532 \times 10^{-8} \times (-0.005)]}{283 \times 10^{-8} \times 1930 \times 10^{-8} - (532 \times 10^{-8})^2} \leqslant 170 \times 10^6$$

从而解得此梁的许可均布荷载集度为

$$[q] = 23.1\text{kN/m}$$

11.4 开口薄壁杆件的弯曲切应力 · 弯曲中心

若杆件有纵向对称面，且横向力作用于对称面内，则杆件只可能在纵向对称面内发生弯曲，不会有扭转变形。这也就是我们在 2.4 节中所讨论的对称弯曲问题。若横向力作用平面不是纵向对称面，即使是形心主惯性平面，如图 11.13a 所示，杆件除弯曲变形外，还将发生扭转变形。只有当横向力通过截面的某一特定点 A 时，杆件才只有弯曲而无扭转变形

(图11.13b)。横截面内的这一特定点 A 称为**弯曲中心或剪切中心**，简称为**弯心**。

确定非对称开口薄壁杆件的弯曲中心很重要。由前面例题11.2的计算结果知，开口薄壁杆件的抗扭刚度较小，若横向力不通过弯心，则将引起较严重的扭转变形。

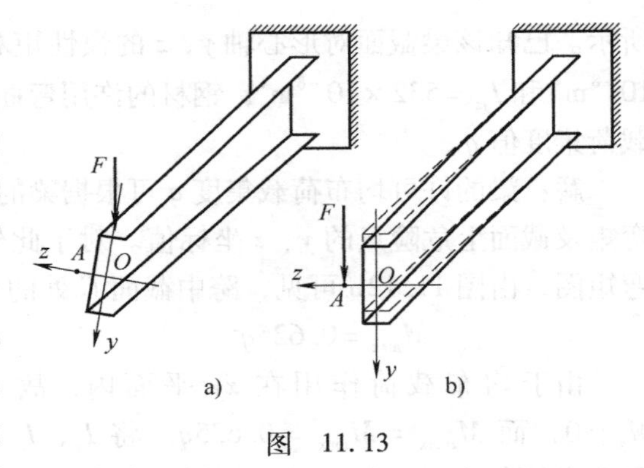

图 11.13

我们首先讨论弯曲切应力问题。图11.14a所示为一横向力 F 作用下的开口薄壁杆件。集中力 F 通过截面弯曲中心，杆件只有弯曲而无扭转，即横截面上只有弯曲正应力和弯曲切应力，而无扭转切应力。由于杆件的内侧表面和外侧表面都是自由面，由切应力互等定理可推知，截面边缘上的切应力应与截面的边界相切。又因杆件壁厚 t 较小，故可认为沿壁厚切应力均匀分布。使用导出弯曲切应力计算公式的同样方法（参见3.8节），可求得横截面上切应力的表达式，此式与3.8节中推导的式（3.24）完全相同，即

$$\tau = \frac{F_{Sy}S_z^*}{I_z t} \tag{a}$$

上式中 F_{Sy} 为截面上平行于 y 轴且通过弯心的剪力合力。下面将讨论开口薄壁杆件横截面上弯曲中心的位置。如图11.14b所示，微内力 $\tau\mathrm{d}A$ 组成切于横截面的内力系，其合力就是剪力 F_{Sy}。当然，F_{Sy} 又可由截面左侧（或右侧）的外力来计算。为了确定 F_{Sy} 作用线的位置，可选定截面内任意点 B 为力矩中心（图11.14b）。根据合力矩定理，微内力 $\tau\mathrm{d}A$ 对 B 点的力矩总和，应等于合力 F_{Sy} 对 B 点的力矩，即

$$F_{Sy}a_z = \int_A r\tau\mathrm{d}A \tag{b}$$

式中，a_z 是 F_{Sy} 对 B 点的力臂；r 是微内力 $\tau\mathrm{d}A$ 对 B 点的力臂。从上式中解出 a_z，就确定了 F_{Sy} 作用线的位置。

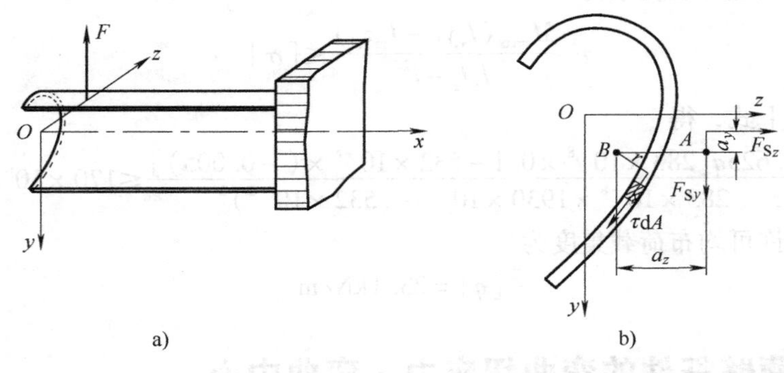

图 11.14

剪力 F_{Sy} 应该通过截面的弯曲中心 A。这样，剪力 F_{Sy} 和截面左侧（或右侧）的外力，同在通过弯曲中心且平行于 xy 平面的纵向平面内。于是，截面上的剪力 F_{Sy} 和弯矩 M_z 与截面一侧的外力相平衡，杆件不会有扭转变形。若外力不通过弯曲中心，把它向弯曲中心简化后，得到通过弯曲中心的力和一个扭转力偶矩。通过弯曲中心的力仍引起上述的弯曲变形，

而扭转力偶矩却引起扭转变形，这就是图 11. 13a 所示的情况。

当外力通过弯曲中心，且平行于截面的形心主惯性轴 z 时，类似可得到弯曲切应力的计算公式为

$$\tau = \frac{F_{Sy}S_z^*}{I_y t} \tag{c}$$

和导出式（b）一样，利用合力矩定理，得到确定 F_{Sz} 作用线位置的方程式为

$$F_{Sz}a_y = \int_A r\tau \mathrm{d}A \tag{d}$$

式中，a_y 是 F_{Sz} 对 B 点的力臂（图 11. 14b）。由上式解出 a_y 就确定了 F_{Sz} 的位置。因为 F_{Sy} 和 F_{Sz} 都通过弯曲中心，两者的交点就是弯曲中心 A。

对于具有一个对称轴的截面，例如 T 形、开口薄壁环形截面等，其弯曲中心都在截面的对称轴上，因此，只要确定这类截面垂直于对称轴的剪力作用线，它与对称轴的交点就是截面的弯曲中心。若截面具有两根对称轴，则两对称轴的交点（即截面形心）就是弯曲中心。至于像 Z 形截面这样的反对称截面，其弯曲中心也与截面形心重合。

对于由两个狭长矩形组成的截面，如 T 形、等边或不等边角钢截面等，由于狭长矩形上的切应力方向平行于长边，而其数值沿厚度不变，故剪力作用线必与狭长矩形的中线重合，因此，这类截面的弯曲中心应位于两狭长矩形中线的交点。

在表 11. 2 中给出了工程中较常用的一些截面的弯曲中心位置。由表中结果可见，弯曲中心的位置与横截面的几何特征有关。这是因为弯曲中心仅决定于剪力作用线的位置，而与其大小无关。

表 11. 2　几种截面的弯曲中心位置

截面形状				
弯曲中心 A 的位置	$e=\dfrac{b^2h^2t}{4I_z}$	$e=r_0$	在两个狭长矩形中心的交点	与形心重合

例 11. 5　试确定图 11. 15 所示薄壁截面的弯曲中心。设截面中线为圆周的一部分。

解： 以截面的对称轴为 z 轴，y、z 轴为形心主惯性轴。设剪力 F_{Sy} 平行于 y 轴，且通过弯曲中心 A。切应力按式（a）计算。为此应求出 S_z^* 和 I_z。用与 z 轴夹角为 θ 的半径截取部分面积 A_1，其静矩为

$$S_z^* = \int_{A_1} y\mathrm{d}A = \int_\theta^\alpha R\sin\varphi \cdot tR\mathrm{d}\varphi = tR^2(\cos\theta - \cos\alpha)$$

整个截面对 z 轴的惯性矩为

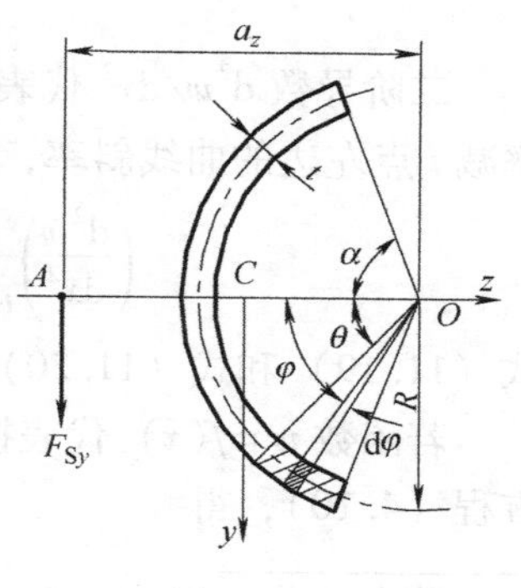

图　11. 15

$$I_z = \int_A y^2 \mathrm{d}A = \int_{-\alpha}^{\alpha} (R\sin\varphi)^2 \cdot tR\mathrm{d}\varphi = tR^3(\alpha - \sin\alpha\cos\alpha)$$

代入式（a），得

$$\tau = \frac{F_{Sy}(\cos\theta - \cos\alpha)}{tR(\alpha - \sin\alpha\cos\alpha)}$$

以圆心为力矩中心，由合力矩定理

$$F_{Sy}a_z = \int_A R\tau \mathrm{d}A = \int_{-\alpha}^{\alpha} R\frac{F_{Sy}(\cos\theta - \cos\alpha)}{tR(\alpha - \sin\alpha\cos\alpha)} tR\mathrm{d}\theta$$

完成积分，求出

$$a_z = 2R\frac{\sin\alpha - \alpha\cos\alpha}{\alpha - \sin\alpha\cos\alpha}$$

弯曲中心一定在对称轴上，F_{Sy}作用线与对称轴的交点，即由圆心沿 z 轴向左量取 a_z，就是弯曲中心。

11.5 用有限差分法计算弯曲变形

当梁上的载荷比较复杂或是变截面梁时，用积分法求弯曲变形，计算相当困难。在这些情况下，有限差分法是一种有效的方法。它是一种数值方法，把求解微分方程的问题转变为求解代数方程组。因此，特别适合利用计算机求解。

为了说明该方法，让我们讨论图 11.16 中曲线表示的连续函数 $w=f(x)$。取横坐标分别为 x_{i-2}，x_{i-1}，x_i，x_{i+1}，…的诸点。各相邻点间的距离可以是相等的，也可以是不等的。在这里，我们使各相邻点间的距离皆等于 h。这些点的纵坐标分别记为 w_{i-2}，w_{i-1}，w_i，w_{i+1}，…。

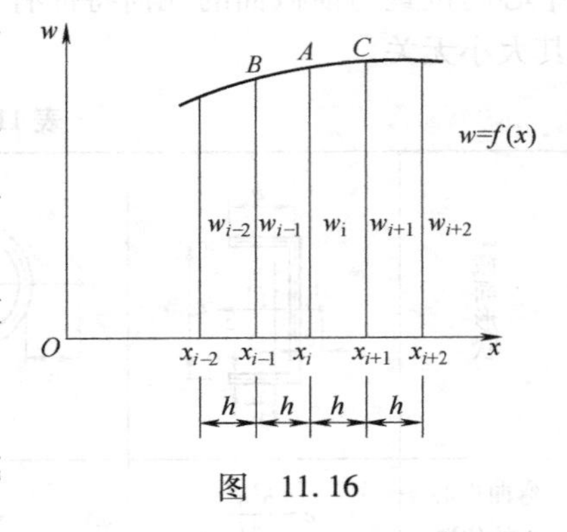

图 11.16

现在讨论与 x 轴上第 i 点对应的曲线上 A 点处函数 $w=f(x)$ 的一阶导数$\frac{\mathrm{d}w}{\mathrm{d}x}$。此导数等于 A 点处曲线的斜率，也近似地等于连接 B 点和 C 点的弦线之斜率。所以，我们得出

$$\left(\frac{\mathrm{d}w}{\mathrm{d}x}\right)_i \approx \frac{w_{i+1} - w_{i-1}}{2h} \tag{11.19}$$

二阶导数 $\mathrm{d}^2w/\mathrm{d}x^2$ 代表一阶导数的变化率。因此，在 i 点处，它可由 i 点右边的曲线斜率减 i 点左边的曲线斜率，然后用其区段的长度去除而近似地求得，所以，得出

$$\left(\frac{\mathrm{d}^2w}{\mathrm{d}x^2}\right)_i \approx \left(\frac{w_{i+1} - w_i}{h} - \frac{w_i - w_{i-1}}{h}\right) \Big/ h = \frac{w_{i+1} - 2w_i + w_{i-1}}{h^2} \tag{11.20}$$

式（11.19）和式（11.20）分别为一阶导数和二阶导数的差分表达式。[⊖]

若函数 $w=f(x)$ 代表挠曲线，把式（11.20）所表示的二阶导数代入挠曲线的近似微分方程（4.10），得

⊖ 对于有限插分法更完整的讨论，可参阅数值方法相关教材。

$$w_{i+1}-2w_i+w_{i-1}=h^2\frac{M_i}{EI_i} \tag{11.21}$$

式中，M_i 和 EI_i 是指梁在 $x=x_i$ 处的弯矩和抗弯刚度。

若在挠曲线上选定一系列点，然后对每一点都按式（11.21）写出一个有限差分方程，这样就得到一组代数方程，其未知量就是所选取各点的挠度。解这一组代数方程，即可求出所选各点的挠度。

例 11.6　用有限差分法计算图 11.17a 所示承受均布载荷 q 的简支梁的挠度。设梁的抗弯刚度 EI 为常数。

解：将梁分为四个相等的间隔（图 11.17b），所以必须确定 1、2、3 三点处的挠度。由于对称，有 $w_1=w_3$，所以，这些挠度中只有两个值考虑为方程中的未知量。

点 1 处，由于 $h=\dfrac{l}{4}$，$M_1=3ql^2/32$，其有限差分方程（11.21）成为

$$w_0-2w_1+w_2=\left(\frac{l}{4}\right)^2\left(\frac{3ql^2}{32EI}\right)$$

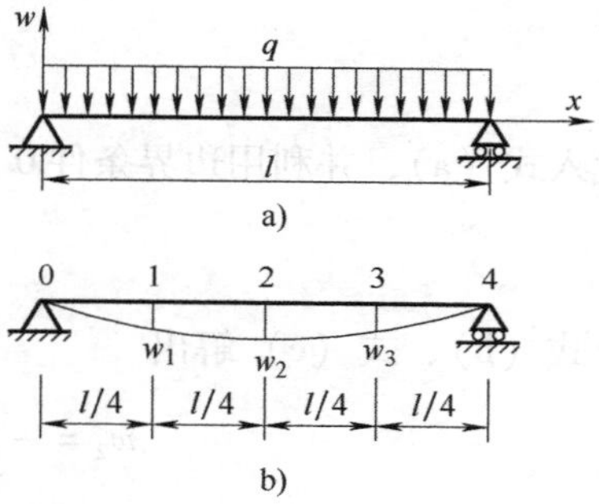

因为梁端处 $w_0=0$，上述方程简化为

$$-2w_1+w_2=\frac{3ql^4}{512EI} \tag{a}$$

点 2 处，弯矩 $M_2=ql^2/8$，有限差分方程成为

$$w_1-2w_2+w_3=\left(\frac{l}{4}\right)^2\left(\frac{ql^2}{8EI}\right)$$

因为 $w_1=w_3$，方程为

$$w_1-w_2=\frac{ql^4}{256EI} \tag{b}$$

图　11.17

由式（a）和式（b）求解出挠度

$$w_1=w_3=-\frac{5ql^4}{512EI}=-0.00977\,\frac{ql^4}{EI}$$

$$w_2=-\frac{7ql^4}{512EI}=-0.01367\,\frac{ql^4}{EI}$$

这些挠度的精确结果为

$$w_1=w_3=-\frac{19ql^4}{2048EI}=-0.00928\,\frac{ql^4}{EI}$$

$$w_2=-\frac{5ql^4}{384EI}=-0.01302\,\frac{ql^4}{EI}$$

比较上面的值，我们看出，有限差分的结果大约比精确结果大 5%。这里仅粗略地把梁分为四个区段，若将梁分成较多的区段，可以提高其精度。

例 11.7　用有限差分法求解图 11.18a 所示变截面梁自由端处的挠度。该梁 AB 段的惯性矩为 BC 段的两倍。

解：将梁分成三个相等的区段，需要求出三个未知挠度（图 11.18b）。0 点、1 点和 2 点处的弯矩分别为

$$M_0=-Fl,\quad M_1=-\frac{2}{3}Fl,\quad M_2=-\frac{1}{3}Fl$$

因此，0 点、1 点和 2 点处的有限差分方程为

$$w_{-1}-2w_0+w_1=\left(\frac{l}{3}\right)^2\left(-\frac{Fl}{2EI}\right) \qquad \text{(a)}$$

$$w_0-2w_1+w_2=\left(\frac{l}{3}\right)^2\left(-\frac{Fl}{3EI}\right) \qquad \text{(b)}$$

$$w_1-2w_2+w_3=\left(\frac{l}{3}\right)^2\left(-\frac{Fl}{3EI}\right) \qquad \text{(c)}$$

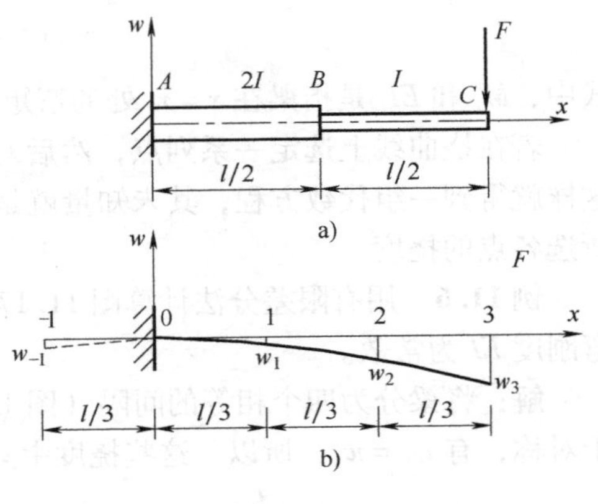

图 11.18

式（a）中，w_{-1}是从 0 点向左延伸一个“虚拟”点 -1 的挠度。由固定端处的边界条件，挠曲线在 0 点的斜率为零，由一阶导数的差分方程表达式（11.19）得

$$\left(\frac{\mathrm{d}w}{\mathrm{d}x}\right)_0\approx\frac{w_1-w_{-1}}{2h}=0$$

故

$$w_{-1}=w_1$$

代入式（a），并利用边界条件0 点的挠度 $w_0=0$，则得

$$w_1=-\frac{Fl^3}{36EI}$$

由式（b）、式（c）解出

$$w_2=-\frac{5Fl^3}{54EI},\quad w_3=-\frac{7Fl^3}{36EI}=-0.1944\frac{Fl^3}{EI}$$

此梁自由端处的精确挠度为

$$w_3=-\frac{3Fl^3}{16EI}=-0.1875\frac{Fl^3}{EI}$$

与精确解比较可知，将分为三个区段所得的结果仅比精确解大 4%。若要求提高计算精度，可以将梁分成较多的区段。

11.6 组合梁与夹层梁

前面所讨论的梁都是由一种材料制成的。工程中也会遇到由两种不同材料制成的组合梁，例如由两种不同金属制成的双金属梁，由面板与芯材制成的夹层梁以及钢筋混凝土梁等。当组合梁的各组成材料之间牢固连接而无相对错动时，可将组合梁看作一个整体梁。本节研究组合梁对称弯曲时的应力。

1. 组合梁的纯弯曲

图 11.19a 所示组合梁，材料 1 与材料 2 的弹性模量分别为 E_1 和 E_2，相应的横截面面积分别为 A_1 和 A_2，并分别简称为截面 1 与截面 2。在梁的纵向对称面内作用一对方向相反的力偶 M 使梁发生纯弯曲。试验表明，平面假设与单向受力假设仍然成立。

首先研究组合梁的变形，仿照 3.6 节中的方法，沿截面对称轴与中性轴分别建立 y 轴和 z 轴，并用 ρ 表示中性层的曲率半径。根据平面假设可得，横截面上 y 处的纵向线应变为

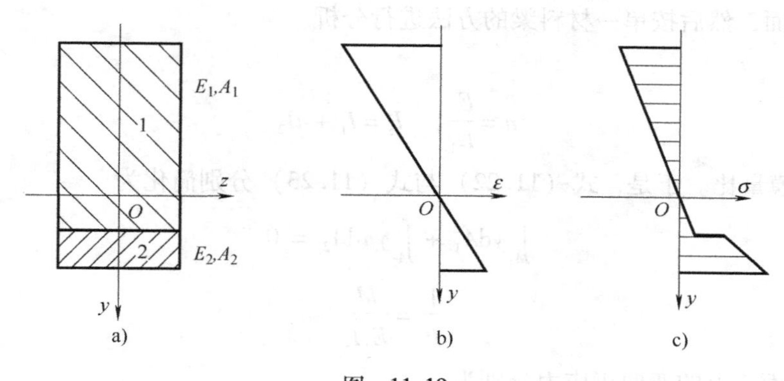

图　11.19

$$\varepsilon = \frac{y}{\rho}$$

即纵向线应变沿截面高度线性变化（图 11.19b）。

假设各纵向纤维处于单向受力状态，因此，当梁内正应力不超过材料的比例极限时，截面 1 和 2 上的弯曲正应力分别为

$$\sigma_1 = \frac{E_1 y}{\rho}, \quad \sigma_2 = \frac{E_2 y}{\rho} \tag{a}$$

即弯曲正应力沿截面 1 与截面 2 分区线性变化（图 11.19c），而在两截面的交界处，正应力发生突变。

在静力学方面，根据横截面上不存在轴力、仅有弯矩 M 的条件，有

$$\int_{A_1} \sigma_1 \mathrm{d}A_1 + \int_{A_2} \sigma_2 \mathrm{d}A_2 = 0 \tag{b}$$

$$\int_{A_1} y\sigma_1 \mathrm{d}A_1 + \int_{A_2} y\sigma_2 \mathrm{d}A_2 = M \tag{c}$$

将式（a）代入式（b），得

$$E_1 \int_{A_1} y \mathrm{d}A_1 + E_2 \int_{A_2} y \mathrm{d}A_2 = 0 \tag{11.22}$$

由此式即可确定中性轴的位置。将式（a）代入式（c），得

$$\frac{E_1}{\rho} \int_{A_1} y^2 \mathrm{d}A_1 + \frac{E_2}{\rho} \int_{A_2} y^2 \mathrm{d}A_2 = M$$

由此式得中性层的曲率为

$$\frac{1}{\rho} = \frac{M}{E_1 I_1 + E_2 I_2} \tag{11.23}$$

式中，I_1 和 I_2 分别代表截面 1 和 2 对中性轴 z 的惯性矩。

最后，将上式代入式（a），于是得截面 1 和 2 上的弯曲正应力分别为

$$\sigma_1 = \frac{ME_1 y}{E_1 I_1 + E_2 I_2}, \quad \sigma_2 = \frac{ME_2 y}{E_1 I_1 + E_2 I_2} \tag{11.24}$$

2. 变换截面法

变换截面法以式（11.22）~式（11.24）为依据，将两种材料构成的截面，变换为单一

材料的等效截面，然后按单一材料梁的方法进行分析。

首先，令

$$n = \frac{E_2}{E_1}, \quad \bar{I}_z = I_1 + nI_2$$

式中，n 称为模量比。于是，式（11.22）与式（11.23）分别简化为

$$\int_{A_1} y \mathrm{d}A_1 + \int_{A_2} yn \mathrm{d}A_2 = 0 \tag{11.25}$$

$$\frac{1}{\rho} = \frac{M}{E_1 \bar{I}_z} \tag{11.26}$$

而截面 1 和截面 2 上的弯曲正应力分别为

$$\sigma_1 = \frac{My}{\bar{I}_z}, \quad \sigma_2 = n\frac{My}{\bar{I}_z} \tag{11.27}$$

式（11.25）表明，如果材料 1 所构成的截面 1 保持不变，而将截面 2 中的面积元素 $\mathrm{d}A$ 放大 n 倍，只要每一面积元素 $\mathrm{d}A$ 的距离 y 不改变，那么中性轴就没变化。于是，可将实际截面（图 11.20a）变换为仅由材料 1 所构成的截面，即材料 1 所构成的截面 1 保持不变，而将截面 2 沿 z 轴方向的尺寸乘以 n，如图 11.20b 所示。显然，该截面的中性轴与实际截面的中性轴重合，对中性轴 z 的惯性矩等于 $\bar{I}_z$，而其弯曲刚度则为 $E_1\bar{I}_z$。可见，在中性轴位置与弯曲刚度方面，图 11.20b 所示截面与实际截面完全等效，因而称为实际截面的变换截面或等效截面。中性轴位置与惯性矩 $\bar{I}_z$ 确定以后，由式（11.27）即可求出截面 1 和 2 上的弯曲正应力。

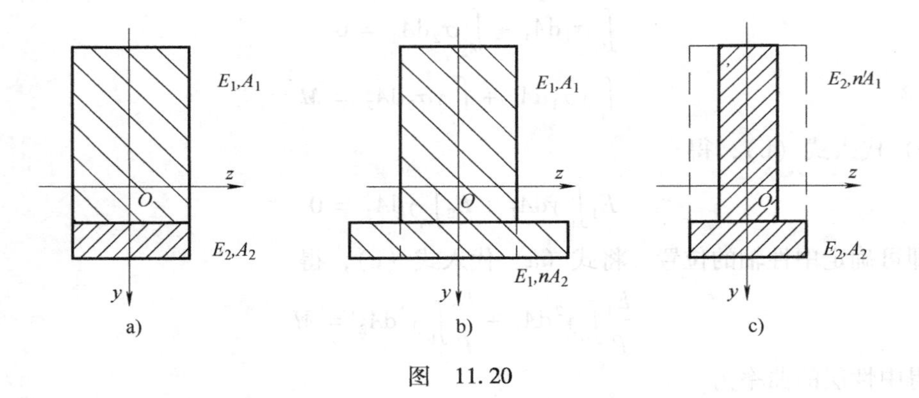

图 11.20

应该指出，以上分析是以材料 1 为基本材料，而将截面 2 进行变换。同理，也可以材料 2 为基本材料，而将截面 1 进行变换（图 11.20c）。变换截面法可以很容易地推广到两种以上材料的情况。

3. 夹层梁

夹层梁一般由薄面板与厚芯材所组成（图 11.21）。面板材料的强度与弹性模量均较高，而芯材的强度与弹性模量均较低，且比重小。显然，夹层梁也是一种组合梁，但考虑到夹层梁的上述特点，工程中常采用简化理论进行计算。

首先，假设弯矩完全由面板承受。当面板的弹性模量远大于芯材时，此假设是合理的。

根据上述假设，得面板的最大弯曲正应力为

$$\sigma_{\max}=\frac{Mh_0}{2I_{\mathrm{fz}}}$$

式中，I_{fz}代表面板截面对 z 轴的惯性矩。

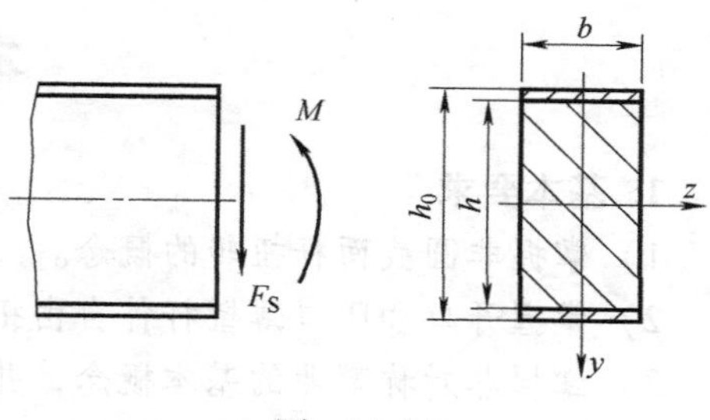

图　11.21

其次，由于面板厚度一般远小于芯材，因此，假设剪力完全由芯材承受。如上所述，假设芯材不承受弯曲正应力，可以认为，弯曲切应力沿芯材截面均匀分布。根据上述分析，得芯材的弯曲切应力为

$$\tau=\frac{F_{\mathrm{S}}}{bh}$$

以上简化理论在工程中得到广泛应用。

例 11.8　图 11.22a 所示为一组合梁的横截面，其上部为木材，下部为钢板，二者牢固地连接在一起。设木材与钢的弹性模量分别为 $E_{\mathrm{w}}=10\mathrm{GPa}$ 与 $E_{\mathrm{s}}=200\mathrm{GPa}$，截面上的弯矩 $M=20\mathrm{kN\cdot m}$ 并作用在 xy 平面内，试计算木材与钢板横截面上的最大弯曲正应力。

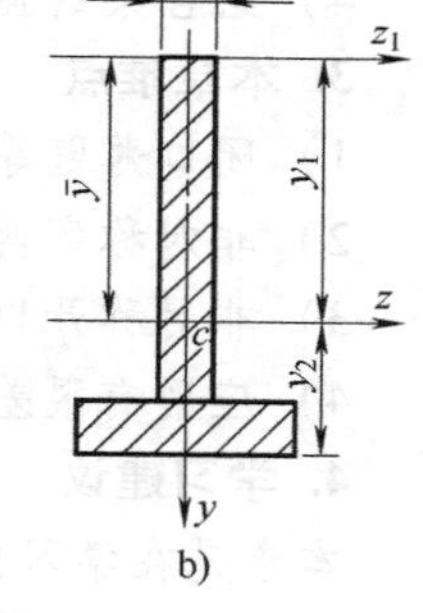

图　11.22

解：（1）确定变换截面并计算几何量　设以钢为基本材料，将木材截面进行变换，则由于模量比为

$$n=\frac{E_{\mathrm{w}}}{E_{\mathrm{s}}}=\frac{10}{200}=\frac{1}{20}$$

得变换截面如图 11.22b 所示。变换截面形心 C 的纵坐标为

$$\bar{y}=\frac{8\times200\times100+160\times10\times205}{8\times200+160\times10}\mathrm{mm}=152.5\mathrm{mm}$$

该截面对中性轴 z 的惯性矩为

$$\bar{I}_z=\left[\frac{8\times200^3}{12}+(152.5-100)^2\times8\times200+\frac{160\times10^3}{12}+(205-152.5)^2\times160\times10\right]\mathrm{mm}^4$$
$$=1.42\times10^7\mathrm{mm}^4=1.42\times10^{-5}\mathrm{m}^4$$

（2）计算弯曲正应力　由式（11.27）可知，钢板内的最大弯曲正应力为拉应力，其值为

$$\sigma_{\mathrm{s\,max}}=\frac{My_2}{\bar{I}_z}=\frac{20\times10^3\times(0.210-0.1525)}{1.42\times10^{-5}}\mathrm{Pa}=81\times10^6\mathrm{Pa}=81\mathrm{MPa}$$

木材内的最大弯曲正应力为压应力，其值为

$$\sigma_{\mathrm{w\,max}}=\frac{nMy_1}{\bar{I}_z}=\left(\frac{1}{20}\times\frac{20\times10^3\times0.1525}{1.42\times10^{-5}}\right)\mathrm{Pa}=10.74\times10^6\mathrm{Pa}=10.74\mathrm{MPa}$$

本章小结

1. 基本要求

1）掌握非圆截面杆扭转的概念。

2）掌握开口和闭口薄壁杆件自由扭转的概念，并能进行简单计算。

3）掌握非对称弯曲的基本概念，并能进行简单计算。

4）理解弯曲中心的概念。

5）掌握用有限差分法计算弯曲梁的弯曲变形。

6）掌握变换截面法计算组合梁的应力，以及夹层梁的最大正应力和切应力的计算公式。

2. 本章重点

1）薄壁杆件自由扭转的计算。

2）应用非对称弯曲的计算公式对杆件进行相关计算。

3）开口薄壁杆件弯曲中心的概念和计算方法。

4）组合梁的强度计算。

3. 本章难点

1）闭口薄壁等直截面杆的强度计算和刚度计算。

2）非对称弯曲的强度计算。

3）非对称开口薄壁杆件弯曲中心的确定。

4）应用有限差分法计算杆件的弯曲变形。

4. 学习建议

本章是在学习前面扭转和弯曲变形各章节（主要是第2~4章）基础上的进一步拓展内容。部分公式的推导思路和前面几章的推导过程非常相似，因此，在学习该章前建议先复习一下前面的章节，以便更好地进入本章的学习。

本章重点提高读者的分析能力和应用能力，而不是记忆能力。把重心放在理解解决问题的思路和公式推导过程。有限差分法的应用需要增加练习，达到熟练掌握的程度。

习　　题

11.1　题11.1图示矩形截面杆所受的扭转力偶 $M_e=3\text{kN}\cdot\text{m}$，试求：(1) 杆内最大切应力的大小、位置和方向；(2) 单位长度的扭转角（$G=82\text{GPa}$）。

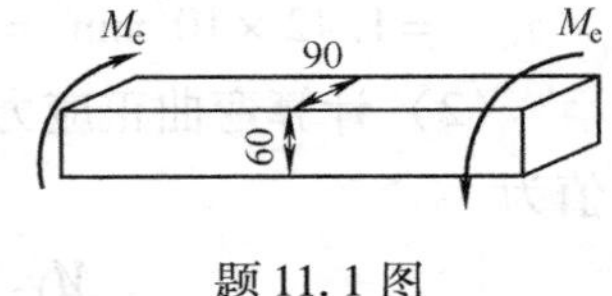

题11.1图

11.2　拖拉机通过方轴带动悬挂在后面的旋耕机。方轴的转速 $n=720\text{r/min}$，传递的最大功率 $P=35$ 马力，截面为 30mm × 30mm，材料的 $[\tau]=100\text{MPa}$。试校核方轴的强度。

11.3　有一矩形截面的钢杆，其横截面尺寸为 100mm × 50mm，长度 $l=2\text{m}$，在杆的两端作用着一对力偶矩。若材料的 $[\tau]=100\text{MPa}$，$G=80\text{GPa}$，杆件的许可扭转角为 $[\varphi]=2°$，试求作用于杆件两端力偶矩的许可值。

11.4　如题 11.4 图所示，T 形薄壁截面杆长 $l=2\mathrm{m}$，材料的 $G=80\mathrm{GPa}$，受纯扭矩 $T=200\mathrm{N\cdot m}$ 的作用，试求：(1) 最大切应力及扭转角；(2) 绘图表示沿截面的周边和厚度切应力分布情况。

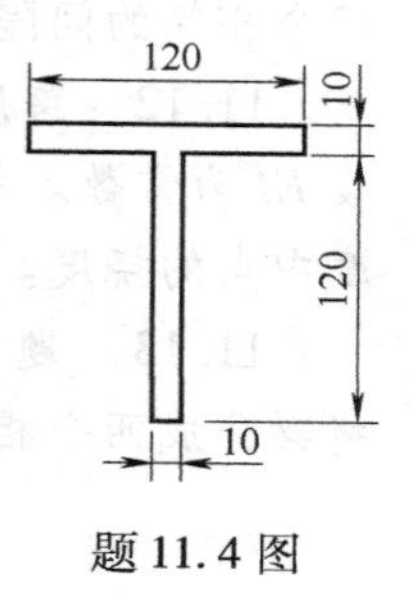

题 11.4 图

11.5　某火箭炮平衡机的扭杆是用六片截面尺寸为 75mm×12mm 的钢板叠加在一起而组成的，受扭部分的长度 $l=1084\mathrm{mm}$，如题 11.5 图所示。已知材料的许用切应力 $[\tau]=900\mathrm{MPa}$，$G=80\mathrm{GPa}$，扭杆的最大扭转角为 60°，校核扭杆的强度。(提示：扭杆的每片都可以看作是独立的杆件)

11.6　外径为 120mm、厚度为 5mm 的薄壁圆杆，在扭矩 $T=4\mathrm{kN\cdot m}$ 的作用下，试按下列两种方式计算切应力。(1) 按闭口薄壁杆件扭转的近似理论计算；(2) 按空心圆截面杆扭转的精确理论计算。

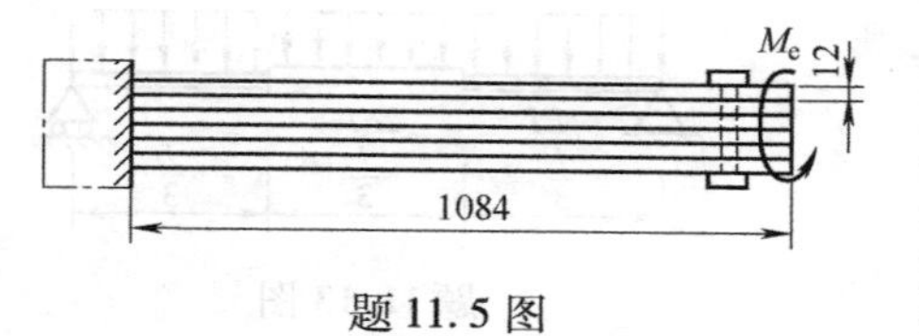

题 11.5 图

11.7　题 11.7 图为两种不同形状的薄壁杆横截面，但其壁厚 t 及截面中心线的长度 s 均相等，两杆的材料和长度也一样，并在两杆的两端承受相等的扭转外力偶。试求图 a、b 所示两种情形下的最大切应力之比和相对扭转角之比。

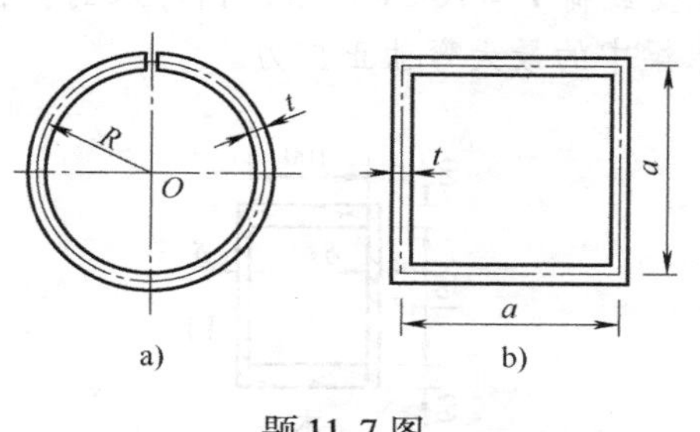

题 11.7 图

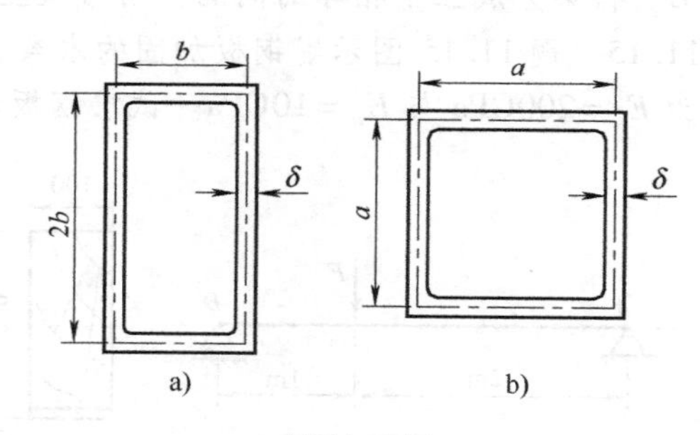

题 11.8 图

11.8　题 11.8 图示为矩形和正方形截面薄壁杆，若截面中心线长度、壁厚、杆长、材料以及作用在杆端的扭转力偶均相同，试求两杆切应力之比和单位长度扭转角之比。

11.9　试判断题 11.9 图示各截面弯曲中心的大致位置。若题 11.9 图示横截面上的剪力 F_S 指向向下，试画出这些截面上的剪力流的指向。

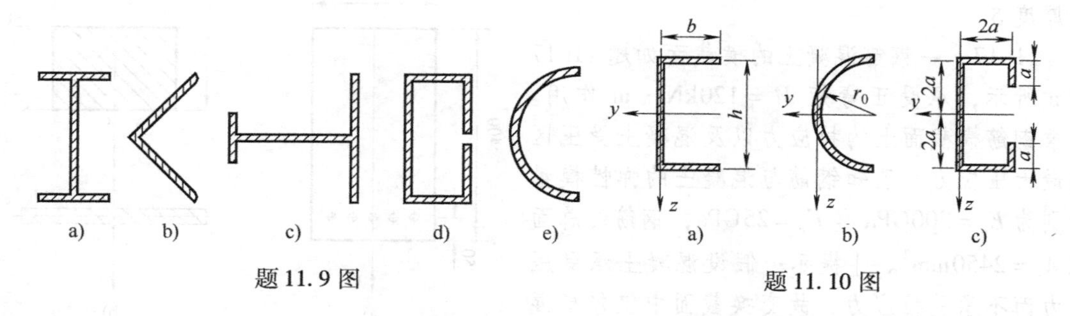

题 11.9 图　　题 11.10 图

11.10　定性画出题 11.10 图示开口薄壁截面切应力沿周边的分布图，求出其弯曲中心的位置。y 为中性轴，壁厚均为 t。

11.11　用有限差分法求题 11.11 图示简支梁集中力 F 作用处截面 C 的挠度。将梁分成四个相等的间隔，设 EI 为常数。

11.12　跨度为 l 的简支梁，受集度为 q 的均布载荷作用，设 EI 为常数。将梁分成六个相等的间隔，用有限差分法求跨度中点的挠度。

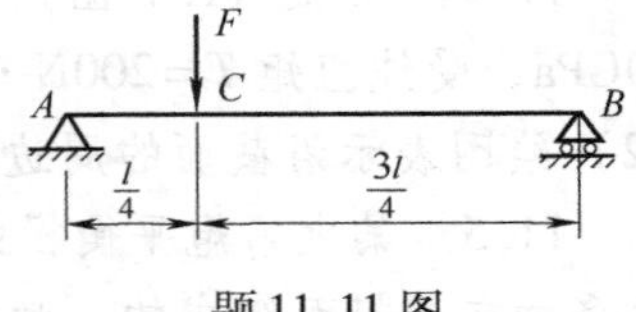
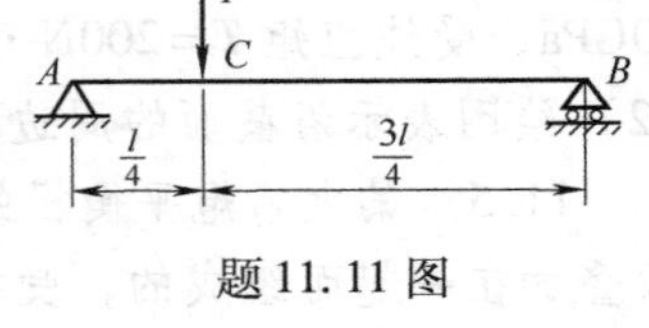

题 11.11 图

11.13　题 11.13 图示变截面简支梁在均布载荷作用下，将梁分成四个相等的间隔，用有限差分法求跨度中点的挠度。

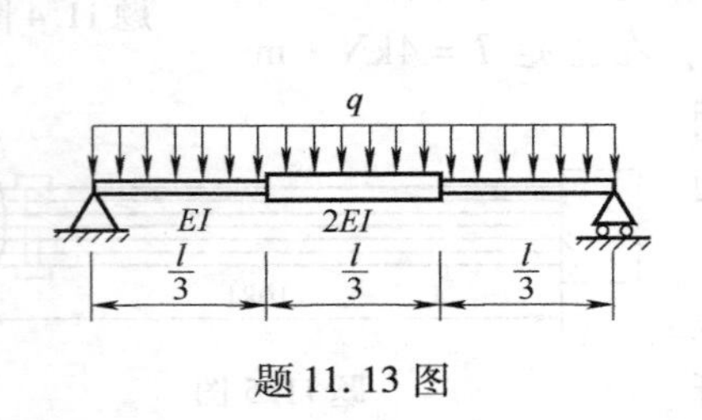

题 11.13 图

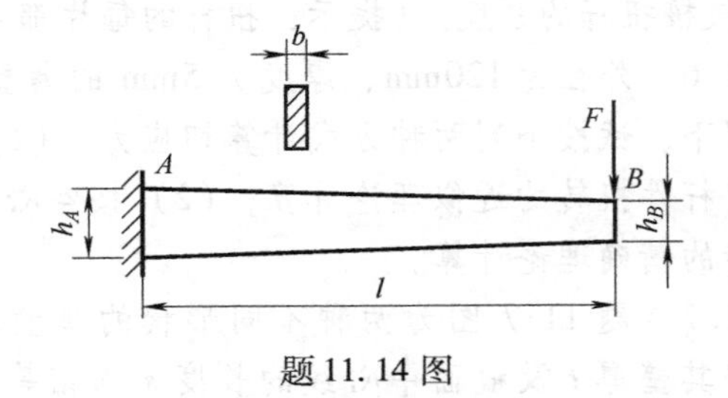

题 11.14 图

11.14　题 11.14 图示锥形悬臂梁，截面为矩形，宽度 b 为常数，高度 $h_A = 2h_B$，弹性模量为 E。将梁分成三个相等的间隔，用有限差分法求自由端 B 的挠度。

11.15　题 11.15 图示用钢板加固的木梁，承受载荷 $F = 10\text{kN}$ 作用，钢与木的弹性模量分别为 $E_s = 200\text{GPa}$ 与 $E_w = 10\text{GPa}$。试求钢板与木梁中的最大弯曲正应力。

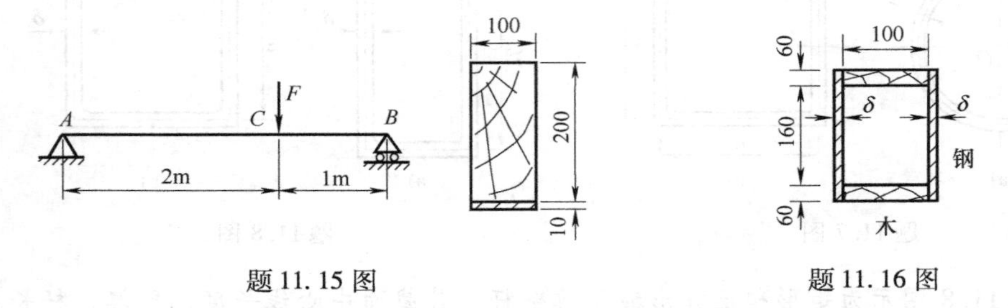

题 11.15 图　　题 11.16 图

11.16　承受均布载荷的简支梁，跨长 $l = 4\text{m}$，由木材与加强钢板组成，横截面如题 11.16 图所示。已知载荷集度 $q = 40\text{kN/m}$，钢与木的弹性模量与上题相同，许用应力 $[\sigma_s] = 160\text{MPa}$ 与 $[\sigma_w] = 10\text{MPa}$，试确定钢板厚度 δ。

11.17　一钢筋混凝土的横截面如题 11.17 图 a 所示，承受正弯矩 $M = 120\text{kN}\cdot\text{m}$ 作用。试求钢筋横截面上的拉应力以及混凝土受压区的最大压应力。已知钢筋与混凝土的弹性模量分别为 $E_s = 200\text{GPa}$ 和 $E_c = 25\text{GPa}$，钢筋的总面积 $A_s = 2450\text{mm}^2$。[提示：假设混凝土承受压应力而不承受拉应力，故变换截面中仅包括混凝土的受压区（图 b）。]

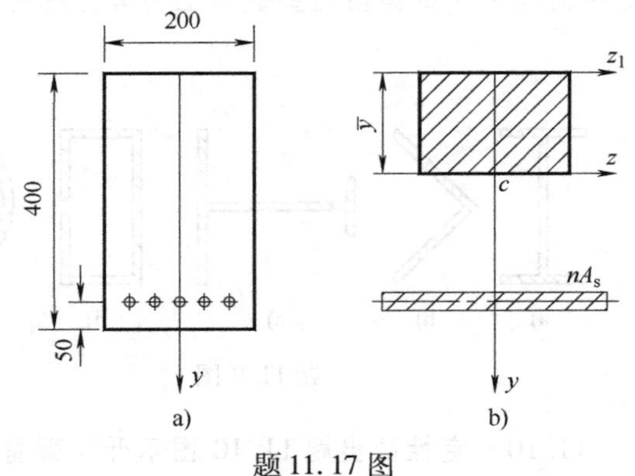

题 11.17 图

附　录

附录Ⅰ　平面图形的几何性质

研究杆在外力作用下的应力和变形时，将涉及杆横截面的某些几何量。例如研究拉（压）杆时将涉及横截面面积；研究扭转轴时将涉及极惯性矩；研究弯曲梁时将涉及截面的静矩、惯性矩及惯性积；以及研究压杆稳定时将涉及横截面惯性半径。上述杆件横截面的几何量在构件强度、刚度和稳定性的研究中具有重要意义。本附录将介绍这些几何量的定义和计算方法。

Ⅰ.1　静矩与形心

任意平面图形如图Ⅰ.1所示，其面积为A，y轴和z轴为图形所在平面内的坐标轴，在坐标（y，z）处取微面积dA，遍及整个图形面积A的积分

$$S_z = \int_A y\mathrm{d}A,\quad S_y = \int_A z\mathrm{d}A \tag{Ⅰ.1}$$

分别定义为图形对z轴和y轴的**静矩**，也称为图形对z轴和y轴的一次矩。

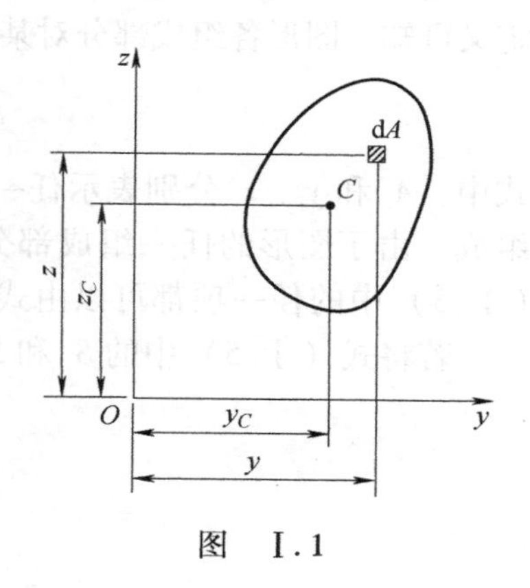

图　Ⅰ.1

从式（Ⅰ.1）看出，平面图形的静矩是对某一坐标轴而言的，同一图形对不同的坐标轴，其静矩也就不同。静矩的数值可能为正，可能为负，也可能等于零。静矩的量纲是长度的三次方。

由静力学知识可知，均质等厚薄板的重心在Oyz坐标系中的坐标为

$$y_C = \frac{\int_A y\mathrm{d}A}{A},\quad z_C = \frac{\int_A z\mathrm{d}A}{A} \tag{Ⅰ.2}$$

显然，上述均质等厚薄板的重心与平面图形的形心有相同的坐标，上述公式同样适用于计算平面图形的形心。利用式（Ⅰ.1）可以把式（Ⅰ.2）改写成

$$y_C = \frac{S_z}{A},\quad z_C = \frac{S_y}{A} \tag{Ⅰ.3}$$

或

$$S_z = Ay_C,\quad S_y = Az_C \tag{Ⅰ.4}$$

这表明，平面图形对z轴和y轴的静矩分别等于图形面积A乘形心的坐标y_C和z_C。

由式（Ⅰ.4）看出，若$S_z=0$和$S_y=0$，则$y_C=0$和$z_C=0$。可见，若图形对某一轴的静矩等于零，则该轴必然通过图形的形心；反之，若某一轴通过图形的形心，则图形对该轴的

静矩等于零。

例Ⅰ.1 图Ⅰ.2所示抛物线的方程为 $z=h\left(1-\dfrac{y^2}{b^2}\right)$，计算由抛物线、$y$ 轴和 z 轴所围成的平面图形对 y 轴和 z 轴的静矩 S_y 和 S_z，并确定图形心 C 的坐标。

解： 取平行于 z 轴的狭长条为微面积 $\mathrm{d}A$，则

$$\mathrm{d}A=z\mathrm{d}y=h\left(1-\frac{y^2}{b^2}\right)\mathrm{d}y$$

图形的面积和对 z 轴的静矩分别为

$$A=\int_A \mathrm{d}A=\int_0^b h\left(1-\frac{y^2}{b^2}\right)\mathrm{d}y=\frac{2bh}{3}$$

$$S_z=\int_A y\mathrm{d}A=\int_0^b yh\left(1-\frac{y^2}{b^2}\right)\mathrm{d}y=\frac{b^2h}{4}$$

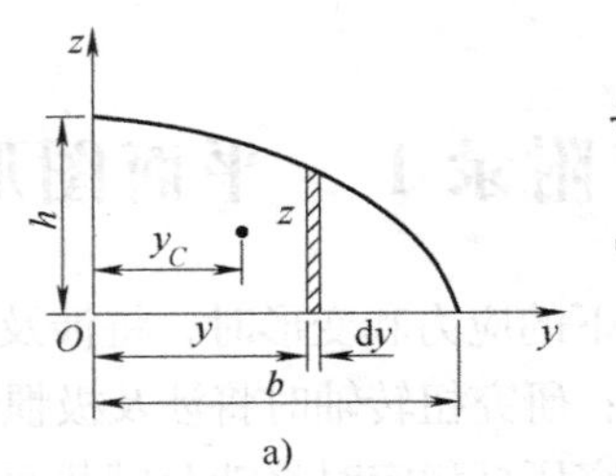

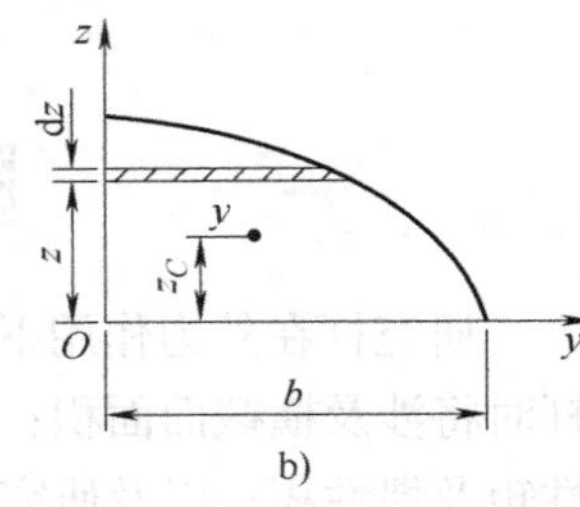

图 Ⅰ.2

代入式（Ⅰ.3）得

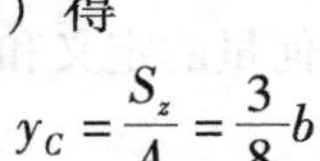

$$y_C=\frac{S_z}{A}=\frac{3}{8}b$$

取平行于 y 轴的狭长条为微面积，如图Ⅰ.2b所示，仿照上述方法，即可求出

$$S_y=\frac{4bh^2}{15},\quad z_C=\frac{2h}{5}$$

当一个平面图形是由若干个简单图形（例如矩形、圆形、三角形）组成时，由静矩的定义可知，图形各组成部分对某一轴的静矩的代数和等于整个图形对同一轴的静矩，即

$$S_z=\sum_{i=1}^{n}A_iy_i,\quad S_y=\sum_{i=1}^{n}A_iz_i \tag{Ⅰ.5}$$

式中，A_i 和 y_i、z_i 分别表示任一组成部分的面积及其形心的坐标；n 表示图形由 n 个部分组成。由于图形的任一组成部分都是简单图形，其面积及形心坐标都不难确定，所以式（Ⅰ.5）中的任一项都可以由式（Ⅰ.4）算出，其代数和即为整个组合图形的静矩。

若将式（Ⅰ.5）中的 S_z 和 S_y 代入式（Ⅰ.3），便得组合图形形心坐标的计算公式为

$$y_C=\frac{\sum_{i=1}^{n}A_iy_i}{\sum_{i=1}^{n}A_i},\quad z_C=\frac{\sum_{i=1}^{n}A_iz_i}{\sum_{i=1}^{n}A_i} \tag{Ⅰ.6}$$

例Ⅰ.2 试确定图Ⅰ.3所示截面形心的位置。

解： 图Ⅰ.3所示截面可看作是正方形减去半圆所组成的组合图形。选参考轴 x、y 如图，分别计算两个图形的面积及形心坐标。

正方形 $A_1=(60\times60)\mathrm{mm}^2=3600\mathrm{mm}^2$

$x_1=0$

$y_1=30\mathrm{mm}$

半圆形 $A_2=\left[-\dfrac{\pi}{8}\times(60)^2\right]\mathrm{mm}^2=-1413\mathrm{mm}^2$

$x_2=0$

$y_2=\left(60-\dfrac{2\times60}{3\pi}\right)\mathrm{mm}=47.26\mathrm{mm}$

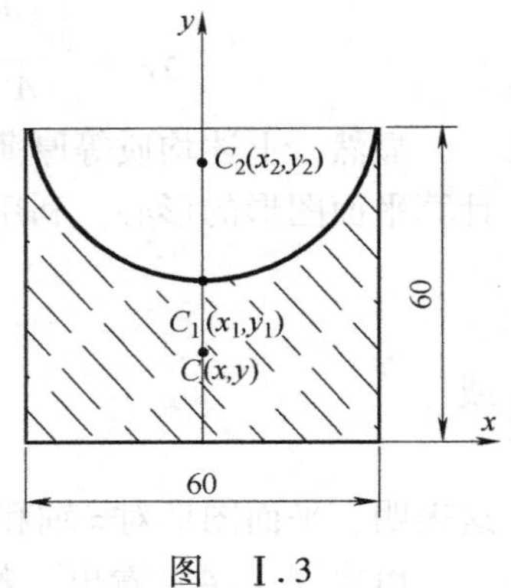

图 Ⅰ.3

组合截面的形心

$$x_C = \frac{\sum A_i x_i}{\sum A_i} = 0$$

$$y_C = \frac{\sum A_i y_i}{\sum A_i} = \frac{3600 \times 30 - 1413 \times 47.26}{3600 - 1413}\text{mm} = 18.85\text{mm}$$

Ⅰ.2 惯性矩、惯性半径与惯性积

任意平面图形如图Ⅰ.4所示，其面积为A，y轴和z轴为图形所在平面内的坐标轴，在坐标（y，z）处取微面积$\mathrm{d}A$，遍及整个图形面积A的积分

$$I_y = \int_A z^2 \mathrm{d}A, \quad I_z = \int_A y^2 \mathrm{d}A \qquad (\text{Ⅰ}.7)$$

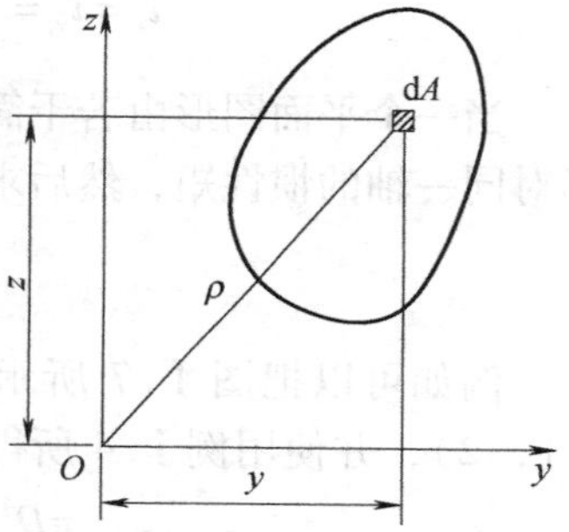

分别定义为图形对y轴和z轴的**惯性矩**，也称为图形对y轴和z轴的二次矩。

在式（Ⅰ.7）中，由于z^2和y^2都是正的，所以I_y和I_z恒为正值，惯性矩的量纲是长度的四次方。

力学计算中，有时把惯性矩写成图形面积A与某一长度的平方的乘积，即

$$I_y = Ai_y^2, \quad I_z = Ai_z^2 \qquad (\text{Ⅰ}.8)$$

图 Ⅰ.4

或者改写成

$$i_y = \sqrt{\frac{I_y}{A}}, \quad i_z = \sqrt{\frac{I_z}{A}} \qquad (\text{Ⅰ}.9)$$

式中，i_y和i_z分别称为图形对y轴和对z轴的**惯性半径**。惯性半径的量纲为长度的一次方。

以ρ表示微面积$\mathrm{d}A$至坐标原点O的距离，下列积分

$$I_{\mathrm{p}} = \int_A \rho^2 \mathrm{d}A \qquad (\text{Ⅰ}.10)$$

定义为图形对坐标原点O的**极惯性矩**。由图Ⅰ.4可以看出，$\rho^2 = y^2 + z^2$，于是有

$$I_{\mathrm{p}} = \int_A \rho^2 \mathrm{d}A = \int_A (y^2 + z^2)\mathrm{d}A = \int_A y^2 \mathrm{d}A + \int_A z^2 \mathrm{d}A = I_z + I_y \qquad (\text{Ⅰ}.11)$$

所以，图形对任意一对互相垂直的轴的惯性矩之和等于它对该两轴交点的极惯性矩。

例Ⅰ.3 如图Ⅰ.5所示，矩形的高为h，宽为b，试计算矩形对其对称轴y和z的惯性矩。

解： 先求对y轴的惯性矩，取长边平行于y轴的微分面积$\mathrm{d}A$，则

$$\mathrm{d}A = b \cdot \mathrm{d}z$$

$$I_y = \int_A z^2 \mathrm{d}A = \int_{-h/2}^{h/2} bz^2 \mathrm{d}z = \frac{bh^3}{12}$$

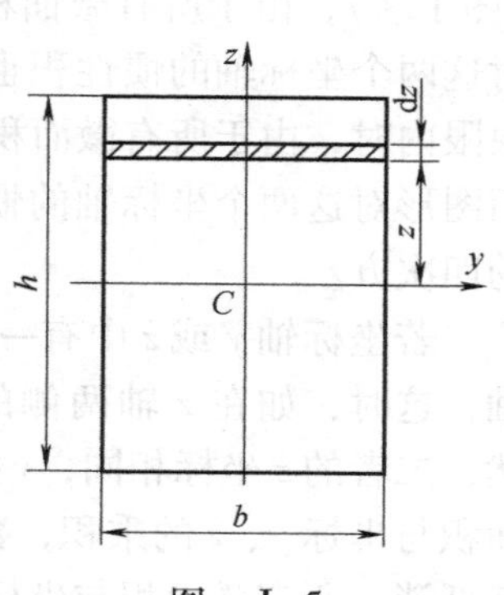

图 Ⅰ.5

用完全相同的方法求得

$$I_z = \frac{hb^3}{12}$$

例Ⅰ.4 计算图Ⅰ.6所示图形对其形心轴的惯性矩和惯性半径。

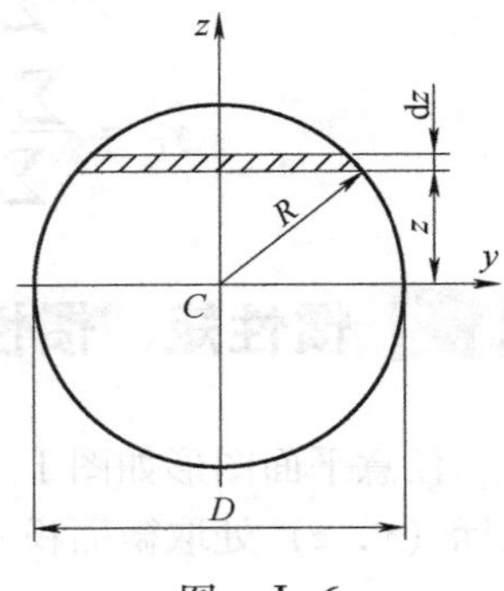

图 Ⅰ.6

解：以图中阴影的微分面积作为 $\mathrm{d}A$，则

$$\mathrm{d}A = 2y\mathrm{d}z = 2\sqrt{R^2 - z^2}\mathrm{d}z$$

$$I_y = \int_A z^2 \mathrm{d}A = 2\int_{-R}^{R} z^2 \sqrt{R^2 - z^2}\mathrm{d}z = \frac{\pi R^4}{4} = \frac{\pi D^4}{64}$$

z 轴和 y 轴都与圆的直径重合，由于对称的原因，必然有

$$I_z = I_y = \frac{\pi D^4}{64}$$

由式（Ⅰ.9），图形对形心轴的惯性半径为

$$i_z = i_y = \sqrt{\frac{\pi D^4/64}{\pi D^2/4}} = \frac{D}{4}$$

当一个平面图形由若干简单的图形组成时，根据惯性矩的定义，可先算出每一个简单图形对同一轴的惯性矩，然后求其总和，即等于整个图形对该轴的惯性矩。这可表达为

$$I_y = \sum_{i=1}^{n} I_{yi}, \quad I_z = \sum_{i=1}^{n} I_{zi} \tag{Ⅰ.12}$$

例如可以把图Ⅰ.7所示空心圆，看作是由直径为 D 的圆减去直径为 d 的圆，由式（Ⅰ.12），并使用例Ⅰ.4所得结果，即可求得

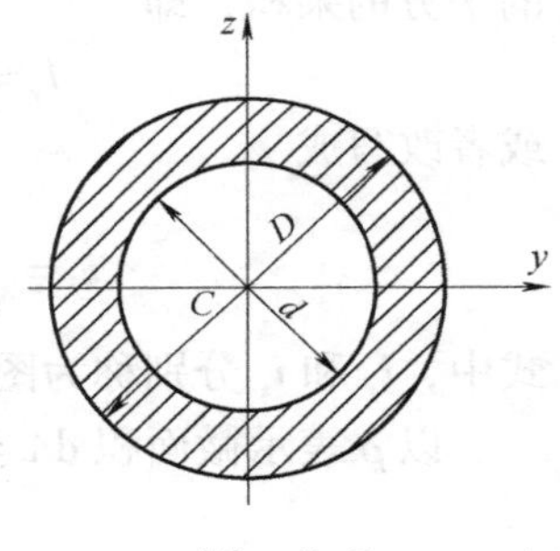

图 Ⅰ.7

$$I_y = I_z = \frac{\pi D^4}{64} - \frac{\pi d^4}{64} = \frac{\pi}{64}(D^4 - d^4)$$

$$I_\mathrm{p} = \frac{\pi D^4}{32} - \frac{\pi d^4}{32} = \frac{\pi}{32}(D^4 - d^4)$$

在平面图形的坐标（y，z）处，取微面积 $\mathrm{d}A$（图Ⅰ.4）遍及整个图形面积 A 的积分

$$I_{yz} = \int_A yz\mathrm{d}A \tag{Ⅰ.13}$$

定义为图形对 y、z 轴的**惯性积**。

由于坐标乘积 yz 可能为正或负，因此，I_{yz} 的数值可能为正，可能为负，也可能等于零。例如当整个图形都在第一象限内时（图Ⅰ.4），由于所有微面积 $\mathrm{d}A$ 的 y、z 坐标均为正值，所以图形对这两个坐标轴的惯性积也必为正值。又如当整个图形都在第二象限内时，由于所有微面积 $\mathrm{d}A$ 的 z 坐标为正，而 y 坐标为负，因而图形对这两个坐标轴的惯性积必为负值。惯性积的量纲是长度的四次方。

若坐标轴 y 或 z 中有一个是图形的对称轴。例如图Ⅰ.8中的 z 轴，这时，如在 z 轴两侧的对称位置处，各取一微面积 $\mathrm{d}A$，显然，二者的 z 坐标相同，y 坐标数值相等但符号相反，因而两个微面积与坐标 y、z 的乘积，数值相等而符号相反，它们在积分中相互抵消，所有微面积与坐标的乘积都两两相消，最后导致

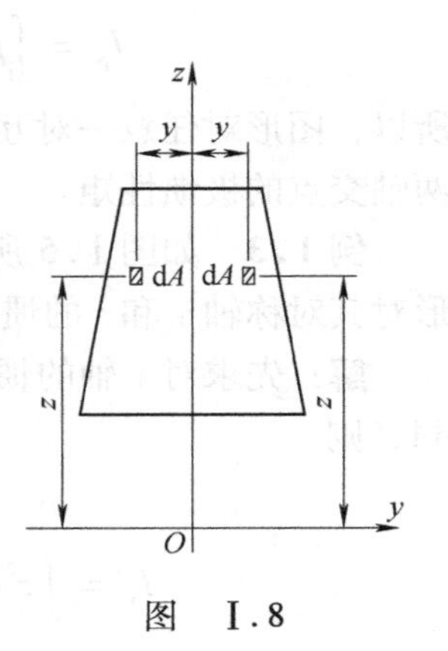

图 Ⅰ.8

$$I_{yz}=\int_A yz\mathrm{d}A=0$$

所以，坐标系的两个坐标轴中只要有一个为图形的对称轴，则图形对这一坐标系的惯性积等于零。

I.3 平行移轴公式

同一平面图形对于平行的两对坐标轴的惯性矩或惯性积并不相同，当其中一对轴是图形的形心轴时，它们之间有比较简单的关系。

在图 I.9 中，C 为图形的形心，y_C 和 z_C 是通过形心的坐标轴，图形对形心轴 y_C 和 z_C 的惯性矩和惯性积分别记为

$$\left.\begin{aligned}I_{y_C}&=\int_A z_C^2\mathrm{d}A\\I_{z_C}&=\int_A y_C^2\mathrm{d}A\\I_{y_Cz_C}&=\int_A y_Cz_C\mathrm{d}A\end{aligned}\right\}\qquad\text{(a)}$$

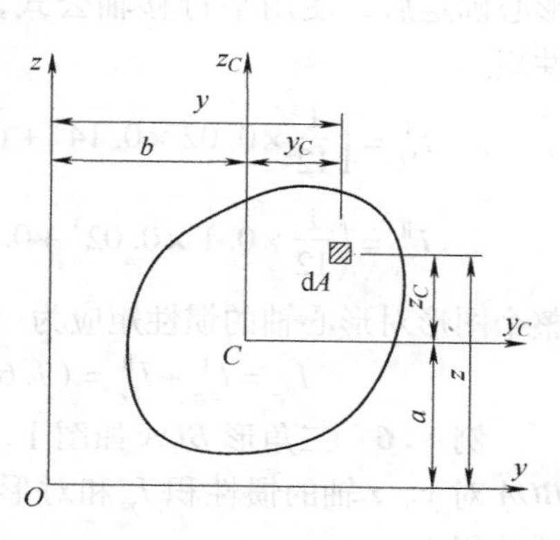

图　I.9

若 y 轴平行于 y_C，且两者的距离为 a；z 轴平行于 z_C，且两者的距离为 b，图形对 y 轴和 z 轴的惯性矩和惯性积应为

$$I_y=\int_A z^2\mathrm{d}A,\quad I_z=\int_A y^2\mathrm{d}A,\quad I_{yz}=\int_A yz\mathrm{d}A\qquad\text{(b)}$$

由图 I.9 显然可以看出

$$y=y_C+b,\quad z=z_C+a\qquad\text{(c)}$$

以式（c）代入式（b），得

$$I_z=\int_A y^2\mathrm{d}A=\int_A(y_C+b)^2\mathrm{d}A=\int_A y_C^2\mathrm{d}A+2b\int_A y_C\mathrm{d}A+b^2\int_A\mathrm{d}A$$

$$I_y=\int_A z^2\mathrm{d}A=\int_A(z_C+a)^2\mathrm{d}A=\int_A z_C^2\mathrm{d}A+2a\int_A z_C\mathrm{d}A+a^2\int_A\mathrm{d}A$$

$$I_{yz}=\int_A yz\mathrm{d}A=\int_A(y_C+b)(z_C+a)\mathrm{d}A=\int_A y_Cz_C\mathrm{d}A+a\int_A y_C\mathrm{d}A+b\int_A z_C\mathrm{d}A+ab\int_A\mathrm{d}A$$

在以上三式中，$\int_A z_C\mathrm{d}A$ 和 $\int_A y_C\mathrm{d}A$ 分别为图形对形心轴 y_C 和 z_C 的静矩，其值应等于零（参见 I.1 节）。$\int_A\mathrm{d}A=A$，如再应用式（a），上列三式可简化为

$$\begin{aligned}I_y&=I_{y_C}+a^2A\\I_z&=I_{z_C}+b^2A\\I_{yz}&=I_{y_Cz_C}+abA\end{aligned}\qquad\text{(I.14)}$$

式（I.14）即为惯性矩和惯性积的平行移轴公式。利用这一公式可使惯性矩和惯性积的计算得到简化。在使用平行移轴公式时，要注意 a 和 b 是图形的形心在 Oyz 坐标系中的坐标，

它们是有正负的。

例 Ⅰ.5 试计算图Ⅰ.10所示图形对其形心轴 y_C 的惯性矩 I_{y_C}。

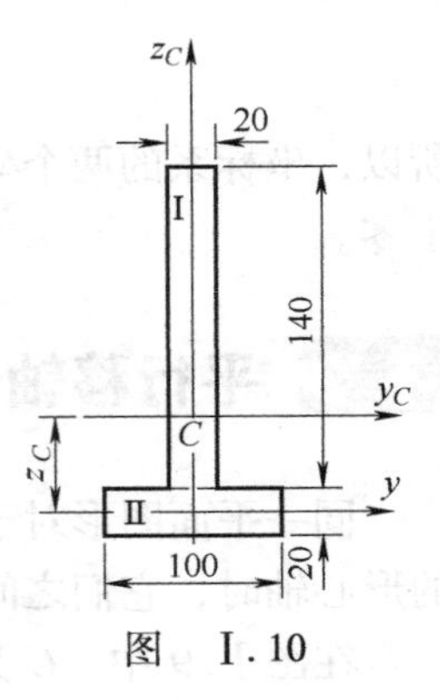

图 Ⅰ.10

解： 把图形看作是由两个矩形Ⅰ和Ⅱ所组成，图形的形心必然在对称轴上。为了确定 z_C，取通过矩形Ⅱ的形心且平行于底边的参考轴 y：

$$z_C = \frac{A_1 z_1 + A_2 z_2}{A_1 + A_2} = \frac{0.14 \times 0.02 \times 0.08 + 0.1 \times 0.02 \times 0}{0.14 \times 0.02 + 0.1 \times 0.02}\text{m} = 0.0467\text{m}$$

形心确定后，使用平行移轴公式，分别算出矩形Ⅰ和Ⅱ对 y_C 的惯性矩

$$I_{y_C}^{\mathrm{I}} = \left[\frac{1}{12} \times 0.02 \times 0.14^3 + (0.08 - 0.0467)^2 \times 0.02 \times 0.14\right]\text{m}^4 = 7.69 \times 10^{-6}\text{m}^4$$

$$I_{y_C}^{\mathrm{II}} = \left(\frac{1}{12} \times 0.1 \times 0.02^3 + 0.0467^2 \times 0.1 \times 0.02\right)\text{m}^4 = 4.43 \times 10^{-6}\text{m}^4$$

整个图形对形心轴的惯性矩应为

$$I_{y_C} = I_{y_C}^{\mathrm{I}} + I_{y_C}^{\mathrm{II}} = (7.69 \times 10^{-6} + 4.43 \times 10^{-6})\text{m}^4 = 12.12 \times 10^{-6}\text{m}^4$$

例 Ⅰ.6 三角形 BOA 如图Ⅰ.11所示。计算 BOA 对 y、z 轴的惯性积 I_{yz} 和对形心轴 y_C、z_C 的惯性积 $I_{y_C z_C}$。

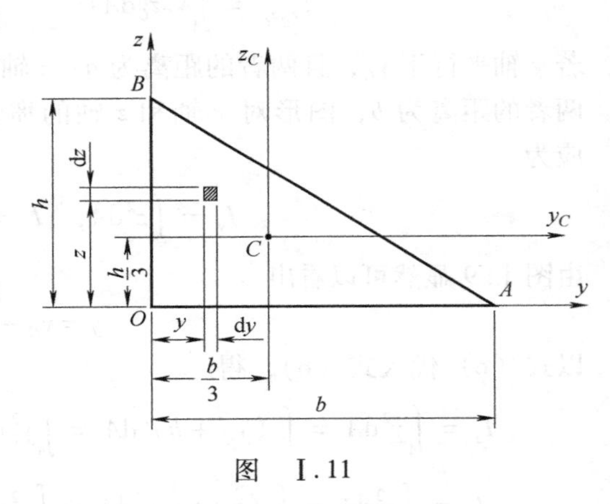

图 Ⅰ.11

解： 三角形斜边 AB 的方程式为

$$z = \frac{h(b-y)}{b}$$

取微分面积 $\mathrm{d}A = \mathrm{d}y\mathrm{d}z$，三角形对 y、z 轴的惯性积 I_{yz} 为

$$I_{yz} = \int_A yz\mathrm{d}A = \int_0^b \left(\int_0^z z\mathrm{d}z\right) y\mathrm{d}y = \int_0^b \frac{h^2}{2b^2}(b-y)^2 y\mathrm{d}y = \frac{b^2h^2}{24}$$

三角形的形心 C 在 Oyz 坐标系中的坐标为 $\left(\frac{b}{3}, \frac{h}{3}\right)$，由惯性积的平行移轴公式得

$$I_{y_C z_C} = I_{yz} - \left(\frac{b}{3} \cdot \frac{h}{3}\right) \cdot A = \frac{b^2h^2}{24} - \frac{b}{3} \cdot \frac{h}{3} \cdot \frac{bh}{2} = -\frac{b^2h^2}{72}$$

Ⅰ.4 转轴公式·主惯性轴

任意平面图形（图Ⅰ.12）对 y 轴和 z 轴的惯性矩和惯性积为

$$I_y = \int_A z^2\mathrm{d}A, \quad I_z = \int_A y^2\mathrm{d}A, \quad I_{yz} = \int_A yz\mathrm{d}A \tag{a}$$

若将坐标轴绕 O 点旋转 α 角，且以逆时针转向为正，旋转后得新的坐标轴 y_1、z_1，而图形对 y_1、z_1 轴的惯性矩和惯性积，则应分别为

$$\left.\begin{aligned} I_{y_1} &= \int_A z_1^2 \mathrm{d}A \\ I_{z_1} &= \int_A y_1^2 \mathrm{d}A \\ I_{y_1 z_1} &= \int_A y_1 z_1 \mathrm{d}A \end{aligned}\right\} \quad \text{(b)}$$

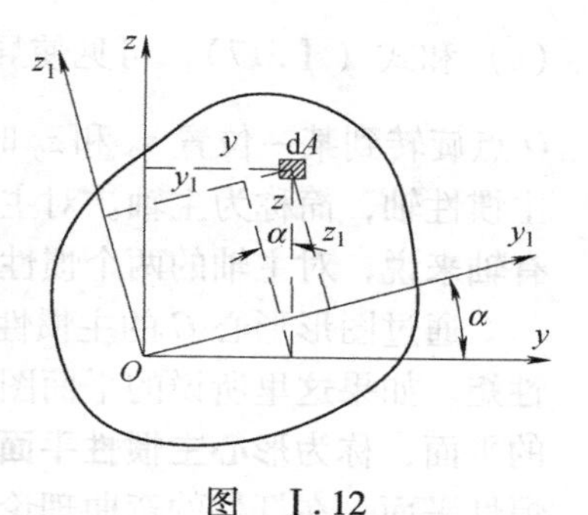

图 Ⅰ.12

现在研究图形对 y、z 轴和对 y_1、z_1 轴的惯性矩及惯性积之间的关系。

图Ⅰ.12 微面积 dA 在新旧两个坐标系中的坐标（y_1、z_1）和（y, z）之间的关系为

$$\left.\begin{aligned} y_1 &= y\cos\alpha + z\sin\alpha \\ z_1 &= z\cos\alpha - y\sin\alpha \end{aligned}\right\} \quad \text{(c)}$$

把 z_1 代入式（b）中的第一式

$$\begin{aligned} I_{y_1} &= \int_A z_1^2 \mathrm{d}A = \int_A (z\cos\alpha - y\sin\alpha)^2 \mathrm{d}A \\ &= \cos^2\alpha \int_A z^2 \mathrm{d}A + \sin^2\alpha \int_A y^2 \mathrm{d}A - 2\sin\alpha\cos\alpha \int_A yz \mathrm{d}A \\ &= I_y \cos^2\alpha + I_z \sin^2\alpha - I_{yz}\sin 2\alpha \end{aligned}$$

以 $\cos^2\alpha = \frac{1}{2}(1+\cos 2\alpha)$ 和 $\sin^2\alpha = \frac{1}{2}(1-\cos 2\alpha)$ 代入上式，得出

$$I_{y_1} = \frac{I_y + I_z}{2} + \frac{I_y - I_z}{2}\cos 2\alpha - I_{yz}\sin 2\alpha \quad (\text{Ⅰ}.15)$$

同理，由式（b）的第二式和第三式可以求得

$$I_{z_1} = \frac{I_y + I_z}{2} - \frac{I_y - I_z}{2}\cos 2\alpha + I_{yz}\sin 2\alpha \quad (\text{Ⅰ}.16)$$

$$I_{y_1 z_1} = \frac{I_y - I_z}{2}\sin 2\alpha + I_{yz}\cos 2\alpha \quad (\text{Ⅰ}.17)$$

I_{y_1}、I_{z_1}、$I_{y_1 z_1}$ 随 α 角的改变而变化，它们都是 α 的函数。

将式（Ⅰ.15）对 α 取导数

$$\frac{\mathrm{d}I_{y_1}}{\mathrm{d}\alpha} = -2\left(\frac{I_y - I_z}{2}\sin 2\alpha + I_{yz}\cos 2\alpha\right) \quad \text{(d)}$$

若 $\alpha = \alpha_0$，能使导数 $\frac{\mathrm{d}I_{y_1}}{\mathrm{d}\alpha} = 0$，则对 α_0 所确定的坐标轴，图形的惯性矩为最大值或最小值。以 α_0 代入式（d），并令其等于零，得到

$$\frac{I_y - I_z}{2}\sin 2\alpha_0 + I_{yz}\cos 2\alpha_0 = 0 \quad \text{(e)}$$

由此求出

$$\tan 2\alpha_0 = \frac{-2I_{yz}}{I_y - I_z} \quad (\text{Ⅰ}.18)$$

由式（Ⅰ.18）可以求出相差 90°的两个角度 α_0，从而确定了一对坐标轴 y_0 和 z_0。图形对这一对轴中的一个轴的惯性矩为最大值 $I_{\max}$，而对另一轴的惯性矩则为最小值 $I_{\min}$。比较式

(e) 和式 (Ⅰ.17)，可见使导数$\frac{\mathrm{d}I_{y_1}}{\mathrm{d}\alpha}=0$的角度$\alpha_0$恰好使惯性积等于零。所以，当坐标轴绕$O$点旋转到某一位置$y_0$和$z_0$时，图形对这一对坐标轴的惯性积等于零，这一对坐标轴称为主惯性轴，简称为主轴。对主惯性轴的惯性矩称为主惯性矩。如上所述，对通过O点的所有轴来说，对主轴的两个惯性矩，一个是最大值，另一个是最小值。

通过图形形心C的主惯性轴称为形心主惯性轴，图形对该轴的惯性矩就称为**形心主惯性矩**。如果这里所说的平面图形是杆件的横截面，则截面的形心主惯性轴与杆件轴线所确定的平面，称为**形心主惯性平面**。杆件横截面的形心主惯性轴、形心主惯性矩和杆件的形心主惯性平面，在杆件的弯曲理论中有重要意义。截面对于对称轴的惯性积等于零，截面形心又必然在对称轴上，所以截面的对称轴必是形心主惯性轴，它与杆件轴线确定的纵向对称面就是形心主惯性平面。

由式 (Ⅰ.18) 求出角度α_0的数值，代入式 (Ⅰ.15) 和式 (Ⅰ.16) 就可求得图形的主惯性矩。为了计算方便，下面导出直接计算主惯性矩的公式。由式 (Ⅰ.18) 可以求得

$$\cos 2\alpha_0=\frac{1}{\sqrt{1+\tan^2 2\alpha_0}}=\frac{I_y-I_z}{\sqrt{(I_y-I_z)^2+4I_{yz}^2}}$$

$$\sin 2\alpha_0=\tan 2\alpha_0\cdot\cos 2\alpha_0=\frac{-2I_{yz}}{\sqrt{(I_y-I_z)^2+4I_{yz}^2}}$$

将以上两式代入式 (Ⅰ.15) 和式 (Ⅰ.16)，经简化后得出主惯性矩的计算公式是

$$\left.\begin{aligned}I_{y_0}&=\frac{I_y+I_z}{2}+\frac{1}{2}\sqrt{(I_y-I_z)^2+4I_{yz}^2}\\I_{z_0}&=\frac{I_y+I_z}{2}-\frac{1}{2}\sqrt{(I_y-I_z)^2+4I_{yz}^2}\end{aligned}\right\}\qquad(\text{Ⅰ}.19)$$

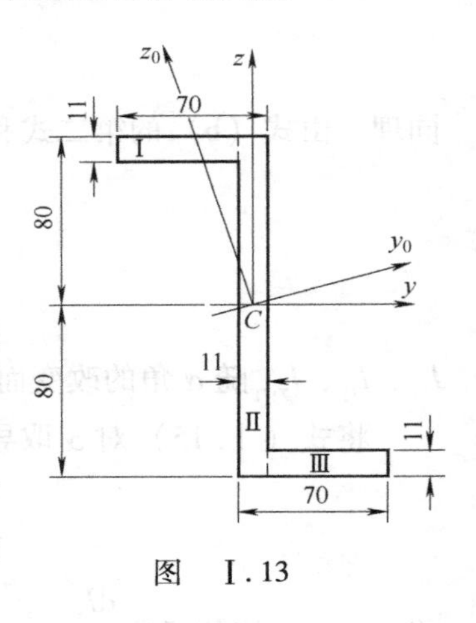

图 Ⅰ.13

例Ⅰ.7 试确定图Ⅰ.13所示图形的形心主惯性轴的位置，并计算形心主惯性矩。

解：首先确定图形的形心。由于图形有一对称中心C，选取通过形心的水平轴及垂直轴作为y和z轴，把图形看作是由Ⅰ、Ⅱ、Ⅲ三个矩形所组成，矩形Ⅰ的形心坐标为 (−35, 74.5)，矩形Ⅲ的形心坐标为 (35, −74.5)，矩形Ⅱ的形心与C重合，利用平行移轴公式分别求出各矩形对y轴和z轴的惯性矩和惯性积。

矩形Ⅰ：$I_y^{\text{Ⅰ}}=\left(\frac{1}{12}\times 0.059\times 0.011^3+0.0745^2\times 0.011\times 0.059\right)\mathrm{m}^4=3.607\times 10^{-6}\mathrm{m}^4$

$I_z^{\text{Ⅰ}}=\left[\frac{1}{12}\times 0.011\times 0.059^3+(-0.035)^2\times 0.011\times 0.059\right]\mathrm{m}^4=0.982\times 10^{-6}\mathrm{m}^4$

$I_{yz}^{\text{Ⅰ}}=[0+(-0.035)\times 0.0745\times 0.011\times 0.059]\mathrm{m}^4=-1.69\times 10^{-6}\mathrm{m}^4$

矩形Ⅱ：$I_y^{\text{Ⅱ}}=\left(\frac{1}{12}\times 0.011\times 0.16^3\right)\mathrm{m}^4=3.76\times 10^{-6}\mathrm{m}^4$

$I_z^{\text{Ⅱ}}=\left(\frac{1}{12}\times 0.16\times 0.011^3\right)\mathrm{m}^4=0.0178\times 10^{-6}\mathrm{m}^4$

$I_{yz}^{\text{Ⅱ}}=0$

矩形Ⅲ： $I_y^{Ⅲ}=\left[\frac{1}{12}\times0.059\times0.011^3+(-0.0745)^2\times0.011\times0.059\right]\text{m}^4=3.607\times10^{-6}\text{m}^4$

$$I_z^{Ⅲ}=\left(\frac{1}{12}\times0.011\times0.059^3+0.035^2\times0.011\times0.059\right)\text{m}^4=0.982\times10^{-6}\text{m}^4$$

$$I_{yz}^{Ⅲ}=[0+0.035\times(-0.0745)\times0.011\times0.059]\text{m}^4=-1.69\times10^{-6}\text{m}^4$$

整个图形对 y 轴和 z 轴的惯性矩和惯性积为

$$I_y=I_y^{Ⅰ}+I_y^{Ⅱ}+I_y^{Ⅲ}=(3.607+3.76+3.607)\times10^{-6}\text{m}^4=10.97\times10^{-6}\text{m}^4$$

$$I_z=I_z^{Ⅰ}+I_z^{Ⅱ}+I_z^{Ⅲ}=(0.982+0.0178+0.982)\times10^{-6}\text{m}^4=1.98\times10^{-6}\text{m}^4$$

$$I_{yz}=I_{yz}^{Ⅰ}+I_{yz}^{Ⅱ}+I_{yz}^{Ⅲ}=(-1.69+0-1.69)\times10^{-6}\text{m}^4=-3.38\times10^{-6}\text{m}^4$$

把求得的 I_y、I_z、I_{yz} 代入式（Ⅰ.18），得

$$\tan2\alpha_0=\frac{-2I_{yz}}{I_y-I_z}=\frac{-2(-3.38\times10^{-6})}{10.97\times10^{-6}-1.98\times10^{-6}}=0.752$$

$$2\alpha_0=37°\text{或}217°$$

$$\alpha_0=18°30'\text{或}108°30'$$

α_0 的两个值分别确定了形心主惯性轴 y_0 和 z_0 的位置。以 α_0 的两个值分别代入式（Ⅰ.15），求出图形的形心主惯性矩为

$$I_{y_0}=\left[\frac{10.97\times10^{-6}+1.98\times10^{-6}}{2}+\frac{10.97\times10^{-6}-1.98\times10^{-6}}{2}\cos37°-(-3.38\times10^{-6})\sin37°\right]\text{m}^4$$
$$=12.1\times10^{-6}\text{m}^4$$

$$I_{z_0}=\left[\frac{10.97\times10^{-6}+1.98\times10^{-6}}{2}+\frac{10.97\times10^{-6}-1.98\times10^{-6}}{2}\cos217°-(-3.38\times10^{-6})\sin217°\right]\text{m}^4$$
$$=0.85\times10^{-6}\text{m}^4$$

也可以把 $2\alpha_0=37°$ 代入式（Ⅰ.16）求出 I_{z_0}。

在求出 I_y、I_z、I_{yz} 后，还可以由式（Ⅰ.19）求得形心主惯性矩

$$\left.\begin{matrix}I_{y_0}\\I_{z_0}\end{matrix}\right\}=\frac{I_y+I_z}{2}\pm\frac{1}{2}\sqrt{(I_y-I_z)^2+4I_{yz}^2}$$

$$=\left[\frac{10.97\times10^{-6}+1.98\times10^{-6}}{2}\pm\frac{1}{2}\sqrt{(10.97\times10^{-6}-1.98\times10^{-6})^2+4(-3.38\times10^{-6})^2}\right]\text{m}^4$$

$$=\begin{cases}12.1\times10^{-6}\text{m}^4\\0.85\times10^{-6}\text{m}^4\end{cases}$$

当确定主惯性轴的位置时，如约定 I_y 代表较大的惯性矩（即 $I_y>I_z$），则由式（Ⅰ.18）算出的两个角度 α_0，由绝对值较小的 α_0 确定的主惯性轴对应的主惯性矩为最大值。例如在现在讨论的例题中，由 $\alpha_0=18°30'$ 所确定的形心主惯性轴，对应着最大的形心主惯性矩 $I_{y_0}=12.1\times10^{-6}\text{m}^4$。

本章小结

1. 基本要求

1）掌握静矩与形心的概念，熟练掌握组合截面的静矩与形心坐标的计算。

2）掌握惯性矩、惯性半径和惯性积的概念。

3）利用平行移轴定理，熟练掌握组合截面惯性矩的计算。

4）理解转轴公式的应用，掌握主惯性轴和形心主惯性轴的概念。

2. 本章重点

1）静矩与形心坐标的计算。

2）截面惯性矩的计算。

3）主惯性轴和形心主惯性轴的定义。

3. 本章难点

1）组合截面的静矩、形心坐标和惯性矩的计算。

2）转轴公式的应用，复杂图形的主惯性轴的确定。

4. 学习建议

本章内容仅为数学中的一些概念的归纳和汇总，因此，要明确各概念的数学定义，如图形的一次矩和二次矩。重点掌握简单图形的几何性质，准确计算组合图形的几何性质。在计算复杂图形的形心坐标时，注意对图形进行合理的分割，可以利用对称轴、负面积法可以简化计算过程。在计算组合图形几何性质时，注意平行移轴公式应用条件。要特别熟悉矩形、圆形、箱型及矩形与圆形组合图形对形心主惯性矩的计算，这在弯曲强度中会经常涉及。

习　题

Ⅰ.1　试求题Ⅰ.1图示各截面的阴影线面积对 y 轴的静矩。

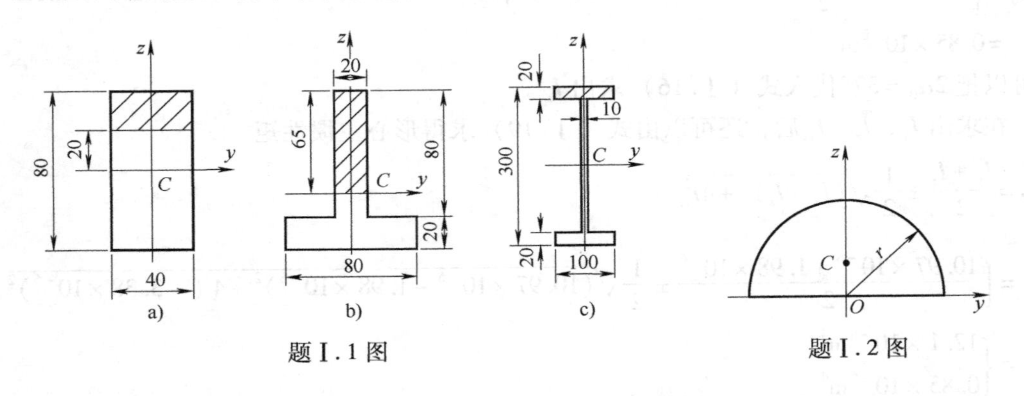

题Ⅰ.1图　　　　题Ⅰ.2图

Ⅰ.2　试用积分法求题Ⅰ.2图示半圆形截面对 y 轴的静矩 S_y，并确定其形心坐标。

Ⅰ.3　试用积分法求题Ⅰ.3图示各图形的 I_y。

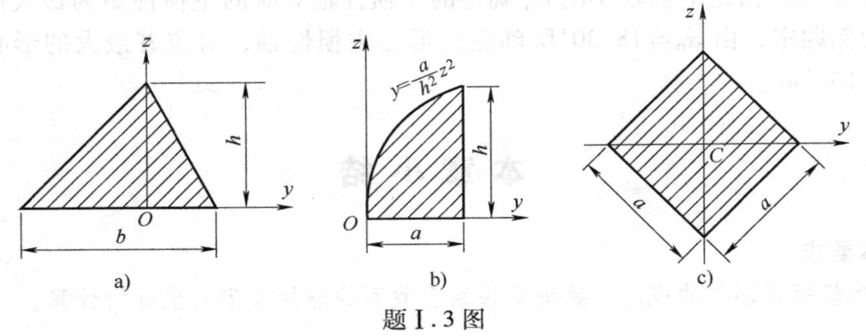

题Ⅰ.3图

Ⅰ.4　薄圆环的平均半径为 r，厚度为 $t(r \gg t)$，试证：薄圆环对任意直径的惯性矩为 $I=\pi r^3 t$，对圆心的极惯性矩为 $I_p=2\pi r^3 t$。

Ⅰ.5　计算题Ⅰ.5图示半圆形对形心轴 y_C 的惯性矩。

Ⅰ.6　计算题Ⅰ.6图示图形对 y、z 轴的惯性积 I_{yz}。

Ⅰ.7　计算题Ⅰ.7图示图形对 y、z 轴的惯性矩 I_y、I_z 以及惯性积 I_{yz}。

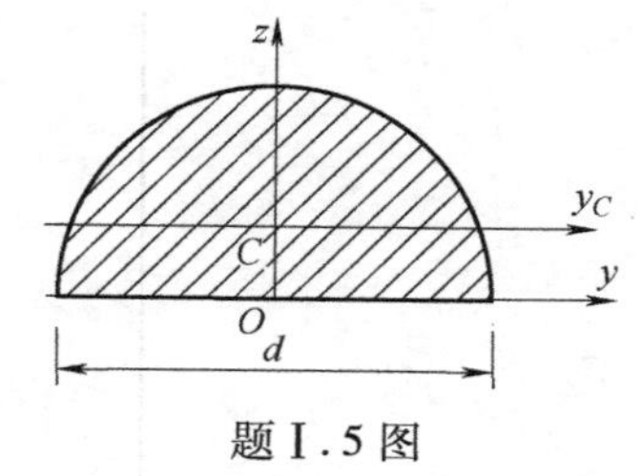

题Ⅰ.5图

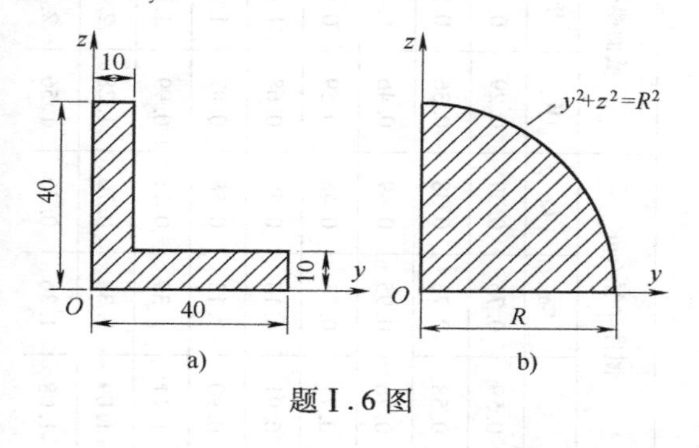

题Ⅰ.6图

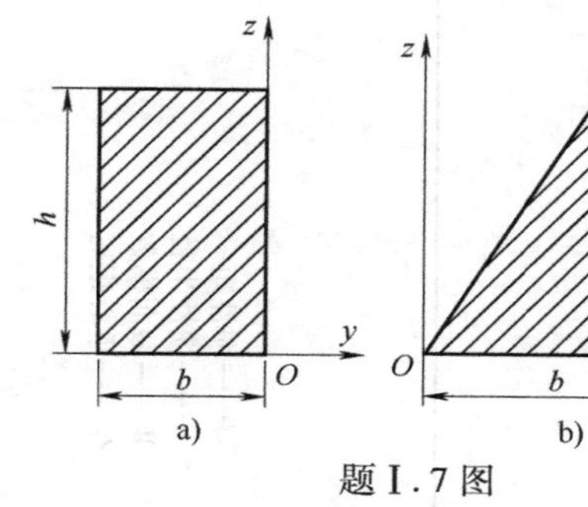

题Ⅰ.7图

Ⅰ.8　试确定题Ⅰ.8图示平面图形的形心主惯性轴的位置，并求形心主惯性矩。

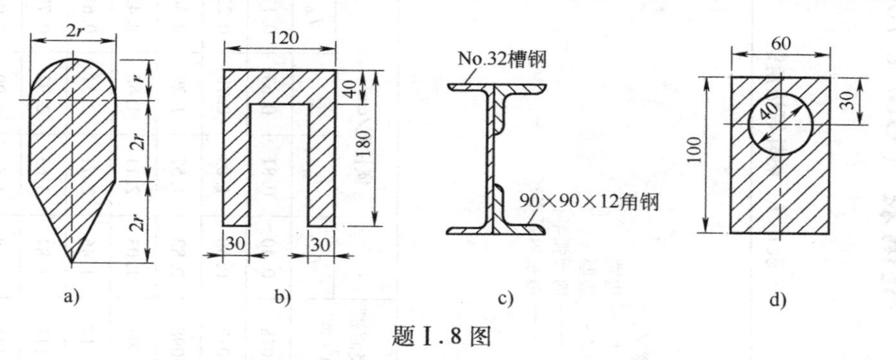

题Ⅰ.8图

Ⅰ.9　试确定题Ⅰ.9图示图形通过坐标原点 O 的主惯性轴的位置，并计算主惯性矩 I_{y_0} 和 I_{z_0} 的值，确定形心主惯性矩及形心主惯性轴。

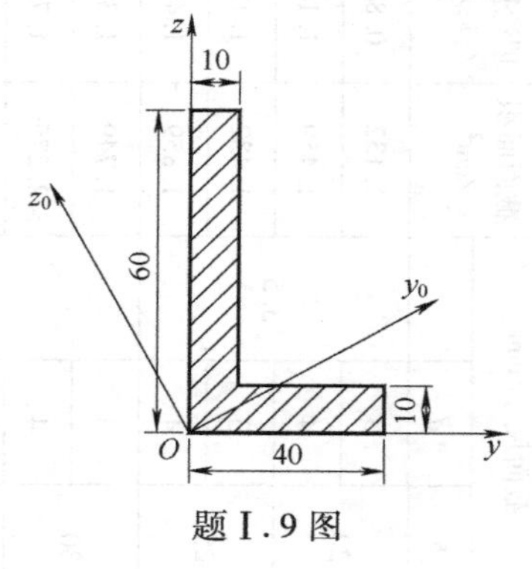

题Ⅰ.9图

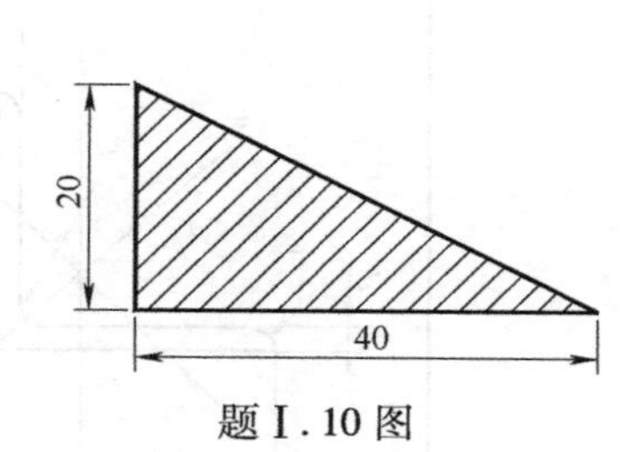

题Ⅰ.10图

Ⅰ.10　求题Ⅰ.10图示三角形的形心主惯性矩，并确定形心主惯性轴的位置。

Ⅰ.11　试证明正方形及等边三角形截面的任一形心轴均为形心主惯性轴，并由此推出这一结论的一般性条件。

附录Ⅱ　型钢表（GB/T 706—2008）

表Ⅱ.1　热轧等边角钢

符号意义：
b——边宽
d——边厚
r——内圆弧半径
r_1——边端内弧半径
I——惯性矩
i——惯性半径
W——截面模数
Z_0——重心距离

型号	截面尺寸/mm			截面面积/cm^2	理论重量/(kg/m)	外表面积/(m^2/m)	惯性矩/cm^4				惯性半径/cm			截面模数/cm^3			重心距离/cm
	b	d	r				I_x	I_{x1}	I_{x0}	I_{y0}	i_x	i_{x0}	i_{y0}	W_x	W_{x0}	W_{y0}	Z_0
2	20	3	3.5	1.132	0.889	0.078	0.40	0.81	0.63	0.17	0.59	0.75	0.39	0.29	0.45	0.20	0.60
		4		1.459	1.145	0.077	0.50	1.09	0.78	0.22	0.58	0.73	0.38	0.36	0.55	0.24	0.64
2.5	25	3		1.432	1.124	0.098	0.82	1.57	1.29	0.34	0.76	0.95	0.49	0.46	0.73	0.33	0.73
		4		1.859	1.459	0.097	1.03	2.11	1.62	0.43	0.74	0.93	0.48	0.59	0.92	0.40	0.76
3.0	30	3	4.5	1.749	1.373	0.117	1.46	2.71	2.31	0.61	0.91	1.15	0.59	0.68	1.09	0.51	0.85
		4		2.276	1.786	0.117	1.84	3.63	2.92	0.77	0.90	1.13	0.58	0.87	1.37	0.62	0.89
3.6	36	3		2.109	1.656	0.141	2.58	4.68	4.09	1.07	1.11	1.39	0.71	0.99	1.61	0.76	1.00
		4		2.756	2.163	0.141	3.29	6.25	5.22	1.37	1.09	1.38	0.70	1.28	2.05	0.93	1.04
		5		3.382	2.654	0.141	3.95	7.84	6.24	1.65	1.08	1.36	0.70	1.56	2.45	1.00	1.07

4	40	3	5	2.359	1.852	0.157	3.59	6.41	5.69	1.49	1.23	1.55	0.79	1.23	2.01	0.96	1.09
		4		3.086	2.422	0.157	4.60	8.56	7.29	1.91	1.22	1.54	0.79	1.60	2.58	1.19	1.13
		5		3.791	2.976	0.156	5.53	10.74	8.76	2.30	1.21	1.52	0.78	1.96	3.10	1.39	1.17
4.5	45	3		2.659	2.088	0.177	5.17	9.12	8.20	2.14	1.40	1.76	0.89	1.58	2.58	1.24	1.22
		4		3.486	2.736	0.177	6.65	12.18	10.56	2.75	1.38	1.74	0.89	2.05	3.32	1.54	1.26
		5		4.292	3.369	0.176	8.04	15.2	12.74	3.33	1.37	1.72	0.88	2.51	4.00	1.81	1.30
		6		5.076	3.985	0.176	9.33	18.36	14.76	3.89	1.36	1.70	0.8	2.95	4.64	2.06	1.33
5	50	3	5.5	2.971	2.332	0.197	7.18	12.5	11.37	2.98	1.55	1.96	1.00	1.96	3.22	1.57	1.34
		4		3.897	3.059	0.197	9.26	16.69	14.70	3.82	1.54	1.94	0.99	2.56	4.16	1.96	1.38
		5		4.803	3.770	0.196	11.21	20.90	17.79	4.64	1.53	1.92	0.98	3.13	5.03	2.31	1.42
		6		5.688	4.465	0.196	13.05	25.14	20.68	5.42	1.52	1.91	0.98	3.68	5.85	2.63	1.46
5.6	56	3	6	3.343	2.624	0.221	10.19	17.56	16.14	4.24	1.75	2.20	1.13	2.48	4.08	2.02	1.48
		4		4.390	3.446	0.220	13.18	23.43	20.92	5.46	1.73	2.18	1.11	3.24	5.28	2.52	1.53
		5		5.415	4.251	0.220	16.02	29.33	25.42	6.61	1.72	2.17	1.10	3.97	6.42	2.98	1.57
		6		6.420	5.040	0.220	18.69	35.26	29.66	7.73	1.71	2.15	1.10	4.68	7.49	3.40	1.61
		7		7.404	5.812	0.219	21.23	41.23	33.63	8.82	1.69	2.13	1.09	5.36	8.49	3.80	1.64
		8		8.367	6.568	0.219	23.63	47.24	37.37	9.89	1.68	2.11	1.09	6.03	9.44	4.16	1.68
6	60	5	6.5	5.829	4.576	0.236	19.89	36.05	31.57	8.21	1.85	2.33	1.19	4.59	7.44	3.48	1.67
		6		6.914	5.427	0.235	23.25	43.33	36.89	9.60	1.83	2.31	1.18	5.41	8.70	3.98	1.70
		7		7.977	6.262	0.235	26.44	50.65	41.92	10.96	1.82	2.29	1.17	6.21	9.88	4.45	1.74
		8		9.020	7.081	0.235	29.47	58.02	46.66	12.28	1.81	2.27	1.17	6.98	11.00	4.88	1.78

（续）

型号	截面尺寸/mm			截面面积/cm^2	理论重量/(kg/m)	外表面积/(m^2/m)	惯性矩/cm^4				惯性半径/cm			截面模数/cm^3			重心距离/cm
	b	d	r				I_x	I_{x1}	I_{x0}	I_{y0}	i_x	i_{x0}	i_{y0}	W_x	W_{x0}	W_{y0}	Z_0
6.3	63	4	7	4.978	3.907	0.248	19.03	33.35	30.17	7.89	1.96	2.46	1.26	4.13	6.78	3.29	1.70
		5		6.143	4.822	0.248	23.17	41.73	36.77	9.57	1.94	2.45	1.25	5.08	8.25	3.90	1.74
		6		7.288	5.721	0.247	27.12	50.14	43.03	11.20	1.93	2.43	1.24	6.00	9.66	4.46	1.78
		7		8.412	6.603	0.247	30.87	58.60	48.96	12.79	1.92	2.41	1.23	6.88	10.99	4.98	1.82
		8		9.515	7.469	0.247	34.46	67.11	54.56	14.33	1.90	2.40	1.23	7.75	12.25	5.47	1.85
		10		11.657	9.151	0.246	41.09	84.31	64.85	17.33	1.88	2.36	1.22	9.39	14.56	6.36	1.93
7	70	4	8	5.570	4.372	0.275	26.39	45.74	41.80	10.99	2.18	2.74	1.40	5.14	8.44	4.17	1.86
		5		6.875	5.397	0.275	32.21	57.21	51.08	13.31	2.16	2.73	1.39	6.32	10.32	4.95	1.91
		6		8.160	6.406	0.275	37.77	68.73	59.93	15.61	2.15	2.71	1.38	7.48	12.11	5.67	1.95
		7		9.424	7.398	0.275	43.09	80.29	68.35	17.82	2.14	2.69	1.38	8.59	13.81	6.34	1.99
		8		10.667	8.373	0.274	48.17	91.92	76.37	19.98	2.12	2.68	1.37	9.68	15.43	6.98	2.03
7.5	75	5	9	7.412	5.818	0.295	39.97	70.56	63.30	16.63	2.33	2.92	1.50	7.32	11.94	5.77	2.04
		6		8.797	6.905	0.294	46.95	84.55	74.38	19.51	2.31	2.90	1.49	8.64	14.02	6.67	2.07
		7		10.160	7.976	0.294	53.57	98.71	84.96	22.18	2.30	2.89	1.48	9.93	16.02	7.44	2.11
		8		11.503	9.030	0.294	59.96	112.97	95.07	24.86	2.28	2.88	1.47	11.20	17.93	8.19	2.15
		9		12.825	10.068	0.294	66.10	127.30	104.71	27.48	2.27	2.86	1.46	12.43	19.75	8.89	2.18
		10		14.126	11.089	0.293	71.98	141.71	113.92	30.05	2.26	2.84	1.46	13.64	21.48	9.56	2.22
8	80	5		7.912	6.211	0.315	48.79	85.36	77.33	20.25	2.48	3.13	1.60	8.34	13.67	6.66	2.15
		6		9.397	7.376	0.314	57.35	102.50	90.98	23.72	2.47	3.11	1.59	9.87	16.08	7.65	2.19
		7		10.860	8.525	0.314	65.58	119.70	104.07	27.09	2.46	3.10	1.58	11.37	18.40	8.58	2.23
		8		12.303	9.658	0.314	73.49	136.97	116.60	30.39	2.44	3.08	1.57	12.83	20.61	9.46	2.27
		9		13.725	10.774	0.314	81.11	154.31	128.60	33.61	2.43	3.06	1.56	14.25	22.73	10.29	2.31
		10		15.126	11.874	0.313	88.43	171.74	140.09	36.77	2.42	3.04	1.56	15.64	24.76	11.08	2.35

9	90	6	10	10.637	8.350	0.354	82.77	145.87	131.26	34.28	2.79	3.51	1.80	12.61	20.63	9.95	2.44
		7		12.301	9.656	0.354	94.83	170.30	150.47	39.18	2.78	3.50	1.78	14.54	23.64	11.19	2.48
		8		13.944	10.946	0.353	106.47	194.80	168.97	43.97	2.76	3.48	1.78	16.42	26.55	12.35	2.52
		9		15.566	12.219	0.353	117.72	219.39	186.77	48.66	2.75	3.46	1.77	18.27	29.35	13.46	2.56
		10		17.167	13.476	0.353	128.58	244.07	203.90	53.26	2.74	3.45	1.76	20.07	32.04	14.52	2.59
		12		20.306	15.940	0.352	149.22	293.76	236.21	62.22	2.71	3.41	1.75	23.57	37.12	16.49	2.67
10	100	6	12	11.932	9.366	0.393	114.95	200.07	181.98	47.92	3.10	3.90	2.00	15.68	25.74	12.69	2.67
		7		13.796	10.830	0.393	131.86	233.54	208.97	54.74	3.09	3.89	1.99	18.10	29.55	14.26	2.71
		8		15.638	12.276	0.393	148.24	267.09	235.07	61.41	3.08	3.88	1.98	20.47	33.24	15.75	2.76
		9		17.462	13.708	0.392	164.12	300.73	260.30	67.95	3.07	3.86	1.97	22.79	36.81	17.18	2.80
		10		19.261	15.120	0.392	179.51	334.48	284.68	74.35	3.05	3.84	1.96	25.06	40.26	18.54	2.84
		12		22.800	17.898	0.391	208.90	402.34	330.95	86.84	3.03	3.81	1.95	29.48	46.80	21.08	2.91
		14		26.256	20.611	0.391	236.53	470.75	374.06	99.00	3.00	3.77	1.94	33.73	52.90	23.44	2.99
		16		29.627	23.257	0.390	262.53	539.80	414.16	110.89	2.98	3.74	1.94	37.82	58.57	25.63	3.06
11	110	7		15.196	11.928	0.433	177.16	310.64	280.94	73.38	3.41	4.30	2.20	22.05	36.12	17.51	2.96
		8		17.238	13.535	0.433	199.46	355.20	316.49	82.42	3.40	4.28	2.19	24.95	40.69	19.39	3.01
		10		21.261	16.690	0.432	242.19	444.65	384.39	99.98	3.38	4.25	2.17	30.68	49.42	22.91	3.09
		12		25.200	19.782	0.431	282.55	534.60	448.17	116.93	3.35	4.22	2.15	36.05	57.62	26.15	3.16
		14		29.056	22.809	0.431	320.71	625.16	508.01	133.40	3.32	4.18	2.14	41.31	65.31	29.14	3.24
12.5	125	8	14	19.750	15.504	0.492	297.03	521.01	470.89	123.16	3.88	4.88	2.50	32.52	53.28	25.86	3.37
		10		24.373	19.133	0.491	361.67	651.93	573.89	149.46	3.85	4.85	2.48	39.97	64.93	30.62	3.45
		12		28.912	22.696	0.491	423.16	783.42	671.44	174.88	3.83	4.82	2.46	41.17	75.96	35.03	3.53
		14		33.367	26.193	0.490	481.65	915.61	763.73	199.57	3.80	4.78	2.45	54.16	86.41	39.13	3.61
		16		37.739	29.625	0.489	537.31	1048.62	850.98	223.65	3.77	4.75	2.43	60.93	96.28	42.96	3.68

（续）

型号	截面尺寸/mm			截面面积/cm^2	理论重量/(kg/m)	外表面积/(m^2/m)	惯性矩/cm^4				惯性半径/cm			截面模数/cm^3			重心距离/cm
	b	d	r				I_x	I_{x1}	I_{x0}	I_{y0}	i_x	i_{x0}	i_{y0}	W_x	W_{x0}	W_{y0}	Z_0
14	140	10	14	27.373	21.488	0.551	514.65	915.11	817.27	212.04	4.34	5.46	2.78	50.58	82.56	39.20	3.82
		12		32.512	25.522	0.551	603.68	1099.28	958.79	248.57	4.31	5.43	2.76	59.80	96.85	45.02	3.90
		14		37.567	29.490	0.550	688.81	1284.22	1093.56	284.06	4.28	5.40	2.75	68.75	110.47	50.45	3.98
		16		42.539	33.393	0.549	770.24	1470.07	1221.81	318.67	4.26	5.36	2.74	77.46	123.42	55.55	4.06
15	150	8		23.750	18.644	0.592	521.37	899.55	827.49	215.25	4.69	5.90	3.01	47.36	78.02	38.14	3.99
		10		29.373	23.058	0.591	637.50	1125.09	1012.79	262.21	4.66	5.87	2.99	58.35	95.49	45.51	4.08
		12		34.912	27.406	0.591	748.85	1351.26	1189.97	307.73	4.63	5.84	2.97	69.04	112.19	52.38	4.15
		14		40.367	31.688	0.590	855.64	1578.25	1359.30	351.98	4.60	5.80	2.95	79.45	128.16	58.83	4.23
		15		43.063	33.804	0.590	907.39	1692.10	1441.09	373.69	4.59	5.78	2.95	84.56	135.87	61.90	4.27
		16		45.739	35.905	0.589	958.08	1806.21	1521.02	395.14	4.58	5.77	2.94	89.59	143.40	64.89	4.31
16	160	10	16	31.502	24.729	0.630	779.53	1365.33	1237.30	321.76	4.98	6.27	3.20	66.70	109.36	52.76	4.31
		12		37.441	29.391	0.630	916.58	1639.57	1455.68	377.49	4.95	6.24	3.18	78.98	128.67	60.74	4.39
		14		43.296	33.987	0.629	1048.36	1914.68	1665.02	431.70	4.92	6.20	3.16	90.95	147.17	68.24	4.47
		16		49.067	38.518	0.629	1175.08	2190.82	1865.57	484.59	4.89	6.17	3.14	102.63	164.89	75.31	4.55
18	180	12		42.241	33.159	0.710	1321.35	2332.80	2100.10	542.61	5.59	7.05	3.58	100.82	165.00	78.41	4.89
		14		48.896	38.383	0.709	1514.48	2723.48	2407.42	621.53	5.56	7.02	3.56	116.25	189.14	88.38	4.97
		16		55.467	43.542	0.709	1700.99	3115.29	2703.37	698.60	5.54	6.98	3.55	131.13	212.40	97.83	5.05
		18		61.055	48.634	0.708	1875.12	3502.43	2988.24	762.01	5.50	6.94	3.51	145.64	234.78	105.14	5.13

20	200	14	18	54.642	42.894	0.788	2103.55	3734.10	3343.26	863.83	6.20	7.82	3.98	144.70	236.40	111.82	5.46
		16		62.013	48.680	0.788	2366.15	4270.39	3760.89	971.41	6.18	7.79	3.96	163.65	265.93	123.96	5.54
		18		69.301	54.401	0.787	2620.64	4808.13	4164.54	1076.74	6.15	7.75	3.94	182.22	294.48	135.52	5.62
		20		76.505	60.056	0.787	2867.30	5347.51	4554.55	1180.04	6.12	7.72	3.93	200.42	322.06	146.55	5.69
		24		90.661	71.168	0.785	3338.25	6457.16	5294.97	1381.53	6.07	7.64	3.90	236.17	374.41	166.65	5.87
22	220	16	21	68.664	53.901	0.866	3187.36	5681.62	5063.73	1310.99	6.81	8.59	4.37	199.55	325.51	153.81	6.03
		18		76.752	60.250	0.866	3534.30	6395.93	5615.32	1453.27	6.79	8.55	4.35	222.37	360.97	168.29	6.11
		20		84.756	66.533	0.865	3871.49	7112.04	6150.08	1592.90	6.76	8.52	4.34	244.77	395.34	182.16	6.18
		22		92.676	72.751	0.865	4199.23	7830.19	6668.37	1730.10	6.78	8.48	4.32	266.78	428.66	195.45	6.26
		24		100.512	78.902	0.864	4517.83	8550.57	7170.55	1865.11	6.70	8.45	4.31	288.39	460.94	208.21	6.33
		26		108.264	84.987	0.864	4827.58	9273.39	7656.98	1998.17	6.68	8.41	4.30	309.62	492.21	220.49	6.41
25	250	18	24	87.842	68.956	0.985	5268.22	9379.11	8369.04	2167.41	7.74	9.76	4.97	290.12	473.42	224.03	6.84
		20		97.045	76.180	0.984	5779.34	10426.97	9181.94	2376.74	7.72	9.73	4.95	319.66	519.41	242.85	6.92
		24		115.201	90.433	0.983	6763.93	12529.74	10742.67	2785.19	7.66	9.66	4.92	377.34	607.70	278.38	7.07
		26		124.154	97.461	0.982	7238.08	13585.18	11491.33	2984.84	7.63	9.62	4.90	405.50	650.05	295.19	7.15
		28		133.022	104.422	0.982	7709.60	14643.62	12219.39	3181.81	7.61	9.58	4.89	433.22	691.23	311.42	7.22
		30		141.807	111.318	0.981	8151.80	15705.30	12927.26	3376.34	7.58	9.55	4.88	460.51	731.28	327.12	7.30
		32		150.508	118.149	0.981	8592.01	16770.41	13615.32	3568.71	7.56	9.51	4.87	487.39	770.20	342.33	7.37
		35		163.402	128.271	0.980	9232.44	18374.95	14611.16	3853.72	7.52	9.46	4.86	526.97	826.53	364.30	7.48

注：截面图中的 $r_1 = 1/3d$ 及表中 r 的数据用于孔型设计，不做交货条件。

表Ⅱ.2　热轧不等边角钢

符号意义：

B——长边宽度
b——短边宽度
d——边厚
r——内圆弧半径
r_1——边端内弧半径
I——惯性矩
i——惯性半径
W——截面模数
X_0——重心距离
Y_0——重心距离

型号	截面尺寸/mm				截面面积/cm^2	理论重量/(kg/m)	外表面积/(m^2/m)	惯性矩/cm^4					惯性半径/cm			截面模数/cm^3			$\tan\alpha$	重心距离/cm	
	B	b	d	r				I_x	I_{x1}	I_y	I_{y1}	I_u	i_x	i_y	i_u	W_x	W_y	W_u		X_0	Y_0
2.5/1.6	25	16	3	3.5	1.162	0.912	0.080	0.70	1.56	0.22	0.43	0.14	0.78	0.44	0.34	0.43	0.19	0.16	0.392	0.42	0.86
			4		1.499	1.176	0.079	0.88	2.09	0.27	0.59	0.17	0.77	0.43	0.34	0.55	0.24	0.20	0.381	0.46	1.86
3.2/2	32	20	3		1.492	1.171	0.102	1.53	3.27	0.46	0.82	0.28	1.01	0.55	0.43	0.72	0.30	0.25	0.382	0.49	0.90
			4		1.939	1.522	0.101	1.93	4.37	0.57	1.12	0.35	1.00	0.54	0.42	0.93	0.39	0.32	0.374	0.53	1.08
4/2.5	40	25	3	4	1.890	1.484	0.127	3.08	5.39	0.93	1.59	0.56	1.28	0.70	0.54	1.15	0.49	0.40	0.385	0.59	1.12
			4		2.467	1.936	0.127	3.93	8.53	1.18	2.14	0.71	1.36	0.69	0.54	1.49	0.63	0.52	0.381	0.63	1.32
4.5/2.8	45	28	3	5	2.149	1.687	0.143	4.45	9.10	1.34	2.23	0.80	1.44	0.79	0.61	1.47	0.62	0.51	0.383	0.64	1.37
			4		2.806	2.203	0.143	5.69	12.13	1.70	3.00	1.02	1.42	0.78	0.60	1.91	0.80	0.66	0.380	0.68	1.47
5/3.2	50	32	3	5.5	2.431	1.908	0.161	6.24	12.49	2.02	3.31	1.20	1.60	0.91	0.70	1.84	0.82	0.68	0.404	0.73	1.51
			4		3.177	2.494	0.160	8.02	16.65	2.58	4.45	1.53	1.59	0.90	0.69	2.39	1.06	0.87	0.402	0.77	1.60
5.6/3.6	56	36	3	6	2.743	2.153	0.181	8.88	17.54	2.92	4.70	1.73	1.80	1.03	0.79	2.32	1.05	0.87	0.408	0.80	1.65
			4		3.590	2.818	0.180	11.45	23.39	3.76	6.33	2.23	1.79	1.02	0.79	3.03	1.37	1.13	0.408	0.85	1.78
			5		4.415	3.466	0.180	13.86	29.25	4.49	7.94	2.67	1.77	1.01	0.78	3.71	1.65	1.36	0.404	0.88	1.82

6.3/4	63	40	4	7	4.058	3.185	0.202	16.49	33.30	5.23	8.63	3.12	2.20	1.14	0.88	3.87	1.70	1.40	0.398	0.92	1.87
			5		4.993	3.920	0.202	20.02	41.63	6.31	10.86	3.76	2.00	1.12	0.87	4.74	2.07	1.71	0.396	0.95	2.04
			6		5.908	4.638	0.201	23.36	49.98	7.29	13.12	4.34	1.96	1.11	0.86	5.59	2.43	1.99	0.393	0.99	2.08
			7		6.802	5.339	0.201	26.53	58.07	8.24	15.47	4.97	1.98	1.10	0.86	6.40	2.78	2.29	0.389	1.03	2.12
7/4.5	70	45	4	7.5	4.547	3.570	0.226	23.17	45.92	7.55	12.26	4.40	2.26	1.29	0.98	4.86	2.17	1.77	0.410	1.02	2.15
			5		5.609	4.403	0.225	27.95	57.10	9.13	15.39	5.40	2.23	1.28	0.98	5.92	2.65	2.19	0.407	1.06	2.24
			6		6.647	5.218	0.225	32.54	68.35	10.62	18.58	6.35	2.21	1.26	0.98	6.95	3.12	2.59	0.404	1.09	2.28
			7		7.657	6.011	0.225	37.22	79.99	12.01	21.84	7.16	2.20	1.25	0.97	8.03	3.57	2.94	0.402	1.13	2.32
7.5/5	75	50	5	8	6.125	4.808	0.245	34.86	70.00	12.61	21.04	7.41	2.39	1.44	1.10	6.83	3.30	2.74	0.435	1.17	2.36
			6		7.260	5.699	0.245	41.12	84.30	14.70	25.87	8.54	2.38	1.42	1.08	8.12	3.88	3.19	0.435	1.21	2.40
			8		9.467	7.431	0.244	52.39	112.50	18.53	34.23	10.87	2.35	1.40	1.07	10.52	4.99	4.10	0.429	1.29	2.44
			10		11.590	9.098	0.244	62.71	140.80	21.96	43.43	13.10	2.33	1.38	1.06	12.79	6.04	4.99	0.423	1.36	2.52
8/5	80	50	5		6.375	5.005	0.255	41.96	85.21	12.82	21.06	7.66	2.56	1.42	1.10	7.78	3.32	2.74	0.388	1.14	2.60
			6		7.560	5.935	0.255	49.49	102.53	14.95	25.41	8.85	2.56	1.41	1.08	9.25	3.91	3.20	0.387	1.18	2.65
			7		8.724	6.848	0.255	56.46	119.33	46.96	29.82	10.18	2.54	1.39	1.08	10.58	4.48	3.70	0.384	1.21	2.69
			8		9.867	7.745	0.254	62.83	136.41	18.85	34.32	11.38	2.52	1.38	1.07	11.92	5.03	4.16	0.381	1.25	2.73
9/5.6	90	56	5	9	7.212	5.661	0.287	60.45	121.32	18.32	29.53	10.98	2.90	1.59	1.23	9.92	4.21	3.49	0.385	1.25	2.91
			6		8.557	6.717	0.286	71.03	145.59	21.42	35.58	12.90	2.88	1.58	1.23	11.74	4.96	4.13	0.384	1.29	2.95
			7		9.880	7.756	0.286	81.01	169.60	24.36	41.71	14.67	2.86	1.57	1.22	13.49	5.70	4.72	0.382	1.33	3.00
			8		11.183	8.779	0.286	91.03	194.14	27.15	47.98	16.34	2.85	1.56	1.21	15.27	6.41	5.29	0.380	1.36	3.04

（续）

型号	截面尺寸/mm				截面面积/cm²	理论重量/(kg/m)	外表面积/(m²/m)	惯性矩/cm⁴					惯性半径/cm			截面模数/cm³			tanα	重心距离/cm	
	B	b	d	r				I_x	I_{x1}	I_y	I_{y1}	I_u	i_x	i_y	i_u	W_x	W_y	W_u		X_0	Y_0
10/6.3	100	63	6	10	9.617	7.550	0.320	99.06	199.71	30.94	50.50	18.42	3.21	1.79	1.38	14.64	6.35	5.25	0.394	1.43	3.24
			7		11.111	8.722	0.320	113.45	233.00	35.26	59.14	21.00	3.20	1.78	1.38	16.88	7.29	6.02	0.394	1.47	3.28
			8		12.534	9.878	0.319	127.37	266.32	39.39	67.88	23.50	3.18	1.77	1.37	19.08	8.21	6.78	0.391	1.50	3.32
			10		15.467	12.142	0.319	153.81	333.06	47.12	85.73	28.33	3.15	1.74	1.35	23.32	9.98	8.24	0.387	1.58	3.40
10/8	100	80	6		10.637	8.350	0.354	107.04	199.83	61.24	102.68	31.65	3.17	2.40	1.72	15.19	10.16	8.37	0.627	1.97	2.95
			7		12.301	9.656	0.354	122.73	233.20	70.08	119.98	36.17	3.16	2.39	1.72	17.52	11.71	9.60	0.626	2.01	3.0
			8		13.944	10.946	0.353	137.92	266.61	78.58	137.37	40.58	3.14	2.37	1.71	19.81	13.21	10.80	0.625	2.05	3.04
			10		17.167	13.476	0.353	166.87	333.63	94.65	172.48	49.10	3.12	2.35	1.69	24.24	16.12	13.12	0.622	2.13	3.12
11/7	110	70	6		10.637	8.350	0.354	133.37	265.78	42.92	69.08	25.36	3.54	2.01	1.54	17.85	7.90	6.53	0.403	1.57	3.53
			7		12.301	9.656	0.354	153.00	310.07	49.01	80.82	28.95	3.53	2.00	1.53	20.60	9.09	7.50	0.402	1.61	3.57
			8		13.944	10.946	0.353	172.04	354.39	54.87	92.70	32.45	3.51	1.98	1.53	23.30	10.25	8.45	0.401	1.65	3.62
			10		17.167	13.476	0.353	208.39	443.13	65.88	116.83	39.20	3.48	1.96	1.51	28.54	12.48	10.29	0.397	1.72	3.70
12.5/8	125	80	7	11	14.096	11.066	0.403	227.98	454.99	74.42	120.32	43.81	4.02	2.30	1.76	26.86	12.01	9.92	0.408	1.80	4.01
			8		15.989	12.551	0.403	256.77	519.99	83.49	137.85	49.15	4.01	2.28	1.75	30.41	13.56	11.18	0.407	1.84	4.06
			10		19.712	15.474	0.402	312.04	650.09	100.67	173.40	59.45	3.98	2.26	1.47	37.33	16.56	13.64	0.404	1.92	4.14
			12		23.351	18.330	0.402	364.41	780.39	116.67	209.67	69.35	3.95	2.24	1.72	44.01	19.43	16.01	0.400	2.00	4.22
14/9	140	90	8	12	18.038	14.160	0.453	365.64	730.53	120.69	195.79	70.83	4.50	2.59	1.98	38.48	17.34	14.31	0.411	2.04	4.50
			10		22.261	17.475	0.452	445.50	913.20	140.03	245.92	85.82	4.47	2.56	1.96	47.31	21.22	17.48	0.409	2.12	4.58
			12		26.400	20.724	0.451	521.59	1096.09	169.79	296.89	100.21	4.44	2.54	1.95	55.87	24.95	20.54	0.406	2.19	4.66
			14		30.456	23.908	0.451	594.10	1279.26	192.10	348.82	114.13	4.42	2.51	1.94	64.18	28.54	23.52	0.403	2.27	4.74

15/9	150	90	8	12	18.839	14.788	0.473	442.05	898.35	122.80	195.96	74.14	4.84	2.55	1.98	43.86	17.47	14.48	0.364	1.97	4.92
			10		23.261	18.260	0.472	539.24	1122.85	148.62	246.26	89.86	4.81	2.53	1.97	53.97	21.38	17.69	0.362	2.05	5.01
			12		27.600	21.666	0.471	632.08	1347.50	172.85	297.46	104.95	4.79	2.50	1.95	63.79	25.14	20.80	0.359	2.12	5.09
			14		31.856	25.007	0.471	720.77	1572.38	195.62	349.74	119.53	4.76	2.48	1.94	73.33	28.77	23.84	0.356	2.20	5.17
			15		33.952	26.652	0.471	763.62	1684.93	206.50	376.33	126.67	4.74	2.47	1.93	77.99	30.53	25.33	0.354	2.24	5.21
			16		36.027	28.281	0.470	805.51	1797.55	217.07	403.24	133.72	4.73	2.45	1.93	82.60	32.27	26.82	0.352	2.27	5.25
16/10	160	100	10	13	23.315	19.872	0.512	668.69	1362.89	205.03	336.59	121.74	5.14	2.85	2.19	62.13	26.56	21.92	0.390	2.28	5.24
			12		30.054	23.592	0.511	784.91	1635.56	239.06	405.94	142.33	5.11	2.82	2.17	73.49	31.28	25.79	0.388	2.36	5.32
			14		34.709	27.247	0.510	896.30	1908.50	271.20	476.42	162.23	5.08	2.80	2.16	84.56	35.83	29.56	0.385	0.43	5.40
			16		29.281	30.835	0.510	1003.04	2181.79	301.60	548.22	182.57	5.05	2.77	2.16	95.33	40.24	33.44	0.382	2.51	5.48
18/11	180	110	10	14	28.373	22.273	0.571	956.25	1940.40	278.11	447.22	166.50	5.80	3.13	2.42	78.96	32.49	26.88	0.376	2.44	5.89
			12		33.712	26.440	0.571	1124.72	2328.38	325.03	538.94	194.87	5.78	3.10	2.40	93.53	38.32	31.66	0.374	2.52	5.98
			14		38.967	30.589	0.570	1286.91	2716.60	369.55	631.95	222.30	5.75	3.08	2.39	107.76	43.97	36.32	0.372	2.59	6.06
			16		44.139	34.649	0.569	1443.06	3105.15	411.85	726.46	248.94	5.72	3.06	2.38	121.64	49.44	40.87	0.369	2.67	6.14
20/12.5	200	125	12		37.912	29.761	0.641	1570.90	3193.85	483.16	787.74	285.79	6.44	3.57	2.74	116.73	49.99	41.23	0.392	2.83	6.54
			14		43.687	34.436	0.640	1800.97	3726.17	550.83	922.47	326.58	6.41	3.54	2.73	134.65	57.44	47.34	0.390	2.91	6.62
			16		49.739	39.045	0.639	2023.35	4258.88	615.44	1058.86	366.21	6.38	3.52	2.71	152.18	64.89	53.32	0.388	2.99	6.70
			18		55.526	43.588	0.639	2238.30	4792.00	677.19	1197.13	404.83	6.35	3.49	2.70	169.33	71.74	59.18	0.385	3.06	6.78

注：截面图中的 $r_1=1/3d$ 及表中 r 的数据用于孔型设计，不做交货条件。

表Ⅱ.3 热轧普通槽钢

符号意义：

h——高度
b——腿宽
d——腰厚
t——平均腿厚
r——内圆弧半径
r_1——腿端圆弧半径
I——惯性矩
W——截面模数
i——惯性半径
Z_0——Y-Y 与 Y_1-Y_1 轴线间距离

型号	截面尺寸 /mm						截面面积 /cm^2	理论重量 /(kg/m)	惯性矩 /cm^4			惯性半径 /cm		截面模数 /cm^3		重心距离 /cm
	h	b	d	t	r	r_1			I_x	I_y	I_{y1}	i_x	i_y	W_x	W_y	Z_0
5	50	37	4.5	7.0	7.0	3.5	6.928	5.438	26.0	8.30	20.9	1.94	1.10	10.4	3.55	1.35
6.3	63	40	4.8	7.5	7.5	3.8	8.451	6.634	50.8	11.9	28.4	2.45	1.19	16.1	4.50	1.36
6.5	65	40	4.3	7.5	7.5	3.8	8.547	6.709	55.2	12.0	28.3	2.54	1.19	17.0	4.59	1.38
8	80	43	5.0	8.0	8.0	4.0	10.248	8.045	101	16.6	37.4	3.15	1.27	25.3	5.79	1.43
10	100	48	5.3	8.5	8.5	4.2	12.748	10.007	198	25.6	54.9	3.95	1.41	39.7	7.80	1.52
12	120	53	5.5	9.0	9.0	4.5	15.362	12.059	346	37.4	77.7	4.75	1.56	57.7	10.2	1.62
12.6	126	53	5.5	9.0	9.0	4.5	15.692	12.318	391	38.0	77.1	4.95	1.57	62.1	10.2	1.59
14a	140	58	6.0	9.5	9.5	4.8	18.516	14.535	564	53.2	107	5.52	1.70	80.5	13.0	1.71
14b		60	8.0				21.316	16.733	609	61.1	121	5.35	1.69	87.1	14.1	1.67
16a	160	63	6.5	10.0	10.0	5.0	21.962	17.24	866	73.3	144	6.28	1.83	108	16.3	1.80
16b		65	8.5				25.162	19.752	935	83.4	161	6.10	1.82	117	17.6	1.75
18a	180	68	7.0	10.5	10.5	5.2	25.699	20.174	1270	98.6	190	7.04	1.96	141	20.0	1.88
18b		70	9.0				29.299	23.000	1370	111	210	6.84	1.95	152	21.5	1.84

20a	200	73	7.0	11.0	11.0	5.5	28.837	22.637	1780	128	244	7.86	2.11	178	24.2	2.01
20b		75	9.0				32.837	25.777	1910	144	268	7.64	2.09	191	25.9	1.95
22a	220	77	7.0	11.5	11.5	5.8	31.846	24.999	2390	158	298	8.67	2.23	218	28.2	2.10
22b		79	9.0				36.246	28.453	2570	176	326	8.42	2.21	234	30.1	2.03
24a	240	78	7.0	12.0	12.0	6.0	34.217	26.860	3050	174	325	9.45	2.25	254	30.5	2.10
24b		80	9.0				39.017	30.628	3280	194	355	9.17	2.23	274	32.5	2.03
24c		82	11.0				43.817	34.396	3510	213	388	8.96	2.21	293	34.4	2.00
25a	250	78	7.0				34.917	27.410	3370	176	322	9.82	2.24	270	30.6	2.07
25b		80	9.0				39.917	31.335	3530	196	353	9.41	2.22	282	32.7	1.98
25c		82	11.0				44.917	35.260	3690	218	384	9.07	2.21	295	35.9	1.92
27a	270	82	7.5	12.5	12.5	6.2	39.284	30.838	4360	216	393	10.5	2.34	323	35.5	2.13
27b		84	9.5				44.684	35.077	4690	239	428	10.3	2.31	347	37.7	2.06
27c		86	11.5				50.084	39.316	5020	261	467	10.1	2.28	372	39.8	2.03
28a	280	82	7.5				40.034	31.427	4760	218	388	10.9	2.33	340	35.7	2.10
28b		84	9.5				45.634	35.823	5130	242	428	10.6	2.30	366	37.9	2.02
28c		86	11.5				51.234	40.219	5500	268	463	10.4	2.29	393	40.3	1.95
30a	300	85	7.5	13.5	13.5	6.8	43.902	34.463	6050	260	467	11.7	2.43	403	41.1	2.17
30b		87	9.5				49.902	39.173	6500	289	515	11.4	2.41	433	44.0	2.13
30c		89	11.5				55.902	43.883	6950	316	560	11.2	2.38	463	46.4	2.09
32a	320	88	8.0	14.0	14.0	7.0	48.513	38.083	7600	305	552	12.5	2.50	475	46.5	2.24
32b		90	10.0				54.913	43.107	8140	336	593	12.2	2.47	509	49.2	2.16
32c		92	12.0				61.313	48.131	8690	374	643	11.9	2.47	543	52.6	2.09

（续）

型号	截面尺寸 /mm						截面面积 /cm²	理论重量 /(kg/m)	惯性矩 /cm⁴			惯性半径 /cm		截面模数 /cm³		重心距离 /cm
	h	b	d	t	r	r_1			I_x	I_y	I_{y1}	i_x	i_y	W_x	W_y	Z_0
36a	360	96	9.0	16.0	16.0	8.0	60.910	47.814	11900	455	818	14.0	2.73	660	63.5	2.44
36b		98	11.0				68.110	53.466	12700	497	880	13.6	2.70	703	66.9	2.37
36c		100	13.0				75.310	59.118	13400	536	948	13.4	2.67	746	70.0	2.34
40a	400	100	10.5	18.0	18.0	9.0	75.068	58.928	17600	592	1070	15.3	2.81	879	78.8	2.49
40b		102	12.5				83.068	65.208	18600	640	114	15.0	2.78	932	82.5	2.44
40c		104	14.5				91.068	71.488	19700	688	1220	14.7	2.75	986	86.2	2.42

注：表中 r、r_1 的数据用于孔型设计，不做交货条件。

表Ⅱ.4 热轧普通工字钢（GB 707—1988）

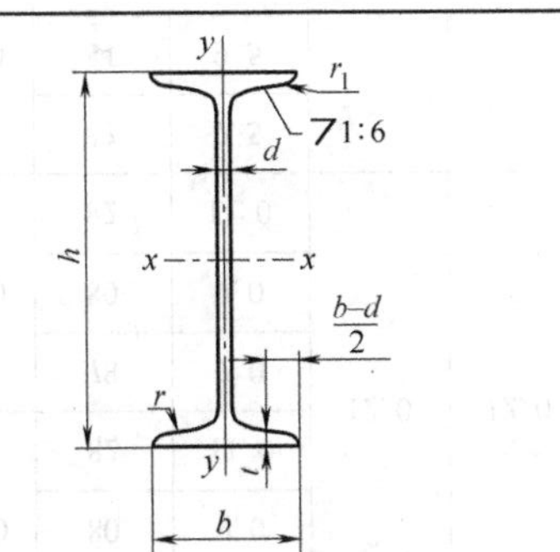

符号意义：h——高度；
b——腿宽度；
d——腰厚度；
t——平均腿厚度；
r——内圆弧半径；
r_1——腿端圆弧半径；
I——惯性矩；
W——抗弯截面系数；
i——惯性半径；
S——半截面的静力矩。

型号	尺寸/mm						截面面积 /cm²	理论重量 /(kg·m⁻¹)	参考数值						
									x-x				y-y		
	h	b	d	t	r	r_1			I_x /cm⁴	W_x /cm³	i_x /cm	I_x: S_x /cm	I_y /cm⁴	W_y /cm³	i_y /cm
10	100	68	4.5	7.6	6.5	3.3	14.345	11.261	245	49.0	4.14	8.59	33.0	9.72	1.52
12.6	126	74	5.0	8.4	7.0	3.5	18.118	14.223	488	77.5	5.20	10.8	46.9	12.7	1.61

14	140	80	5.5	9.1	7.5	3.8	21.516	16.890	712	102	5.76	12.0	64.4	16.1	1.73
16	160	88	6.0	9.9	8.0	4.0	26.131	20.513	1130	141	6.58	13.8	93.1	21.2	1.89
18	180	94	6.5	10.7	8.5	4.3	30.756	24.143	1660	185	7.36	15.4	122	26.0	2.00
20a	200	100	7.0	11.4	9.0	4.5	35.578	27.929	2370	237	8.15	17.2	158	31.5	2.12
20b	200	102	9.0	11.4	9.0	4.5	39.578	31.069	2500	250	7.96	16.9	169	33.1	2.06
22a	220	110	7.5	12.3	9.5	4.8	42.128	33.070	3400	309	8.99	18.9	225	40.9	2.31
22b	220	112	9.5	12.3	9.5	4.8	46.528	36.524	3570	325	8.78	18.7	239	42.7	2.27
25a	250	116	8.0	13.0	10.0	5.0	48.541	38.105	5020	402	10.2	21.6	280	48.3	2.40
25b	250	118	10.0	13.0	10.0	5.0	53.541	42.030	5280	423	9.94	21.3	309	52.4	2.40
28a	280	122	8.5	13.7	10.5	5.3	55.404	43.492	7110	508	11.3	24.6	345	56.6	2.50
28b	280	124	10.5	13.7	10.5	5.3	61.004	47.888	7480	534	11.1	24.2	379	61.2	2.49
32a	320	130	9.5	15.0	11.5	5.8	67.156	52.717	11100	692	12.8	27.5	460	70.8	2.62
32b	320	132	11.5	15.0	11.5	5.8	73.556	57.741	11600	726	12.6	27.1	502	76.0	2.61
32c	320	134	13.5	15.0	11.5	5.8	79.956	62.765	12200	760	12.3	26.3	544	81.2	2.61
36a	360	136	10.0	15.8	12.0	6.0	76.480	60.037	15800	875	14.4	30.7	552	81.2	2.69
36b	360	138	12.0	15.8	12.0	6.0	83.680	65.689	16500	919	14.1	30.3	582	84.3	2.64
36c	360	140	14.0	15.8	12.0	6.0	90.880	71.341	17300	962	13.8	29.9	612	87.4	2.60
40a	400	142	10.5	16.5	12.5	6.3	86.112	67.598	21700	1090	15.9	34.1	660	93.2	2.77
40b	400	144	12.5	16.5	12.5	6.3	94.112	73.878	22800	1140	16.5	33.6	692	96.2	2.71
40c	400	146	14.5	16.5	12.5	6.3	102.112	80.158	23900	1190	15.2	33.2	727	99.6	2.65

（续）

型号	尺寸/mm						截面面积 /cm²	理论重量 /(kg · m⁻¹)	参考数值						
									x-x				y-y		
	h	b	d	t	r	r_1			I_x /cm⁴	W_x /cm³	i_x /cm	I_x: S_x /cm	I_y /cm⁴	W_y /cm³	i_y /cm
45a	450	150	11.5	18.0	13.5	6.8	102.446	80.420	32200	1430	17.7	38.6	855	114	2.89
45b	450	152	13.5	18.0	13.5	6.8	111.446	87.485	33800	1500	17.4	38.0	894	118	2.84
45c	450	154	15.5	18.0	13.5	6.8	120.446	94.550	35300	1570	17.1	37.6	938	122	2.79
50a	500	158	12.0	20.0	14.0	7.0	119.304	93.654	46500	1860	19.7	42.8	1120	142	3.07
50b	500	160	14.0	20.0	14.0	7.0	129.304	101.504	48600	1940	19.4	42.4	1170	146	3.01
50c	500	162	16.0	20.0	14.0	7.0	139.304	109.354	50600	2080	19.0	41.8	1220	151	2.96
56a	560	166	12.5	21.0	14.5	7.3	135.435	106.316	65600	2340	22.0	47.7	1370	165	3.18
56b	560	168	14.5	21.0	14.5	7.3	146.635	115.108	68500	2450	21.6	47.2	1490	174	3.16
56c	560	170	16.5	21.0	14.5	7.3	157.835	123.900	71400	2550	21.3	46.7	1560	183	3.16
63a	630	176	13.0	22.0	15.0	7.5	154.658	121.407	93900	2980	24.5	54.2	1700	193	3.31
63b	630	178	15.0	22.0	15.0	7.5	167.258	131.298	98100	3160	24.2	53.5	1810	204	3.29
63c	630	180	17.0	22.0	15.0	7.5	179.858	141.189	102000	3300	23.8	52.9	1920	214	3.27

注：截面图和表中标注的圆弧半径 r 和 r_1 值，用于孔型设计，不作为交货条件。

附录Ⅲ　部分习题参考答案

第1章　绪　　论

1.6　$\bar{\varepsilon}=5\times10^{-4}$

1.7　a）$\gamma=0$；b）$\gamma=2\alpha$；c）$\gamma=\alpha$

第2章　杆件的内力

2.8　$F_{N1}=5.18\text{kN}$，$F_{N2}=7.32\text{kN}$

2.9　a）$F_{N1}=-F$，$F_{N2}=F$；b）$F_{N1}=10\text{kN}$，$F_{N2}=-10\text{kN}$，$F_{N3}=-20\text{kN}$；
c）$F_{N1}=F$，$F_{N2}=-F$，$F_{N3}=F$

2.10　a）$T_1=-2M_e$，$T_2=M_e$；b）$T_1=5\text{kN}\cdot\text{m}$，$T_2=-15\text{kN}\cdot\text{m}$，$T_3=-30\text{kN}\cdot\text{m}$；
c）$T_1=6\text{kN}\cdot\text{m}$，$T_2=14\text{kN}\cdot\text{m}$，$T_3=24\text{kN}\cdot\text{m}$，$T_4=-6\text{kN}\cdot\text{m}$

2.11　最大正扭矩 $T=859\text{N}\cdot\text{m}$，最大负扭矩 $T=-1528\text{N}\cdot\text{m}$

2.12　$m=13.26\text{N}\cdot\text{m/m}$

2.13

图号	F_{S1}	M_1	F_{S2}	M_2	F_{S3}	M_3
a)	0	Fa	$-F$	Fa	0	0
b)	$-qa$	$-\frac{1}{2}qa^2$	$-qa$	$-\frac{1}{2}qa^2$	0	0
c)	$2qa$	$-\frac{3}{2}qa^2$	$2qa$	$-\frac{1}{2}qa^2$	—	—
d)	−100N	−20N · m	−100N	−40N · m	200N	−40N · m

2.14

图号	最大正剪力	最大负剪力	最大正弯矩	最大负弯矩
a)	—	$-\frac{1}{2}q_0l$	—	$-\frac{1}{6}q_0l^2$
b)	45kN			−127.5kN · m
c)	0.6kN	−1.4kN	2.4kN · m	−1.6kN · m
d)		−22kN	6kN · m	−20kN · m
e)	qa	$-\frac{1}{8}qa$	—	$-\frac{1}{2}qa^2$
f)	30kN	−10kN	15kN · m	−30kN · m

2.15

图号	最大正剪力	最大负剪力	最大正弯矩	最大负弯矩
a)	F	$-F$	Fa	
b)	qa	——	——	$-qa^2$
c)	——	$-\frac{M_e}{3a}$	——	$-2M_e$
d)	6.5kN		10kN·m	
e)	$\frac{11}{6}qa$	$-\frac{7}{6}qa$	$\frac{49}{72}qa^2$	$-qa^2$
f)	qa	$-\frac{3}{2}qa$	——	$-2qa^2$
g)	$2qa$	——	qa^2	$-qa^2$
h)	qa	$-\frac{1}{4}qa$	$\frac{3}{4}qa^2$	$-\frac{1}{2}qa^2$
i)	$\frac{11}{8}qa$	$-\frac{13}{8}qa$	$\frac{11}{8}qa^2$	

2.16

图号	最大正剪力	最大负剪力	最大正弯矩	最大负弯矩
a)	qa	$-qa$	$\frac{1}{2}qa^2$	$-qa^2$
b)	——	$-qa$	——	$-qa^2$
c)	$\frac{3}{2}ql$	$-\frac{1}{2}ql$	——	$-ql^2$

2.20 最大正剪力 $F_S = 70N$；最大负剪力 $F_S = -70N$；最大正弯矩 $M = 17.5N \cdot m$

2.21 $a/l = 0.207$

2.22 $x = \frac{l}{2} - \frac{d}{4}$，$M_{max} = \frac{W}{4l}\left(l - \frac{d}{2}\right)^2$，最大弯矩的作用截面在左轮处；或 $x = \frac{l}{2} - \frac{3d}{4}$，最大弯矩同前，作用截面在右轮处

2.23 $a = (3 - 2\sqrt{2})l = 0.172l$

2.24 a）$M_{max} = 30kN \cdot m$；b）$M_{max} = \frac{qa^2}{8}$；c）$M_{max} = 80kN \cdot m$；

d）$M_{max} = Fa$；e）$M_{max} = Fa$；f）$M_{max} = \frac{1}{2}qa^2$

2.25 $|F_N|_{max} = 12kN$，$F_{Smax} = 10.39kN$，$M_{max} = 7.79kN \cdot m$

2.26 a）$M_{max} = \frac{1}{2}FR$；b）$M_{max} = FR$；c）$M_{max} = FR$

第3章 杆件的应力与强度计算

3.1 左 $\sigma = 10MPa$；中 $\sigma = 6MPa$；右 $\sigma = 2MPa$

3.2 $\sigma = 76.4MPa$

3.3 $F = 8.66kN$

3.4　$\sigma_{max}=200MPa>[\sigma]$，不安全

3.5　$\sigma=32.7MPa<[\sigma]$，安全

3.6　（1）$\sigma=12.5MPa>[\sigma]$，强度不够；（2）加大 h、A 都可使强度提高

3.7　$p=6.5MPa$

3.8　$[F]=88.6kN$

3.9　（1）$d\leqslant17.8mm$；（2）$A_{CD}\geqslant833mm^2$；（3）$F\leqslant15.7kN$

3.10　$\alpha=54°44'$

3.11　$\alpha=26.6°$，$[F]=50kN$

3.12　$A_{BC}=10.5mm^2$

3.14　$M=146N\cdot m$

3.15　（1）$\tau_{max}=71.3MPa$；（2）$\tau_A=\tau_B=71.3MPa$；$\tau_C=35.7MPa$；（3）$\gamma_C=4.46\times10^{-4}$

3.16　$\tau_{max}=19.22MPa$

3.17　（1）$m=9.75N\cdot m/m$；（2）$\tau_{max}=17.77MPa$

3.18　重量比 =0.51，刚度比 =1.19

3.19　$\tau_{AC\max}=49.4MPa<[\tau]$，$\tau_{DB\max}=21.3MPa<[\tau]$

3.20　$d\geqslant21.7mm$，$W_{max}=1120N$

3.21　$d_1/d_2=1/4$

3.26　$\sigma_{max}=100MPa$

3.27　$\sigma_{max1}=156MPa$，$\sigma_{max2}=92.5MPa$，空心截面比实心截面最大应力减少 41%

3.28　Ⅰ-Ⅰ截面：$\sigma_A=-7.41MPa$，$\sigma_B=4.94MPa$，$\sigma_C=0$

Ⅱ-Ⅱ截面：$\sigma_A=9.26MPa$，$\sigma_B=-6.18MPa$，$\sigma_C=0$

3.29　（1）$W_a/W_b=\sqrt{2}$；（2）未切去尖角时 $W=9.43\times10^5mm^3$，切去尖角时 $W=9.87\times10^5mm^3$；（3）$u=15.71mm$，W 增加 5.35%

3.30　$F=47.4kN$

3.31　$[F]=28.9kN$

3.32　$b=510mm$

3.33　$[F]=44.1kN$

3.34　$[F]=6.48kN$

3.35　$a=1.385m$

3.36　28a 号工字钢，$\tau_{max}=13.9MPa<[\tau]$，安全

3.37　$b(x)=\dfrac{6Fx}{[\sigma]h^2}=0.133x$

3.39　$[F]=3.75kN$

3.41　（1）$a=\dfrac{l}{6}$；（2）$F_{max}=60kN$

3.42　$\tau=66.3MPa$，$\sigma_{bs}=102MPa$

3.43　在点 C，$d_1=1.195mm$；在点 D，$d_2=1.29mm$

3.44　$F\geqslant771kN$

3.45　$\tau=52.6MPa$，$\sigma_{bs}=90.9MPa$，$\sigma=167MPa$

3.46 $d_1=19.1\text{mm}$

3.47 $a=20\text{mm}$，$l=200\text{mm}$

3.48 $\delta=10\text{mm}$，$l=100\text{mm}$

3.49 $s=213\text{mm}$

第4章　杆件的变形·简单超静定问题

4.1 $\Delta l=0.075\text{mm}$

4.2 $F=1309\text{kN}$

4.3 $l\leqslant\dfrac{A[\sigma]-F}{\gamma A}$，$\Delta l=\dfrac{A^2[\sigma]^2-F^2}{2E\gamma A^2}$

4.4 $E=205\text{GPa}$，$\nu=0.317$

4.5 $K=0.729\text{kN/m}^3$，$\Delta l=1.97\text{mm}$

4.6 $F=\dfrac{EA\Delta^3}{l^3}$

4.7 $\Delta_y=\dfrac{F}{k}$

4.9 $\sigma_a=647\text{MPa}$，$\sigma_c=-21.6\text{MPa}$

4.10 $F=698\text{kN}$

4.11 $e=\dfrac{b(E_1-E_2)}{2(E_1+E_2)}$

4.12 $h=\dfrac{l}{5}$时，$F_{AC}=0$，$F_{BC}=15\text{kN}$

$h=\dfrac{4l}{5}$时，$F_{AC}=7\text{kN}$，$F_{BC}=22\text{kN}$

4.13 $F_{N1}=\dfrac{5}{6}F$，$F_{N2}=\dfrac{1}{3}F$，$F_{N3}=-\dfrac{1}{6}F$

4.14 $F_{N1}=3.6\text{kN}$，$F_{N2}=7.2\text{kN}$，$F_A=4.8\text{kN}$

4.15 a）$\sigma_{max}=131\text{MPa}$；b）$\sigma_{max}=78.8\text{MPa}$

4.16 $F_{N1}=F_{N2}=\dfrac{\delta E_1A_1E_3A_3\cos^2\alpha}{l(2E_1A_1\cos^3\alpha+E_3A_3)}$，$F_{N3}=\dfrac{2\delta E_1A_1E_3A_3\cos^3\alpha}{l(2E_1A_1\cos^3\alpha+E_3A_3)}$

4.17 $\varphi_{AC}=0.107°$

4.18 $\tau_{max}=48.8\text{MPa}$，$\varphi_{max}=1.18°$

4.19 $d_1/d_2=1.186$，$\varphi_1/\varphi_2=1.123$

4.20 （1）$G=81.5\text{GPa}$；（2）$\tau_{max}=76.4\text{MPa}$；（3）$\gamma=9.375\times10^{-4}$

4.21 $[m]=1100\text{N}\cdot\text{m/m}$，$\varphi=1.26°$

4.22 （1）$d_1\geqslant84.6\text{mm}$，$d_2\geqslant74.5\text{mm}$；（2）$d\geqslant84.6\text{mm}$；

（3）主动轮1放在从动轮2、3之间比较合理

4.23 $\varphi=\dfrac{m_0l^2}{6GI_p}$

4.24 $M_A=\dfrac{32}{33}T$，$M_B=\dfrac{1}{33}T$

4.25　$d \geqslant 57.7\text{mm}$

4.26　（1）$\tau_s = \dfrac{G_s \rho M_e}{G_s I_{ps} + G_c I_{pc}}\left(\dfrac{d}{2} \leqslant \rho \leqslant \dfrac{D}{2}\right)$，$\tau_c = \dfrac{G_c \rho M_e}{G_s I_{ps} + G_c I_{pc}}\left(0 \leqslant \rho \leqslant \dfrac{d}{2}\right)$；（2）$\varphi = \dfrac{M_e l}{G_s I_{ps} + G_c I_{pc}}$

4.27　$F_{AB} = \dfrac{3}{4}F$，$F_{CD} = \dfrac{1}{4}F$

4.28　（1）$\dfrac{h}{b} = \sqrt{2}$；（2）$\dfrac{h}{b} = \sqrt{3}$

4.30　a）$w_A = -\dfrac{M_e l^2}{16EI}$，$\theta_B = \dfrac{M_e l}{6EI}$；b）$w_A = -\dfrac{Fl^3}{6EI}$，$\theta_B = -\dfrac{9Fl^2}{8EI}$；

c）$w_A = -\dfrac{11Fl^3}{48EI}$，$\theta_B = \dfrac{13Fl^2}{48EI}$；d）$w_A = -\dfrac{Fa^2}{6EI}(3l - a)$，$\theta_B = -\dfrac{Fa^2}{2EI}$；

e）$w_A = \dfrac{M_e a(2a - l)(l - a)}{3EIl}$，$\theta_B = -\dfrac{M_e}{6EIl}\left(2l - 6a + \dfrac{3a^2}{l}\right)$；

f）$w_A = -\dfrac{F(l + a)a^2}{3EI}$，$\theta_B = \dfrac{Fla}{6EI}$

4.31　$w_A = -\dfrac{F(l + a)a^2}{3EI} - \dfrac{F(l + a)^2}{kl^2}$

4.32　相对误差为$\dfrac{1}{3}\left(\dfrac{w_{max}}{l}\right)^2$

4.33　（1）$\dfrac{(\sigma_{max})_{钢}}{(\sigma_{max})_{木}} = 1$；（2）$\dfrac{(w_{max})_{钢}}{(w_{max})_{木}} = \dfrac{1}{7}$

4.34　a）$w_A = -\dfrac{11Fa^3}{6EI}$，$\theta_B = \dfrac{3Fa^2}{2EI}$；b）$w_A = -\dfrac{Fl^3}{6EI}$，$\theta_B = -\dfrac{9Fl^2}{8EI}$；c）$w_A = \dfrac{ql^4}{16EI}$，$\theta_B = \dfrac{ql^3}{12EI}$；

d）$w_A = -\dfrac{5qa^4}{24EI}$，$\theta_B = -\dfrac{qa^3}{12EI}$；e）$w_A = -\dfrac{41ql^4}{384EI}$，$\theta_B = \dfrac{7ql^3}{48EI}$；

f）$w_A = \dfrac{qal^2}{24EI}(5l + 6a)$，$\theta_B = -\dfrac{ql^2}{24EI}(5l + 12a)$

4.35　$w = -\dfrac{F}{3E}\left(\dfrac{l_1^3}{I_1} + \dfrac{l_2^3}{I_2}\right) - \dfrac{Fl_1 l_2}{EI_2}(l_1 + l_2)$，$\theta = -\dfrac{Fl_1^2}{2EI_1} - \dfrac{Fl_2}{EI_2}\left(l_1 + \dfrac{l_2}{2}\right)$

4.36　（1）$x = 0.152l$；（2）$x = l/6$

4.37　$w_{max} = 12.1\text{mm} < [w]$，安全

4.38　$d \geqslant 112\text{mm}$

4.39　（1）$\Delta_y = \dfrac{Fa^3}{3EI} + \dfrac{Fa^2 l}{EI}(\uparrow)$，$\Delta_x = \dfrac{Fal^2}{2EI}(\leftarrow)$；

（2）$\Delta_y = \dfrac{Fa^3}{3EI} + \dfrac{Fa^2 l}{EI} + \dfrac{Fl}{EA}(\uparrow)$，$\Delta_x = \dfrac{Fal^2}{2EI}(\leftarrow)$

4.40　$\Delta_{By} = 6.58\text{mm}(\downarrow)$

4.41　$w = \dfrac{Fx^2(l - x)^2}{3EIl}$

4.42　在梁的自由端应加集中力 $F = 6EIA$（向上）和集中力偶 $M_e = 6EIAl$（顺时针）

4.43　（1）$F_C = \dfrac{5}{4}F$；（2）M_{max}减少了$\dfrac{Fl}{2}$，w_B 减少了$\dfrac{25Fl^3}{192EI}$

4.44　a）$w_B=0$；b）$w_B=-\frac{F_B}{k}$；c）$w_B=-\Delta$

4.45　杆内最大正应力 $\sigma_{max}=185\text{MPa}$；梁内最大正应力 $\sigma_{max}=156\text{MPa}$

4.46　$w_D=5.06\text{mm}(\downarrow)$

第5章　应力状态分析·强度理论

5.7　a）$\sigma_\alpha=35\text{MPa}$，$\tau_\alpha=60.6\text{MPa}$；b）$\sigma_\alpha=70\text{MPa}$，$\tau_\alpha=0\text{MPa}$；
c）$\sigma_\alpha=62.5\text{MPa}$，$\tau_\alpha=21.6\text{MPa}$；d）$\sigma_\alpha=-12.5\text{MPa}$，$\tau_\alpha=65\text{MPa}$；
e）$\sigma_\alpha=16.3\text{MPa}$，$\tau_\alpha=3.66\text{MPa}$；f）$\sigma_\alpha=-27.3\text{MPa}$，$\tau_\alpha=-27.3\text{MPa}$；
g）$\sigma_\alpha=52.3\text{MPa}$，$\tau_\alpha=-18.7\text{MPa}$；h）$\sigma_\alpha=-10\text{MPa}$，$\tau_\alpha=-30\text{MPa}$

5.8　a）$\sigma_1=57\text{MPa}$，$\sigma_3=-7\text{MPa}$；$\alpha_0=-19°20'$，$\tau_{max}=32\text{MPa}$
b）$\sigma_1=57\text{MPa}$，$\sigma_3=-7\text{MPa}$；$\alpha_0=19°20'$，$\tau_{max}=32\text{MPa}$
c）$\sigma_1=25\text{MPa}$，$\sigma_3=-25\text{MPa}$；$\alpha_0=-45°$，$\tau_{max}=25\text{MPa}$
d）$\sigma_1=11.2\text{MPa}$，$\sigma_3=-71.2\text{MPa}$；$\alpha_0=52°1'$，$\tau_{max}=41.2\text{MPa}$
e）$\sigma_1=4.7\text{MPa}$，$\sigma_3=-84.7\text{MPa}$；$\alpha_0=-13°17'$，$\tau_{max}=44.7\text{MPa}$
f）$\sigma_1=37\text{MPa}$，$\sigma_3=-27\text{MPa}$；$\alpha_0=-70°40'$，$\tau_{max}=32\text{MPa}$

5.9　$\sigma_1=141\text{MPa}$，$\sigma_2=30\text{MPa}$，$\sigma_3=0\text{MPa}$，$\tau_{max}=70.5\text{MPa}$，$\alpha_0=29.8°$

5.11　$\sigma_\alpha=8.16\text{MPa}$；$\tau_\alpha=6.4\text{MPa}$

5.12　（1）$\sigma_\alpha=-47.82\text{MPa}$，$\tau_\alpha=10.11\text{MPa}$
（2）$\sigma_1=110\text{MPa}$，$\sigma_3=-48.8\text{MPa}$，$\alpha_0=33°40'$

5.13　（1）$\sigma_\alpha=2.13\text{MPa}$，$\tau_\alpha=24.3\text{MPa}$
（2）$\sigma_1=84.9\text{MPa}$，$\sigma_3=-5\text{MPa}$，$\alpha_0=13°38'$

5.14　$\sigma_\alpha=53\text{MPa}$，$\tau_\alpha=18.5\text{MPa}$

5.15　$\sigma_\alpha=0.16\text{MPa}$，$\tau_\alpha=-0.19\text{MPa}$

5.16　a）$\sigma_1=94.7\text{MPa}$，$\sigma_2=50\text{MPa}$，$\sigma_3=5.3\text{MPa}$，$\tau_{max}=44.7\text{MPa}$
b）$\sigma_1=50\text{MPa}$，$\sigma_2=20\text{MPa}$，$\sigma_3=-80\text{MPa}$，$\tau_{max}=65\text{MPa}$
c）$\sigma_1=50\text{MPa}$，$\sigma_2=-50\text{MPa}$，$\sigma_3=-80\text{MPa}$，$\tau_{max}=65\text{MPa}$

5.17　$\varepsilon_3=-\frac{\nu}{1-\nu}(\varepsilon_1+\varepsilon_2)=-9.0\times10^{-5}$

5.18　受 F 力方向：$\sigma_y=-35\text{MPa}$；横向：$\sigma_x=\sigma_z=-15\text{MPa}$

5.19　$\sigma_1=0\text{MPa}$，$\sigma_2=-19.8\text{MPa}$，$\sigma_3=-60\text{MPa}$
$\Delta l_1=3.76\times10^{-3}\text{mm}$，$\Delta l_2=0$，$\Delta l_3=-7.65\times10^{-3}\text{mm}$

5.20　28MPa

5.22　$\sigma_{r3}=250\text{MPa}$，$\sigma_{r4}=229\text{MPa}$

5.23　$\sigma_{r3}=183\text{MPa}$

5.24　$\sigma_{r2}=50\text{MPa}$

5.25　$\sigma_{r2}=29.8\text{MPa}$

5.26　按第三强度理论：$p=1.2\text{MPa}$；按第四强度理论：$p=1.38\text{MPa}$

5.27　$\Delta l=9.29\times10^{-3}\text{mm}$

5.28　39.8kN

5.29　$\varepsilon_{35°}=255.6\times10^{-6}$

5.30　（1）$F=23.64\text{kN}$；$M=114.9\text{N}\cdot\text{m}$；（2）$\gamma_{\max}=284.17\times10^{-6}$；$\tau_{\max}=23.13\text{MPa}$

5.31　13.17kN

5.32　$M_{e1}=0.278\text{kN}\cdot\text{m}$，$M_{e2}=0.214\text{kN}\cdot\text{m}$

5.33　$\varepsilon'=1550\times10^{-6}$，$\varepsilon''=-250\times10^{-6}$；$\sigma'=68.33\text{MPa}$，$\sigma''=13.66\text{MPa}$

5.34　$p=1.421\text{MPa}$

第6章　组合变形

6.1　a）$F_N=F\cos\theta$，$F_S=F\sin\theta$，$M=Fa\cos\theta+Fl\sin\theta$

b）$F_N=F_y$，$F_{Sx}=F_x$，$F_{Sz}=F_z$，$T=(2F_x-3F_z)\text{N}\cdot\text{mm}$

$M_x=(2F_y-F_zl)\text{N}\cdot\text{mm}$，$M_z=(F_xl-3F_z)\text{N}\cdot\text{mm}$

c）$F_N=F$，$F_{Sy}=F$，$T=-Fl$，$M_y=Fl$，$M_z=Fl$

d）截面Ⅰ-Ⅰ：$F_{Sz}=\dfrac{F}{2}$，$T=-\dfrac{Fl}{2}$，$M_x=\dfrac{Fl}{4}$

截面Ⅱ-Ⅱ：$F_{Sz}=\dfrac{F}{2}$，$T=-\dfrac{Fl}{2}$，$M_y=\dfrac{Fl}{2}$

6.3　$b\geqslant90\text{mm}$，$h\geqslant180\text{mm}$

6.4　（1）与水平轴夹角 $\alpha=25.5°$；（2）9.83MPa；（3）6.0mm

6.5　$\sigma_{t\max}=79.6\text{MPa}$，$\sigma_{c\max}=117\text{MPa}$，$\sigma_A=-51.7\text{MPa}$

6.6　$\sigma_{c\max}=5.29\text{MPa}$，$\sigma_{t\max}=5.09\text{MPa}$

6.7　$\sigma_{t\max}=\dfrac{8F}{a^2}$，$\sigma_{c\max}=\dfrac{4F}{a^2}$，8 倍

6.8　（1）$\sigma_{c\max}=0.72\text{MPa}$，（2）$D=4.16\text{m}$

6.9　$\sigma_{\max}=140\text{MPa}$

6.10　$\sigma_{\max}=55.7\text{MPa}<[\sigma]$，安全

6.11　$\sigma_A=8.83\text{MPa}$，$\sigma_B=3.83\text{MPa}$，$\sigma_C=-12.2\text{MPa}$，$\sigma_D=-7.17\text{MPa}$

中性轴的截距 $a_y=15.6\text{mm}$，$a_z=33.4\text{mm}$

6.12　$d=122\text{mm}$

6.14　核心边界为一八边形，其八个顶点的坐标分别为（64，0），（48，48），（0，64），（-48，48），（-64，0），（-48，-48），（0，-64），（-48，-48）。

6.15　a）核心边界为一正方形，其对角线顶点在两对称轴上，相对两顶点距离为364mm；

b）核心边界为一平行四边形，四个顶点均在两对称轴上，两顶点间的距离一个为41.6mm，另一个为83.4mm；

c）核心边界为一扇形。

6.16　$\sigma_1=33.5\text{MPa}$，$\sigma_3=-9.95\text{MPa}$，$\tau_{\max}=21.7\text{MPa}$

6.17　$t=2.65\times10^{-3}\text{m}$

6.18　$W=788\text{N}$

6.19　$\sigma_{r3}=58.3\text{MPa}<[\sigma]$，安全

6.20 $\sigma_{r3}=60.5\text{MPa}<[\sigma]$，安全

6.21 按第三强度理论计算 $d=112\text{mm}$；按第四强度理论计算 $d=111\text{mm}$

6.22 $\sigma_{r3}=89.2\text{MPa}<[\sigma]$，安全

6.23 $\sigma_{r3}=54.4\text{MPa}<[\sigma]$，安全

6.24 $\sigma_{r3}=84.3\text{MPa}<[\sigma]$，安全

第7章 压杆稳定

7.4 $F=\dfrac{\pi^2 EI}{2l^2}$，$F=\dfrac{\sqrt{2}\pi^2 EI}{l^2}$

7.5 （1）两端固定压杆临界压力大；（2）$F_{cr\,a}=2.62\times10^3\text{kN}$，$F_{cr\,b}=3.23\times10^3\text{kN}$；（3）4倍

7.6 $n=3.09$

7.7 $\dfrac{F_{cr}^{b}}{F_{cr}^{a}}=20$

7.8 $\Delta t=29.2^\circ\text{C}$

7.9 $F_{cr}=345\text{kN}$

7.10 $[F]=74.6\text{kN}$

7.11 面外失稳时 F_{cr} 最小，$F_{cr}=\dfrac{\pi^3 Ed^4}{128l^2}$

7.12 $n=8.25>n_{st}$，安全

7.13 $F=7.5\text{kN}$

7.14 $\theta=\arctan(\cot^2\beta)$

7.15 $\dfrac{l}{D}=65$；$F_{cr}=47.4D^2\text{MN}$；$\dfrac{G_1}{G}=2.35$

7.16 $n=6.5>n_{st}$，安全

7.17 （1）$F_{cr}=31.6\text{kN}$；（2）$b=4.32\text{cm}$，$h\leqslant1.43\text{m}$，$F_{cr}=489\text{kN}$

7.18 稳定性校核：$F_{cr}=1351.5\text{kN}$，$n=1.50>n_{st}$；（2）强度校核：$\sigma=153\text{MPa}<[\sigma]$，安全

7.19 $[F]=376\text{kN}$

7.20 $q_{cr}=6.39\times10^{-5}E\cdot a$

第8章 能量法

8.1 a）$V_\varepsilon=\dfrac{2F^2 l}{\pi Ed^2}$；b）$V_\varepsilon=\dfrac{7F^2 l}{8\pi Ed^2}$

8.2 $V_\varepsilon=\dfrac{776M^2 l}{81\pi Gd_1^4}$

8.3 $V_\varepsilon=0.957\dfrac{F^2 l}{EA}$

8.4 a）$V_\varepsilon=\dfrac{3F^2 l}{4EA}$；b）$V_\varepsilon=\dfrac{M^2 l}{18EI}$；c）$V_\varepsilon=\dfrac{\pi F^2 R^3}{8EI}$

8.5 $V_{\varepsilon}=60.4\text{N}\cdot\text{mm}$

8.6 $w_C=\dfrac{M_e l^2}{16EI}$

8.7 $w_C=\dfrac{5Fa^3}{3EI}$（向下）；$\theta_B=\dfrac{4Fa^2}{3EI}$（顺）

8.8 a）$w_B=\dfrac{M_e l^2}{8EI}+\dfrac{Fl^3}{24EI}$（向下）；$\theta_C=\dfrac{M_e l}{EI}+\dfrac{Fl^2}{8EI}$（顺）

b）$w_B=\dfrac{3Fa^3}{32EI}$（向下）；$\theta_C=\dfrac{Fa^2}{32EI}$（逆）

c）$w_B=\dfrac{13ql^4}{384EI}$（向下）；$\theta_C=\dfrac{5ql^3}{48EI}$（逆）

d）$w_B=\dfrac{5ql^4}{768EI}$（向下）；$\theta_C=\dfrac{7ql^3}{384EI}$（逆）

e）$w_B=\dfrac{5Fl^3}{384EI}$（向下）；$\theta_C=\dfrac{Fl^2}{48EI}$（顺）

f）$w_B=\dfrac{2ql^4}{3EI}$（向下）；$\theta_C=\dfrac{ql^3}{3EI}$（顺）

g）$w_B=\dfrac{ql^4}{2EI}$（向上）；$\theta_C=\dfrac{5ql^3}{8EI}$（逆）

h）$w_B=\dfrac{23ql^4}{24EI}$（向下）；$\theta_C=\dfrac{13ql^3}{6EI}$（顺）

i）$w_B=\dfrac{23ql^4}{8EI}$（向下）；$\theta_C=\dfrac{3ql^3}{2EI}$（顺）

8.9 a）$w_B=\dfrac{5Fa^3}{12EI}$（向下）；$\theta_A=\dfrac{5Fa^2}{4EI}$（逆）

b）$w_B=\dfrac{Fa^3}{4EI}$（向下）；$\theta_A=\dfrac{Fa^2}{EI}$（顺）

c）$w_B=\dfrac{13M_e a^2}{18EI}$（向下）；$\theta_A=\dfrac{M_e a}{9EI}$（逆）

8.10 a）$\Delta_{Ay}=\dfrac{Fabh}{EI}$（向上）；$\Delta_{Ax}=\dfrac{Fbh^2}{2EI}$（向右）；$\theta_C=\dfrac{Fb(b+2h)}{2EI}$（顺）

b）$\Delta_{Ay}=\dfrac{5ql^4}{384EI}$（向下）；$\Delta_{Ax}=\dfrac{qhl^3}{24EI}$（向右）；$\Delta_{Bx}=\dfrac{qhl^3}{12EI}$（向右）

c）$\Delta_{Ay}=\dfrac{M_e a^2}{6EI}$（向下）；$\theta_C=\dfrac{M_e l}{3EI}$（顺）

d）$\Delta_{Ay}=\dfrac{7Fa^3}{2EI}$（向下）；$\Delta_{Ax}=\dfrac{Fa^3}{2EI}$（向右）；$\theta_C=\dfrac{3Fa^2}{2EI}$（逆）

8.11 $\Delta_C=\dfrac{\alpha(T_2-T_1)l^2}{8h}$；$\theta_A=\dfrac{\alpha(T_2-T_1)l}{2h}$；

8.12 $\theta=\dfrac{q^2l^5}{240(CI^*)^2}$ 其中 $I^*=\int_A y^{\frac{3}{2}}\mathrm{d}A$

8.13 $\Delta_x=\dfrac{3\sqrt{3}F^2a}{A^2C^2}$（向左）；$\Delta_y=\dfrac{25F^2a}{A^2C^2}$（向下）

8.14 a) $\Delta_{Ax}=\dfrac{Fl^3}{2EI_2}$ (向右); $\Delta_{Ay}=\dfrac{Fl^3}{EI_2}$ (向上)

b) $\Delta_{Ax}=\dfrac{5ql^4}{8EI_2}$ (向右); $\Delta_{Ay}=\dfrac{ql^4}{3EI_1}+\dfrac{7ql^4}{6EI_2}$ (向下)

8.15 a) $\Delta_{Ax}=\dfrac{Fhl^2}{8EI_2}$ (向左); $\theta_A=\dfrac{Fl^2}{16EI_2}$ (顺)

b) $\Delta_{Ax}=\dfrac{Fh^2}{3E}\left(\dfrac{2h}{I_1}+\dfrac{3l}{I_2}\right)$ (向左); $\theta_A=\dfrac{Fh}{2E}\left(\dfrac{h}{I_1}+\dfrac{l}{I_2}\right)$ (逆)

8.16 a) $\Delta_{Cx}=21.1\text{mm}$ (向左); $\theta_C=0.0117\text{rad}$ (顺)

b) $\Delta_{Cx}=10.6\text{mm}$ (向右); $\theta_C=0.00861\text{rad}$ (顺)

8.17 a) $\Delta_{Cx}=(2+4\sqrt{2})\dfrac{FL}{EA}$ (向左); $\Delta_{Cy}=\dfrac{2Fl}{EA}$ (向上)

b) $\Delta_{Cx}=2\sqrt{3}\dfrac{FL}{EA}$ (向右); $\Delta_{Cy}=\dfrac{18+20\sqrt{3}}{3}\dfrac{Fl}{EA}$ (顺)

8.18 $\Delta_{BD}=2.17\dfrac{FL}{EA}$ (靠近)

8.19 $\Delta_{Cy}=5.41\text{mm}$ (向下), $\Delta_{Cx}=3.664\text{mm}$ (向右)

8.20 a) $\Delta_{AB}=\dfrac{Fh^2}{3EI}(2h+3a)$ (靠近); $\theta_{AB}=\dfrac{Fh}{EI}(h+a)$

b) $\Delta_{AB}=\dfrac{Fl^3}{3EI}$ (离开); $\theta_{AB}=\dfrac{\sqrt{2}Fl^2}{2EI}$

8.21 $\Delta_{yA}=\dfrac{F(a^3+b^3)}{3EI}+\dfrac{Fa^2b}{GI_p}$ (向下)

8.22 $\Delta_C=0.6\text{mm}$ (向下)

8.23 $\Delta_C=\dfrac{Fa^3}{6EI}+\dfrac{3Fa}{4EA}$ (向下)

8.24 $\Delta_C=0.937\text{mm}$ (向下)

8.25 $\theta_A=16.5\dfrac{Fl^2}{EI}$ (逆)

8.26 a) $\Delta_{By}=\dfrac{FR^3}{2EI}$ (向下); $\Delta_{Bx}=0.356\dfrac{FR^3}{EI}$ (向右); $\theta_B=0.571\dfrac{FR^2}{EI}$ (顺)

b) $\Delta_{By}=\dfrac{2FR^3}{EI}$ (向下); $\Delta_{Bx}=\dfrac{\pi FR^3}{2EI}$ (向左); $\theta_B=\dfrac{2FR^2}{EI}$ (顺)

8.27 自由端截面的线位移 $\Delta=\dfrac{32M_e h^2}{E\pi d^4}$ (向前)

自由端截面的转角 $\theta=\dfrac{32M_e l}{G\pi d^4}+\dfrac{64M_e h}{E\pi d^4}$

8.28 $\Delta_{Ax}=2.93\text{mm}$ (向左); $\Delta_{Bx}=6.08\text{mm}$ (向左)

8.29 $\Delta_{Dx}=\dfrac{2Fl^3}{GI_p}$; $\Delta_{Dz}=\dfrac{14Fl^3}{3EI}$

8.30 位移分量为9.7mm (向前); 2.40mm (向左); 1.8mm (向上); 总位移量10.15mm

8.31 $\Delta=\dfrac{5Fl^3}{6EI}+\dfrac{3Fl^3}{2GI_p}$（移开）

8.32 $\Delta=\dfrac{\pi FR^3}{EI}+\dfrac{3\pi FR^3}{GI_p}$

8.33 $\theta_{AB}=\dfrac{2FR^2}{EI}$

第9章 超静定结构

9.1 a）三次；b）二次；c）一次；d）静定
e）一次；f）三次；g）三次；h）八次

9.2 a）$F_A=\dfrac{11}{16}F$（向上）；$F_B=\dfrac{5}{16}F$（向上）；$M_A=\dfrac{3}{16}Fl$（逆）

b）$F_A=\dfrac{3}{2}\dfrac{M}{l}$（向上）；$F_B=\dfrac{3}{2}\dfrac{M}{l}$（向下）；$M_A=\dfrac{M}{2}$（逆）

c）$F_C=\dfrac{3}{4}F$（向下）；$F_B=\dfrac{7}{4}F$（向上）；$M_A=\dfrac{1}{4}Fl$（逆）

d）$F_A=F_C=\dfrac{3}{16}ql$（向上）；$F_B=\dfrac{5}{8}ql$（向上）

e）$F_A=F_B=F$（向上）；$M_A=\dfrac{3}{16}Fl$（逆）；$M_B=\dfrac{3}{16}Fl$（顺）

f）$F_A=\dfrac{31}{32}ql$（向上）；$M_A=\dfrac{15}{32}ql^2$（逆）；$F_C=\dfrac{33}{32}ql$（向上）；$M_C=\dfrac{17}{32}ql^2$（顺）

9.3 a）$F_B=\dfrac{3}{8}F$（向上）；b）$F_A=\dfrac{qa}{8}$（向上）；c）$F_{Bx}=\dfrac{qa}{16}$（向左）

d）$F_{By}=\dfrac{15}{16}F$（向上）；e）$F_{Ay}=\dfrac{83}{208}F$（向上）；$F_{By}=\dfrac{9}{104}F$（向下）

f）$F_{Ax}=\dfrac{qa}{28}$（向左）；$F_{By}=\dfrac{3}{7}qa$（向上）

9.4 a）$F_{AD}=\dfrac{F}{2\sin\alpha}$（拉）；$F_{BD}=0$；$F_{DC}=\dfrac{F}{2\sin\alpha}$（压）

b）$F_A=\dfrac{3-\sqrt{2}}{2}F$（拉）；$F_B=\left(1-\dfrac{\sqrt{2}}{2}\right)F$（拉）；$F_C=\dfrac{\sqrt{2}-1}{2}F$（拉）

c）$F_{AC}=\dfrac{\sqrt{2}}{2}F$（拉）；$F_{BD}=\left(1-\dfrac{\sqrt{2}}{2}\right)F$（压）；$F_{AB}=F_{BC}=F_{CD}=F_{DA}=\dfrac{\sqrt{2}-1}{2}F$（拉）

d）$F_{By}=2(2-\sqrt{2})F$（向上）；$F_{AB}=F_{BC}=(\sqrt{2}-1)F$（拉）；
$F_{CE}=F_{AD}=(2-\sqrt{2})F$（压）；$F_{BD}=F_{BE}=2(\sqrt{2}-1)F$（压）；
$F_{DE}=(3-2\sqrt{2})F$（拉）

9.5 $F_N=\dfrac{Fe(2L-l)}{8I}\Big/\left(\dfrac{e^2}{I}+\dfrac{1}{A}+\dfrac{1}{A_1}\right)$

9.6 24.08kN

9.7 $\frac{7}{1152}\frac{ql^4}{EI}$

9.8 9.28×10^{-2}mm

9.9 $F_{Bx}=\frac{F}{4}$（向左）；$F_{By}=\frac{7}{16}F$（向上）；$M_B=\frac{Fa}{12}$（逆）

9.10 $M_{\max}=FR\frac{R+a}{\pi R+2a}$

9.11 $M_{\max}=\frac{Fl_1}{8}\left(1+\frac{I_1l_2}{I_2l_1+I_1l_2}\right)$

9.12 F 力作用点的垂直位移 $\Delta=4.86$mm

9.13 $F_{By}=F$，$F_{Cx}=F_{Dx}=\frac{8-2\pi}{\pi^2-8}F$

9.14 $M_A=-0.0999FR$

9.15 结构对称面上 $F_S=-\frac{6}{7}F$

9.18 a）$\frac{11}{64}ql^2$；b）$2ql^2$

9.19 28a 号

9.20 $w_D=0.0199$mm

第 10 章　动载荷与交变应力

10.1 62.9MPa

10.2 $\sigma_{\mathrm{d\,max}}=\gamma l\left(1+\frac{a}{g}\right)$

10.3 $F_N=90.6$kN；$\sigma_{\max}=102$MPa

10.4 $\sigma_{\max}=4.63$MPa

10.5 $\sigma_{\mathrm{d\,max}}=12.5$MPa

10.6 $\sigma_{\mathrm{d\,max}}=10$MPa

10.7 $\sigma_{\max}=68.4$MPa

10.8 $(\sigma_{\max})_{AB}=57.59$MPa；$(\sigma_{\max})_{CD}=91.28$MPa

10.9 $\sigma_{\mathrm{d\,max}}=107$MPa

10.10 （1）$\alpha=\arccos\left(\frac{3g}{2\omega^2l}\right)$；

（2）$M(x)=\frac{W}{4l^2}(l-x)^2x\sqrt{1-\left(\frac{3g}{2\omega^2l}\right)^2}$，$M_{\max}=\frac{Wl}{27}\sqrt{1-\left(\frac{3g}{2\omega^2l}\right)^2}$

10.11 $\sigma_{\mathrm{d\,max}}=\frac{2Wl}{9W_z}\left(1+\sqrt{1+\frac{243EIH}{2Wl^3}}\right)$；$w_{\frac{l}{2}}=\frac{23Wl^3}{1296EI}\left(1+\sqrt{1+\frac{243EIH}{2Wl^3}}\right)$

10.12 （1）$\sigma_{\mathrm{d\,max}}=34.6$MPa；（2）$\Delta_{\mathrm{d\,max}}=287$mm

10.13 $\sigma_{\max}=\frac{Wa}{W_z}\left(1+\sqrt{1+\frac{3HEI}{2Wa^3}}\right)$

10.14　a）$\sigma_{st}=0.0283\text{MPa}$；b）$\sigma_d=6.91\text{MPa}$；c）$\sigma_d=1.2\text{MPa}$

10.15　有弹簧时 $H=389\text{mm}$，无弹簧时 $H=9.66\text{mm}$

10.16　$H=280.2\text{mm}$

10.17　轴内最大切应力 $\tau_d=80.7\text{MPa}$；绳内最大正应力 $\sigma_d=142.5\text{MPa}$

10.18　$F_d=120\text{kN}$

10.19　$\sigma_d=136.3\text{MPa}$

10.20　$\sigma_{max}=16.9\text{MPa}$

10.21　$\sigma_{max}=\dfrac{4\omega_0}{d}\sqrt{\dfrac{3Eml}{\pi}}$

10.22　（1）$F=400.9\text{kN}$，$e=13\text{mm}$；（2）$\sigma_{r3}=111.4\text{MPa}$

10.23　$\dfrac{(k_d)_a}{(k_d)_b}=\dfrac{1}{2}$；$\dfrac{(\sigma_d)_a}{(\sigma_d)_b}=1$

10.24　$F_B=\dfrac{7}{4}F$（向上），$\Delta_d=\dfrac{944Fa^3}{3\pi Ed^4}$（向下）

10.25　$F_{cr}=0.575\dfrac{\pi^2EI}{l^2}$

10.26　$[M_e]=113\text{kN}\cdot\text{m}$

10.27　$q_{cr}=6.39\times10^{-5}E\cdot a$

10.28　（1）杆内最大拉应力为179.45MPa；（2）梁内的最大弯曲正应力为67.35MPa

10.29　$\dfrac{2W}{3A}\left(1+\sqrt{1+\dfrac{6EA}{W}}\right)$

10.30　$\Delta_{st}=\dfrac{Wr^3}{EI}\left(\dfrac{\pi}{4}-\dfrac{2}{\pi}\right)$；$\Delta_d=\Delta_{st}\left(1+\sqrt{1+\dfrac{2h}{\Delta_{st}}}\right)$

10.31　$\Delta_C=0$

10.32　（1）$H=10.4\text{mm}$；（2）$\sigma_{d\max}=26.68\text{MPa}$

10.33　（1）$r=1$；（2）$r=-1$；（3）$r=\dfrac{1}{3}$；（4）$r=0$

10.34　$\sigma_m=549\text{MPa}$，$\sigma_a=12\text{MPa}$，$r=0.957$

10.35　$\sigma_m=7.08\text{MPa}$，$\sigma_a=9.44\text{MPa}$，$r=-0.143$

10.36　Ⅰ-Ⅰ截面：$n_\sigma=1.62>n$，安全；Ⅱ-Ⅱ截面：$n_\sigma=2.31>n$，安全

10.37　$n_\sigma=1.88>n$，安全

第11章　扭转与弯曲问题的进一步探讨

11.1　（1）$\tau_{max}=40\text{MPa}$；（2）$\varphi'=0.55(°)/\text{m}$

11.2　$\tau_{max}=60.8\text{MPa}$，安全

11.3　$[T]=4\text{kN}\cdot\text{m}$

11.4　$\tau_{max}=25\text{MPa}$，$\varphi=0.0625\text{rad}$

11.5　$\tau_{max}=927\text{MPa}$，超过许用应力3%，故仍可使用。

11.6　（1）$\tau_{max}=38.5\text{MPa}$；（2）$\tau_{max}=40.1\text{MPa}$

11.7 $\frac{\tau_{a\max}}{\tau_{b\max}}=\frac{3s}{8t}$；$\frac{\varphi_a}{\varphi_b}=\frac{3s^2}{64t^2}$

11.8 $\frac{\tau_{矩}}{\tau_{方}}=\frac{9}{8}$；$\frac{\varphi_{矩}}{\varphi_{方}}=\frac{81}{64}$

11.10 a）$y_C=\frac{b^2h^2t}{4I_y}$；b）$y_C=\frac{4r_0}{\pi}$；c）$y_C=\frac{92a^4t}{3I_y}$

11.11 $w_C=-\frac{7Fl^3}{512EI}$

11.12 $w_{\frac{l}{2}}=-\frac{23ql^4}{1728EI}$

11.13 $w_{\frac{l}{2}}=-\frac{5ql^4}{512EI}$

11.14 $w_B=-\frac{1643Fl^3}{2000Ebh_B^3}$

11.15 $\sigma_{s\max}=43.4\text{MPa}$，$\sigma_{w\max}=5.74\text{MPa}$

11.16 $\delta>0.0171\text{ m}$

11.17 $\sigma_s=169.22\text{MPa}$，$\sigma_{c\max}=22.82\text{MPa}$

附录Ⅰ　平面图形的几何性质

Ⅰ.1 a）$S_y=24\times10^3\text{mm}^3$；b）$S_y=42.25\times10^3\text{mm}^3$；c）$S_y=2.80\times10^5\text{mm}^3$

Ⅰ.2 $S_y=\frac{2}{3}r^3$，$z_C=\frac{4r}{3\pi}$

Ⅰ.3 a）$I_y=\frac{bh^3}{12}$；b）$I_y=\frac{2ah^3}{15}$；c）$I_y=\frac{a^4}{12}$

Ⅰ.5 $I_{y_C}=0.00686d^4$

Ⅰ.6 a）$I_{yz}=7.75\times10^4\text{mm}^4$；b）$I_{yz}=\frac{R^4}{8}$

Ⅰ.7 a）$I_y=\frac{bh^3}{3}$，$I_z=\frac{hb^3}{3}$，$I_{yz}=-\frac{b^2h^2}{4}$

b）$I_y=\frac{bh^3}{12}$，$I_z=\frac{bh(3b^2-3bc+c^2)}{12}$，$I_{yz}=\frac{bh^2(3b-2c)}{24}$

Ⅰ.8 a）$y_C=0$，$z_C=2.85r$，$I_{y_C}=10.38r^4$，$I_{z_C}=2.06r^4$

b）$y_C=0$，$z_C=102.7\text{mm}$，$I_{y_C}=3.91\times10^7\text{mm}^4$，$I_{z_C}=2.34\times10^7\text{mm}^4$

c）$y_C=87.9\text{mm}$，$z_C=0$，$I_{y_C}=1.51\times10^8\text{mm}^4$，$I_{z_C}=1.14\times10^7\text{mm}^4$

d）$y_C=0$，$z_C=44.7\text{mm}$，$I_{y_C}=4.24\times10^6\text{mm}^4$，$I_{z_C}=1.674\times10^6\text{mm}^4$

Ⅰ.9 $\alpha_0=-13°30'$或$76°30'$，$I_{y_0}=7.61\times10^5\text{mm}^4$，$I_{z_0}=1.99\times10^5\text{mm}^4$

$\alpha_0=22°30'$或$112°30'$，$I_{y_0}=3.49\times10^5\text{mm}^4$，$I_{z_0}=6.61\times10^4\text{mm}^4$

Ⅰ.10 $\alpha_0=-16°51'$或$73°9'$，$I_{y_0}=6.2\times10^3\text{mm}^4$，$I_{z_0}=3.83\times10^4\text{mm}^4$

参考文献

[1] 盖尔，古德尔. 材料力学［M］. 王一军，译. 8版. 北京：机械工业出版社，2017.
[2] 刘鸿文. 材料力学［M］. 6版. 北京：高等教育出版社，2016.
[3] 费迪南德·比尔，等. 材料力学［M］. 陶秋帆，范钦珊，译. 北京：机械工业出版社，2015.
[4] 孙训芳，方孝淑，关来泰. 材料力学［M］. 6版. 北京：高等教育出版社，2019.
[5] 冯维明. 工程力学［M］. 北京：国防工业出版社，2016.
[6] 范钦珊. 工程力学教程［M］. 北京：高等教育出版社，1998.
[7] 杜庆华，熊祝华，陶学文. 应用固体力学基础［M］. 北京：高等教育出版社，1987.
[8] TIMOSHENKO S P，GERE J M. Mechanics of Materials［M］. 2nd ed. New York：Van Nostrand Reinhold，1984.